"十四五"职业教育国家规划教材

行水云课数字教材

高等职业教育
水利类新形态一体化教材

水利工程图识读与绘制

（第二版）

主　编　郝红科
副主编　张　鸥

中国水利水电出版社
www.waterpub.com.cn
·北京·

内 容 提 要

本教材共包含三个学习模块：模块一为水利工程图识读与绘制基础，主要介绍识图、绘图最新行业标准，以及水利工程图基础知识，旨在为后续水利工程图识读与绘制技能学习打下坚实基础；模块二为水利工程图识读，包含防洪蓄水工程图识读、灌溉取水工程图识读、水力发电工程图识读三个项目，通过对挡水、泄水、取水、输水、渠系、电站等主要类型水工建筑物的各类图纸图样进行识读学习与训练，强化学生的识图技能；模块三为水利工程图绘制，在识读图纸的基础上重点介绍水利工程图纸的一般绘制方法，包含绘图软件介绍、水利工程图纸绘制、水利工程图纸打印三个项目，其中项目二详细介绍了典型水工建筑物图纸图样的一般绘制思路及具体步骤，以提高学生的绘图技能。

本教材内容丰富，是培养高职水利类专业学生掌握工程语言的专业用书，也可以作为水利类专业人员和水利工程建设一线技术人员的参考用书。

图书在版编目（CIP）数据

水利工程图识读与绘制 / 郝红科主编. -- 2版. -- 北京 : 中国水利水电出版社, 2024.1
“十四五”职业教育国家规划教材 高等职业教育水利类新形态一体化教材
ISBN 978-7-5226-1734-3

Ⅰ. ①水… Ⅱ. ①郝… Ⅲ. ①水利工程－工程制图－高等职业教育－教材 Ⅳ. ①TV222.1

中国国家版本馆CIP数据核字(2023)第145201号

书　　名	“十四五”职业教育国家规划教材 高等职业教育水利类新形态一体化教材 **水利工程图识读与绘制（第二版）** SHUILI GONGCHENGTU SHIDU YU HUIZHI
作　　者	主　编　郝红科 副主编　张　鸥
出版发行	中国水利水电出版社 （北京市海淀区玉渊潭南路1号D座　100038） 网址：www.waterpub.com.cn E-mail：sales@mwr.gov.cn 电话：（010）68545888（营销中心）
经　　售	北京科水图书销售有限公司 电话：（010）68545874、63202643 全国各地新华书店和相关出版物销售网点
排　　版	中国水利水电出版社微机排版中心
印　　刷	北京市密东印刷有限公司
规　　格	370mm×260mm　横8开　26.25印张　654千字　1插页
版　　次	2011年12月第1版第1次印刷 2024年1月第2版　2024年1月第1次印刷
印　　数	0001—4000册
定　　价	**69.00**元

前　言

本教材第一版是示范院校国家级重点建设专业——水利水电建筑工程专业的课程改革成果之一，是一部工学结合特色教材。第一版教材是在水利水电建筑工程专业“工学结合”特色人才培养模式基础上，通过分析水利工程建设实际，结合岗位需求和职业能力标准进行编写的。教材将原学科体系进行分解，按照符合工程实际的教学思路构建，并基于水利工程建设过程中所需要的知识、能力和素质进行建设。

本版教材在第一版的基础上，深入贯彻全国职业教育大会、新修订的职业教育法、《关于推动现代职业教育高质量发展的意见》《国家职业教育改革实施方案》，以及中国共产党第二十次全国代表大会对职业教育提出的政策方针，积极落实立德树人根本任务，教材中融入水文化知识、优秀职业精神、党的二十大精神、家国情怀等思政元素，旨在培养德才兼备的水利技术人才；积极深化三教改革，在前版“识图基础知识、典型水工建筑物识读、水利枢纽图识读、水利工程图绘制”内容体系基础上，进一步构建出“水利工程图识读与绘制基础、水利工程图识读、水利工程图绘制”三个更加系统、独立的学习模块，模块下设项目，项目下设任务，以推进模块化、项目化教学改革；积极推行岗课赛证综合育人，践行工学结合、校企合作、产教融合，为强化学生的识图绘图技能，充分利用行业企业资源，搜集各类典型已建或在建工程的图纸，更新已有图文，扩增图纸类型，同时充分研究水利行业技能竞赛大纲及规程并融入教材与教学，使学生既能胜任岗位，又可比赛强能；积极推动教育数字化，依托“水利工程图识读与绘制”省级教学资源库、水利工程虚拟仿真实训系统等平台，教材中匹配与内容相关的教学视频、微课、虚拟仿真动画模型等丰富的数字化资源，支持线上线下学习有机结合，强化学习效果。

本教材由杨凌职业技术学院郝红科担任主编，主要负责教材框架体系的搭建和教材全文的统稿；杨凌职业技术学院张鸥担任副主编，主要负责教材编写具体工作的统筹；西北农林科技大学水利与建筑工程学院安梦雄担任主审。全书共有三个学习模块，模块一、模块二项目一的任务一与任务二由张鸥编写；模块二项目一的任务三至任务五由杨凌职业技术学院陆静编写；模块二项目一的任务六至任务八由杨凌职业技术学院贺弘扬编写；模块二项目二的任务一由陆静、山西水利职业技术学院秦娜编写；模块二项目二的任务二由杨凌职业技术学院马琳、中国水电建设集团十五工程局有限公司冯江江编写；模块二项目二的任务三至任务七由马琳编写；模块二项目二的任务八由郝红科、贺弘扬编写；模块二项目三的任务一由张鸥、广西壮族自治区水利电力勘测设计研究院有限责任公司苏佩珍编写；模块二项目三的任务二由张鸥编写；模块三由杨凌职业技术学院赵珍编写。在教材编写过程中，课程建设团队领导和其他同仁给予了极大的帮助和支持，并提出了许多宝贵意见，杨凌职业技术学院校领导及教务处同仁也给予了大力支持，在此表示最诚挚的感谢。

本教材在编写中引用了大量的技术标准、行业规范和资料，恕未在书中一一注明。在此对有关作者表示诚挚的谢意。

本教材编写过程中，由于编者对相关教育理论及教学模式的理解水平有限，不足之处在所难免，恳请广大师生和读者批评指正，编者不胜感激。

编者

2022年12月

多媒体资源索引

序　号	资源名称	页码
微课 1-1-1	图幅、图框、标题栏	1
微课 1-1-2	绘图比例	4
微课 1-1-3	基本表达方式（一）	4
微课 1-1-4	基本表达方式（二）	5
微课 1-1-5	特殊表达方式（一）	6
微课 1-1-6	特殊表达方式（二）	7
微课 1-1-7	特殊结构表达方法（一）	8
微课 1-1-8	特殊结构表达方法（二）	9
微课 1-1-9	尺寸标注（一）	10
微课 1-1-10	尺寸标注（二）	12
微课 1-1-11	水利工程图图标	13
微课 1-2-1	水利工程图分类	15
微课 1-2-2	勘测图识读	15
微课 1-2-3	规划图识读	16
微课 1-2-4	设计图识读	17
微课 1-2-5	施工图识读	20
微课 1-2-6	竣工图识读	22
微课 1-2-7	水利工程图的特点	22

续表

序　号	资源名称	页码
微课 2-1-1-1	土石坝基础知识	26
模型 2-1-1-1	土石坝整体布置	26
模型 2-1-1-2	土石坝结构构造	29
微课 2-1-1-2	土石坝平面布置图识读	29
微课 2-1-1-3	土石坝横断面图识读	30
微课 2-1-1-4	土石坝细部结构图识读	30
微课 2-1-2-1	重力坝基础知识	38
模型 2-1-2-1	重力坝整体布置	38
模型 2-1-2-2	重力坝结构构造	40
微课 2-1-2-2	重力坝平面布置图识读	40
微课 2-1-2-3	重力坝立视图识读	41
微课 2-1-2-4	重力坝断面图识读	41
微课 2-1-3-1	拱坝基础知识	47
模型 2-1-3-1	拱坝	47
微课 2-1-3-2	拱坝平面布置图识读	50
微课 2-1-3-3	拱坝立视图识读	50
微课 2-1-3-4	拱坝典型横断面图识读	55
微课 2-1-4-1	溢洪道基础知识	56

续表

序　号	资源名称	页码
模型 2－1－4－1	溢洪道仿真模型	57
微课 2－1－4－2	溢洪道纵剖面图识读	60
微课 2－1－4－3	溢洪道横断面图识读	60
微课 2－1－5－1	隧洞基础知识	65
模型 2－1－5－1	隧洞进口模型	65
微课 2－1－5－2	隧洞平面图识读	69
微课 2－1－5－3	隧洞纵剖视图识读	69
微课 2－1－5－4	隧洞横断面图识读	69
微课 2－1－6－1	枢纽平面布置图识读	72
微课 2－1－6－2	土石坝典型横断面图识读	72
微课 2－1－6－3	溢洪道图识读	75
微课 2－1－7－1	枢纽平面布置图识读	85
微课 2－1－7－2	重力坝上游立视图识读	85
微课 2－1－7－3	挡水坝段剖视图识读	85
微课 2－1－7－4	排沙底孔坝段剖视图识读	89
微课 2－1－8－1	枢纽平面布置图识读	98
微课 2－1－8－2	泄洪冲沙孔坝段剖视图识读	98
微课 2－2－1－1	水闸基础知识	104
模型 2－2－1－1	水闸仿真模型	105
微课 2－2－1－2	水闸平面布置图识读	106
微课 2－2－1－3	水闸纵剖视图识读	106

续表

序　号	资源名称	页码
微课 2－2－1－4	水闸横剖视图识读	109
微课 2－2－2－1	渠道基础知识	111
模型 2－2－2－1	渠道整体布置	111
微课 2－2－2－2	渠道横断面图识读	111
模型 2－2－3－1	渡槽整体布置	116
微课 2－2－3－1	渡槽基础知识	116
微课 2－2－3－2	渡槽平面布置图识读	116
微课 2－2－3－3	渡槽横剖视图识读	116
微课 2－2－3－4	渡槽细部结构图识读	116
模型 2－2－4－1	倒虹吸管整体布置	119
微课 2－2－4－1	倒虹吸管基础知识	119
微课 2－2－4－2	倒虹吸管平面布置图识读	121
微课 2－2－4－3	倒虹吸管断面图识读	121
模型 2－2－5－1	涵洞整体布置	124
微课 2－2－5－1	涵洞基础知识	124
微课 2－2－5－2	涵洞平面布置图识读	124
微课 2－2－5－3	涵洞横剖视图识读	124
微课 2－2－5－4	涵洞细部结构图识读	124
模型 2－2－6－1	跌水整体布置	129
模型 2－2－6－2	陡坡整体布置	129
微课 2－2－6－1	跌水和陡坡基础知识	130

续表

序　号	资源名称	页码
微课 2-2-6-2	陡坡纵剖视图识读	130
微课 2-2-7-1	泵站基础知识	137
微课 2-2-7-2	泵站平面布置图识读	137
微课 2-2-7-3	泵站纵、横断面图识读	137
微课 2-2-7-4	泵站细部结构图识读	137
微课 2-2-8-1	枢纽平面布置图识读	145
微课 2-2-8-2	上游立视图识读	145
微课 2-2-8-3	泄洪闸纵剖面图识读	146
模型 2-3-1-1	水电站厂房布置	154
微课 3-1-1	CAD 界面组成	173
微课 3-1-2	基本输入操作	175
微课 3-1-3	文件管理	177
微课 3-1-4	设置图形界限	179
微课 3-1-5	图层创建与管理	180
微课 3-1-6	图层颜色、线型、线宽设置	181
微课 3-1-7	设置捕捉命令	182
微课 3-1-8	二维绘制案例	184
微课 3-1-9	复制、镜像命令	186
微课 3-1-10	缩放和平移	186
微课 3-2-1	滚水坝绘制实例	189
微课 3-2-2	水闸绘制实例	192

续表

序　号	资源名称	页码
微课 3-2-3	涵洞绘制实例	194
微课 3-2-4	渡槽绘制实例	194
微课 3-3-1	模型空间与图纸空间	196
微课 3-3-2	创建布局与页面设置	197
微课 3-3-3	打印机管理与设置	198

目　录

模块一　水利工程图识读与绘制基础

水利工程建设一般需要经历勘测、规划、设计、施工及验收等五个阶段，每个阶段均需绘制相应的图纸图样，它们是工程建设的重要依据，亦是工程界的语言，是工程技术人员之间交流的工具。掌握好这门语言工具对从事水利工程建设工作至关重要，因此水利工程勘测、规划、设计、施工、管理等相关岗位均要求工程技术人员具备较好的识图与绘图能力。本模块根据以上岗位需求，遵循“岗课融通”人才培养思路，主要介绍识图、绘图最新行业标准和水利工程图相关基础知识，旨在为后续水利工程图识读与绘制技能学习与强化打下坚实基础，亦为学生未来开展岗位实习及毕业上岗做好充足准备。

项目一　水利工程识图与绘图标准

［学习目标］

素质目标：树立规范意识，培养严谨认真、科学负责的工作态度。

知识目标：知道绘图图幅、图框、标题栏、比例尺、尺寸标注等标准规范；掌握水利工程图基本表达方式、特殊表达方式、水工建筑物常见曲面绘制方法等；了解水利工程图各类图标与图例。

能力目标：能正确绘制图幅、图框、标题栏，合理选定绘图比例，正确、全面地进行尺寸标注；能正确识读基本表达方式、特殊表达方式、常见曲面绘制方法等所绘相关图样，亦能使用以上方法正确绘制水利工程图；能运用水利工程图图标与图例识别图纸相关信息。

［学习预热］

“不以规矩，不能成方圆”

《史记》中关于大禹治水的记载如下：“禹乃遂与益、后稷奉帝命，命诸侯百姓兴人徒以傅土，行山表木，定高山大川。禹伤先人父鲧功之不成受诛，乃劳身焦思，居外十三年，过家门不敢入。薄衣食，致孝于鬼神。卑宫室，致费于沟淢。陆行乘车，水行乘船，泥行乘橇，山行乘檋。左准绳，右规矩，载四时，以开九州，通九道，陂九泽，度九山。令益予众庶稻，可种卑湿。命后稷予众庶难得之食。食少，调有余相给，以均诸侯。禹乃行相地宜所有以贡，及山川之便利。”

以上记录了大禹治水的光辉历程，也展现了大禹治水科学创新、艰苦奋斗、担当负责的崇高精神。文中描述大禹治水时“左准绳、右规矩”，意为大禹治水随身携带着“规”“矩”这两样测量工具。“规”“矩”是什么样的奇妙工具，竟能用来“望山川之形，定高下之势”，在改造大自然的斗争中大建奇功？在山东省嘉祥县一座古代建筑中的石室造像，依稀可见“规”“矩”的模样。图上画有两位古代神话中的祖先，一位是伏羲，另一位是女娲。伏羲手持“规”，它呈两脚状，与现在的圆规相似；女娲手持“矩”，它呈直角拐尺形。原来，“规”就是画圆用的圆规，“矩”就是折成直角的曲尺，它们至今仍是各行各业测量的常用工具。

《孟子》有言“不以规矩不能成方圆”，“规矩”除了专指以上两样测量工具以外，在今天常来形容各行各业的规章制度，抑或为人行事的智慧准则。

中国共产党第二十次全国代表大会（以下简称“党的二十大”）报告指出，全面建设社会主义现代化中国必须坚持守正创新。守正才能不迷失方向、不犯颠覆性错误，创新才能把握时代、引领时代。作为新时代水利接班人，要夯实规范规则意识，严格按照标准规范绘图与识图，并在此基础上积极创新工作方法与模式，从而更加科学准确地指导工程建设。

本项目主要介绍水利工程图制图、识图标准，主要包含《水利水电工程制图标准　基础制图》（SL 73.1—2013）、《水利水电工程制图标准　水工建筑图》（SL 73.2—2013）等。

一、基本规定

1. 图幅

图纸幅面即图纸的面积，为了使图纸整齐，国标中规定了图纸的幅面尺寸，用图纸的短边×长边（即 $B \times L$）表示。为便于图纸装订、保管和合理利用，对图纸的基本幅面规定了五种不同的尺寸，见表 1-1-1。

由表 1-1-1 可以看出上一号幅面的短边 B，为下一号幅面的长边 L。即上一号图幅沿长边对折即为下一号图幅，如图 1-1-1 所示。

图纸幅面在实际应用中面积不够大时，根据标准要求允许在图纸的长边按短边的倍数加长，具体尺寸可参照《水利水电工程制图标准》。

微课 1-1-1　图幅、图框、标题栏

表 1-1-1　基本幅面及图框尺寸　　单位：mm

幅面代号	A0	A1	A2	A3	A4
$B \times L$	841×1189	594×841	420×594	297×420	210×297
e	20		10		
c	10			5	
a	25				

注　e、c、a 代表图框线与装订线之间的距离。

2. 图框

图框指图纸上限定绘图区域的线框。

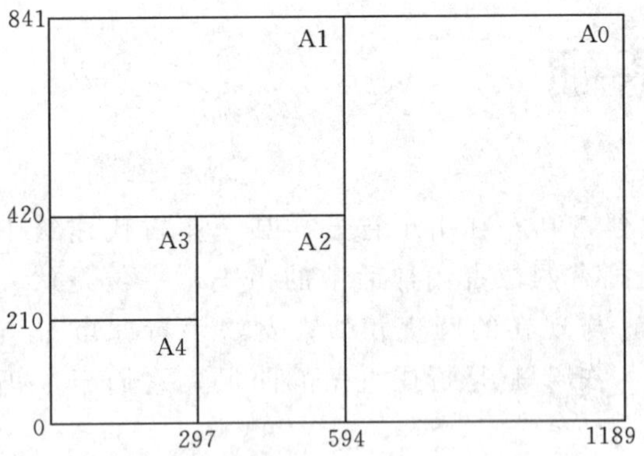

图 1-1-1　各图纸幅面的对开关系

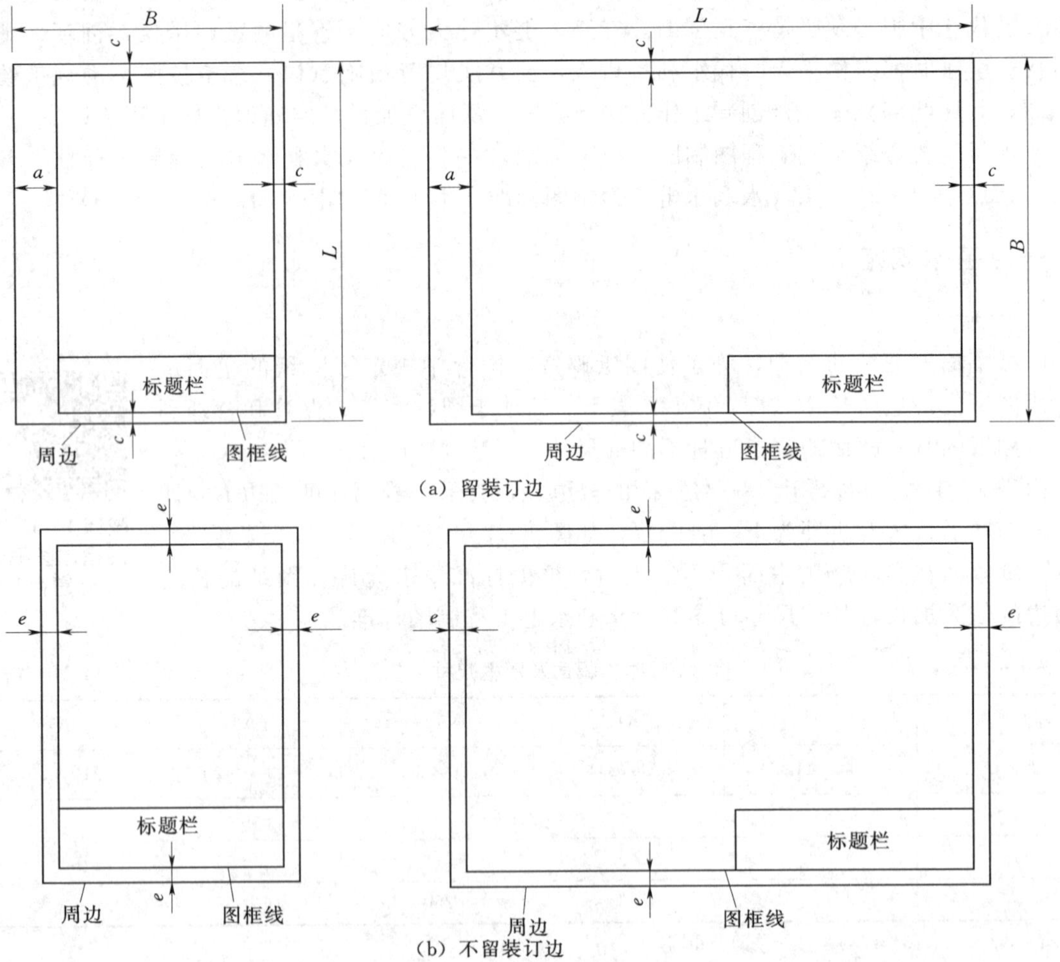

（a）留装订边

（b）不留装订边

图 1-1-2　图框和标题栏

无论图纸是否装订，均应画出图框和标题栏，而图样只能画在图框内。图框用粗实线绘制，线宽为（1～1.5）b（b 为粗实线宽度符号）。图框的形式分两种，留装订边或不留装订边。如图 1-1-2（a）所示，装订边留在图纸左侧，图框线距离图纸周边线左边缘为 $a=25$mm，其余三边距离图纸周边线为 $c=5$mm 或 10mm，具体根据图纸幅面大小选定，参见表 1-1-1。如图 1-1-2（b）所示，不留装订边时，图框四边距离图纸周边线为 $e=10$mm 或 20mm，e 值也要根据图纸幅面大小选定，参见表 1-1-1。

3. 标题栏与会签栏

图样中的标题栏（简称图标）应放在图纸右下角。标题栏外框线为粗实线，与图框线重合；标题栏分格线为细实线，线宽约为 $b/3$。

标题栏的内容、格式和尺寸，一般按图纸幅面的大小规定如下：A0、A1 图幅采用如图 1-1-3（a）所示的标题栏；A2～A4 图幅采用如图 1-1-3（b）所示的标题栏。另外，涉外工程图纸的标题栏可按图 1-1-4 所示式样绘制。

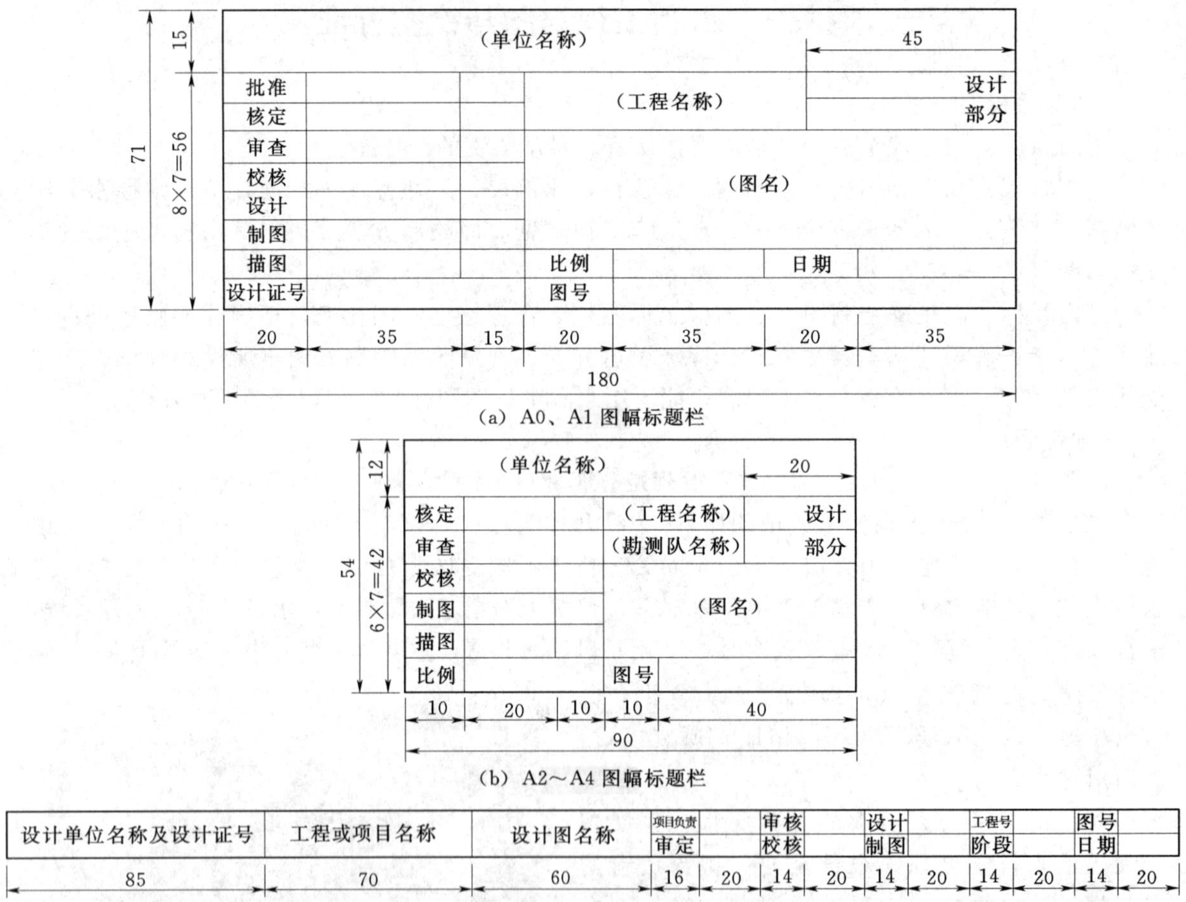

（a）A0、A1 图幅标题栏

（b）A2～A4 图幅标题栏

（c）A3 横式标题栏

图 1-1-3　标题栏内容、格式及尺寸（单位：mm）

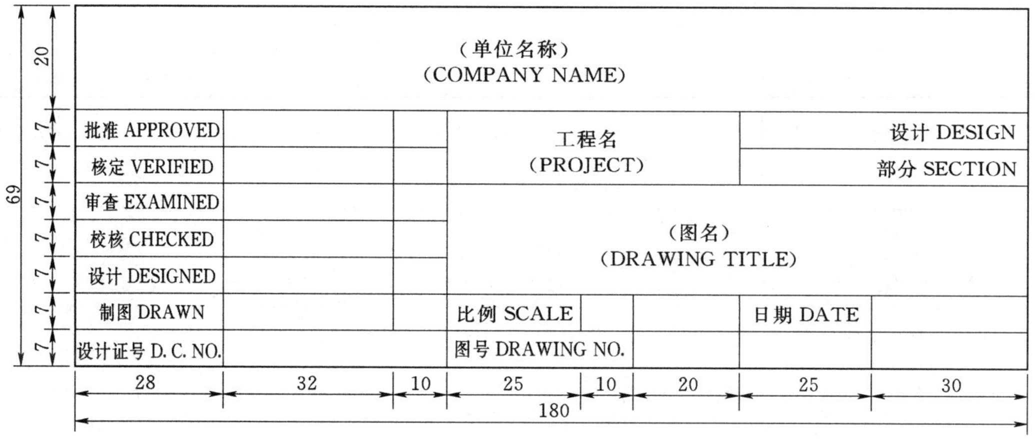

图 1－1－4　涉外标题栏（单位：mm）

本课程作业中建议采用如图 1－1－5 所示的标题栏，既可练习绘制标题栏和书写字体，又可简化制图过程。

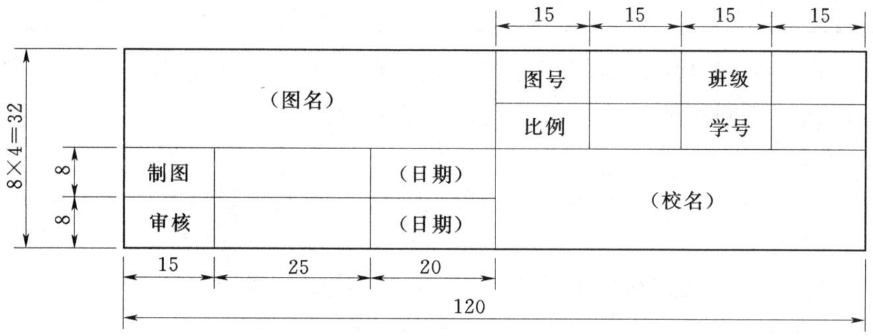

图 1－1－5　作业用标题栏（单位：mm）

图纸中会签栏的格式及尺寸可按图 1－1－6 绘制，其位置如图 1－1－7 所示。

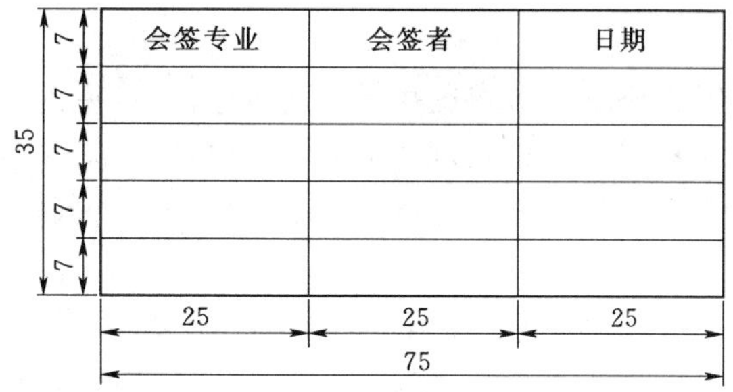

图 1－1－6　会签栏格式与尺寸（单位：mm）

4. 字体

图样上需要书写文字、数字或符号等，以说明物体大小及施工技术要求等内容。如果书写潦草或模糊不清，不仅影响图样清晰和美观，还会导致施工错误和麻烦，因此，国家标准

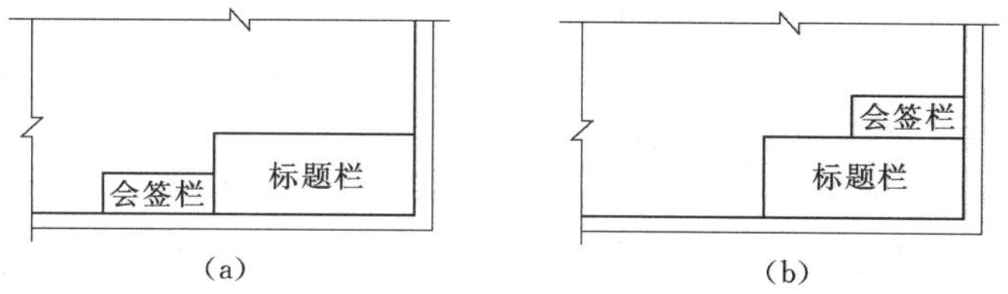

图 1－1－7　会签栏位置

对字体的规格和要求作了统一的规定。总的要求是：排列整齐、字体端正、笔画清晰、间隔均匀、标点符号准确清晰。其他规定如下。

（1）字高。图样中字体大小应根据图纸幅面、比例等情况从国家标准规定的下列字高系列（简称字号）中选用：3.5mm、5mm、7mm、10mm、14mm、20mm。该字高系列按照 $\sqrt{2}$ 倍规律递增，若需书写更大的字，则递乘以 $\sqrt{2}$。

（2）汉字。水利工程图中的汉字应采用简化字书写，必须符合国务院公布的《汉字简化方案》和有关规定，并写成长仿宋体。同一图样上，宜采用同一型式的字体。在同一行标注中，汉字、字母和数字宜采用同一字号。长仿宋体的字高与字宽的比例为 1：(0.7～0.8)，其关系见表 1－1－2。书写长仿宋体的基本要领是横平竖直、起落有锋、结构均匀、填满方格。长仿宋字示例如图 1－1－8 所示。

表 1－1－2　长仿宋体字高宽关系　　单位：mm

字高/mm	20	14	10	7	5	3.5	2.5
字宽/mm	14	10	7	5	3.5	2.5	1.8

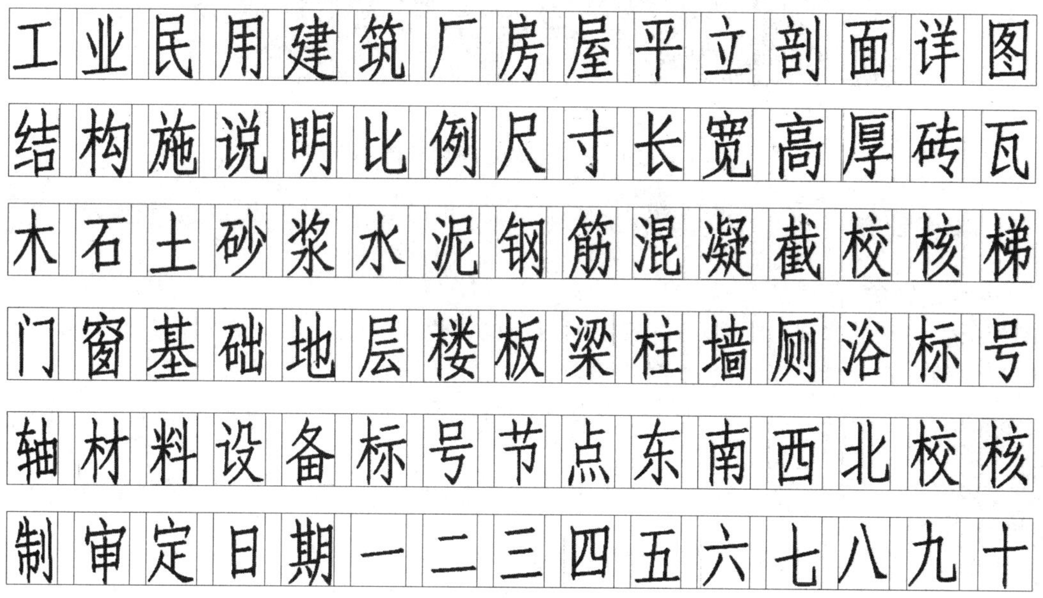

图 1－1－8　长仿宋字示例

（3）拉丁字母和数字（阿拉伯数字及罗马数字）。拉丁字母和数字的书写规格有一般字体和窄字体两种，其中又有正体字和斜体字之分。大写字母一般用于定位轴线的编号或断面的编号；小写字母主要用在投影图的标注。

字母和数字的字高，应不小于 2.5mm。若写成斜体字，斜体字的字头向右倾斜，与水平线约成 75°角，其高度与宽度应与相应的正体字相等。当字母或数字与汉字并列书写时，它们的字高宜比汉字字高小一号。

拉丁字母示例如图 1－1－9 所示，罗马数字、阿拉伯数字示例如图 1－1－10 所示。

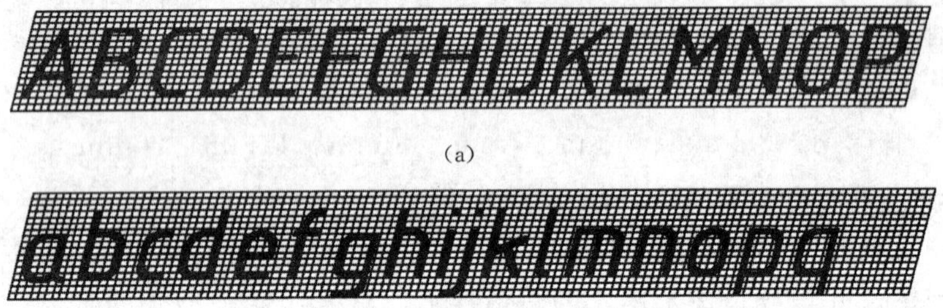

(a)

(b)

图 1－1－9　拉丁字母示例

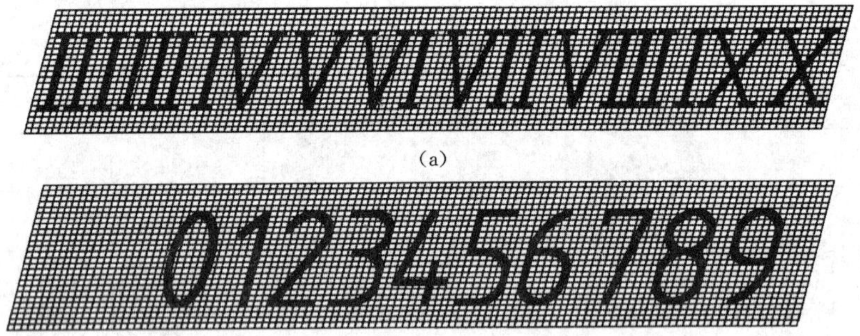

(a)

(b)

图 1－1－10　罗马字母、阿拉伯数字示例

二、绘图比例

1. 比例的概念

图样的比例是指图样中图形与其实物相对应的线性尺寸之比，一般分为三种类型：

（1）原值比例。比值为 1 的比例，即 1∶1，表示图形大小与实物大小相同。

（2）放大比例。比值大于 1 的比例，如 2∶1，表示在图形中按比例扩大到 2 倍绘制。

（3）缩小比例。比值小于 1 的比例，如 1∶100，表示在图形中按比例缩小为$\frac{1}{100}$绘制。

微课 1－1－2
绘图比例

对于水利工程图，多用缩小比例绘制在图纸上，如用 1∶20 画出的图样，其线性尺寸是实物相对应线性尺寸的 1/20。比例的大小，是指其比值的大小，如 1∶50 大于 1∶100。

2. 比例的选择

绘图比例的选择，应根据图样的用途和被绘对象的复杂程度，从表 1－1－3 中选用，并优先选用常用比例。标注图样尺寸时，无论选用何种比例，都必须标注对应实际尺寸。

表 1－1－3　　水工图常用比例

图　类	比　例
规划图	1∶100000，1∶50000，1∶10000，1∶5000，1∶2000
枢纽总布置图、施工总平面布置图	1∶5000，1∶2000，1∶1000，1∶500，1∶200
主要建筑物布置图	1∶2000，1∶1000，1∶500，1∶200，1∶100
基础开挖图、基础处理图	1∶1000，1∶500，1∶200，1∶100，1∶50
结构图	1∶500，1∶200，1∶100，1∶50
钢筋图	1∶100，1∶50，1∶20
细部结构图	1∶50，1∶20，1∶10，1∶5

一般情况下，一个图样应选用同一比例绘制。根据专业制图需要，同一图样中铅直与水平两个方向也可选用不同比例，但两个比例比值不宜超过 5 倍。

3. 比例的标注

（1）比例的符号为“∶”，比例应以阿拉伯数字表示，如 1∶1、1∶2、1∶100 等。

（2）整张图纸中用不同比例的，应在该图图名之后或图名横线下方另行标注，比例的字高应较图名的字高小 1 号或 2 号，如图 1－1－11 所示；整张图纸中只用一种比例的，应统一注写在标题栏内。

图名1∶200　或　$\frac{\text{图名}}{1:200}$

图 1－1－11　制图比例标注形式

三、水利工程图基本表达方式

1. 视图类型

（1）平面图。建筑物的俯视图在水工图中称为平面图。常见的平面图有枢纽布置图和单一建筑物平面图。平面图主要用来表达水利工程的平面布置，建筑物水平投影的形状、大小及各组成部分之间的相互位置关系，剖视、断面等剖切位置、投影方向和剖切面名称等，如图 1－1－12 所示。

（2）立面图（立视图）。建筑物的主视图、后视图、左视图、右视图即反映高度的视图，在水工图中称为立面图（立视图）。立面图的名称与水流方向有关，观察者顺水流方向观察建筑物所得视图，为上游立面图；观察者逆水流方向观察建筑物所得视图，为下游立面图。上、下游立面图均为水工图中常见立面图，其主要表达建筑物外部形状与结构布置等，如图 1－1－12 所示。

微课 1－1－3
基本表达方式
（一）

（3）剖视图、断面图。剖切平面平行于建筑物轴线或纵向控制线剖切得到的剖视图或断面图，在水工图中称为纵剖视图或纵断面图；剖切平面垂直

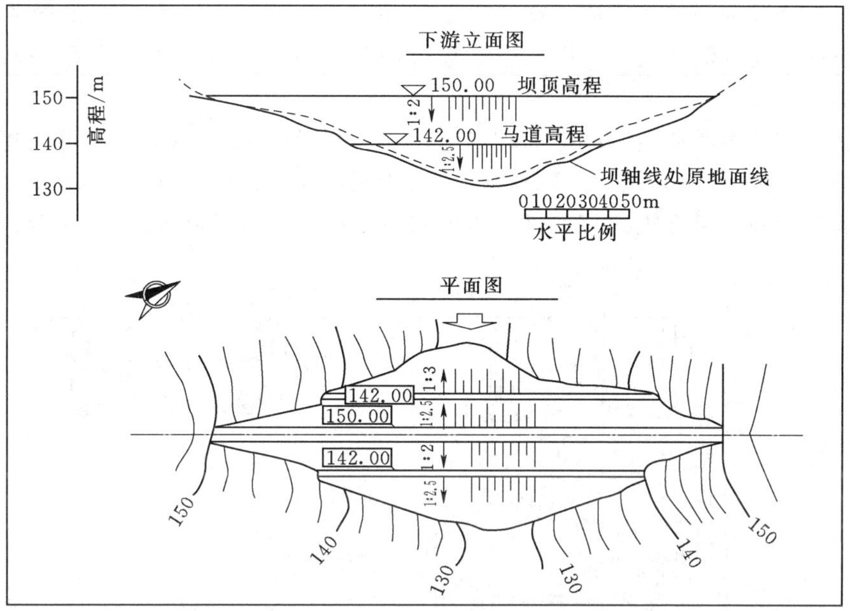

图 1-1-12 建筑物立面图、平面图

于建筑物轴线或纵向控制线剖切得到的剖视图或断面图，在水工图中称为横剖视图或横断面图。剖视图主要用来表达建筑物内部结构形状及各组成结构间的相互位置关系，建筑物主要高程和水位，地形、地质、建筑材料及工作情况等。断面图则主要表达建筑物某一组成部分的断面形状、尺寸、构造及其所采用的材料等，如图 1-1-13 所示。

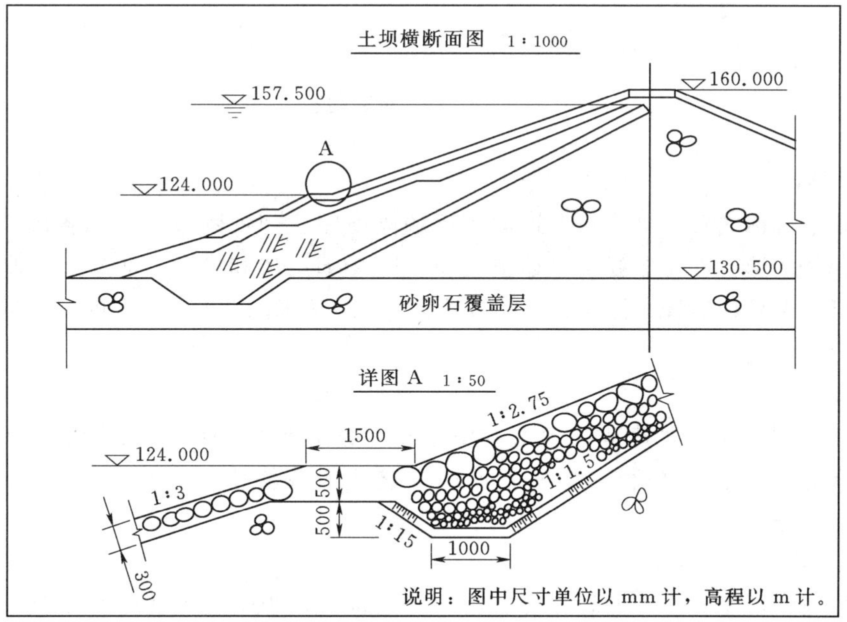

图 1-1-13 大坝断面图

(4) 详图。将物体的部分结构用大于原图的比例绘出的图样称为详图。其主要用来表达建筑物的某些细部结构形状、尺寸及所用材料等。详图可以根据需要绘成视图、剖视图（断面图），它与放大部分的表达方式无关。详图一般应标注图名代号，其标注方法为：把被放大部分在原图上用细实线小圆圈圈住，并标注字母，在相应的详图下面用相同字母标注图名、比例，如图 1-1-14 所示。

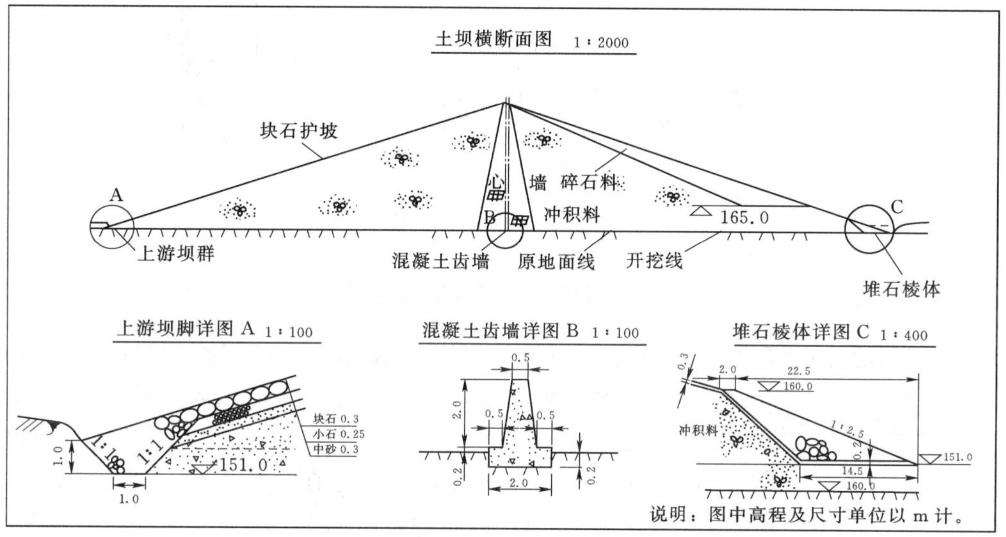

图 1-1-14 坝体详图

2. 视图配置

水工视图应尽量按照投影关系配置在一张图纸上。为合理利用图纸面积，也允许将某些视图配置在图幅适当位置。当建筑物过大或图形复杂时，根据图形大小也可将同一建筑物的各类视图单独绘在不同图纸上。

水工图的配置还应考虑水流方向，对于挡水建筑物，如大坝、水电站等应使水流方向在图样中自上而下呈现；对于输水、泄水建筑物，如水闸、渠道、隧洞、渡槽等应使水流方向在图中自左向右呈现。

微课 1-1-4
基本表达方式
（二）

3. 视图标注

(1) 水流方向的标注。在水工图中一般用水流方向符号注明水流方向。水流方向符号根据需要可按制图标准规定的图 1-1-15 中的三种形式之一绘制，其图线宽可取 0.35～0.5mm，图中 B 值可取 10～15mm。河流水流方向宜自上而下或自左向右。为区分河流的左右岸，制图标准规定视向顺水流方向（面向下游），左边为左岸，右边为右岸。

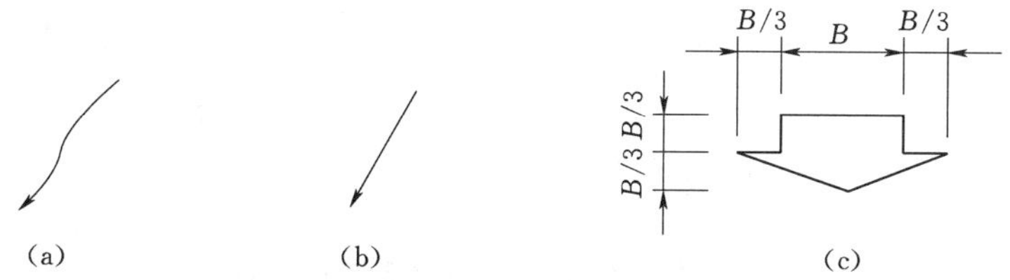

图 1-1-15 水流方向标注

（2）地理方位的标注。在水工图的规划图和枢纽布置图中应用指北针符号注明建筑物的地理方位。指北针符号可按标准规定的图 1-1-16 中的三种形式之一绘制，其位置一般在图的左上角或右上角。图线宽可取 0.35mm，粗线宽可取 0.5～0.7mm，B 可取 16～20mm。

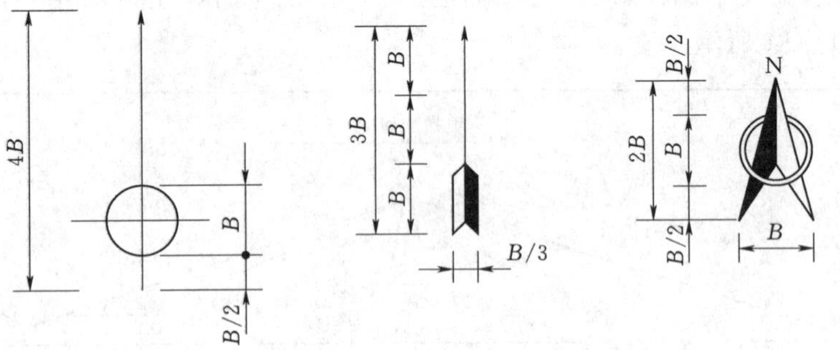

(a)　(b)　(c)

图 1-1-16　地理方位标注图

（3）视图名称和比例的标注。在同一张图纸内基本视图按直接正投影法第一分角画法绘制并布置的，可不标注视图名称，否则应标注视图名称。视图名称宜标注在图形上方，并在视图名称下方绘一粗实线，其长度应超出视图名称长度前后各 3～5mm。当整张图纸上各图样均用同一种比例绘制时，比例可统一注写在图纸标题栏内，否则，应逐个标注。比例尺的字高应比图名的字高小 1～2 号，如图 1-1-17 所示。

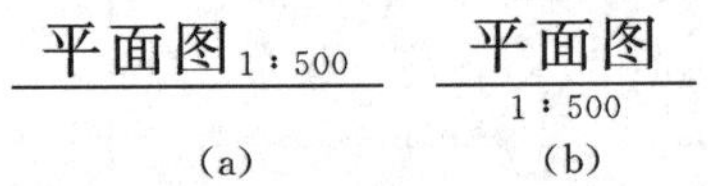

(a)　(b)

图 1-1-17　图名、比例标注图

四、水利工程图特殊表达方式

微课 1-1-5 特殊表达方式（一）

1. 简化画法

简化画法就是通过省略重复投影、重复要素、重复图形等达到使图样简化的表达方法。水工图中常用简化画法，如当图形对称时，可以只画对称图形的一半，但必须在对称线的两端画出对称符号。图形的对称符号应按图 1-1-18 所示细实线绘制。

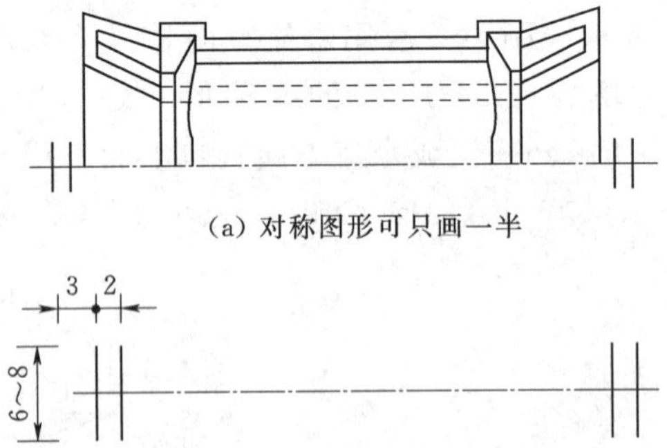

(a) 对称图形可只画一半

(b) 简化图

图 1-1-18　简化画法（单位：mm）

多个完全相同且连续排列的构造要素，可在图样两端或适当位置画出少数几个要素的完全形状，其余部分以中心线或中心线交点表示，并标注相同要素的数量，如图 1-1-19（c）中消力池底板排水孔的简化表示。图样中成规律分布的细小结构，可只做标注或以符号代替。

2. 拆卸画法

当视图、剖视图中所要表达的结构被另外的次要结构或填土遮挡时，可假想将其拆卸或掀掉，然后再进行投影。如图 1-1-19 所示平面图中，假想对称线后半部分即左岸闸室部分桥面板及胸墙被拆卸，填土被掀掉，可见弧形闸门投影，岸墙下部虚线则变实线。

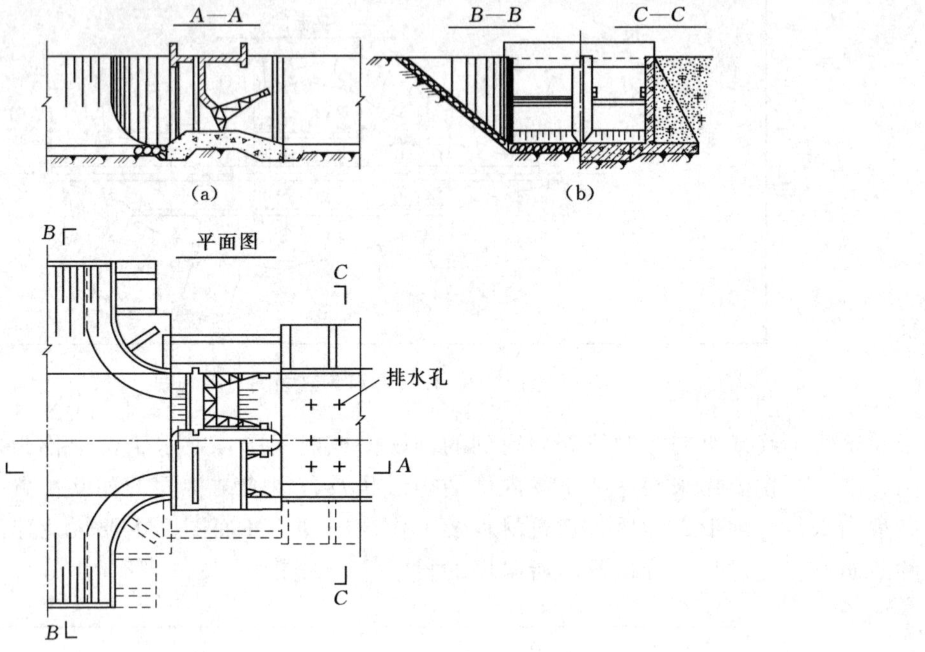

图 1-1-19　拆卸画法

3. 合成视图

对称或基本对称图形，可将两个视向相反的立视图、剖视图或断面图各画一半，以对称线为界合成一个图形，即合成视图，如图 1-1-19 中 B—B 和 C—C 即为合成剖视图。另外，同一视图中可同时采用展开、简化、分层或拆卸画法，如图 1-1-19 平面图中同时采用了拆卸画法与简化画法。

4. 缝线的画法

绘制水工图时，为了清晰表达建筑物中各种缝线，如伸缩缝、沉陷缝、施工缝和材料分界线等，无论缝的两边是否在同一平面内，这些缝线均用粗实线表示，如图 1-1-20 所示。

5. 不剖画法

对于支撑板、薄壁和实心的轴、柱、梁、杆等构件，当剖切平面平行于其轴线或中心线时，这些结构按不剖绘制，并用粗实线将它与其相邻部分分开。如图 1-1-21 中 A—A 剖视

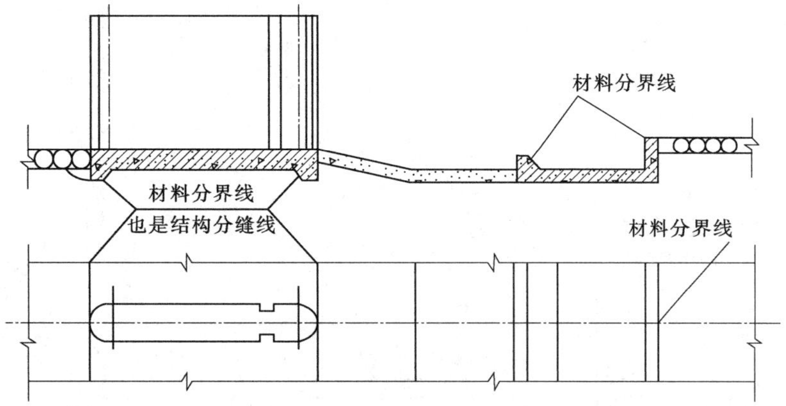

图 1-1-20　缝线画法

图中的闸墩、*B*—*B* 断面图中的支撑板。

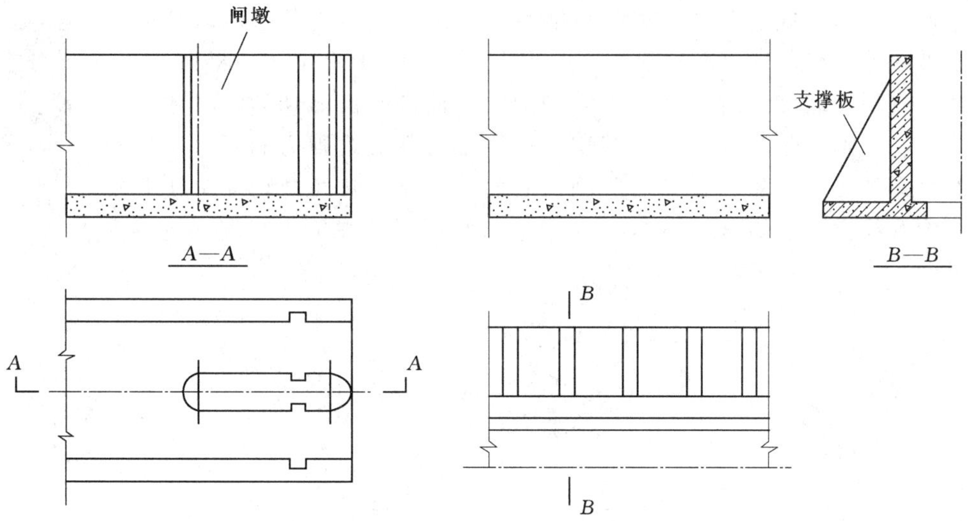

(a) 闸墩按不剖绘制　　(b) 支撑板按不剖绘制

图 1-1-21　不剖画法

6. 展开画法

当构件、建筑物的轴线（或中心线）为曲线时，可将曲线展开成直线再绘制成展视图、剖视图或断面图，此时应在图名后注写“展开”二字，或写成“展开图”，如图 1-1-22 所示。

微课 1-1-6
特殊表达方式
（二）

7. 连接画法

较长的图形允许将其分成两部分绘制，再用连接符号表示相连，并用大写字母编号，如图 1-1-23 所示。

8. 断开画法

较长的图形，当沿长度方向形状相同或按一定规律变化时，可以断开绘制，只画物体的两端，并在断开处以折断线表示，如图 1-1-24 所示。

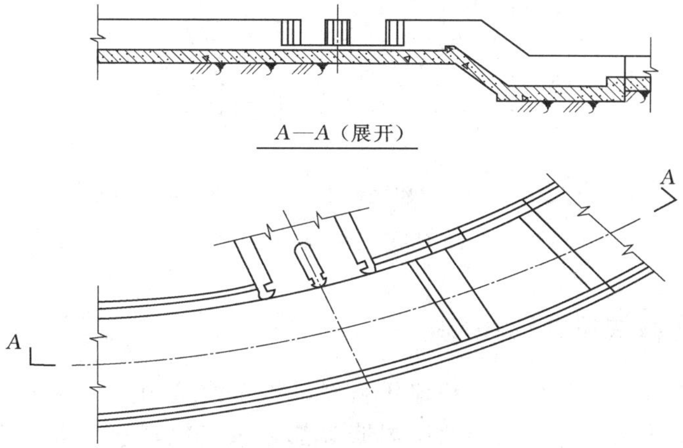

图 1-1-22　展开画法

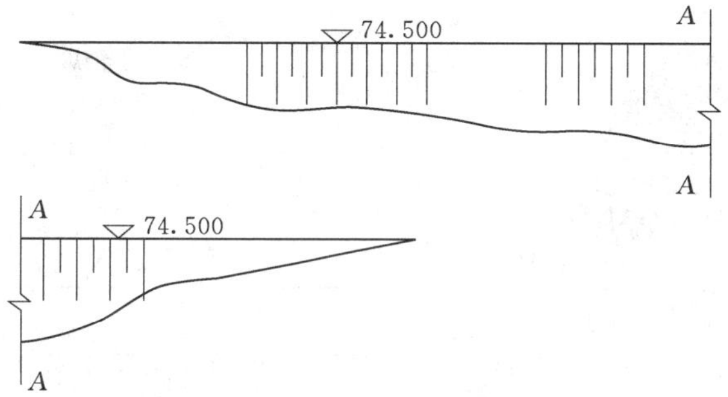

图 1-1-23　连接画法

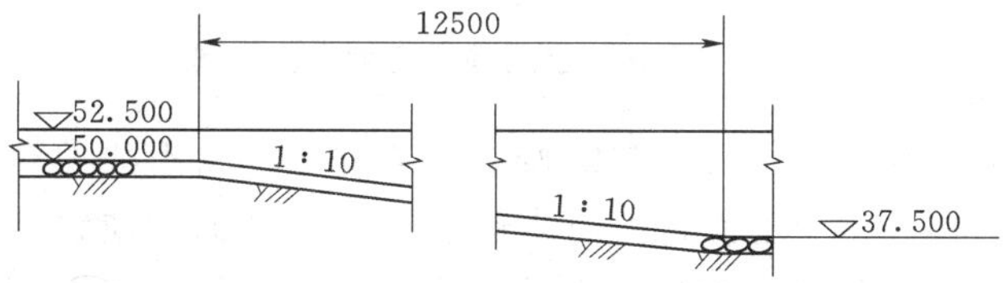

图 1-1-24　断开画法（尺寸单位：mm，标高单位：m）

9. 分层画法

当结构有层次时，可按其构造层次分别绘制，相邻层用波浪线分界，并用文字标注各层结构的名称或说明，如图 1-1-25 所示。

10. 示意画法

当视图比例较小致使某些细部构造无法在图中清楚表示，或者某些附属设备另有图纸展示，不需要在视图中详细画出时，可以在图中相应部位画出示意图。

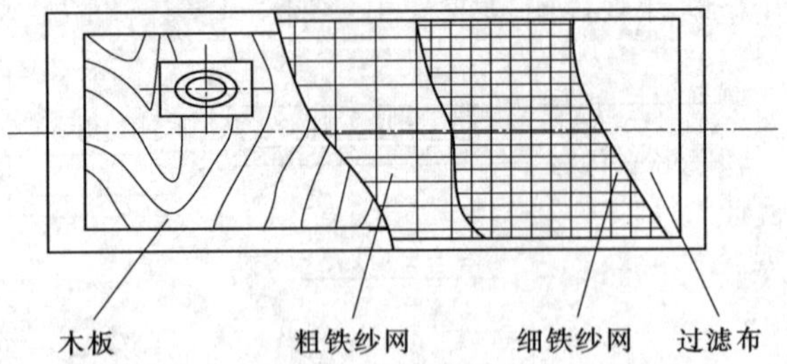

图 1-1-25　分层画法

五、水工建筑物常见曲面绘制

为改善水流条件、受力状况，节约建筑材料，水工建筑物的某些表面往往做成有规则的曲面，如溢流坝面、闸墩头部、水闸两岸翼墙等都是水工建筑物中常见曲面的应用实例，如图 1-1-26 所示。

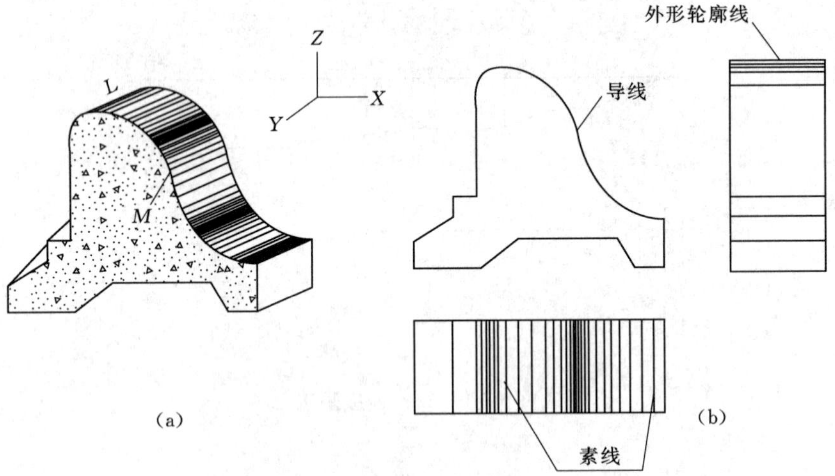

图 1-1-26　水工建筑物常见曲面图

这些曲面可以看成是直线或曲线在空间按一定规律运动所形成的轨迹。由直线运动形成的曲面叫直线面，如圆柱面、圆锥面；由曲线运动形成的曲面叫曲线面，如环面、球面。我们把运动的线称为母线，控制母线做有规律运动的线或面称为导线或导面。《水利水电工程制图标准》规定曲面视图可用曲面上的素线或截面法所得的截交线表达曲面，素线和截交线用细实线绘制。

1. 柱面表示法

在水工图中，规定需在可见柱面上用细实线绘制若干素线。

在实际绘制正圆柱面素线时，不必采用先等分圆弧再按投影规律绘出素线的画法，可按越靠近轮廓素线越稠密，越靠近轴线素线越稀疏的原则目估绘制。而绘制斜椭圆柱面的投影和画正圆柱面一样，需要画出上底面、下底面、柱面的轮廓素线及轴线的投影。如图 1-1-27 所示闸墩上游头部正圆柱面以及下游头部斜椭圆柱面的表达。

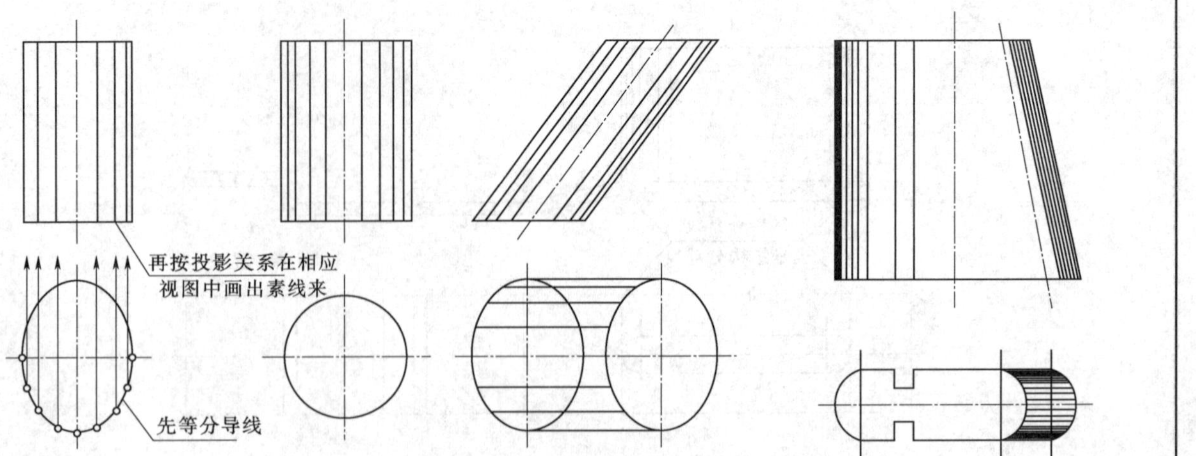

图 1-1-27　柱面表示法

2. 锥面表示法

为了便于看图，规定在水工图中圆锥面上用细实线绘制若干示坡线或素线，其示坡线或素线一定要经过圆锥顶点的投影。工程上常采用斜椭圆锥面，其圆心连线倾斜于底面。若用平行于斜椭圆锥底面的平面截切斜椭圆锥，截交线为圆；若用垂直于轴线的平面截切斜椭圆锥，截交线则为椭圆。画斜椭圆锥面的投影和画正圆锥一样，需要画出底面、锥尖、锥面的轮廓素线及轴线和圆的中心线投影。如图 1-1-28 所示港口防浪堤的堤头，其端部是半个斜椭圆锥台。

微课 1-1-7
特殊结构表达
方法（一）

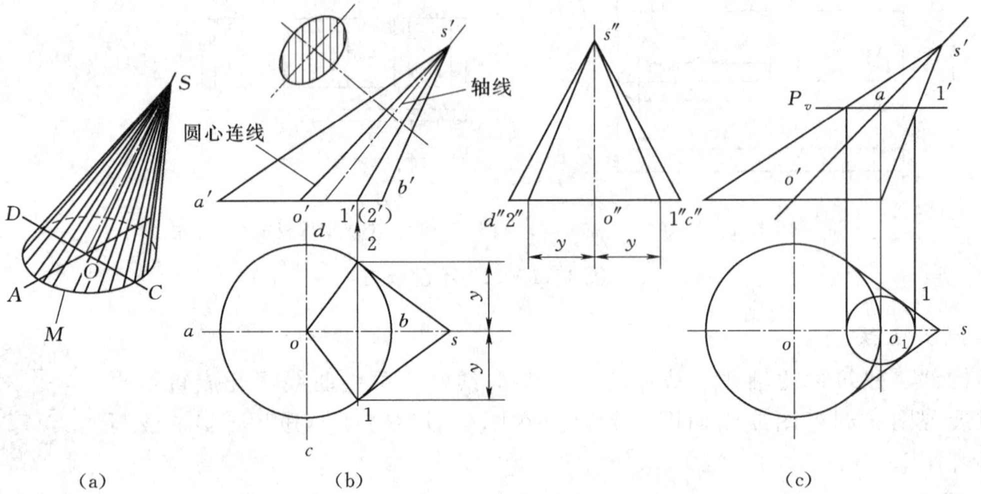

图 1-1-28　锥面投影原理

实际水工图中，绘制反映锥面轴线实长的视图时可用若干条由密到疏（或由疏到密）的直素线表示；绘制反映锥底圆弧实形的视图时可用若干条均匀的放射状直素线表示，或若干条示坡线表示，如图 1-1-29 所示。

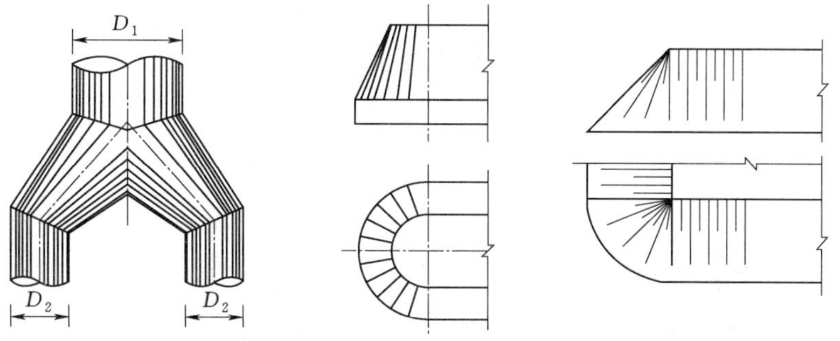

（a）叉管锥面画法　（b）锥形墩头画法　（c）锥底示坡线画法

图 1-1-29　锥面表示法

3．方圆渐变面表示法

在水利工程中，有压隧洞洞身通常设计成圆形断面，而在进、出口处为安装闸门，往往设计成矩形断面，因而在矩形断面和圆形断面之间常用一个由矩形逐渐变化成圆形的过渡段来连接，这个过渡段的表面称为方圆渐变面，如图 1-1-30 所示。

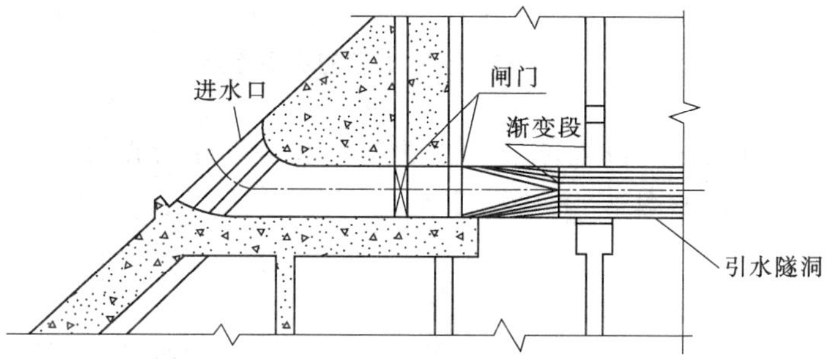

图 1-1-30　方圆渐变面

渐变面的表面由 4 个三角形平面和 4 个部分斜椭圆锥面组成。矩形的 4 个角就是 4 个部分斜椭圆锥的顶点，圆周的 4 段圆弧就是斜椭圆锥的底面圆，4 个三角形平面与 4 个部分斜椭圆锥面平滑相切而无分界线。方圆渐变面一般用三视图和必要的断面来表示，与圆锥曲面一样，方圆渐变面锥面上要画出素线，如图 1-1-31 所示。

方圆渐变面的横断面是带 4 个圆角的矩形，其中圆角半径 r_1 和直线段长度 b_1、h_1 均随剖切位置不同而变化，可直接在主视图和俯视图的剖切位置量得各部分尺寸，再绘制其断面图。

4．扭曲面表示法

水工建筑物控制水流部分的断面一般为矩形，而灌溉渠道的断面一般是梯形，为使水流平顺及减少水头损失，由梯形断面变为矩形断面之间常用一个扭面过渡段来连接，该过渡段的内外表面都是扭曲面，如图 1-1-32 所示。

水工图中表示扭曲面，除画出扭面 4 条边线投影以外，还应画出素线投影。为使所绘素线能体现扭面性质，制图标准规定主视图、俯视图上画水平素线，侧视图上画侧平素线，如图 1-1-33 所示。

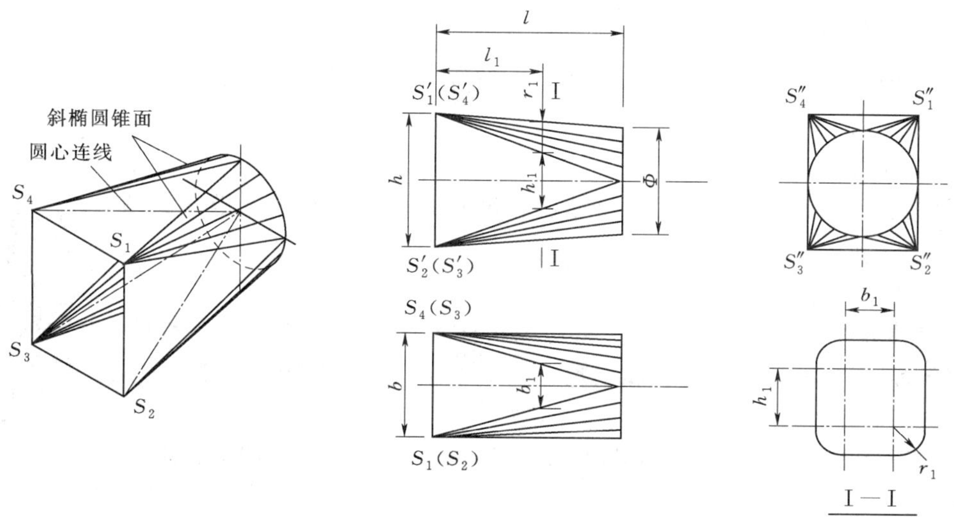

图 1-1-31　方圆渐变面表示法

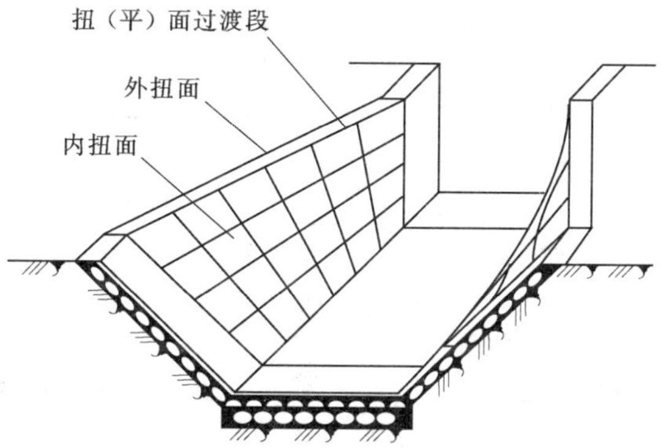

图 1-1-32　渠道中的扭面连接段

微课 1-1-8
特殊结构表达方法（二）

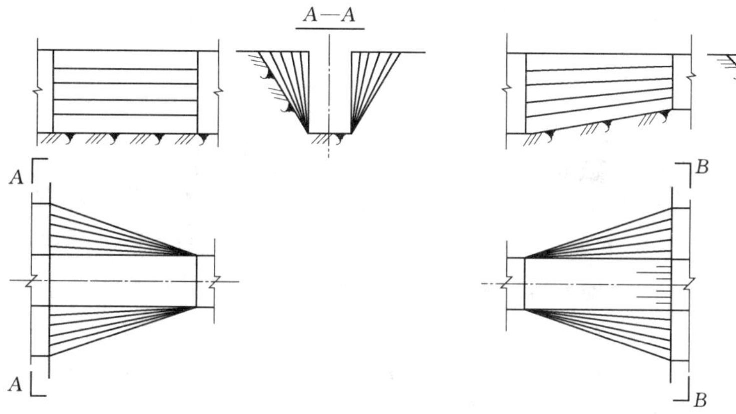

（a）　（b）

图 1-1-33　扭面的三视图

六、图样标注

在水工图中，图样仅表示物体形状轮廓，而物体的真实大小则由图样上所标注的实际尺寸来确定。

1. 尺寸组成

完整的尺寸一般由尺寸界线、尺寸线、尺寸起止符号和尺寸数字组成，如图1-1-34所示。

微课1-1-9
尺寸标注
（一）

2. 基本规定

（1）尺寸界线。细实线绘制，一般应与被注长度垂直，其一端应离开图样轮廓线不小于2mm，另一端宜超出尺寸线2～3mm。有时图样轮廓线也可用作尺寸界线，如图1-1-35所示。

（2）尺寸线。细实线绘制，并与被注长度平行。图样上任何图线都不得用作尺寸线。

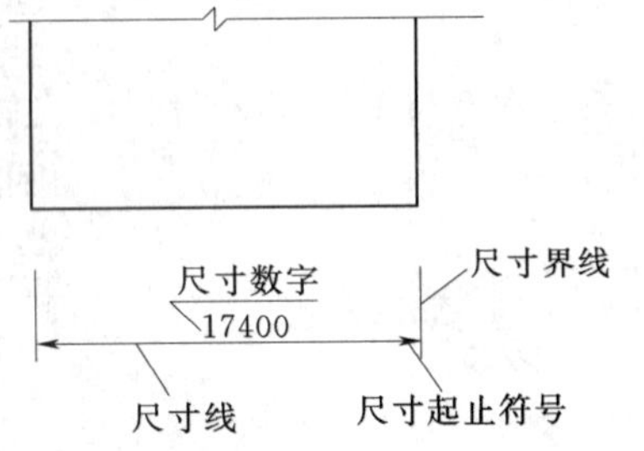

图1-1-34 尺寸的组成

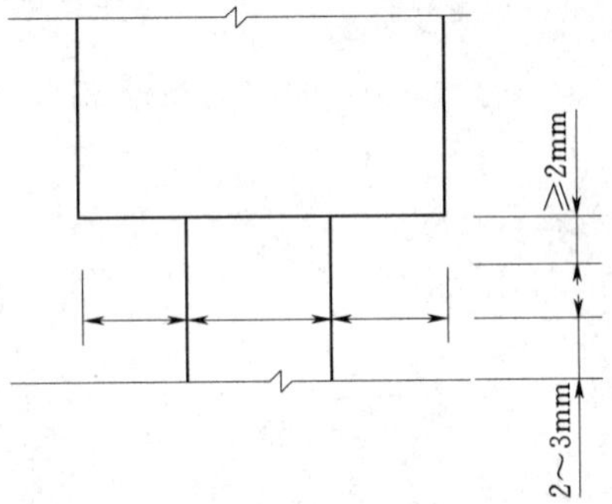

图1-1-35 尺寸界线

（3）尺寸起止符号。尺寸线与尺寸界线的相交点是尺寸的起止点，尺寸起止符号可采用箭头形式或45°细实线绘制的h=3mm的短画线，如图1-1-36所示。其中箭头起止符号中的b可取为所注尺寸数字字高的1/4。另外，半径、直径、角度与弧长的尺寸起止符号，宜用箭头表示。

（a）箭头　（b）45°斜线尺寸起止符号

图1-1-36 尺寸起止符号

（4）尺寸数字。标准规定，图样上一律用阿拉伯数字标注图样的实际尺寸，与绘图比例无关，应以尺寸数字为准，不得从图上直接量取。

图样上所标注的尺寸，除标高以m、桩号以km±m为单位外，其他一般以mm为单位，所以图样上尺寸数字一律不写单位。

尺寸数字一般依据其方向注写在靠近尺寸线的上方中部。水平方向的尺寸，尺寸数字写在尺寸线的上方，字头向上；竖直方向的尺寸，尺寸数字注写在尺寸线的左侧，字头向左；倾斜方向的尺寸，尺寸数字字头应保持向上，按图1-1-37（a）所示注写。若尺寸方向在30°斜线区内，宜按图1-1-37（b）形式注写。

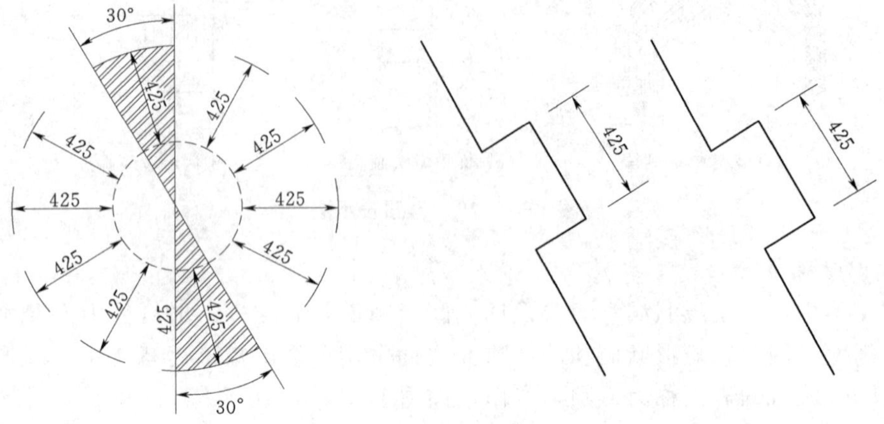

（a）　（b）

图1-1-37 尺寸数字的注写方向

尺寸数字如没有足够的注写位置，最外边的尺寸数字可注写在尺寸界限的外侧，中间相邻的尺寸数字可错开注写，如图1-1-38所示。

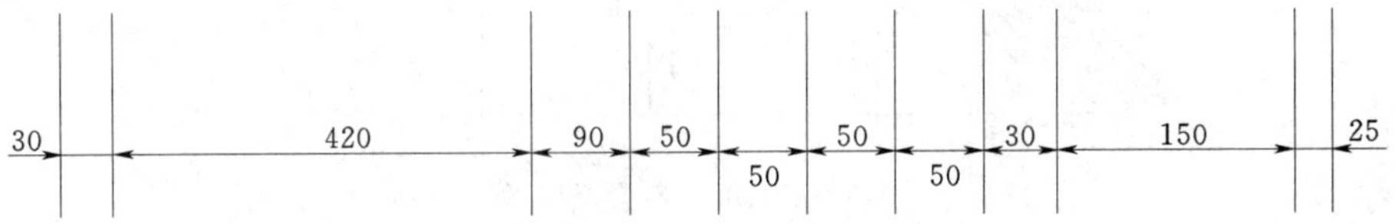

图1-1-38 连续尺寸标注数字的注写位置

3. 尺寸排列与布置

尺寸宜标注在图样轮廓以外，不宜与图线、文字及符号等相交。图线不得穿过尺寸数字，不可避免时，应将尺寸数字处的图线断开，如图1-1-39所示。

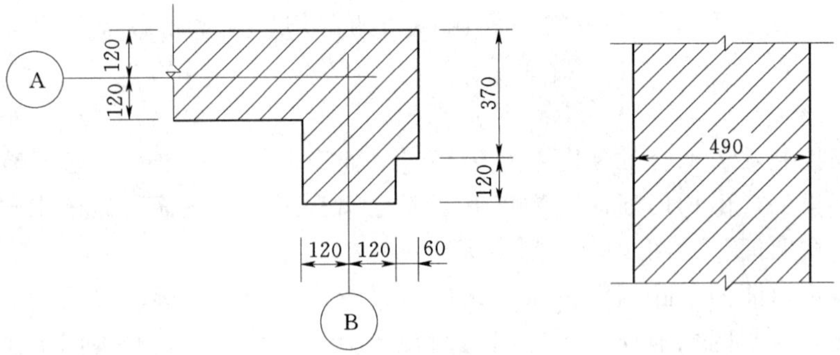

图1-1-39 尺寸数字的注写

若干平行的尺寸线，应从被注写的图样轮廓线由近向远排列整齐，一般较小尺寸离轮廓线较近，大尺寸离轮廓线较远，如图 1-1-40 所示。图样轮廓线以外的尺寸界线，距图样最外轮廓线以外的距离，不宜小于 10mm，平行排列的尺寸线的间距为 7～10mm，并应保持一致。

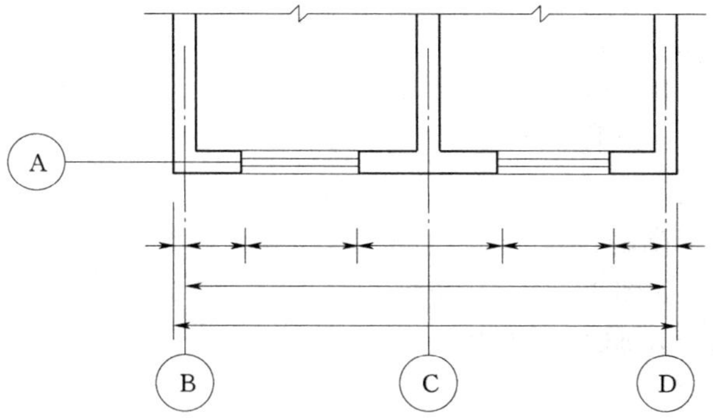

图 1-1-40　尺寸的排列

4. 半径、直径、球的尺寸标注

（1）半径尺寸的标注。半径的尺寸线一端从圆心开始，另一端画箭头指向圆弧。半径数字前应加注半径符号"*R*"，如图 1-1-41 所示。

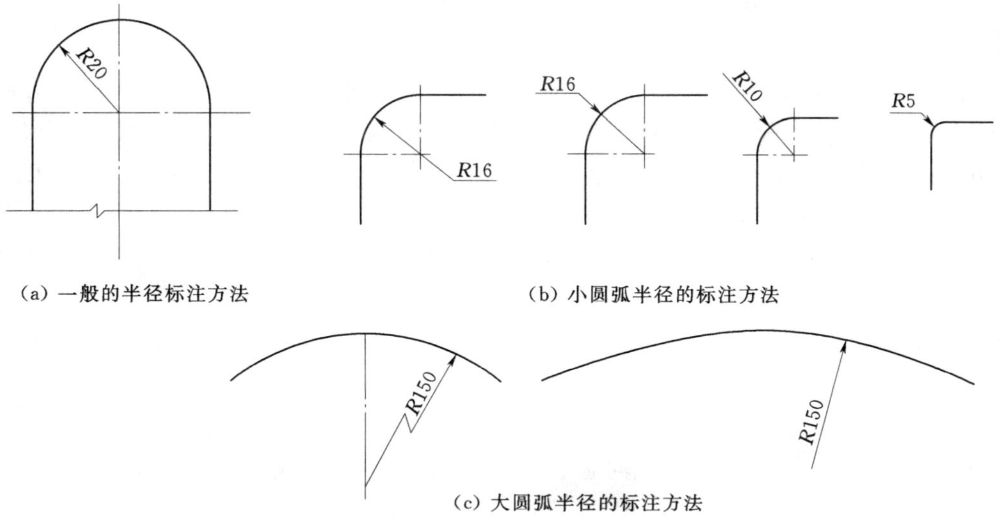

（a）一般的半径标注方法　　（b）小圆弧半径的标注方法

（c）大圆弧半径的标注方法

图 1-1-41　半径尺寸的标注

圆弧半径较小，可按图 1-1-41（b）的形式标注；圆弧半径较大，可按图 1-1-41（c）的形式标注。

（2）直径的尺寸标注。标注圆的直径尺寸时，直径数字前应加直径符号"ϕ"。在圆内标注的尺寸线应通过圆心，两端画箭头指向圆弧，如图 1-1-42（a）所示。圆的直径尺寸较小，可标注在圆外，如图 1-1-42（b）所示。

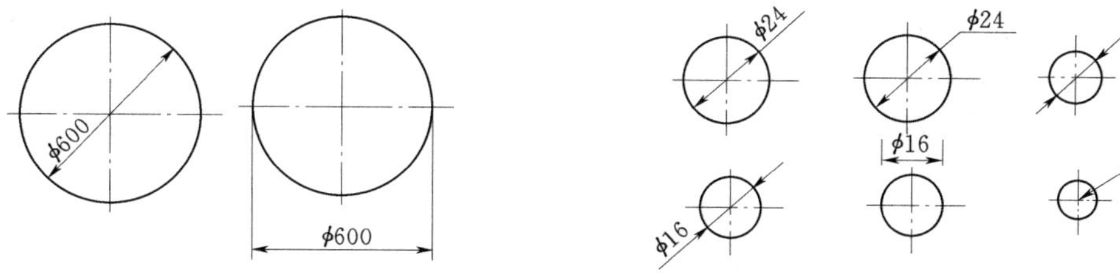

（a）一般直径的标注方法　　（b）小圆直径的标注方法

图 1-1-42　直径尺寸的标注

（3）标注球的半径或直径尺寸时，应在尺寸前加注符号"*SR*"或"*S*ϕ"。其注写方法与圆弧半径和圆直径的尺寸标注方法相同。

5. 角度、弧长、弦长的标注

（1）角度的标注。角度的尺寸线以圆弧表示，圆弧的圆心为该角的顶点，角的两条边为尺寸界线；角的起止符号用箭头表示，若画箭头的位置不够时，也可用圆点代替；角度数字应按水平方向注写，如图 1-1-43 所示。

（2）弧长和弦长的标注。弧长和弦长的尺寸界线应垂直于该圆弧的弦；标注圆弧的弦长时，尺寸线是平行于该弦的直线，如图 1-1-44（a）所示；标注圆弧的弧长时，尺寸线是与该圆弧同心的圆弧线，起止符号用箭头表示，并在尺寸数字前面加注圆弧符号"⌒"，如图 1-1-44（b）所示。

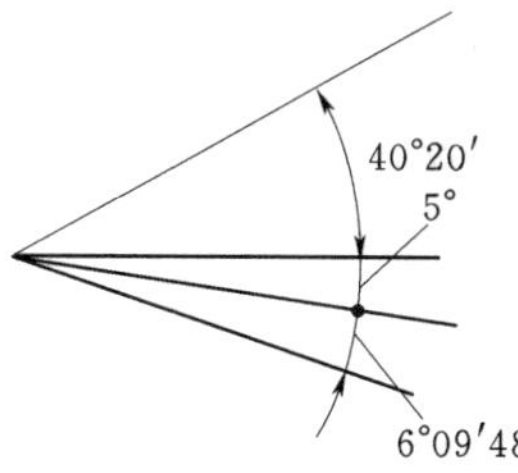

图 1-1-43　角度的标注

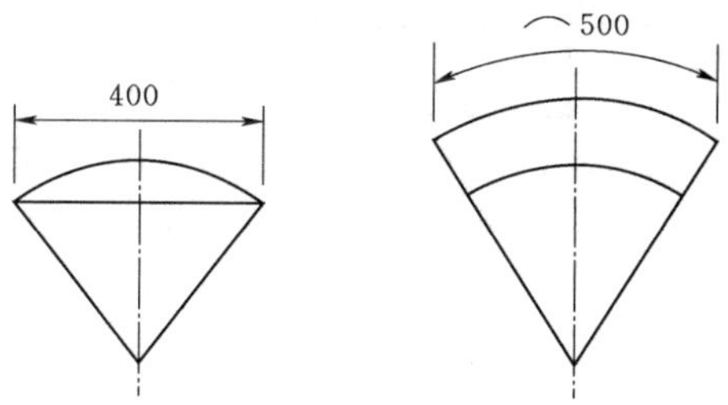

（a）　（b）

图 1-1-44　弧长和弦长的标注

6. 其他尺寸的标注

（1）薄板厚度和正方形的标注。在薄板板面标注板厚尺寸时，应在厚度数字前加厚度符号"*t*"，如图 1-1-45 所示。

标注正方形的尺寸时，除了可以用"边长×边长"的形式外，也可在边长数字前加注正方形符号"□"，如图 1-1-46 所示。

（2）坡度的标注。坡度可用百分数、比数、直角三角形的形式标注。用百分数、比数标注坡度时，坡度数字下应加注一单面箭头作为坡度符号"←"，箭头指向下坡方向，如图 1-1-47（a）、（b）所示。

（3）标高的标注。高度尺寸由标高符号和标高数字两部分组成。

1）标高符号。

a. 在立面图和铅垂方向的剖视图（断面图）中，标高符号一般采用如图 1-1-48（a）所示的符号（为 45°等腰直角三角形），用细实线绘制，高度为 3mm，标高符号可向下指，也可向上指，但尖端必须与被标注高度的轮廓线或引出线接触，标高数字一律写在标高符号的右边。

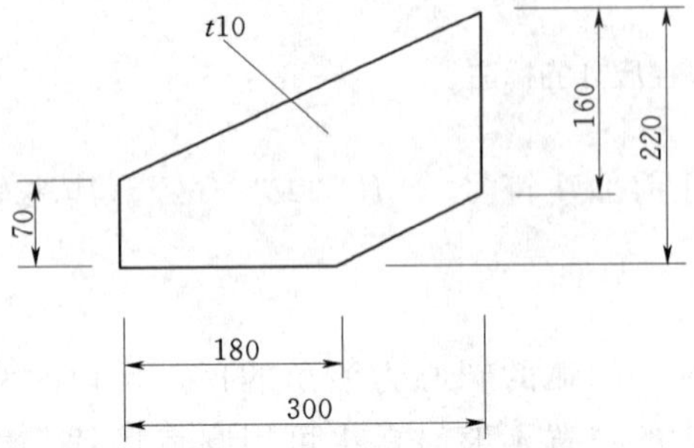

图 1-1-45　薄板厚度的标注

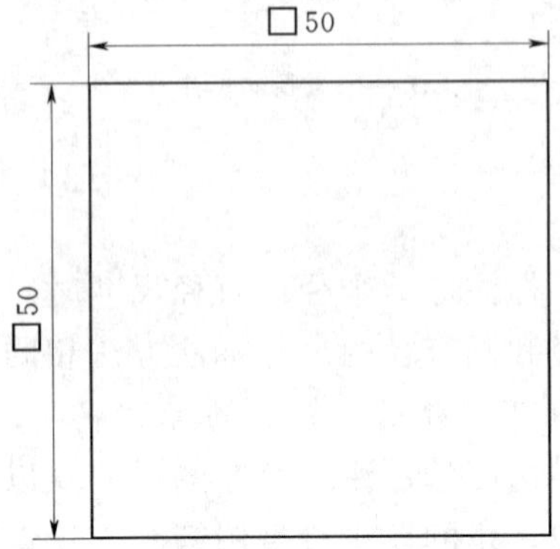

图 1-1-46　正方形尺寸的标注

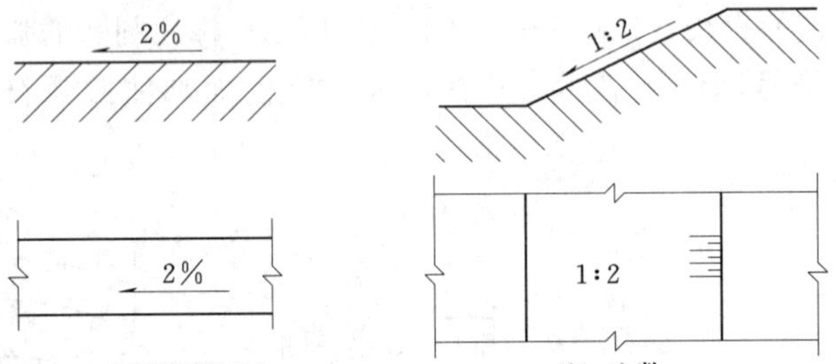

(a) 百分数　　(b) 比数

图 1-1-47　坡度的标注

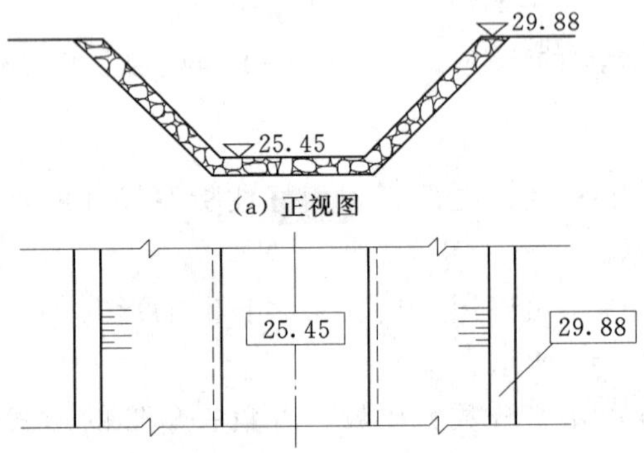

(a) 正视图

(b) 平面图

图 1-1-48　标高的标注

b. 在平面图中，标高符号是采用细实线绘制的矩形线框，标高数字写在其中，如图 1-1-48（b）所示。

微课 1-1-10
尺寸标注
（二）

2）标高数字。

a. 单位：标高数字以 m 为单位，注写到小数点以后第三位，在总布置图中，可注写到小数点以后第二位。

b. 形式：零点标高注写成±0.000 或±0.00；正数标高数字前一律不加“+”号；负数标高数字前必须加注“−”号，如−2.115、−8.887 等。

3）水面标高（简称水位）。

a. 水位符号：水面标高的注法与立面图中标高的注法类似，不同之处是需在水面线以下绘制三条渐短的细实线，如图 1-1-49 所示。

b. 特征水位：特征水位应在标注水位的基础上加注特征水位名称，如图 1-1-49 所示的“正常蓄水位”。

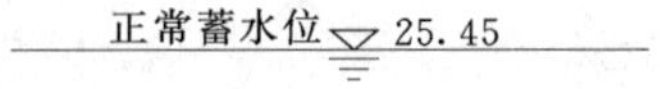

图 1-1-49　水位的标注

4）高度尺寸的标注。

由于水工建筑物体积大，在施工时常以水准测量来确定水工建筑物的高度，所以在水工图中，对较大或重要的面标注高程，其他高度以此为基准直接标注高度尺寸。

5）高程的基准。

高程的基准与测量的基准一致，以统一规定的青岛黄海海平面为基准。有时为了施工方便，也采用某工程临时控制点、建筑物底面、较重要的面为基准或辅助基准。

（4）水平尺寸。

1）水平尺寸的标注。对于长度和宽度差别不大的建筑物，选定水平方向的基准面后，可按组合体、剖视图、断面图的规定标注尺寸。对河道、渠道、隧洞、坝等长形建筑物，沿某基准线长度用桩号的方法标注水平尺寸，标注形式为“km±m”，km 为公里数，m 为米数。例如：“0+035”表示该点距起点之后 35m，“0−300”表示该点距起点之前 300m，“0+000”为起点桩号。桩号数字一般垂直于基准线方向注写，且标注在基准线的同一侧，当基准线为折线时，转折处桩号数字应重复标注。当同一图中几种建筑物均采用桩号标注时，可在桩号数字之前加注文字以示区别，如图 1-1-50 所示为某隧洞桩号的标注。

2）水平尺寸的基准。水平尺寸一般以建筑物对称线、轴线为基准，不对称时仍以水平方向较重要的面为基准，一般选择河道、渠道、隧洞等建筑物的进口即轴线始点为起点桩号。

（5）非圆曲线尺寸的标注。非圆曲线尺寸标注一般是在图中给出曲线方程式，画出方程的坐标轴，并在图附近列表给出曲线上一系列典型点的坐标值，如图 1-1-51 所示。

7. 尺寸的简化标注

（1）等长尺寸的简化标注。对于较多且相等间距的连续尺寸，可用“个数×等长尺寸=总长”的形式标注，如图 1-1-52 所示。

（2）单线图的简化标注。对于单线条的图，如桁架简图、钢筋简图、管线简图等，在标注杆件或管线长度时，可直接将尺寸数字沿杆件或管线的一侧注写，如图 1-1-53 所示。

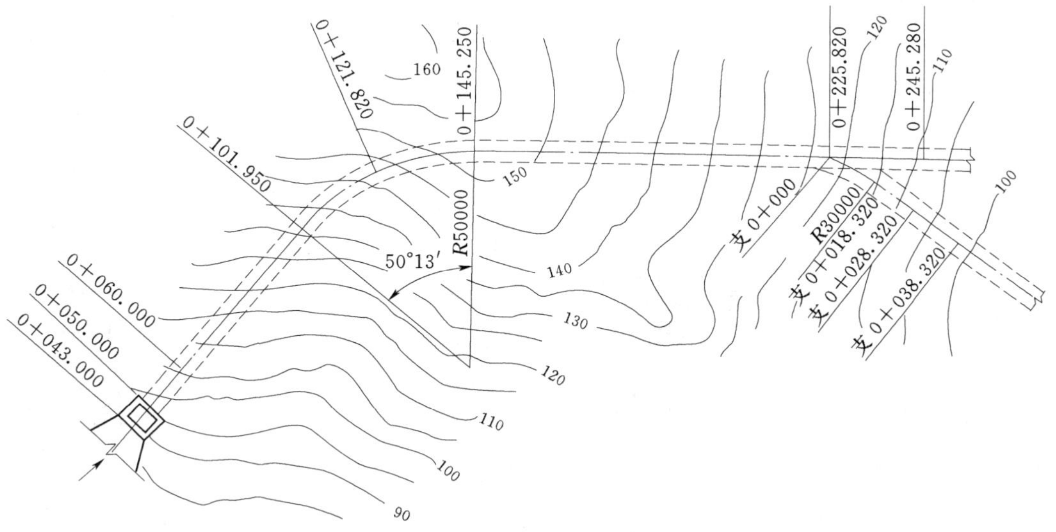

图 1-1-50　某隧洞桩号的标注

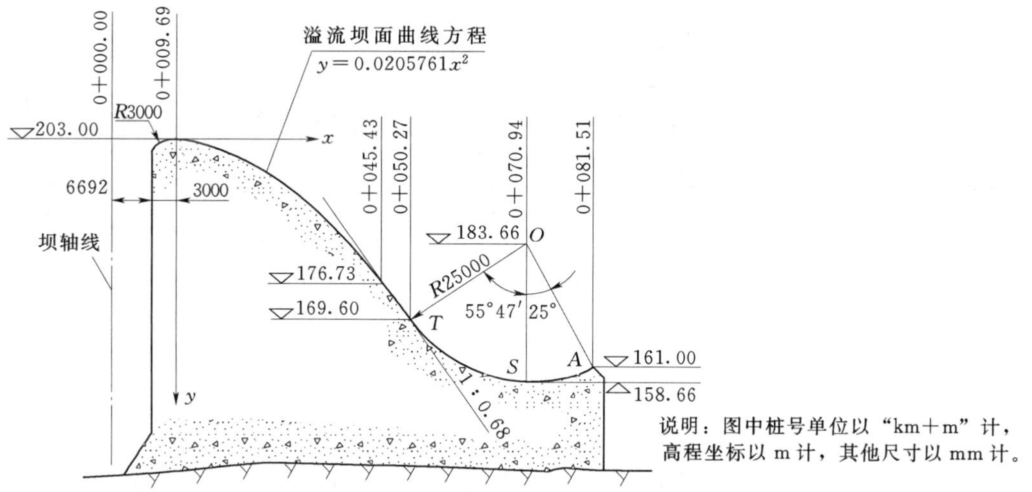

溢流坝面曲线坐标

x	0.00	1.00	2.00	3.00	5.00	10.00	15.00	20.00	25.00	35.00	40.00
y	0.000	0.021	0.082	0.185	0.514	2.058	4.629	8.230	12.860	18.518	25.206

图 1-1-51　非圆曲线的尺寸标注

(3) 相同要素的简化标注。当构件内构造要素（如孔、槽等）相同时，可仅标注其中一个要素的尺寸及个数，如图 1-1-54 所示。

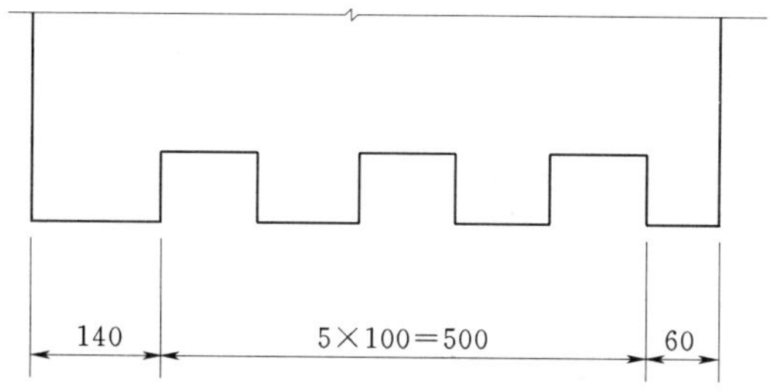

图 1-1-52　等长尺寸的简化标注

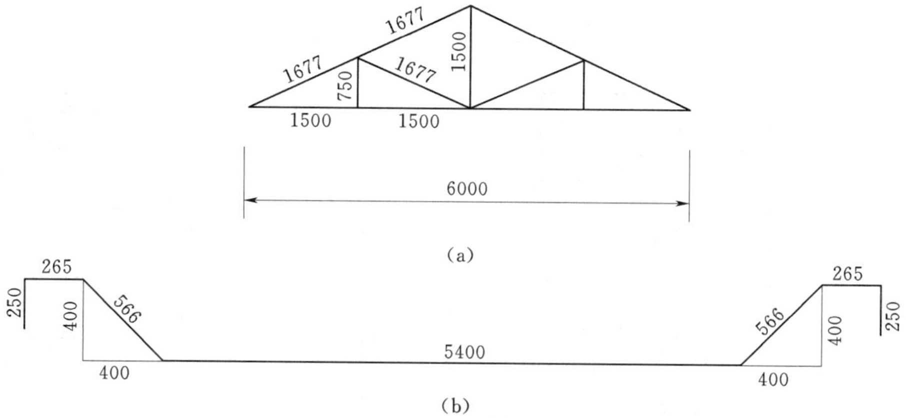

图 1-1-53　单线图的简化标注

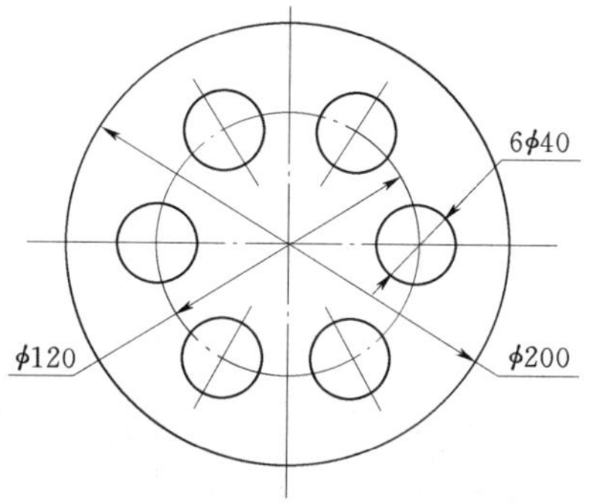

图 1-1-54　相同要素的简化标注

七、图标与图例

图标也就是图例，是水工图的重要组成部分，表 1-1-4 列出了水工图样中部分建筑材料图例，表 1-1-5 列出了部分水工建筑物平面图例。

微课 1-1-11
水利工程图
图标

表 1-1-4　　建筑材料图例

序号	名称		图例
1	岩石		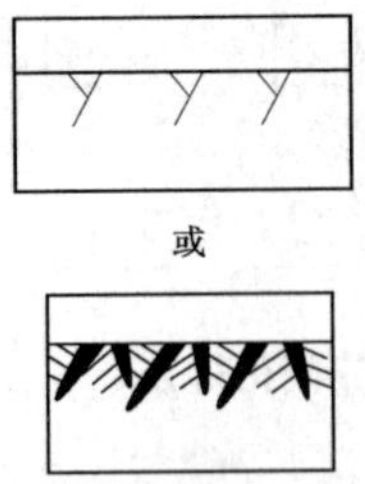 或
2	石材		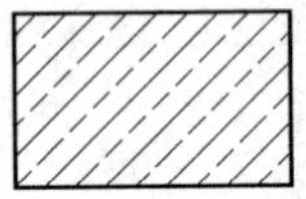
3	碎石		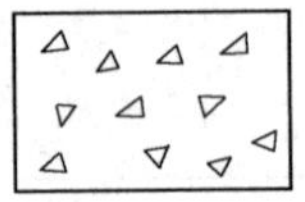
4	卵石		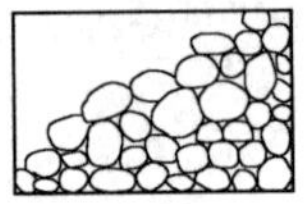
5	砂卵石、砂砾石		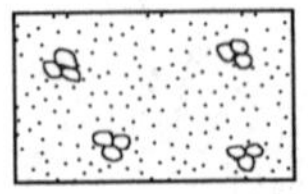
6	块石	堆石	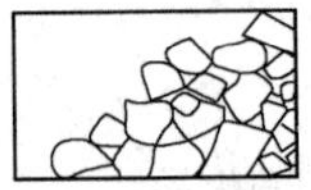
		干砌	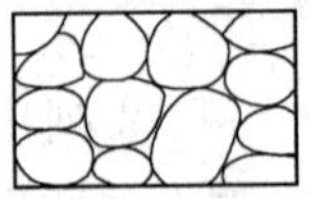

序号	名称		图例
6	块石	浆砌	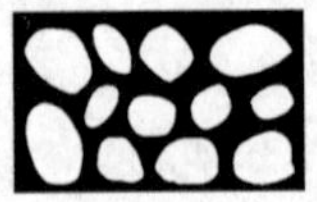
7	条石	干砌	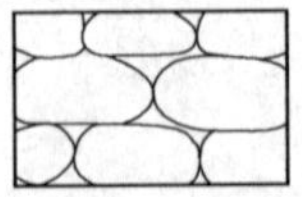
		浆砌	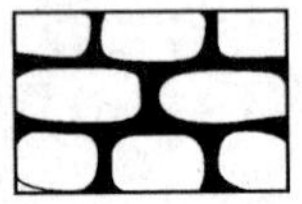
8	水、液体		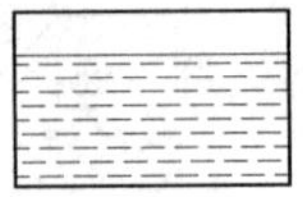
9	天然土壤		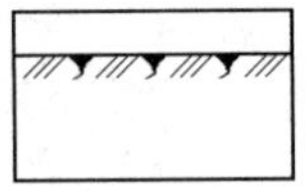
10	夯实土		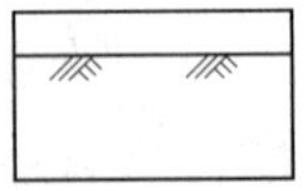
11	回填土		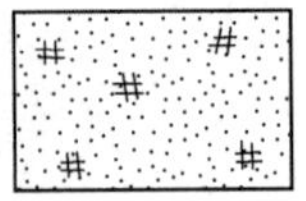
12	回填石渣		

表 1-1-5　　水工建筑物平面图例

序号	名称		图例
1	水库	大型	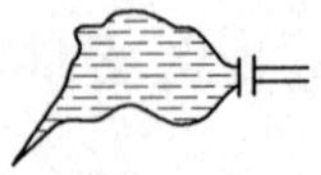
		小型	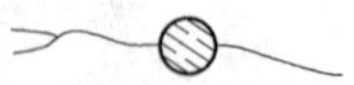
2	混凝土坝		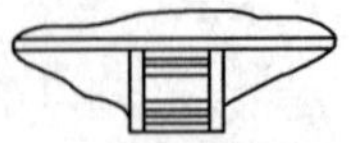
3	土石坝		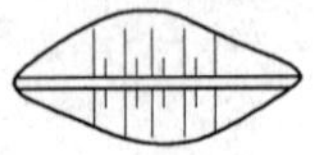
4	水闸		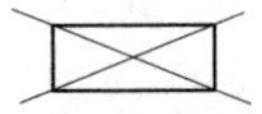
5	水电站	大比例尺	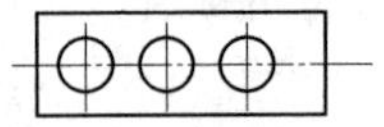
		小比例尺	
6	变电站		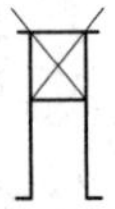
7	水力加工站、水车		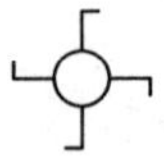
8	泵站		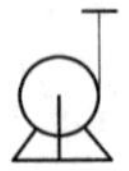
9	水文站		
10	水位站		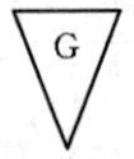
11	船闸		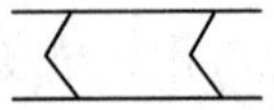

序号	名称		图例
12	升船机		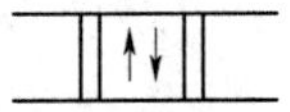
13	码头	栈桥式	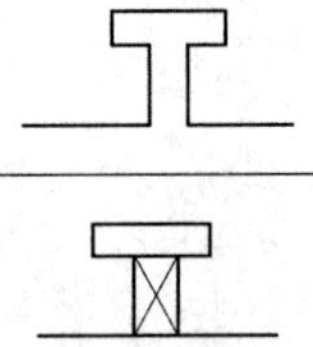
		浮式	
14	筏道		
15	鱼道		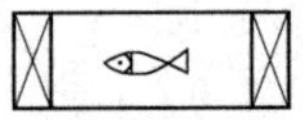
16	溢洪道		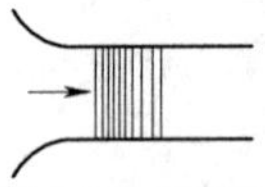
17	渡槽		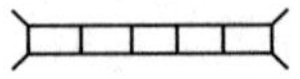
18	急流槽		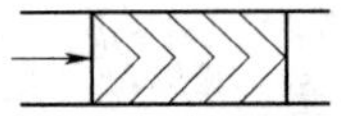
19	隧洞	大型	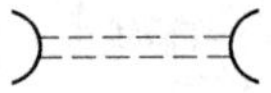
		小型	
20	涵洞（管）	大型	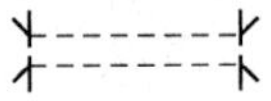
		小型	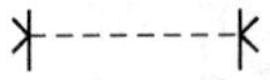
21	斜井或平洞		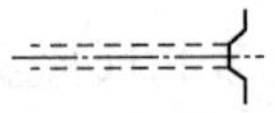

目 标 测 评

（1）A2 号图纸大小为__________。

（2）土石坝典型横断面图是剖切平面__________于坝轴线剖切并投影得到的。

（3）采用展开画法绘制溢洪道纵断面图，图样上应标注__________二字。

（4）绘制水利工程图可选用以下（　　）常用比例尺。

A. 1：10000　　B. 1：1000　　C. 1：250　　D. 1：300

（5）重力坝下游立视图一般表达（　　）信息。

A. 下游坝面形状　　B. 上游坝面形状　　C. 坝内廊道　　D. 坝身底孔出口

（6）桩号表示水平尺寸一般需选定基准线、起始点、桩号正方向等。（　　）

项目二　水利工程图基础知识

［学习目标］

素质目标：热爱劳动，弘扬爱岗敬业、艰苦奋斗、甘于奉献的劳模精神。

知识目标：了解不同建设阶段水利工程图类型及特点；掌握识读与绘制水利工程图的一般方法与步骤。

能力目标：能对不同建设阶段水利工程图纸进行初步识读；能运用水利工程图识读与绘制一般方法指导图纸识读与绘制。

［学习预热］

“令高山低头，让河水倒流！”

在“十四五”规划开局、粤港澳大湾区建设深入推进之际，2021 年 4 月 21 日，中宣部向全社会宣传东深供水工程建设者群体的先进事迹，授予他们“时代楷模”称号。

东江—深圳供水工程（简称“东深供水工程”）是党中央为解决香港同胞饮水困难而兴建的跨流域大型调水工程。20 世纪 60 年代，来自珠三角地区的上万名建设者，响应党的号召，克服施工装备落后、5 次强台风袭击等重重困难，通过人工开挖、肩挑背扛等方式，开山劈岭、凿洞架桥、修堤筑坝，仅用一年时间就建成了规模宏大的供水工程。20 世纪 70 年代至 2003 年，工程又先后进行了四次大的扩建、改造，供水能力提升至建设初期的 30 多倍。经过 50 多年精心建设守护，东深供水工程满足了当前香港约 80% 的淡水需求，成为保障香港供水的生命线，增强了香港的民生福祉，保证了香港的繁荣稳定。

一代代东深供水工程建设者不忘初心、牢记使命，敢于创新、接续奋斗，充分彰显了他们忠于祖国、心系同胞的家国情怀，勇挑重担、攻坚克难的使命担当，不畏艰苦、甘于付出的奉献精神。他们拼搏奋斗的故事，激励了一代代特区建设者敢闯敢试、勇立潮头；他们的真挚爱国情怀，感召了广大香港民众饮水思源、爱国爱港；他们几代接力传承，凝聚了推进粤港澳大湾区建设、推动香港繁荣发展的磅礴精神力量。

党的二十大报告指出，“深入实施人才强国战略，培养造就大批德才兼备的高素质人才，是国家和民族长远发展大计”。作为新时代水利人，我们不仅要掌握知识、强化技能，还要继承水利先辈们爱岗敬业、艰苦奋斗、甘于奉献的优秀精神品质，才能更好地为祖国的水利建设贡献自己的力量。

一、水利工程图的分类

水工建筑物的修建一般需要经过勘测、规划、设计、施工及验收等五个阶段，各个阶段都应绘制相应的图样，如勘测阶段的地质图、地形图，规划阶段的规划图，设计阶段的枢纽布置图、建筑物结构图，施工阶段的施工总平面布置图、单位工程布置图、分期施工布置图，验收阶段的竣工图等，而每一阶段的图样都有具体的图示内容与表达方法，接下来将逐类详细介绍这些相关内容。

微课 1-2-1
水利工程图分类

1. 勘测图

勘探测量阶段绘制的图样称为勘测图，其包括地质图与地形图。其中，地质图一般有地质平面图、地质断面图、地质柱状图；地形图一般有地形平面图、地形断面图。勘测图样常用专业图例和地质符号表达，并根据图形特点允许一个图上用两种比例表示。勘测阶段的地质图、地形图以及相关的地质、地形报告和有关的技术文件由勘探和测量人员提供，是水工设计最原始的资料。水利工程技术人员可利用这些图纸和资料来编制有关技术文件。

微课 1-2-2
勘测图识读

图 1-2-1 凌河地质平面图中可见表示地形起伏的高程等高线，同时图纸右侧给出地质材料图例及对应的地质符号，根据图例及符号可把握区域天然地质分布情况。

如图 1-2-2 某地形平面图所示，图上可由指北针确定空间方位情况，可见河流所在位置及水流方向，再由图上注明高程的等高线识别河流两岸地表形状分布情况。另外，图上还给出了大坝轴线初步选定位置。

2. 规划图

在规划阶段绘制的用来表达对水利资源综合开发全面规划意图的图样称为规划图。按照水利工程的范围大小，规划图有流域规划图、水利资源综合利用规划图、灌区规划图、行政区域规划图等。

规划图是画在地图上的平面图，采用符号图例（表 1-1-5）示意的方式表达该范围内对水利资源开发的整体布局、所在位置、受益范围，所在区域的河流、道路、重要建筑物和城镇的位置，拟建主要建筑物的分布位置、名称、型式等。规划图的特点是表示的范围大，因而所采用的绘图比例小，不需要也不可能在图中详细表示各水工建筑物的形状、尺寸、结构和材料等，只能用图例示意的方法表达。

图 1-2-3 为某水库灌区渠系规划示意图。从图名可知，本图主要表达渠系规划。从右上角指北针可知其地理方位，从右下角比例标尺可知其比例，并可量出该灌区南北约 50km，

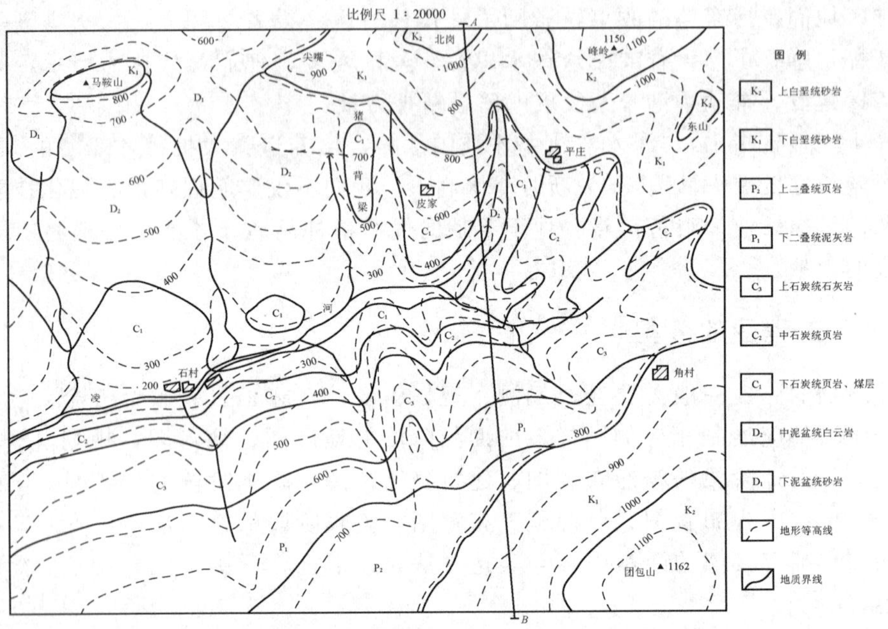

图 1-2-1　凌河地质平面图

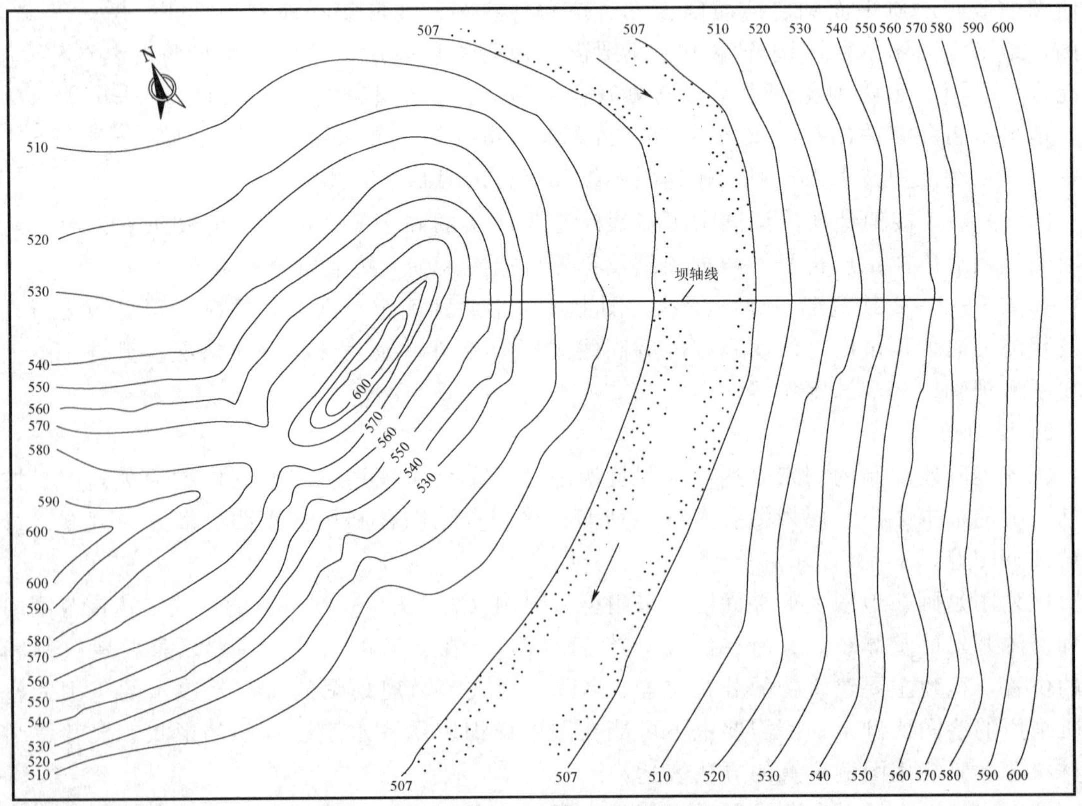

图 1-2-2　某地形平面图

东西约 30km。该灌区位于龙泉山以东的球溪河上游地区，球溪河上有龙溪河、通江河、清水河三条支流在灌区中部穿过，地势由西向东倾斜，西、北、南三面较高，灌区中部和东面是较低的浅丘区，灌区内水量不足。

微课 1-2-3
规划图识读

图中水库在灌区的西部，在水库的西北部有引水渠，可知该水库为引水囤蓄水库。在水库与仁寿县城之间有一段虚线，可知该段为放水隧洞，隧洞出口连接渠道，渠道分为东干渠和南干渠，干渠根据地形沿山而建。东干渠

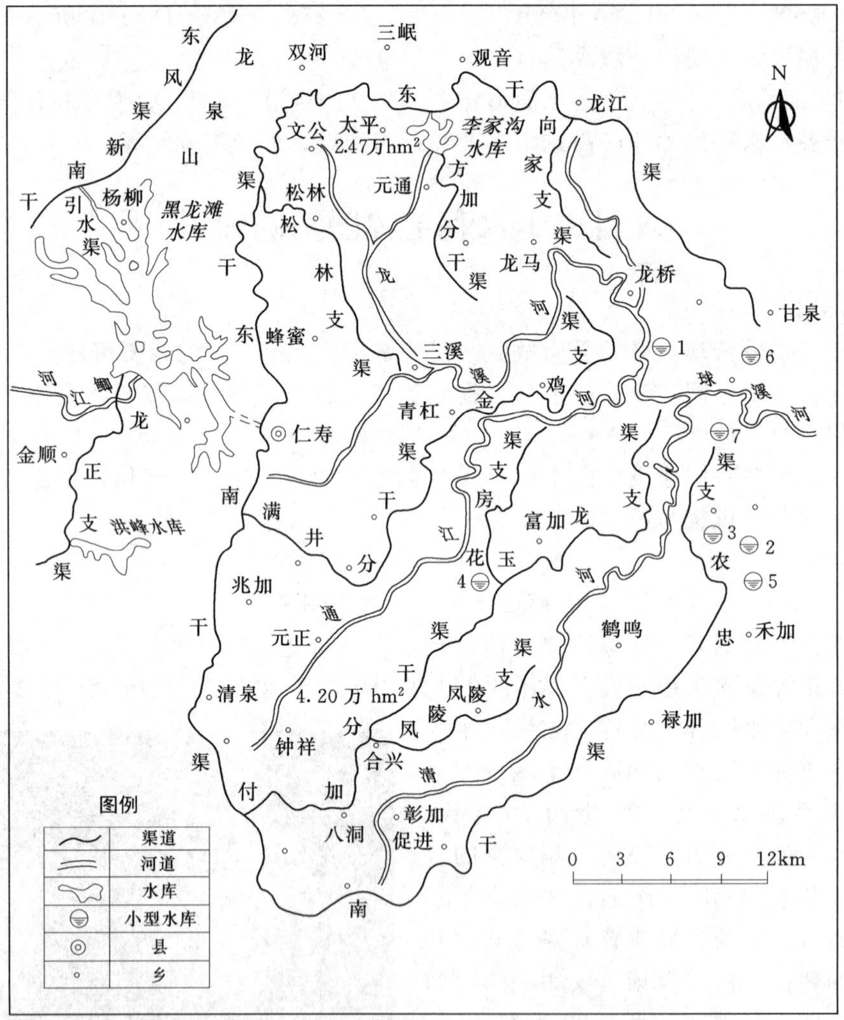

图 1-2-3　某水库灌区渠系规划示意图

1—鸭池水库；2—红光水库；3—红旗水库；4—长征水库；5—包包沟水库；6—幸福水库；7—六角堰水库

全长约 121km，灌溉面积 37 万亩（约 24667hm²）；南干渠全长约 119km，灌溉面积约 63 万亩（42000hm²）。在东干渠上引水的有方加分干渠、松林支渠、向家支渠；在南干渠上引水的有满井分干渠和付加分干渠，在南干渠尾端有忠农支渠；在满井分干渠尾端有金鸡支渠；在付加分干渠引水的有凤陵支渠，尾端分为花房支渠和玉龙支渠；从水库直接引水的有龙正

支渠，因此该灌区总计有干渠两条、分干渠三条、支渠八条。

在渠系内还有小型水库数座，形成“长藤结瓜”之势，起到平时蓄水、及时用水、就近取水的作用，避免了农业高峰用水期的长途输水，解决了供需矛盾，同时还可拦蓄当地径流，配合某水库进行水量囤蓄，起到反调节作用。

3. 设计图

在设计阶段绘制的图样称为设计图，它一般包括枢纽布置图与建筑物结构图。

微课 1-2-4
设计图识读

表达水利枢纽布置的图样称为枢纽布置图，它是将水利枢纽包含的主要建筑物的平面图形按其平面位置画在地形图上。枢纽布置图可反映各建筑物的大致轮廓及相对位置，是各建筑物定位、施工放样、土石方施工以及绘制施工总平面图的依据。它一般包含枢纽平面图、枢纽立面图。

如图 1-2-4 所示长江三峡水利枢纽平面布置图，图上首先可由指北针明确空间方位，直观可见枢纽所在长江河流的位置，图上水流方向基本呈自上而下或自左向右。另外，该图主要展示了该枢纽所包含主要建筑物的情况，如与河流相交的混凝土重力坝其轴线布置、外部轮廓水平投影、坝段分布、坝身布置等情况，位于坝后左右及地下电站厂房的平面位置分布情况，大坝左岸双线五级船闸及升船机等建筑物的平面布置情况及相互位置关系。该图还展示了位于上游水库右侧的茅坪溪防护坝及其泄水隧洞的位置及洞线布置情况，以及位于枢纽下游长江河道上的西陵长江大桥等建筑物的布置情况。

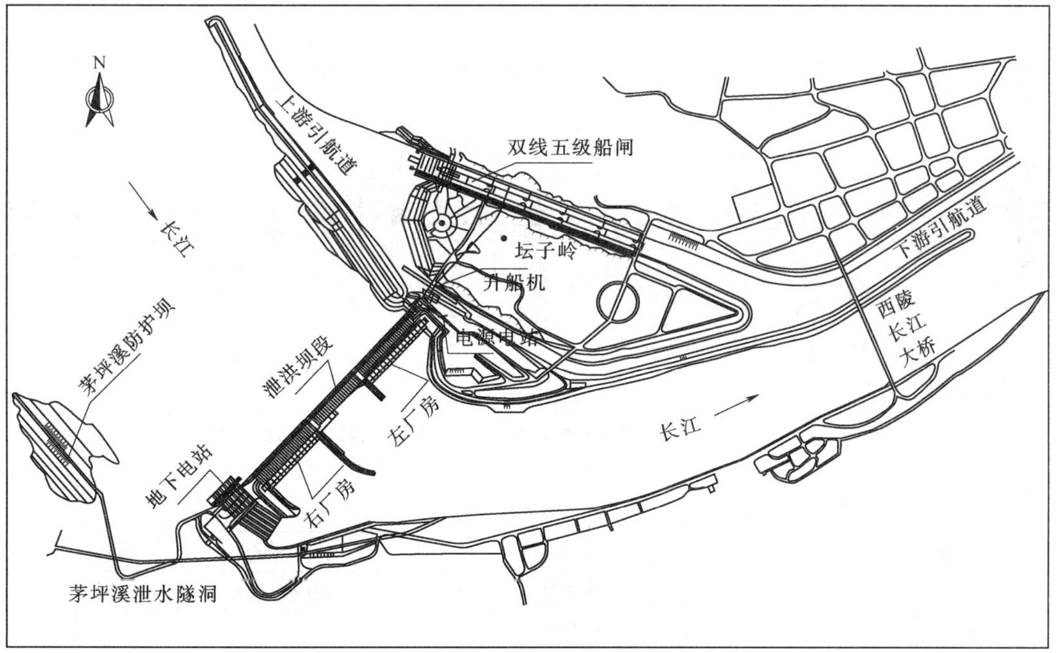

图 1-2-4　长江三峡水利枢纽平面布置图

用于表达枢纽中某一建筑物的形状、大小、材料以及与地基和其他建筑物连接方式的图样称为建筑结构图，一般包含结构平面图与立面图、结构断面图与剖视图、配筋图以及细部详图。

图 1-2-5 为某涵洞建筑物结构图，它通过图中类型丰富、数量较多的图样来全面展示涵洞结构信息。平面图主要展示涵洞整体水平投影形状、轮廓、尺寸以及俯视可见的上游斜降翼墙、下游扭面翼墙、下游渠道、被表面结构覆盖不可见的涵洞洞身等局部结构的形状、尺寸与布置等；纵剖视图则展示涵洞沿水流方向上游进口、洞身、下游出口等沿程结构在竖直平面上的投影轮廓、尺寸与材料等；上游立面图与下游立面图的合成视图则主要展示涵洞上游进口与下游出口面向来水或去水方向投影在竖直平面上的轮廓与尺寸；另外，A—A、B—B、C—C、D—D 等细部结构图则详细展示如斜降翼墙、涵洞洞身、扭面翼墙等结构在具体位置的断面形状、尺寸、材料等情况。就是通过以上各类图样详细展示涵洞的结构布置情况，从而准确指导涵洞施工。

4. 施工图

按设计要求，用于指导水利工程及水工建筑物施工过程中的施工组织、施工程序及施工方法等内容的图样，称为施工图。施工图一般包括施工总体布置图、分区工程布置图、分期布置图、建筑物构件施工钢筋图等。

（1）施工布置图。

水利工程范围（或长度）一般较大，如引水式电站的挡水建筑物与水电站厂房相距较远；渠系建筑物中渠道、渡槽、隧洞等沿渠线布置；河道整治工程中的护岸、丁坝、顺坝等沿河道布置，所以除绘制施工总体布置图外，还需绘制各单位工程的分区工程布置图。

水利工程不同时段施工现场的平面布置也不同，如表示施工导流、截流的施工导流布置图，展示地基开挖时开挖范围、形状、深度及主要尺寸的建筑物基础开挖图，表达建筑物修建过程的混凝土分层（分段）、分块程序和尺寸的混凝土浇筑图或土石建筑物材料填筑（安砌）程序和尺寸的施工图，所以还需绘制分期布置图。

施工布置图一般包含以下内容：

1）各分区、分期在地上和地下已有的建筑物和房屋。

2）各分区、分期在地上和地下拟建的一切建筑物和房屋。

3）为施工服务的一切临时建筑物和构筑物，如导流建筑物、运输道路及构筑物（车站、码头、起重系统等）、仓库辅助企业、行政管理与生活用房，以及供水、供风、动力供应等。

综上所述，施工布置图一般存在以下特点：

1）施工图一般绘制在地形图上，以展示施工场地上各项设施的平面布置和高程布置，即解决施工的空间组织问题，避免施工中的相互干扰。

2）施工图一般绘图比例较小，常用图示表示位置和范围。

图 1-2-6 为达岱河水电站干流导流平面布置图，该图主要表达施工初期施工导流、截流等布置情况。首先由图上指北针、河流位置及水流方向掌握地理方位、左右岸、上下游等基本情况，其次图上主要展示了拟建永久建筑物与当前施工期截流导流建筑物的平面布置与高程情况。如图上与河流相交位置可见拟建挡水建筑物即面板堆石坝的平面投影轮廓、形状、尺寸、坝面结构等。以大坝为参照，在其上游与河流相交布置一座土石围堰，图上可识读其形状、高程、结构布置等信息；大坝下游与河道相交亦设置一座土石围堰，图上亦可识读其形状、高程、结构布置等信息。另外，枢纽采用隧洞建筑物导流，导流隧洞位于河道右岸，隧洞进口位于上游围堰的上游河道右岸，出口位于下游围堰的下游河道右岸，以此实现截流导流。图上还可见上游围堰与面板坝之间设置的支洞及支洞进口，而隧洞具体洞线布置、进出口结构布置、沿程桩号尺寸等信息亦可从图上一一识读得到。

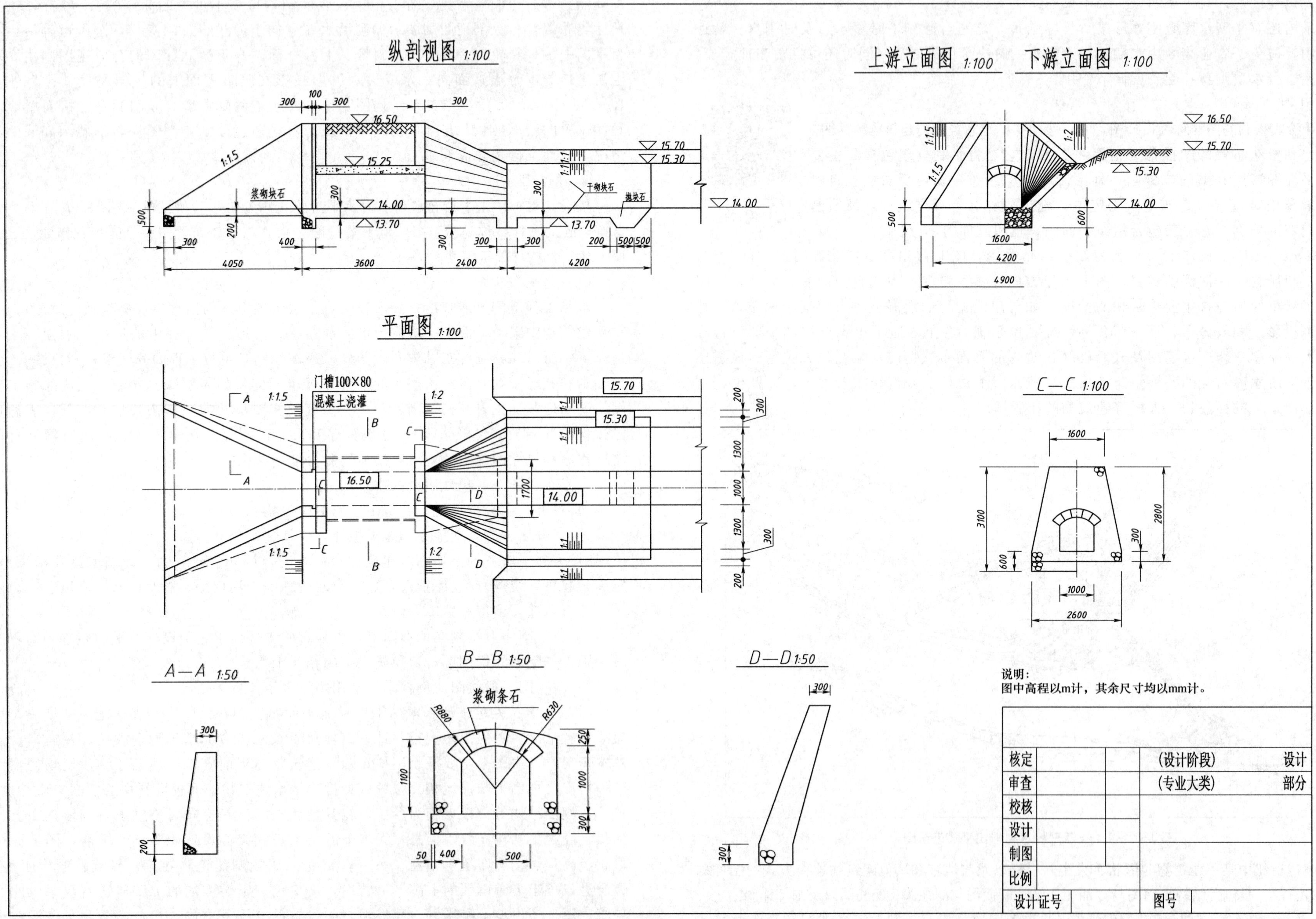

图1-2-5 某涵洞建筑物结构图

干流导流平面布置图

导流洞设计特性表

名称	序号	项 目	单位	数 量
导流洞	1	导流洞设计洪水标准	%	10
	2	导流设计流量	m^3/s	450
	3	导流时段	—	枯水期
	4	导流建筑物等级	级	4
	5	断面形式	—	圆拱直墙形
	6	洞身总长度	m	860.668
	7	过水断面尺寸（直径）	m	5×6.5
	8	进水塔高度	m	30
	9	进口段衬砌长度	m	20
	10	出口段衬砌长度	m	61.8
	11	进口底板高程	m	121.00
	12	出口底板高程	m	115.00
	13	隧洞底坡	‰	7.053

控制点坐标表

控制点	x(E)	y(N)	备注
D1	1286493.9869	311236.6341	导流洞轴线
D2	1286599.0806	311177.6849	
D3	1286648.1343	311070.4465	
D4	1286548.2697	310581.7737	
D5	1286481.9425	310506.9359	
D6	1286481.4122	310506.7590	
Z1	1286550.1564	311090.4055	半径 R=100m
Z2	1286450.2946	310601.7958	半径 R=100m
S1	1286526.1342	311181.7493	上游围堰轴线
S2	1286308.1794	311138.6708	
X1	1286418.6927	310537.4457	下游围堰轴线
X2	1286315.2543	310537.9973	
G1	1285764.0577	310797.4183	干流施工支洞轴线
G2	1285677.8970	310826.2099	

导流洞施工支洞特性表

序号	项目	单位	数量	备注
1	支洞长度	m	88.5	
2	断面尺寸	m	5×6.5	
3	土石方明挖	m^3	5300	
4	石方洞挖	m^3	2685	
5	喷混凝土	m^3	143	C20 混凝土喷 10cm 厚
6	挂网钢筋	t	6	
7	系统锚杆	根	310	Φ25，入岩 3.4m、外露 0.1m
8	长锚杆	根	20	Φ32，入岩 6.9m、外露 0.1m

导流洞工程量汇总表

序号	项目	单位	工程量	备注
1	土方明挖	万 m^3	2.16	
2	石方明挖	万 m^3	4.04	
3	石方洞挖	万 m^3	3.44	
4	喷混凝土	m^3	3152	C20 混凝土喷 10cm 厚
5	混凝土	万 m^3	1.79	C20
6	毛石混凝土	m^3	880	C15
7	系统锚杆	根	5343	Φ25，入岩 3.9m、外露 0.1m
8	钢支撑	t	26	进口 10m 范围内
9	插筋	根	2124	Φ25，入岩 3.0m、外露 0.5m
10	锚固钢筋	t	10	
11	钢管	m	120	Φ50，栏杆
12	固结灌浆	m	8932	入岩 3m，每排 7 孔，排距 2m
13	回填灌浆	m^2	7767	
14	排水孔	m	1930	
15	BW 止水带	m	1892	
16	PVC 塑料管	m	435	
17	洞身及进出口钢筋	t	1031	

说明：

1. 图中高程、桩号以 m 计，其余尺寸均以 cm 计。
2. 导流洞施工支洞位置及工程量仅供参考。
3. 本图中工程量不包括进口闸门、启闭机、下闸撤退道路等。

设计单位名称			
批准		工程名称	水工 设计
核定			施工 阶段
审查		导流平面布置图	
校核			
设计			
制图			
描图		比例	日期
设计证号		图号	

图 1-2-6　达岱河水电站干流导流平面布置图

（2）施工钢筋图。

建筑物构件施工钢筋图也是施工期常见的图纸，用以指导构件预制施工或现场钢筋施工。混凝土是抗压强度较高的人造石材，但因其抗拉性能较弱，因此在受拉、受弯的情况下极易断裂。为提高混凝土的抗拉、抗压能力，在混凝土构件中常配置一定数量的钢筋，这种配有钢筋的混凝土则称为钢筋混凝土。用钢筋混凝土制成的各种结构（如梁、板、柱、墙等）称为钢筋混凝土结构。在水利工程中，钢筋混凝土结构用途非常广泛，因此需大量绘制或识读主要用来表达钢筋的钢筋混凝土结构图（即钢筋图），以此指导钢筋混凝土构件施工。

微课 1-2-5
施工图识读

1）钢筋图基本知识。

a）钢筋符号。

在《混凝土结构设计规范》（GB 50010—2010）中，对国产建筑用钢筋，按其产品种类不同分别给予不同的符号及规定不同的强度标准值，供标注及识别之用，见表 1-2-1。

表 1-2-1　普通钢筋符号及强度标准值

牌　号	符号	公称直径 d/mm	屈服强度标准值 f_{yk}/(N/mm^2)	极限强度标准值 f_{uk}/(N/mm^2)
HPB300	Φ	6～22	300	420
HRB335 HRBF335	Φ Φ^F	6～50	335	455
HRB400 HRBF400 RRB400	Φ Φ^F Φ^R	6～50	400	540
HRB500 HRBF500	Φ Φ^F	6～50	500	630

b）钢筋分类。根据钢筋在构件中所起的作用不同，钢筋可分为下列五类。

a. 受力钢筋。主要用来承受结构内的拉力，如图 1-2-7（a）、（b）所示，也可以用来承受压力，如图 1-2-7（c）所示。

b. 分布钢筋。多用在钢筋混凝土板内，如图 1-2-7（b）所示。分布钢筋与板的受力钢筋垂直布置，将外力均匀地传给受力钢筋，并固定受力钢筋的正确位置，使受力钢筋与分布钢筋组成一个共同受力的钢筋网。

c. 钢箍（又称箍筋）。多用于钢筋混凝土梁、柱等，如图 1-2-7（a）、（c）所示，主要用来固定受力钢筋的位置，并使钢筋形成坚固的骨架，还可以承受部分拉力和剪力等。

d. 架立钢筋。一般仅限于梁内使用，如图 1-2-7（a）所示，用来使受力钢筋和箍筋保持正确的位置，以形成骨架。

e. 其他钢筋。如吊装用的吊环钢筋，如图 1-2-7（b）所示；较高的梁每隔 300～400mm 设置的纵向"腰筋"和固定腰筋的拉筋等，如图 1-2-8 所示。

c）钢筋端部弯钩。为了提高钢筋与混凝土之间的结合力，一般将光面钢筋的端部做成弯钩，弯钩的形式和尺寸如图 1-2-9 所示。

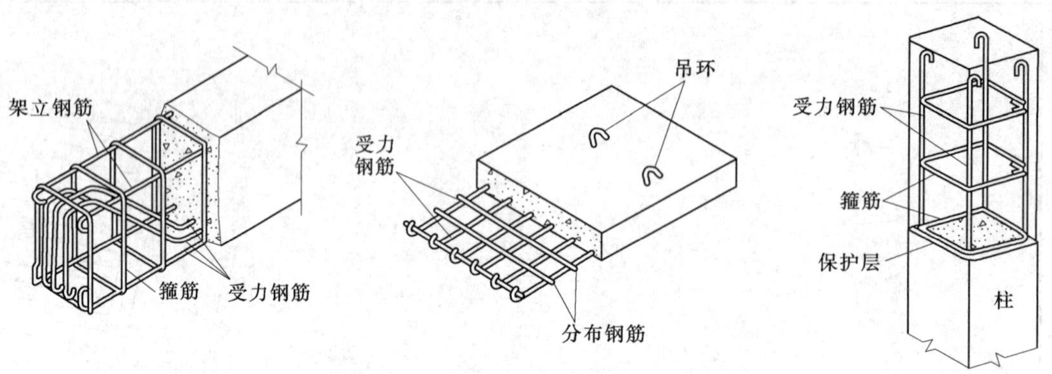

(a) 梁　(b) 板　(c) 柱

图 1-2-7　钢筋的分类

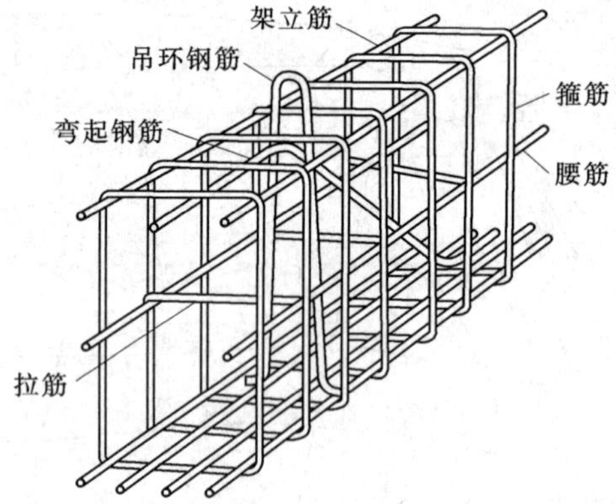

图 1-2-8　腰筋等在钢筋骨架中的位置

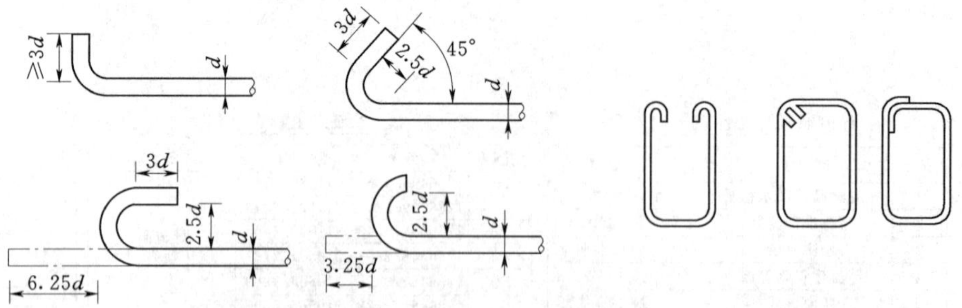

(a) 钢筋端部　(b) 箍筋

图 1-2-9　钢筋弯钩

d）钢筋的混凝土保护层。为了防止结构中的钢筋锈蚀，并保证钢筋和混凝土紧密黏结在一起，最外层钢筋的外边缘至结构表面应有一定厚度的混凝土，这一层混凝土称为钢筋的混凝土保护层。保护层的厚度根据不同结构、尺寸、工作条件等而不同。保护层的最小厚度一般为 10～50mm。

2）钢筋图的表示方法。

a）钢筋图的表达内容。钢筋图的主要作用是表达钢筋的布置情况。钢筋图一般通过剖视图、断面图、钢筋编号、钢筋成型图、钢筋表、材料表等配合起来进行表达，它是钢筋下料、绑扎钢筋骨架的依据。钢筋图主要包含构件的外形视图和尺寸、钢筋的布置和定位、钢筋明细表、说明或附注等内容。

b）钢筋图的一般规定。

a. 钢筋配筋图一般不画混凝土材料符号。为突出钢筋的表达，图中钢筋用粗实线表示，钢筋的截面用小黑点表示，构件的轮廓用细实线表示，如图 1-2-10 所示。

b. 钢筋编号。在剖视图和断面图中，为了区分各种类型和不同直径的钢筋，规定对钢筋进行编号，每类钢筋（即型式、规格、长度均相同）只编一个号。编号字体规定用阿拉伯数字，编号小圆圈和引出线均为细实线。指向钢筋的引出线可能混淆时用箭头或细短斜线指明，如图 1-2-10 中的箍筋；不会混淆时可不加箭头或细短斜线，如图 1-2-10 中的受力钢筋和架立钢筋；指向钢筋截面小黑圆点的引出线不画箭头，如图 1-2-10 中的 1—1 断面图和 2—2 断面图。

钢筋编号的顺序应有规律，一般为自下而上，自左至右，先主筋后分布筋。

在钢筋图中应标注构件的主要尺寸。钢筋的尺寸标注形式如图 1-2-11 所示：小圆圈填写编号数字；n 为钢筋的根数；Φ为钢筋直径和种类的符号（各种钢筋的符号见表 1-2-1）；

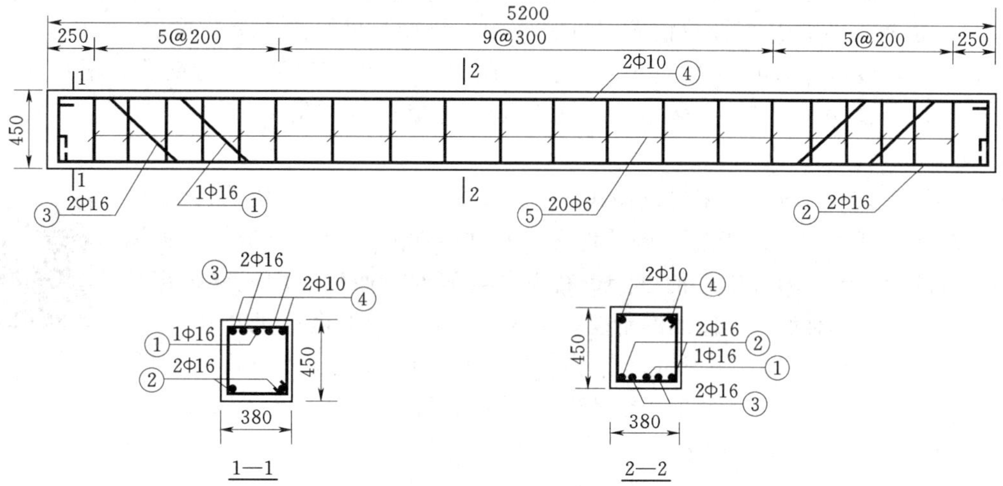

钢 筋 明 细 表

编号	简图	直径/mm	单根长/mm	根数	总长/m
1	390 650 550 45° 3060 550 650 390 45°	16	6440	1	6.44
2	150 5140 150	16	5640	2	11.28
3	390 250 550 3860 550 250 390	16	6440	2	12.88
4	5140	10	5260	2	10.52
5	410 480 390 320	6	1600	20	32.00

图 1-2-10　钢筋图与钢筋的表达

d 为钢筋直径的数值；@为钢筋间距的代号；s 为钢筋间距的数值。如⑤20Φ6@200 表示编号为“5”的钢筋，共 20 根，Ⅰ级钢，直径为 6mm，钢筋间距 200mm。

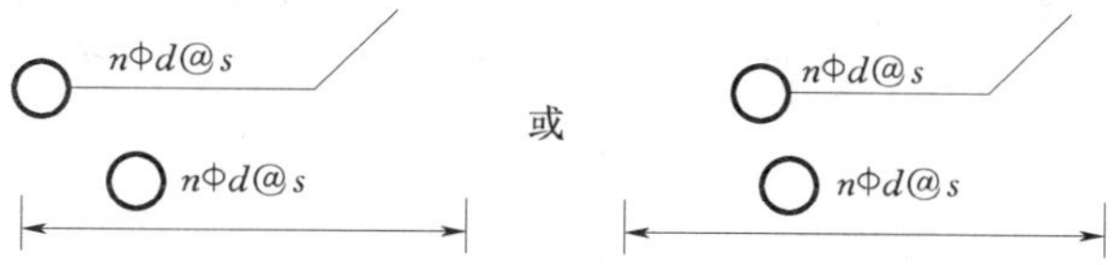

图 1-2-11　钢筋尺寸标注形式

c. 钢筋成型图。钢筋成型图是表达构件中每一种（编号）钢筋加工成型后的形状和尺寸的图样，如图 1-2-12 所示。在图上直接标注钢筋各部实际尺寸，并注明钢筋编号、根数、直径以及单根钢筋长度 l，它是钢筋下料和加工的依据。

钢筋尺寸一般指内皮尺寸，如图 1-2-13（a）所示。弯起钢筋的弯起高度一般指外皮尺寸，如图 1-2-13（b）中的“h”。否则，应加以说明。单根钢筋长度系指钢筋中心线的长度，如图 1-2-13（b）中的“l”。

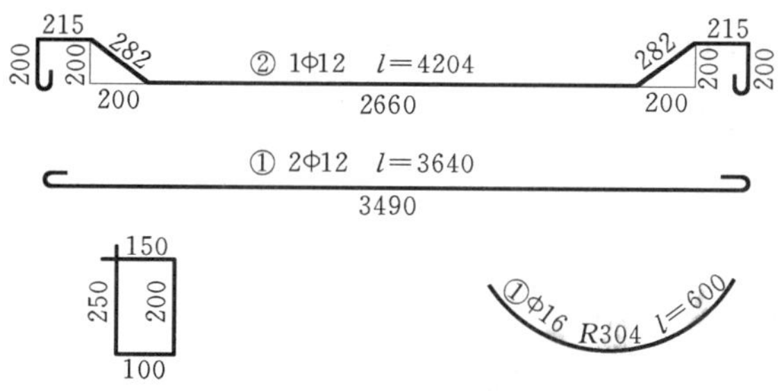

图 1-2-12　钢筋成型图及标注

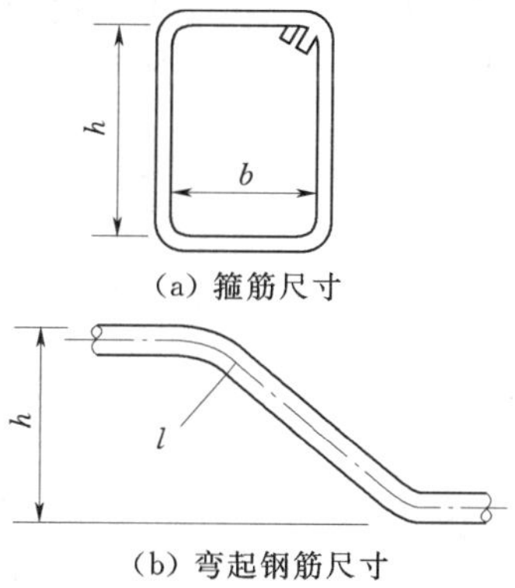

图 1-2-13　钢筋尺寸

钢筋长度应按构件外形尺寸减去两端保护层厚度，再加上弯钩长度，如图 1-2-10 中④号钢筋的长度计算式为 5200－2×30＋2×60＝5140＋120＝5260(mm)。

若在钢筋明细表“简图”栏中能表达清楚形状和尺寸，可不再单独画钢筋成型图，如图 1-2-10 所示。

d. 钢筋表和材料表。每套钢筋图应附有钢筋表和钢筋材料用料表，作为备料、加工以及做材料预算的依据，其格式分别见表 1-2-2 和表 1-2-3。

表 1-2-2　　钢　筋　表

编号	直径/mm	型　式	单根长/mm	根数	总长/m	备注
①	16	6280	6480	4	25.92	
②	25	170 350 2410 350 170	3760	2	7.52	
③	22	4800	4800	2	9.60	

表 1-2-3　　　钢筋材料用料表

规　格	总长度/m	单位重/(kg/m)	总重/kg
Φ6			
Φ20			
Φ25			
合计			

加　　%损耗，总计钢筋量　　kg

每立方米混凝土含钢量　　kg

混凝土标号　　方量　　m^3

图 1-2-14 所示为挡土墙配筋图。挡土墙是为抵抗土壤向下崩塌而做成的直立岸壁的结构物，非常广泛地应用于水工建筑物中。挡土墙型式很多，图 1-2-14 为悬臂式（又称角式）挡土墙。悬臂式挡土墙由立板与底板两部分组成，长度和高度根据实际地形决定。立板靠填土一侧常做成垂直面，外边则略为倾斜；底板底面做成水平，顶面则向两边倾斜，各部分外形尺寸如图 1-2-14 所示。

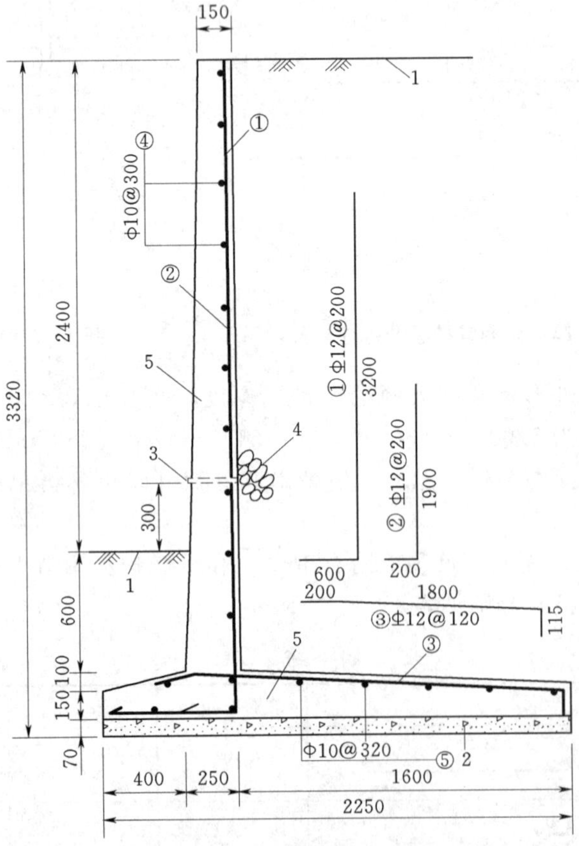

图 1-2-14　挡土墙配筋图（单位：mm）

1—地面线；2—C10 混凝土垫层；3—排水管，D=100mm，水平间距 2.50m；4—排水管口附近堆置砂砾、卵石等粗颗粒材料；5—C20 混凝土

为表达挡土墙的工作状态，本图给出了地面线，从图可知右侧地面与立板顶平，左侧地面自立板顶向下 2400mm（如图中 1）；挡土墙底板置于 70mm 厚 C10 混凝土垫层上（图中 2）；为排出土中积水，减小对挡土墙的侧压力，水平间距每 2.50m 设直径 100mm 的排水管一根，排水管出口距左侧填土 300mm（图中 3）；为使排水管不被小土粒堵塞，填土侧排水管口附近堆置砂砾、卵石等粗颗粒材料，以过滤排水（图中 4），底板和立板混凝土均为 C20（图中 5）。

本图纸由一个横断面图和①、②、③号受力钢筋成型图组成。

立板配①、②、④号钢筋，均布置在填土高的一侧。①、②号钢筋须插入底板下部，为受力钢筋，由断面图可知位置、形状，由钢筋成型图可知其形状尺寸、直径、钢筋级别、间距。①、②号钢筋交替布置（因下部土的侧压力大，故用②号钢筋在下部加密，①、②号钢筋之间距离 100mm），根数根据挡土墙长度决定。

④号钢筋为分布钢筋，沿挡土墙高度纵向布置（横断面图中小黑点）。从图中可数出根数（14 根），由标注可知其直径、钢筋级别、间距；钢筋长度同挡土墙长度（仅扣除两端混凝土保护层）。④号钢筋长度不够时，可采用绑扎或焊接的方法加长。

底板配③、⑤号钢筋，均布置在底板上部靠填土高的一侧。③号钢筋为受力钢筋，由断面图可知其位置、形状，由钢筋成型图可知其形状、尺寸、直径、钢筋级别、间距，根数根据挡土墙长度决定。⑤号钢筋为分布钢筋，沿挡土墙底板表面纵向布置，从图中可数出根数（7 根），由标注可知其直径、钢筋级别、间距，钢筋长度同挡土墙长度。

综上所述，该挡土墙共布置了五类钢筋。①、②、③号钢筋为受力钢筋，根数随挡土墙长度而变化，④、⑤号钢筋为分布钢筋，长度随挡土墙长度变化。

5. 竣工图

竣工图是指工程验收时根据建筑物建成后的实际情况所绘制的建筑物图样。水利工程在兴建过程中，由于受气候、地理、水文、地质、国家政策等各种因素影响，原设计图纸会随着施工的进展进行调整与修改，而竣工图应详细记载建筑物在施工过程中对设计图修改的情况，以供存档查阅和工程管理之用。

微课 1-2-6
竣工图识读

图 1-2-15、图 1-2-16 所示为某拱坝底孔坝段的初步设计图及竣工图。两张图纸均展示了拱坝在该剖切位置对应的断面形状、轮廓、尺寸以及底孔结构的详细布置，如孔口顺水流方向轮廓、尺寸、闸门启闭、消能设施等。而随着该拱坝建设施工的推进，最终建成后的竣工图相比初步设计图分别在图名、事故闸门门槽布置、底孔进口顶部曲线、孔口中部顶部压坡、工作闸门与启闭设施、图纸文字说明等均出现了修改与变更，而这些修改与变更均需详细记载以供工程管理使用。

二、水利工程图的特点

水工图的绘制，除遵循制图基本原理以外，还可根据水工建筑物的特点采用一系列特殊的表达方法，综合起来水工图有以下特点：

微课 1-2-7
水利工程图的特点

（1）水工建筑物形体庞大，有时水平方向和铅垂方向尺寸相差较大，因此水工图可根据实际情况允许一个图样上纵横比例不一致绘图。

（2）水工图整体布局与局部结构尺寸相差较大，所以在水工图样中可能出现图例、符号等特殊表达及必要的文字说明。

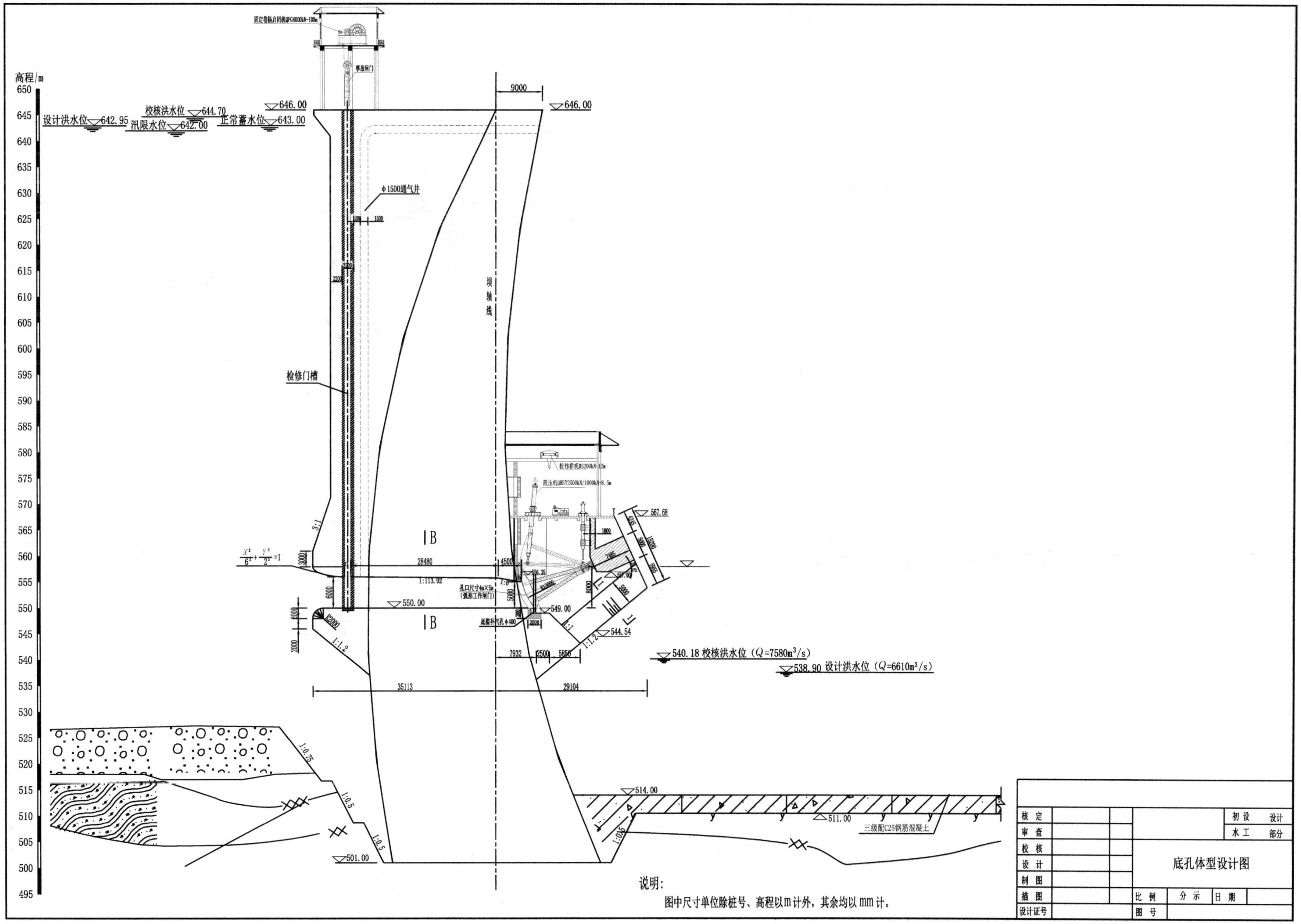

图 1-2-15 拱坝底孔坝段初步设计图

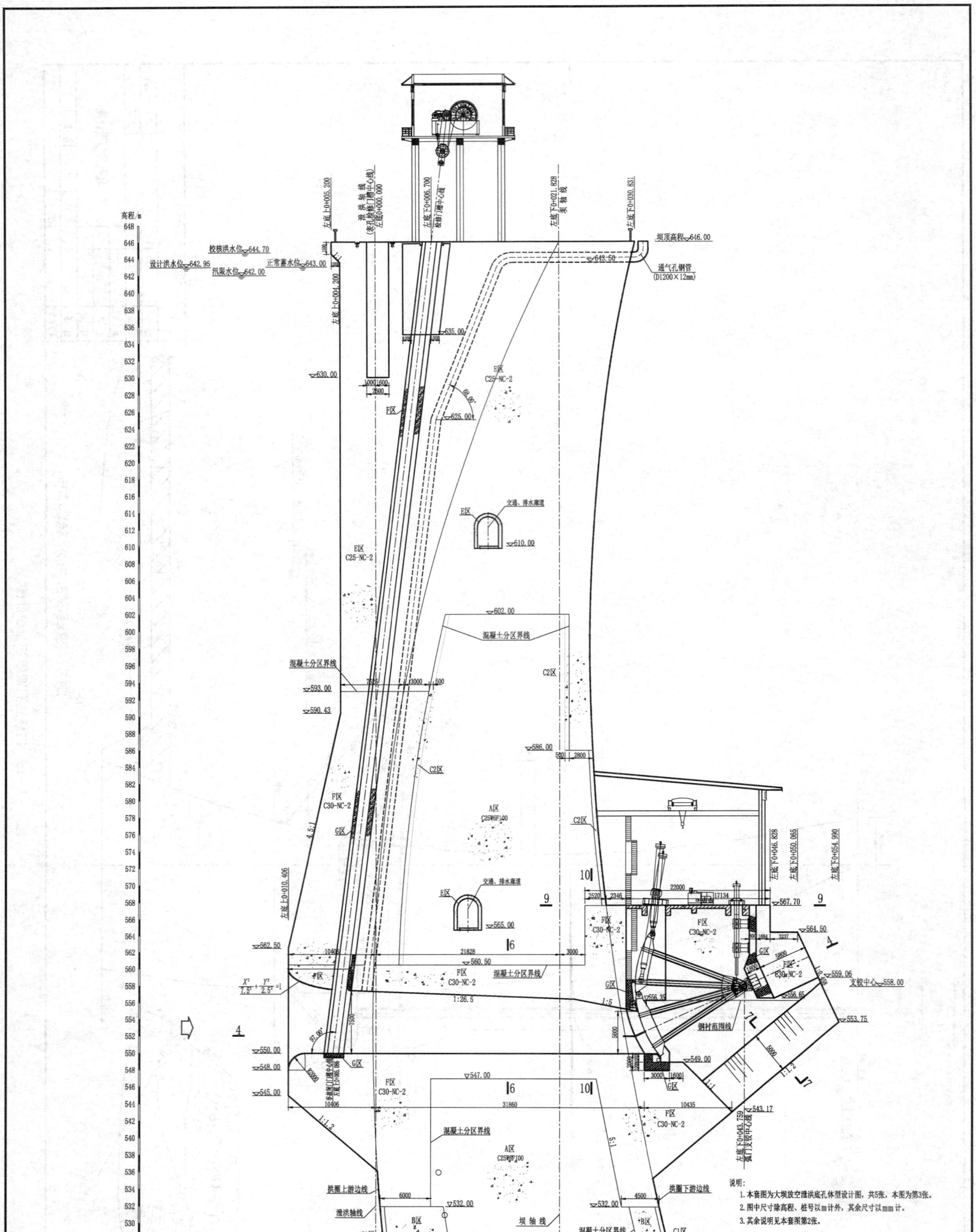

图 1-2-16　拱坝底孔坝段竣工图

（3）水工建筑物总是与水密切相关，因而处处都要考虑水的问题；水工建筑物直接建在地上或地下，因而水工图必须表达建筑物与地面的连接关系。

三、水利工程图的一般识读方法与步骤

识读水工图的一般顺序是从枢纽布置图识读到建筑物结构图；先看主要结构，再看次要结构；在看建筑物结构图时要由整体到局部，由局部到细部，再由细部回到整体，这样经过几次反复，直到全部看懂。图纸识读一般可按以下四个步骤进行：

（1）概况了解。了解建筑物的名称和作用。识读任何工程图样都要从标题栏开始，从标题栏和图样上的有关说明、表格了解建筑物的名称、作用、制图比例、尺寸单位以及施工要求等。

（2）分析视图。把握各个视图的名称、作用、成图原理及相互关系。水工图中的剖视图、断面图及结构详图较多，视图的配置也较灵活，所以在读图时应先了解各个视图的作用、类型以及视图间的相互关系。如找出剖视图和断面图剖切平面的位置、表达细部结构的详图；分析视图成图过程，看清视图中采用的特殊表达方法、尺寸注法等。通过对各个视图进行分析，了解整个视图的表达方案，从而在读图过程中及时找到各个视图间的对应关系。

（3）分析形体。根据建筑物组成结构的特点和作用，将建筑物分成几个主要组成部分，如可以沿水流方向将建筑物分为几段，也可沿高程方向将建筑物分为几层，还可以按地理位置或结构来划分。然后运用形体分析的方法，以特征明显的1～2个重要视图为主结合其他视图，采用对线条、找投影、想形体的方法，想出各组成部分的空间形状，对较难想象的局部，可运用线面分析法识读。在分析过程中，结合有关尺寸和符号，读懂图上每条图线、每个符号、每个线框的意义和作用，弄清建筑物各部分大小、材料、细部构造、位置和作用等。

（4）综合整体想象。在形体分析的基础上，对照各组成部分的相互位置关系，最终综合想象出建筑物的整体形状。

整个读图过程应采用上述方法和步骤，循序渐进，几次反复，逐步读懂全套图纸，从而完整、正确地理解工程设计思路和意图。

四、水利工程图的一般绘制方法与步骤

绘制水利工程图一般可按以下步骤进行：

（1）分析资料。熟悉资料，确定表达方案。

（2）选择合适的比例尺与图幅。应力求在表达清楚的前提下选用较小的比例，在图纸面积允许的基础上选用较大比例。枢纽平面布置图的绘图比例一般取决于地形图的比例，按比例再选定适当的图幅。

（3）合理布置视图。按所选取的比例尺估计各视图所占范围，进行合理布置，画出各视图的作图基准线。视图应尽量按投影关系配置，有联系的视图应尽量布置在同一张图纸内。

（4）绘制视图底稿。画图时，应先画大的轮廓，后画局部；先画主要部分，后画次要部分。

（5）绘制断面材料符号。对于断面图、剖视图上剖切到的结构材料或天然地基，应在图中相应位置处绘制填充正确的材料符号。

（6）标注尺寸与注写文字说明。在已经绘制好的图样轮廓上标注对应的实际尺寸，并对图上所标尺寸数字的单位或是其他需要说明的内容注写文字说明。

（7）检查、校对、加深。检查已绘图样轮廓、尺寸等的正确性，去掉多余图线，并用相互联系的水工视图对照校对相关结构尺寸信息，检查校对无误后进行图线加深及图幅整饰。

目 标 测 评

（1）勘测图一般主要表达__________等信息。

（2）施工总平面布置图一般在__________的基础上绘制。

（3）细部结构详图属于设计图中的__________图。

（4）绘制规划图可能选用以下（　　）比例尺。

A. 1∶1000　　B. 1∶100　　C. 1∶50000　　D. 1∶50

（5）能展示建筑物建成之后实际的轮廓、尺寸及结构布置的是（　　）。

A. 设计图　　B. 施工图　　C. 规划图　　D. 竣工图

（6）识别图1-2-17可得拟建大坝位置的河流附近地面高程在（　　）m范围内。

A. 100～200　　B. 200～300　　C. 300～400　　D. 400～500

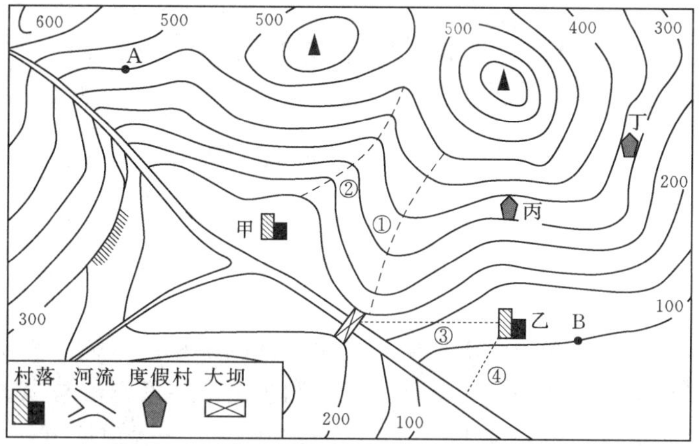

图1-2-17　地形平面图

（7）识别图1-2-17可得当前展示范围内地表高程大概为（　　）m。

A. 500　　B. 550　　C. 600　　D. 650

（8）结构钢筋图为了主要表达钢筋布置一般选择不标注混凝土材料。（　　）

模块二 水利工程图识读

基于模块一水利工程图识读与绘制基础的学习，本模块包含防洪蓄水工程图识读、灌溉取水工程图识读、水力发电工程图识读三个项目，分别对挡水建筑物、泄水建筑物、取水建筑物、输水建筑物、电站建筑物等主要类型水工建筑物的各类图纸图样进行集中识图学习与训练，以强化和提高学生识图技能。为贯彻落实“统筹职业教育、高等教育、继续教育协同创新，推进职普融通、产教融合、科教融汇”等党的二十大报告提出的教育方针，积极践行“产教融合、校企合作、岗课融通”人才培养路径，本模块图纸图样均选自已建或在建水利工程的各阶段图纸，便于学生充分熟悉相关岗位工作内容，实现校内课程学习与现实岗位工作无缝衔接，提高学生就业竞争力。

项目一 防洪蓄水工程图识读

任务一 土石坝图识读

［学习目标］

素质目标：培养勤思考擅总结、细致严谨的工作品质；传承水文化，弘扬敢为人先、科学创新的新时代水利精神。

知识目标：巩固土石坝概念、分类、结构组成等基础知识；理解土石坝平面图、断面图、结构详图等成图原理及主要表达内容；掌握土石坝图识读的一般方法与步骤。

能力目标：能借助土石坝基础知识、土石坝图的特点及一般识读方法，正确、全面识读土石坝各类图样信息，以准确指导土石坝施工。

［学习预热］

“中国面板坝，当惊世界殊！”——水布垭、大石峡面板堆石坝

2006年10月12日上午10时，随着上坝碾压的最后一车填筑料检测合格，坝高233m的湖北清江水布垭面板堆石坝建成。此举标志我国水电施工界再次登上世界筑坝科技新高峰。

水布垭大坝位于鄂西老区巴东县境内。该大坝比此前建成的世界最高面板堆石坝——墨西哥阿瓜米尔帕坝高出46m，是目前世界上同类坝型中唯一一座坝高超过200m的大坝。它不仅突破了世界坝工界关于面板堆石坝坝高不得超过200m的理论禁区，而且实现了喀斯特地区建成面板堆石坝的技术突破。

党的二十大报告提出，“坚持创新在我国现代化建设全局中的核心地位”。水布垭水利工程建设者们用实际行动践行了创新精神。该工程大量运用新技术、新工艺、新材料，在大坝施工与质量控制、大坝性状监控等方面取得重大突破，最终形成坝体最大沉降仅为坝高1%和渗漏量小于40L/s的良好性态，国内外坝工界权威专家一致认为该工程在世界坝工界罕见。

在水布垭面板坝施工过程中，建设者针对坝址地质特征及诸多施工技术难题，展开科技攻关，并且引进、研发了多项新技术、新工艺、新设备，保证了大坝优质、快速建成。水布垭工程作为清江流域梯级开发的龙头电站和国家西部大开发重点项目，除为国家电网调峰调频和长江中下游防洪发挥重要作用外，还促进了鄂西革命老区社会经济发展。此外，水布垭工程建成后，形成了200km黄金水道，并与此前建成的清江隔河岩、高坝洲水电站形成全流域控制和“一江三库”的壮丽景观。

目前正在新疆如火如荼建设的大石峡水利工程是塔里木河流域控制性骨干枢纽工程，是国务院确定的172项节水供水重大水利工程，是国家层面联系的第一批12个PPP试点重大水利项目，亦是新疆维吾尔自治区的重点建设项目，其挡水建筑物为特高混凝土面板砂砾石坝，最大坝高达247m，为目前已建和在建世界第一高混凝土面板坝和世界第一高砂砾石坝。中国水利建设者又一次打破自己创下的辉煌纪录，再一次将中国坝工推向世界顶尖高度。

一、土石坝基础知识

1. 土石坝的概念

土石坝泛指由当地土料、石料或混合料经过抛填、碾压等方法堆筑而成的挡水坝。当坝体材料以土和砂砾为主时，称为土坝；以石渣、卵石、爆破石料为主时，称为堆石坝；当两类材料均存在并占相当比例时，称为土石混合坝，土石坝剖面为上窄下宽的梯形，其优点是可就地取材，结构简单，抗震性能好，除干砌石坝外均可机械化施工，对地形和地质条件适应性强；缺点是坝身一般不能溢流，需另设溢洪道，施工导流不如混凝土坝方便，黏性土料填筑受气候条件影响大，断面大、体积大，工程量也大。

微课2-1-1-1 土石坝基础知识

2. 土石坝的分类

土石坝按施工方法分为以下几类：①分层铺土，逐层碾压建成的碾压土坝；②利用水力将泥沙输送至坝址，经沉淀固结形成的水力冲填坝；③将土倒入分层设置的畦块静水中，借助运土机械碾压和土体自重压实形成的水中倒土坝等。

工作中最常用的分类方法主要是按照材料在坝体内的配置和防渗体的位置进行分类，如图2-1-1-1所示。土石坝可分为均质土坝、天然材料心墙坝、天然材料斜墙坝、天然材料斜心墙坝、人工材料心墙坝与斜墙坝等。

模型2-1-1-1 土石坝整体布置

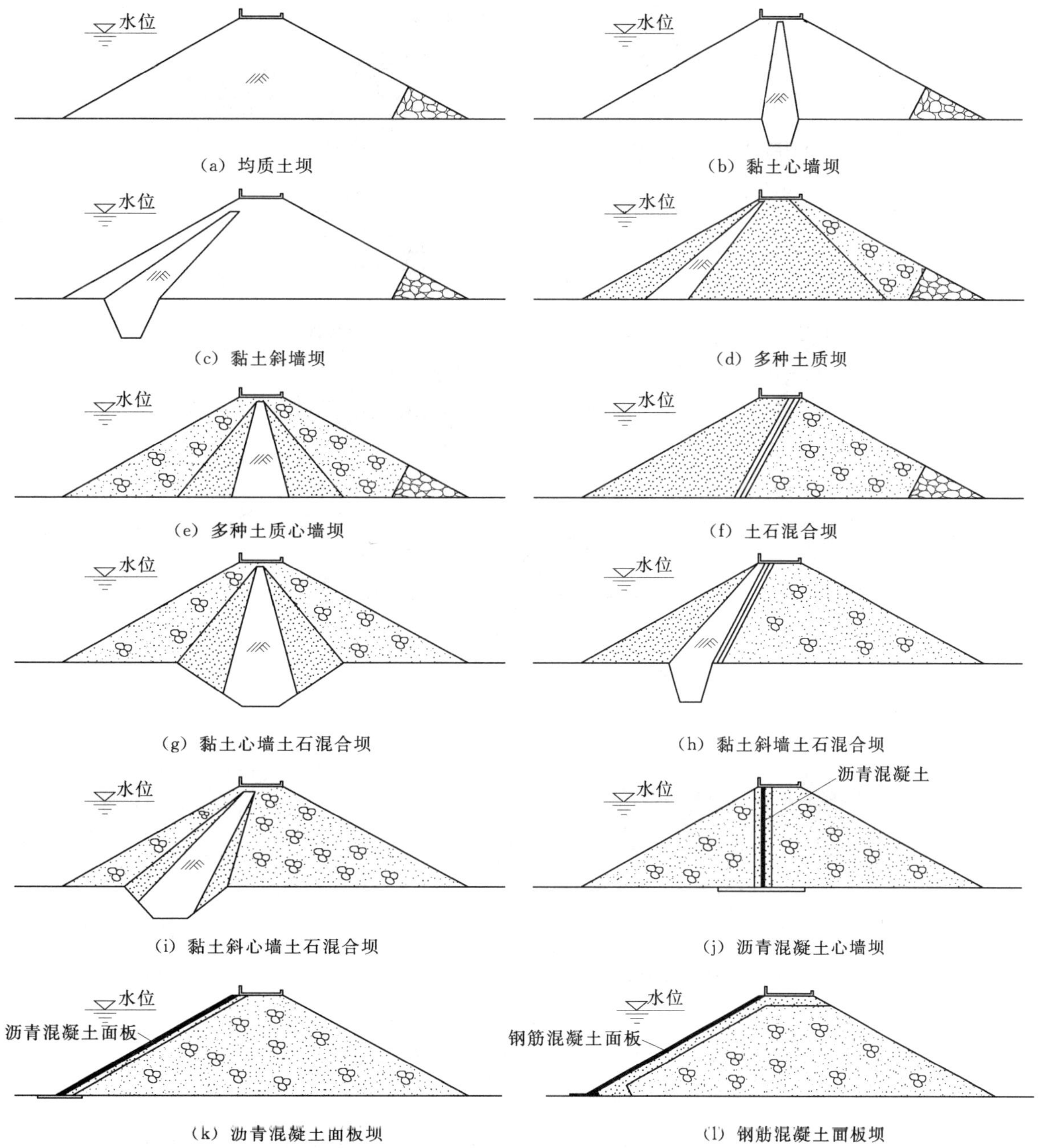

图 2-1-1-1 土石坝分类

3. 土石坝的结构

(1) 防渗体。

1) 天然材料防渗体。土质防渗体的主要结构为心墙、斜墙和斜心墙，土质防渗体与坝壳之间都设有反滤层，反滤层根据其工作条件可分为Ⅰ型反滤层和Ⅱ型反滤层。反滤层一般由 1～3 层级配均匀，耐风化的砂、砾石、卵石或碎石构成，每层粒径随渗流方向增大，如图 2-1-1-2 所示。

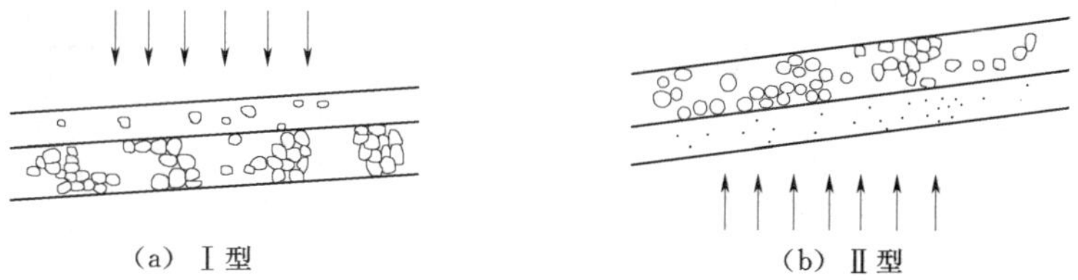

图 2-1-1-2 反滤层布置图

2) 人工材料防渗体。面板堆石坝防渗体是采用钢筋混凝土或沥青混凝土等人工材料做成的防渗面板，直接铺设在上游坝面，兼作上游护坡。面板坝在坝顶一般设置 L 形或 U 形防浪墙。

趾板是面板堆石坝表面防渗体系与地基防渗体系的连接构件，其主要作用是防渗。趾板既是基础灌浆的工作平台，也是周边缝的依托，因此其作用是很特殊的。趾板的特殊地位决定了趾板的设计涉及很多因素。图 2-1-1-3 为面板堆石坝断面及主要构造。

趾板结构尺寸包括三个重要参数：趾板宽度、趾板厚度、翘头尺寸。

(2) 排水体。

坝体排水有以下几种排水方式：

1) 棱体排水。又称滤水坝趾，是在下游坝脚处用块石砌成棱体，如图 2-1-1-4 (a) 所示。

2) 贴坡排水。又称表面排水，是用一层或两层堆石或砌石加反滤层直接铺设在下游坝坡表面，不伸入坝体内的一种排水设施，如图 2-1-1-4 (b) 所示。

3) 坝内排水。包括褥垫排水层、网状排水带、排水管、竖井排水体等，褥垫排水层是沿坝基平面平铺的由块石组成的水平排水层，外包反滤层，如图 2-1-1-4 (c) 所示。网状排水管由纵向和横向排水带组成，当渗流量较大时可敷设排水管，如图 2-1-1-4 (d) 所示。

4) 在实际工程中常根据具体情况将几种不同形式的排水方式组合使用，以兼取各种形式的优点，如图 2-1-1-5 所示。

(3) 坝顶和护坡。

坝顶可采用碎石、砌石、沥青或混凝土路面，坝顶上游侧设防浪墙，防浪墙底与坝体中的防渗体紧密连接，如图 2-1-1-6 所示。

上游护坡常用的形式是堆石或砌石，也可采用沥青混凝土、素混凝土或钢筋混凝土护坡，混凝土护坡应保留必要的缝隙或设置排水孔，如图 2-1-1-7 所示。

下游坝面通常采用干砌石、碎石或砾石护坡，适宜地区也可采用草皮护坡。砌石或堆石护坡外下游坝面要设置排水系统，如图 2-1-1-7 所示。

(4) 坝壳材料。

除去以上防渗体、排水体、坝顶与护坡等结构部分以外，主要填充起土石坝坝体大部分区域的筑坝材料均称为坝壳材料。砂、砾石、卵石、漂石、碎石等无黏性土料以及料场开采的石料和由枢纽建筑物中开挖的石渣料，均可用作坝壳材料，但应根据其性质配置于坝壳的

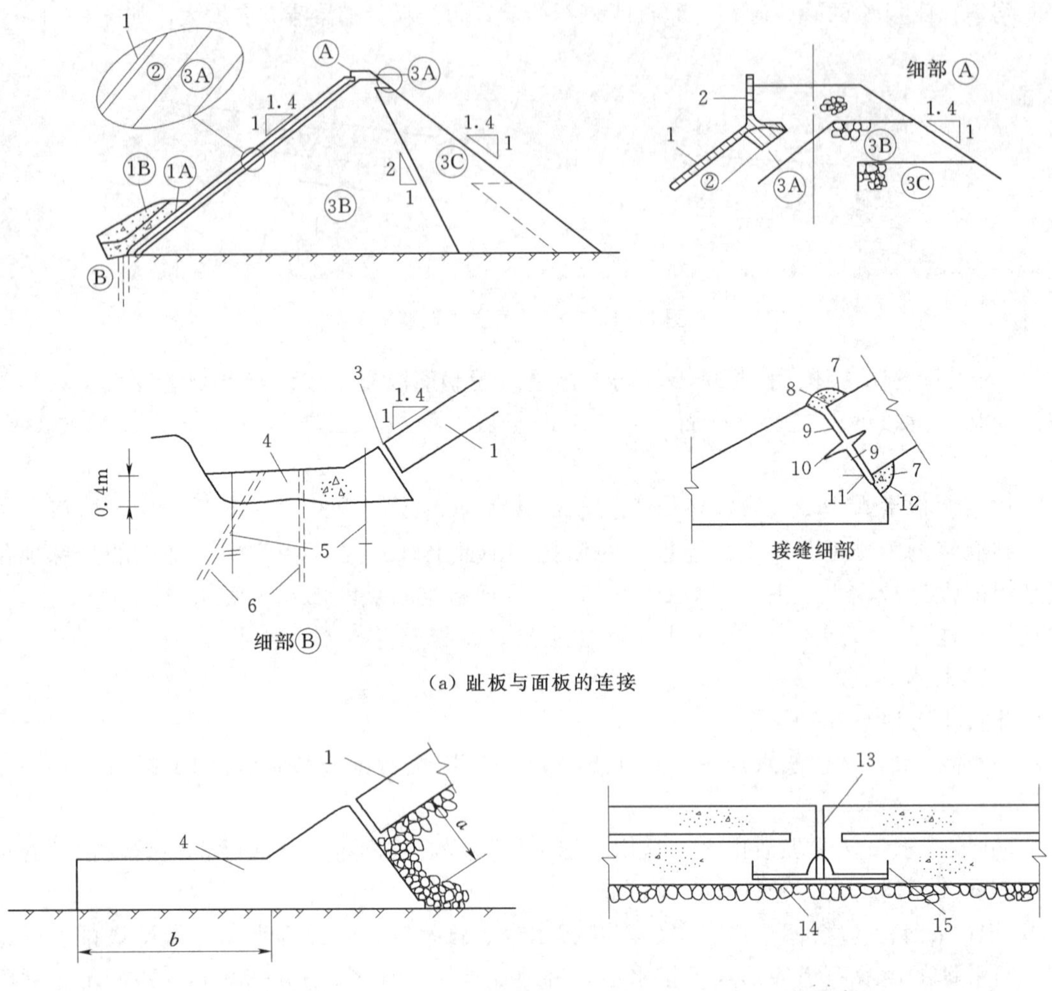

图 2-1-1-3　面板堆石坝断面及主要构造

1—面板；2—防浪墙；3—接缝；4—趾板；5—锚杆；6—帷幕灌浆孔；7—聚氯乙烯条带；8—沥青玛𤣙脂填料；9—可压缩填料；10—聚氯乙烯止水；11—止水铜片；12—沥青砂填料；13—沥青等防渗粘合剂；14—油毡；15—W 形止水

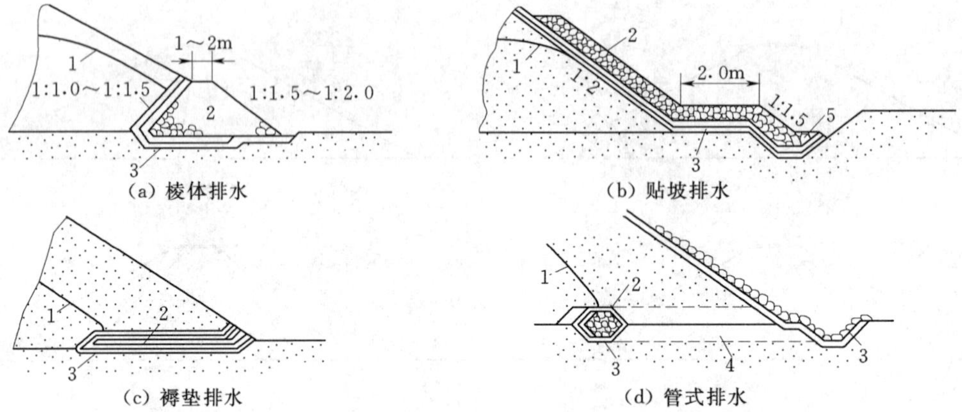

图 2-1-1-4　排水体类型图

1—浸润线；2—排水；3—反滤层；4—横向排水带或排水管；5—排水沟

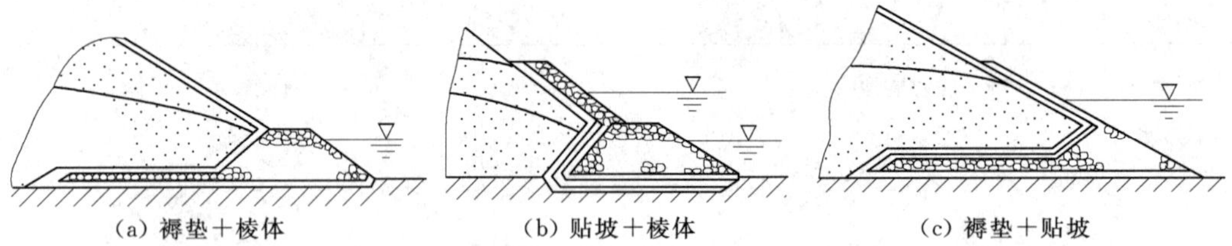

图 2-1-1-5　综合式排水体

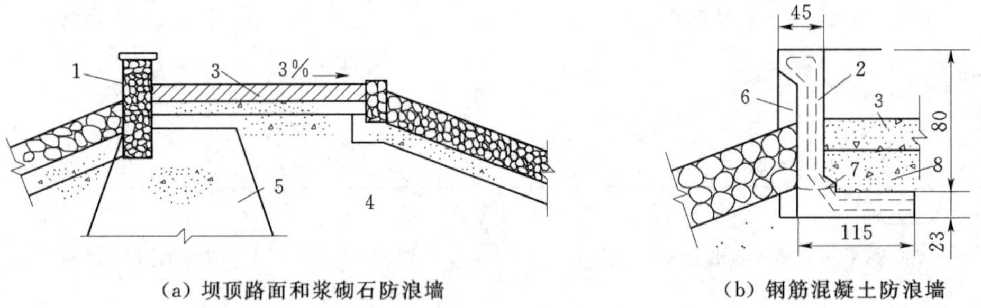

图 2-1-1-6　土石坝坝顶结构（单位：mm）

1—浆砌石防浪墙；2—钢筋混凝土防浪墙；3—坝顶路面；4—砂砾坝壳；5—心墙；6—方柱；7—排水管；8—回填土

不同部位。均匀中细砂及粉砂等一般只能用于坝壳的干燥区。

如前所述土石坝根据施工方法和防渗体位置可分为很多类型，但最常用的分类方法还是按防渗体材料及位置进行分类，水利工程建设中均质土坝、黏土心墙坝、沥青心墙坝和面板堆石坝是比较常用的土石坝类型。下面以这几种常用坝型为例，学习识读土石坝各类图纸。

二、土石坝图识读的一般方法与步骤

土石坝因其材料怕冲易垮，坝身通常只能挡水不能过水，因而结构较为简单；又因其上、下游坝坡较缓，横断面较厚，俯视投影即可全面直观展示坝面坝顶情况，因此，一般绘制平面布置图、典型断面图及细部结构详图等图样以全面展示土石坝整体布局、内外结构、材料选用、地基处理等情况。而断面图又分横断面图和纵断面图，并根据剖切面位置不同表达信息也有所不同，一般最常用的还是横断面图，当然也有绘制纵断面图展示其所在河道地形地质、内部结构纵向布置等情况。综上所述，土石坝水工图一般图样内容相对简单，图纸类型与图纸数量适中，识读难度不是很大。一般识读土石坝水工图时，可以先识读平面布置图来整体把握土石坝空间布置、轮廓尺寸、外部结构等情况，再结合若干典型横断面图复核与补充以上信息，同时明确坝内防渗排水结构布置、坝壳材料分区、地基处理方式、水文特征参数等信息，再通过细部结构详图掌握其他水工图中不能清晰展示的细部结构轮廓尺寸、建筑材料、

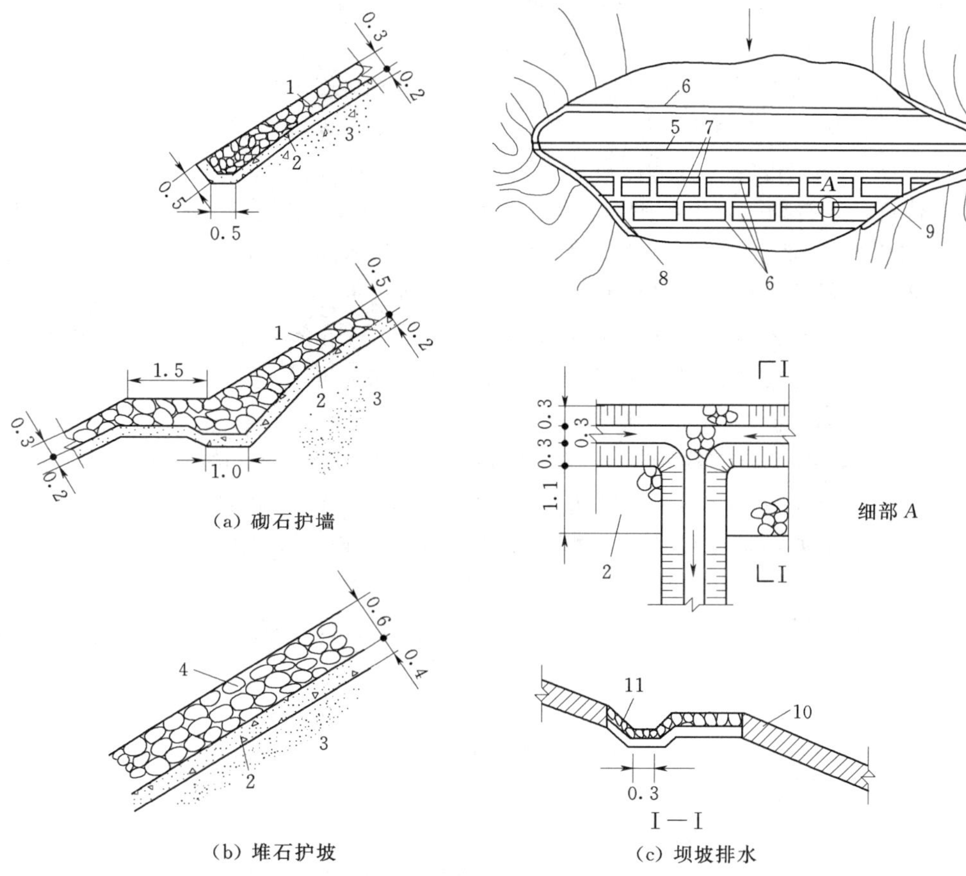

图 2-1-1-7　砌石、堆石护坡及坝坡排水（单位：m）

1—干砌石；2—垫层；3—坝体；4—堆石；5—坝顶；6—马道；7—纵向排水沟；
8—横向排水沟；9—岸坡排水沟；10—草皮护坡；11—浆砌石排水沟

连接方式等情况。通过以上由整体到局部，由外而内，由局部到细部，再由细部回到整体，联合各类图纸反复对照、反复联想，最终全面识读土石坝信息，从而准确指导施工。

接下来分别以重庆市黔江区城北水库沥青混凝土心墙土石坝、新疆伊宁温泉水电站混凝土面板堆石坝为例，详细介绍其水利工程图样识读的具体过程。

模型 2-1-1-2　土石坝结构构造

三、城北水库沥青混凝土心墙土石坝图纸识读

1. 城北水库工程概况

重庆市黔江区城北水库工程一期是以灌溉为主，兼有生态环境改善和城郊旅游、农村饮水、防洪及城市应急备用水源等综合利用功能的水利工程。主要包括水库枢纽一期项目及灌区全部的灌溉配套工程。灌溉面积 2.91 万亩，干渠渠首设计流量为 1.10m^3/s，水库正常蓄水位 662.20m，总库容 674 万 m^3。枢纽工程主要建筑物包括碾压式沥青混凝土心墙石渣坝、溢洪道、泄洪放空洞及取水隧洞。城北水库工程一期拦河大坝采用沥青混凝土心墙石渣坝型，坝顶高程为 665.00m，坝顶宽 6m，最大坝高 46.5m，坝顶长 200.5m；溢洪道紧靠大坝右坝肩布置，轴线长 342.14m，由引渠段、控制段、陡槽段、消能段和泄水渠等部分组成；放空泄洪隧洞除用于水库正常放空外，还用于施工期间导流及泄洪等任务，隧洞由引渠段、进口段、闸门竖井段、龙抬头段、城门洞形无压段和泄水渠段组成，全长 198.12m；取水隧洞布置在大坝左岸山体内，由引渠段、分层取水塔、消力池及城门洞形无压段等组成，全长 297m，出口与输水干渠相连。

2. 平面布置图识读

首先识读平面布置图以掌握该土石坝空间布局、整体布置等情况。土石坝的结构型式除面板堆石坝以外，其余坝型在平面图上展示内容区别不大。识读平面图可得到的信息主要有大坝的结构型式、平面轮廓、坝轴线、控制点坐标、上下游坡比、坝顶高程、大坝长度、马道数量及高程、坝址地形、上坝公路、其他建筑物信息等。大坝其他坝面结构信息在平面图中也可以得到，但必须结合其他视图类型或细部结构图才能更详细地了解。

微课 2-1-1-2　土石坝平面布置图识读

图 2-1-1-8 为城北水库沥青心墙坝平面布置图，下面进行详细识读。

图上明显可见指北针、河流名称、位置与水流方向，由此可确定此心墙坝空间方位与上下游、左右岸分布等情况。前面学习了图纸识读的基本知识，知道轴线一般采用的线型为点划线，接下来我们从图纸中找到点划线，即可找到图纸中涉及的建筑物的轴线或中心线，一般大坝轴线与河道垂直或接近垂直，并标注“坝轴线”文字。图中可见心墙坝坝顶还有另一条很重要的中心线，即心墙中心线，以此再次提示读图者关注此土石坝的坝型类别。一般心墙中心线和坝轴线很接近，有些情况下可能出现重合，两条线同时出现时，一般用文字进行标注说明。若心墙坝只出现一条轴线（或中心线），未进行文字标注时，必须结合横断面图进行识读。

从坝轴线向上下游方向的两条实线为上下游坝坡与坝顶平面的交线，两条实线之间为坝顶平面，坝顶平面标有坝顶高程，如“665.00”即坝顶高程为 665.00m，在平面图中出现此类标注均可理解为数字所在位置的平面高程标注。另外，平面高程标注也采用“EL.”形式，如“EL. 665.00”。

从坝轴线看向大坝上游，可以看到上游一级边坡坡比标识和数据 1：2，即从坝顶向上游一级边坡坡比为 1：2；其次是变坡线，变坡线向上游标注了另一坡比 1：2.25，表示上游坡面坡比从一级边坡 1：2 变为二级边坡 1：2.25，变坡线实际上就是 1：2 坡面与 1：2.25 坡面的交线。变坡线上标注 645.00，表示一级边坡、二级边坡变坡高程为 645.00m。

再向上游是一平面，平面标注高程为 628.00，中间画出轴线，一侧标注“上游围堰轴线”。通过这些信息，可以得到该平面原为上游围堰堰顶，本大坝是堰坝结合式大坝。平台向上游标注坡比 1：3，即大坝三级边坡坡比变为 1：3，实际上也是原围堰上游坡比为 1：3。

从坝轴线向大坝下游，同样标注有一级边坡坡比 1：2，再向下游是马道，马道下游二级边坡坡比变为 1：2.25，图中马道平面高程未标注，此信息需要从大坝横断面图上查阅。再向下游为马道平面，并标注了高程 625.00，马道下游三级边坡坡比为 1：2.5，这些就是图纸

表现出的大坝下游轮廓的主要信息。另外，图上还可见下游“坝横 0+107.00”和“坝横 0+112.00”之间比较密集的线条，此线条为示意性线条，是上坝台阶，“坝横 0+107.00”和“坝横 0+112.00”分别表示台阶在大坝上的桩号位置，同时也可以根据此信息计算出台阶宽度为 112−107=5(m)。

此图还能识读到的主要信息有开挖边线和坝脚线。开挖边线和坝脚线在图中基本属于示意性线条，一般不做进一步标注，实际工作中需要计算确定。两条线之间一般标有坡面符号和坡比，一些图纸未进行坡比标注但在开挖边线下标注了岩石符号，表示该线条为开挖边线。

综上，从图 2-1-1-8 中可以解读到以下信息：

大坝坝顶高程：665.00m；

大坝上下游坡比：上游三种不同坡比分别为 1∶2、1∶2.25、1∶3，下游三种不同坡比分别为 1∶2、1∶2.25、1∶2.5；

马道位置：上游有一条变坡线，高程为 645.00m，一条马道，实际为上游围堰堰顶，高程为 628.00m；

围堰位置：围堰轴线在坝纵 0−083.75 处，堰顶高程为 628.00m，围堰上游坡比为 1∶3；

下游踏步位置：在“坝横 0+107.00”和“坝横 0+112.00”之间，宽 5m；

坝轴线控制点坐标：坝左岸控制点 A''坐标，x=271863.38m，y=501097.09m；右岸控制点 B''坐标，x=271665.23m，y=501066.48m；

防渗心墙轴线位置：根据图上桩号计算，心墙轴线在大坝轴线上游 1m 位置处；

大坝纵横桩号：由坝横桩号标注可以得出大坝长度为 200.5m，由大坝纵向桩号可以计算得到大坝最大底宽为 227.73m。

3. 横断面图识读

图 2-1-1-9 为城北水库沥青心墙土石坝典型横断面图，通过对该图进行详细识读以掌握大坝其他主要信息。大坝断面图习惯由坝顶向坝底解读，由坝外向坝内分析。图中可以看到坝顶一“L”形混凝土墙，此墙为防浪墙，此处为示意性线条；再对防浪墙顶部高程和结构型式进行了解，顶部高程为 666.00m，结构型式为“L”形。在平面布置图中有两条重要轴线——坝轴线和心墙轴线，但是只给出了大坝轴线的控制点坐标，平面布置图及横断面图上坝顶明确地标注出了两条轴线及其相对位置，因此两者结合即可确定心墙轴线的空间位置。

微课 2-1-1-3
土石坝横断面图识读

大坝上游坡面分别标示的护坡、坡比、变坡点等信息均与平面布置图相呼应，上游坡面采用 8cm 厚干砌 C15 混凝土预制块护坡，预制块下为水平厚度为 50cm 的反滤过渡料，布置了三道混凝土防滑墙。上游围堰相对坝轴线的位置、围堰断面结构信息可以通过图中标注获得。

大坝下游标明了下游坝坡护坡措施“混凝土框格草皮护坡”“干砌石护坡”，以及下游马道高程、宽度等信息。坝体及坝基内标明了 B1～B5 坝料分区（B1～B5 坝料技术要求将在设计文件中提出）、沥青心墙及两侧反滤过渡料区等，大坝底部标注了示意性的原地面线、混凝土防渗墙坝底地质结构、帷幕灌浆线等。图纸右侧的高程标尺可用作对未标注高程位置标高的测算，从需要计算高程的位置画一条水平辅助线至标尺位置，所对应的标尺刻度即为该点标高。

综上，从图 2-1-1-9 中可以解读到以下信息：

坝顶高程、宽度：高程为 665.00m，宽度为 6m；

上游护坡结构：干砌 C15 混凝土预制块，厚 8cm，预制块下为 50cm 厚反滤过渡料，并设置了三道混凝土防滑墙，护坡措施于 638.5m 结束，低于水库死水位 1.5m；

沥青心墙厚度、轴线位置：心墙厚度为 50cm，轴线在坝轴线上游 1m 位置处；

上游围堰位置、结构形态：上游围堰轴线距坝轴线 83.75m，采用黏土斜墙防渗，上游坡比为 1∶3，下游坡比为 1∶2，堰顶高程为 628.00m，堰顶宽 5m，其中石渣宽 4m，黏土宽 1m；

大坝特征水位：设计水位、校核水位、正常水位、死水位等图中均已标注清楚；

坝壳料分区：坝壳料共分 4 个区，分别编号 B1～B4，另外还有 B5 属于地基开挖后回填部分，坝壳料设计参数需要通过设计文件取得，图纸上一般不予以标注；

心墙反滤料：心墙反滤料厚度为 1.5m；

混凝土防渗墙及帷幕灌浆信息：混凝土防渗墙轴线与沥青心墙轴线和帷幕灌浆轴线重合，防渗墙底部高程为 602.72m，采用大开挖方式施工，开挖坡比为 1∶1.5，帷幕灌浆采用单排帷幕；

下游护坡措施：下游护坡采用混凝土框格草皮护坡与干砌石护坡，与平面布置图上框格对应；

马道高程、宽度、数量：下游马道共两道，第一道宽 2m，高程为 645.00m，第二道宽 10m，高程为 625.00m；

坝基高程：618.5m。

结合图 2-1-1-8、图 2-1-1-9，可以了解到该沥青混凝土心墙坝最大坝高 46.5m，坝顶宽 6m，坝顶高程为 665.00m，坝长 200.5m。

4. 细部结构图识读

图 2-1-1-10 是城北水库沥青心墙坝的左岸坝肩放大图。图中可看到坝肩轴线上有一点 A''，这是大坝轴线上的坐标点，同样还会有一点在大坝右岸某处，图纸中将在适当位置列表给出两个点的坐标，也有图纸直接在坐标点（如 A''点）旁边给出坐标数据，工程建设中将以此坐标点控制大坝的空间位置。

从 A''点向左岸看，有一灌浆平洞的文字标注，由此可以知道这段线条表示的是一条灌浆平洞，灌浆平洞下游侧有一标注“坝横 0−031.38”，而桩号标注下方横线延长正好是灌浆平洞的末端，这就直接给出了灌浆平洞的长度，即灌浆平洞长度延伸至“坝横 0−031.38”即可结束。综上，大坝左坝肩设有灌浆平洞，灌浆平洞从坝横 0−009.38 开始到坝横 0−031.38 结束，长 22m。

由于图幅限制，图 2-1-1-11 未能全面展示上坝公路，仅在左坝肩裁剪出部分公路。在左坝肩看到两条相对平行的曲线，线间用箭头标示了行进方向，文字标示了“上坝公路”，这就是本工程的上坝公路，它沿两岸坡蜿蜒上坝。一般图纸标示的上坝公路都是大坝建成后到达坝顶的公路，对于两岸地形陡峭、高度较大的土石坝，上坝公路常沿下游坝面布置，这种布置形式将在下文的面板堆石坝平面图中进行介绍解读。

微课 2-1-1-4
土石坝细部结构图识读

通过以上四张图纸的识读过程可基本读懂此套心墙坝图纸，再结合其他细部结构图纸，可真正熟悉此工程。

说明：

1. 图中尺寸单位以mm计，高程、坐标以m计，桩号以“km+m”计。
2. 大坝轴线与溢洪道轴线夹角为75°25′30″。
3. 溢洪道轴线与放空泄洪隧洞轴线夹角为21°5′31″。
4. 心墙轴线位于大坝轴线上游1.00m，防渗墙段防渗轴线位于大坝轴线上游1.00m，与心墙轴线重合；其余段位于心墙轴线上游30cm。

主要建筑物坐标表

建筑物	点号	坐标值/m		备注
		x	y	
大坝	A''	271863.38	501097.09	大坝左岸
	B''	271665.23	501066.48	大坝右岸
溢洪道	C	271655.74	501052.62	进口
	D	271650.72	501064.23	大坝轴线交点
	E	271577.12	501234.67	放空泄洪隧洞交点
放空泄洪隧洞	F	271589.07	500932.69	放 0+000.00 点
	G	271581.23	501130.66	出口
	H	271585.66	501018.74	导流隧洞交点
导流隧洞	I	271626.58	500934.77	进口
	J	271588.13	501009.38	导 0+083.94 点

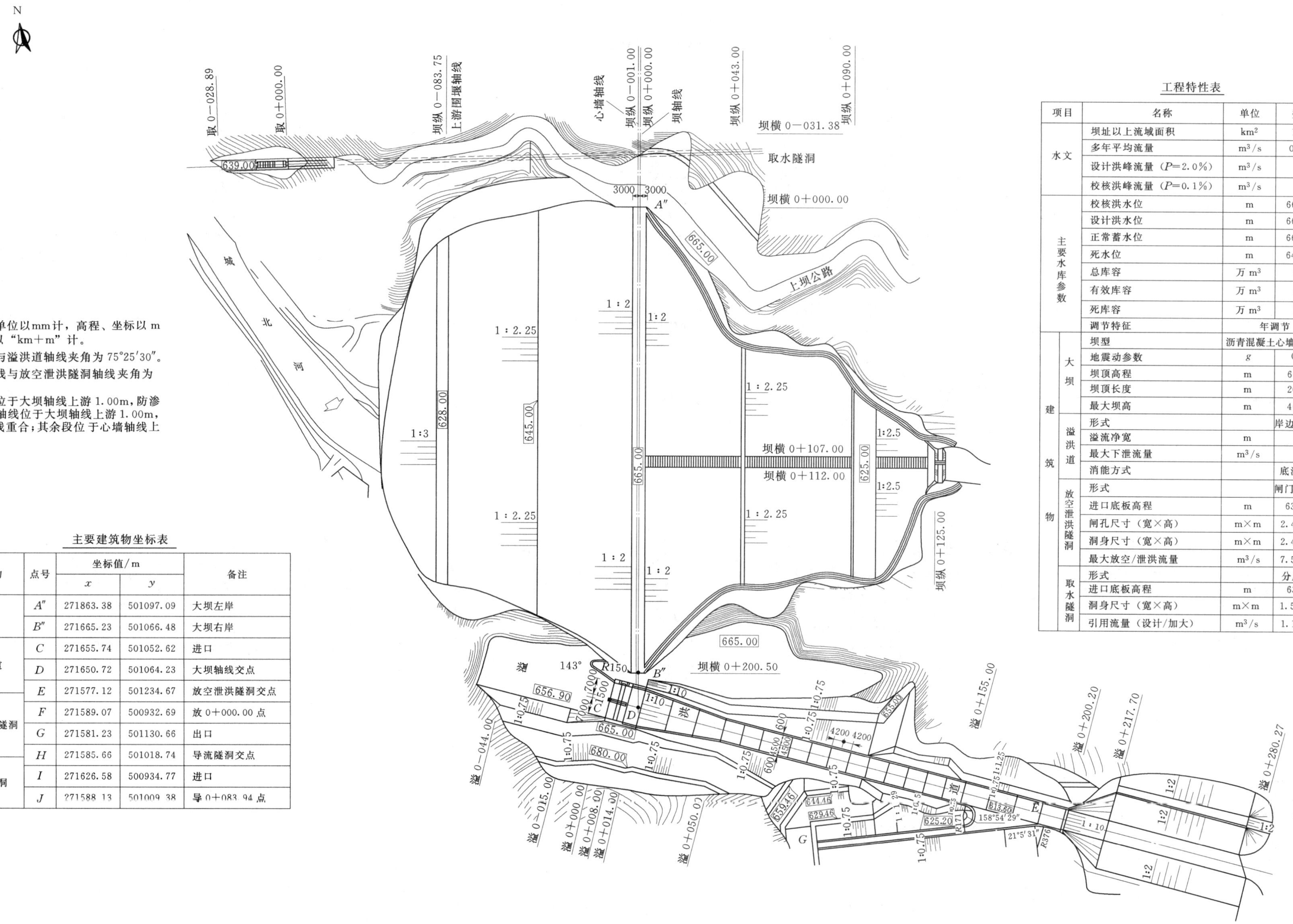

工程特性表

项目		名称	单位	数量
水文		坝址以上流域面积	km^2	19.6
		多年平均流量	m^3/s	0.396
		设计洪峰流量（P=2.0%）	m^3/s	287
		校核洪峰流量（P=0.1%）	m^3/s	480
主要水库参数		校核洪水位	m	664.17
		设计洪水位	m	662.44
		正常蓄水位	m	662.20
		死水位	m	640.00
		总库容	万 m^3	674
		有效库容	万 m^3	485
		死库容	万 m^3	121
		调节特征	年调节	
建筑物	大坝	坝型	沥青混凝土心墙石渣坝	
		地震动参数	g	0.05
		坝顶高程	m	665.00
		坝顶长度	m	200.50
		最大坝高	m	46.50
	溢洪道	形式		岸边开敞式
		溢流净宽	m	14
		最大下泄流量	m^3/s	374
		消能方式		底流消能
	放空泄洪隧洞	形式		闸门竖井式
		进口底板高程	m	638.00
		闸孔尺寸（宽×高）	m×m	2.4×3.0
		洞身尺寸（宽×高）	m×m	2.4×3.6
		最大放空/泄洪流量	m^3/s	7.5/40.0
	取水隧洞	形式		分层取水
		进口底板高程	m	639.00
		洞身尺寸（宽×高）	m×m	1.5×1.8
		引用流量（设计/加大）	m^3/s	1.1/1.43

图2-1-1-8　城北水库沥青心墙土石坝平面布置图

2—2 横断面图（坝横 0＋122.80）

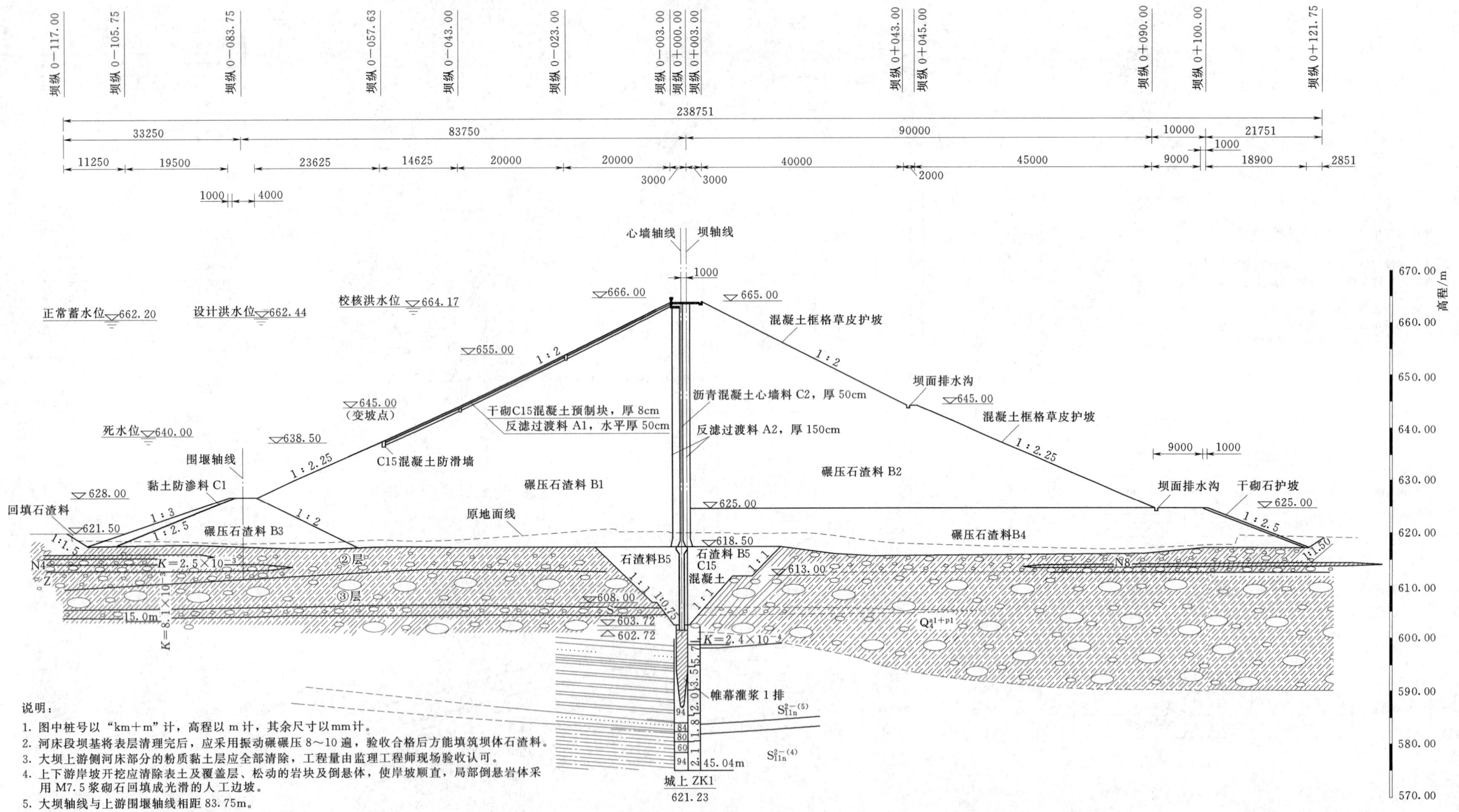

说明：

1. 图中桩号以“km＋m”计，高程以 m 计，其余尺寸以mm计。
2. 河床段坝基将表层清理完后，应采用振动碾碾压 8～10 遍，验收合格后方能填筑坝体石渣料。
3. 大坝上游侧河床部分的粉质黏土层应全部清除，工程量由监理工程师现场验收认可。
4. 上下游岸坡开挖应清除表土及覆盖层、松动的岩块及倒悬体，使岸坡顺直，局部倒悬岩体采用 M7.5 浆砌石回填成光滑的人工边坡。
5. 大坝轴线与上游围堰轴线相距 83.75m。
6. 本套图共 4 张，图号为城北（施）DBL－5－1～4。

图 2－1－1－9　城北水库沥青心墙土石坝典型横断面图

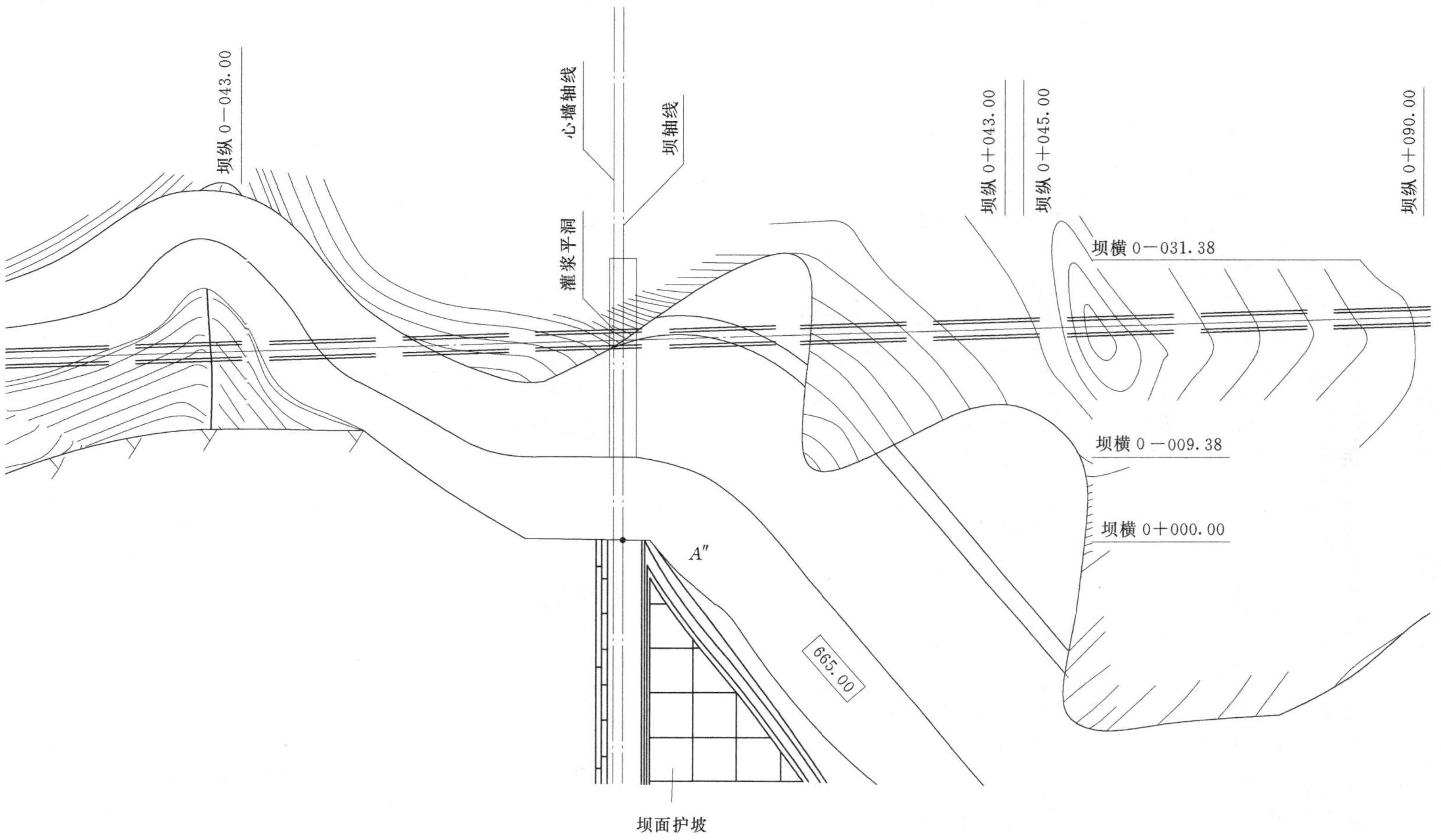

图 2－1－1－10　城北水库沥青心墙土石坝大坝左坝肩放大图

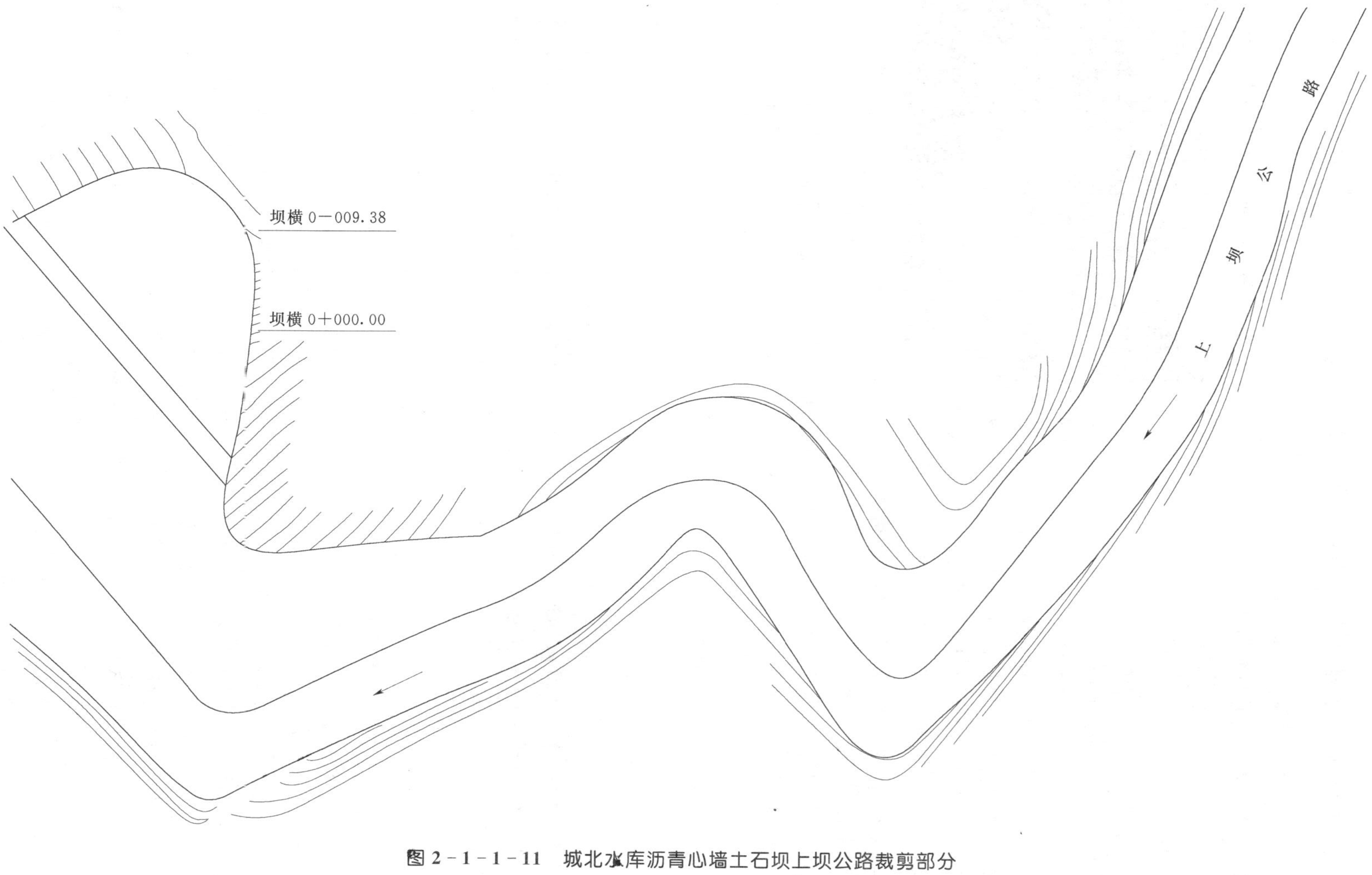

图 2－1－1－11　城北水库沥青心墙土石坝上坝公路裁剪部分

四、温泉水电站混凝土面板堆石坝图纸识读

1. 温泉水电站工程概况

温泉水电站位于新疆伊宁县境内，喀什河中游马扎尔峡谷，该河段水量集中，交通较方便，工程地质条件好，淹没损失较小，开发条件优越。电站距伊宁市约67km，是喀什河流域"两库十五级"梯级开发中的第14级电站，下游为已建成的托海水电站，上游距吉林台一级水电站约60km，属于新疆维吾尔自治区"十一五"规划重点建设项目。温泉水电站由混凝土面板堆石坝、深孔泄洪洞、表孔溢洪洞、发电引水建筑物、发电厂房等建筑物组成，设计最大坝高102m，总库容1.76亿m^3，总装机容量135MW，多年平均年发电量7.6亿kW·h，总投资11.28亿元。

2. 平面布置图识读

图2-1-1-12为温泉水电站面板堆石坝平面布置图。面板堆石坝是目前较为常见的土石坝类型，图上首先明显可见指北针、河流名称、河流位置与水流方向，以此可确定此面板坝空间方位与上下游、左右岸分布等情况，同样从坝轴线开始全面识读大坝。本设计图坝轴线两端分别标注了 A 和 B 两个点，并在该点引线标注 A 点：$x=4856350.000$，$y=582222.236$；B 点：$x=4855982.128$，$y=581850.000$，与前城北水库沥青心墙土石坝一致，A、B 即为坝轴线控制点，此处是在图中给出了其大地坐标。

从坝轴线向上游，首先是一组编号：①～㉜，即32条垂直于坝轴线的线条，这是上游面板编号和面板分缝线，可以知道大坝上游分为32块面板；另外，上游很明显标注了坡比1：1.5，则说明面板堆石坝的上游坡比即面板坡比为1：1.5。再向上游看，在第10块和第27块面板上标注了6000mm，第20块面板上标注了12000mm，从第10块向左岸、第27块向右岸各块面板宽度很明显是一致的，从第11块到第26块面板宽度是一致的。

再向上游出现两个平台，高程为895.00m，宽度分别为5m和10m，平台上游坡比为1：2.0，面板分缝线从此平台处开始变为虚线，表明面板此处往上游被覆盖。从图中只能看到平台的这些信息，至于平台具体是什么结构，可根据面板堆石坝专业知识或工程经验判断它可能是面板坝上游铺盖，若要准确判定还需结合面板坝横断面图进一步解读。

在前文心墙坝图纸中讲到了大坝坡脚线。大坝坡脚线是大坝坡面与地面的交线，在本图中坝脚位置出现三条相互平行的线条，图中对中间的点划线标注了"趾板X线"，明确表示它是趾板控制线。X线下游线条是趾板与面板的接缝，一般称作周边缝，X线上游线条表示趾板上游边线。另外，在趾板X线的各折点均标出了高程和桩号，并进行了编号，这些编号可以在"趾板拐点坐标表"（趾板拐点是指趾板X线的拐点，趾板桩号和坐标都是以X线为基础说明的）中对应找到，结合此表可确定趾板各拐点的空间坐标，也就确定了趾板的空间位置。

从轴线向下游，本工程图与前文心墙坝图纸不同之处在于此坝下游未设马道；下游坡比有两种，以上坝道路为分界线，坝顶第一道坡比为1：1.5，其余部分坡比为1：1.3。上坝道路设置于大坝下游坡面，道路标注显示道路坡率为0.08，道路宽度为10m，并标注了道路各拐点高程等。

图中还标示出了大坝桩号、趾板桩号、灌浆平洞等信息。

通过以上图纸识读过程，可以了解本工程以下主要信息：

坝顶高程与坝长：坝顶高程960.00m，坝长300.099m；

坝轴线坐标：左岸控制点坐标 $x=4856350.000$，$y=58222.236$，右岸控制点坐标 $x=4855985.128$，$y=581850.000$；

大坝坝坡坡比：上游坝坡为1：1.5，下游坝坡为1：1.3；

面板数量及宽度：面板共32块，6m宽14块，12m宽16块，两个边块；

趾板长度：496.386m；

趾板X线特性：X线共有8个拐点，各拐点空间坐标数据齐全，各段趾板宽度明确；

上游铺盖部分特性：铺盖上游坡比为1：3，铺盖顶高程895.00m，铺盖顶宽10+5=15(m)；

下游上坝路部分特性：路面宽10m，道路拐点高程明确；

灌浆平洞部分信息：左右岸均设有灌浆平洞，左岸灌浆平洞起点为坝0－018.265，终点为坝0－070.000，洞长51.735m；右岸灌浆平洞起点为坝0＋312.227，终点为坝0＋330.066，洞长17.839m。

另外，还可根据图上所附的坝体特性表、说明等文字表格得知大坝的其他相关信息。

3. 横断面图识读

图2-1-1-13是温泉水电站面板坝典型横断面图，同样从坝顶开始读起。坝顶宽10m，防浪墙轴线距上游边线80cm，坝顶高程为960.00m。防浪墙顶高程为961.20m，因此防浪墙有效挡浪高度为1.2m。混凝土面板厚度随坝高变化，厚度变化关系为 $t=0.3+0.0033H$，垫层料水平厚度为3m，过渡料水平厚度为5m。上游铺盖顶部高程为895.00m，铺盖由两种料组成，黏土料顶宽5m，填筑坡比为1：1.7；任意料顶宽10m，填筑坡比为1：2.0。上游河床土方开挖坡比为1：1.5，石方开挖坡比为1：0.5。趾板底部高程为858.00m，由此可计算出最大坝高102m。趾板下固结灌浆范围为8m，孔排距为2.5m，孔深5m；帷幕灌浆为双排孔，间排距为2m。坝底还示意性标出了基岩面线、强风化下限、弱风化下线等范围。

大坝下游坝面除坡比外还标出了4道平台，结合平面布置图理解，该平台是上坝公路，由于公路随剖切面位置不同，所剖平台位置也不同，所以图上未标注平台高程。在坝轴线下游10m处有一区域标注了利用料，说明大坝坝壳料由爆破堆石料和利用料两种料组成，利用料所占位置及范围可以通过其距离坝轴线位置、坡比、上下面高程、底面宽度等数据计算得出。

另外，通过图纸说明、表格、文字标注、高程标尺等内容，还可以得到水库特征水位、坝壳料技术要求、尺寸单位、比例、缺失结构高程等信息。

目 标 测 评

（1）沥青心墙土石坝其防渗体材料为__________。

（2）面板堆石坝上游面板兼作__________。

（3）识读土石坝平面布置图未得到的相关坝面结构信息可结合__________图联合识读得到。

（4）联合识读图1-2-6与图2-1-1-14，可得该工程挡水建筑物为（　　）。

混凝土面板堆石坝平面布置图

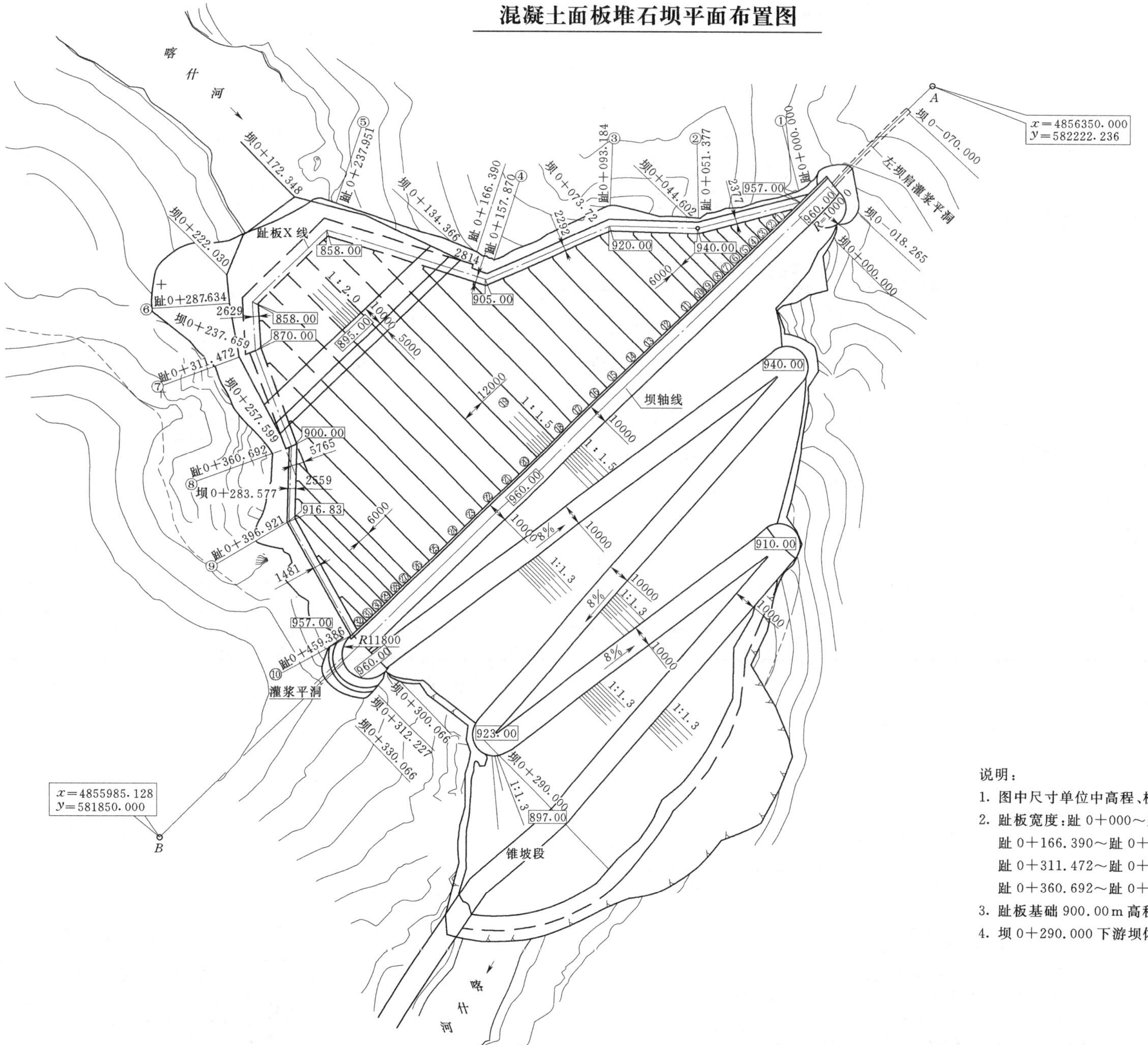

坝体特性表

序号	名称	单位	数量
①	坝顶高程	m	960.00
②	防浪墙顶高程	m	961.20
③	防浪墙底高程	m	957.00
④	最大坝高	m	102
⑤	坝顶宽度	m	10
⑥	上游坝坡		1:1.5
⑦	下游坝坡		1:1.5、1:1.3
⑧	坝长	m	300.066
⑨	面板分缝宽度	m	12/6
⑩	面板厚度	m	0.3+0.0033H
⑪	面板面积	m^2	27661
⑫	坝轴线控制点坐标 A	x=4856350.000;y=582222.236	
	坝轴线控制点坐标 B	x=4855985.128;y=581850.000	

趾板拐点坐标表

点号	x 坐标/m	y 坐标/m
①	4856293.362	582156.169
②	4856280.351	582106.467
③	4856281.392	582064.673
④	4856255.007	582005.613
⑤	4856278.766	581929.138
⑥	4856243.988	581893.658
⑦	4856220.194	581895.098
⑧	4856174.100	581912.358
⑨	4856137.882	581911.483
⑩	4856083.314	581941.882

说明：

1. 图中尺寸单位中高程、桩号、坐标以 m 计，其他均以 mm 计。
2. 趾板宽度：趾 0+000～趾 0+166.390 段为 6m 板；
   趾 0+166.390～趾 0+311.472 段为 8m 板；
   趾 0+311.472～趾 0+360.692 段为 6m 板(含内趾板)；
   趾 0+360.692～趾 0+459.386 段为 4m 板(含内趾板)。
3. 趾板基础 900.00m 高程以下垫层料、过渡料向下游延伸。
4. 坝 0+290.000 下游坝体右岸为 1：1.3 的锥坡段。

设计单位名称			
批准		工程名称	技施 设计 水工 部分
核定			
审查		坝体平面布置图	
校核			
设计			
制图			
描图		比例	日期
设计证号		图号	

图 2-1-1-12　温泉水电站混凝土面板堆石坝平面布置图

混凝土面板堆石坝典型横断面图

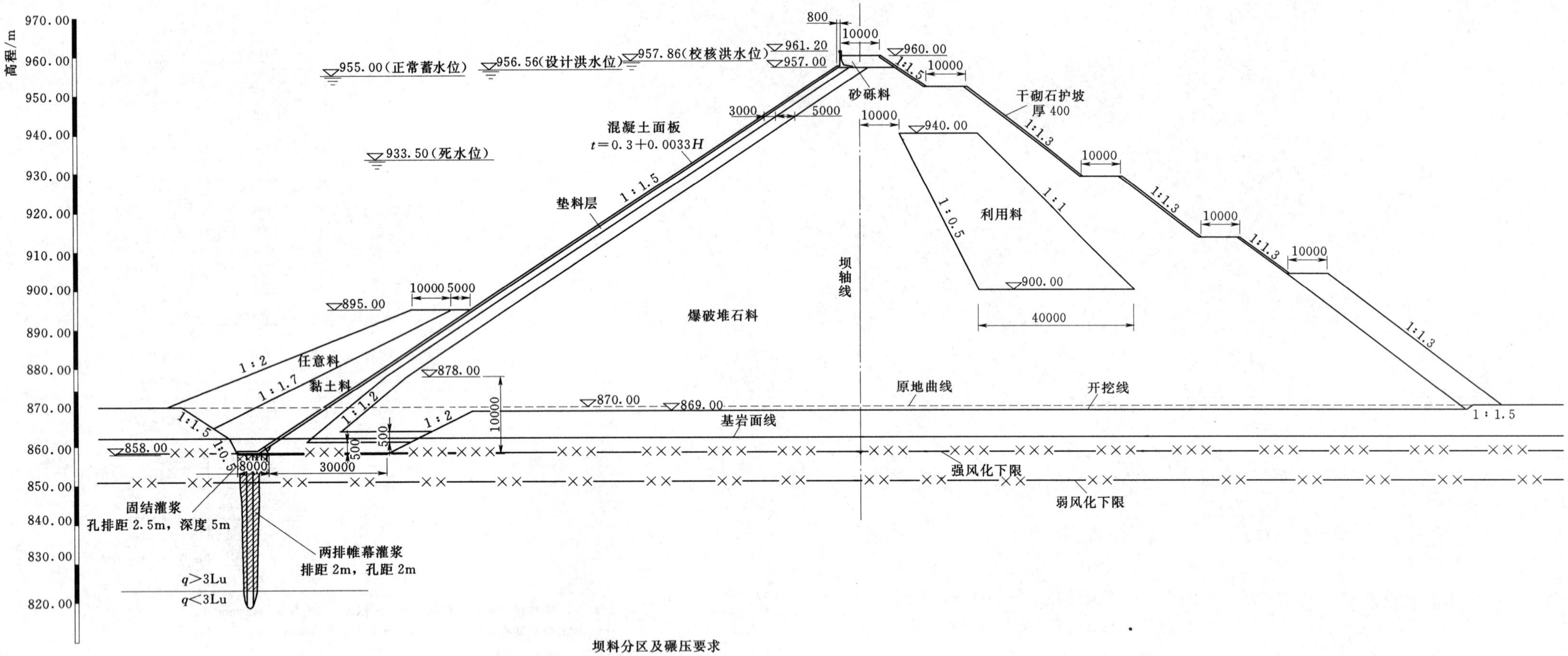

坝料分区及碾压要求

坝料名称	坝料要求	碾压标准及要求	备注
土料	T1 料场土料		
任意料	弃渣		
垫层料	C1 料场筛分，D_{max}≤80mm，小于5mm 含量30%～50%，小于0.075mm 含量<8%	D_r≥0.85	
过渡料	C1 料场全料，级配连续	D_r≥0.85	
利用料	开挖石渣料	n=21%	
堆石料	采用 P1 料场堆石料，D_{max}≤800mm	n=21%	

说明：

图中桩号、高程以 m 计，其余以 mm 计。

设计单位名称			
批　准		工程名称	技施　设计
核　定			水工　部分
审　查		坝体典型横断面图	
校　核			
设　计			
制　图			
描　图		比例	日期
设计证号		图号	

图 2-1-1-13　温泉水电站混凝土面板堆石坝典型横断面图

干流坝体填筑形象剖视图

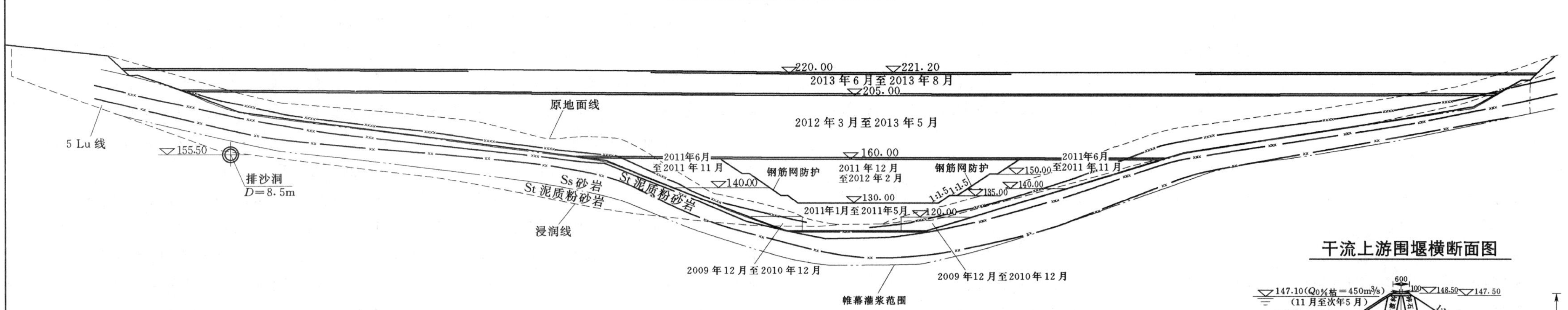

干流上游围堰横断面图

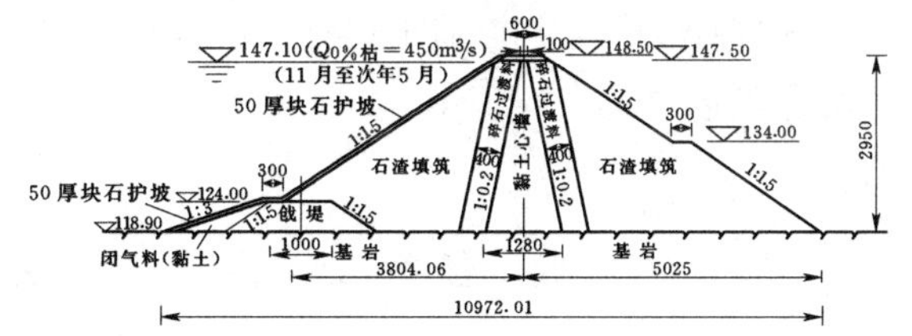

干流下游围堰横断面图

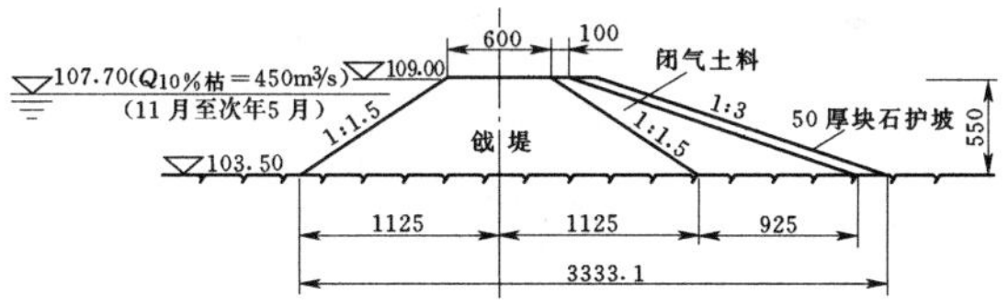

典型横断面图

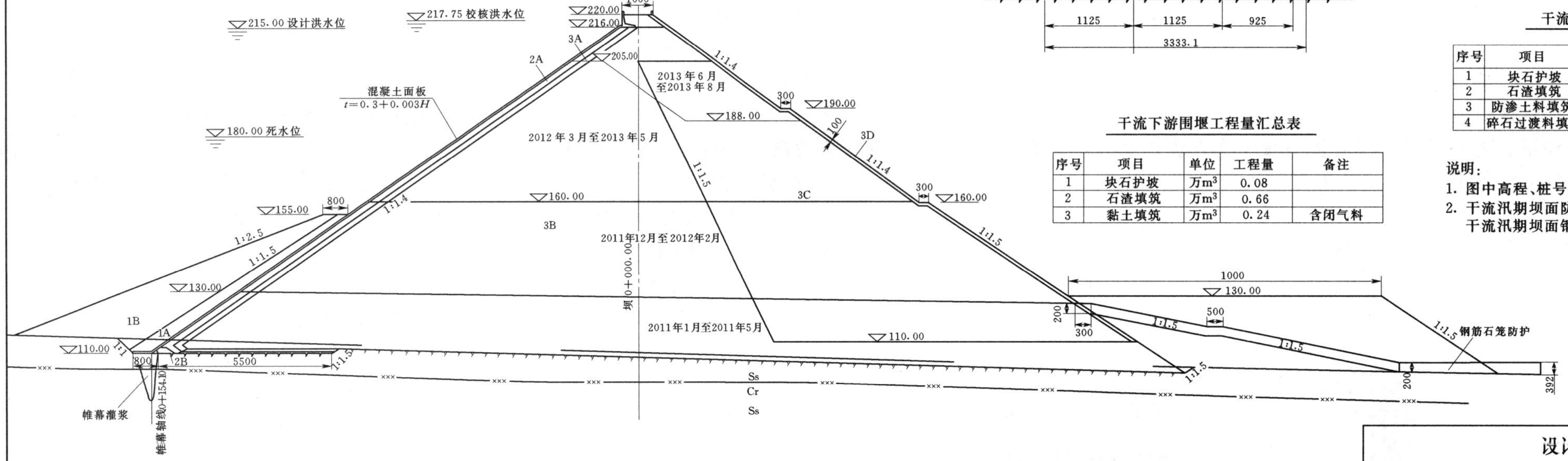

干流下游围堰工程量汇总表

序号	项目	单位	工程量	备注
1	块石护坡	万m³	0.08	
2	石渣填筑	万m³	0.66	
3	黏土填筑	万m³	0.24	含闭气料

干流上游围堰工程量汇总表

序号	项目	单位	工程量	备注
1	块石护坡	万m³	0.44	
2	石渣填筑	万m³	13.59	
3	防渗土料填筑	万m³	2.84	含闭气料
4	碎石过渡料填筑	万m³	3.14	

说明：

1. 图中高程、桩号以 m 计，其余尺寸均以 cm 计。
2. 干流汛期坝面防护钢筋为 283t；
   干流汛期坝面钢筋石笼防护为 2.4 万 m³。

设计单位名称			
批准		工程名称	水工　设计
核定			施工　阶段
审查		围堰、坝体填筑形象断面图	
校核			
设计			
制图			
描图		比例	日期
设计证号		图号	

图 2-1-1-14　达岱河水电站围堰、坝体填筑形象断面图

A. 均质坝　　　B. 心墙坝　　　C. 面板坝　　　D. 斜心墙坝

（5）联合识读图 1-2-6 与图 2-1-1-14，可得该工程建设施工期导流建筑物为（　　）。

A. 明渠　　　B. 隧洞　　　C. 底孔　　　D. 以上都有

（6）联合识读图 1-2-6 与图 2-1-1-14，可得上游围堰高为（　　）m。

A. 148.5　　　B. 147.1　　　C. 30.6　　　D. 29.6

（7）联合识读图 1-2-6 与图 2-1-1-14，可得挡水土石坝坝顶防浪墙总高为（　　）m。

A. 5　　　B. 4　　　C. 1.2　　　D. 1.5

（8）联合识读图 1-2-6 与图 2-1-1-14，可得截至 2012 年 2 月挡水坝整体填筑到（　　）。

A. 130m　　　B. 150m　　　C. 160m　　　D. 205m

（9）联合识读图 1-2-6 与图 2-1-1-14，可得原下游截流戗堤顶宽 7m。（　　）

（10）联合识读图 1-2-6 与图 2-1-1-14，可得挡水大坝上游铺盖顶高程为 155.00m。（　　）

任务二　重力坝图识读

［学习目标］

素质目标：培养迎难而上、认真严谨的工作态度；传承水文化，发扬艰苦奋斗、勇于担当、热爱劳动的水利精神、劳动精神。

知识目标：巩固重力坝概念、分类、结构组成等基础知识；了解重力坝平面图、立面图、断面图等成图原理及主要表达内容；掌握重力坝图的一般识读方法与步骤。

能力目标：能借助重力坝基础知识、重力坝图的特点及一般识读方法，全面、正确识读重力坝各类图样信息，以准确指导重力坝施工。

［学习预热］

"万里黄河第一坝"——三门峡重力坝

黄河三门峡工程是新中国成立后我国在黄河上兴建的第一座大型水利枢纽工程。

20 世纪 50 年代，全国各地的水利专家，为了把黄河的事情办好，齐奔三门峡，修建了三门峡水利枢纽工程。工程于 1957 年 4 月 13 日开工，1961 年建成，被誉为"万里黄河第一坝"。大坝的建成结束了黄河三年两决口的局面，使两岸人民得以安居乐业。

黄河自古以来都被人们认为是一条狂暴的害河，水情复杂又难以治理。其实黄河的源头是清澈见底的溪流，从源头到宁夏回族自治区，黄河都是一条"好河"；到了中游黄土高原地带，黄河携带着大量的泥沙，奔腾而来，咆哮而去，形成了世界有名的"黄色河流"；而到了下游，由于流速减缓，泥沙沉淀，导致河床逐年抬高，形成"悬河"奇观，直接威胁黄河下游人民的生命和财产安全。

新中国刚成立，党和国家领导人就立即着手治理黄河。三门峡水利枢纽位于黄河中游下段，连接豫、晋两省，控制流域面积 68.8 万 km^2，占黄河总流域面积的 91.5%；控制黄河来水量的 89%，来沙量的 98%。工程于 1957 年 4 月动工，1961 年 4 月基本建成投入运用。枢纽建筑物包括混凝土重力坝、斜丁坝、表孔、底孔、泄洪排沙钢管、电站厂房等。混凝土重力坝为主坝，最大坝高 106m；副坝为钢筋混凝土心墙坝，最大坝高 24m；主、副坝总长 857.2m。电站厂房为坝后式，全长 223.88m，装机总容量 45 万 kW，自 1973 年 12 月第一台机组发电至今，已累计发电 235.2 亿 kW·h，创产值约 20 亿元。

但因三门峡大坝原设计者是苏联专家，其对黄河泥沙问题缺乏了解，故在设计时只求坝高库容大，而忽视了泥沙淤积问题，致使 5 年间泥沙淤积量达 5041 万 m^3。从 1964 年开始，我国对大坝进行了多次改建，最终使库区淤积大为减轻，进出库泥沙基本平衡，实现了防洪、防凌、灌溉、发电和供水等综合效益，因此三门峡水利工程为世界各国治理多泥沙河流和浑水发电，不仅做了有益尝试，而且提供了宝贵经验。党的二十大报告总结的"坚持绿水青山就是金山银山的理念，坚持山水林田湖草沙一体化保护和系统治理"的治理思路，为当今乃至未来的水利建设指明了方向。

一、重力坝基础知识

1. 重力坝的概念

重力坝是依靠自重维持稳定的挡水建筑物，坝体断面大致呈三角形。重力坝筑坝材料除混凝土外，还可以采用浆砌石。为减小温度应力、适应地基变形和便于施工，常将重力坝垂直于坝轴线分割为若干坝段，相邻坝段的接触面称为横缝，如图 2-1-2-1 所示。

微课 2-1-2-1　重力坝基础知识

2. 重力坝的分类

重力坝按结构可分为实体重力坝（图 2-1-2-1）、宽缝重力坝［将实体重力坝的各横缝的中间部分扩宽成空腔，如图 2-1-2-2 中（b）、（c）所示］、空腹重力坝［沿坝轴线设有大型纵向空腔，如图 2-1-2-2 中（a）所示］；重力坝按泄水条件可分为非溢流坝和溢流坝两种，其断面分别如图 2-1-2-1 中（b）、（c）所示。

重力坝的优点是安全可靠，对地形和地质条件适应性强，坝身可溢流，便于施工导流，施工方便；缺点是坝体积大，耗用水泥多，材料强度未充分发挥，施工期对混凝土的温度控制要求较高。

3. 重力坝的结构

（1）重力坝分缝。

1）横缝。横缝垂直于坝轴线。横缝的设立主要是为了减小沿坝轴向的温度应力，适应地基不均匀变形、施工浇筑能力等条件而设立的，横缝有永久横缝和临时横缝两种。

模型 2-1-2-1　重力坝整体布置

永久横缝经常做成竖直平面，不设键槽，封面不凿毛，缝内不灌浆，以使各坝段独立工作。横缝设有止水，低坝一般只设金属止水片或橡胶止水片；中坝一般在金属止水片后设置橡胶或氯丁橡胶、遇水膨胀橡胶等材料的止水

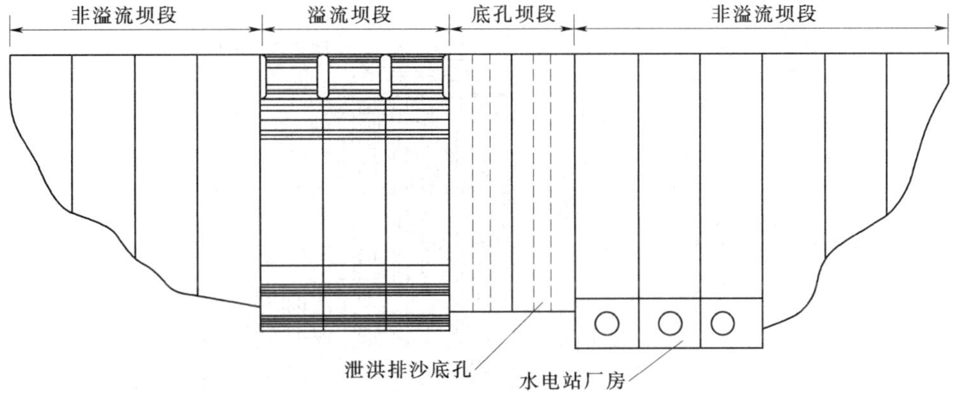

(a) 重力坝平面图

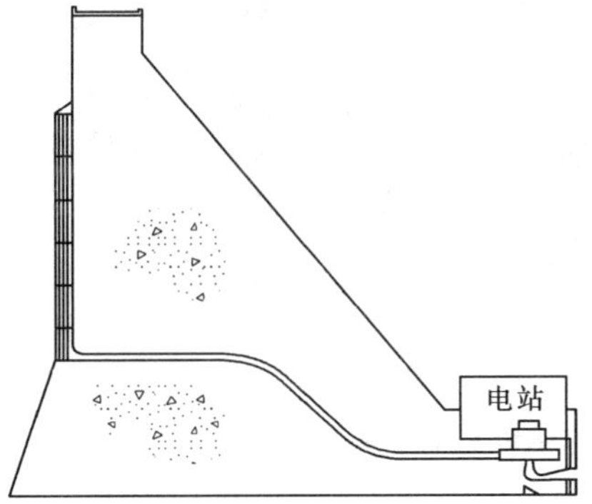

(b) 非溢流坝段（电站坝段）断面图

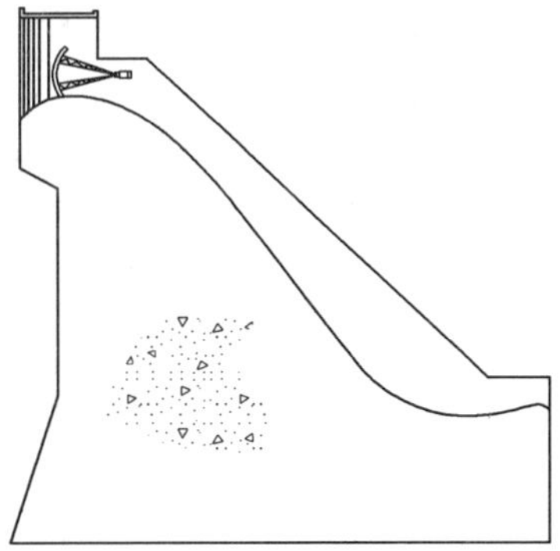

(c) 溢流坝段断面图

图 2-1-2-1　实体重力坝

片；高坝在止水片后还设置排水井或检查井，如图 2-1-2-3 所示。

临时性横缝因施工和温控需要而设置，在大坝充分降温收缩后，对横缝做灌浆处理，使大坝连成整体，主要用于河谷狭窄、岸坡陡峭的情况。在软弱破碎带上或强震区的坝体也使用临时性横缝，将坝体连接成整体，可增加坝体刚度，提高抗震性能。临时性横缝一般设有键槽和灌浆系统，如图 2-1-2-4 所示的临时缝键槽和灌浆系统布置。

2）纵缝。为了减小施工期顺河向的温度应力，并适应混凝土的浇筑能力，在平行坝轴线方向设置纵缝，待温度降到稳定温度后再进行接缝灌浆。纵缝分为铅直纵缝、斜缝和错缝三种，如图 2-1-2-5 所示。

（2）坝内排水及廊道。

一般靠近混凝土坝体上游部位，大坝防渗区下游一侧设置排水管幕，排水管一般采用钻机钻孔或预制无砂混凝土管，渗水由排水管进入廊道，再由廊道汇入集水井，然后自流或泵送至坝体下游，如图 2-1-2-6 所示。

为了满足灌浆、排水、观测、检查、交通等要求，需要在坝体内设置不同用途的廊道，廊道的设置一般主要给出断面尺寸和底板高程，其作用和用途一般采用文字标注形式在图纸中详细给出，如图 2-1-2-7 所示。

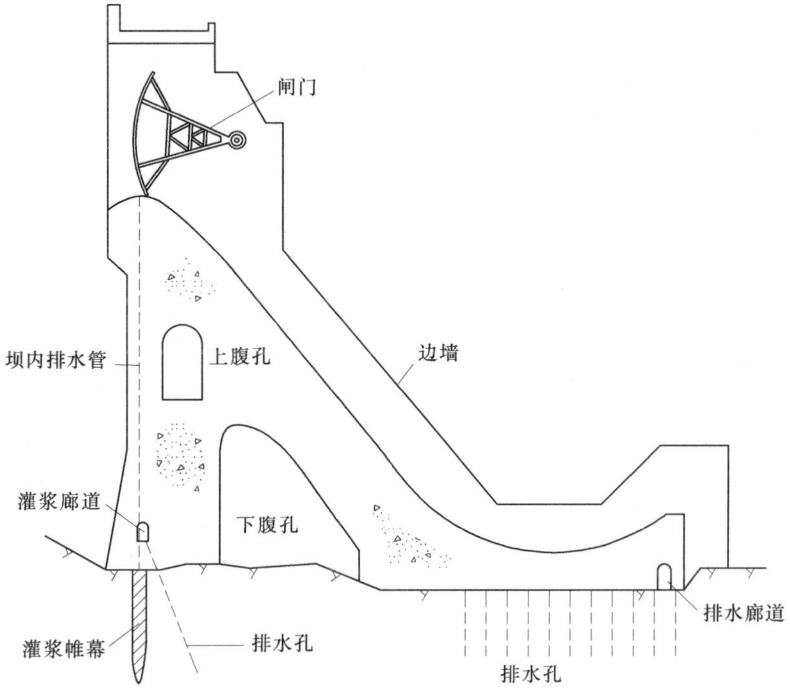

(a) 空腹重力坝断面图

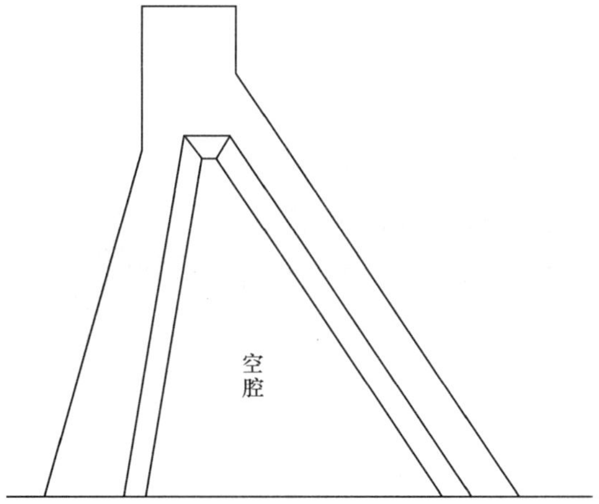

(b) 宽缝重力坝断面图

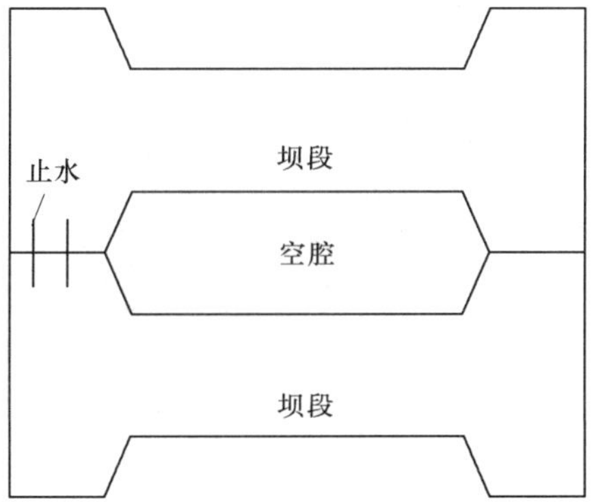

(c) 宽缝重力坝水平剖视图

图 2-1-2-2　空腹重力坝和宽缝重力坝

二、重力坝图识读的一般方法与步骤

重力坝因其材料抗冲耐磨，坝身通常布置成挡泄一体形式，既有只挡水不过水的挡水坝段，又有既挡水又过水的过水坝段，而过水形式通常为坝身设置表孔、中孔、底孔等结构以满足泄洪、排沙、放空水库等要求。又因重力坝相比土石坝上、下游坝坡陡峭，横断面较薄，俯视投影不可全面直观展示坝面情况；另外，重力坝结构类型众多，坝内一般都布置有错综复杂的廊道排水系统，有时还会出现空腹、宽缝等。因此，为全面展示重力坝整体

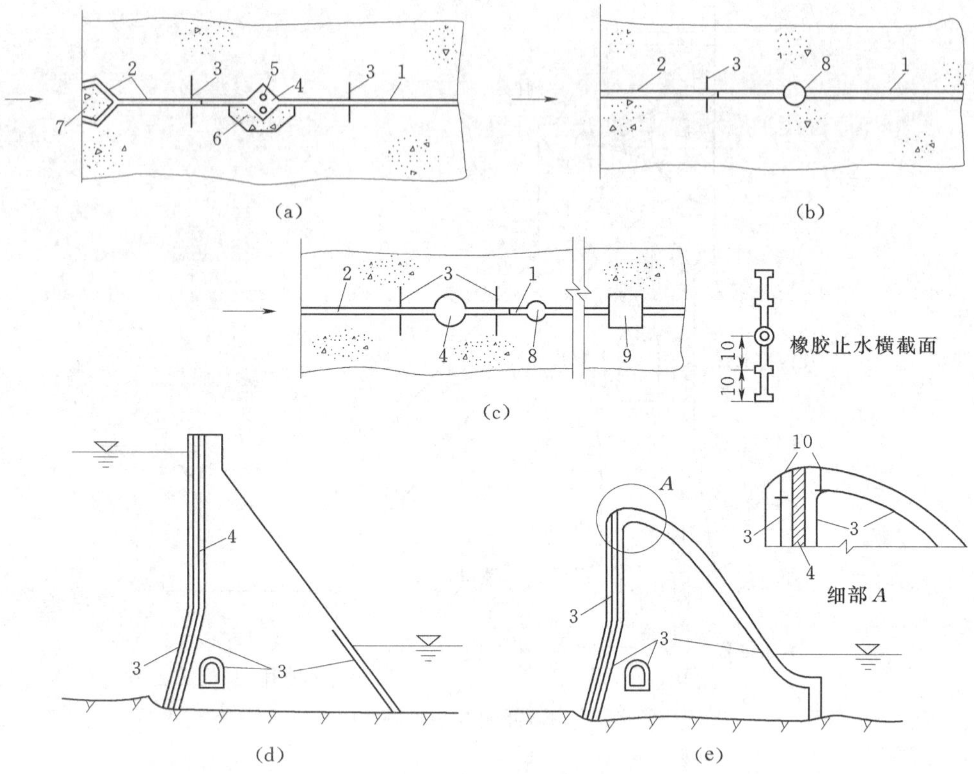

图 2-1-2-3　永久缝的构造（单位：mm）

1—横缝；2—横缝填充物；3—止水片；4—沥青井；5—加热电极；6—预制块；7—钢筋混凝土塞；8—排水井；9—检查井；10—闸门底槛预埋件

布局、外内结构、材料选用、地基处理等信息，一般需绘制平面布置图、立视立面图、典型断面图及细部结构详图等图样，而断面图又分横断面图和纵断面图，且根据剖切面的位置不同表达信息也有所不同，一般最常见的还是横断面图。因为重力坝挡泄一体，因此其典型横断面图一般至少需提供过水坝段与挡水坝段的。而实际工程中重力坝坝段数量较多，各坝段均可能出现不同的结构布置，因而需要提供数量较多的横断面图及细部结构详图。综上所述，重力坝图一般表现出图样内容较为复杂、图纸类型较多、图纸数量较大等特点。识读重力坝图可以遵循由整体到局部、由外而内、由建筑物到环境等一般步骤，即首先识读平面布置图、立视立面图来整体把握重力坝空间布置、轮廓尺寸、坝段分缝、外部结构等情况，再结合各坝段横断面图进行以上信息的复核与补充，同时掌握坝内结构布置、坝体材料分区、地基处理方式、水环境等信息，最后通过细部结构详图明确以上类型水利工程图中不能清晰展示的细小结构的轮廓尺寸、材料布置、连接方式等情况。通过以上由整体到局部、由局部到细部、再由细部回到整体的识读过程，联合各类图纸反复对照，最终全面识读重力坝信息，从而准确指导建设。

模型 2-1-2-2 重力坝结构构造

接下来以某碾压混凝土重力坝为例，介绍其平面布置图、立视图、典型横断面图等的具体识读过程。

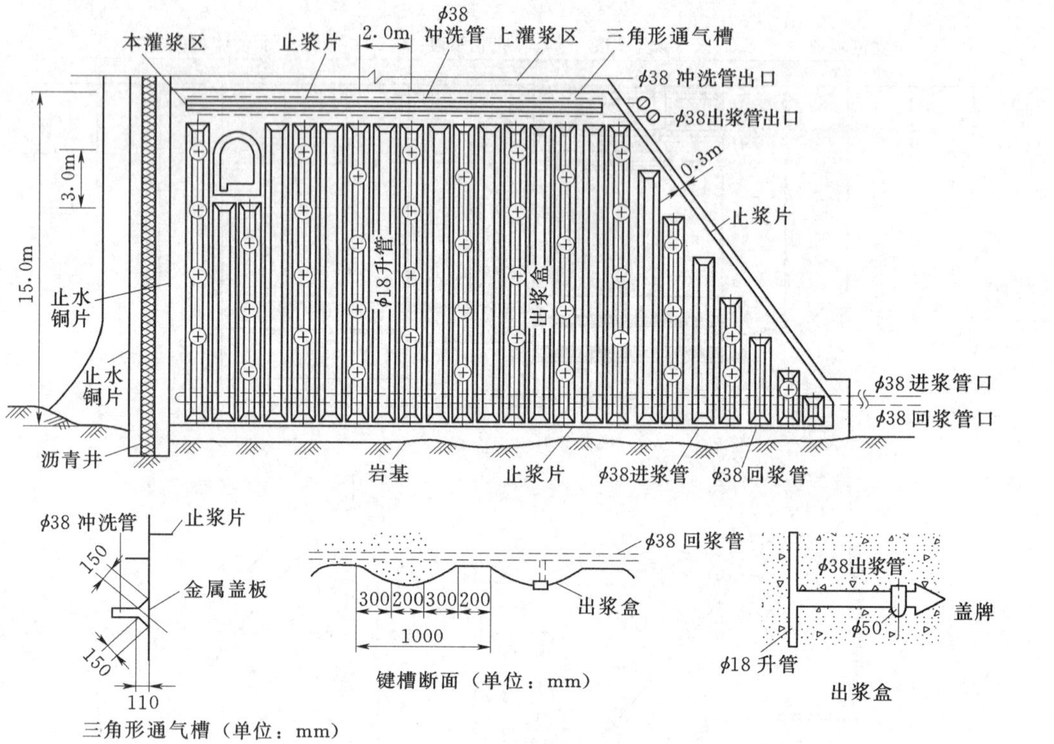

图 2-1-2-4　临时缝键槽和灌浆系统布置

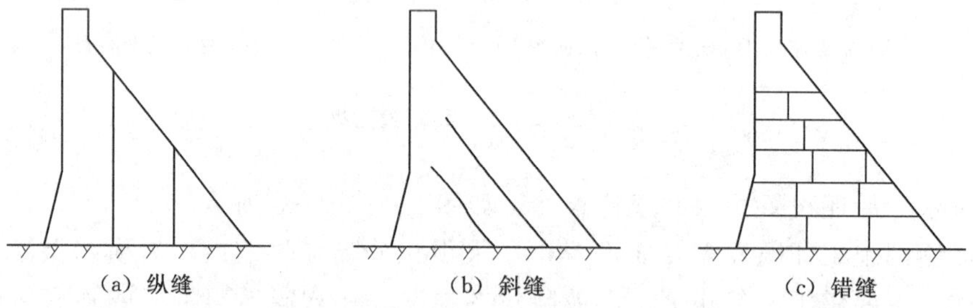

图 2-1-2-5　纵缝的形式

三、某碾压混凝土重力坝图纸识读

微课 2-1-2-2 重力坝平面布置图识读

1. 平面布置图识读

图 2-1-2-8 是混凝土重力坝平面布置图。重力坝轴线一般与上游铅直坝面投影边线重合，如图中大坝左岸坝肩明确文字标注的坝轴线。接下来可以从大坝左岸向右岸识读大坝坝段分布情况及重力坝其他主要信息。左坝肩位置首先可见灌浆平洞长 20m，坝轴线左岸坐标点坐标为 $x=8655.008$、$y=4837.212$，坝顶宽 8m，坝顶高程为 278.00m，坝长 259m，上游坝面坡比标注有 1：0.2，下游坝面坡比显示 1：0.8，而根据重力坝结构特点，其上下游坝面具体轮廓形态还需结合其断面图确定。左岸非溢流坝段长 104m，左岸下游开挖边坡坡比为 1：0.75，设两层马道，马道高程分别为 242.00m 和 227.00m，河床开挖高度为 212m。

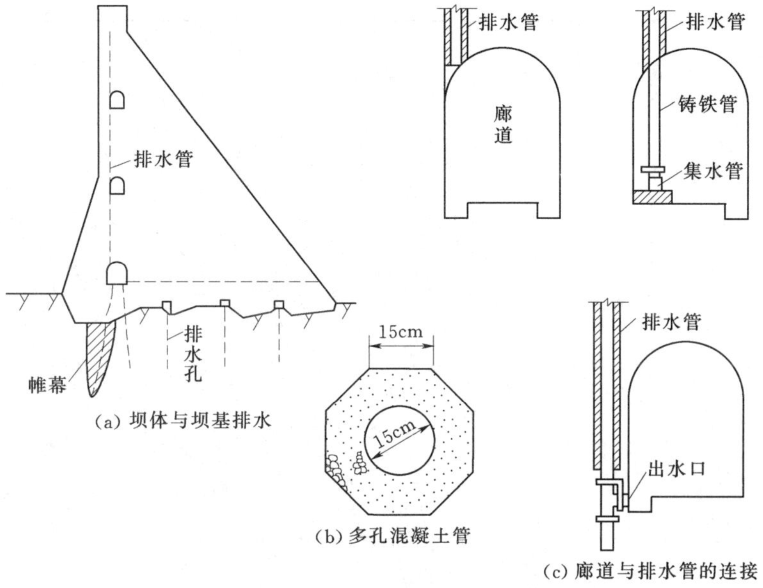

图 2-1-2-6　坝体排水管设置图

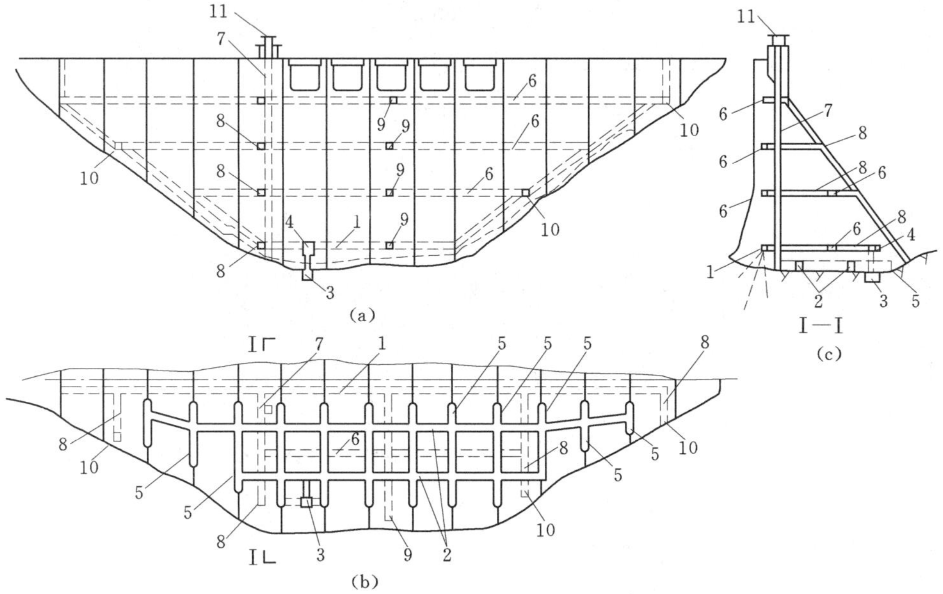

图 2-1-2-7　坝内廊道布置图

1—灌浆排水廊道；2—基面排水廊道；3—集水井；4—水泵室；5—横向排水廊道；6—检查廊道；7—电梯井；8—交通廊道；9—观测廊道；10—进出口；11—电梯塔

从左坝段向右岸位于河道较中间位置的是 30m 溢流坝段，此平面图中仅能看出其设置了两个溢流孔，配有两个边墩和一个中墩；另外，下游堰面部分出现 1∶0.85 的坡面，而其他线条多为曲面的示意性素线，未进行标注。右岸非溢流坝段长 125m，桩号 0+171.000 处设置一临时放水管，管直径为 1.6m，其作用一般是在坝体施工期间为下游提供生态用水。右岸坝肩显示坝轴线右岸坐标点坐标为 x=8521.884、y=4615.068，另可见右岸山体内灌浆平洞长度为 36m。

混凝土重力坝坝面形体陡峭，在平面图上得到的信息相对土石坝较少，还需结合立面图、断面图、细部结构图等对坝体结构进一步识读。

2. 上、下游立视图识读

图 2-1-2-9 与图 2-1-2-10 是图 2-1-2-8 混凝土重力坝的上、下游立视图，其主要表达重力坝上下游坝面形态尺寸、结构布置等情况。识读上、下游立视图同样可以得到如前平面图所得坝顶高程、坝长、坝段分布、孔口布置、灌浆平洞等信息，此处不再赘述。除此以外，上、下游立视图还明确给出了坝内廊道类型、位置、高程等情况，坝基、坝坡开挖坡比，马道高程、宽度等；具体展示了溢流坝段闸孔尺寸、墩墙尺寸形态等信息；还示意性表示了工程导流洞的相对位置；最后还较为全面地展示了原地面线、强风化下限、弱风化下限、透水率小于 3Lu 包络线等位置，以及基础裂隙分布情况等信息。

微课 2-1-2-3　重力坝立视图识读

3. 典型横断面图识读

图 2-1-2-11 是图 2-1-2-8 混凝土重力坝的典型横断面图，其中图（a）是溢流坝段的典型横断面图，图（b）是非溢流坝段的典型横断面图。

（a）图首先标注出了坝轴线和桩号，这里 0+000.0 桩号是纵向桩号起始桩号，向上游为“－”，向下游为“＋”；图中显示溢流堰闸墩下游轮廓边线桩号为 0+027.0，从闸墩顶标注也可以算出闸墩下游轮廓边线距坝轴线距离为 7+20=27(m)；从标注和示意性交通桥可以得到墩顶交通桥宽度为 7m；图样上游侧标注出了坝顶高程和特征水位值；闸墩内侧位置示意性绘制了闸门和液压站，并可以看出本工程闸门型式为弧形闸门，启闭方式为液压启闭，而闸门和液压站的细部结构将会在图集的相关细部详图中重点表达。

微课 2-1-2-4　重力坝断面图识读

接下来重点识读溢流堰相关信息。如图所示，溢流堰顶高程为 261.00m，堰顶部位给出了堰顶曲线的坐标轴和坐标原点，标注出了堰面曲线方程为 $Y=0.077628X^{1.776}$，因此得出此堰面为 WES 实用堰型，可以根据堰面曲线方程计算出堰面典型点坐标，从而指导堰面施工。堰顶曲线向下游为 1∶0.85 的斜坡面，此处正与前面的平面布置图与下游立视图相关信息呼应；斜坡面向下游相切连接反弧段，反弧半径为 25.0m，反弧段圆心角为 49.635°；该溢流坝下游采用挑流消能方式，因此反弧段下游连接挑射圆弧段，挑射半径亦为 25m，挑射角度为 25°，坎顶高程为 222.34m。另外，此溢流堰上游坝面坡比由 1∶0 变为 1∶0.2，变坡高程为 220.00m；堰底基面高程为 200.00，根据堰顶高程可计算出溢流堰高度为 61m。最后，溢流堰上下游底面宽度为 73.9m。

以上为该溢流堰剖面形态尺寸信息，图纸还展示了坝内设置有廊道排水系统。其中，检查排水廊道底部高程为 240.00m，断面尺寸为 2.5m×3.0m，城门洞形结构；灌浆排水廊道底部高程为 213.00m，断面尺寸为 3.0m×3.5m，亦为城门洞形结构；坝内排水管距上游面铅直坝面 4.5m。

（a）图还展示了坝内材料分区情况，其中上游面 3m 厚度为常态混凝土，混凝土材料标号为二级配 $C_{90}20$，溢流面 2m 厚度为常态混凝土，混凝土强度等级为 $C_{90}40$，以上两种材料分界线在堰顶 Y 坐标处；另外，坝内主要区域采用三级配碾压混凝土 $C_{180}15$；坝基面还设置了 1m 厚二级配 $C_{90}20$ 混凝土分区。

大坝平面布置图

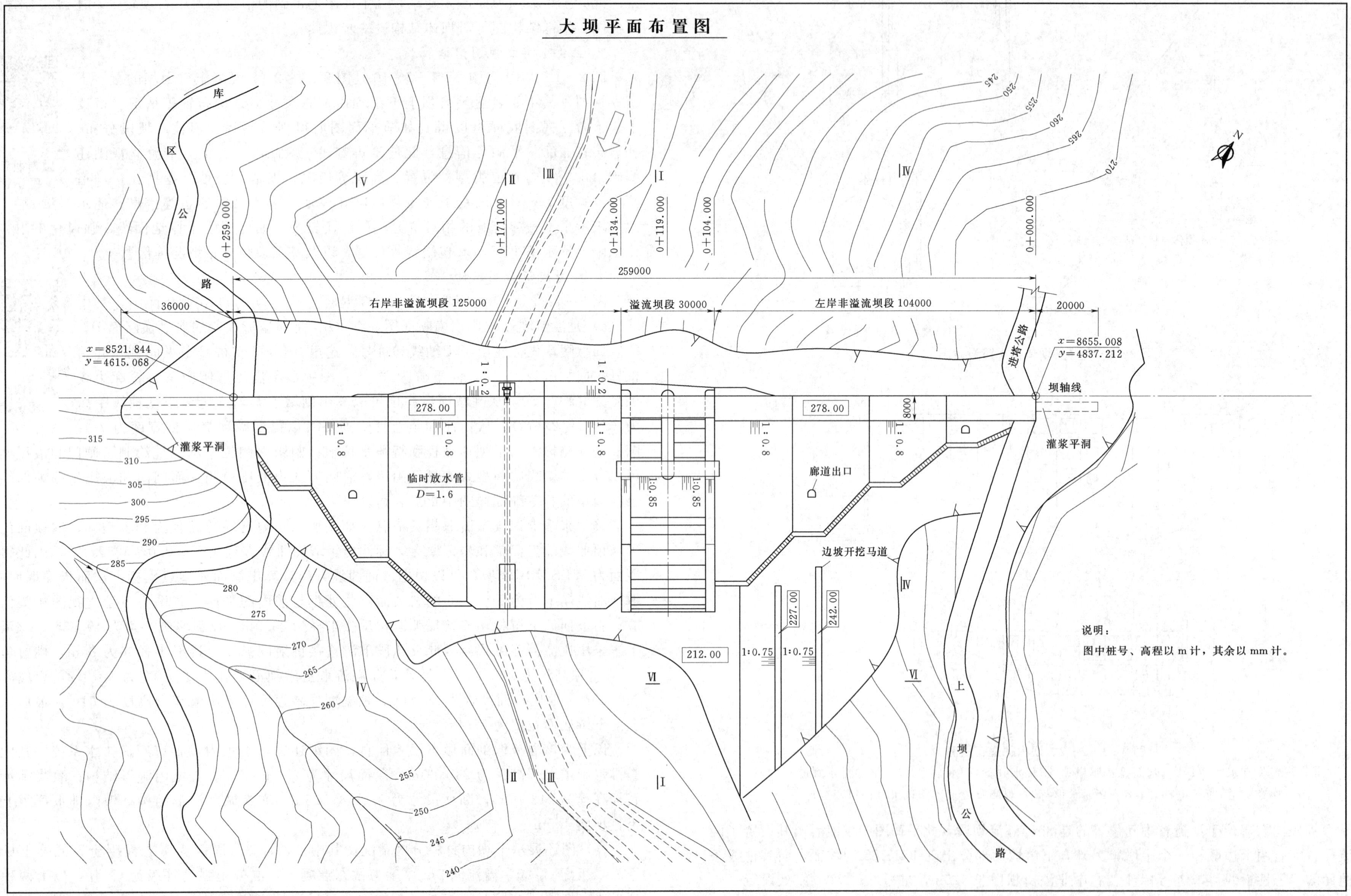

图 2-1-2-8　某碾压混凝土重力坝平面布置图

大坝上游立视图

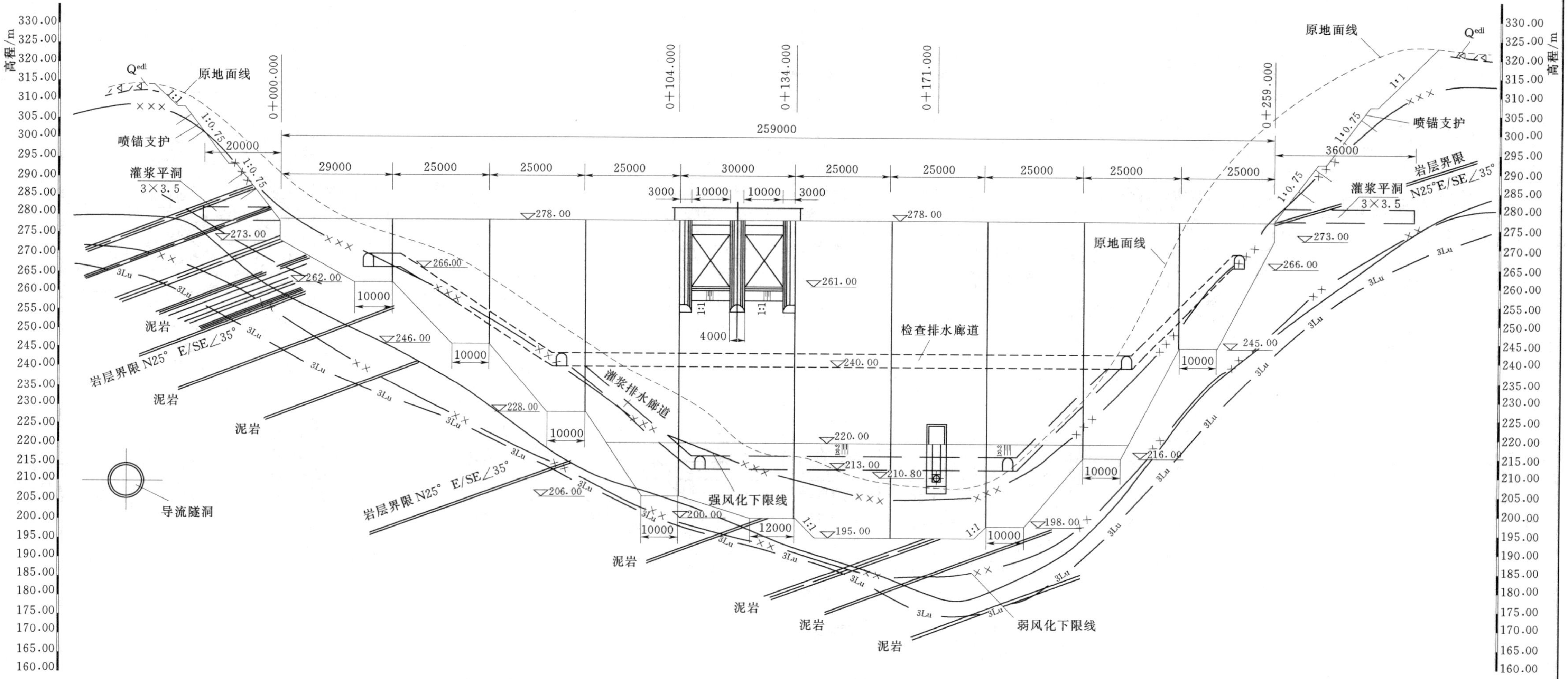

说明：

图中桩号、高程以 m 计，其余以 mm 计。

图 2-1-2-9　某碾压混凝土重力坝上游立视图

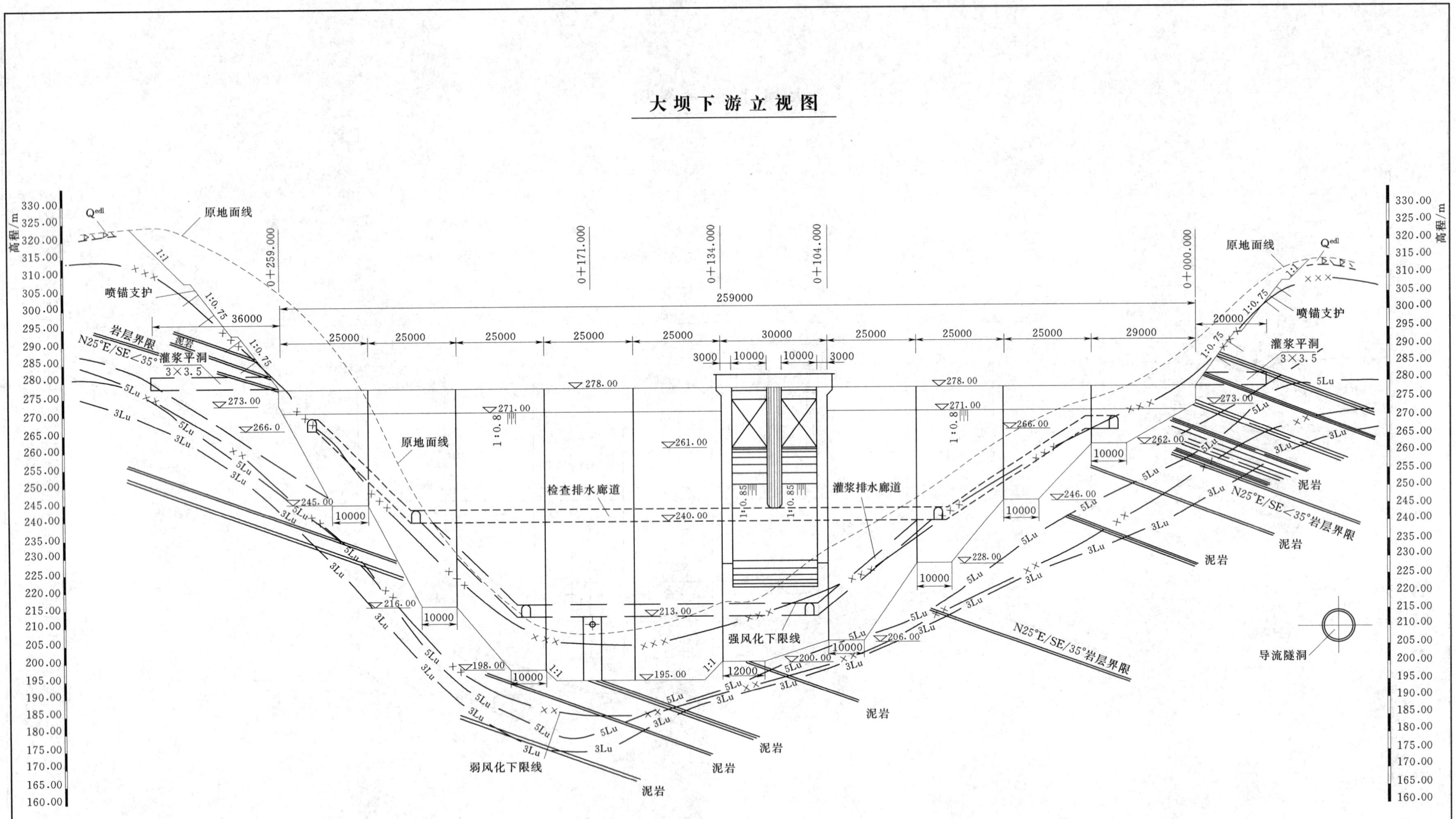

说明：

图中桩号、高程以 m 计，其余以 mm 计。

图 2-1-2-10 某碾压混凝土重力坝下游立视图

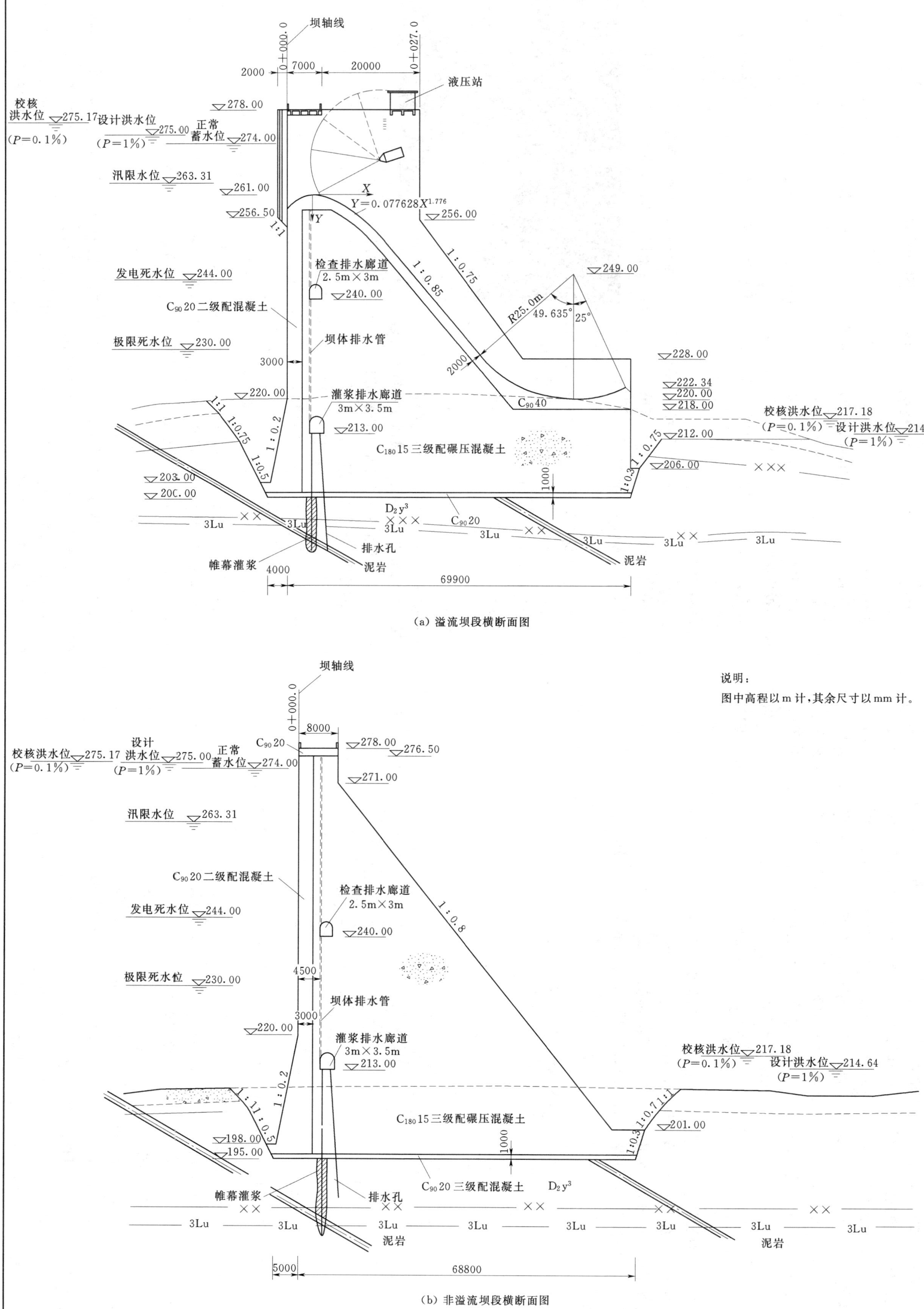

说明：
图中高程以m计，其余尺寸以mm计。

(a) 溢流坝段横断面图

(b) 非溢流坝段横断面图

图 2-1-2-11 某碾压混凝土重力坝典型横断面图

（a）图也清楚表达了坝基开挖处理情况，如覆盖层开挖坡比为 1∶1，强风化层开挖坡比为 1∶0.75，弱风化层开挖坡比为 1∶0.5，帷幕灌浆深入到透水率小于 3Lu 的相对不透水岩层。

以上为识读（a）图得到的主要信息，（b）图为该重力坝非溢流坝段的典型横断面，此类型坝段只挡水不泄水，因此外部轮廓结构相对简单。如图所示，该坝段顶部高程为 278.00m，坝顶宽 8m，基岩面高程为 195.00m，因此可以计算得到该坝段高度为 83m；大坝上游坝面坡比由 1∶0 变为 1∶0.2，变坡高程为 220.00m；下游坝面坡比由 1∶0 变为 1∶0.8，变坡高程为 271.00m；坝底上下游宽度为 73.8m。（b）图亦展示了非溢流坝内廊道、排水、材料分区等信息，与前（a）图表达信息基本一致，此处不再赘述。

目 标 测 评

（1）重力坝内一般设置__________、__________等结构。

（2）重力坝上游立视图可见坝身泄洪底孔的__________结构。

（3）重力坝平面布置图上一般用__________线表达坝体横缝。

（4）识读图 2-1-2-12，可得该溢流坝堰面曲线上切点高程为（　　）m。

A. 203.00　　B. 176.73　　C. 169.60　　D. 161.00

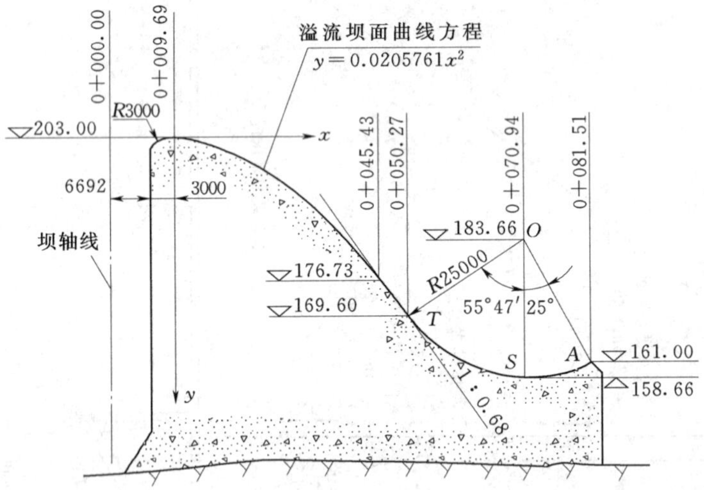

图 2-1-2-12　某混凝土重力坝横断面图（单位：高程、桩号以 m 计，其他尺寸以 mm 计）

（5）识读图 2-1-2-12，可得该溢流坝堰顶高程为（　　）m。

A. 203.00　　B. 176.73　　C. 169.60　　D. 161.00

（6）识读图 2-1-2-12，可得该溢流坝消能方式为（　　）。

A. 底流式　　B. 挑流式　　C. 面流式　　D. 戽流式

（7）识读图 2-1-2-12，可得该溢流坝堰顶距反弧圆心水平距离为（　　）m。

A. 9.69　　B. 70.94　　C. 61.25　　D. 20.67

（8）识读图 2-1-2-12，可得该溢流坝坝面直线段坡比为（　　）。

A. 1∶0.6　　B. 1∶0.7　　C. 1∶0.8　　D. 1∶0.68

（9）图 2-1-2-12 上展示该溢流坝消能挑射角为 25°。（　　）

（10）图 2-1-2-12 上展示该溢流坝堰顶上游坝面由椭圆曲面组成。（　　）

任务三　拱 坝 图 识 读

［学习目标］

素质目标：了解中国水利工程的发展成就，树立水利行业发展自信，继承和弘扬水利人勇于创新、迎难而上的精神。

知识目标：熟悉拱坝的特点、组成及构造名称；掌握拱坝图的成图原理；掌握拱坝曲面结构的投影特征；掌握拱坝图的一般识图方法。

能力目标：能运用知识与方法正确、全面识读拱坝各类图纸信息，从而准确指导拱坝施工建设。

［学习预热］

西电东送不可或缺的“骨干”工程——溪洛渡水电站

溪洛渡水电站是国家“西电东送”骨干工程，位于四川和云南交界的金沙江上。工程以发电为主，兼有防洪、拦沙和改善上游航运条件等综合效益，并可为下游电站进行梯级补偿。电站主要供电华东、华中地区，兼顾川、滇两省用电需要，是金沙江“西电东送”距离最近的骨干电源之一，也是金沙江上最大的一座水电站。2021 年 5 月，溪洛渡水电站入选世界前十二大水电站，排名第四；2022 年 6 月，溪洛渡水电站累计生产清洁电能已突破 5000 亿 kW·h，相当于替代标准煤约 1.52 亿 t，减排二氧化碳约 4.16 亿 t。溪洛渡水电站的建设运行是新时代十年中国水电事业发展的一个缩影，充分体现了党的二十大报告提出的“促进区域协调发展”的建设思路。该水电站是典型的“三高三大”水电站。“三高”即高坝（300m 级）、高地震烈度（基本烈度Ⅷ度）、高速水流（接近 50m/s）；“三大”即大流量（最大泄量约 50000m³/s）、大地下厂房（顶拱跨度超 30m）、大型机组（单机容量 770MW）。

溪洛渡双曲拱坝坝底高程为 324.50m，坝顶高程为 610.00m，坝高 285.5m，仅次于锦屏一级的 305m、小湾的 294.5m，是国内第三高拱坝。大坝顶拱中心线弧长 681.51m，混凝土约 680 万 m³。

溪洛渡大坝建设不仅应用了世界先进的机械设备、技术与工艺，还应用了计算机技术、仿真技术、精确温控技术、卫星导航技术、信息传输技术等。溪洛渡大坝内埋设了 7200 个先进的监测仪器，可全方位、全时空地精确监控，开创了中国 300m 级高拱坝建设运营数字化先河。

一、拱坝基础知识

拱坝是在平面上呈凸向上游的拱形挡水建筑物，它通过拱的作用将大部分水平向荷载传给两岸岩体，并主要依靠拱端反力维持稳定。拱坝在空间上呈壳体状，在平面上呈拱形（图 2-1-3-1）。当最大坝高处坝底厚度与坝高之比小于 0.2 时称薄拱坝，大于 0.35 时称厚拱坝，又称重力拱坝。介于上述两者之间称中厚拱坝，或称一般拱坝。按坝体竖向曲率分为双曲拱坝和单曲拱坝。此外，沿坝轴线设有纵向大型空腔的拱坝称空腹拱坝。根据工程习惯，一般根据坝体竖向曲率将拱坝分为单曲拱坝和双曲拱坝两种。

微课 2-1-3-1 拱坝基础知识

（1）单曲拱坝（图 2-1-3-2）。

单曲拱坝又称为定外半径定中心角拱坝。对“U”形或矩形断面的河谷，其宽度上下相差不大，各高程中心角比较接近，外半径可保持不变，仅需下游半径变化以适应坝厚变化的要求。

特点：施工简单，直立的上游面便于布置进水孔和泄水孔及其设备，但

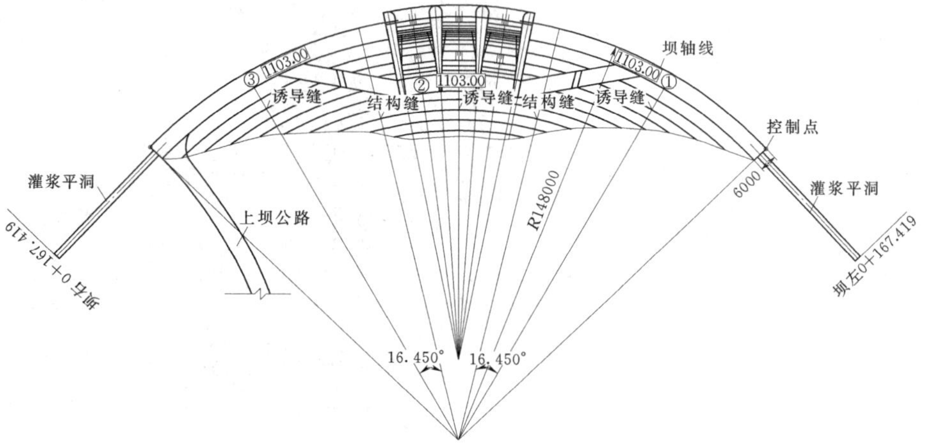

图 2-1-3-1　拱坝平面示意图（尺寸单位：mm）

当河谷上宽下窄时，下部拱的中心角必然会减小，从而降低拱的作用，要求加大坝体厚度，不经济。对于底部狭窄的“V”形河谷可考虑采用等外半径变中心角拱坝。

模型 2-1-3-1 拱坝

（2）双曲拱坝（图 2-1-3-2）。

1）变外半径等中心角拱坝。对底部狭窄的“V”形河谷，宜将各层拱圈外半径从上至下逐渐减小，可大大减少坝体方量。

特点：拱坝应力条件较好，梁呈弯曲形状，兼有拱的作用，更经济，但有倒悬出现，设计及施工较复杂，对“V”形、“U”形河谷都适用。

2）变外半径变圆心拱坝。其梁截面也呈弯曲形状，因此悬臂梁也具有拱的作用。这种形式更能适应“V”形、梯形及其他形状的河谷，布置更加灵活，被广泛采用。

特点：应力状态尽一步改善，节省工程量，但结构更加复杂，施工难度更大。

拱坝的优点是能发挥混凝土或石料抗压强度高的特点，超载能力强，抗震性能好，坝身可以泄流；缺点是对地形地质要求较高。

二、拱坝图识读的一般方法与步骤

拱坝因其体形呈拱形，故结构比较复杂，与其他挡水建筑物相比，在图纸类型中增加了坝体体形图。识图时，要根据成图原理及视图关系，多种视图联合识读，逐一读懂各个结构的信息，同时检查图纸中的相关信息是否准确、一致。识读拱坝图纸时，可按照先整体后局部的顺序识读，即先识读拱坝的整体布置，再识读坝段的布置；识读坝段信息时，可参照“由表及里”的顺序识读，即先识读坝顶、上下游坝面、溢流孔口布置、分缝设置等信息，再识读坝体内部

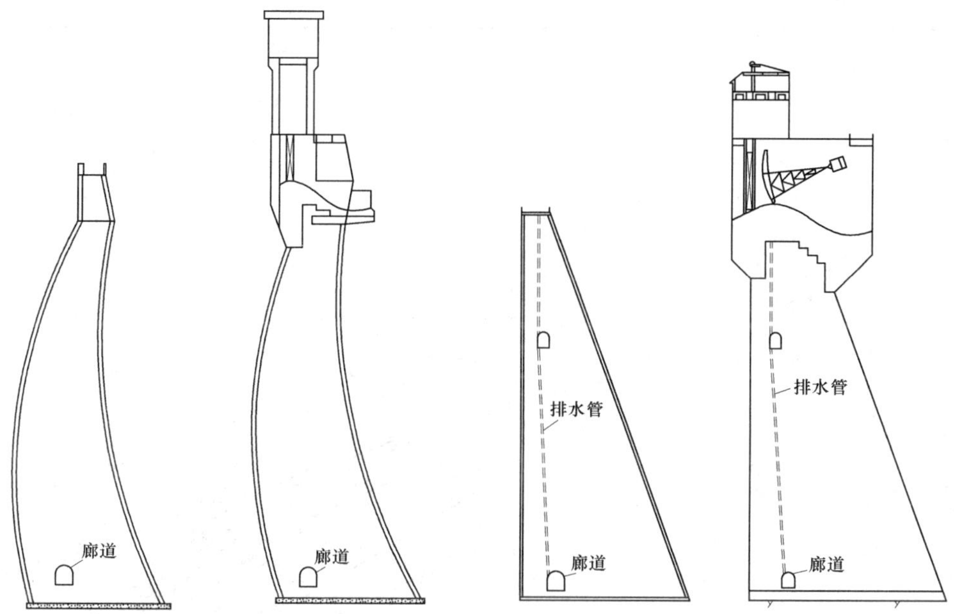

（a）双曲拱坝非过流断面　（b）双曲拱坝过流断面　（c）单曲拱坝非过流断面　（d）单曲拱坝过流断面

图 2-1-3-2　双曲拱坝和单曲拱坝横断面示意图

构造信息，包括坝体材料分区、廊道、排水管布置等，最后还需关注坝段的地基处理情况。

本任务以福建省南平市第二水源工程枢纽工程——五星桥水库工程混凝土砌石双曲拱坝、老挝南俄 5 水电站碾压混凝土重力拱坝为例，详细介绍拱坝水工图识读过程。

三、五星桥水库混凝土双曲拱坝图纸识读

1. 五星桥水库工程概况

五星桥水库是福建省南平市第二水源枢纽工程之一，是南平市委、市政府为改善南平中心城区供水质量，让市民喝上“安全水、放心水”而决定建设的公益性为民办实事项目。工程于 2006 年 7 月开工建设，2016 年 9 月 26 日，南平城区第二水源投入使用。水库坝型为混凝土砌石双曲拱坝，坝高 50.2m，坝顶长 226.13m，总库容 2328 万 m^3，调节库容 2131 万 m^3。五星桥水库自富屯溪下游支流照溪取水，满足集中式生活饮用水地表水源地一级保护区水质保护目标要求，是南平市水质最好的水源地之一。

2. 平面布置图识读

图 2-1-3-3 是五星桥水库混凝土砌石双曲拱坝平面布置图。图中主要表达了拱坝的布置、坝顶的信息及上下游坝面的部分信息。图纸上仅标明了拱坝中心线、溢流坝段的中心角、坝顶弧线长度和一个坐标表。双曲拱坝平面布置图反映出的信息相对最少，要结合拱坝体形图进行进一步识读。图 2-1-3-4 是该拱坝的体形图。

该拱坝是一抛物线型拱坝，抛物线是指任一高程拱圈的中心线是抛物线，其上、下游面曲线为任意曲线，在图纸说明中给出了抛物线方程为 $Y=X^2/2R_0$，其中 X 分别指向左右岸，Y 指向下游。抛物线顶点为相对原点，R_0 为拱冠梁处的曲率半径，左右岸采用各自的 R_0。根据拱冠梁处左右岸的曲率中心曲线，可计算出任一高程拱冠梁处的曲率半径 R_0。任一高程

拱坝平面布置图

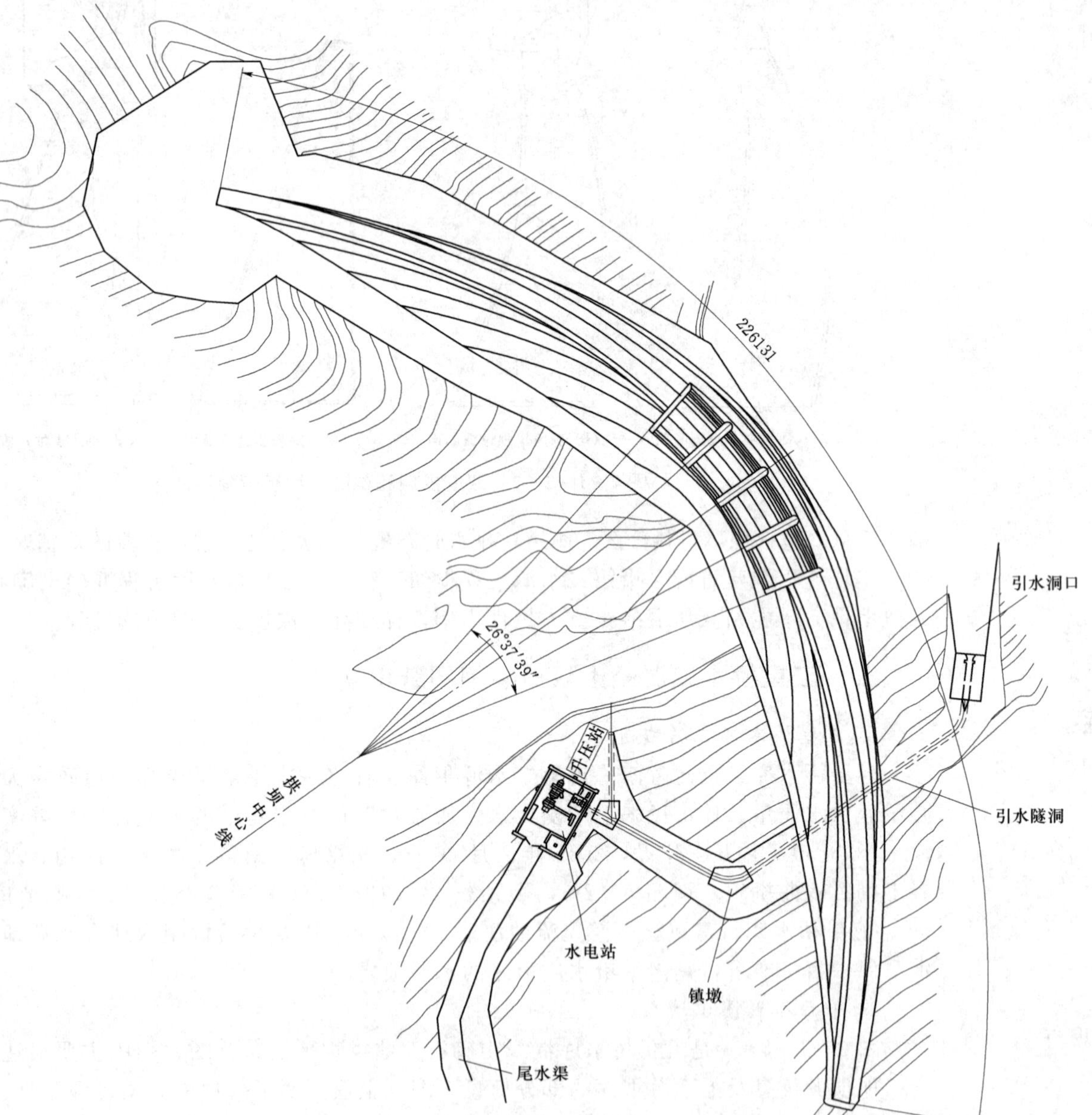

大坝控制层拱端坐标与高程

部位	点号	坐标		设计拱端高程/m
		x(N)	y	
右岸	1u	2962165.574	39606229.313	190.50
	1d	2962162.041	39606228.626	
	2u	2962164.142	39606236.084	185.50
	2d	2962159.651	39606235.090	
	3u	2962162.594	39606244.433	180.00
	3d	2962155.468	39606242.849	
	4u	2962159.902	39606253.950	172.00
	4d	2962149.936	39606251.777	
	5u	2962156.311	39606264.201	164.00
	5d	2962143.629	39606261.344	
	6u	2962151.132	39606276.081	156.00
	6d	2962136.497	39606272.362	
	7u	2962143.166	39606293.115	148.00
	7d	2962126.875	39606287.295	
	8u	2962129.596	39606313.489	140.80
	8d	2962114.683	39606303.409	
拱冠梁	9u	2962114.381	39606327.552	140.80
	9d	2962105.338	39606314.596	
左岸	10u	2962095.706	39606336.062	140.80
	10d	2962091.843	39606320.433	
	11u	2962076.884	39606341.712	148.00
	11d	2962076.272	39606326.403	
	12u	2962060.089	39606344.485	156.00
	12d	2962060.822	39606330.503	
	13u	2962045.523	39606345.650	164.00
	13d	2962046.619	39606333.131	
	14u	2962032.161	39606345.481	172.00
	14d	2962033.369	39606335.477	
	15u	2962018.672	39606344.227	180.00
	15d	2962019.670	39606336.908	
	16u	2962008.247	39606342.275	185.50
	16d	2962008.918	39606337.724	
	17u	2961999.391	39606340.848	190.50
	17d	2962000.019	39606337.303	

说明：
1. 图中高程以 m 计，其余以 mm 计。
2. 左右两岸上坝公路开挖，本图未示，详见另图。
3. 电站埋管处坝基开挖，本图未示，详见另图。

设计单位名称				
批准			工程名称	水工　设计
核定				施工　阶段
审查			拱坝平面布置图	
校核				
设计				
制图				
描图			比例	日期
设计证号			图号	

图 2-1-3-3　五星桥水库混凝土双曲拱坝平面布置图

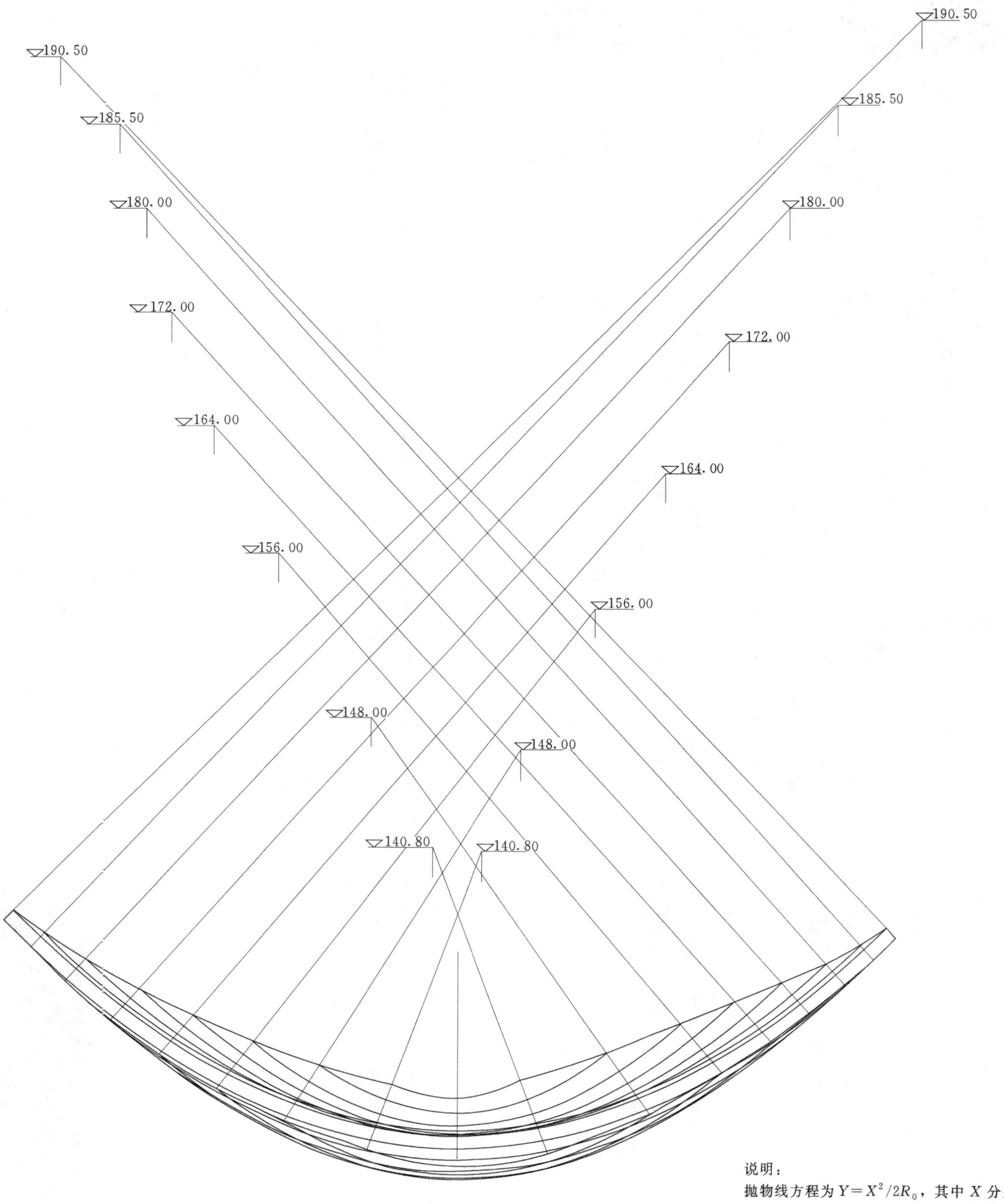

说明：
抛物线方程为$Y=X^2/2R_0$，其中X分别指向左右岸，Y指向下游。抛物线顶点为相对原点，R_0为拱冠梁处的曲率半径，左岸拱曲率半径为R_{l0}，右岸拱曲率半径为R_{r0}。

拱坝体形参数

高程/m	拱冠厚度 T_c/m	左岸拱端厚度 T_l/m	右岸拱端厚度 T_r/m	左拱曲率半径 R_{l0}/m	右拱曲率半径 R_{r0}/m	左拱端角度 θ_l/(°)	右拱端角度 θ_r/(°)
190.50	3.000	3.000	3.000	100.089	100.110	45.156	44.082
185.50	4.000	4.000	4.000	99.589	99.610	43.310	42.601
180.00	5.580	6.786	6.700	92.761	92.194	42.675	42.554
172.00	7.809	9.476	9.600	83.118	82.116	41.803	42.781
164.00	9.930	11.800	12.400	73.625	72.584	40.463	42.392
156.00	11.914	13.400	14.500	64.071	63.268	37.917	40.825
148.00	13.731	14.720	16.700	54.242	53.840	32.625	35.427
140.80	15.200	15.500	17.400	44.985	44.985	21.031	21.031

图 2-1-3-4　五星桥水库混凝土双曲拱坝体形图

抛物线上任意一点 X_1 对应的径向角 φ：$\tan\varphi_1 = X_1/R_0$。任一高程拱圈的厚度变化函数为 $T_1 = T_0 + (T_a - T_0) \times (1-\cos\varphi_1)/(1-\cos\varphi_a)$。其中 T_0 为拱冠梁处厚度，T_a 为拱端处厚度，φ_a 为拱端处径向角。非计算高程的拱端厚度是按线性插值计算出来的，即按上一计算高程与下一计算高程的拱端厚度放大倍数（T_a/T_0）线性插值，计算该高程的拱端厚度放大倍数，再乘上拱冠梁厚度即可得该高程的拱端厚度。

任一高程拱端横坐标是按线性插值计算出来的，即按上一计算高程与下一计算高程的拱端横坐标线性插值。

下标符号定义：u 为上游面，d 为下游面，l 为左岸，r 为右岸，c 为拱冠，a 为拱端，图 2-1-3-3 表中拱端编号按自右岸向左岸由高向低的原则逐层编号。依据这些数据和计算，此拱坝的空间位置和结构数据就得以确定。

3. 横断面图识读

图 2-1-3-5 是五星桥水库混凝土双曲拱坝典型横断面图。图 2-1-3-5（a）中坝顶示意性地画出了启闭机室，坝顶高程为 190.50m，坝顶宽 7.92m，坝顶设有交通桥，溢流堰堰顶高程为 185.50m，堰顶设平板闸门，堰体采用混凝土结构，下游消能挑坎顶沿高程为 182.65m，伸出坝体下游边线 3m，堰体总宽度为 10.1m，堰体曲面混凝土标号信息无详细标注，需要结合细部构造图对堰体进行进一步识读。

坝体水平分层为 8m 一层，图中标注了每层的分缝线高程，坝体上、下游面均采用 50cm 厚砂浆砌混凝土预制块，内部采用细石混凝土砌块石。坝底高程为 140.80m，坝底宽 15.2m。坝底设混凝土垫层。图 2-1-3-5（b）提供的信息主要有坝顶宽 3m，上游设 60cm 宽的防浪墙，防浪墙顶高程为 191.70m，材料为 C20 钢筋混凝土，坝顶路面为 20cm 厚的混凝土路面。

控制拱坝形式的主要参数有拱弧的半径、中心角、圆弧中心沿高程的迹线和拱厚。在前面两个图中这些信息全部没有反映出来，图 2-1-3-5（c）给出了主要控制信息。图中标注了各高程左右拱冠梁的曲率半径，并在说明中给出了各参数方程，可计算出需要的所有参数。

四、南俄 5 水电站碾压混凝土重力拱坝图纸识读

1. 南俄 5 水电站工程概况

老挝南俄 5（Nam Ngum 5）水电站位于老挝南俄河上游右岸支流南汀（Nam Ting）河上。电站以发电为单一开发目标，枢纽总布置主要由首部枢纽、引水工程和厂区枢纽三部分组成。首部枢纽由挡水坝和电站进水口等建筑物组成，引水工程由引水隧洞、调压室、压力管道等建筑物组成，厂区枢纽包括主副厂房、开关站等建筑物。其中主坝为碾压混凝土重力拱坝，最大坝高 97m；导流隧洞长 450m，内径 6.2m；无闸双曲式溢洪道设计泄流量为 $1250m^3/s$；引水隧洞内径 5.1m，长 6200m；压力水管内径 2.9m，长 860m；地面厂房包含 2×60MW 的水轮发电机组以及 77km 长的 115kV 输变电线路和变电站。项目直接总投资在 1 亿美元（不含融资和保险费用）以上，属于经济社会效益较好的水电项目之一。2020 年 9 月，该电站获得老挝“国家劳动奖章”。

2. 平面布置图识读

图 2-1-3-6 为南俄 5 水电站混凝土重力拱坝平面布置图。图中主要表达了坝体的外观结构信息，包括坝顶、坝段分布及上、下游坝面的部分形态等。

微课 2-1-3-2 拱坝平面布置图识读

从图中可知，坝顶高程为 1103.00m，坝顶宽度为 6m，坝轴线为曲线，坝顶中心线弧长 234.838m，其中溢流坝段位于主河床部位，坝段长度为 52.72m，非溢流坝段分别位于溢流坝段两侧，左、右岸非溢流坝段长度均为 91.059m。溢流坝段设有 3 个溢流孔口，孔口宽度为 12m，中墩上游墩头的厚度为 4.62m，边墩上游墩头的厚度为 3.74m，闸墩的厚度从上游到下游逐渐变薄，具体需参考局部详图识读。在平面布置图中，溢流孔口处绘有素线，代表溢流堰为实用堰，且坝体在中间孔口处设有诱导缝，非溢流坝段靠近坝肩处均设有诱导缝，靠近溢流坝段处设有结构缝。

此外，在平面布置图中还可以看到若干平行于坝顶中心线的曲线，代表拱圈在水平面的投影，图中表格还给出了两岸坝肩控制点的坐标。

3. 上游立视图识读

图 2-1-3-7 是南俄 5 水电站碾压混凝土重力拱坝上游立视图。在识读坝体信息时，先辨别拱坝的整体布置，结合坝体组成，可将坝体分成挡水坝段和溢流坝段分别来识读；其次，要对拱坝的细部构造信息进行识读。

微课 2-1-3-3 拱坝立视图识读

溢流坝段信息：拱坝溢流坝段位于主河床部位，对应的桩号为坝左 0+026.360～坝右 0+026.360，总长度为 52.72m；溢流坝段设有 3 个溢流孔口，溢流孔口尺寸为 12.0m，3 个闸门的尺寸均为 12m×11m，2 个中墩的厚度均为 4.62m，边墩的厚度为 3.74m，闸墩的上游墩头均为曲面结构，具体型式需结合闸墩详图才能确定；溢流堰顶高程为 1089.00m，结合平面图可知，溢流堰的型式为实用堰。

挡水坝段信息：挡水坝段分布在溢流坝段两侧。左岸挡水坝段位于坝左 0+026.360～坝左 0+117.419，右岸挡水坝段位于坝右 0+026.360～坝右 0+117.419，长度均为 91.059m，挡水坝段的总长度为 182.118m。

坝体的细部构造信息：从图纸可以读出，坝体内共设置有 3 层廊道，其中 1006.00m 高程处设置有灌浆排水廊道，1043.00m 高程处设置有观测排水廊道，1074.00m 高程处设有观测排水廊道；同时，在坝段间还设有若干诱导缝和结构缝。

除以上坝体结构信息外，在立视图中还可以识读到坝址处的河谷断面形状，如该拱坝坝址处的河谷断面形状为典型的“V”形河谷。此外，还可以识读到坝址处的地质情况及坝基处理情况等。

在识读拱坝立视图时，立视图中坝顶的投影为直线，不能代表拱坝的坝轴线就是直线布置，还需要结合平面图才能确定。因拱坝的外观结构比较复杂，立视图主要展示的是坝体上、下游面的结构形态，拱坝体形参数还需结合拱坝体形图识读。

4. 横断面图识读

图 2-1-3-8 是南俄 5 水电站碾压混凝土重力拱坝的横断面图，图 2-1-3-8（a）为溢流坝段典型横断面图。

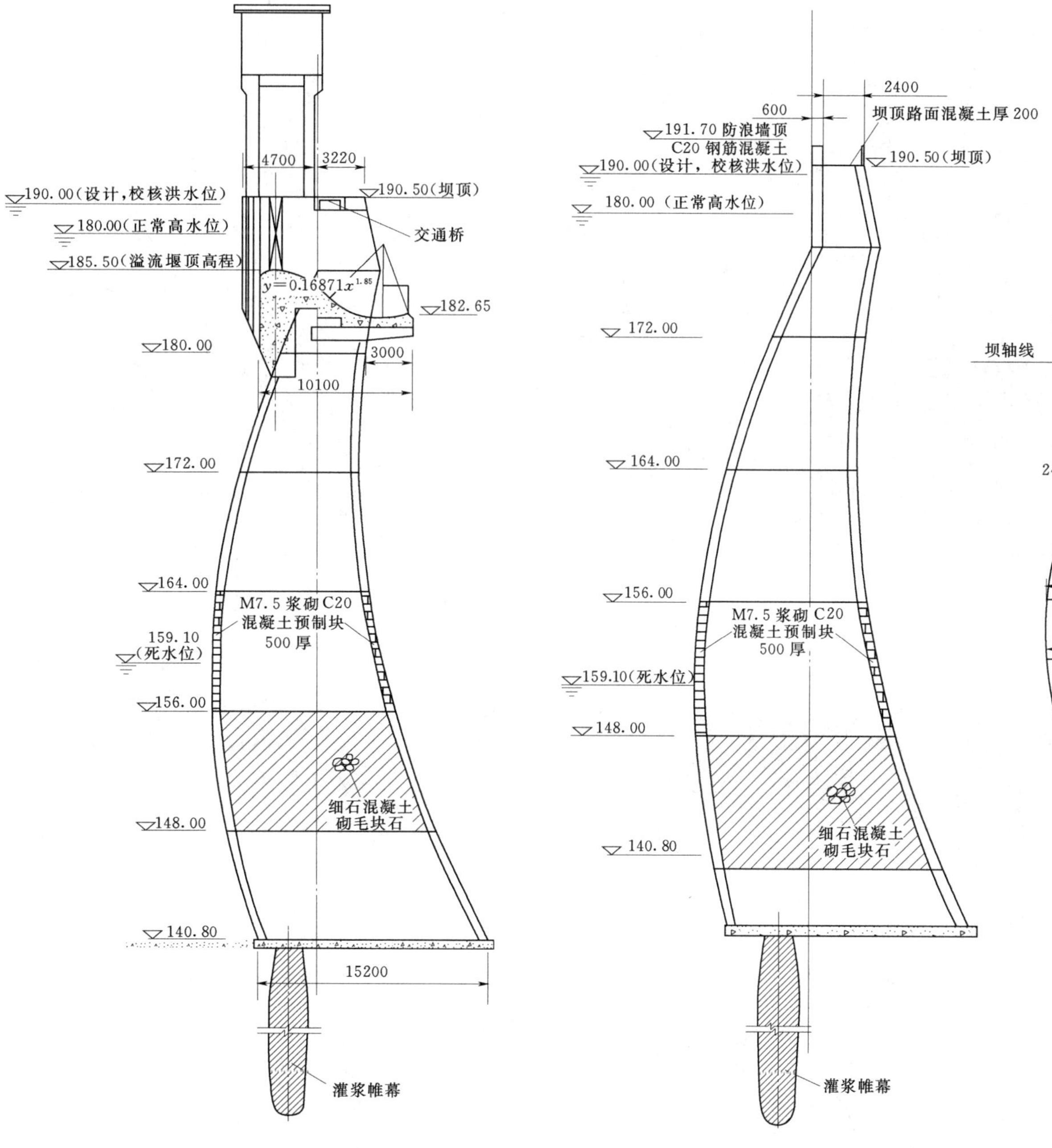

(a) 溢流坝段横断面

(b) 非溢流坝段横断面

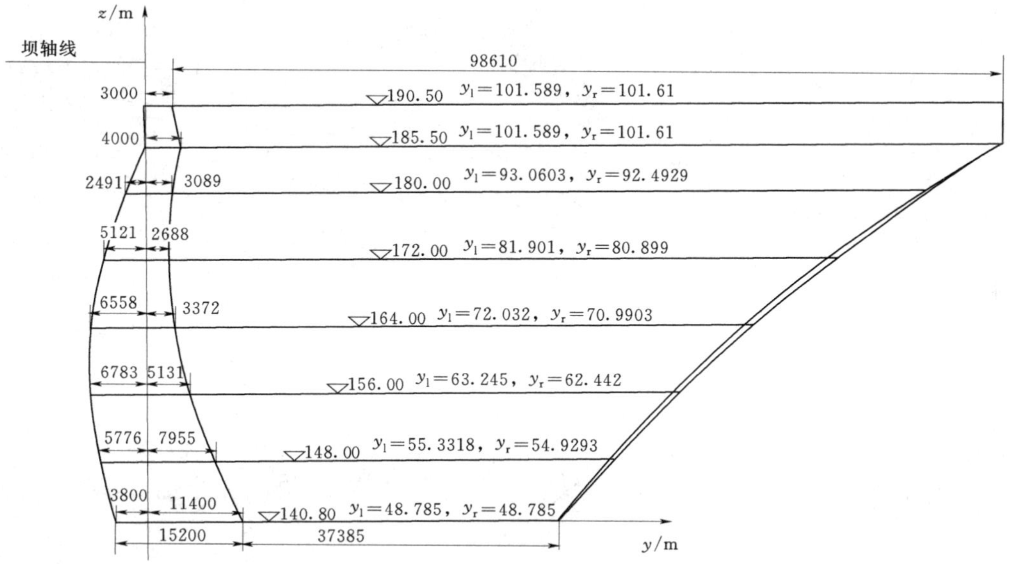

(c) 主要控制信息

说明：

1. 本图尺寸单位高程以 m 计，其余以 mm 计。
2. 拱冠梁下游面曲线方程：

$y_d=11.4-0.5374386z+0.00817465338z^2+0.0000032448629z^3$

拱冠梁上游面曲线方程：

$y_u=-3.8-0.34545469z+0.00991192943z^2-0.000006304703z^3$

拱冠梁左侧曲率中心曲线方程：

$y_l=48.785+0.87887205z+0.00373571514z^2+0.0000677842467z^3$

拱冠梁右侧曲率中心曲线方程：

$y_r=48.785+0.82435611z+0.00327007045z^2+0.0001057205z^3$

图 2-1-3-5　五星桥水库混凝土双曲拱坝典型横断面图

碾压混凝土重力拱坝平面布置图

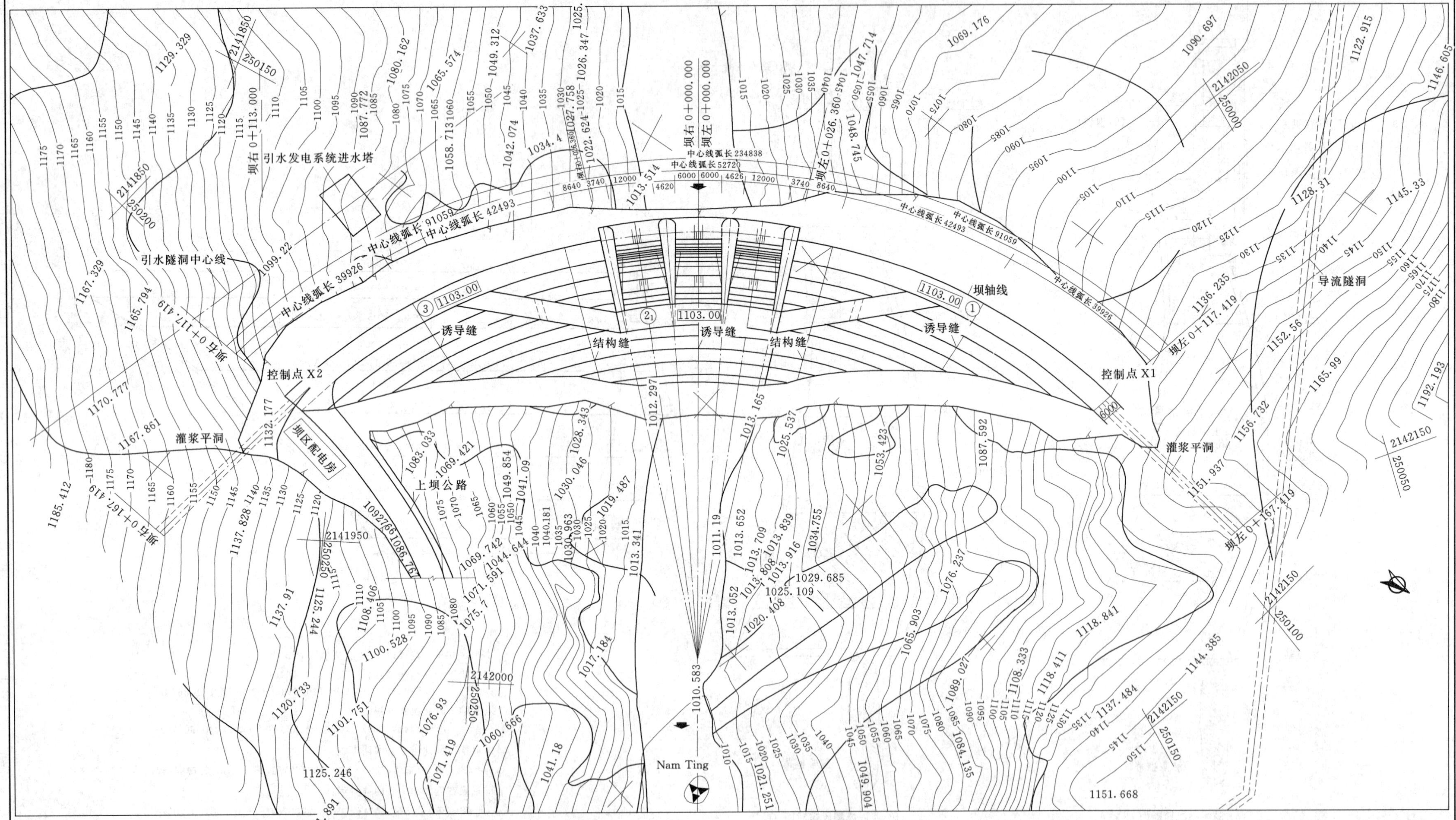

主要控制点坐标

控制点	x 坐标值	y 坐标值
X1	2142082.731	250082.212
X2	2141913.825	250214.176

说明：

本图单位中高程、桩号以 m 计，其余以 mm 计。

图 2-1-3-6 南俄 5 水电站碾压混凝土重力拱坝平面布置图

碾压混凝土重力拱坝上游立视图

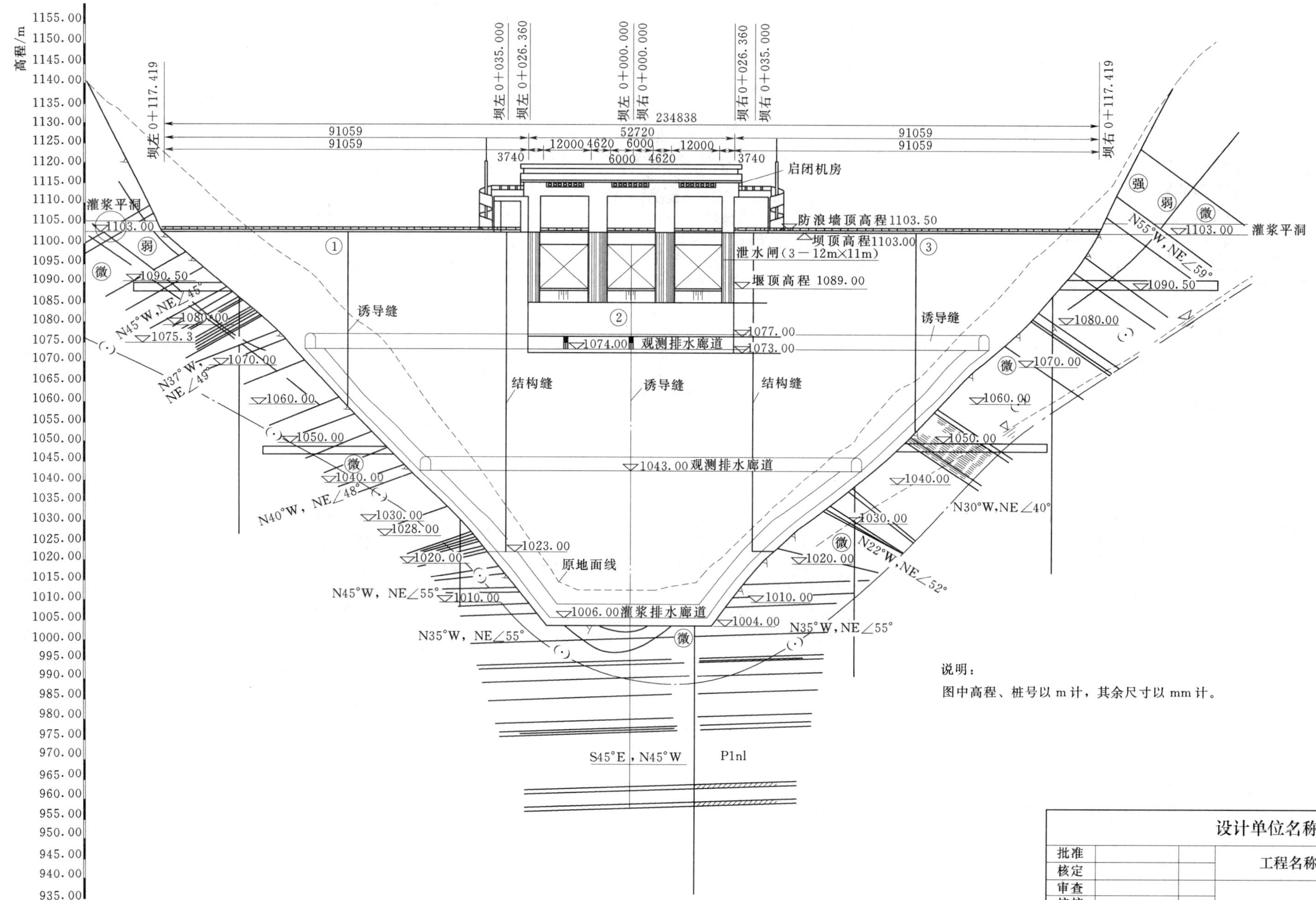

说明：

图中高程、桩号以 m 计，其余尺寸以 mm 计。

设计单位名称				
批准			工程名称	水工　设计
核定				施工　阶段
审查			碾压混凝土重力拱坝上游立视图	
校核				
设计				
制图				
描图			比例	日期
设计证号			图号	

图 2-1-3-7　南俄 5 水电站碾压混凝土重力拱坝上游立视图

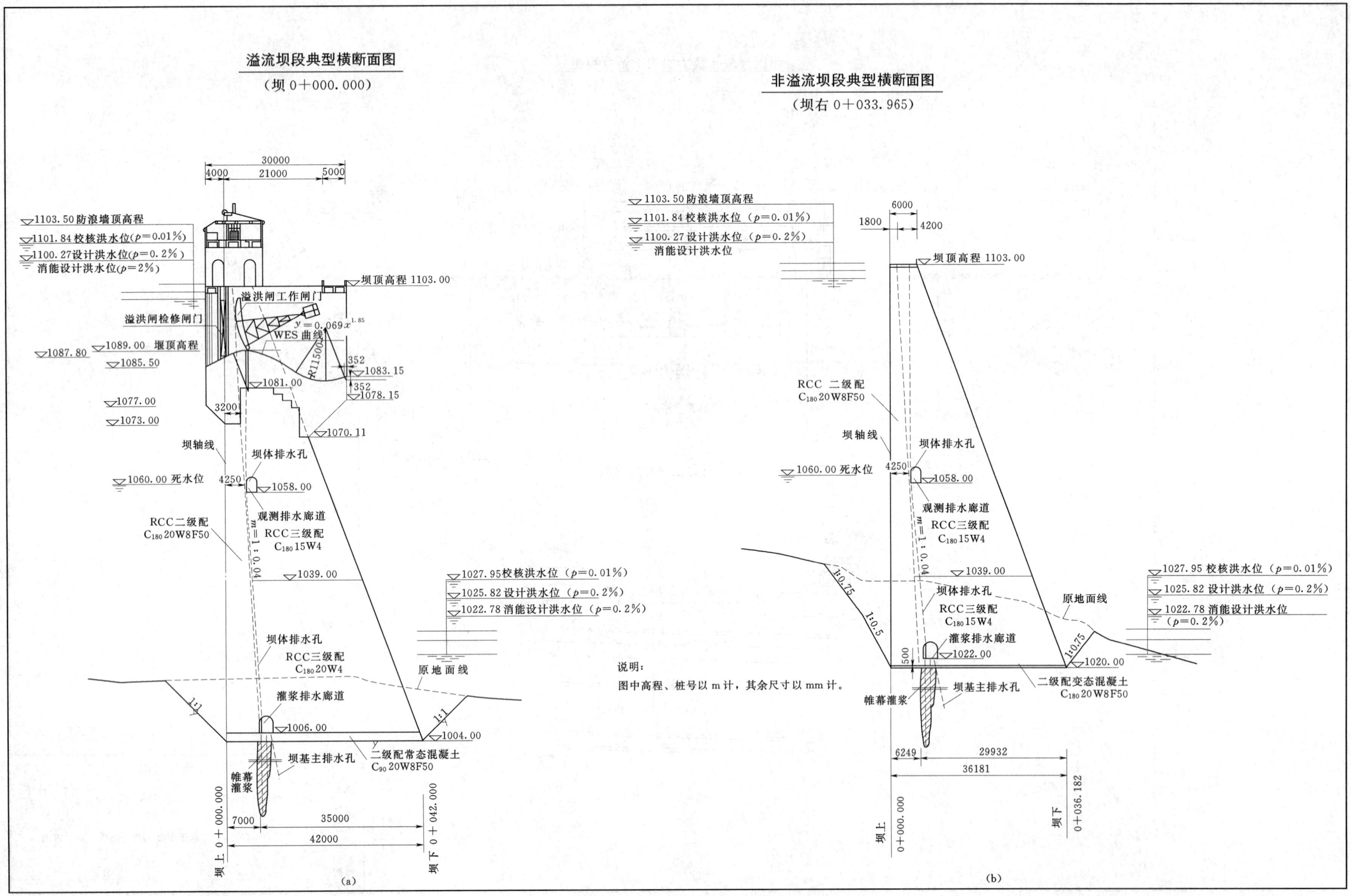

图 2-1-3-8　南俄 5 水电站碾压混凝土重力拱坝典型横断面图

（1）溢流孔信息。上游给出了各设计特征水位高程，坝顶为启闭机室的示意图，坝顶高程为 1103.00m，坝体上游边线向上游伸出 4m，下游挑坎距坝轴线 26m，闸墩下游边线设置了 5m 宽的交通桥。溢流孔共设置了两道闸门，第一道为平板检修闸门，第二道为弧形工作闸门，堰顶曲线为 WES 曲线，方程为 $y=0.069x^{1.85}$，堰顶高程为 1089.00m，检修闸门底高程为 1087.80m，堰体前沿高程为 1085.50m。堰体下游反弧半径为 11.5m，堰体下游悬挑段上沿高程为 1083.15m，下沿高程为 1078.15m，堰体与坝体下游结合点高程为 1070.11m。

微课 2-1-3-4 拱坝典型横断面图识读

（2）筑坝材料信息。坝体内有 4 条材料分区线将坝体分成 5 个不同的筑坝材料区域。其中，在堰体内有一高程标注 1081.00m，并绘有实线的折线与上下游连接，此线为材料分区线，上部堰体采用常态混凝土，下部坝体部分材料为碾压混凝土；靠近上游坝面有一条斜虚线，该线在堰体上游底部距离上游坝面 3.2m，在 1058.00m 高程处距离上游坝面 4.25m，虚线与上游坝面构成一梯形区域，采用 RCC 二级配（C_{180}20W8F50）混凝土；除了这两个区域外，坝体内部，1006.00～1039.00m 高程之间采用 RCC 三级配（C_{180}20W_4）混凝土，1039.00～1081.00m 高程之间采用 RCC 三级配（C_{180}15W_4）混凝土，1004.00～1006.00m 高程之间采用 RCC 二级配（C_{90}20W8F50）常态混凝土。

（3）内部构造及地基处理信息。坝体设置了两层廊道，廊道底高程分别为 1006.00m 和 1058.00m，排水孔在 1081.00m 高程以上为竖直孔，以下向上游倾斜，倾斜坡比为 1：0.04。坝底高程为 1004.00m，坝底宽 42m。帷幕灌浆轴线距坝轴线 7m，坝基开挖边坡坡比为 1：1。

图 2-1-3-8（b）为非溢流坝段典型横断面图。非溢流坝段结构比较简单，从坝顶读起，坝顶宽 6m，二级配碾压混凝土区顶宽 1.8m，坝顶高程为 1103.00m，三级配碾压混凝土材料分界线高程为 1039.00m，各种材料分界线和混凝土强度等级均与溢流坝段相同。不同的是，底板垫层混凝土厚度变为 50cm，基础高程和底部灌浆排水廊道高程有所变化，图中标注的高程仅代表其所在断面坝右 0+033.965 处的廊道高程和基础高程。其他位置将随着桩号的变化而变化。

目 标 测 评

请结合图 2-1-3-9 完成下列问题：

（1）冲沙孔出口处高程为__________。

（2）冲沙底孔下游出口挑流鼻坎高程为__________，出口处边墙的顶部高程为__________。

（3）出口底板支护的水平长度为__________。

（4）冲沙孔出口处的闸门形式为__________。

（5）在冲沙孔下游出口底板支护剖视图中，底板的支护材料为__________。

（6）824.50m 高程的实线代表__________。

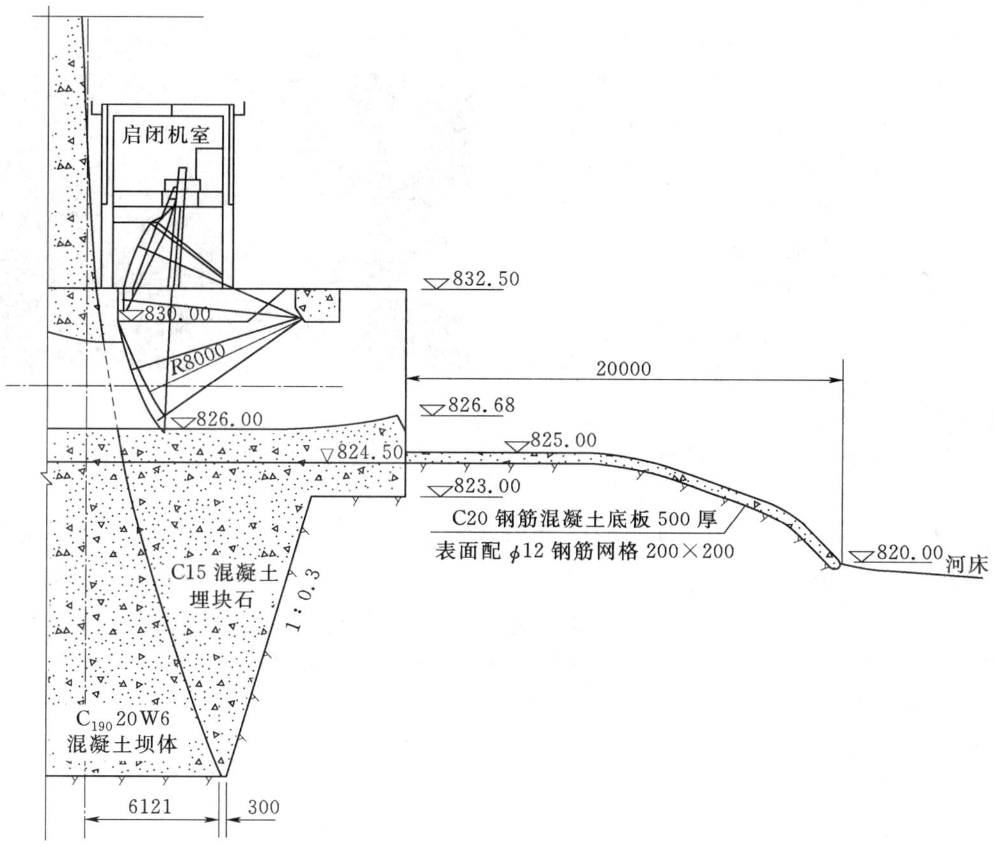

图 2-1-3-9　某拱坝冲沙孔下游出口底板支护剖视图（1：100）（尺寸单位：m）

任务四　溢 洪 道 图 识 读

［学习目标］

素质目标：培养严谨、细致的工作态度，弘扬科学、负责的水利精神，筑牢工程安全意识。

知识目标：熟悉溢洪道的组成结构；了解线性建筑物的特点；掌握溢洪道水工视图的特殊表达方式；掌握溢洪道水利工程图的一般识图方法与顺序。

能力目标：能辨别出溢洪道图中所用的特殊表达方法；能正确、全面识读溢洪道各类图纸信息，从而准确指导溢洪道施工建设。

［学习预热］

确保水库安全的“太平门”——溢洪道

溢洪道是水库枢纽工程中重要的泄水建筑物，主要作用是泄洪保坝，在强降雨、水库水位快速上涨的情况下，溢洪道开闸泄洪对坝体及下游地区的安全至关重要。因应急管理的滞后性和溢洪道管理养护的不到位，国内外溢洪道损坏或损毁的事件屡屡发生。如 1975

年 8 月，因河南特大暴雨引发的板桥水库溃坝事件，致 1100 万人受灾，伤亡惨重，直接经济损失近百亿元。2017 年 1—2 月期间，美国加州受强降雨气候的影响，第二大人工湖奥罗维尔湖水位急剧上涨逼近警戒水位。为避免溢坝，奥罗维尔湖开启主溢洪道泄洪，但是随即发现主溢洪道出现塌陷，面临决口，一旦决口，可能会形成 18～30 英尺的水墙，对下游城镇将带来毁灭性的灾难。加州比尤特县、萨特县、由巴县颁布疏散命令，188000 人被紧急疏散。

溢洪道的损坏直接威胁坝体的安全，对下游地区人民的生命财产安全更是巨大的隐患。

2022 年 9 月 5 日四川泸定地震后，湾东水电站员工甘宇和罗勇放弃第一时间逃生的机会，坚守一夜，试图保护水电站安全运行。由于山体滑坡形成堰塞湖，坝前水位明显上涨，罗勇冒着生命危险在震后半小时内全部打开泄洪闸，避免了河水漫过大坝、冲毁村庄而引发难以估量的灾难。村庄保住了，他们却错过了逃命的黄金时间。9 月 21 日，失联 17 天的甘宇在人们的不懈寻找下，终于获救。

身处绝境的甘宇，更是用行动阐释着大义与善良。为了不拖累同伴，他让罗勇先走。罗勇也不曾辜负这份善良，获救后便再次踏上寻找甘宇的路。这些平凡英雄所拥有的执着、善良和永不言弃的坚持，正是用实际行动践行和诠释着社会主义核心价值观，展现了可信、可爱、可敬的中国形象，这也是实现中华民族伟大复兴的精神力量之基。

一、溢洪道基础知识

微课 2-1-4-1 溢洪道基础知识

1. 溢洪道的概念

溢洪道是用于宣泄规划库容所不能容纳的洪水，保证坝体安全的开敞式或带有胸墙进水口的泄水建筑物。溢洪道一般不经常工作，却是水库枢纽中的重要建筑物。

2. 溢洪道的分类

溢洪道按泄洪标准和运用情况，分为正常溢洪道和非常溢洪道。前者用以宣泄设计洪水，后者用于宣泄非常洪水。

按其所在位置，溢洪道分为河床式溢洪道和河岸式溢洪道。河床式溢洪道经由坝身溢洪，为混凝土坝使用；河岸式溢洪道为土石坝使用。

河岸式溢洪道按结构型式可分为以下几种：

1）正槽式溢洪道。如图 2-1-4-1 所示，泄槽轴线与溢流堰轴线正交，过堰水流与泄槽轴线方向一致，是应用最广的型式。

2）侧槽溢洪道。如图 2-1-4-2 所示，泄槽轴线与溢流堰轴线接近平行，水流过堰后，在侧槽段的极短距离内转弯约 90°，再经泄槽或斜井、隧洞泄入下游。

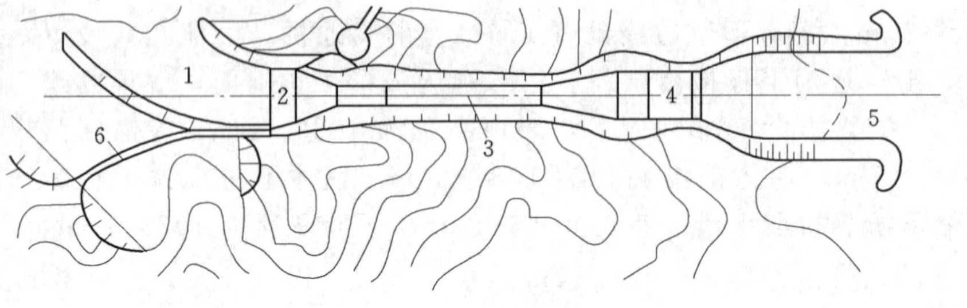

图 2-1-4-1　正槽式溢洪道

1—引水渠；2—溢流堰；3—泄槽；4—出口消能段；5—尾水渠；6—非常溢洪道

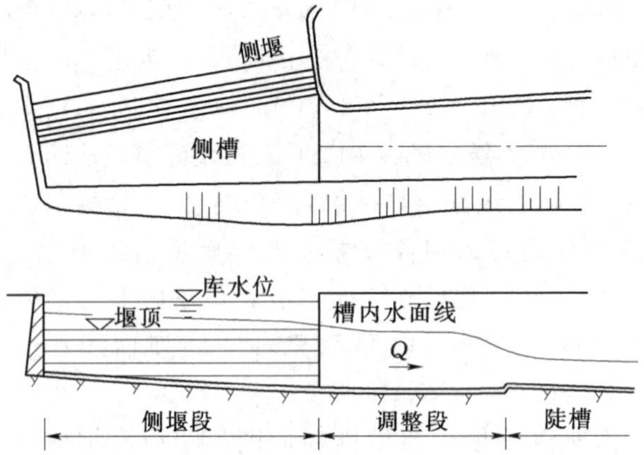

(a)

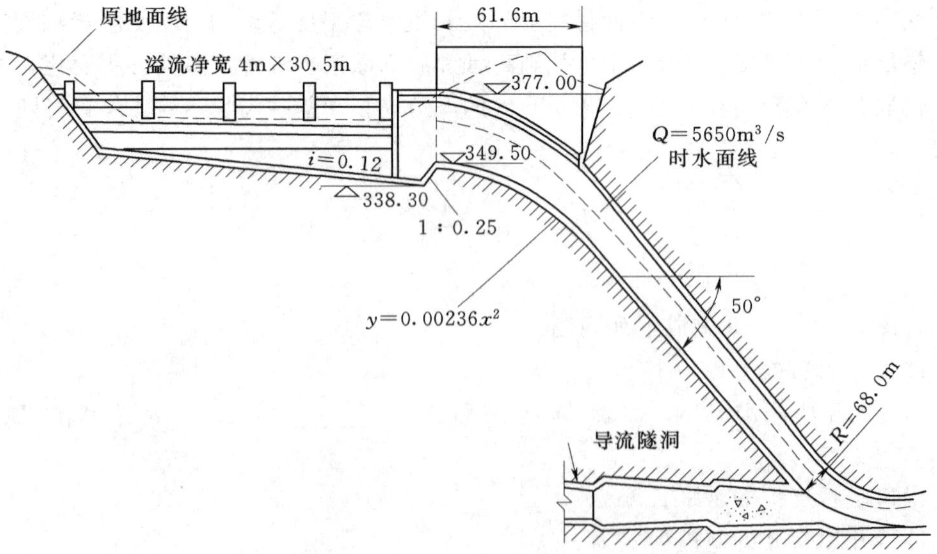

(b)

图 2-1-4-2　侧槽溢洪道

3）井式溢洪道。如图 2－1－4－3 所示，洪水流过环形溢流堰，经竖井和隧洞泄入下游。

4）虹吸溢洪道。如图 2－1－4－4 所示，利用虹吸作用泄水，水流出虹吸管后，经泄槽流向下游，可建在岸边，也可建在坝内。

模型 2－1－4－1 溢洪道仿真模型

3. 溢洪道的组成

正槽式溢洪道通常由进水渠、控制段、泄水段、消能段、尾水渠五部分组成。进水渠起进水和调整水流的作用。控制段常用实用堰或宽顶堰，堰顶可设或不设闸门。泄水段有泄槽和隧洞两种形式。为保护泄槽免遭冲刷和岩石不被风化，一般都用混凝土衬砌。消能段多用挑流或水跃消能。当下泄水流不能直接归入原河道时，还需另设尾水渠，以便与下游河道妥善衔接。

溢洪道的选型和布置，应根据坝址地形、地质、枢纽布置及施工条件等，通过技术经济比较后确定。本章主要以最常见的正槽式溢洪道进行溢洪道图纸识读学习。

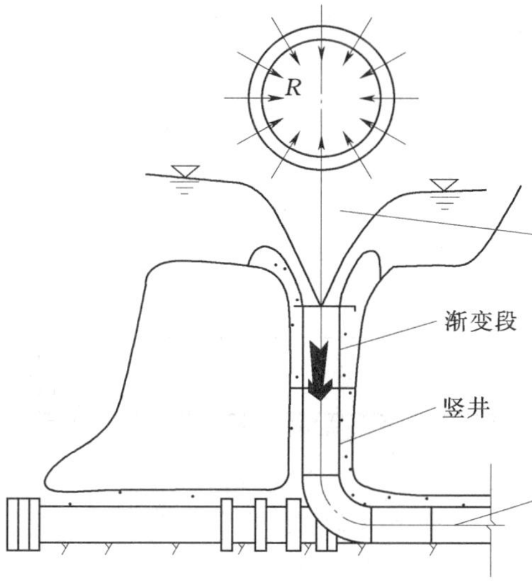

图 2－1－4－3 井式溢洪道

二、溢洪道图识读的一般方法与步骤

溢洪道属于典型的线性建筑物，组成结构比较多，可按照先整体后局部的顺序识读。识读局部信息时，可按照溢洪道的组成结构依次识读。识图时，要根据成图原理及视图关系，多种视图联合识读，逐一读懂各个结构的信息，同时检查图纸中的相关信息是否准确、一致。主要识读内容有：溢洪道的整体布置情况；进水渠段的布置，渠道断面形状、尺寸、衬砌等；控制段溢流堰型式，堰体的相关参数，孔口和闸墩的数量、尺寸等；泄槽的布置，泄槽的底坡、尺寸、衬砌构造等；消能方式、消能设施的相关参数等。除了溢洪道本身的结构信息外，还需识读溢洪道的相关开挖信息。

本任务以某水库正槽式溢洪道、重庆市玉滩水库扩建工程正槽式溢洪道为例，详细介绍

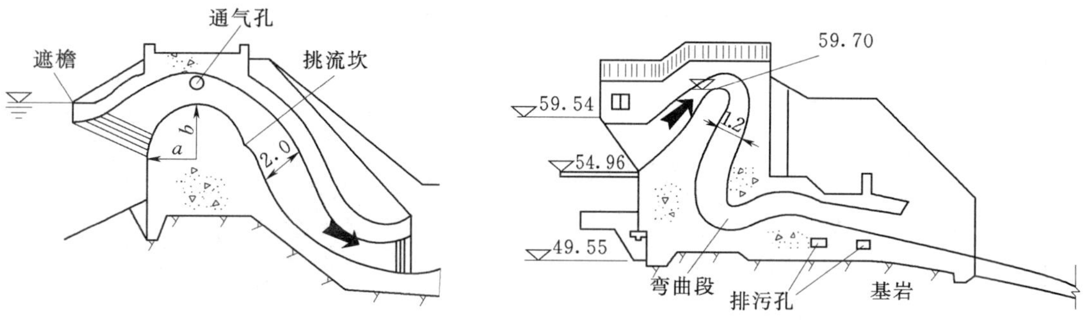

图 2－1－4－4 虹吸溢洪道

河岸式溢洪道图纸识读过程。

三、某水库正槽式溢洪道图纸识读

1. 平面布置图识读

图 2－1－4－5 为某溢洪道工程平面布置图。其溢洪道进口采用了圆弧形喇叭口结构，左侧圆弧半径 20m，圆心角 34°3′36″；右侧圆弧半径 40m，圆心角 24°42′10″，进口底板高程为 2058.27m，喇叭口连接着一个 17m 长的水平段，标注显示该段宽度为 6m，边墙厚度为 80cm，底板高程为 2059.022m，桩号 0＋000.000 处为溢洪道轴线控制点 A，桩号 0＋005.000～0＋046.500 为缓坡段，底坡坡比为 1：100，在平面布置图上，该段从 0＋014.500 处开始转弯，转弯半径为 25m，转弯角度为 52°07′30″，该段边墙厚 50cm，泄槽宽 6m。

从桩号 0＋046.500 处开始，泄槽进入陡坡段，底坡坡比为 1：2.5，陡坡段泄槽宽度为 6m，边墙宽度为 40cm，泄槽段底部设置 30cm×30cm 的排水暗沟。桩号 0＋146.500～0＋153.352 为消能段，从图中看此段为弧面，可以看出此溢洪道消能措施为挑流式消能。

2. 纵剖视图识读

图 2－1－4－6 中溢洪道沿轴线剖视图是图 2－1－4－5 溢洪道的纵剖视图。此剖视图与其他剖视图不同之处是图下方列出了特性表，使图纸表达的信息更明了、更丰富。

进口段底板高程为 2058.27m，为素混凝土底板，翼墙前端高 4.5m，翼墙顶高程为 2066.80m。进口段在 0－012.000 处结束，进入闸室段，闸室底板进口处设有齿墙，齿墙底宽 40cm，深入闸室底板以下 2m，闸室底板高程为 2059.02m，底板为钢筋混凝土结构，底板厚度未标注。闸墩顶部高出翼墙 2m，高程为 2068.80m，闸室下游端设有工作桥，工作桥宽 4.8m。启闭机房为两层，二层底板高程为 2071.30m，屋顶高程为 2074.30m。闸室段地基防渗采用帷幕灌浆，灌浆孔深 12m，孔距 2m。

从 0＋005.000 处进入泄槽直线段，直线段长 9.5m，缓坡段底坡坡比为 1：100，泄槽边墙高 6m，底板底部设置齿墙，齿墙深 1.5m，底宽 50cm，该段设有一通往闸墩顶部的踏步，踏步步长 30cm，步高 20cm。直线段结束后进入转弯段，从纵剖视图上看没有变化，需要

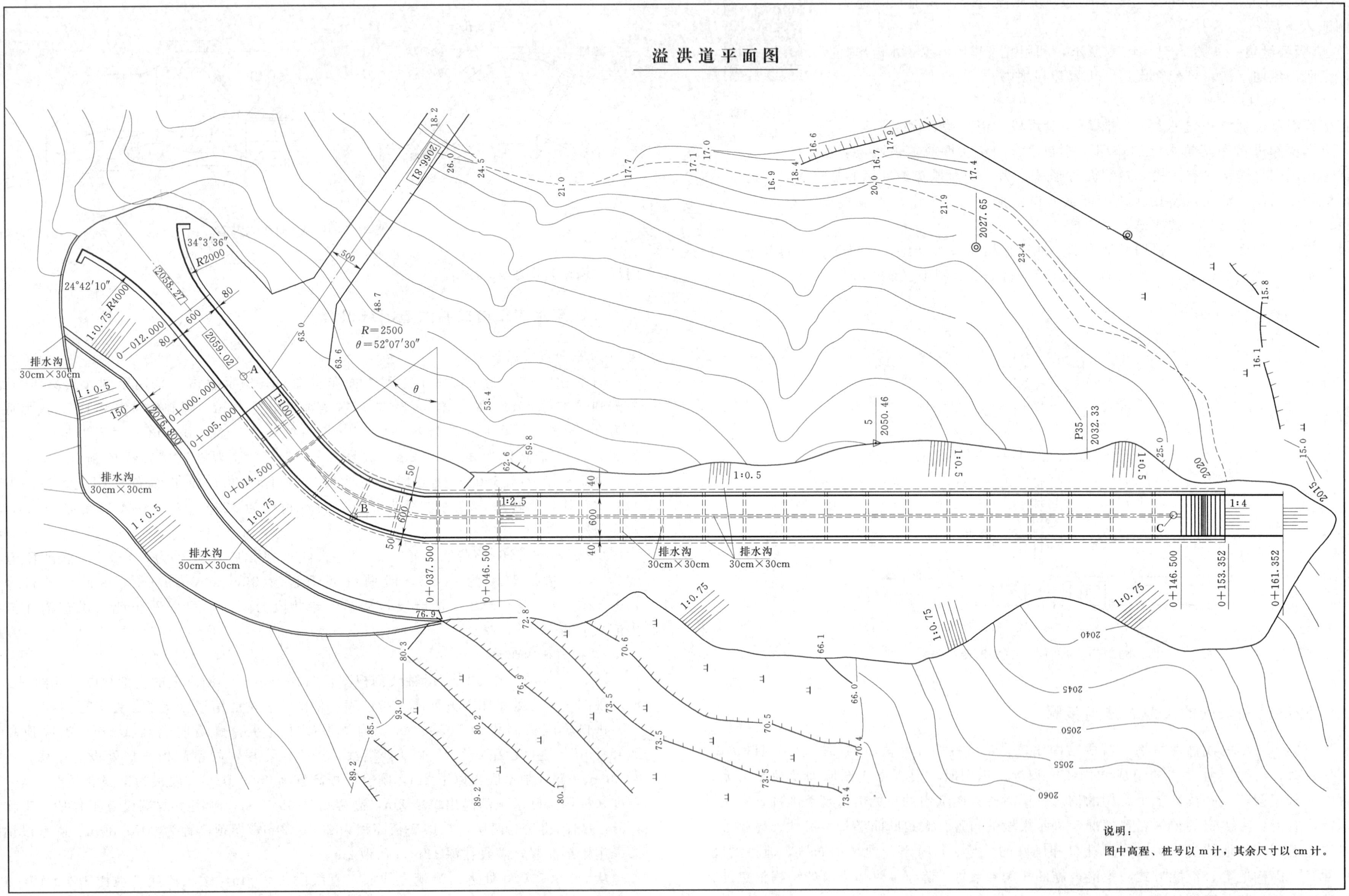

图2-1-4-5　某溢洪道工程平面布置图

纵剖面结构布置图

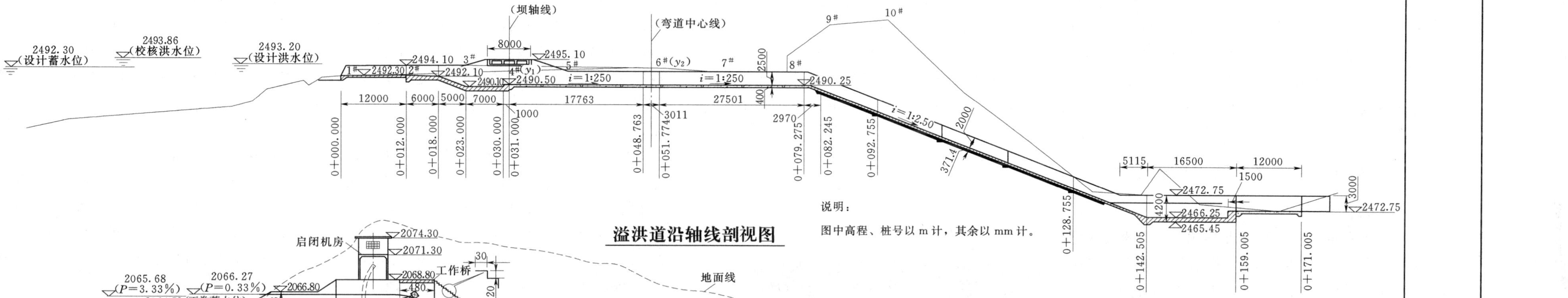

说明：

图中高程、桩号以 m 计，其余以 mm 计。

溢洪道沿轴线剖视图

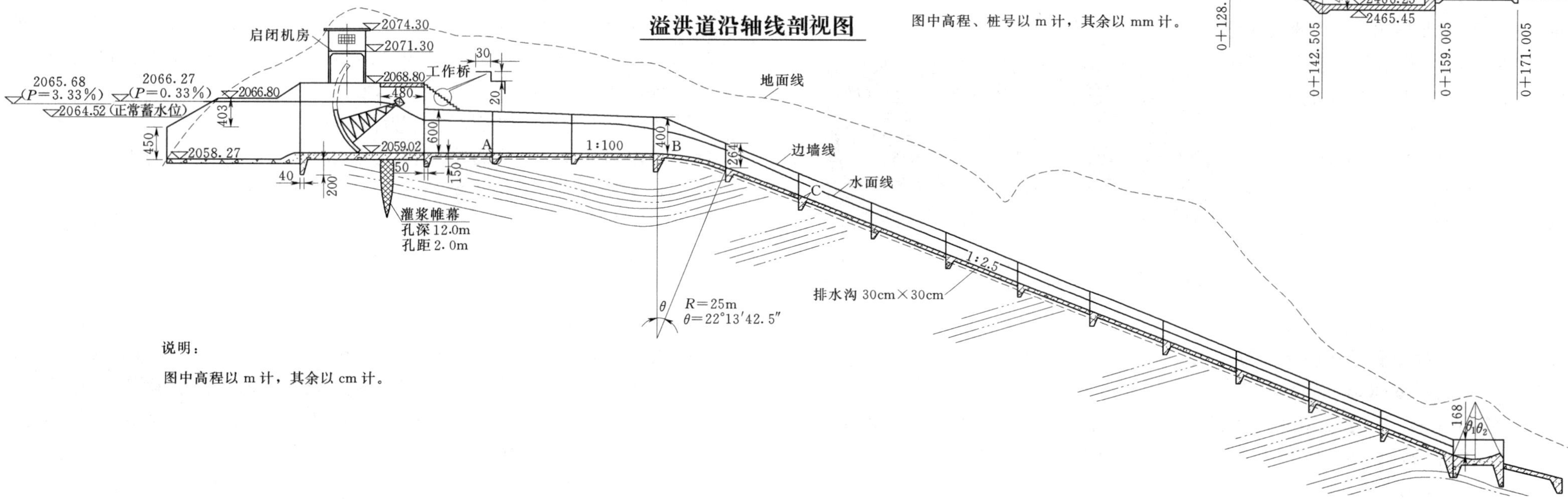

说明：

图中高程以 m 计，其余以 cm 计。

桩号 (km+m)	0−030.000	0−020.000	0−012.000	0+000.000	0+005.000	0+014.500	0+025.366	0+037.232	0+041.209	0+046.500	0+056.500	0+066.500	0+076.500	0+086.500	0+096.500	0+106.500	0+116.500	0+126.500	0+136.500	0+146.500	0+153.352	0+161.352
名称		进口段		闸室段		直线段	转弯段		连接段		陡槽段										反弧段	护坡段
水深/m					4.500	4.248	4.134	4.058		2.394	1.970	1.732	1.578	1.466	1.383	1.317	1.266	1.244	1.188	1.159		
边墙高/m		8.53			9.778	6.0		5.0		3.30	3.18	3.06	2.94	2.82	2.70	2.58	2.46	2.34	2.22	2.10		
底板高程/m	2058.27	2058.27	2059.022		2059.022	2058.925	2058.816	2058.695		2056.84	2052.84	2048.84	2044.84	2040.84	2036.84	2032.84	2028.84	2024.84	2020.84	2016.84	2017.018 2015.517	2013.517
底坡		$i=0$		$i=0$		1:100					1:2.5											

图 2-1-4-6　某溢洪道纵剖视图

结合平面图解读，该段泄槽水平转弯，转弯角度为52°07′30″，转弯半径为25m。转弯段除了水平转弯外，其余结构与直线段相同。

从0+037.232处开始泄槽进入缓坡与陡坡的连接段，连接处采用圆弧过渡，圆弧半径为25m，圆心角为22°13′42.5″，连接段起点处边墙高4m，终点处边墙高2.64m。

进入陡槽段后，泄槽底坡坡比为1∶2.5，底板上同样设置了齿墙，底部还设置了30cm×30cm的排水沟，陡槽后连接反弧段和护坡段，这三段图纸标注都相对简单，参数表中给出的数据也只能反映一些特征部位的桩号、高程等数据，不能完全反映建筑物的实物形态。要进一步了解实物形态，需要结合细部结构图来解读。

四、玉滩水库扩建工程正槽式溢洪道图纸识读

1. 玉滩水库扩建工程概况

玉滩水库位于重庆市大足区境内，工程总投资15亿元，灌溉面积32.84万亩，是重庆市境内一座大（2）型水库。玉滩水库工程的主要任务是农业灌溉及城乡供水。扩建后，水库总库容量由2360万m^3扩建至14960万m^3，水库正常蓄水位351.60m，相应库容1.321亿m^3，校核洪水位353.31m，总库容1.496亿m^3。玉滩水库枢纽建筑物主要由主坝、副坝、溢洪道及左、右岸灌溉引水隧洞组成。水库主坝坝型为沥青心墙石渣坝，泄洪建筑物布置于左岸香炉石山左侧垭口处，灌溉引水隧洞分别布置在主坝左、右两岸，主坝坝址右岸垭口处布置了7座浆砌石副坝。

2. 纵剖视图识读

微课2-1-4-2 溢洪道纵剖视图识读

图2-1-4-7是玉滩水库溢洪道纵剖视图，其进口引渠翼墙从桩号0－082.00处开始，翼墙高度为347.00－342.00＝5(m)，引渠底板从0－064.50处开始，翼墙顶部反坡坡率i＝0.1，引渠底板反坡坡率i＝0.148，引渠底板设有齿墙及防滑槽，防滑墙和齿槽详细结构需结合其他细部图纸了解，底板衬砌构造下部为100mm厚的素混凝土垫层，上部为400mm厚的钢筋混凝土。引渠段在溢0－012.00处结束，进入水流控制段（闸室段）。该处引渠底板高程为335.90m，翼墙顶部高程为354.70m。

溢0－012.00～溢0＋016.00为控制段。控制段堰体为驼峰堰，堰顶高程为338.70m，堰体开挖高程中间为332.70m，上下游均为329.90m，帷幕底部高程为320.00m，闸墩顶部高程为354.50m，控制段设两道闸门，上游检修闸门采用平板闸门，工作闸门采用弧形闸门。

溢0＋016.00～溢0＋0232.00为泄槽段。溢0＋016.00～溢0＋072.00为陡坡段，陡坡段底坡坡率i＝0.191，底板上设置了防滑齿墙和排水盲渠，底板结构为100mm厚的垫层混凝土和600mm厚的钢筋混凝土。该段泄槽边墙高度随桩号的增加而变化，起点处（溢0＋016.00）边墙顶高程为348.50m，墙高为348.5－334.68＝13.68(m)，终点处（溢0＋072.00）边墙顶部高程为329.50m，底板高程为324.00m，边墙高为329.5－324＝5.5(m)。

溢0＋072.00～溢0＋232.00为缓坡段，泄槽段底坡坡率i＝0.074，底板结构为100mm厚的垫层混凝土和600mm厚的钢筋混凝土。边墙等高，高度为5.5m，从溢0＋192.00向下游到溢0＋232.00，泄槽底板厚度和边墙高度开始变化，从溢0＋192.00向下游第三块底板钢筋混凝土厚度变为1m，在与消能段连接的最后一块泄槽底板钢筋混凝土厚度增加到了1.6m，泄槽边墙高程由321.58m增至331.50m，在溢0＋232.00处泄槽段结束，进入消能段。

本工程消能采用了底流消能措施，消力池底板钢筋混凝土厚度为2m，下设10cm厚的素混凝土垫层与地基相连，底板设置了竖向直径为100mm的排水孔，底板底部还设置了水平方向的排水暗沟和排水管，起点处边墙上设置了排水系统出水口。消力池底板高程为312.10m，在溢0＋302.00处设置了消力坎。消力坎顶部高程为320.70m，消力坎末端高程为314.71m。消力池边墙采用扶壁式挡墙，墙顶高程为331.50m。

消能段下游为海漫段，桩号为溢0＋309.50～溢0＋389.50。海漫段底坡坡率i＝0.05，底板结构为100mm厚的垫层混凝土和500mm厚的钢筋混凝土。溢0＋389.50～溢0＋429.50为防冲槽段，防冲槽长度为40m，防冲槽深5m，槽身为梯形断面，槽底宽10m，槽内采用块石回填。溢0＋429.50～溢0＋529.50为尾水渠段，尾水渠段底坡坡率i＝0.01，尾水渠两边岸坡坡比为1∶1.5，渠顶高程为318.00m。

3. 横断面图识读

微课2-1-4-3 溢洪道横断面图识读

图2-1-4-8是玉滩水库溢洪道工程的闸室段典型横断面图。本工程溢洪道总宽度为53m，闸室段左侧边坡开挖坡比为1∶0.75（高程337.50m以上）、1∶0.3（高程337.50m以下），右侧边坡开挖坡比为1∶0.5（高程337.00m以上）、1∶0.3（高程337.00m以下）。左侧边墩和中墩上分别设置一液压启闭机房，为示意性结构。

闸室共设置了3孔闸门，每孔闸门净宽12m，中墩厚4m，左边墩为梯形断面，底宽4.5m，顶宽1.5m。外侧墙面坡比为1∶0.2，闸室底板基础高程为332.70m，底板厚6m，右侧第一孔闸室底板处，底板局部高出强风化层，图纸标示出处理办法，为开挖出宽5m、深1.5m的梯形槽，采用素混凝土回填。闸室左侧边墙外采用混凝土回填至高程351.90m，高程351.90m以上采用石渣回填，在闸室右侧，距边墩2m处设置一检修闸门库，闸门库净宽13.2m，底板高程为338.00m。

4. 细部结构图识读

图2-1-4-9是玉滩水库溢洪道闸室纵剖视图，图2-1-4-8也是图2-1-4-9的1—1剖视图。图中闸室交通桥宽7m，牛腿上游下边缘高程为352.90m，牛腿底部斜面坡比为1∶1，牛腿外伸1.3m，检修闸门轴线距离闸室中心线3.2m，闸墩上游圆弧半径为2m。液压杆支点高程为352.70m，弧形闸门支点高程为347.40m，闸墩下游悬挑段伸出长度为3m，底部斜面坡比为1∶1.5，下缘高程为347.00m。液压启闭机室位于闸墩的下游段。检修闸门采用移动式门机启闭。

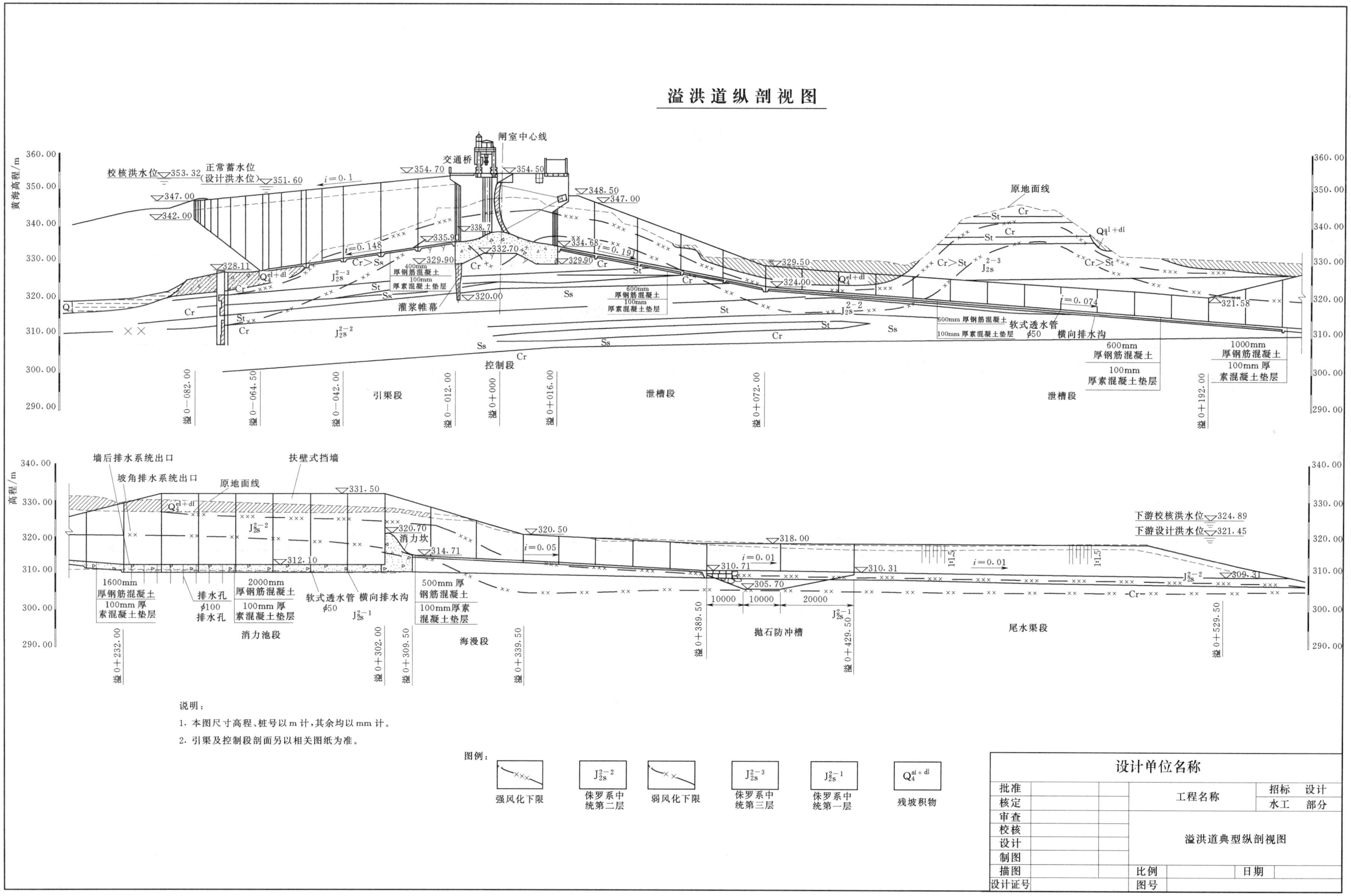

图 2-1-4-7 玉滩水库溢洪道纵剖视图

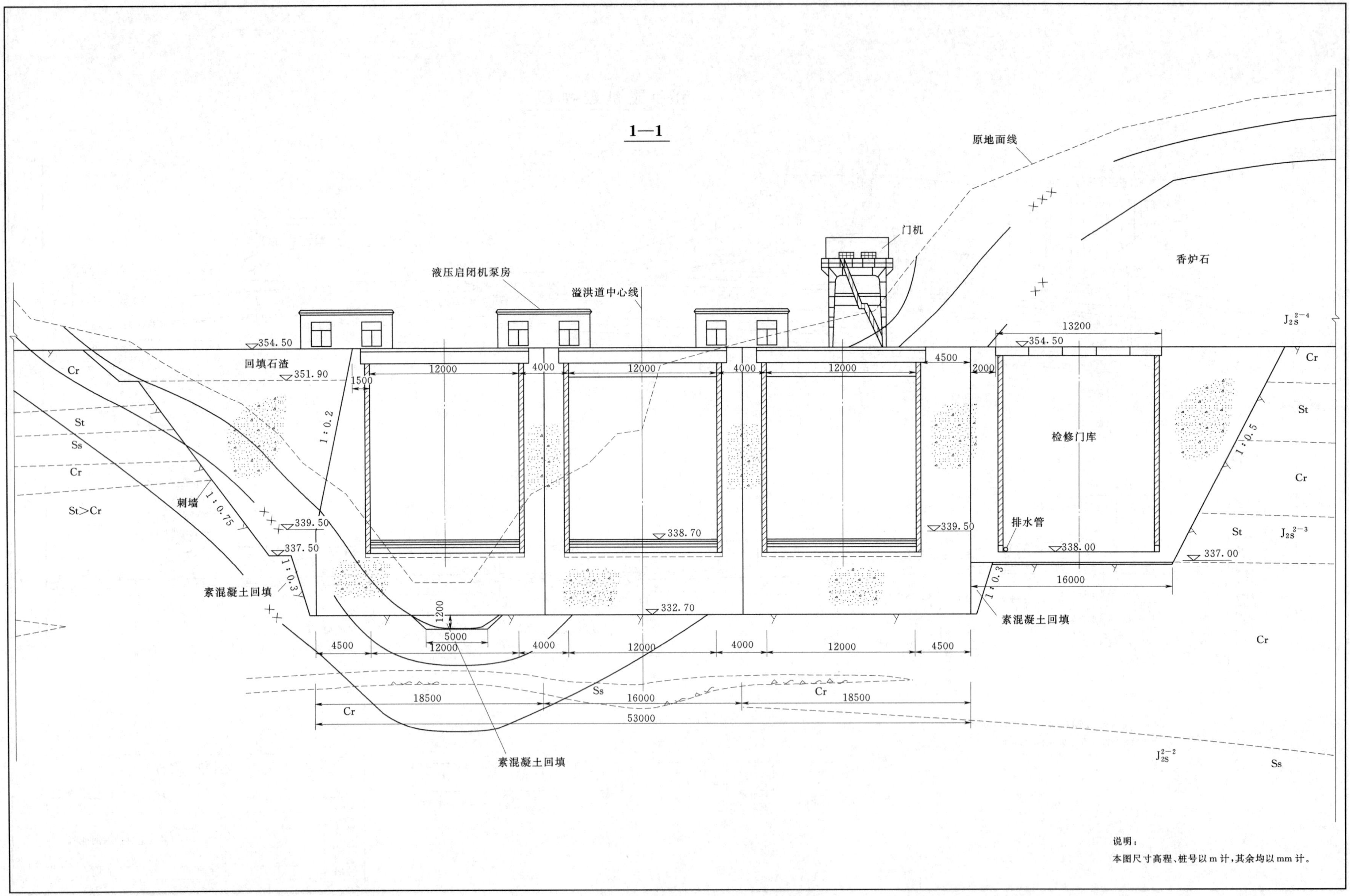

图 2-1-4-8　玉滩水库溢洪道闸室段典型横断面图

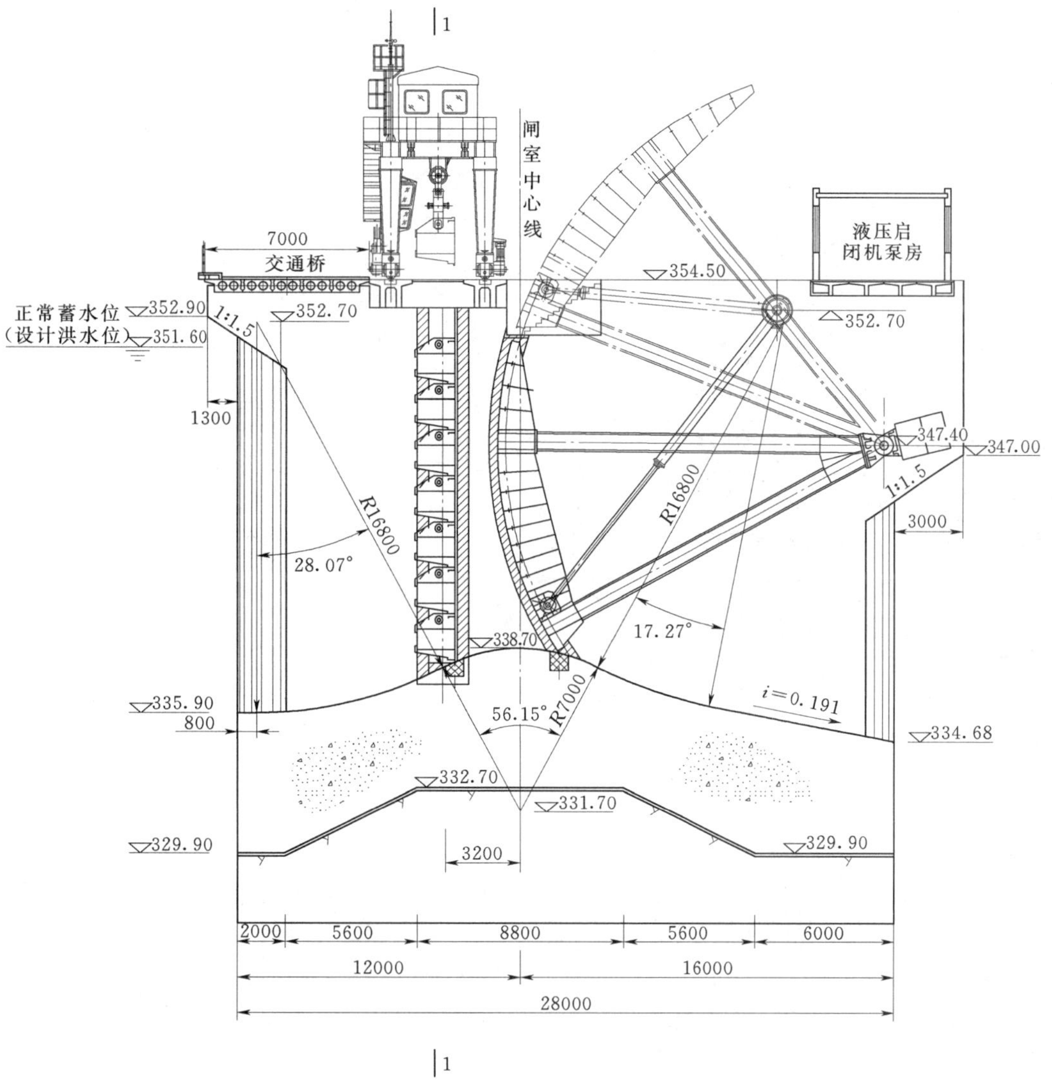

图 2-1-4-9　玉滩水库溢洪道闸室纵剖视图（尺寸单位：mm）

溢流堰为驼峰堰，堰体结构由三段相切圆弧构成，堰顶高程为 338.70m。从进口段开始，首先是 80cm 的水平直线段，其后连接一段半径为 16.8m、圆心角为 28.07°的反圆弧，此圆弧圆心高程为 352.70m，距闸墩边线 80cm。堰顶为一半径 7m、圆心角 56.15°的圆弧，圆弧圆心位于闸室中心线上，高程为 331.70m。堰顶下游接一段半径为 16.8m、圆心角为 17.27°的反圆弧，进入斜坡段，斜坡坡率 $i=0.191$，堰体在闸室末端高程为 334.68m。

溢流堰基础为一凸起平台，平台顶部高程为 332.70m，底部高程为 329.90m，顶部长度为 8.8m，底部总长度为 28m，平台上下游侧坡面水平长度为 5.6m。

目　标　测　评

请识读图 2-1-4-10，回答下列问题：

（1）桩号__________到桩号__________为进水渠段，桩号__________到桩号__________为控制段，桩号__________到桩号__________为泄槽段，桩号__________桩号__________为消能段。溢洪道的总长度为__________。

（2）溢洪道进水渠进口右岸的结构为__________。

（3）控制段设有__________个溢流孔口，孔口宽度为__________。闸墩顶部高程为__________。

（4）泄槽的底部宽度__________，底坡为__________。

（5）泄槽段的横断面形状为__________。

（6）图中控制段绘有素线的部位代表是__________和__________。

（7）该溢洪道的消能方式为__________。

任务五　隧 洞 图 识 读

［学习目标］

素质目标：养成科学、求实、创新的工程思维，继承水利人吃苦耐劳、艰苦奋斗的精神。

知识目标：熟悉水工隧洞的类型、组成及结构；了解水工隧洞图纸的特点；掌握隧洞水工视图的特殊表达方式；掌握隧洞水工图的一般识读方法与顺序。

能力目标：能辨别出隧洞水工视图的特殊表达方式；能准确、全面识读隧洞各类水工图纸信息，从而准确指导隧洞施工建设。

［学习预热］

黄河长江在这里“相遇”——南水北调穿黄工程

丹江水自渠首而出，一路自流向北，黄河成为阻挡南水北去的天然屏障。作为南水北调中线工程的“咽喉”，穿黄工程开邙山、破泥沙、出河滩，排除万难穿越黄河，成就了中国南北两大河流——长江与黄河在中原大地的历史性“聚首”。

在郑州向西约 30km 的黄河孤柏嘴，从空中俯瞰，南、北岸像放置了两把琴身相对的巨大“吉他”，虽然看似分隔黄河两岸，但在河床下 30m 深处，两条 4250m 长的穿黄隧洞却将两岸紧密相连，长江水就是通过这两条穿黄而过的隧洞一路向北。

穿黄过河隧洞进口为斜井、出口为竖井，退水设施位于黄河南岸，利用倒虹吸原理，靠水流自身重力差，由南向北流向出水端，一期工程设计流量为 265m^3/s，加大流量为 320m^3/s。

南水北调干渠跨越黄河是采用凌空飞架渡槽方案还是开凿河底隧洞方案曾引发争议。南水北调中线建设管理局局长石春先说：“两个方案在技术上各有利弊，但河底隧洞（方案）更符合工程实际。”相比之下，河底隧洞可免受温度、冰冻、大风等不利因素影响，耐久性好，检修维护相对简单。穿黄隧洞在黄河底部最大埋深达 35m，如何保证隧洞承受水压，这个技术难题不仅在国内水利工程建设中无先例可循，在国际水利工程界也难有借鉴。要开工

溢洪道平面布置图

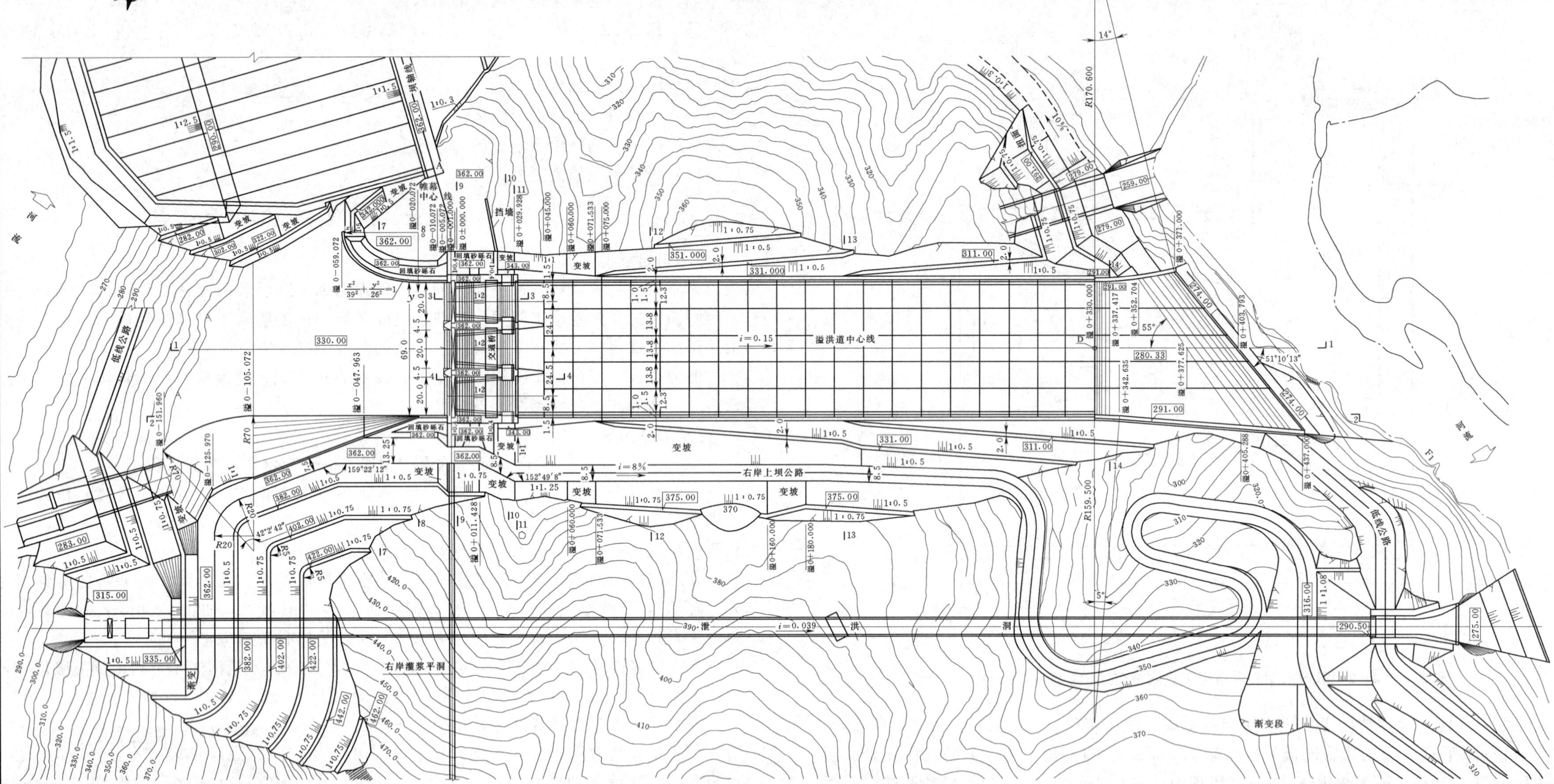

说明：

1. 图中坐标、桩号、高程、尺寸均以 m 计。
2. 图中坐标采用北京坐标系，高程采用黄海高程系。

控制点坐标表

点号	x/m	y/m	备注
C	65529.02178	20157.77812	溢洪道中心线
D	65706.57951	20441.93787	

设计单位名称				
批准		工程名称		水工　设计
核定				施工　部分
审查		溢洪道平面布置图		
校核				
设计				
制图				
描图		比例	日期	
设计证号		图号		

图 2-1-4-10　潘口水电站溢洪道平面布置图

必须先“下地”。施工单位首先在黄河岸边开凿了一个施工竖井，将盾构机分部件运进施工通道，在地下组装后进行隧洞挖掘。穿黄工程盾构机及刀具，都是根据穿黄施工条件量身定做的。穿黄工程选用的“穿越号”盾构机是泥水加压平衡盾构机，直径达 9m，盾构机前面有一个装有 140 多把刀片的刀盘，将施工面的泥土刮出，通过竖井输送出来。为了防止施工工程坍塌，盾构机推进系统有 14 组千斤顶，总推力 6034t，千斤顶顶在已拼好的管片侧壁，牵引整台盾构机以每天 10 多米的速度向前推进。

为确保工程安全，穿黄隧洞建成后，每年有 15～30 天检修期，每 3～5 年安排一次大修，平均每半年放水检查一次，隧洞内径达 7m，检修时维修车辆可直接驶入隧洞。

南水北调穿黄隧洞是国内第一条穿越黄河的输水隧洞，工程地下连续墙厚度和深度均居当前国内之最。南水北调工程亦是解决我国南北水资源矛盾的重要水利工程，在经济、社会、生态发展方面均有重要意义，为中国社会主义现代化迈上新征程奠定了坚实的基础。

一、隧洞基础知识

1. 隧洞分类

(1) 水工隧洞按用途可分为以下几类：

1) 泄洪洞：配合溢洪道宣泄洪水，保证安全。

2) 引水洞：引水发电、灌溉或供水。

3) 排沙洞：排放水库泥沙，延长水库的使用年限，有利于水电站的正常运行。

4) 放空洞：在必要的情况下放空水库。

5) 导流洞：在水利枢纽的施工期用来施工导流。

微课 2－1－5－1
隧洞基础
知识

在设计水工隧洞时，应根据枢纽的规划任务，尽量考虑一洞多用，以降低工程造价。如施工导流洞与永久隧洞相结合，枢纽中的泄洪、排沙、放空隧洞的结合等。

(2) 按洞内水流状态可分为以下几类：

1) 有压隧洞：工作闸门布置在隧洞出口，洞身全断面被水流充满，隧洞内壁承受较大的内水压力。

2) 无压隧洞：工作闸门布置在隧洞的进口，或者无闸门，洞内水流没有充满全断面，有自由水面。

一般说来，隧洞可以设计成有压的，也可设计成无压的，还可设计成前段是有压的而后段是无压的。但应注意的是，在同一洞段内，应避免出现时而有压时而无压的明满流交替现象，以防止引起振动、空蚀等不利流态。

2. 隧洞结构

水工隧洞一般包括进口建筑物、洞身段和出口建筑物三个主要部分。此外，水电站厂房也可设置在地下与隧洞邻接（图 2－1－5－1）。

(1) 进口建筑物。

1) 进口建筑物的型式。根据进口建筑物的布置及结构型式可分为塔式、岸塔式、竖井式、斜坡式和组合式。

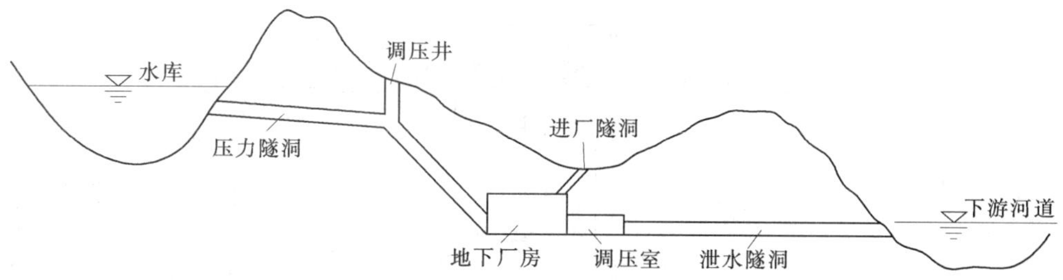

图 2－1－5－1　水电站水工隧洞及地下厂房布置

a. 竖井式。竖井式进口是在进口附近的岩体中开凿竖井，井壁衬砌，闸门设在井的底部，井顶部布置操作台和启闭机室。具体布置如图 2－1－5－2 所示。

b. 塔式。塔式进口建筑物是独立于隧洞的进口处而不依靠山坡的塔，塔底装设闸门，塔顶设操纵平台和启闭机室，封闭式塔身的水平断面一般为矩形，也有圆形或多边形，塔式进水口常用于岸坡岩石较差、覆盖层较厚、不宜采用靠岸进水口的工作情况，进水塔通过工作桥与岸坡相连。具体布置如图 2－1－5－3 所示。

模型 2－1－5－1
隧洞进口
模型

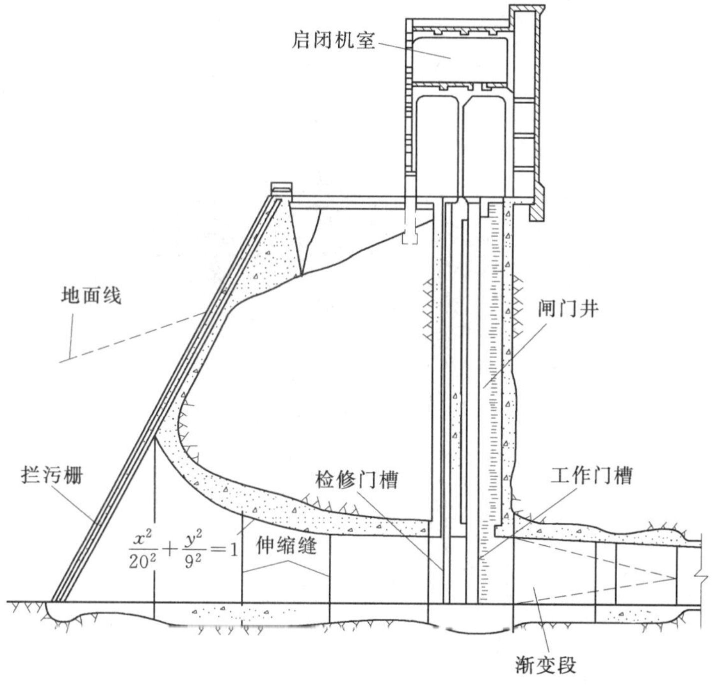

图 2－1－5－2　竖井式进水口

c. 岸塔式。此种进口是靠在开挖后洞脸岩坡上的进水塔。塔身可以是直立的或倾斜的。岸塔式的稳定性较塔式的好，不需工作桥。具体布置如图 2－1－5－4 所示。

d. 斜坡式。斜坡式进口是在较完整的岩坡上进行平整、开挖、护砌而修建的一种进水口。具体布置如图 2－1－5－5 所示。

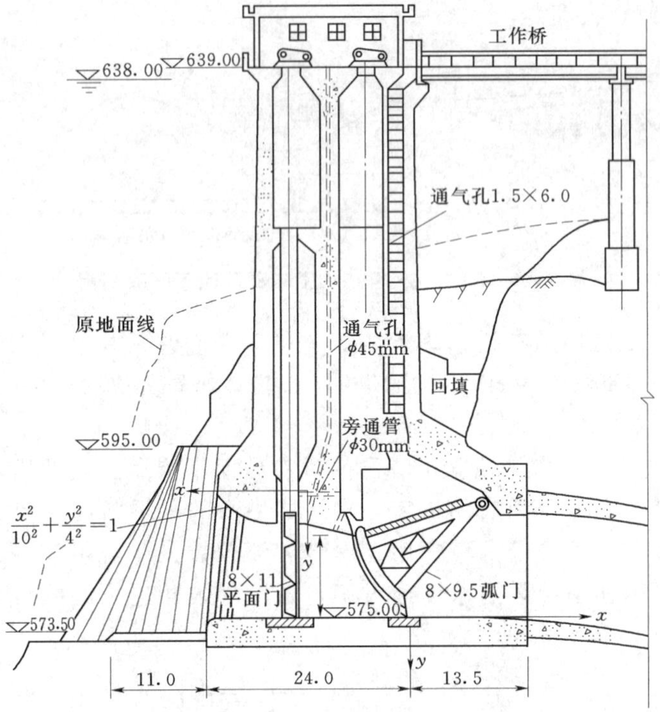

图 2-1-5-3　塔式进水口（尺寸单位：m）

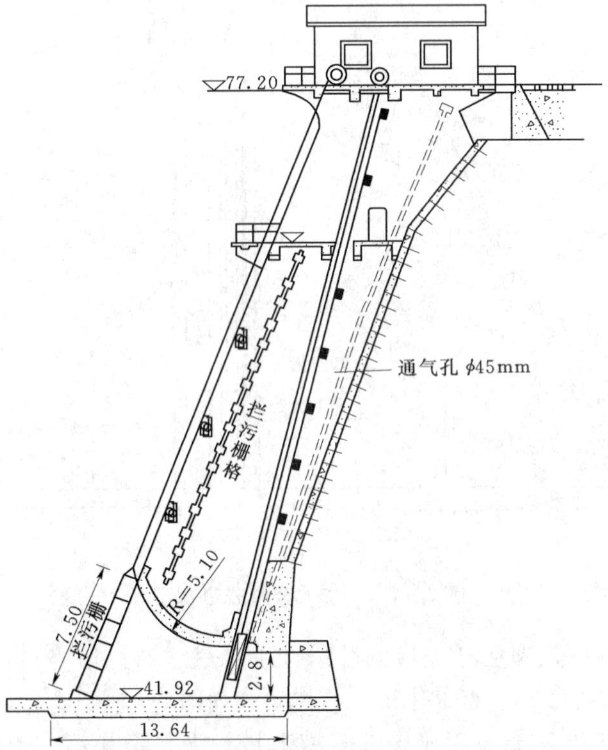

图 2-1-5-4　岸塔式进水口（尺寸单位：m）

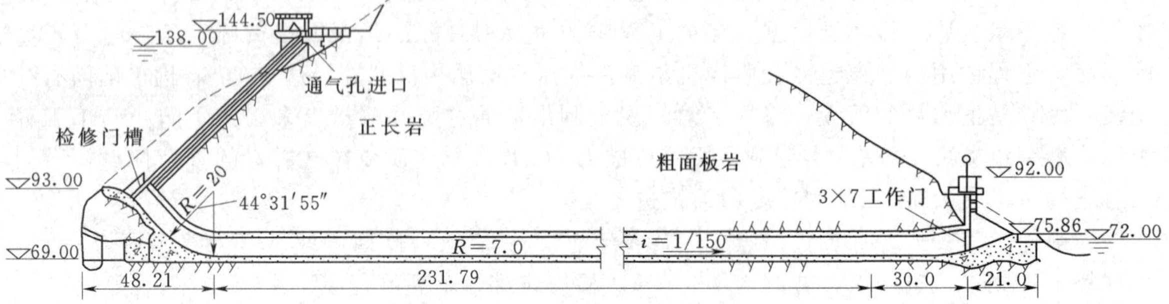

图 2-1-5-5　斜坡式进水口（尺寸单位：m）

e. 组合式。在实际工程中常根据地形、地质、施工等具体条件采用。如半竖井半塔式进水口，下部靠岸的塔式进水口等。具体布置如图 2-1-5-6 所示。

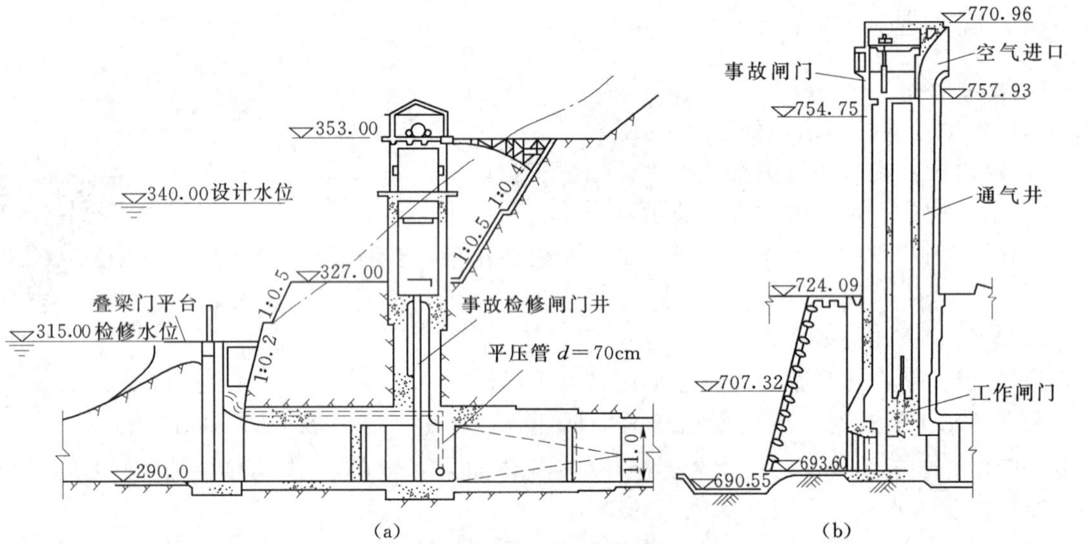

图 2-1-5-6　组合式进口建筑物

（2）进口段的组成及构造。

进口段的组成包括进水喇叭口、闸门室、通气孔、平压管和渐变段等。

1）进水喇叭口。对于设置高压阀门或闸门的压力泄水孔宜采用钟形进水口，其他闸门多为矩形，进水口也为矩形，隧洞进口多为顶板和边墙顺水流方向三向逐渐收缩的平底矩形断面，形成喇叭口。收缩曲线常采用 1/4 椭圆曲线。如图 2-1-5-7、图 2-1-5-8 所示。

2）通气孔。在泄水隧洞进口或中部的闸门之后应设通气孔，其作用是：①在工作闸门各级开度下承担补气任务；②检修时，在下放检修闸门后，放空洞内水流时补气；③检修完成后，向检修闸门和工作闸门之间充水时，通气孔用以排气。

通气孔上部进口必须与闸门启闭机室分开设置，通气孔风速应保持在 20m/s 左右为好。

3）平压管。为了减小启门力，往往要求检修门在静水中开启。为此，常设置绕过检修门槽的平压管。平压管的尺寸根据所需的灌水时间（约 8h）。具体布置如图 2-1-5-9 所示。

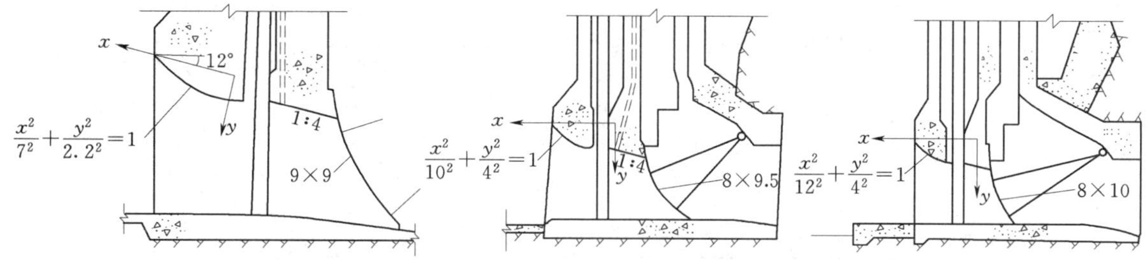

(a) 乌江渡左岸泄洪洞进水口　　(b) 刘家峡泄洪洞进水口　　(c) 碧口右岸泄洪洞进水口

图 2-1-5-7　无压隧洞深式进水口纵断面图（单位：m）

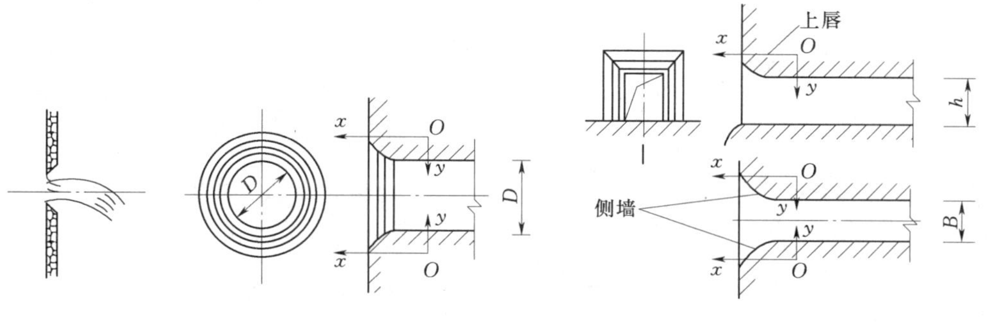

(a) 薄壁锐缘孔口出流水柱　　(b) 轴对称形进水口　　(c) 三向收缩矩形进水口

图 2-1-5-8　进水口的基本形式

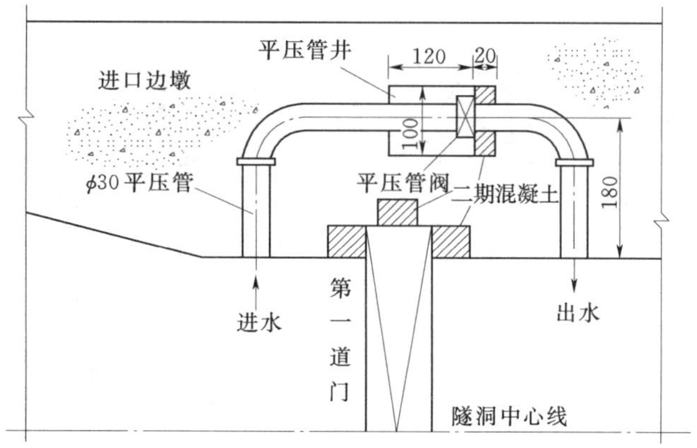

图 2-1-5-9　平压管布置图（尺寸单位：cm）

4）拦污栅。进口处的拦污栅是为了防止水库中的漂浮物进入隧洞。

5）渐变段及导流洞进口一般做成矩形，以便布置闸门，当隧洞洞身为圆形时，在闸门后设渐变段，使水流平顺过渡，渐变段采用在矩形的四个角加圆形过渡的办法实现，如图 2-1-5-10 所示。

（3）洞身。

隧洞断面形式有三种：圆形断面、圆拱直墙式断面和马蹄形断面。洞身一般要修建衬砌，用以防护岩面并改善洞壁粗糙，防止渗漏，承受围岩压力、内水压力及其他荷载。

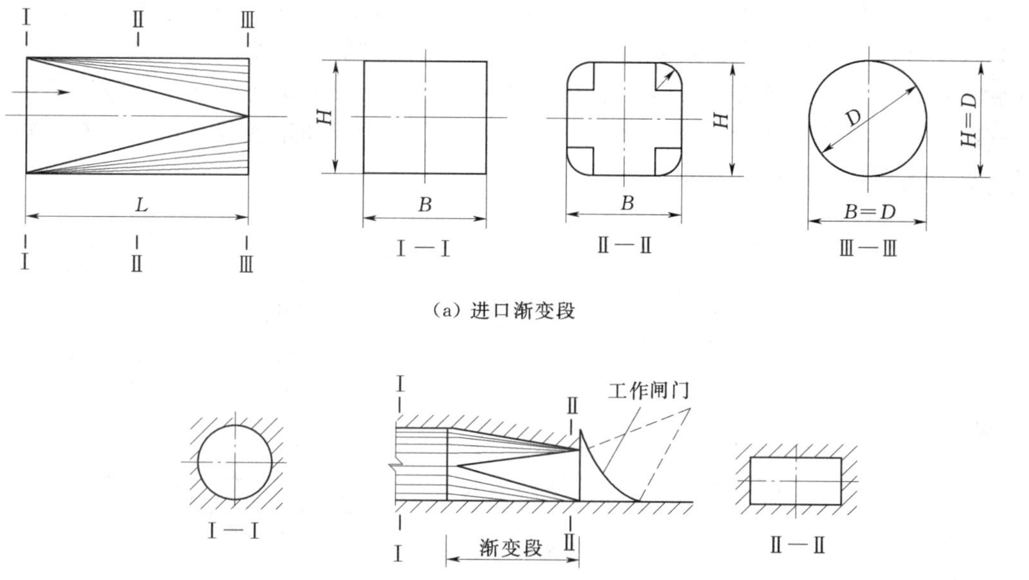

(a) 进口渐变段

(b) 出口渐变段

图 2-1-5-10　渐变段示意图

1）洞身衬砌。主要有以下几种衬砌类型：

a. 平整衬砌。亦称为护面或抹平衬砌，是一种不承载的护面结构，只起到减小隧洞表面糙率，防止渗漏，保护岩石不受风化的作用，对于无压隧洞，可只衬护过水部分。根据隧洞开挖情况，平整衬砌可采用混凝土、浆砌石或喷混凝土。

b. 单层衬砌：由混凝土、钢筋混凝土或浆砌石等做成，适用于中等地质条件、断面较大、水头及流速较高的情况。

c. 组合式衬砌：其形式有：①内层为钢板，外层为混凝土或钢筋混凝土；②边墙和底板为浆砌石，顶板为混凝土；③顶拱、边墙喷混凝土后再进行混凝土或钢筋混凝土衬砌。

地质条件较好的隧洞，特别是无压隧洞，可以不进行衬砌，但要采用光面爆破开挖，以达到岩面平整的要求。

2）衬砌分缝。隧洞衬砌分缝可分为伸缩缝、施工缝、沉降缝等几种，如图 2-1-5-11 所示。为防止混凝土干缩或温度应力产生裂缝，在相邻分段间设有环向伸缩缝。对于城门洞

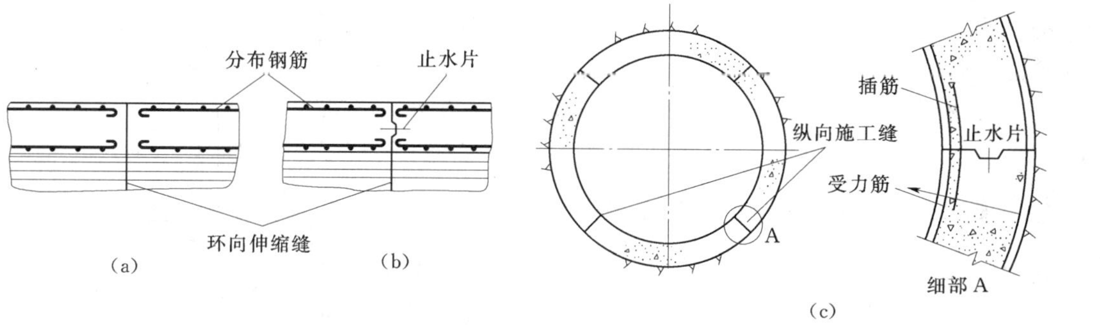

图 2-1-5-11　环向伸缩缝和纵向施工缝

形隧洞，为便于施工，也可在顶拱、边墙、底板交界处设置施工缝。纵向施工缝需凿毛处理，为了加强整体性，缝内可设置插筋、键槽等结构，必要时加设止水。在衬砌厚度突变处设置沉降缝，在进口闸室与渐变段、渐变段与洞身交接处，以及衬砌形式、厚度改变可能产生相对位移的部位，设置沉降缝（图 2－1－5－12），缝内设沥青油毡或其他填料，有压隧洞及有防渗要求的隧洞还在缝内设有止水。

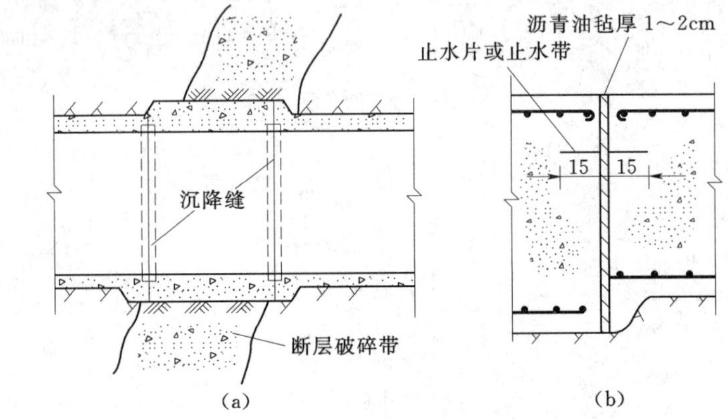

图 2－1－5－12　沉降缝（单位：cm）

3）灌浆。如图 2－1－5－13 所示。

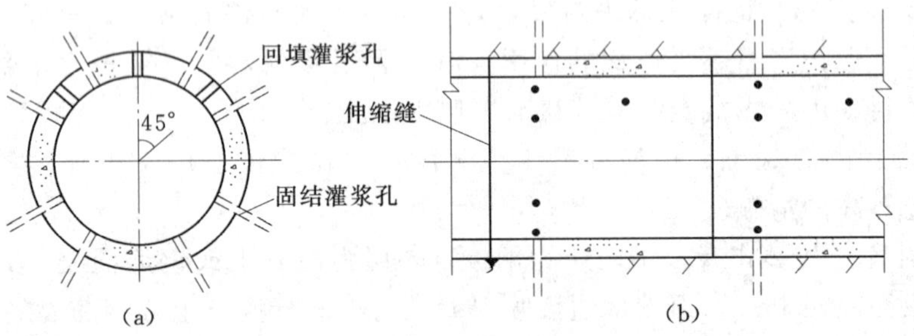

图 2－1－5－13　灌浆孔布置图

4）排水孔。如图 2－1－5－14 所示。

（4）出口建筑物。

隧洞出口一般设有消能建筑物，防止下泄水流对出口渠道或河床的冲刷。隧洞出口消能建筑物与河岸溢洪道相似，大多采用挑流消能（图 2－1－5－15），其次是底流消能（图 2－1－5－17），近年来也常采用窄缝挑流消能（图 2－1－5－16）及孔板消能（图 2－1－5－18）。

二、隧洞图识读的一般方法与步骤

水工隧洞属于典型的隐蔽线性建筑物，洞线长，沿程围岩地质条件多变。水工隧洞图纸量大、内容多，可按照先整体后局部的顺序识读，对局部信息，可按照水工隧洞的组成结构依次识

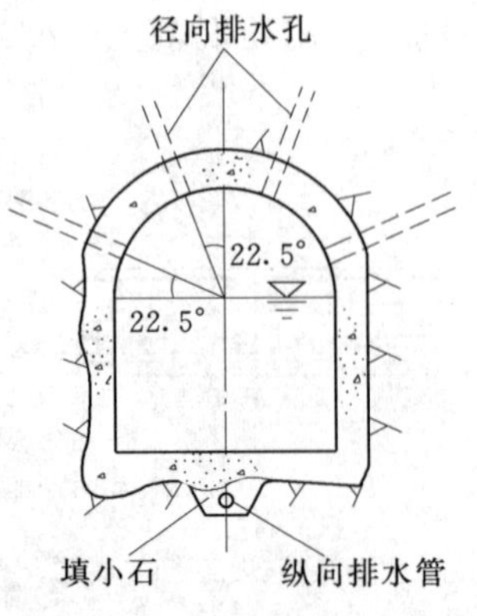

图 2－1－5－14　排水孔布置图

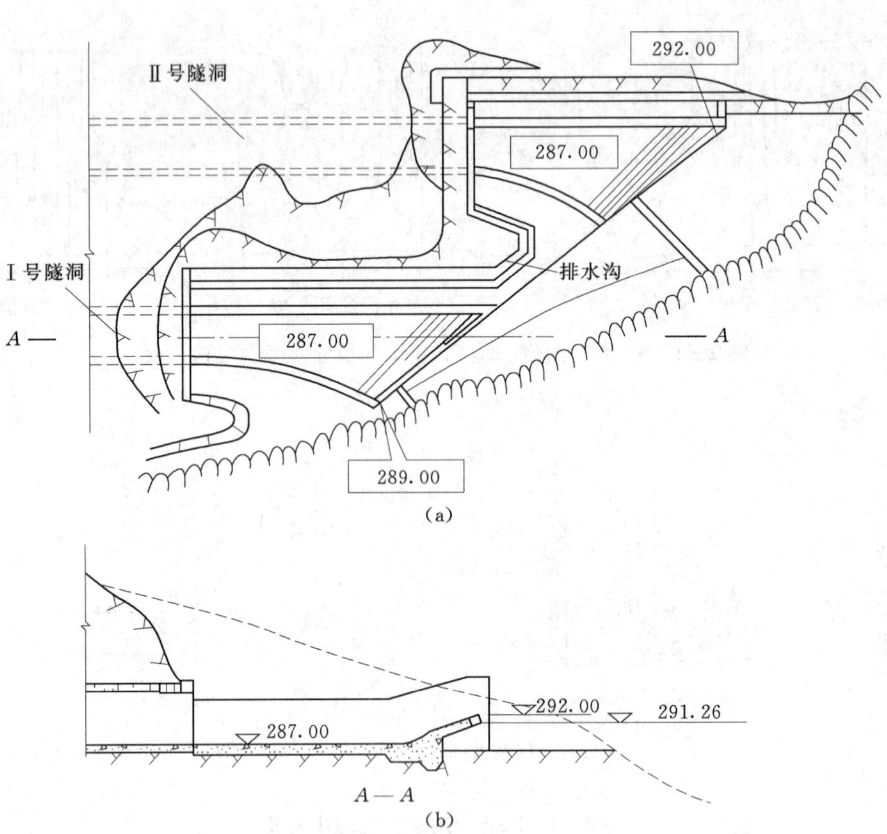

图 2－1－5－15　斜向挑坎布置图

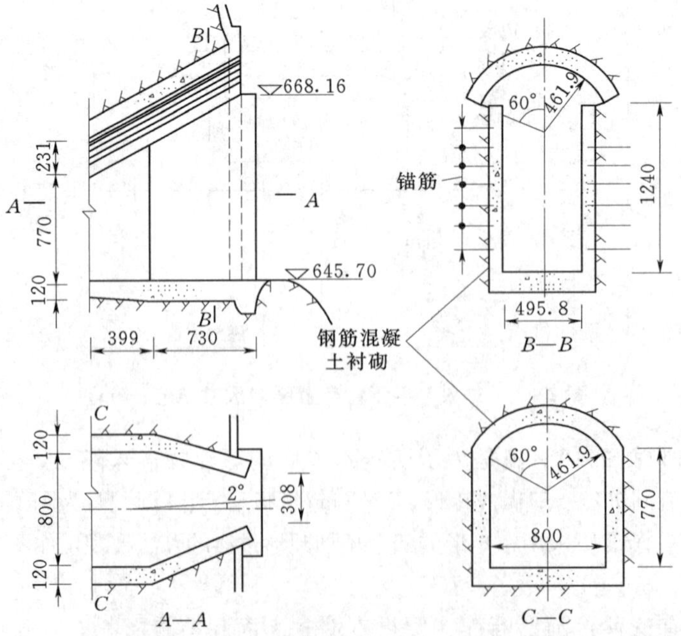

图 2－1－5－16　窄缝挑坎布置图（尺寸单位：cm）

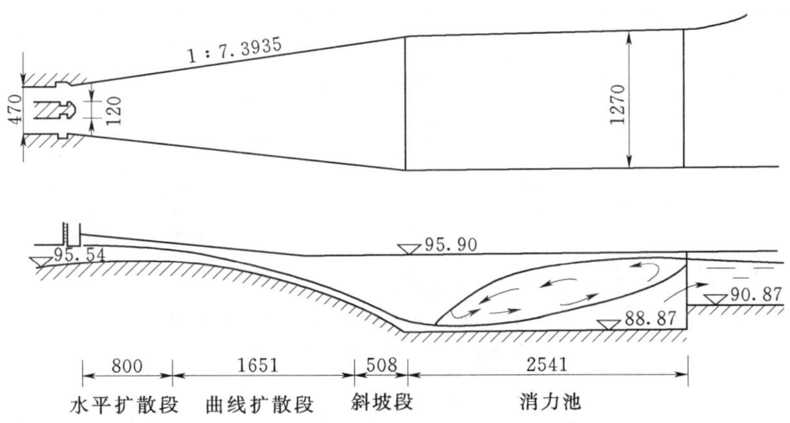

图 2-1-5-17　底流挑坎布置图（尺寸单位：cm）

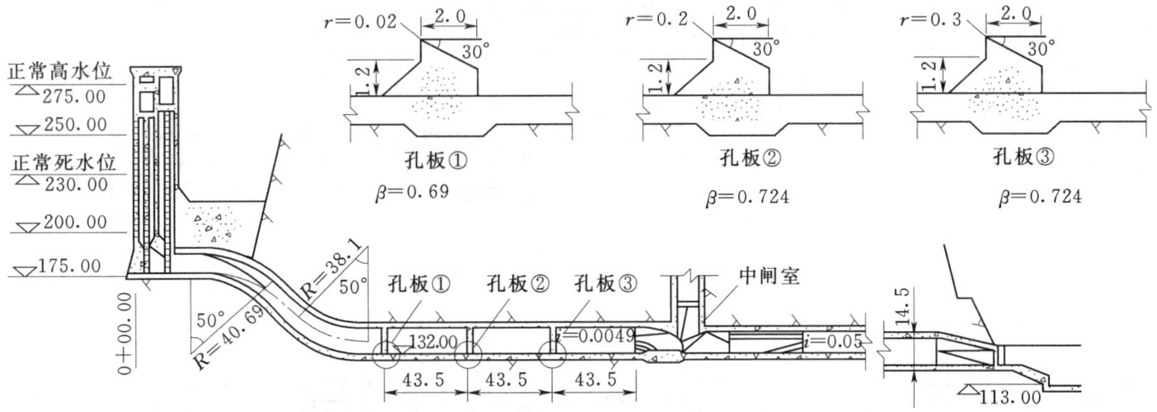

图 2-1-5-18　泄洪洞孔板消能布置图（尺寸单位：cm）

读。识图时，要根据成图原理及视图关系，多种视图联合识读，逐一读懂各个结构的信息，同时检查图纸中的相关信息是否准确、一致。主要识读内容有：水工隧洞的整体布置情况；进口建筑物的结构型式、组成结构信息；洞身段的布置，洞身的底坡、断面形状、尺寸、衬砌及灌浆、排水布置等；出口建筑物的型式、消能方式、消能设施的相关参数等。因隧洞洞线较长，洞身段的断面形状、尺寸及衬砌形式也会随着围岩地质条件的变化而调整，在识图时需注意区别。除了水工隧洞本身的信息，还需识读水工隧洞的相关开挖信息。

本任务以 YEG 水源工程泄洪洞为例，详细介绍水工隧洞图样识读过程。

三、YEG 水源工程泄洪洞图识读

1. 平面布置图识读

图 2-1-5-19 为 YEG 水源工程泄洪洞平面布置图。从图中可以看到，泄洪洞位于大坝右岸。在平面布置图中可以看到泄洪洞在平面上的整体布置基本上为直线布置，隧洞进口进水渠段设有转弯，转弯半径为 30m，中心角为 28.44°。

桩号泄 0－042.00～泄 0＋014.30 为进口段，隧洞进口底板高程为 894.00m，长度为 56.3m，在平面布置图中读不出进口建筑物的具体型式。泄 0＋014.30～泄 0＋534.30 为洞身段，长度为 520m。泄 0＋534.30～泄 0＋547.15 为出口段，出口段的消能方式及建筑物型式在平面图中也未表达出。此外，在平面图中还可以看到隧洞进出口处边坡开挖的平台高程。平面图中表达的隧洞信息有限，具体的结构构造还需结合其他视图识读。

微课 2-1-5-2
隧洞平面图识读

2. 纵剖视图识读

图 2-1-5-20 为图 2-1-5-19 泄洪洞的纵剖视图。在纵剖视图中，水工隧洞的结构展示得更加清晰。在识读图纸信息时，可以按照水工隧洞的组成依次读取各段的结构及环境信息。

进口建筑物进口段渠道的底部高程为 894.00m，渠道长度为 42m，渠道底板衬砌厚度为 60cm，边坡衬砌厚度为 30cm。采用塔式进水口，进水塔内设有两道闸门，一道检修闸门，一道工作闸门，在工作闸门后设有通气孔。放水塔底板顺水流方向长度为 14.3m，底板上、下游端均设有齿墙，进水塔后接渐变段，具体长度未知，主要作用是将进水塔的矩形断面渐变为城门洞形断面。

微课 2-1-5-3
隧洞纵剖视图识读

洞身段为泄 0＋014.30～泄 0＋534.30，长度为 520m，其中泄 0＋014.30～泄 0＋181.20 段衬砌厚度为 60cm，泄 0＋181.20～泄 0＋534.30 段衬砌厚度为 50cm，洞身段衬砌横缝间距为 10m，洞身段隧洞的底坡坡率 $i=0.05125$，岩石类别为Ⅲ类。

隧洞出口采用挑流消能，挑流鼻坎高程为 869.13m，导墙高程为 875.50m，挑距为 33m，消能段设有深齿墙和地基连接。详细结构需参考挑流段的详图。

3. 横断面图识读

隧洞横断面图以洞身段横断面图为主，主要表达洞身段断面形状、尺寸及衬砌结构。图 2-1-5-21 为 YEG 水源工程泄洪洞洞身段横断面图。

从横断面图中可读出，洞身断面形状为城门洞形，沿程共采用了四种不同尺寸、不同衬砌的断面型式。洞身各段净尺寸相同，其底部宽度为 4m，高度为 5.273m，顶拱中心角为 130°，顶拱半径为 2.207m。从各段具体横断面图中可以看出，洞身不同部位的衬砌型式、灌浆排水布置及施工开挖尺寸稍有差异。以泄 0＋014.30～泄 0＋074.30 为例，洞身开挖宽度为 5.5m，开挖高度为 6.623m，顶拱开挖半径为 2.807m，I14 工字钢支护，C20 挂网混凝土喷护，其衬砌厚度均为 60cm，衬砌材料为 C30 钢筋混凝土；洞身的灌浆布置为顶拱设有灌浆孔，排距 3m，错开布置，同时设有 3m ϕ22 系统砂浆锚杆，间、排距 1.5m，错开布置，竖直墙和底部均设有固结灌浆孔，间、排距 3m，错开布置；在顶拱处设有 ϕ50PVC 排水管。

微课 2-1-5-4
隧洞横断面图识读

为适应不同的围岩地质条件，洞身段沿程的断面形状及衬砌结构型式均会随之发生变化，因此，在识读图纸信息时一定要详细、准确。

目　标　测　评

请识读图 2-1-5-22，完成下列问题：

（1）该放空洞的进口建筑物型式为__________，进口底板高程为__________，工作桥的高程为__________，隧洞进口首部的宽度和高度分别为__________。

衬砌支护横断面　1:100

（泄0+014.30～泄0+074.30）

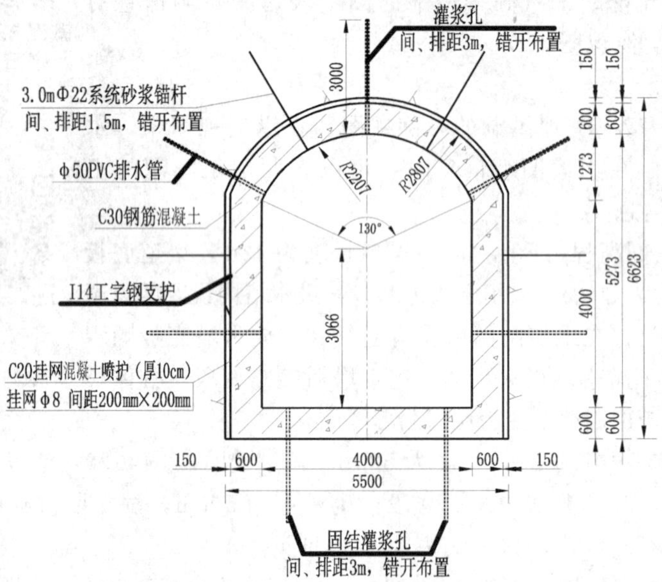

衬砌支护横断面　1:100

（泄0+074.30～泄0+184.30）

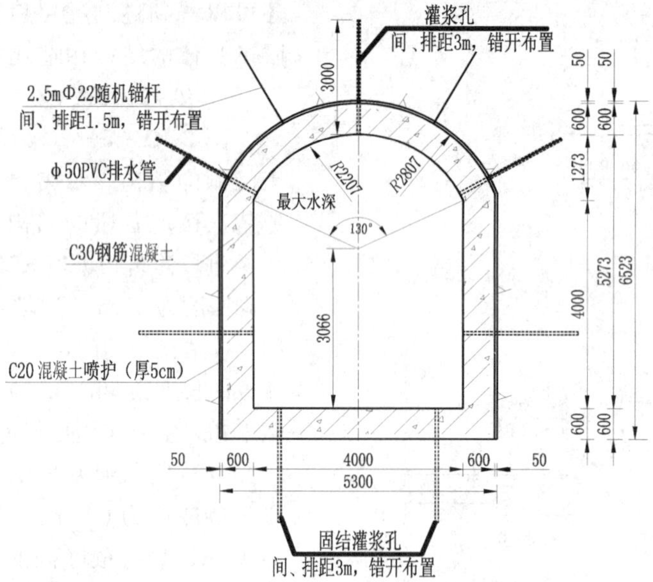

衬砌支护横断面　1:100

（泄0+184.30～泄0+484.30）

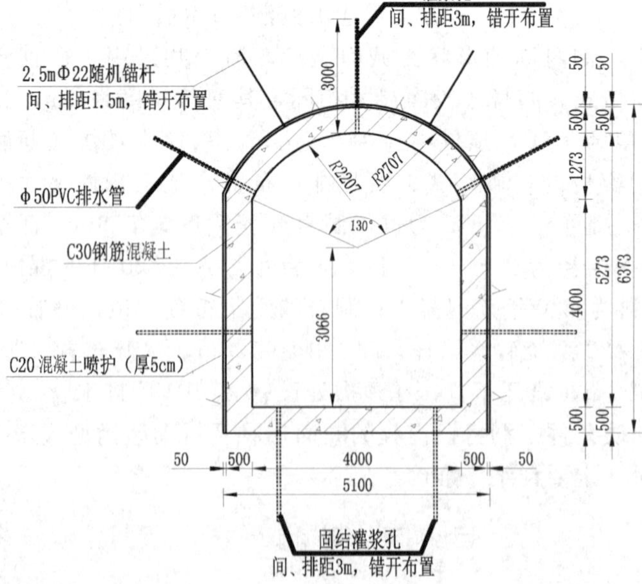

衬砌支护横断面　1:100

（泄0+484.30～泄0+534.30）

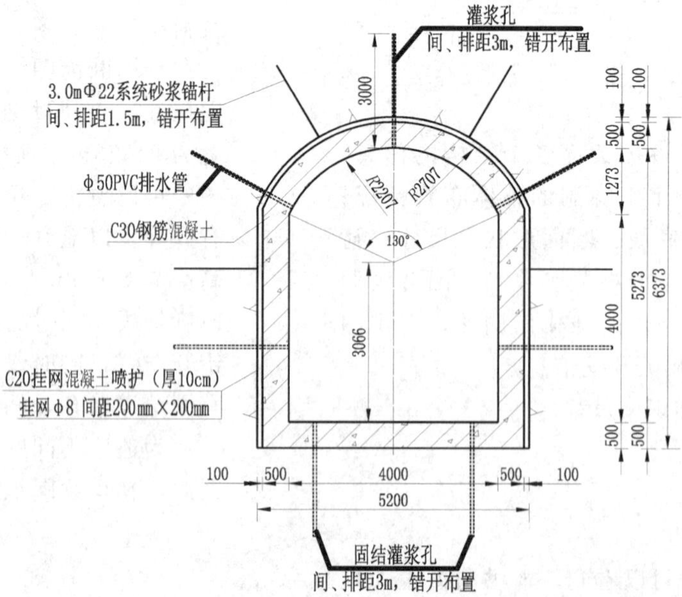

泄洪洞洞身段工程量表

（泄0+014.30～泄0+534.30）

编号	项目	单位	数量	备注
1	石方开挖	m^3	15360	
2	回填灌浆	m^2	3448	
3	固结灌浆	m	3030	
4	3mΦ22砂浆锚杆	根	653	
5	2.5mΦ22砂浆锚杆	根	1640	
6	C20喷护混凝土	m^3	554	
7	ϕ8挂网钢筋	t	7.6	
8	C30现浇钢筋混凝土	m^3	5240	
9	钢筋制安	t	379.9	
10	I14a工字钢	t	24.9	
11	聚乙烯闭孔泡沫板	m^2	501	
12	651橡塑止水带	m	920	

说明：

1. 图中尺寸单位高程、桩号以m计，其余均以mm计。
2. 洞顶120°范围内进行回填灌浆，灌浆压力可采用0.3MPa，灌浆孔间、排距3m，灌浆孔应深入围岩50mm以上。隧洞衬砌遇有围岩塌陷、溶洞、较大超挖等情况时，应在该部位顶部（顶拱）预埋灌浆管及排气管，其数量和位置应根据现场情况确定。
3. 洞段进行固结灌浆，灌浆压力采用0.5MPa，固结灌浆孔的间、排距3m，孔深2.5m。
4. 泄洪洞洞顶120°范围内设排水孔，孔深2.5m，间、排距3m。固结灌浆孔灌浆后扫孔，钻深至要求深度兼做排水孔。防渗墙后(泄0+184.30）排水孔排距依据施工开挖时洞内渗水情况，及时通知设计单位，以便调整调整。
5. 为了确保施工安全，泄洪洞进口开挖时，根据基岩情况，对强风化段，洞子直墙及顶拱采I14工字钢支护。工字钢间距为1.0m(工字钢间距可根据开挖揭示围岩实际情况适当调整）。两根钢支撑之间用同型号工字钢连接，间距2m。
6. 泄洪洞出口开挖时，根据开挖揭示地质情况，在确保边坡稳定的情况下，设计边坡可适当调整。
7. 材料：混凝土采用C20、C30，抗冻等级F200，钢筋采用弯扎钢筋。
8. 施工严格执行《水工混凝土施工规范》（SL 677—2014）、《水工混凝土钢筋施工规范》（DL/T 5169—2013）。

核定				施工图 设计
审查				水 工 部分
校核				
设计		泄洪洞横断面设计图		
制图				
描图		比例	1:100	日期
设计证号		图号		

图 2-1-5-21　YEG 水源工程泄洪洞洞身段横断面图

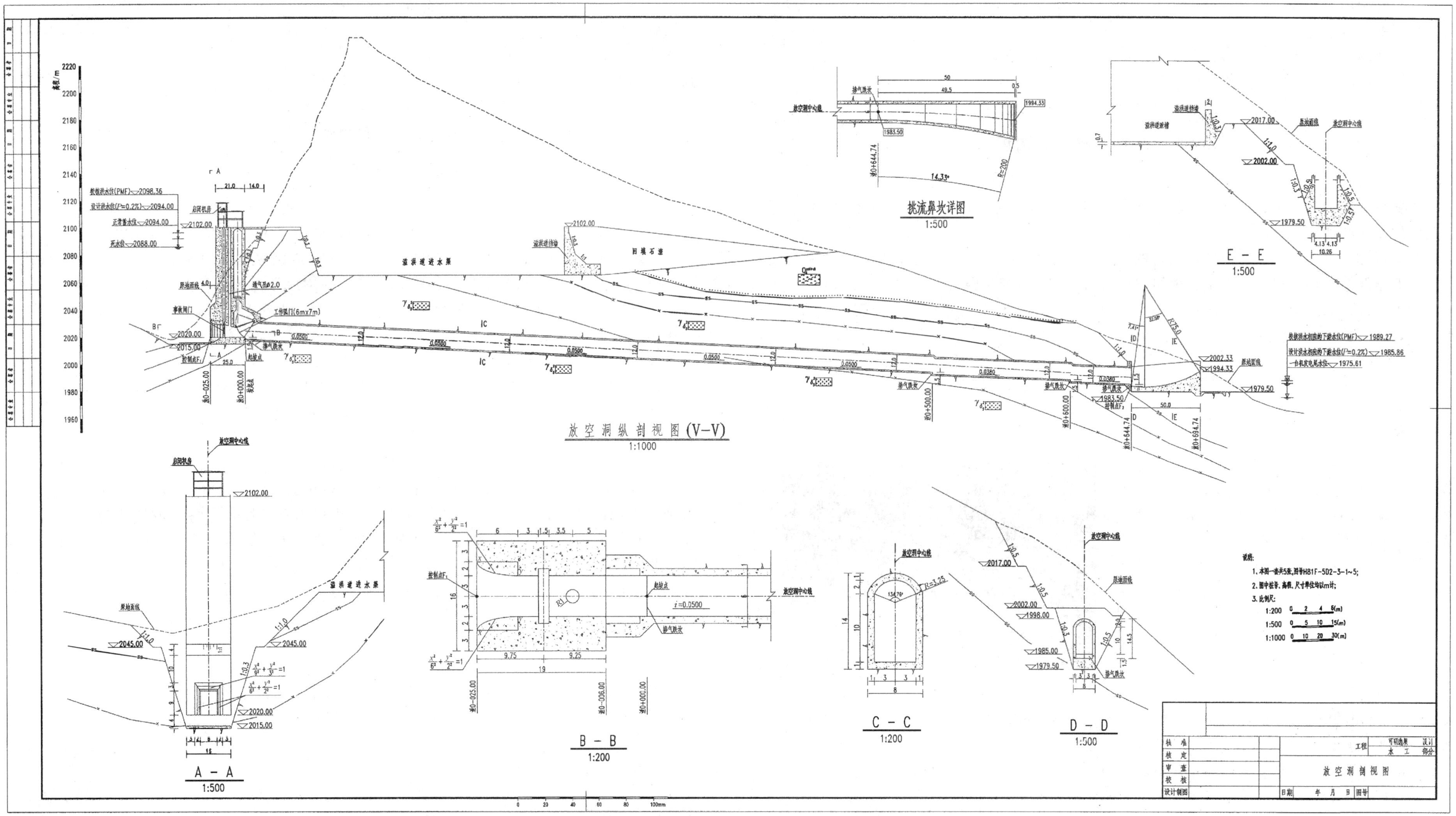

图 2-1-5-22　YF 水电站放空洞纵剖视图

(2) 隧洞洞身段的长度为__________，洞身断面尺寸为__________。

(3) 结合放空洞纵剖视图和B—B剖视图，可知隧洞进水口的结构型式为__________。

(4) 隧洞出口的挑流鼻坎的高程为__________，结合挑流鼻坎详图可知，隧洞出口段的宽度在逐渐__________。

(5) 隧洞进口底板的厚度为__________，进口段的长度为__________。

(6) 事故闸门中心线距离隧洞进口首部__________。

(7) 进水塔的宽度为__________，塔内通气孔位于__________，直径为__________。

任务六　土石坝水利枢纽图识读

[学习目标]

素质目标：培养科学、创新的工程思维，具备与时俱进的工程意识，学习敢于超越、勇于突破的奋斗精神。

知识目标：巩固土石坝水利枢纽包含的主要建筑物类型；知道土石坝水利枢纽组成建筑物的一般布置特点；掌握土石坝水利枢纽图识读的一般方法与步骤。

能力目标：能借助知识与方法正确、全面识读土石坝水利枢纽图集中各类建筑物的各类水工图，从而准确指导土石坝枢纽工程建设。

[学习预热]

“一坝锁三江”——两河口土石坝水利枢纽

两河口水电站位于四川省甘孜州雅江县境内雅砻江干流与支流庆大河的汇河口下游，在雅江县城上游约25km。

两河口水电站采用土心墙堆石坝，最大坝高达295m，枢纽建筑物由砾石土心墙堆石坝、溢洪道、泄洪洞、放空洞、发电厂房、引水及尾水建筑物等组成，是目前中国已建或在建的第一高土石坝，坝体总填筑量4160万m^3，相当于6个“鸟巢”的体积，居世界同类坝型前列。两河口水电站总装机容量300万kW，设计多年平均年发电量为110亿kW·h，电站总投资达664亿元。

两河口水电站的主要作用是发电，战略地位突出，它是我国藏区开工建设综合规模最大的水电站工程。电站建设过程克服了高海拔、高土石坝、高泄洪流速等诸多世界级技术难题与挑战，推动了我国高土石坝建设跨入国际先进行列。

党的二十大报告总结，我国近十年机场港口、水利、能源、信息等基础设施建设取得重大成就。中国水利将高举中国特色社会主义旗帜不断超越自我、勇攀高峰。

一、土石坝水利枢纽图识读的一般方法与步骤

土石坝水利枢纽图纸一般包括：枢纽总平面布置图、大坝横断面图、泄水建筑物平面图、纵横剖视图、取水建筑物平面图、断面图、地基处理图、坝坡护坡图、排水体布置图、坝顶构造图、局部详图等。

识读土石坝水利枢纽图可以遵循先枢纽总平面布置图，再建筑物结构图的一般方法。可以先通过枢纽总平面布置图掌握枢纽的整体布置情况、组成建筑物类型、建筑物区域划分等情况，再由整体到局部、局部到细部，最后由细部回到整体。各类图纸联合识读，反复对照、反复想象，直至全面掌握建筑物的详细信息，从而准确指导枢纽工程的建设。

微课2-1-6-1
枢纽平面布置图识读

接下来就以延庆市宝塔区胜利水库土石坝水利枢纽为例，详细介绍其枢纽平面布置图、横断面图、细部结构图、基础灌浆布置图、观测设备布置图的识读过程。

二、胜利水库土石坝水利枢纽图识读

1. 胜利水库工程概况

胜利水库位于延安市宝塔区松树林乡邓屯村汾川河上游，坝址以上主河道长21km，水库控制流域面积137.5km^2，河道底坡坡率$i=1.1\%$。库区多年平均降雨量547.4mm，径流量2.26万m^3，坝址以上属次生林区。胜利水库是一座以灌溉为主，兼有防洪、养殖等综合效益的小（1）型水利枢纽工程。该枢纽工程由大坝、溢洪道及放水洞三部分组成，主要建筑物等级为4级。

2. 枢纽平面布置图识读

图2-1-6-1为胜利水库枢纽平面布置图，图上主要表达的内容有：图名、枢纽建筑物的总体平面布置（如大坝、溢洪道、放水洞等）、主要建筑物平面尺寸（如大坝长度220m，溢洪道轴线水平投影长度158m等）、建筑物相对位置、水库除险加固工程点坐标表、水库除险加固工程特性表、图纸说明等。具体识读内容如下。

挡水建筑物为均质土坝，坝顶高程为1073.00m，坝长220m，坝顶宽4m（加固后）。大坝上游坝面采用干砌石护坡，下游坝面采用框格砌石护坡，上游坝坡坡比为1∶3.0，下游坝坡坡比为1∶2.5。沿坝轴线方向识图得到，坝0+049.40及坝0+171.00处有上游踏步，坝0+094.30及坝0+181.40处有下游一级坝坡踏步，坝0+109.30及坝0+165.80处设置下游二级坝坡踏步，上游踏步从坝顶修至1068.90m高程，下游两级坝坡踏步从坝顶修至排水棱体顶部1055.00m高程处，踏步下垫30cm厚浆砌石，表层用M10砂浆抹面。坝0+205.30处上游方向为放水塔进水口位置。大坝右岸溢洪道进水口段底板高程为1068.90m。

输水建筑物位于大坝左岸，包含放水卧管、进水口、放水塔、坝下涵管、输水明渠等。

泄水建筑物（溢洪道）布置在大坝右岸，由进口段、控制段、泄槽段、消能段等组成。

3. 土石坝图识读

（1）土石坝横断面图识读。

图2-1-6-2为胜利水库土石坝横断面图，主要包括大坝标准断面图、A详图、B详图、图纸说明等。具体识读内容如下。

微课2-1-6-2
土石坝典型横断面图识读

土石坝横断面比较宽，为方便起见，该处绘制土石坝横断面时，上游坝面在1068.00m高程以下采用了折断省略绘制。该工程属除险加固工程，故图中显示有两条坝轴线、原坝面线、开挖线等信息。

水库除险加固工程枢纽平面布置图

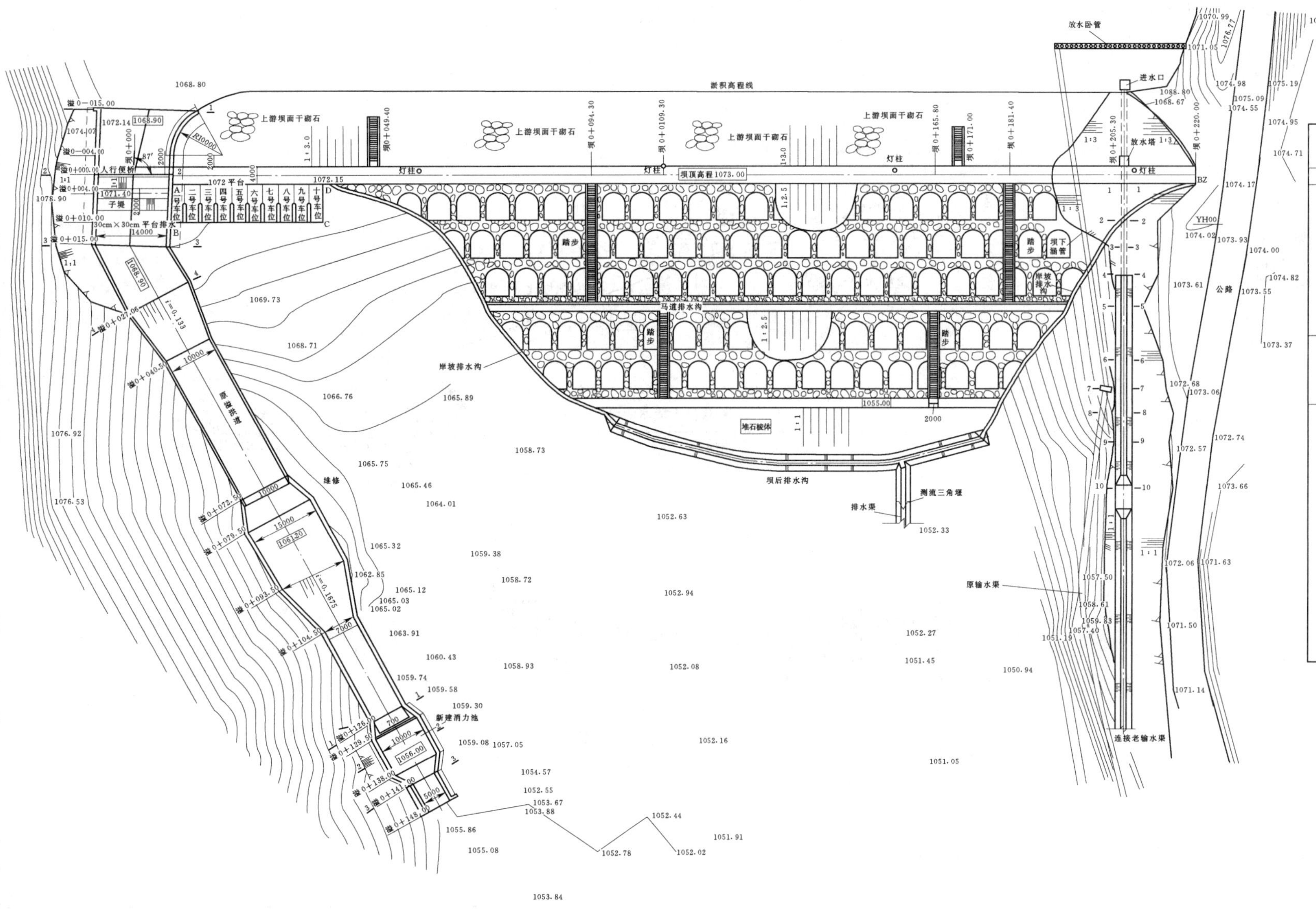

除险加固工程点位坐标表

点号	x/m	y/m	
BQ	4744.0173	4975.6483	坝轴线起点
BZ	5184.0359	4975.6491	坝轴线终点
A	4760.0534	4971.6314	1073 平台
B	4759.3921	4955.5604	1073 平台
C	4821.9921	4955.5604	1073 平台
D	4821.9921	4971.6314	1073 平台

水库除险加固工程特性表

1		坝址控制流域面积	km^2	137.5	
		水系		黄河一级支流汾川河	
2	水文气象	平均气温	℃	9.4	
		最高气温	℃	39.7	
		最低气温	℃	−25.4	
		年降雨量	mm	547.4	
		径流深	mm	25	
		多年平均径流量	万 m^3	245.3	
		$P=50\%$径流量	万 m^3	229.1	
		年均输砂量	万 m^3	4.898	
		年均蒸发量	mm	540	
3	洪水	$P=0.33\%$ 洪峰流量	m^3/s	190.2	
		洪水总量	万 m^3	145.58	
		$P=3.33\%$ 洪峰流量	m^3/s	97.3	
		洪水总量	万 m^3	94.88	
4	大坝现状	原设计库容	万 m^3	582.0	
		淤积库容	万 m^3	24	
		淤积高程	m	1067.2	
		正常蓄水位	m	1070.81	
		坝型		均质土坝	
		坝顶高程	m	1072.30	
		坝顶宽度	m	3.5	
		最大坝高	m	22.6	
		坝长	m	220	
		上下游坡比		1:3/1:2.5	
	溢流道现状	形式		岸边开敞式自由溢流	
		底坎高程	m	1068.90	现状高程
		设计洪水位	m	1070.80	50 年一遇
		校核洪水位	m	1071.30	500 年一遇

5	除险加固设计	设计水平年	年	20	
		总库容	万 m^3	395.0	
		死库容	万 m^3		
		兴利库容	万 m^3	99.74	
		滞洪库容	万 m^3	57.9	
		正常蓄水位	m	1068.90	
		设计洪水位	m	1069.36	30 年一遇
		校核洪水位	m	1069.66	300 年一遇
6	土坝加固	加固方式	下游坝面培厚,增设上下游护坡		
			坝体坝基充填灌浆		
		坝顶高程	m	1073.00	
		坝顶宽度	m	4	
		坝长	m	220.0	
		上下游边坡		1:3/1:2.5	
7	溢洪道改造	溢洪道形式		开敞式溢洪道	
		堰型		平底板宽顶堰	
		堰顶高程	m	1068.90	
		溢流宽度	m	14	
		设计泄流量	m^3/s	6.40	
		校核泄流量	m^3/s	14.02	
		衬砌形式		浆砌石边墙,混凝土底板	

说明：

1. 图中尺寸桩号和高程以 m 计，其余均以 mm 计。
2. 溢洪道底板为 C20 混凝土，侧墙为 M10 浆砌石，圆弧段翼墙为 C20 混凝土，桥墩为 C25 混凝土。
3. 消力池底板厚度为 300mm，陡坡及进口段底板厚度为 20mm，均为 C20 混凝土。
4. 上游踏步从坝顶修至 1068.90m 高程，下游踏步从坝顶修至排水棱体顶部。踏步下垫 30cm 厚浆砌石，表层用M10 砂浆抹面。
5. 下游坝面排水沿踏步内侧修建，断面为 30cm×30cm。
6. 坝后排水渠根据实际情况延长至下游河道。

设计单位名称					
批准			工程名称	水工	部分
核定				施设	阶段
审查			大坝除险加固工程平面布置图 (1/2)		
校核					
设计					
制图					
描图			比例	日期	
设计证号			图号	SL-SS-01	

图 2-1-6-1　胜利水库除险加固工程枢纽平面布置图

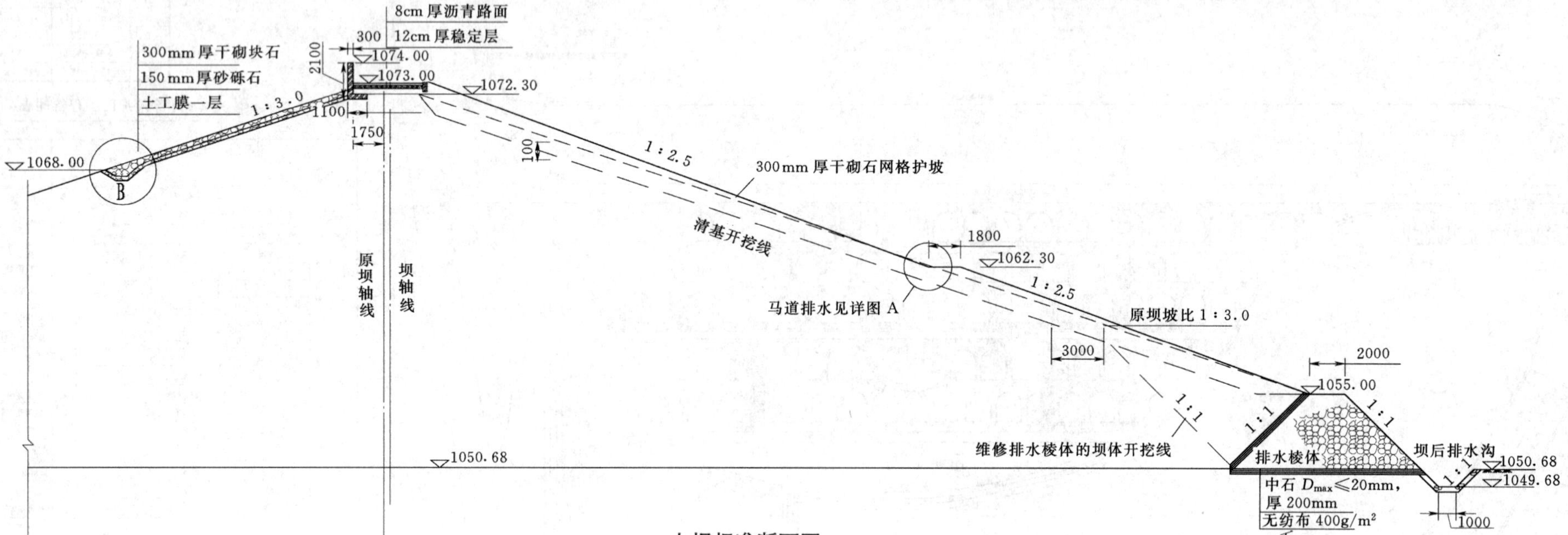

大坝标准断面图

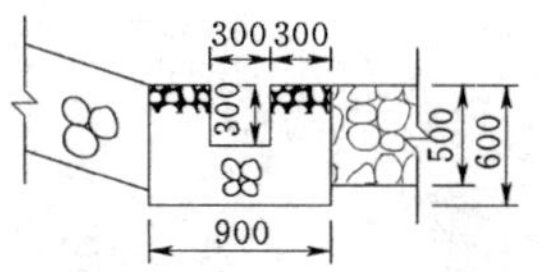

A 详图

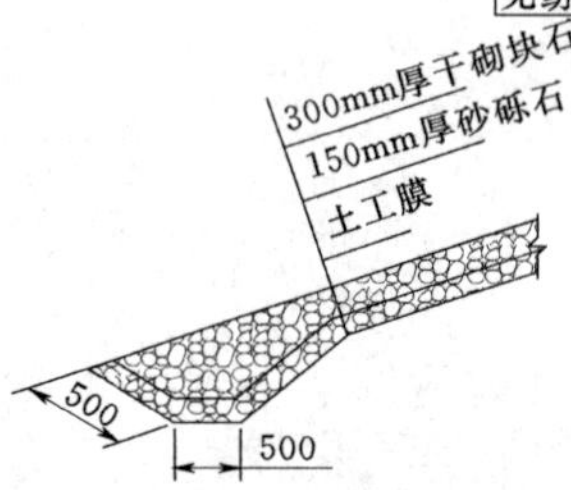

B详图

说明：

1. 胜利水库除险加固施工图设计的内容包括大坝背水坡培厚整修、迎水坡防渗整修、维修溢洪道、放水洞防渗灌浆、坝顶道路硬化、修建坝顶停车平台等工程。
2. 上游面铺设的土工膜为 400g/m²，两布一膜。
3. 防浪墙混凝土标号为 C20，钢筋为一级 Q235 圆钢。
4. 下游坡面护坡直墙圆拱形砌石为 M7.5 浆砌石，圆拱内为填土植草，圆拱外为干砌石。
5. 坝坡排水通向下游河道。
6. 图中尺寸桩号和高程以 m 计，其余均以 mm 计。

设计单位名称				
批准		工程名称		水工　部分
核定				施设　阶段
审查		大坝横断面图 (1/2)		
校核				
设计				
制图				
描图		比例	日期	
设计证号		图号	SL－SS－03	

图 2－1－6－2　胜利水库土石坝横断面图

识读大坝标准断面图可得原坝顶高程为 1072.30m，原下游坝坡坡比为 1∶3.0，除险加固后坝顶高程升至 1073.00m，下游坝坡坡比变为 1∶2.5，1062.30m 高程处设置马道，马道宽 1.8m；上游坡比维持不变，仍为 1∶3.0，坝顶至 1068.00m 高程上游坝坡表面分别布设 300mm 厚干砌石、150mm 厚砂砾石、底部土工膜一层，图纸说明显示土工膜为 $400g/m^2$，两布一膜。防浪墙顶高程为 1074.00m，坝顶布设 8cm 厚沥青路面，下设 12cm 厚稳定层，图纸说明指出防浪墙混凝土标号为 C20，钢筋为一级 Q235 圆钢。根据 A 详图可见大坝下游马道内侧设置排水沟，沟深 300mm，内宽 300mm，浆砌石材料建造。下游坝脚设置棱体排水，顶部高程为 1055.00m，顶宽 2m，内坡、外坡坡比均为 1∶1，底部设置最大粒径小于 20mm 的中石一层，厚 200mm，底部再设无纺布一层。棱体排水后设坝后排水沟，底宽 1m，底部高程为 1049.68m，汇集坝体渗水或坝面降水最终排向下游河道。A 详图主要展示马道内侧排水沟形态尺寸，前已提及；B 详图主要表达上游护坡及土工膜防渗端部详细结构布置、形态尺寸等信息。

（2）土石坝细部结构图识读。

图 2-1-6-3、图 2-1-6-4 为土石坝细部结构图，包含框格砌石大样图、踏步大样图、A—A 断面图、B—B 断面图、岸坡排水详图、坝面排水详图、坝顶大样图、排水棱体及坝后排水沟大样图、防浪墙配筋图及防浪墙钢筋表。

框格砌石大样图显示框格砌石结构每格宽 5.6m，包含左右框格墙体厚度各 0.3m，直墙高 3.5m，圆弧段半径为 2.5m，框格之间间距为 1m。另外，结合 A—A 断面图和 B—B 断面图可以得到，框格采用 50cm 深、30cm 厚 M7.5 浆砌石材料制造，框格内部采用填土植草的护坡方式，框格之间采用干砌石护坡，厚度为 30cm。

识读踏步大样图可以得到，踏步采用浆砌石材料建造，表面设置 M10 砂浆抹面，每节踏步步长 0.3m，高 0.12m。岸坡排水详图和坝面排水详图显示排水沟尺寸接近，外宽均为 0.9m，沟深 0.3m，内宽 0.3m。坝顶大样图可清晰地看到防浪墙形态（图 2-1-64），防浪墙呈 L 形，墙顶高程为 1074.00m，宽 0.3m，底部宽 1.1m，防浪墙最大高度为 2.1m，图纸说明显示防浪墙采用 C20 钢筋混凝土浇筑，5m 一段，路沿石用 C15 混凝土；坝顶路面起始高程为 1073.00m，向下游方向坡比为 1∶100，坝顶路面设置 8cm 厚沥青面层，按照公路沥青施工要求进行施工，其下部 12cm 厚稳定层在坝面压实土料上铺设，稳定层施工方法同样按照公路施工要求进行。

排水棱体及坝后排水沟大样图可以识读出排水棱体呈梯形，顶部高程为 1055.00m，顶部宽 2m，上游内坡坡比为 1∶1，下游外坡坡比为 1∶1，排水体与上游坝体及底部地基接触位置设置反滤层，反滤层由 200mm 厚中石及无纺布组成。坝后排水沟底部高程为 1049.68m，沟顶高程为 1050.68m，沟深 1m，沟底宽 1m，上下游坡比为 1∶1。

（3）土石坝观测设备布置图识读。

大坝观测设备布置图如图 2-1-6-5 所示，涉及的观测内容有以下几种：

1）沉降位移变形观测。表面变形监测点标墩为现浇混凝土墩，其高出地面 0.5～1.0m，墩基置于基岩或原状土层，埋深 1.0～1.5m。标墩顶部设置强制对中盘，对中精度不低于 1.0mm。埋设时，强制对中盘应调整水平，倾斜度不大于 $4'$。

2）浸润线观测。水位观测孔应采用清水钻进，不得采用泥浆护壁。钻孔深度应满足设计要求，终孔孔径为 110mm，孔斜应小于 3°，孔壁应完整光滑。钻孔结束后用清水冲洗，要达到水清砂净无沉淀。因特殊情况采用泥浆钻进的孔，应用活塞或空压机洗孔，并适当延长洗孔时间。测管用 PVC 管加工，包括花管和导管两部分，内径为 50mm。进水花管段长 2m，透水孔孔径为 4～6mm，面积开孔率为 18%～20%，排列均匀，内壁无刺。在进水花管段底部浸充填粒径为 10～20mm 的砂砾石垫层，厚度不小于 30cm。将进水花管和导管依次连接放入孔内，花管段底部位于砂砾石垫层上，各管段应连接严密，吊系牢固，保持管身顺直。在进水花管周围包土工膜，周围填入膨润土球，余下的孔段全部用水泥砂浆灌满。砂砾石的回填高度应超过实测稳定地下水位。进水段可能产生塌孔或管涌，花管段外应有反滤设施，反滤设施应能透水，并能防止周围细颗粒进入测管。导管安装后对孔口周围回填水泥砂浆，管口回填一定要严密，以防地表水渗入钻孔内，造成测值失真。最后，浇筑孔口混凝土保护墩和安装孔口保护盖板，测定管口高程。

3）渗透流量观测。坝脚渗流汇集量测系统选用标准梯形量水堰。量水堰堰板用不锈钢板，过水堰口切削成向下游 45°的坡口。在坝脚右侧引水渠前安装标准梯形量水堰。堰前引水、平水渠槽身为矩形断面，引渠长度不小于 2m。堰板与水流方向垂直，与引渠两侧墙铅直，堰口保持水平。

4. 溢洪道图识读

胜利水库溢洪道水工图主要包含溢洪道平面布置图、溢洪道纵剖视图、1—1 溢洪道纵剖视图、弧段护坡横剖视图和直段护坡横剖视图、二级消力池纵剖视图、二级消力池平面图、A—A 剖视图、B—B 剖视图、交通桥横断面图等，如图 2-1-6-6～图 2-1-6-9 所示。接下来逐一识读。

微课 2-1-6-3
溢洪道图
识读

（1）溢洪道平面布置图识读。

图 2-1-6-6 为胜利水库溢洪道平面布置图、纵剖视图。首先识读平面布置图掌握溢洪道整体布置情况。结合图 2-1-6-1 可以看出，该水库溢洪道位于大坝右岸，为开敞式溢洪道类型。具体识读溢洪道平面布置图可得，该溢洪道轴线为折线形态，转折点位于桩号溢 0+015.50 处，主要由溢 0－015.00～溢 0+000.00 进口段、溢 0+000.00～溢 0+008.50 控制段、溢 0+008.50～溢 0+027.00 平底坡泄槽段、溢 0+027.00～溢 0+079.00 第一段陡坡泄槽段、溢 0+079.00～溢 0+093.50 一级消力池段、溢 0+093.50～溢 0+129.50 第二段陡坡泄槽段、溢 0+129.50～溢 0+141.00 二级消力池段、溢 0+141.00～溢 0+148.00 尾渠段组成。识读各段主要信息可得，进口底板高程为 1068.90m，混凝土材料，两岸设置浆砌石挡墙，墙顶高程为 1073.00m；控制段设置梯形子堤，上下游边坡坡比均为 1∶1；第一段陡坡泄槽段底坡坡率 $i=0.133$，分别由收缩段、等宽段、扩散段三部分组成；一级消力池即原消力池，底板高程为 1061.20m；第二段陡坡泄槽段底坡坡率 $i=0.1675$，亦分别由收缩段、等宽段、扩散段三部分组成；二级消力池即新建消力池，底板高程为 1056.00m；尾水渠段为矩形断面明渠，平底坡形态。

（2）溢洪道纵剖视图识读。

在识读溢洪道平面布置图基础上再具体识读溢洪道纵剖视图可得，纵剖视图仍然全面详细地展示了该溢洪道各段组成，具体桩号分布与平面布置图完全相符不再重复，此处主要补充纵剖视图中展示的而平面布置图中未表达的主要结构信息，如进口段两岸翼墙包含圆弧墙与直线墙两种型式，进口底板采用 C20 混凝土；溢 0+000.00 处对应坝轴线，设置人行便

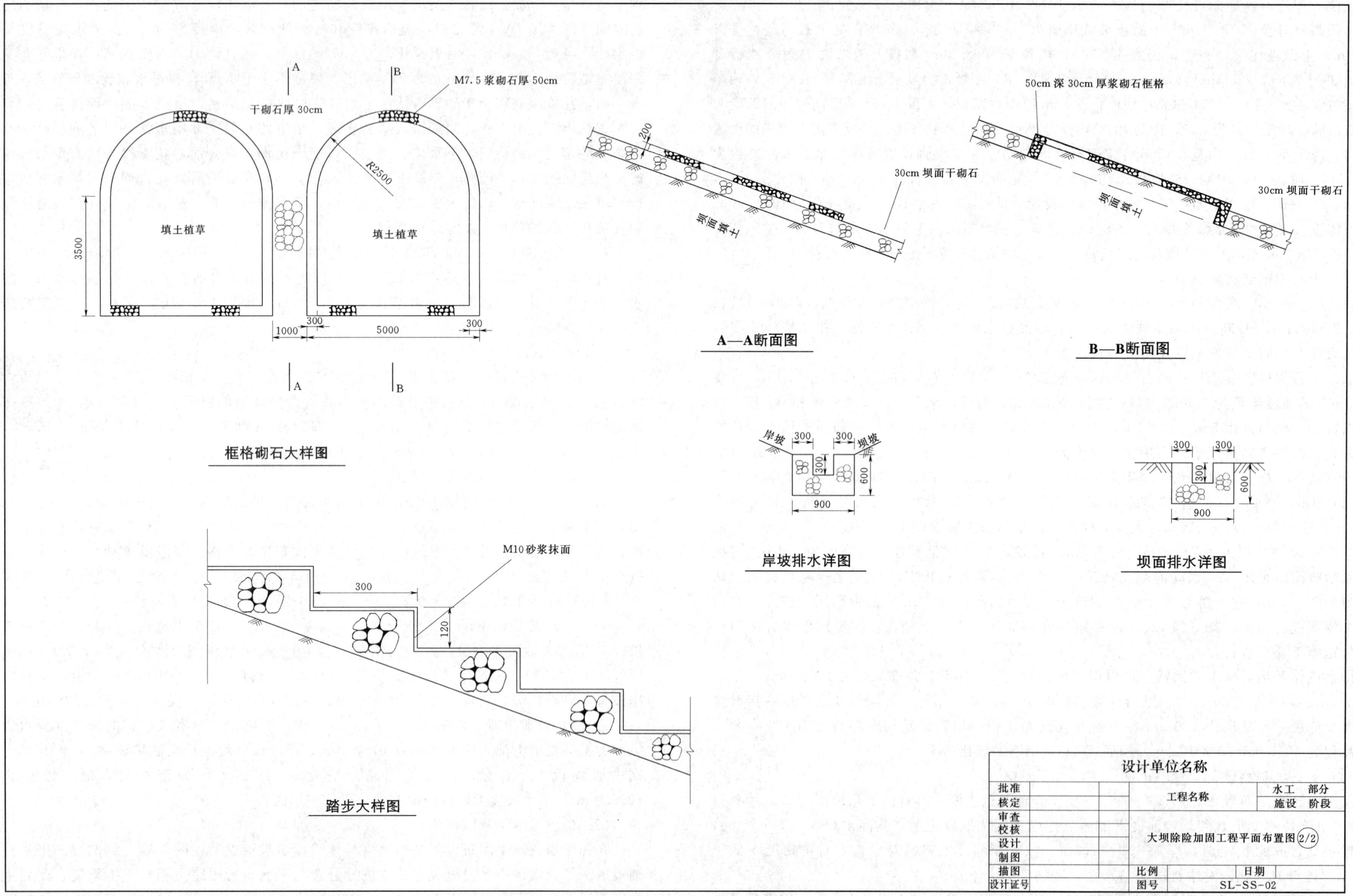

图 2-1-6-3 胜利水库土石坝细部结构图（一）

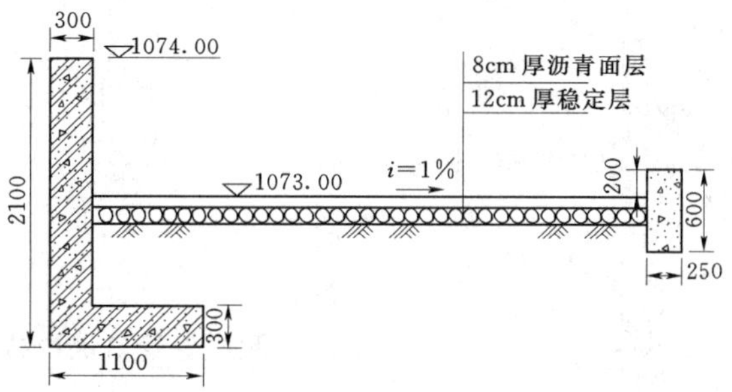

坝顶大样图

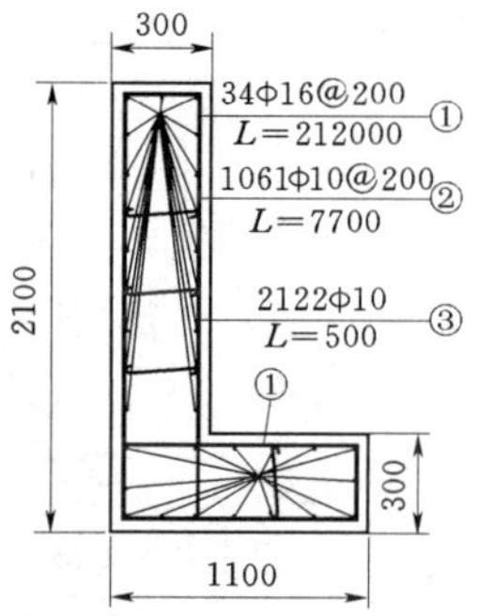

防浪墙配筋图

防浪墙钢筋表

序号	直径/mm	形式	单根长/mm	根数	总长/m	质量/kg	C20 混凝土/m
①	16		212000	34	7208		
②	10		7700	1061	8169.7		
③	6		500	2122	1061		

说明：

1. 防浪墙采用 C20 钢筋混凝土，5m 一段，路沿石用 C15 混凝土。
2. 坝顶铺 8cm 厚沥青面层，按照公路沥青施工要求施工。
3. 12cm 厚稳定层在坝面压实土料上铺设，稳定层施工方法按照公路施工要求施工。

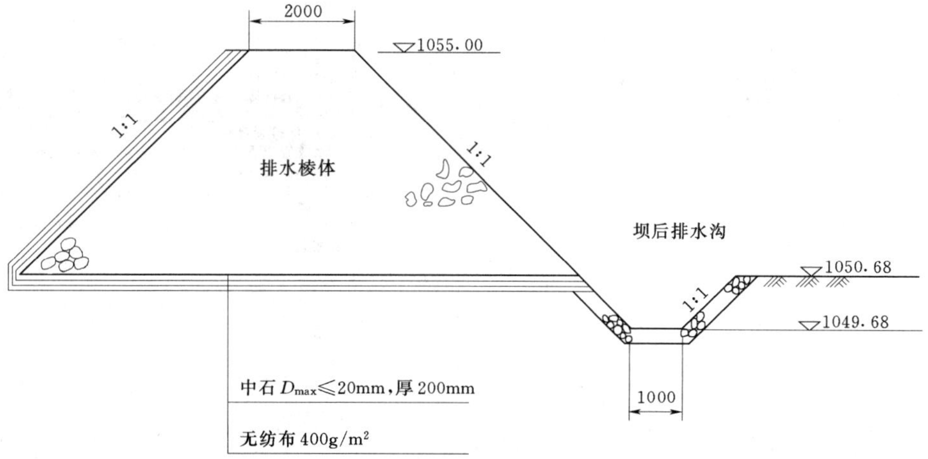

排水棱体及坝后排水沟大样图

设计单位名称				
批准			工程名称	水工 部分
核定				施设 阶段
审查			大坝横断面图 2/2	
校核				
设计				
制图				
描图			比例	日期
设计证号			图号	SL-SS-04

图 2-1-6-4　胜利水库土石坝细部结构图（二）

观测点位平面布置图

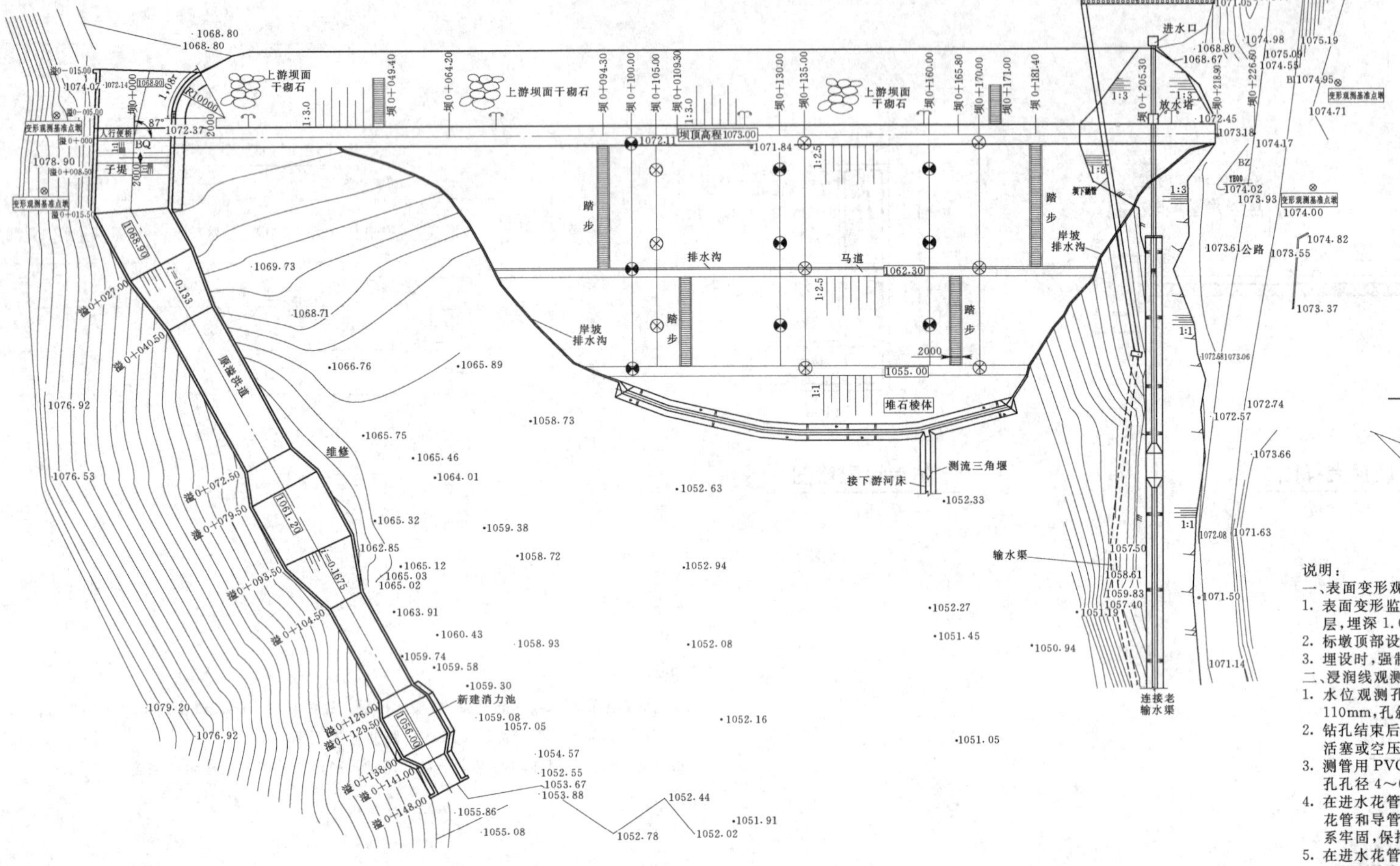

变形基准观测标墩

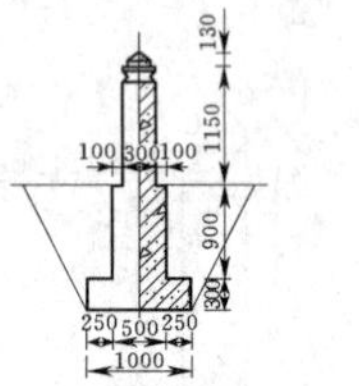

变形观测标墩

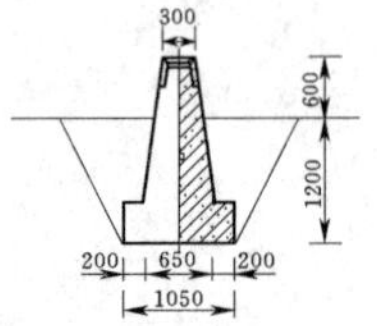

测压管管口保护装置

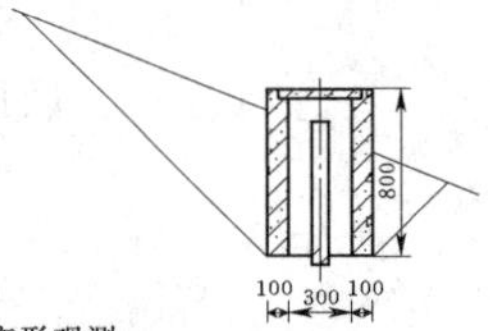

⊗ 浸润线观测点

⊗ 位移、沉降观测点

说明：

一、表面变形观测

1. 表面变形监测点标墩为现浇混凝土墩，高出地面 0.5～1.0m，墩基置于基岩或原状土层，埋深 1.0～1.5m。
2. 标墩顶部设置强制对中盘，对中精度不低于 1.0mm。
3. 埋设时，强制对中盘应调整水平，倾斜度不大于 4′。

二、浸润线观测

1. 水位观测孔应采用清水钻进，严禁泥浆护壁。钻孔深度应满足设计要求，终孔孔径 110mm，孔斜应小于 3°，孔壁应完整光滑。
2. 钻孔结束后用清水冲洗，要达到水清砂净无沉淀。因特殊情况采用泥浆钻进的孔，应用活塞或空压机洗孔，并适当延长洗孔时间。
3. 测管用 PVC 管加工，包括花管和导管两部分，内径为 50mm。进水花管段长 2m，透水孔孔径 4～6mm，面积开孔率为 18%～20%，排列均匀，内壁无刺。
4. 在进水花管段底部浸充填粒径为 10～20mm 的砂砾石垫层，厚度不小于 30cm。将进水花管和导管依次连接放入孔内，花管段底部位于砂砾石垫层上，各管段应连接严密，吊系牢固，保持管身顺直。
5. 在进水花管周围包土工膜，周围填入膨润土球，余下的孔段全部用水泥砂浆灌满。砂砾石的回填高度应超过实测稳定地下水位。
6. 进水段可能产生塌孔或管涌进，花管段外应有反滤设施，反滤设施应能透水，并能防止周围细颗粒进入测管。
7. 导管安装后对孔口周围回填水泥砂浆，管口回填一定要严密，以防地表水渗入钻孔内，造成测值失真。
8. 浇筑孔口混凝土保护墩和安装孔口保护盖板，测定管口高程。

三、渗透流量观测

1. 坝脚渗流汇集量测系统选用标准梯形量水堰。
2. 量水堰堰板用不锈钢板，过水堰口切削成向下游 45°坡口。
3. 在坝脚右侧引水渠前安装标准梯形量水堰。
4. 堰前引水、平水渠槽身为矩形断面，引渠长度不小于 2m。
5. 堰板与水流方向垂直与引渠两侧墙铅直，堰口保持水平。

四、其他

本设计依据国家有关规范、法规进行设计。

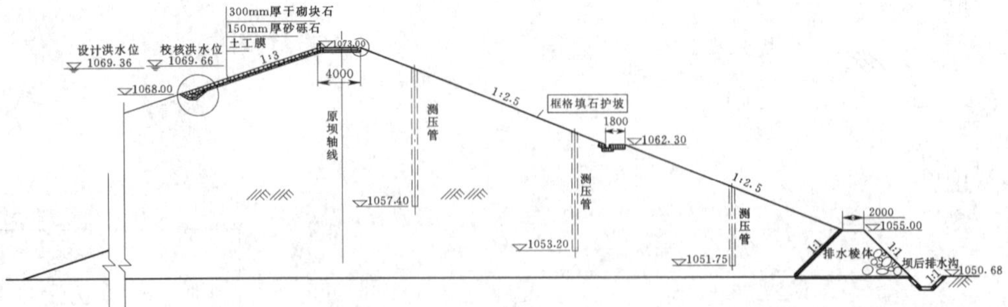

浸润线观测孔剖视图

设计单位名称				
批准			工程名称	水工　部分
核定				施设　阶段
审查			大坝观测设备布置图	
校核				
设计				
制图				
描图			比例	日期
设计证号			图号	SL-SS-11

图 2-1-6-5　胜利水库土石坝观测设备布置图

溢洪道纵剖视图

说明：
1. 溢 0－015.00～溢 0＋027.00，溢 0＋126.00～溢 0＋148.00 为溢洪道改建部分。
2. 溢 0＋027.00～溢 0＋126.00 维持原溢洪道断面形状不变，仅对部分坍塌、剥落部分进行维修。

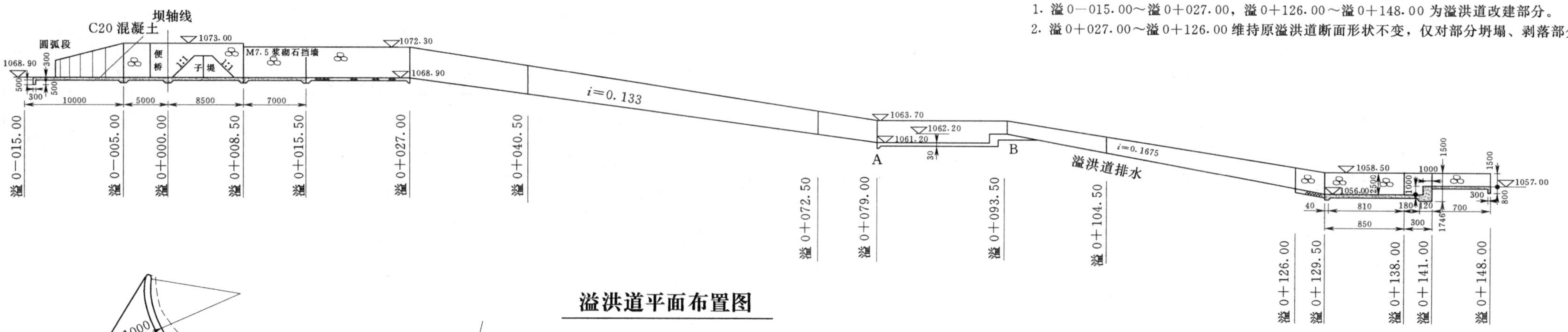

溢洪道平面布置图

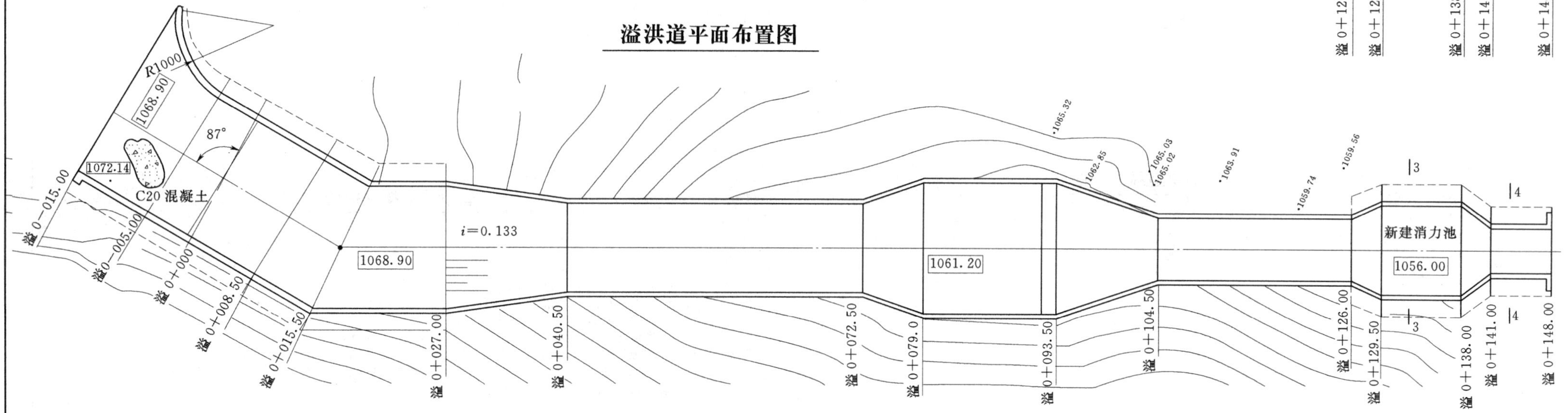

设计单位名称				
批准			工程名称	水工　部分
核定				施设　阶段
审查			溢流道纵横剖视图 (1/3)	
校核				
设计				
制图				
描图			比例	日期
设计证号			图号	SL－SS－05

图 2－1－6－6　胜利水库溢洪道平面布置图、纵剖视图

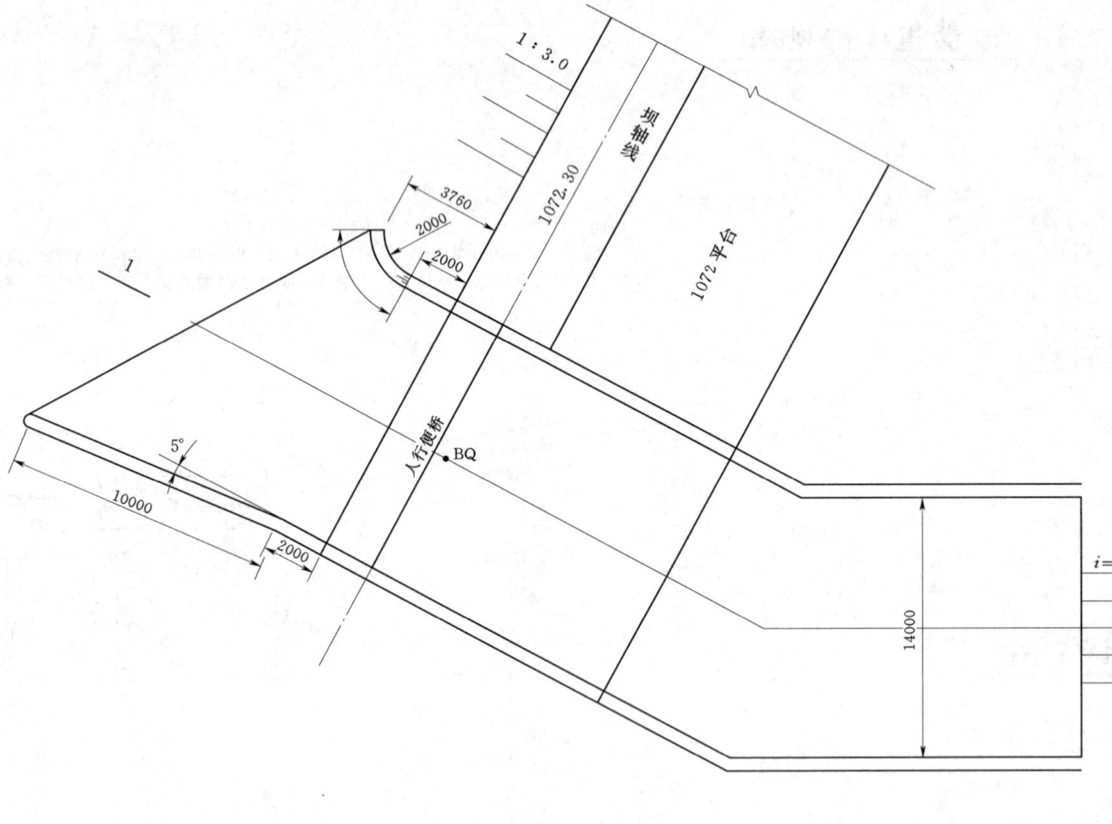

溢洪道纵剖视图

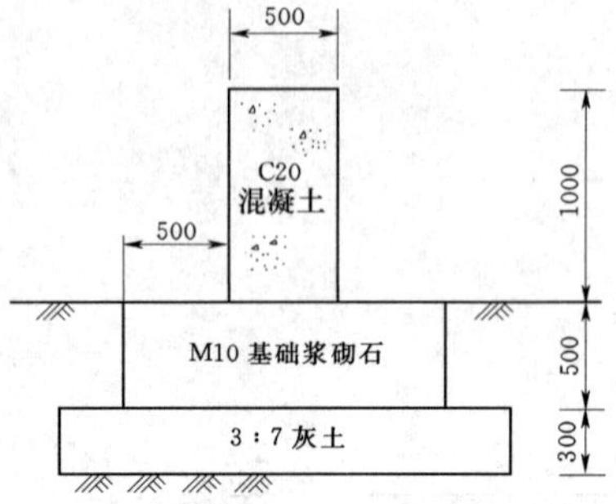

弧段护坡横剖视图

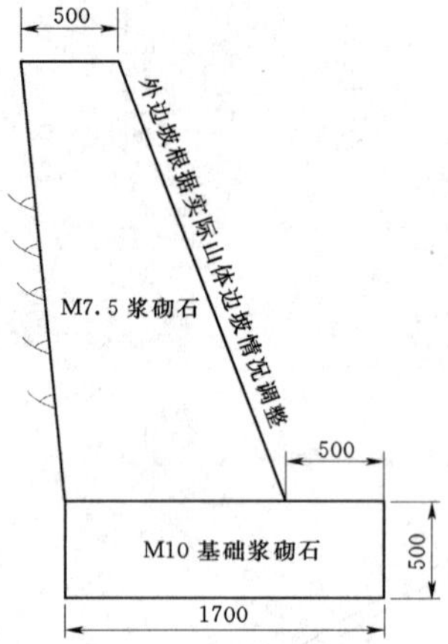

直段护坡横剖视图

说明：

1. 图中尺寸桩号和高程为m，其余均为mm。
2. 溢洪道底板衬砌30cm厚C20混凝土，纵向分缝一道，横向每隔4m分缝一道。
3. 混凝土板块之间用胶泥填缝，M10砂浆封口。
4. 侧墙为M10浆砌石，每3块底板长度留一侧墙沉降缝，缝间填料为沥青木板。
5. 弧段护坡自人行桥上游侧开始，曲线沿坝坡方向留与坝相同的坡度，挡墙露出坝面1m，其余为砌石基础，基础3:7灰土层以下需原土夯实，弧段护坡总长为4.16m；平段护坡自人行桥上游侧开始，沿山体方向留一定坡度(具体根据现场实际情况确定)，挡墙顶部为平面，平段护坡总长为12m。

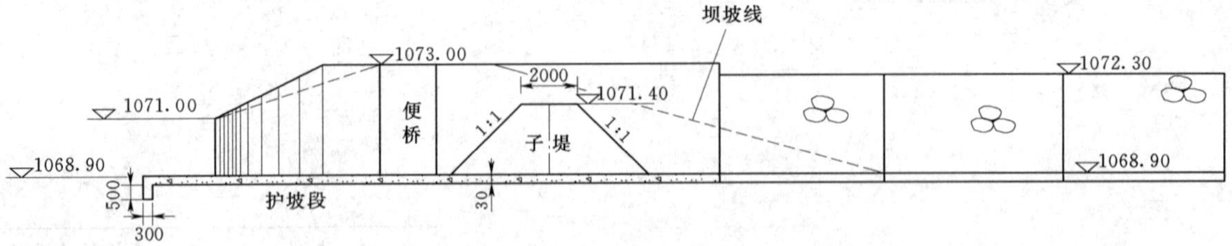

1—1 溢洪道纵剖视图

设计单位名称			
批准		工程名称	水工　部分
核定			施设　阶段
审查		二级消力池纵横断面图②/③	
校核			
设计			
制图			
描图		比例	日期
设计证号		图号	SL-SS-06

图 2-1-6-7　胜利水库溢洪道细部结构图（一）

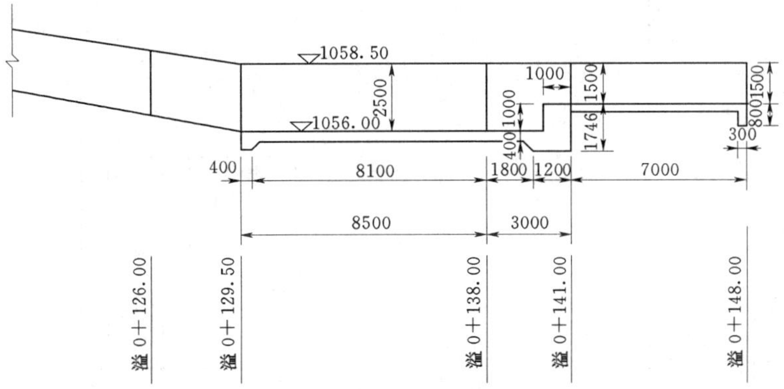

二级消力池纵剖视图

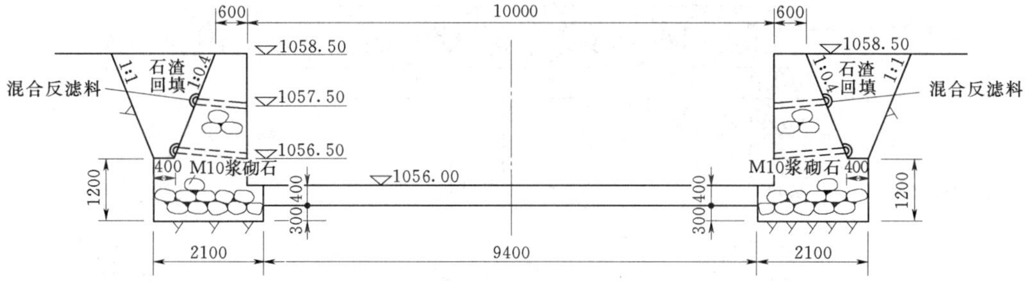

A—A 剖视图

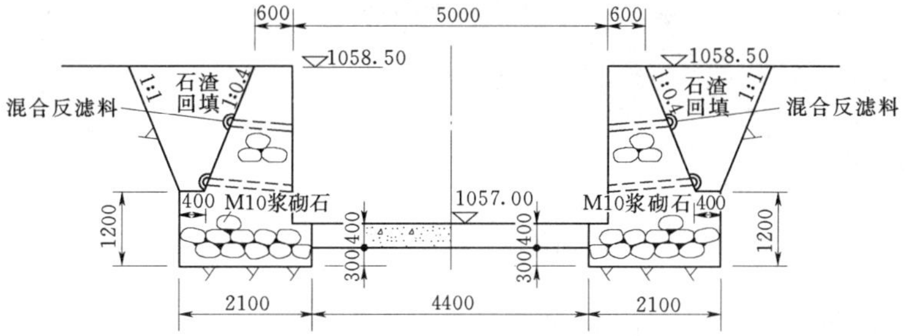

B—B 剖视图

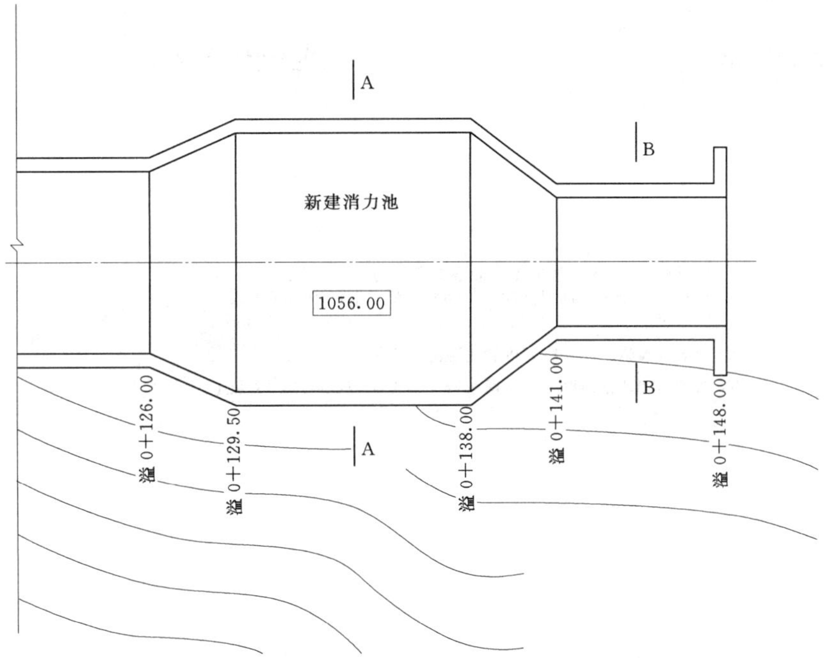

二级消力池平面图

设计单位名称				
批准			工程名称	水工　部分
核定				施设　阶段
审查			二级消力池纵横断面图③/③	
校核				
设计				
制图				
描图			比例	日期
设计证号			图号	SL-SS-07

图 2-1-6-8　胜利水库溢洪道细部结构图（二）

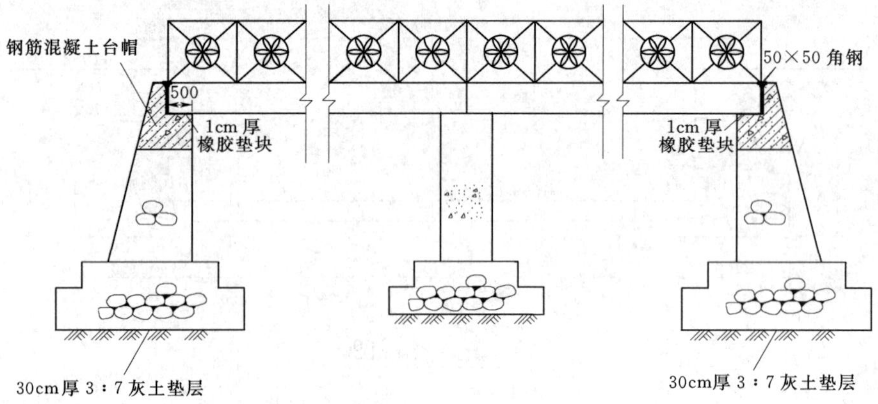

交通桥横断面图

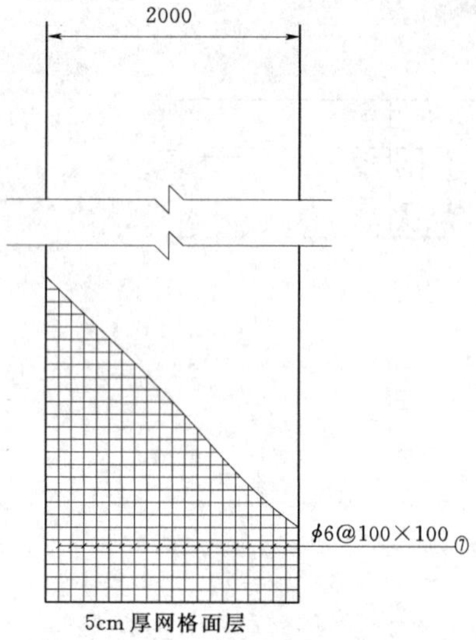

面层配筋图

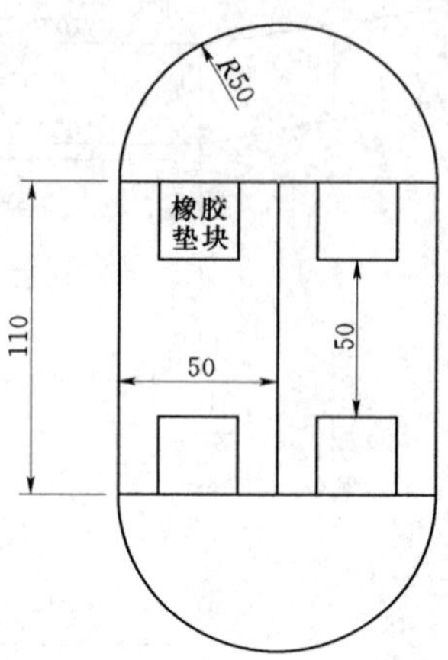

桥梁中墩平面图

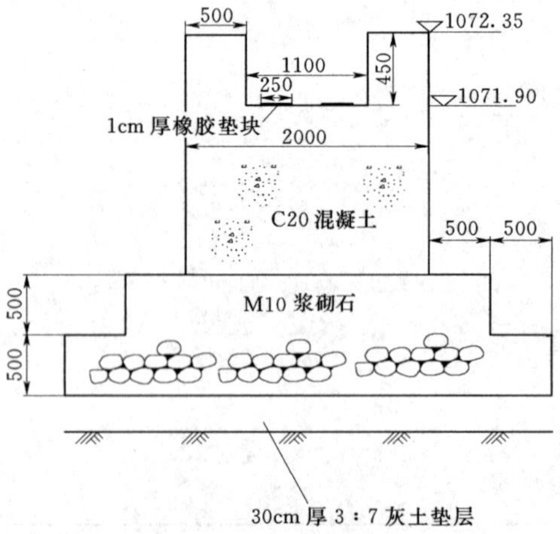

桥梁中墩纵断面图

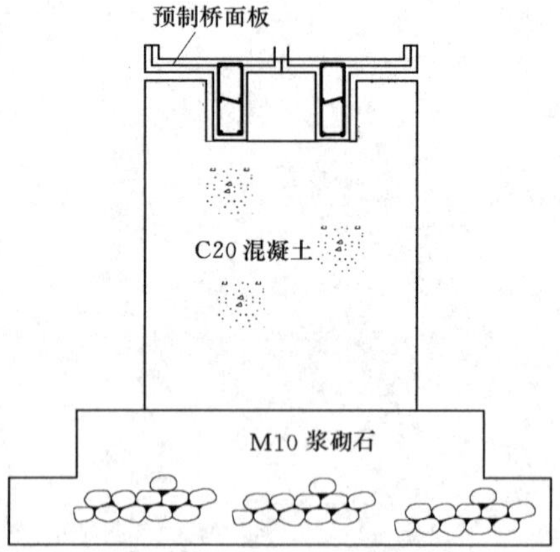

说明：

1. 交通桥梁为 7m 长预制梁，面层铺设钢筋网格，浇筑 4cm 厚 C20 混凝土，面层浇注时，外界气温不能低于 10℃并及时养护。
2. 中墩基础施工完毕后方可浇注溢流堰底板。
3. 桥墩基础开挖面以下若出现基岩，不再铺 30cm 厚 3∶7 灰土。

设计单位名称				
批准			工程名称	水工 部分
核定				施设 阶段
审查			交通桥纵横断面图 (1/2)	
校核				
设计				
制图				
描图			比例	日期
设计证号			图号	SL-SS-08

图 2-1-6-9 胜利水库溢洪道细部结构图（三）

桥，桥面高程为 1073.00m；控制段设置子堤；平底坡泄槽段底板高程仍为 1068.90m，对应两岸边墙墙顶高程为 1072.30m；原消力池底板高程为 1061.20m，对应岸墙顶高程为 1063.70m；新建消力池底板高程为 1056.00m，对应岸墙顶高程为 1058.50m，如图 2-1-6-6 所示。

（3）溢洪道细部结构图识读。

图 2-1-6-7、图 2-1-6-8、图 2-1-6-9 分别为溢洪道相关细部结构图，分别展示了溢洪道进口段两岸翼墙、控制段子堤、新建二级消力池、交通桥等结构布置情况，接下来逐一识读。

图 2-1-6-7 中 1—1 溢洪道纵剖视图更加详细展示了控制段子堤的结构信息，如子堤堤顶高程为 1071.40m，顶宽 2m，上下游边坡坡比均为 1∶1，底部为 0.3m 厚的混凝土底板，图中还展示了坝坡线的相对位置；进口段圆弧段翼墙（护坡）纵剖视图展示出该翼墙底部为 0.3m 厚 3∶7 的灰土层，上接 0.5m 厚的 M10 基础浆砌石，翼墙本身为 1m 高、0.5m 厚的 C20 混凝土铅直墙体，翼墙整体结构上窄下宽，呈台阶状；进口段直线段翼墙（护坡）底部亦为 0.5m 厚的 M10 基础浆砌石，翼墙本身为一梯形断面的 M7.5 浆砌石墙体，顶宽 0.5m，外边坡根据实际山体边坡情况而定。

图 2-1-6-8 为胜利水库溢洪道消力池细部结构图，主要包含二级消力池平面图、二级消力池纵剖视图、A—A 剖视图和 B—B 剖视图。在溢洪道平面布置图、纵剖视图识读基础上，联合识读以上四类视图得到，新建消力池为矩形断面，池宽 10m，池深 2.5m，池长 11.5m，尾坎高 1m，坎顶宽 1m，消力池底板厚 0.4m，两岸为 M10 浆砌石岸墙，其顶宽 0.6m，底宽 2.1m，岸墙外为超挖后石渣回填，并于墙体中设置排水管，消力池基础总宽 13.6m；另外，消力池出口尾水渠亦为矩形断面，净宽 5m，底板高程为 1057.00m，底板厚 0.4m，渠深 1.5m，渠长 7m，岸墙采用 M10 浆砌石，其顶宽 0.6m，底宽 2.1m。

图 2-1-6-9 为胜利水库溢洪道交通桥细部结构图，主要包含交通桥横断面图、桥梁中墩纵断面图、面层配筋图和桥梁中墩平面图，联合识读以上图样可得，交通桥为 7m 长预制梁，面层铺设钢筋网格，浇筑 4cm 厚的 C20 混凝土；中墩底部铺设 30cm 厚的 3∶7 灰土垫层，以上为 M10 浆砌石基础，高度为 1m，再往上为 C20 混凝土中墩，宽 2m，中墩平面图中显示，中墩为两端半圆中间矩形，矩形长 1.1m 宽 1m，两端半圆半径均为 0.5m，顶部设置凹槽用来放置预制梁，凹槽宽 1.1m、深 0.45m，凹槽内设置橡胶垫块 4 个，每个宽 0.25m、厚 1cm。

目 标 测 评

识读图 2-1-6-10，完成下列问题：

（1）堆石坝坝顶剖视图按照__________的缩小比例绘制。

（2）结构尺寸的单位以__________计。

（3）图中坝顶高程为__________ m。

（4）防浪墙所在位置即为大坝的上游迎水面，防浪墙的墙顶高程为__________ m。

（5）大坝上游坝坡采用__________护坡，厚度为__________ m。

（6）大坝下游坝坡采用__________护坡，厚度为__________ m。

（7）大坝坝顶宽__________ m。

（8）大坝的材料分区，从上游侧向下游侧描述，分别为上游护坡、过渡层、反滤层、__________、__________、__________、__________、下游护坡。

任务七　重力坝水利枢纽图识读

［学习目标］

素质目标：继承迎难而上、艰苦奋斗、勇攀高峰的精神品质，厚植爱行爱岗、技能强国的家国情怀。

知识目标：巩固重力坝水利枢纽包含的主要建筑物类型；知道重力坝水利枢纽组成建筑物的一般布置特点；掌握重力坝水利枢纽图识读的一般方法与步骤。

能力目标：能借助知识与方法正确、全面识读重力坝水利枢纽图，从而准确指导重力坝枢纽工程建设。

［学习预热］

“中国水利世纪梦想”——三峡重力坝水利枢纽

1918 年，革命先驱孙中山先生，设想这座大坝应该坐落于宜昌以上的峡江中。1946 年，国民政府邀请美国的大坝专家萨凡奇，计划将它建在三峡出口南津关。1958 年，我国水利专家确定它的位置在西陵峡中的三斗坪。自此以后，由于历史的原因，我国在勘测、科研和论证中，又对这座大坝期盼了半个世纪。

1994 年 12 月 14 日，万众瞩目的三峡大坝正式动工修建！

三峡大坝工程包括主体建筑物及导流工程两部分，坝轴线全长约 2309m，坝顶高程 185m，工程总投资为 954.6 亿元人民币，2006 年 5 月 20 日全线建成。它是目前世界上最大的混凝土水力发电工程。

2020 年 11 月 1 日，水利部、国家发展和改革委员会公布，三峡工程完成整体竣工验收全部程序。2021 年 4 月 20 日，位于湖北省宜昌市夷陵区太平溪镇许家冲村的三峡大坝北线船闸单向检修结束，南北船舶实现双向通行。

三峡大坝的全线建成，意味着三峡工程开始全面发挥防洪能力，使长江荆江河段的防洪标准由 10 年一遇提高到 100 年一遇，有效保护了长江中下游平原地区数千万人口和数百万公顷耕地免受洪水威胁。它在防洪、发电、航运、养殖、旅游、南水北调、供水灌溉等十大方面发挥的效益，是世界上任何巨型电站无法比拟的！

一、重力坝枢纽图识读的一般方法与步骤

重力坝水利枢纽主要由重力坝挡水坝段、重力坝泄水坝段（或泄水洞等其他形式泄水建筑物）、取水建筑物及其他建筑物组成。重力坝水利枢纽图纸一般包括：枢纽总平面布置图、重力坝上下游立视图、典型坝段剖视图、泄水建筑物平面剖视图、引水建筑物平面剖视图、地基处理图、局部详图等。

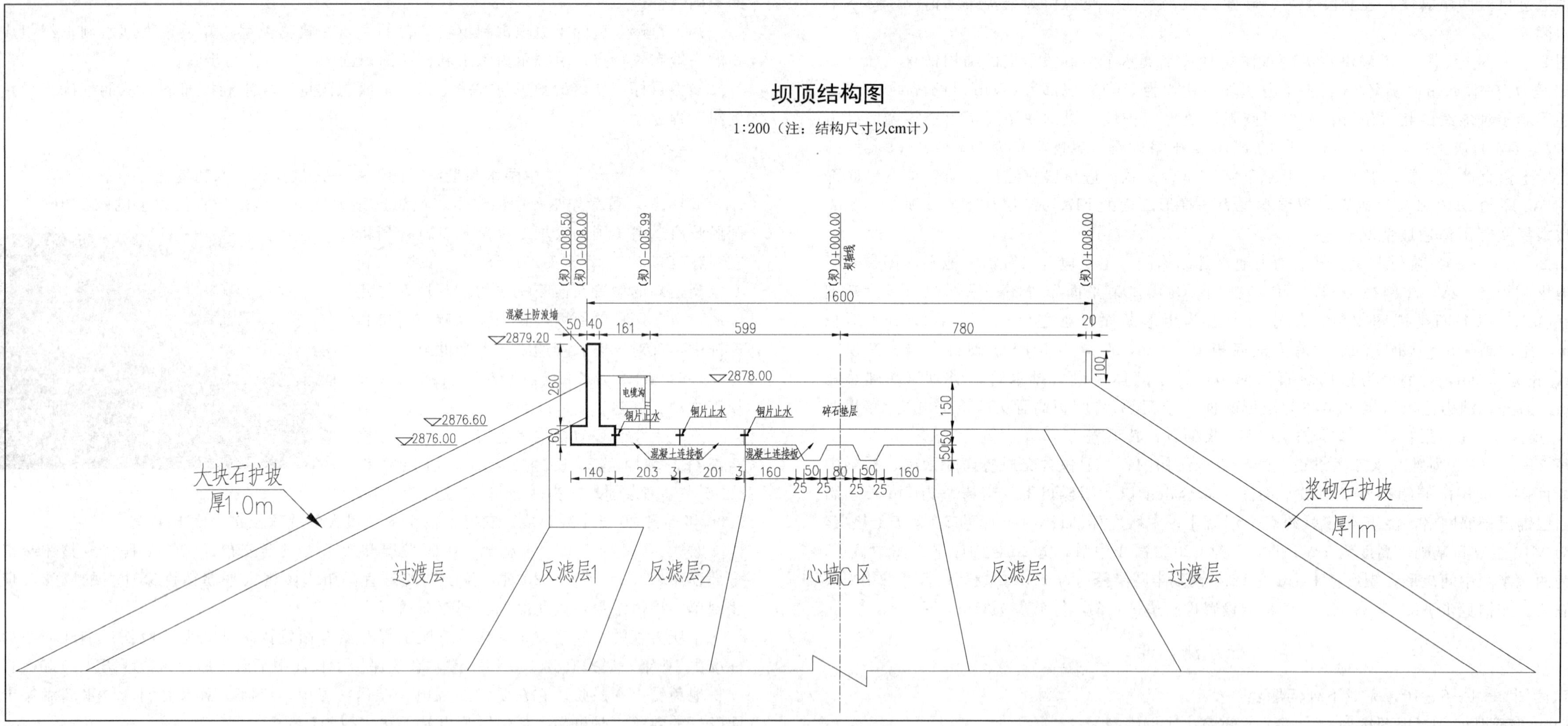

图 2-1-6-10　HK 大坝坝顶典型剖视图

识读重力坝水利枢纽图可以遵循先枢纽总平面布置图，再建筑物结构图的一般方法。通过枢纽总平面布置图掌握枢纽的整体布置情况、组成建筑物类型、建筑物区域划分等情况，再结合图纸信息，由整体到局部，由局部到细部，由细部回到整体，各类图纸联合识读，反复对照、反复想象，最终全面掌握建筑物的详细信息，从而准确指导枢纽工程的建设。

接下来就以花园水电站重力坝枢纽和青羊沟水电站重力坝枢纽图为例，介绍其枢纽总平面布置图、上下游立视图、典型坝段剖视图（挡水坝段及溢流坝段断面图）、引水建筑物布置图、细部结构图的识读过程。

二、花园水电站重力坝枢纽图纸识读

1. 花园水电站工程概况

花园水电站位于甘肃省甘南州迭部县花园乡东约 0.3km 的益高村附近，距迭部县城约 75km，修建在白龙江主干流上。该枢纽主要包含拦河坝、引水发电系统、发电厂房及变电场、开关站等。水库正常蓄水位 1835.00m，库容 704 万 m^3。电站设计引用流量 $120m^3/s$，单机过流量 $40.2m^3/s$，电站总装机容量 60MW，工程总投资 6 亿元。枢纽为Ⅲ等中型工程，主要建筑物为 3 级，次要建筑物为 4 级，临时建筑物按 4 级标准设计。

2. 首部枢纽平面布置图识读

图 2-1-7-1 为花园水电站首部枢纽平面布置图，主要包含指北针、图名、枢纽建筑物的总体平面布置（包括大坝主体、溢流坝段、非溢流坝段、导流洞、上下游围堰、截流戗堤、引水发电洞）、主要建筑物的平面尺寸、建筑物的相对位置（以大坝左岸桩号 0+000.00 为基准，沿坝轴线向右岸依次确定桩号 0+×××）、大坝主要工程量表、主要控制点坐标表、工程特性表、图纸说明。

微课 2-1-7-1 枢纽平面布置图识读

具体识读内容有：图名为首部枢纽平面布置图，图纸左上角为指北针方向，大坝上、下游河道有水流方向指示箭头，依据水流方向判断左右岸方位，顺水流方向，左侧为左岸，右侧为右岸，即可识读出：上坝公路位于左岸，引水发电洞侧为右岸。大坝为混凝土重力坝，级别为 3 级，坝顶高程 1838.00m。坝体设防渗墙，厚 0.8m。

从坝顶向上游侧识读，主要内容有：右岸布设有引水发电洞，上游围堰高程为 1801.50m，截流戗堤堤顶高程为 1799.50m，截流戗堤向上游侧坡比为 1∶2，向下游侧坡比为 1∶1.5。戗堤上游侧右岸布置导流洞。

从坝顶向下游侧识读，主要内容有：泄水表孔及泄水底孔，坡比均为 1∶0.8，下设护坦，护坦长 30m，宽 27.5m，护坦底板高程为 1787.00m，两侧设护岸挡墙，挡墙墙顶高程为 1797.00m。下游围堰堰顶高程为 1795.00m，向下游侧坡比为 1∶2。

根据工程特征表所示：校核洪水位 1836.91m，设计洪水位 1829.88m，正常蓄水位 1835.00m，回水长度为 6.53km，总库容 704 万 m^3，日调节库容 205 万 m^3。最大坝高 55m，坝顶宽 8.5m，坝长 108m。最大坝底宽度为 46.15m，表孔宽度为 10m，表孔最大泄流量为 $906m^3/s$，底孔最大泄流量为 $497m^3/s$，表孔及底孔都采用挑流消能的方式。根据图纸说明，工程设计采用可研阶段推荐的强弱风化厚度及基岩物理力学指标，仅作为招标设计图，不能作为施工图使用。

3. 重力坝图识读

（1）重力坝上游立视图识读。

图 2-1-7-2 为花园水电站重力坝上游立视图，具体识读内容如下：大坝总长 108m，坝顶高程为 1838.00m，设计洪水位 1829.88m，校核洪水位 1836.91m，正常蓄水位 1835.00m。大坝分为溢流坝段和非溢流坝段：坝 0+000.00～坝 0+035.00、坝 0+068.00～坝 0+108.00 为非溢流坝段，坝 0+017.00～坝 0+035.00 设置表孔检修门库；坝 0+035.00～坝 0+068.00 为溢流坝段。溢流坝段包含泄水表孔，孔宽 10m，两侧边墙厚度各为 3m，底板高程为 1824.00m；泄水底孔为双孔，单孔尺寸为 4m×6.5m，底板高程接近 1798.00m，坝底高程为 1783.00m。图纸中标出了大坝左岸及右岸防渗墙段长度、帷幕灌浆底线、开挖线形态及各段开挖边线坡度、原地面线。大坝交通洞尺寸为 3m×4m，竖井尺寸为 3m×3m。

微课 2-1-7-2 重力坝上游立视图识读

（2）重力坝剖视图识读。

花园水电站重力坝典型剖视图包括挡水坝段剖视图、溢流坝段剖视图、泄洪排沙底孔坝段剖视图等，下面逐一识读。

1）挡水坝段剖视图识读。

图 2-1-7-3 包含挡水坝段剖视图（B—B），图纸信息主要有（从上到下识读）：坝顶宽度为 8.5m，设上、下游栏杆，坝顶高程为 1838.00m，校核洪水位 1836.91m，正常蓄水位 1835.00m，设计洪水位 1829.88m。大坝表孔检修门库从坝顶高度向下延伸至高程 1824.00m 处。交通洞底板高程为 1817.00m，洞口尺寸为 3m×4m，坝体上游侧距离竖井外壁 3m，迎水面坝体采用 C25W6F200 混凝土（设计龄期 28d，强度标准值为 25MPa，抗渗等级为 6 级，抗冻等级为 200 级），厚 2m；背水面坝体采用 C20F200 混凝土，厚 2m；底板采用 C20F200 混凝土，厚 3m。背水面坝体从高程 1800.00m 向下采用 C25W6F200 混凝土。坝体内部采用 C15 混凝土。背水面坡比为 1∶0.8，竖井底板高程为 1793.50m，挡水坝段坝体底板高程为 1791.50m，底部总长 37.2m。坝体下设帷幕灌浆和固结灌浆。帷幕灌浆向下延伸长度为 15m，固结灌浆孔采用梅花形布置，均匀分布，间距 3m。

微课 2-1-7-3 挡水坝段剖视图识读

2）溢流坝段剖视图识读。

图 2-1-7-3 包含溢流坝段剖视图（C—C），图纸信息主要有（从上到下识读，已经识读过的内容不再赘述）：坝轴线位置、泵房位置、检修桥位置等。具体识读内容如下：大坝泄水表孔闸门为弧形闸门，过流断面净宽 10m（结合图 2-1-7-2 识读），设露顶式弧形工作闸门和叠梁检修闸门各一扇。溢流堰堰顶高程为 1824.00m，上游堰面铅直，堰顶上游采用三圆弧曲线，堰面采用 WES 曲线接坡比为 1∶0.8 的斜坡。出口采用挑流消能，反弧段弧底高程为 1800.09m，反弧段半径为 20m。溢流坝段过水面采用 C40 抗冲耐磨混凝土浇筑，厚 0.5m，过水面下浇筑 C25F200 混凝土，厚 1.5m。溢流坝段下游布置 30m 长 C20 现浇混凝土护坦，护底板高程为 1787.00m，厚 2m，两侧设齿墙，齿墙最深 4m。坝体排水孔内径为 15cm，和廊道相连，廊道底板高程为 1790.00m，廊道底板设排水孔。溢流坝段底板高程为 1783.00m，总长 48.05m。

首部枢纽平面布置图

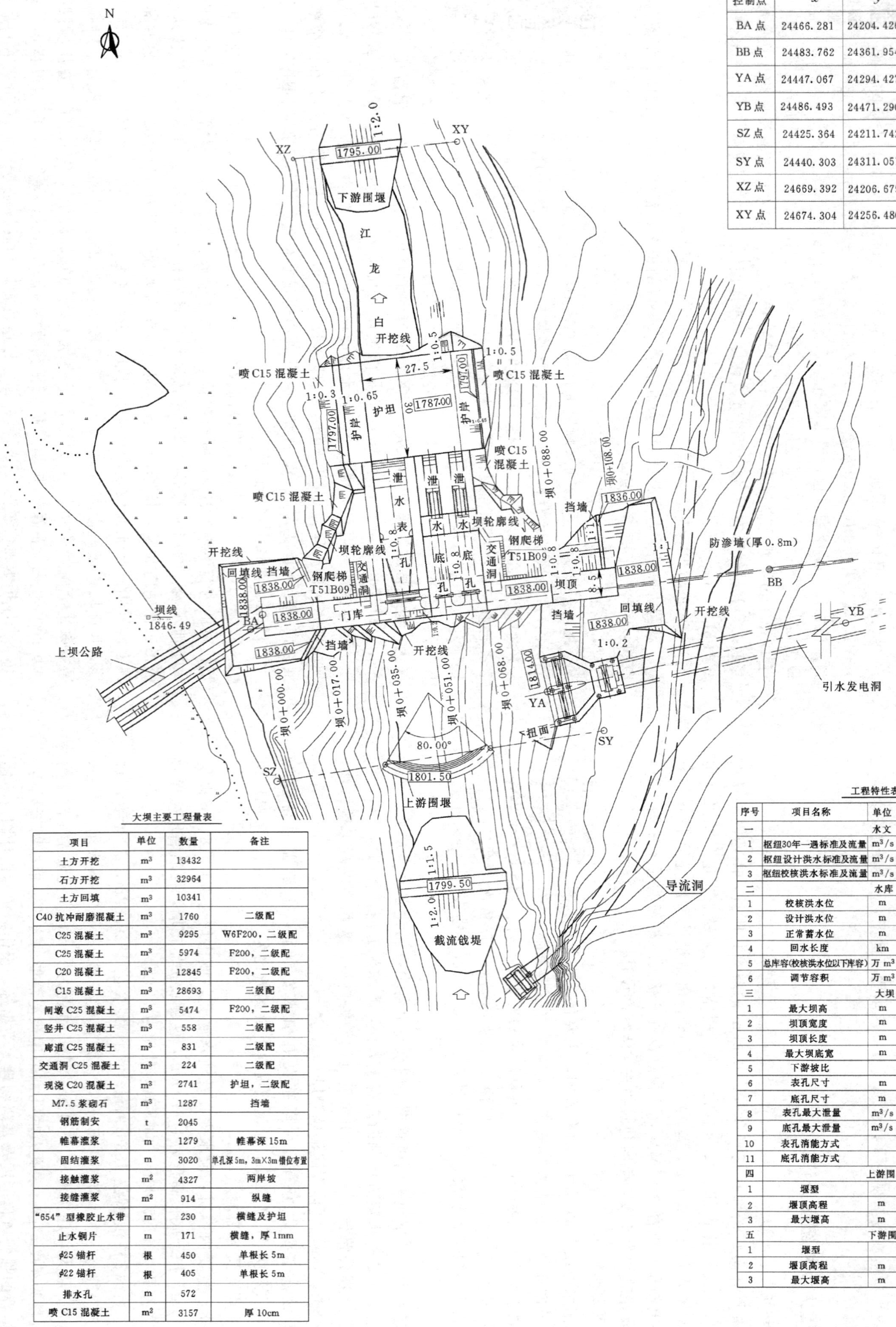

主要控制点坐标表

控制点	x	y	备注
BA点	24466.281	24204.426	坝左
BB点	24483.762	24361.954	坝左
YA点	24447.067	24294.427	引水洞进口
YB点	24486.493	24471.290	引水洞进口
SZ点	24425.364	24211.742	上游围堰左
SY点	24440.303	24311.051	上游围堰右
XZ点	24669.392	24206.679	下游围堰左
XY点	24674.304	24256.480	下游围堰右

大坝主要工程量表

项目	单位	数量	备注
土方开挖	m^3	13432	
石方开挖	m^3	32964	
土方回填	m^3	10341	
C40抗冲耐磨混凝土	m^3	1760	二级配
C25混凝土	m^3	9295	W6F200，二级配
C25混凝土	m^3	5974	F200，二级配
C20混凝土	m^3	12845	F200，二级配
C15混凝土	m^3	28693	三级配
闸墩C25混凝土	m^3	5474	F200，二级配
竖井C25混凝土	m^3	558	二级配
廊道C25混凝土	m^3	831	二级配
交通洞C25混凝土	m^3	224	二级配
现浇C20混凝土	m^3	2741	护坦，二级配
M7.5浆砌石	m^3	1287	挡墙
钢筋制安	t	2045	
帷幕灌浆	m	1279	帷幕深15m
固结灌浆	m	3020	单孔深5m，3m×3m梅花布置
接触灌浆	m^2	4327	两岸坡
接缝灌浆	m^2	914	纵缝
“654”型橡胶止水带	m	230	横缝及护坦
止水铜片	m	171	横缝，厚1mm
ϕ25锚杆	根	450	单根长5m
ϕ22锚杆	根	405	单根长5m
排水孔	m	572	
喷C15混凝土	m^2	3157	厚10cm

工程特性表

序号	项目名称	单位	数量	备注
一	水文			
1	枢纽30年一遇标准及流量	m^3/s	1000	$P=3.3\%$
2	枢纽设计洪水标准及流量	m^3/s	1160	$P=2.0\%$
3	枢纽校核洪水标准及流量	m^3/s	1900	$P=0.2\%$
二	水库			
1	校核洪水位	m	1836.91	$P=0.2\%$
2	设计洪水位	m	1829.88	$P=2.0\%$
3	正常蓄水位	m	1835.00	
4	回水长度	km	6.53	
5	总库容(校核洪水位以下库容)	万m^3	704	
6	调节容积	万m^3	205	日调节
三	大坝			
1	最大坝高	m	55	
2	坝顶宽度	m	8.5	
3	坝顶长度	m	108	
4	最大坝底宽	m	46.15	
5	下游坡比		1:0.8	
6	表孔尺寸	m	10	宽度
7	底孔尺寸	m	4×5.5	宽×高，两孔
8	表孔最大泄量	m^3/s	906	
9	底孔最大泄量	m^3/s	497	单孔
10	表孔消能方式		挑流消能	
11	底孔消能方式		挑流消能	
四	上游围堰			
1	堰型		混凝土拱围堰	
2	堰顶高程	m	1801.5	
3	最大堰高	m	16.0	
五	下游围堰			
1	堰型		土石围堰	
2	堰顶高程	m	1795.0	
3	最大堰高	m	9.0	

说明：

1. 本图尺寸单位均以m计。
2. 本枢纽为Ⅲ等中型工程，其中大坝和引水放电洞均为3级建筑物。
3. 由于暂无地勘详查资料，本次设计采用可研阶段推荐的强弱风化厚度及基岩物理力学指标。
4. 本图为招标设计图，不能作为施工图使用。

设计单位名称			
批准	工程名称		招标 设计
核定			水工 部分
审查	枢纽平面布置图		
校核			
设计			
制图			
描图	比例		日期
设计证号	图号	HY-DB(Z)-01	

图2-1-7-1 花园水电站首部枢纽平面布置图

上游立视图

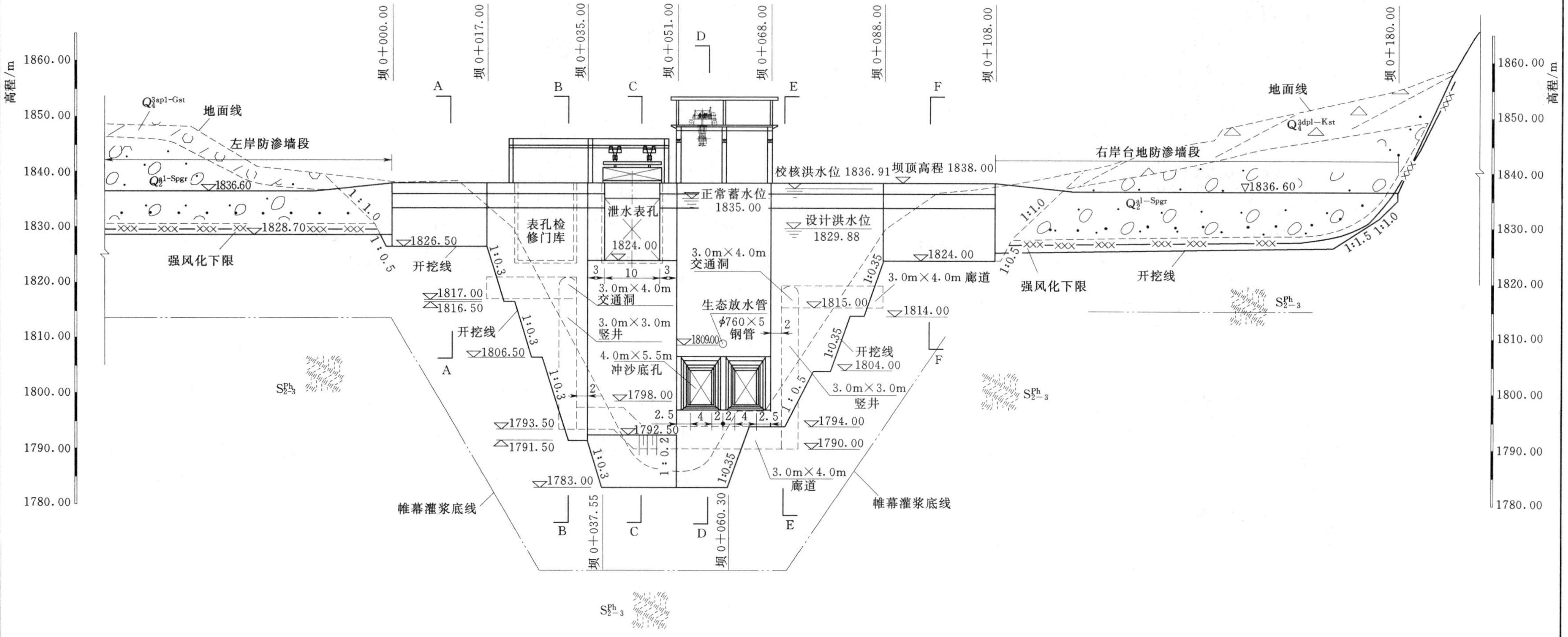

说明：

本图尺寸单位均以 m 计。

设计单位名称				
批准			工程名称	招标　设计
核定				水工　部分
审查			混凝土重力坝上游立视图	
校核				
设计				
制图				
描图			比例	日期
设计证号			图号	HY-DB (Z) -02

图 2-1-7-2　花园水电站重力坝上游立视图

挡水坝段剖视图(B—B)

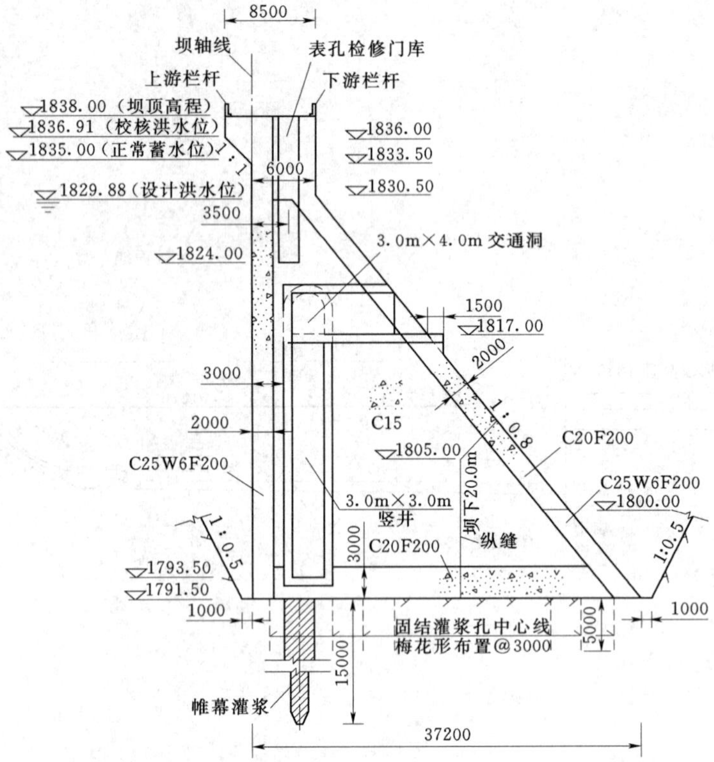

溢流段剖视图(C—C)

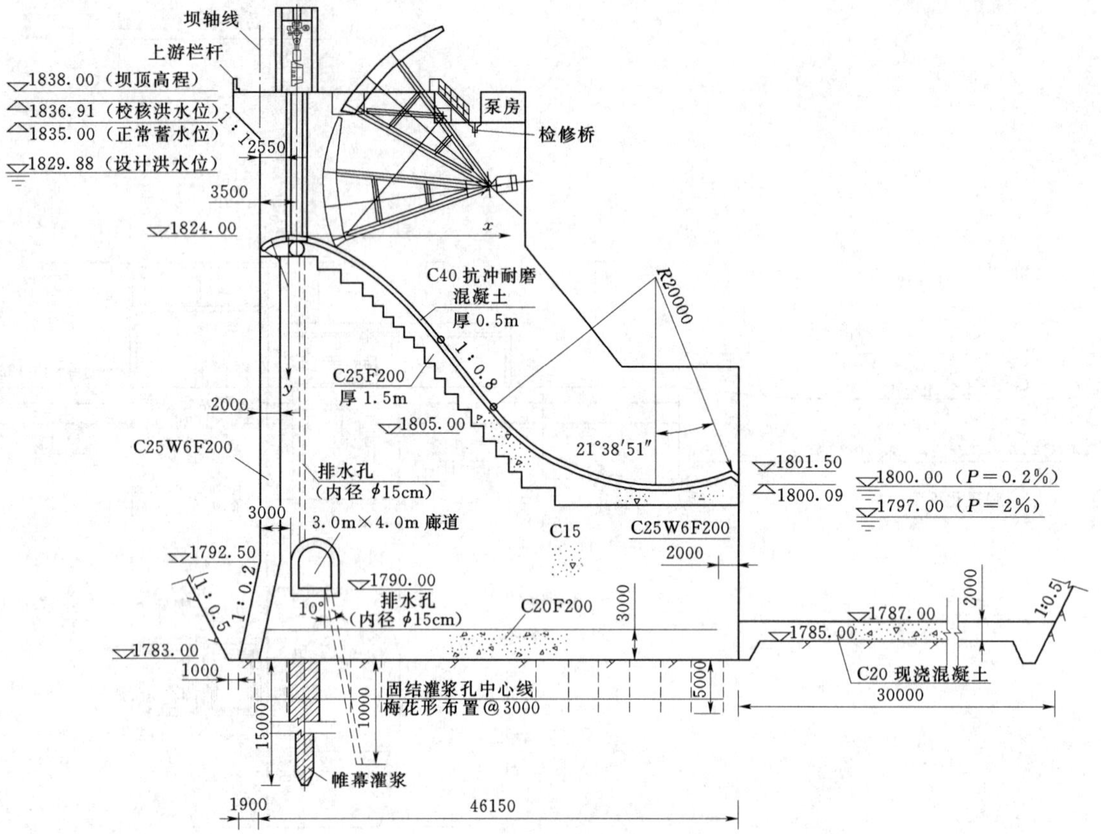

溢流段曲线坐标表

坝段	坐标		坝段	坐标	
	x	y		x	y
曲线段	0.5	0.020	曲线段	11	5.964
	1	0.071		12	7.006
	2	0.255		13	8.124
	3	0.539		14	9.318
	4	0.918		14.5	9.943
	5	1.387	斜直段	14.5	9.943
	6	1.943		19.666	16.400
	7	2.585	反弧段	19.666	16.400
	8	3.309		35.283	23.907
	9	4.115		42.661	22.496
	10	5.000	圆心	35.283	3.907

上游堰头曲线特征值

名称	数值	备注
$R1$	5.00	
$H1$	1.75	
$R2$	2.00	沿R1量取
$H2$	2.76	
$R3$	0.40	沿R2量取
$H3$	2.82	

WES溢流曲线特征值

名称	数值	备注
n	1.85	上游垂直
k	2.00	
H_d	10.00	定型水头

说明：

本图尺寸单位中高程以m计，其余以mm计。

设计单位名称				
批准		工程名称	招标	设计
核定			水工	部分
审查		混凝土重力坝剖面设计图		
校核				
设计				
制图				
描图		比例	日期	
设计证号		图号	HY-DB (Z) -04⑫	

图2-1-7-3　花园水电站重力坝横剖视图（一）

3）泄洪排沙底孔坝段剖视图识读。

图 2-1-7-4 包含重力坝泄洪排沙底孔坝段剖视图（D—D），识读图纸可以得到（已经识读过的内容不再赘述）：泄洪排沙底孔段总长 46.15m，设事故检修门和弧形工作闸门各一扇。底孔进口底板高程为 1798.00m，进口喇叭段四周均采用圆曲线，事故检修门后设平坡段，出口采用挑流消能方式，弧形工作闸门后接反弧段，反弧段坝顶高程为 1801.00m，挑射半径为 25m，挑射角为 28°21′27″。下游布置 30m 长的 C20 现浇混凝土护坦，厚 2m，护坦底板两侧设 4m 深齿墙。

微课 2-1-7-4
排沙底孔坝段
剖视图识读

4. 上、下游围堰图识读

识读图 2-1-7-1 枢纽平面布置图可得到截流戗堤和围堰信息。

截流戗堤堤顶高程为 1799.50m，上游面坡比为 1∶2，下游面坡比为 1∶1.5。截流戗堤后接上游围堰，上游围堰堰顶高程为 1801.50m，最大堰高 16m，堰型为混凝土拱围堰，中心角为 80°。下游围堰为土石围堰，堰顶高程为 1795.00m，下游边坡坡比为 1∶2，最大堰高 9m。

5. 引水发电隧洞图识读

识读图 2-1-7-1 可得大坝右岸上游侧布设引水发电洞，其进口段布设双孔拦污栅，入口处设置闸前渐变段，将双孔逐渐过渡为单孔尺寸，进水口高程为 1814.00m。水流进入后，输水段起始位置有一孔一闸。参考指北针引水发电洞向东偏北方向延伸。

三、青羊沟水电站重力坝枢纽图纸识读

1. 青羊沟水电站工程概况

青羊沟水电站位于甘肃省肃北蒙古族自治县疏勒河干流上，是一座以发电为主的引水式日调节枢纽工程，电站枢纽距玉门镇约 109km。电站装机容量 51MW，主厂房设 2 台单机容量为 21MW 和 1 台单机容量为 9MW 共 3 台混流式水轮发电机组。青羊沟水电站枢纽由拦河大坝、引水系统、发电厂房及升压站等建筑物组成，工程等别为Ⅲ等中型工程。

2. 枢纽平面布置图识读

图 2-1-7-5 为枢纽平面布置图，主要内容包括：指北针、图名、枢纽建筑物的总体平面布置（包括大坝主体、溢流表孔坝段、泄洪冲沙中孔坝段、引水发电坝段、非溢流坝段）、主要建筑物的平面尺寸、建筑物的相对位置（以大坝左岸桩号坝横 0+000 处为基准，沿坝轴线向右岸依次确定桩号坝横 0+×××）、水电站主要工程特性表、图纸说明等。

枢纽平面布置图右上角为指北针，图名为枢纽平面布置图。大坝由溢流表孔坝段、泄洪冲沙中孔坝段、电站进水口坝段和挡水坝段等主要建筑物组成，坝顶高程为 2329.30m，坝顶长度为 146.94m。

大坝自西南方向至东北方向，沿坝轴线依次识读内容为：左岸常态混凝土挡水坝段长 22.96m（坝横 0+000.00～坝横 0+022.96）、进水闸段长 12.5m（坝横 0+022.96～坝横 0+035.46）、碾压混凝土坝段长 18.25m（坝横 0+035.46～坝横 0+053.71）、溢流坝段长 46m（坝横 0+053.71～坝横 0+099.71，包含泄洪冲沙中孔段 11m 和溢流表孔段 35m）、右岸碾压混凝土坝段长 47.23m（坝横 0+099.71～坝横 0+146.94）。枢纽区河床狭窄，因此将泄洪建筑物布置在主河床位置，考虑将中孔右侧的三孔溢流表孔正对主河床布设，左侧中孔、右侧表孔均采用扭曲式鼻坎，外墙向内收缩，使挑流水舌前缘落入主河道内。

根据水电站主要工程特性表，枢纽上游校核洪水位 2327.13m，上游设计洪水位 2325.00m，枢纽正常蓄水位 2325.00m，下游校核洪水位 2287.00m，下游设计洪水位 2283.30m，厂房校核洪水位 2199.60m，厂房设计洪水位 2198.70m，正常尾水位 2194.70m。水库总库容 980.1 万 m^3，回水长度为 8.33km，枯水期调峰库容 34.3 万 m^3。主要建筑物地震设防烈度为Ⅷ度。进水口为坝内深式进水口，设拦污栅及事故门。溢流表孔设 3 孔，尺寸为 8m×11m，泄洪冲沙中孔设 1 孔，尺寸为 6m×6m。

3. 重力坝图识读

（1）重力坝立视图识读。

重力坝立视图分为上游立视图和下游立视图，如图 2-1-7-6 和图 2-1-7-7 所示。详细识读信息如下。

上游立视图比例尺为 1∶200，内容包括地基岩层、坝体开挖线、建筑物上游立面形式、上游立面尺寸、典型结构位置以及高程标尺。

坝体分为常态混凝土坝段及碾压混凝土坝段，坝顶高程为 2329.30m，防浪墙顶高程为 2330.50m。从左岸向右依次为：非溢流坝段（常态混凝土坝段），长度为 22.96m，内设拦污栅库；进水闸段，长度为 12.5m，底板高程为 2313.00m，坝顶设有闸门启闭室；泄洪冲沙中孔坝段（碾压混凝土坝段），长度为 29.25m，内设中孔检修门库，本段坝底高程为 2286.18m，生态放水管高程为 2320.00m，直径为 0.8m。溢流表孔坝段设 3 孔，总长为 35m，每孔的孔口宽度为 8m，中墩宽度为 3m，边墩宽度为 2.5m，闸门底板高程为 2317.50m，该坝段内设基础廊道，高 3.5m，该坝段底板高程为 2265.00m，基础廊道底板高程为 2268.00m，基础廊道与 2289.50m 高程廊道之间采用楼梯间相连；坝横 0+099.710～坝横 0+146.953 的碾压混凝土坝段总长度为 47.225m，内设表孔检修门库。坝横 0+146.935～坝横 0+170.685 段内设灌浆隧洞，如图 2-1-7-6 所示。

下游立视图包括地基岩层、坝体开挖线、建筑物下游断面形式、下游结构尺寸、典型结构位置、高程标尺以及控制点高程标高，具体内容如下（识读过的尺寸不再赘述）：大坝防浪墙顶高程为 2330.50m，防浪墙高 1.2m，大坝表孔溢流坝段溢流堰斜坡段坡比均为 1∶0.8，下游出水口尺寸分别为 7m、4m 和 4m。如图 2-1-7-7 所示。

（2）重力坝表孔、中孔坝段剖视图识读。

泄洪建筑物运行方式初步拟定：泄洪冲沙中孔为经常性泄洪建筑物，目的是使汛期泥沙穿堂过，不考虑汛后低水位冲沙运行。中、小洪水（$Q<764.7m^3/s$）时，由泄洪冲沙中孔单独运行。当洪水 $Q\geqslant 764.7m^3/s$ 时，开启溢流表孔泄洪，随着洪量增大，泄洪由泄洪冲沙中孔为主逐渐过渡到以溢流表孔泄洪为主。

汛期水库运行以满足排沙为主，电站以承担基荷为主，争取多发电，水库不对发电进行调节。根据来水及来沙情况，汛期入库流量大于 $120m^3/s$ 且当含沙量较大时，库水位降到排沙水位 2313.00m，洪水过后再抬高到正常蓄水位；当上游水库排沙时，青羊沟水库应降低水库水位至排沙水位进行同步排沙运行。

图 2-1-7-8 为青羊沟水电站表孔、中孔坝段剖视图，主要包括溢流表孔剖视图（Ⅱ—Ⅱ）和泄洪冲沙中孔剖视图（Ⅰ—Ⅰ）。

泄洪排沙底孔段剖视图（D—D）

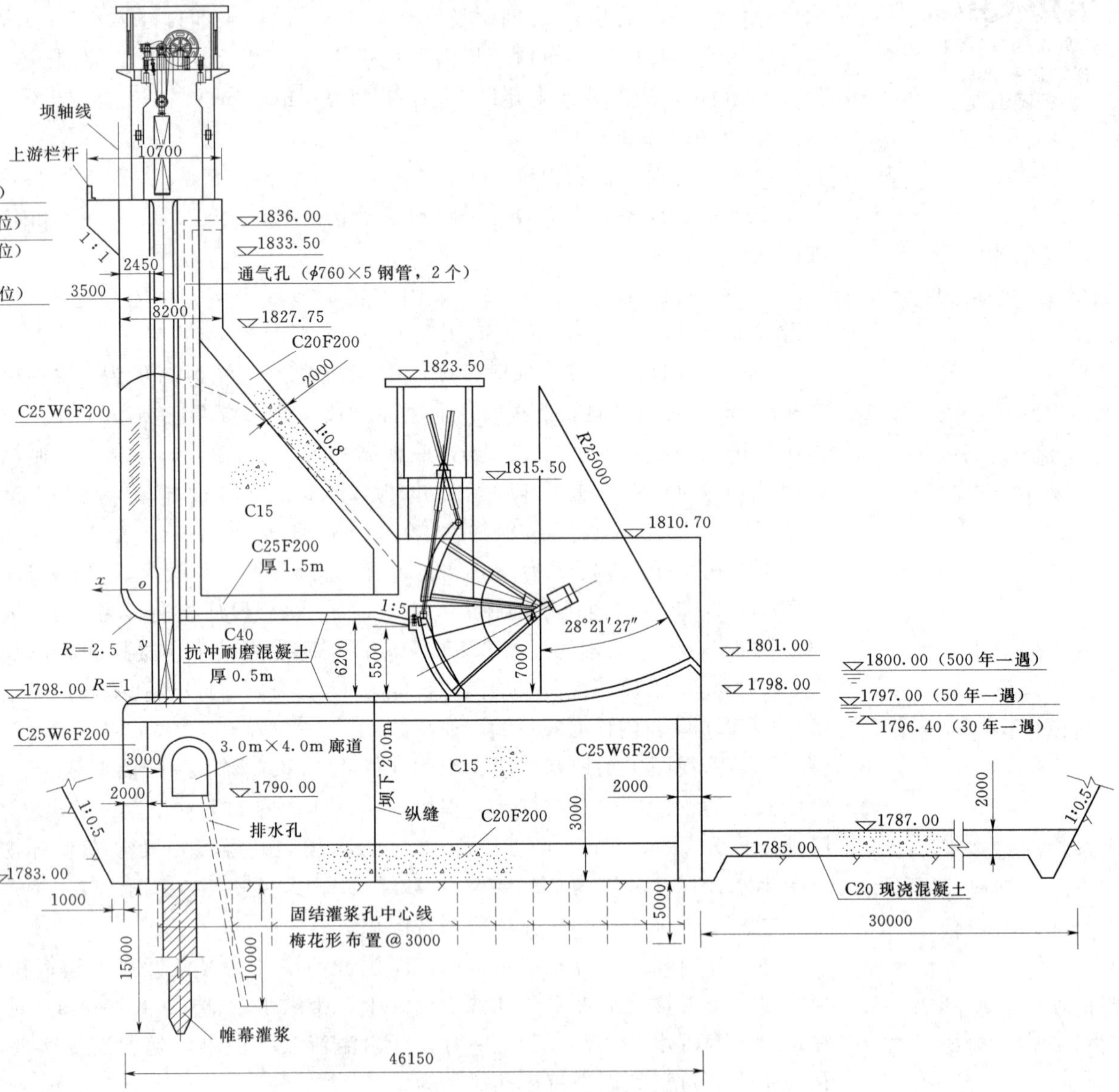

挡水坝段剖视图（E—E）

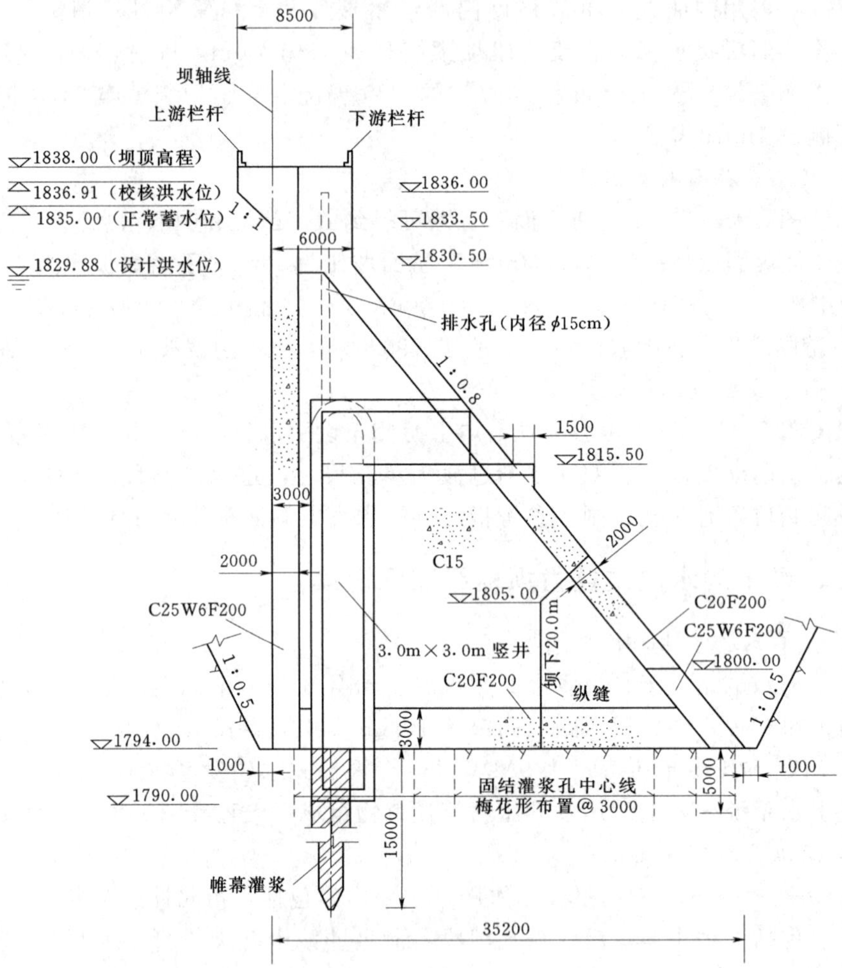

说明：

本图尺寸单位中高程以 m 计，其余以 mm 计。

设计单位名称				
批准			工程名称	招标　设计
核定				水工　部分
审查			混凝土重力坝剖面设计图	
校核				
设计				
制图				
描图			比例	日期
设计证号			图号	HY-DB（Z）-04㉜

图 2-1-7-4　花园水电站重力坝横剖视图（二）

枢纽平面布置图

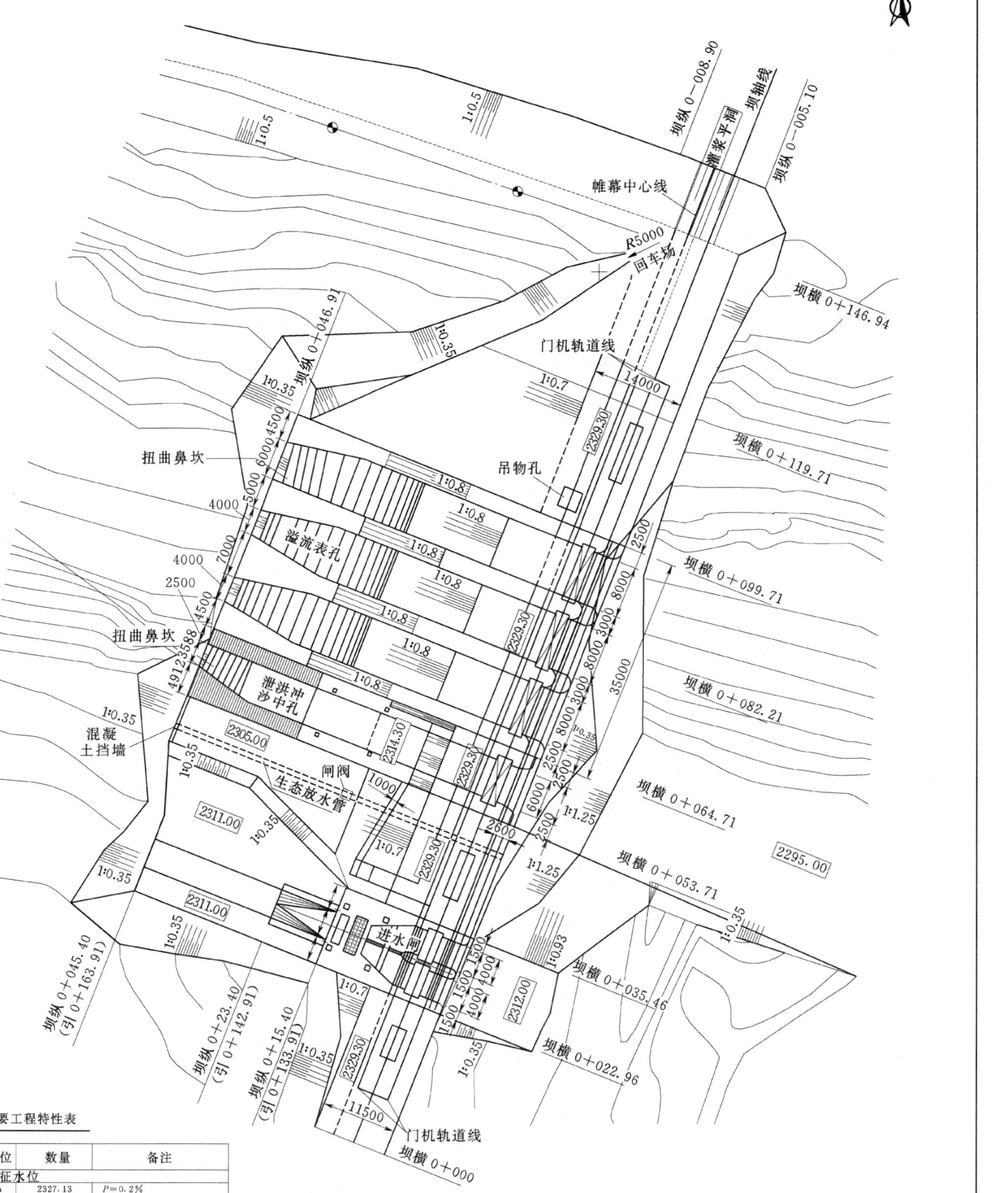

水电站主要工程特性表

序号	项目		单位	数量	备注
一、特征水位					
1	枢纽上游校核洪水位		m	2327.13	$P=0.2\%$
2	枢纽上游设计洪水位		m	2325.00	$P=2\%$
3	枢纽正常蓄水位		m	2325.00	
4	枢纽下游校核洪水位		m	2287.00	$P=0.2\%$
5	枢纽下游设计洪水位		m	2283.30	$P=2\%$
6	厂房校核洪水位		m	2199.60	$P=0.5\%$
7	厂房设计洪水位		m	2198.70	$P=2\%$
8	正常尾水位		m	2194.70	
二、水库					
1	正常蓄水位		m	2325.00	
2	枯水期调峰库容		万 m^3	34.30	
3	回水长度		km	8.33	$P=20\%$
4	总库容		万 m^3	980.1	淤积前
5	调节特性			日调节	
三、主要建筑物					
1	工程等别			三等中型	
2	地震设防烈度		度	Ⅷ	
3	进水口形式			坝内深式进水口	
	拦污栅(孔数/宽×高)		孔/m	2/4.0×9.0	
	事故门(孔数/宽×高)		孔/m	1/4.6×4.6	平板钢闸门
4	溢流表孔	孔数及闸门尺寸(宽×高)	孔/m	3/8×11	弧形钢闸门
		最大泄洪流量	m^3/s	1822.5	
5	泄洪冲沙中孔	孔数及闸门尺寸(宽×高)	孔/m	1/6.0×6.0	弧形钢闸门
		最大泄洪流量	m^3/s	704.2	
6	碾压混凝土坝	坝轴线长	m	146.935	
		最大坝高	m	64.3	
		坝顶宽度	m	14.0	
7	压力隧洞	设计引用流量	m^3/s	50.2	
		洞径/洞长	m	4.6/6990.92	
		设计纵坡		1/326.592	
8	调压井	调压井形式		阻抗式	
		内径	m	10.0	
		高度	m	53.2	
9	压力管道	管道类型		地下埋管	
		主管内径/主管道长度	m	4.2/393	
10	厂房	主厂房尺寸	m	54.05×16.0	
		副厂房尺寸	m	56.45×10.4	
11	开关站尺寸		m	22×15	
四、控制点坐标					
				x	y
1	A(坝左)		m	4392296.51615	17324721.1566
2	B(坝右)		m	4392436.2627	17324776.8499

说明：

1. 本图桩号、高程以 m 计，其余均以 mm 计。
2. 本图坐标系为 1954 年北京坐标系；高程系为 1956 年黄海高程系。

设计单位名称				
批准		工程名称	初步	设计
核定			水工	部分
审查		枢纽平面布置图		
校核				
设计				
制图				
描图		比例	日期	
设计证号		图号	QYG-01	

图 2-1-7-5　青羊沟水电站枢纽平面布置图

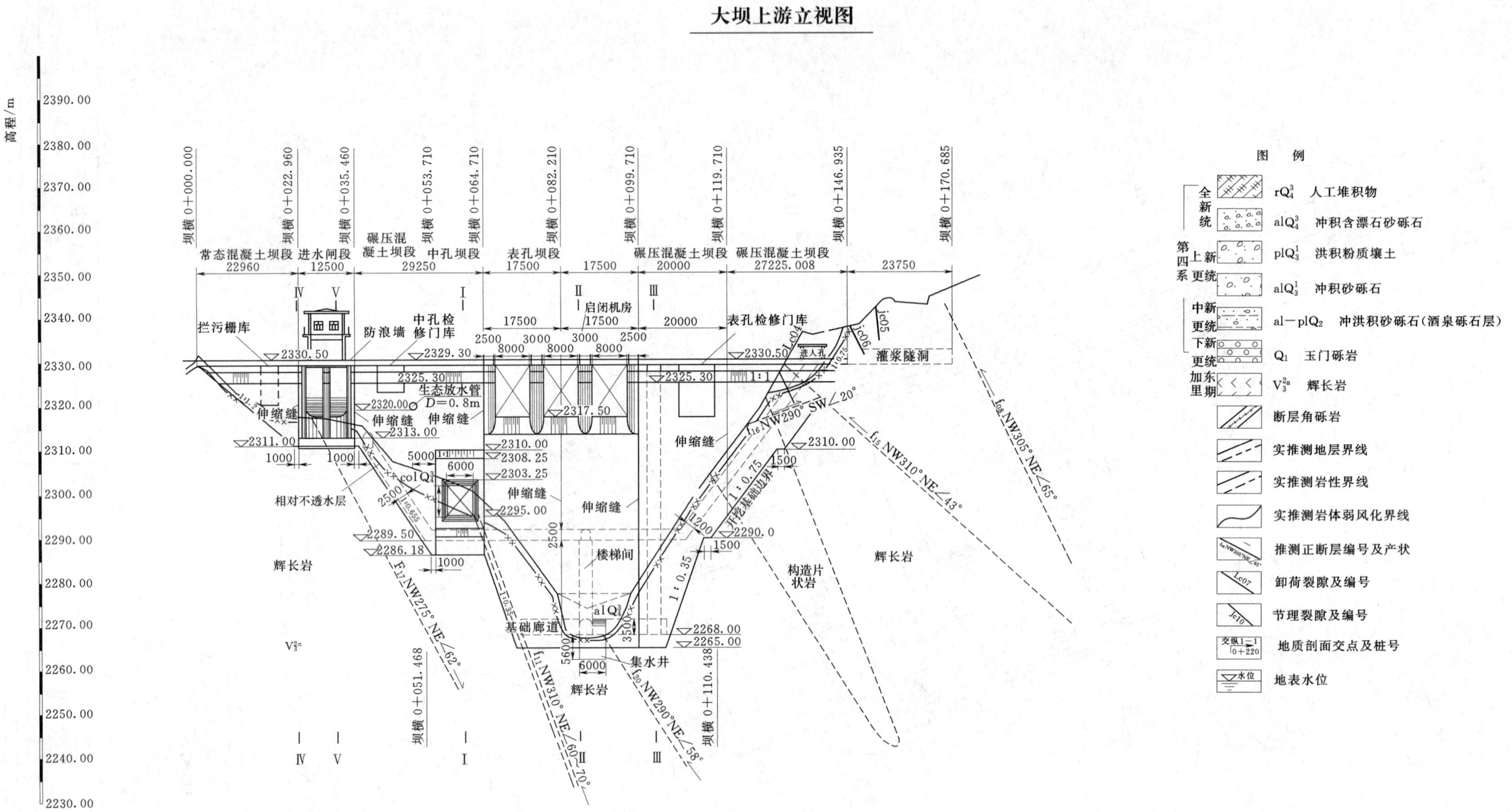

说明：

本图尺寸单位中高程、桩号以 m 计，其余均以 mm 计。

设计单位名称				
批准		工程名称	初步	设计
核定			水工	部分
审查		大坝上游立视图		
校核				
设计				
制图				
描图		比例 1∶200	日期	
设计证号		图号	QYG-02	

图 2-1-7-6　青羊沟水电站重力坝上游立视图

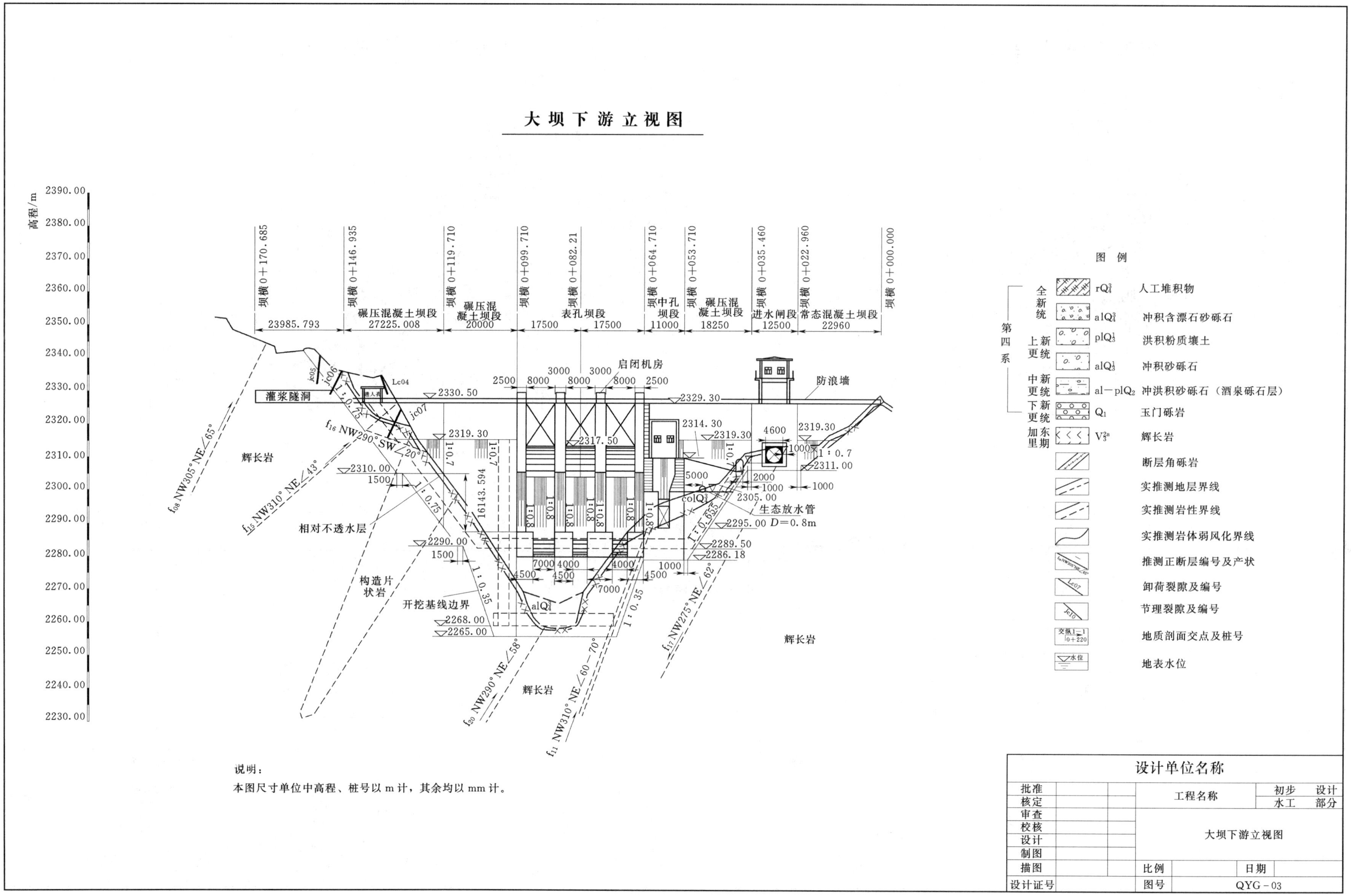

图 2－1－7－7　青羊沟水电站重力坝下游立视图

溢流表孔剖视图(Ⅱ—Ⅱ)

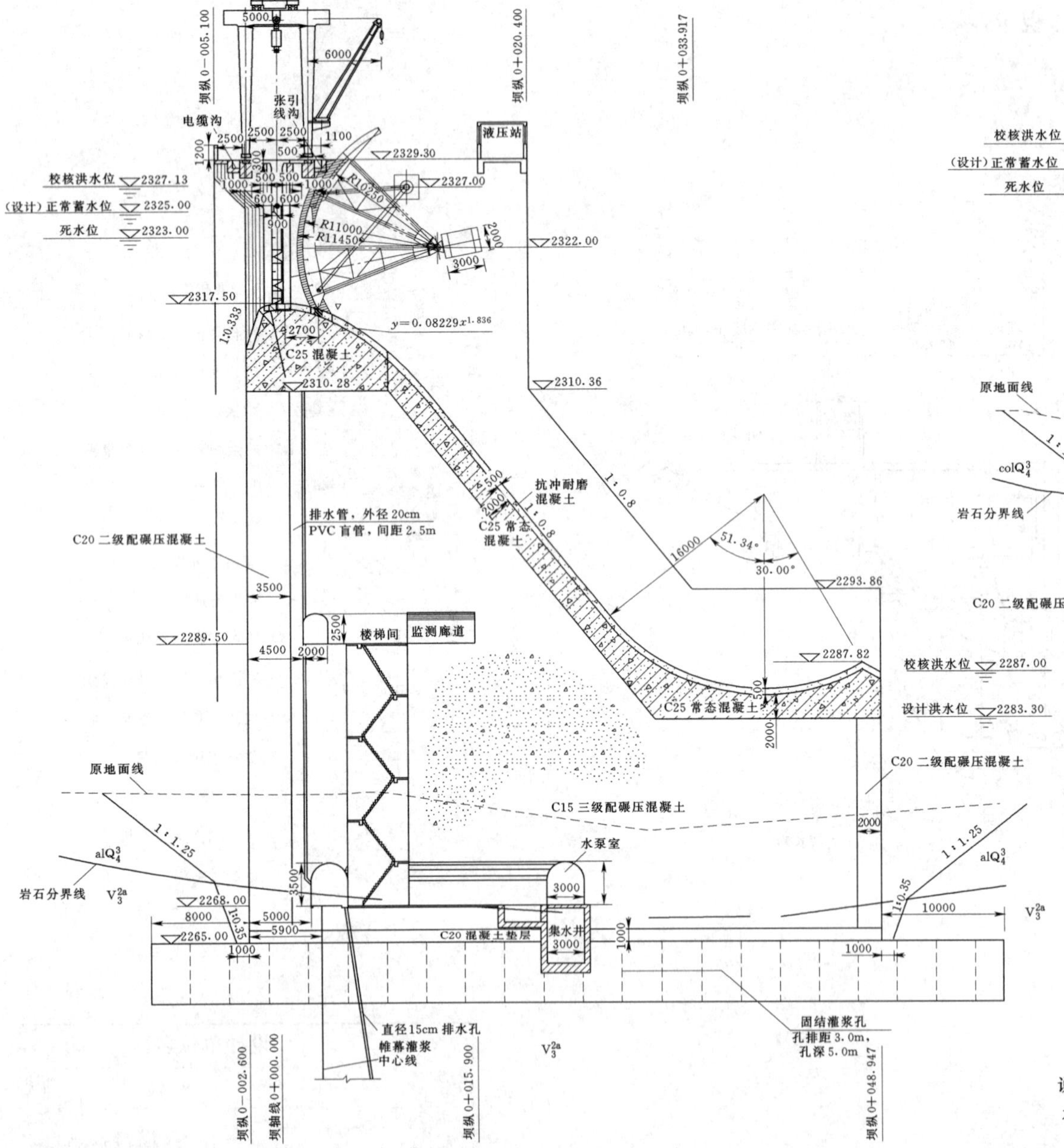

泄洪冲沙中孔剖视图(Ⅰ—Ⅰ)

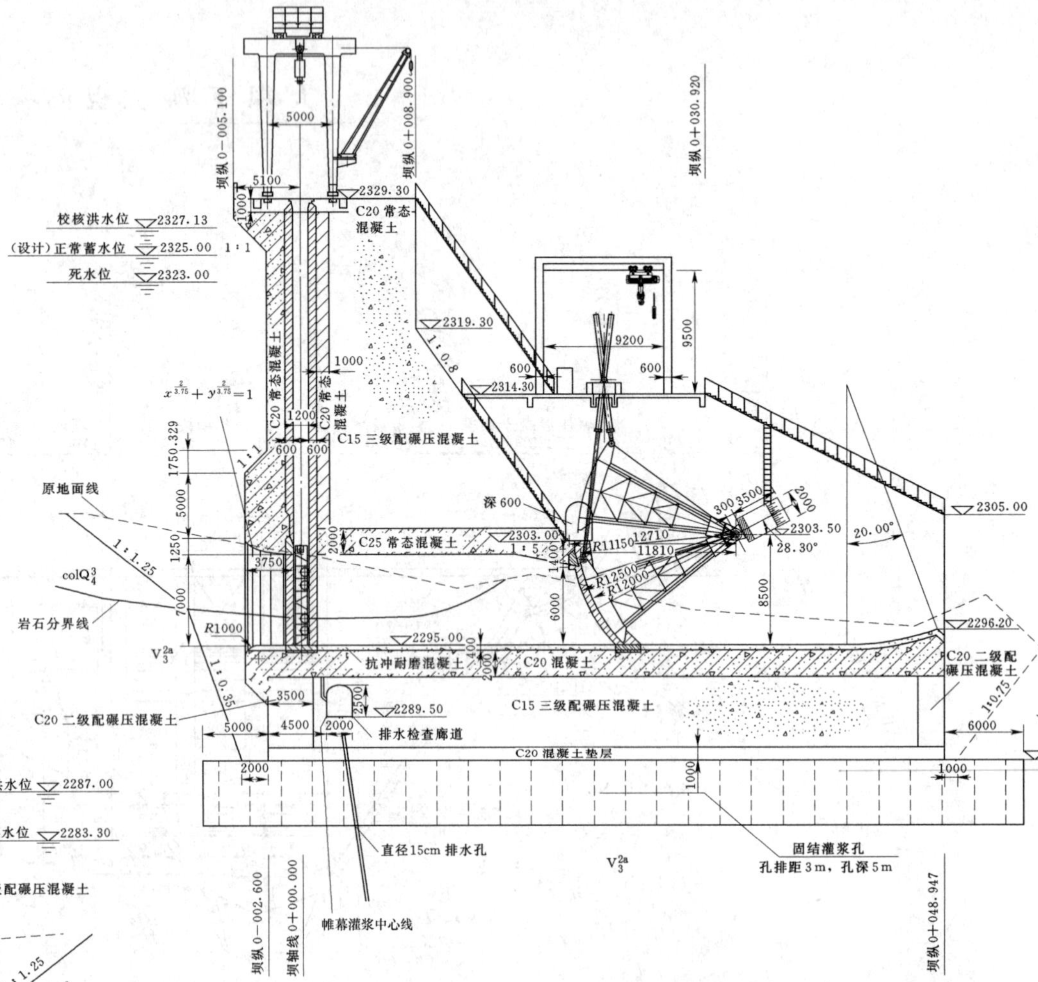

溢流堰面曲线参数表

堰面曲线方程：$y=0.08229x^{1.836}$，$H_d=9$m													
0	1	2	3	4	5	6	7	8	9	10	11	12	12.523
0	0.0823	0.2938	0.6185	1.0489	1.580	2.2082	2.9305	3.7447	4.6488	5.6409	6.7196	7.8836	8.5259

说明：

本图尺寸单位中高程、桩号以 m 计，其余均以 mm 计。

设计单位名称				
批准			工程名称	初步　设计
核定				水工　部分
审查			表孔、中孔坝段设计图	
校核				
设计				
制图				
描图			比例	日期
设计证号			图号	QYG－04

图 2－1－7－8　青羊沟水电站重力坝表孔、中孔坝段剖视图

1）溢流表孔坝段剖视图（Ⅱ—Ⅱ）识读。

溢流坝段设3孔溢流表孔，坝底高程为2265.00m，堰顶高程为2317.50m，坝体上游面直立，反弧段下游坝坡直立，坝底长51.547m（坝纵0－002.600～坝纵0＋048.947）。堰面采用WES曲线，曲线方程 $y=0.08229x^{1.836}$，上接坡比为1∶0.333的斜坡，下接坡比为1∶0.8的斜坡，之后为反弧段。堰顶分别设检修闸门和工作闸门，坝顶交通在检修闸门门机下通行，工作闸门由液压启闭机启闭，液压站设在闸墩顶部下游端。闸墩上游外伸2.5m牛腿，牛腿底部设置1∶1倒坡，闸墩下游延伸为导墙。

表孔过水面采用抗冲耐磨混凝土浇筑，厚0.5m，下垫C25常态混凝土。坝体采用C15三级配碾压混凝土浇筑。上游挡水坝面采用3.5m厚C20二级配碾压混凝土浇筑，下游直墙段采用2m厚C20二级配碾压混凝土浇筑。该坝段坝底设置固结灌浆和帷幕灌浆。固结灌浆孔孔排距3m，孔深5m，均匀分布。

2）泄洪冲沙中孔坝段剖视图（Ⅰ—Ⅰ）识读。

冲沙中孔坝段底板高程为2286.18m，进口底板前缘设圆弧曲线，$R=1$m，顶板前缘设椭圆曲线，曲线方程为 $x^{2/3.75}+y^{2/3.75}=1$，侧墙前缘设椭圆曲线。进口曲线段后设平板检修闸门（孔口尺寸为6m×7m），检修闸门后顶板接长平直段，平直段后设1∶5的压坡段接弧形工作闸门（孔口尺寸6m×6m），工作闸门后底板接长平直段入反弧段，反弧段挑射角度为20°，坝顶高程为2296.20m。

中孔过水面底板采用抗冲耐磨混凝土浇筑，厚0.4m，顶部采用C25混凝土浇筑，厚2m，底板下垫2m厚C20混凝土。

下游消能：工程区河道狭窄，下游河床底部宽度仅为22m，而泄流建筑物总宽度为46m，如采用底流式消能，下游消能建筑物工程量将大大增加，且增加建筑物布置难度，故下游消能采取挑流消能。将中间两孔表孔正对主河床布置，采用宽尾墩挑流消能；另一孔表孔及中孔采用扭曲式鼻坎，将水流挑向主河槽的布置方式进行消能。

4．水电站进水闸图识读

图2-1-7-9为水电站进水闸图。主要包含进水闸纵剖视图（Ⅴ—Ⅴ）、进水闸上游立视图、A—A剖视图、B—B剖视图和C—C剖视图。

联合识读进水闸纵剖视图（Ⅴ—Ⅴ）、进水闸上游立视图、A—A剖视图、B—B剖视图和C—C剖视图可得到：进水口喇叭段顶部采用椭圆曲线，底板高程为2313.00m。进口段设直立式拦污栅2扇，拦污栅单孔孔口尺寸为4m×9m。闸室段设事故检修闸门一扇，闸孔尺寸为4.6m×4.6m（结合图2-1-7-5中水电站主要工程特性表识读），闸门井断面为1.9m×5.0m的矩形断面，闸门后设通气孔，尺寸为1.3m×4.6m。闸后渐变段长度为9m，由矩形过渡到圆形隧洞，渐变段位于碾压混凝土坝体外，为明洞型式。

本工程引水发电洞直径为4.6m（结合C—C剖视图），进水口底板高程按防止产生贯通式漏斗旋涡进行确定，发电洞进口底板高程取2313.00m，比冲沙泄洪中孔底板进口高程2295.00m高18m。适时开启冲沙中孔冲沙，在坝前形成一纵向坡比为1∶7.14、横向坡比为1∶2.86的冲刷漏斗。正常蓄水位下漏斗容积约为24万 m^3，容积较小，易淤积填满，因此，在电站运行期间特别是洪水时期沙峰入库时，应及时开闸排沙，保持发电洞“门前清”，防止粗颗粒泥沙进入电站进水口，避免粗沙过机对机组的安全运行产生影响。

目 标 测 评

识读图2-1-7-10，完成下列内容：

（1）取放水建筑物剖视图按照__________的缩小比例绘制，剖面位置为桩号坝0＋137.50。

（2）大坝正常蓄水位__________m，设计洪水位__________m，校核洪水位__________m，死水位__________m。

（3）坝顶高程__________m，启闭机房底板高程__________m。

（4）大坝取放水钢管进口处高程__________m，钢管内径__________mm。

（5）大坝C—C剖视图按照__________的缩小比例绘制。

（6）出口闸室平面布置图采用__________的缩小比例绘制。

（7）出口闸室平面布置图中水流分为三个流向：__________放水管流向，水流经过消力池的消能，进入了总干渠；另一部分水流进入了__________人饮取水管；剩余水流经过 *DN*1500放空管进入了下游溢洪道消力池位置，进行下泄，在__________放空管旁设置了__________生态旁通管。

任务八 拱坝水利枢纽图识读

［学习目标］

素质目标：树立行业自信，继承艰苦奋斗、科学创新、精益求精的职业精神，爱岗敬业，技能报国。

知识目标：巩固拱坝水利枢纽包含的主要建筑物类型；知道拱坝水利枢纽组成建筑物的一般布置特点；掌握拱坝水利枢纽图识读的一般方法与步骤。

能力目标：能借助知识与方法正确、全面识读拱坝水利枢纽图，从而准确指导拱坝枢纽工程建设。

［学习预热］

土木工程“詹天佑奖”获得者——二滩拱坝水利枢纽

二滩水电站地处中国四川省西南边陲攀枝花市盐边与米易两县交界处，处于雅砻江下游，系雅砻江水电基地梯级开发的第一个水电站，上游为官地水电站，下游为桐子林水电站。

该电站水利枢纽由混凝土双曲拱坝、左岸地下厂房系统、右岸泄洪隧洞及左岸过木机道组成，最大坝高240m，坝顶长775m；水库正常蓄水位1200.00m，总库容5.8 km^3，调节库容3.37 km^3，装机总容量3300MW，保证出力1000MW，多年平均发电量170亿kW·h，投资286亿元。工程以发电为主，兼有其他综合利用效益。

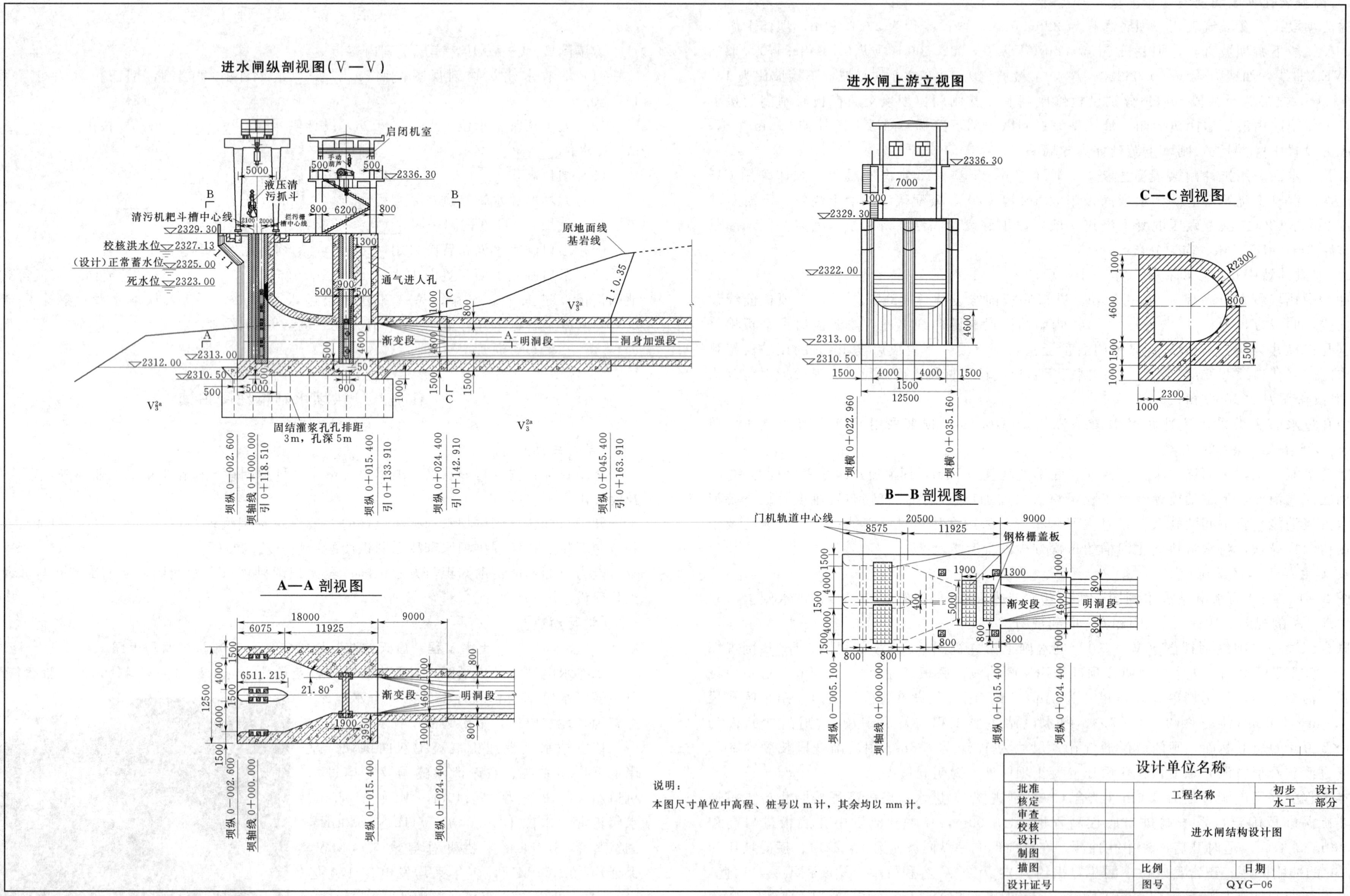

图 2-1-7-9 青羊沟水电站进水闸图

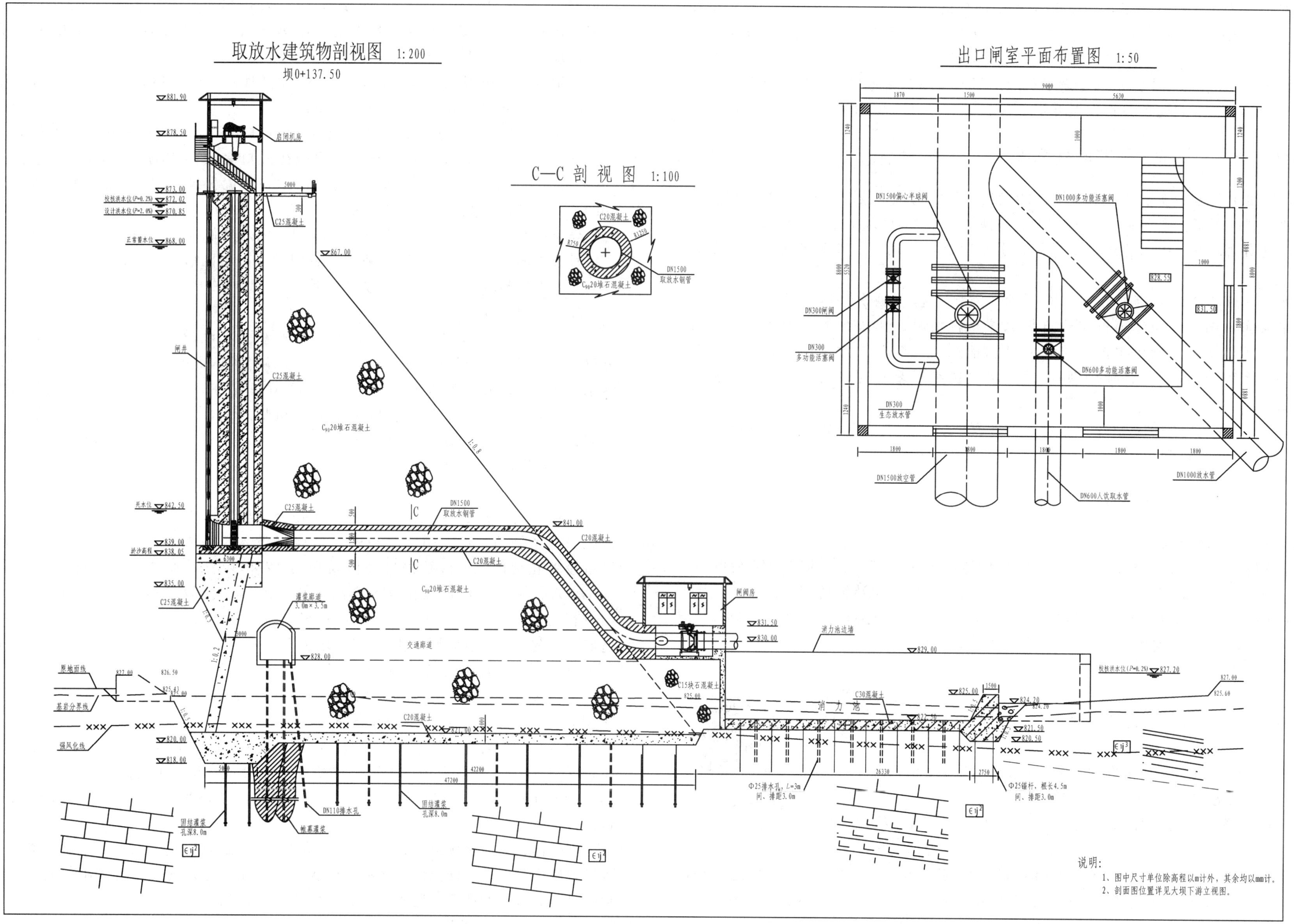

图 2-1-7-10 DL 水库大坝典型参数图

二滩水电站于1991年9月开工，1998年7月第一台机组发电，2000年完工，是中国在20世纪建成投产最大的电站。2007年1月28日，二滩水电站工程荣获第六届“中国土木工程詹天佑奖”。

二滩工程的成功，标志着中国水电建设水平迈上了一个新台阶，川渝两地因此告别了多年的电力紧张局面，为21世纪的经济发展奠定了基础！

一、拱坝枢纽图识读的一般方法与步骤

拱坝水利枢纽主要由拱坝坝体、泄流及消能设施、取水建筑物及下游相关建筑物组成。一般拱坝水利枢纽的图纸主要包括：枢纽总平面布置图、典型坝段剖视图、泄水建筑物平面图、泄水建筑物剖视图、引水建筑物平面图、引水建筑物剖视图、地基处理图、局部详图等。

识读拱坝水利枢纽图建议遵循先枢纽总平面布置图，再建筑物结构图的一般识图顺序。枢纽总平面布置图可以识读出枢纽建筑物总体布置情况、建筑物的类型和区域划分情况等；建筑物结构图可识读出单体建筑物的结构信息。识读单体建筑物信息时，按照先整体后局部、多种视图联合识读的原则，结合各类图纸反复对照、比较，最终掌握建筑物结构详细信息。

接下来就以赛珠水电站为例，介绍其枢纽平面布置图、典型坝段剖视图、引水建筑物布置图、细部结构图的识读过程。

二、赛珠水电站水利枢纽图识读

1. 赛珠水电站工程概况

赛珠水电站位于云南省禄劝县转龙镇境内洗马河下游泸溪桥附近，为一混合式开发电站，是云南洗马河干流规划中的第二个梯级电站。首部枢纽位于洗马河泸溪桥上游约400m处。枢纽工程由泸溪桥大坝、大坝、泄洪、引水系统及发电厂房等主要建筑物为3级建筑物，大坝相应的防洪标准为50年一遇洪水设计，500年一遇洪水校核。

2. 枢纽平面布置图识读

图2-1-8-1为赛珠水电站枢纽平面布置图，主要表达枢纽中各建筑物的总体布置情况、枢纽建筑物的相对位置及主要建筑物的相关平面尺寸等。

微课2-1-8-1 枢纽平面布置图识读

从图中可知，该枢纽包含的主要建筑物有混凝土抛物线双曲拱坝、引水发电洞、导流洞、冲沙孔等，电站厂房在图中未表示。同时，还可看到上、下游土石围堰的布置。结合水库特征表，可识读建筑物的相关信息，具体如下。

混凝土双曲拱坝，坝顶高程为1826.00m，最大坝高72m，坝顶宽7m，坝底宽18m，坝顶弧长160.09m。大坝采用开敞式泄洪方式，溢流坝段位于主河床部位，溢流净宽40m（识读水库特征表得到），设有4个溢流孔，采用挑流消能。以拱坝中心角右岸方向0+000.00处为参照，可看到0+054.510、0+118.890处分别设有1号、2号诱导缝。水库校核洪水位1824.26m，设计洪水位1823.26m，正常蓄水位1820.00m，死水位1805.00m。相应正常蓄水位时库容为167万m^3，有效调节库容为48万m^3，为自调节水库，水库汛期冲沙水位拟定为1805.00m。

电站进水口布置在水库右岸，入口处设拦沙坝，引水隧洞内径为2.7m，引水流量为17.7m^3/s，进水口底板高程为1795.00m。

冲沙孔布置于溢流表孔右侧挡水坝段，由进口段、孔身有压段和出口明渠段三部分组成，为便于冲沙，前面接有一冲沙明渠。冲沙孔进口底板高程为1785.00m，平板闸门尺寸为3m×4m（宽×高），弧形闸门尺寸为3m×3m（宽×高），冲沙渠横断面为矩形，尺寸为4m×(4.2～5m)（宽×高）（结合图2-1-8-2识读）。

导流洞布置在大坝左岸，自靠近上游围堰的左岸侧起始，为暗管结构，到下游围堰左岸出口段改为明渠。上下游围堰均采用土石围堰，上游围堰上、下游边坡坡比分别为1∶2.0、1∶1.5，下游围堰上、下游边坡坡比分别为1∶2.0、1∶1.5。

3. 拱坝图识读

图2-1-8-2为赛珠水电站双曲拱坝冲沙孔坝段横剖视图。识读此图可以得出：大坝的正常蓄水位1820.00m，设计洪水位1823.26m，校核洪水位1824.26m，死水位1805.00m。坝顶高程为1826.00m，坝底高程为1754.00m，底部宽18m。坝顶设启闭机房，启闭机房宽5.492m，机房底板下设横梁，上游横梁截面尺寸为1.2m×1.2m，下游横梁截面尺寸为0.8m×1.5m，启闭机尺寸为0.6m×1.2m（宽×长），启闭机房后坝顶宽7m。

微课2-1-8-2 泄洪冲沙孔坝段剖视图识读

大坝采用C25混凝土浇筑，冲沙孔孔身上壁、下壁段采用C30混凝土浇筑。坝体冲沙孔设两道闸门：第一道为平板闸门，启闭设备设置在坝顶；第二道为弧形闸门，启闭设备设置在坝后。冲沙孔进口底板高程为1785.00m，冲沙明渠段底坡坡率$i=1\%$。结合A—A剖视图、冲沙孔孔身大样图可知：进口渐变段采用三向收缩的喇叭口，顶部椭圆方程为$x^2/300^2+y^2/100^2=1$，翼墙椭圆曲线方程为$x^2/150^2+y^2/50^2=1$；明渠段渠道底部净宽4m，边墙厚度由1m渐变为靠近进口处的1.5m；平板闸门设置在冲沙孔进口内2.5m处，冲沙孔底部宽3m，底坡坡率$i=0\%$，闸墩厚2m。冲沙孔出口设弧形闸门，闸门支臂长4.5m；冲沙孔出口底板末端设置半径为1m的倒圆角，出口段总宽8m，净宽3m，侧墙厚2.5m（A—A剖视图）。

冲沙孔进口渐变段长度为2.5m，进口闸室段长度为2.2m，孔身段长度为12.24m，出口段长度为8.7m。冲沙孔进口处、出口处底部均设置悬挑，上游进口处悬挑长度为4.417m，高度为5.1m，下游出口处悬挑长度为7.91m，具体高度未标出（结合冲沙孔孔身大样图识读）。

坝体内设置灌浆廊道，廊道宽3m，高3.9m，断面为城门洞形。坝基防渗措施采用帷幕灌浆，廊道排水孔延伸至帷幕灌浆下游侧。冲沙孔中心线剖视图可清晰看到大坝开挖线，根据桩号可识读出冲沙孔上游明渠段底板总长为33.66m。

4. 电站进水口图识读

图2-1-8-3为赛珠水电站冲沙渠及电站进水口平面布置图。主要包括冲沙渠及进水口

赛珠拱坝水利枢纽平面布置图

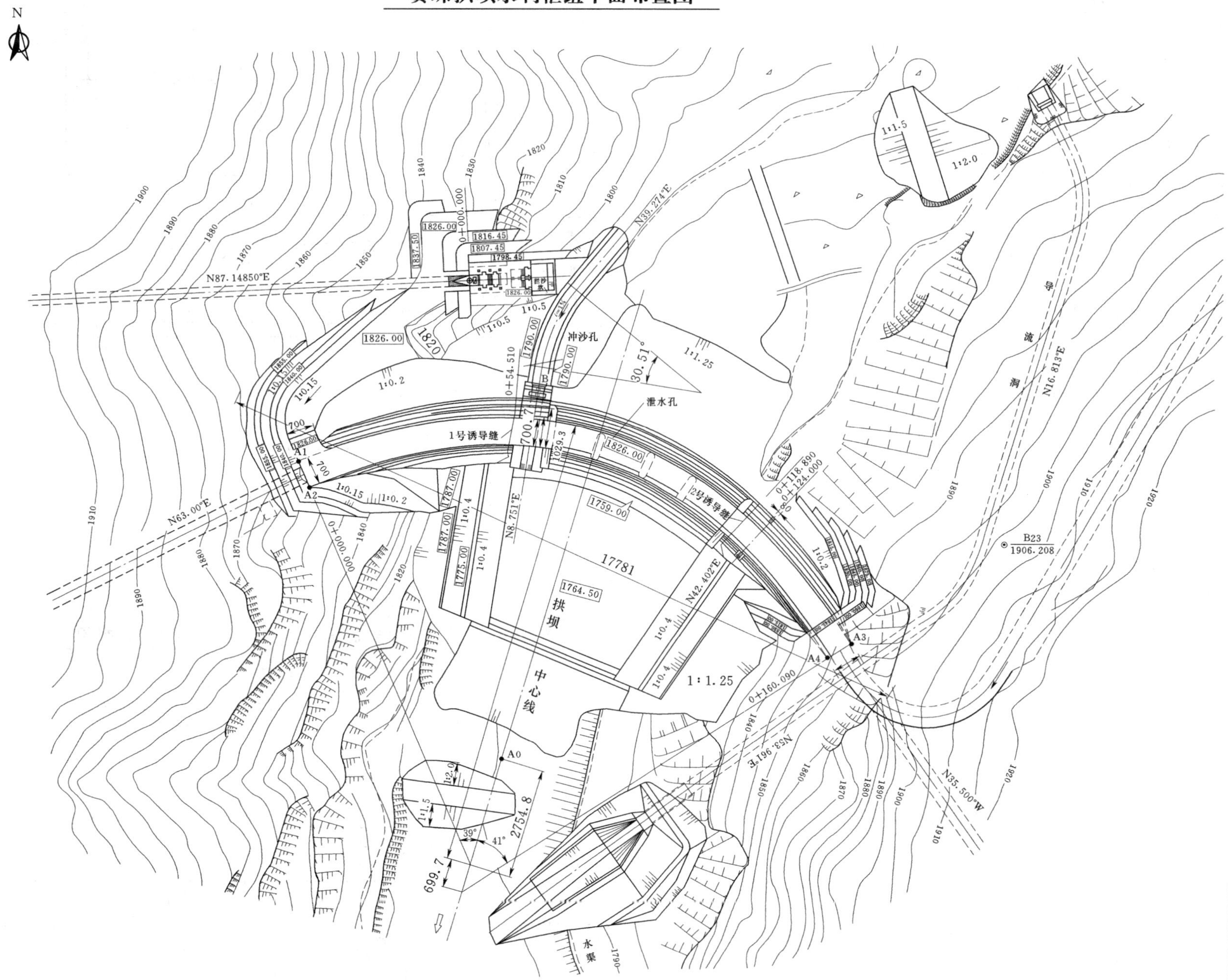

控制点坐标表

参数 高程	T/m	ϕ_1/(°)	ϕ_r/(°)	R_1/m	R_r/m	I_1/m	I_r/m
1826.00	7.000	40.9239	39.4231	84.500	81.500	73.00	67.00
1820.00	7.641	40.2505	38.5526	83.867	81.563	71.00	65.00
1810.00	8.901	39.6561	37.7421	83.241	81.389	69.00	63.00
1800.00	10.278	38.9245	37.0278	82.962	80.868	67.00	61.00
1790.00	11.625	38.1286	36.4088	82.813	80.000	65.00	59.00
1780.00	12.799	35.7743	34.1791	82.577	78.785	59.50	53.50
1770.00	13.654	33.3545	31.8644	82.037	77.222	54.00	48.00
1754.00	14.000	27.6995	27.1811	80.000	74.000	42.00	38.00

水库特征表

项目	单位	数量	备注
校核洪水位	m	1824.26	P=0.2%
设计洪水位	m	1823.26	P=2.0%
校核洪水流量	m^3/s	731	P=0.2%
设计洪水流量	m^3/s	482	P=2.0%
正常蓄水位	m	1820.00	
死水位	m	1805.00	
最大坝高	m	72.0	
坝顶宽度	m	7.00	
坝底宽度	m	18.00	
溢流宽度	m	4×10.0	
冲沙孔平板门尺寸	m	3×4	宽×高
冲沙孔弧形门尺寸	m	3×3	宽×高
冲沙渠断面尺寸	m	4×(4.2～5)	宽×高
冲沙孔底板高程	m	1785.00	
进水口底板高程	m	1795.00	

说明：

图中单位除高程以m计外，其余以 cm 计。

设计单位名称				
批准			工程名称	招标　设计
核定				水工　部分
审查			枢纽平面布置图	
校核				
设计				
制图				
描图			比例	日期
设计证号			图号	SZ－DB－01

图 2－1－8－1　赛珠水电站枢纽平面布置图

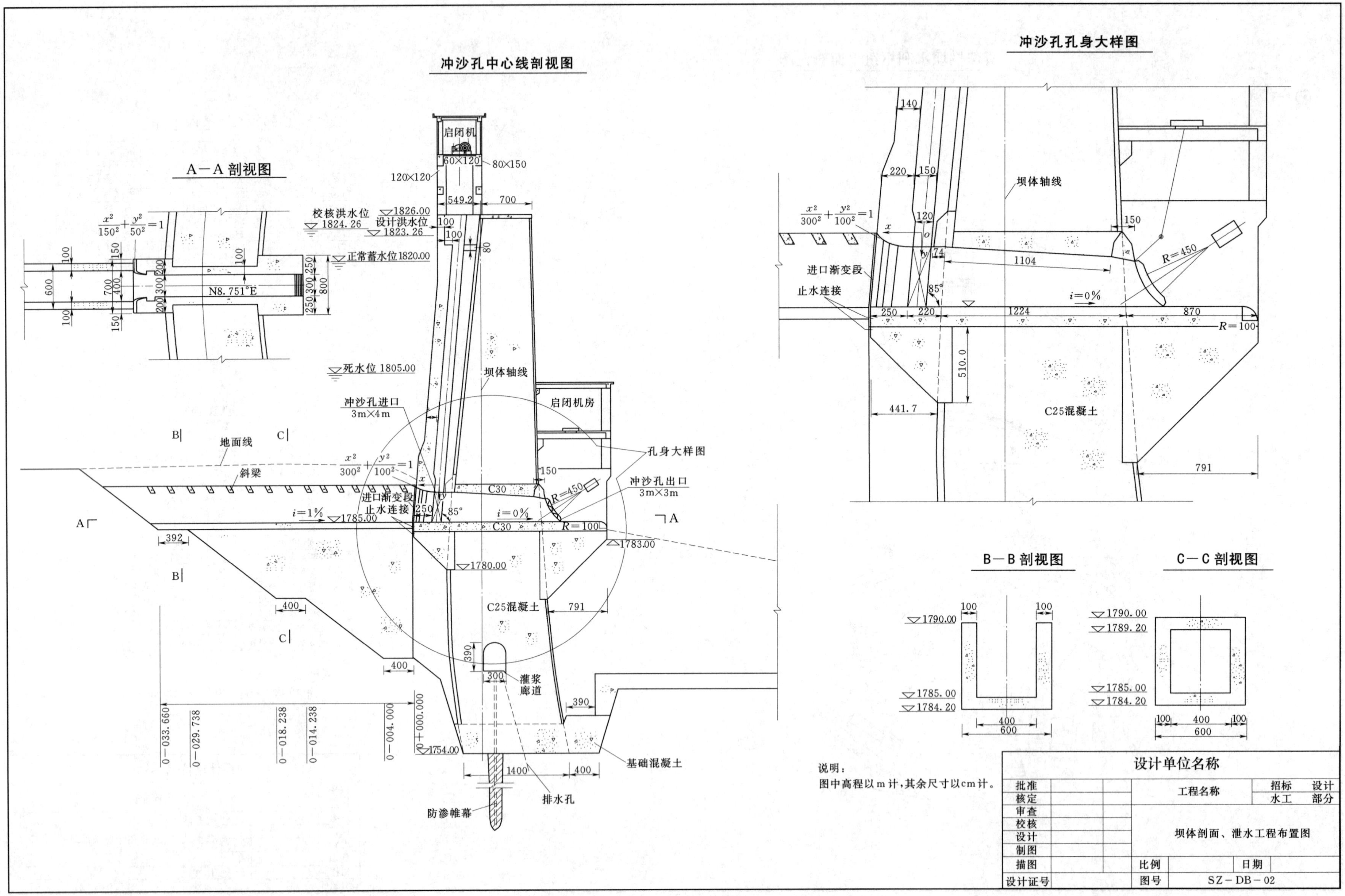

图 2-1-8-2 赛珠水电站双曲拱坝冲沙孔坝段横剖视图

冲沙渠及进水口平面布置图

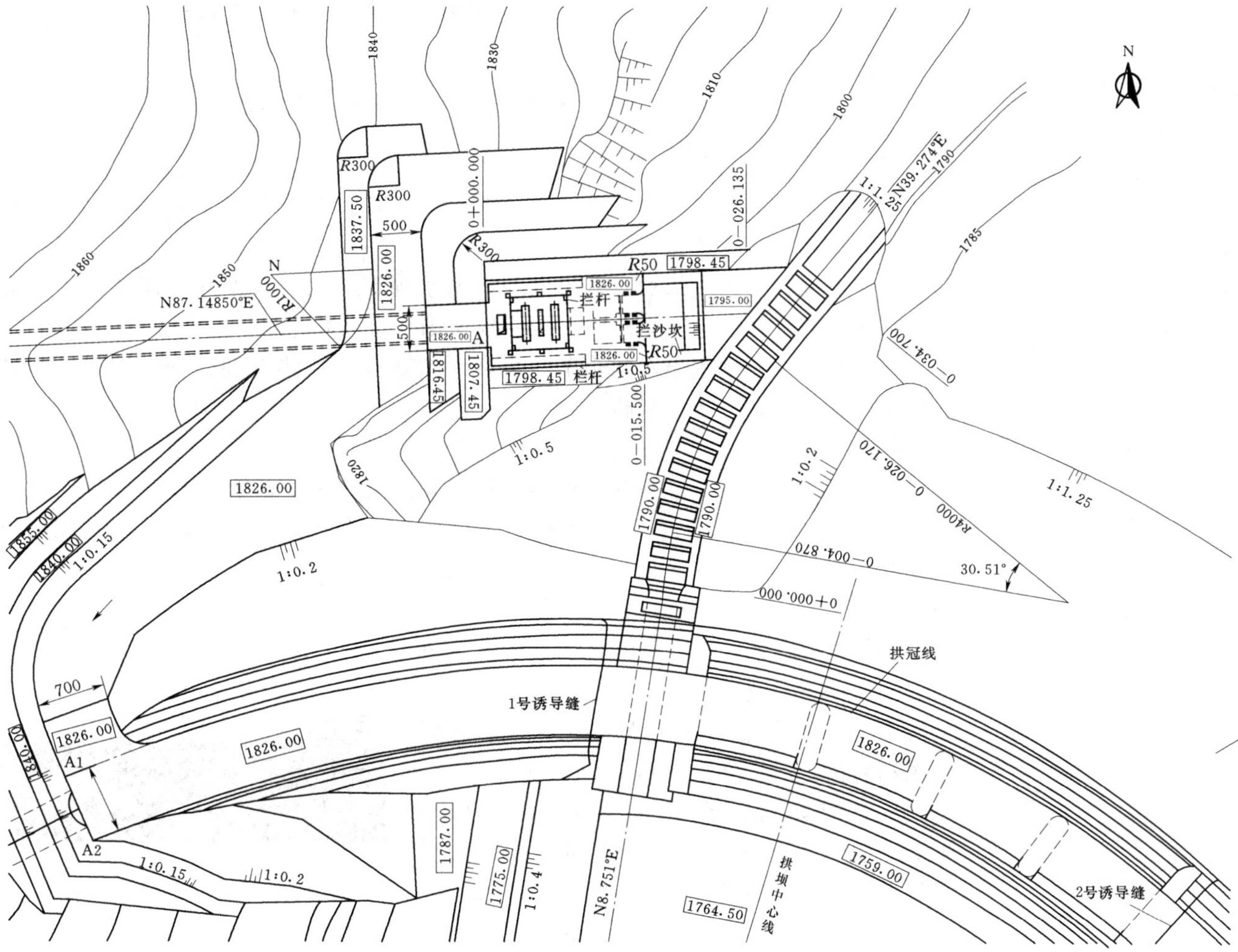

进水口轴线纵剖视图

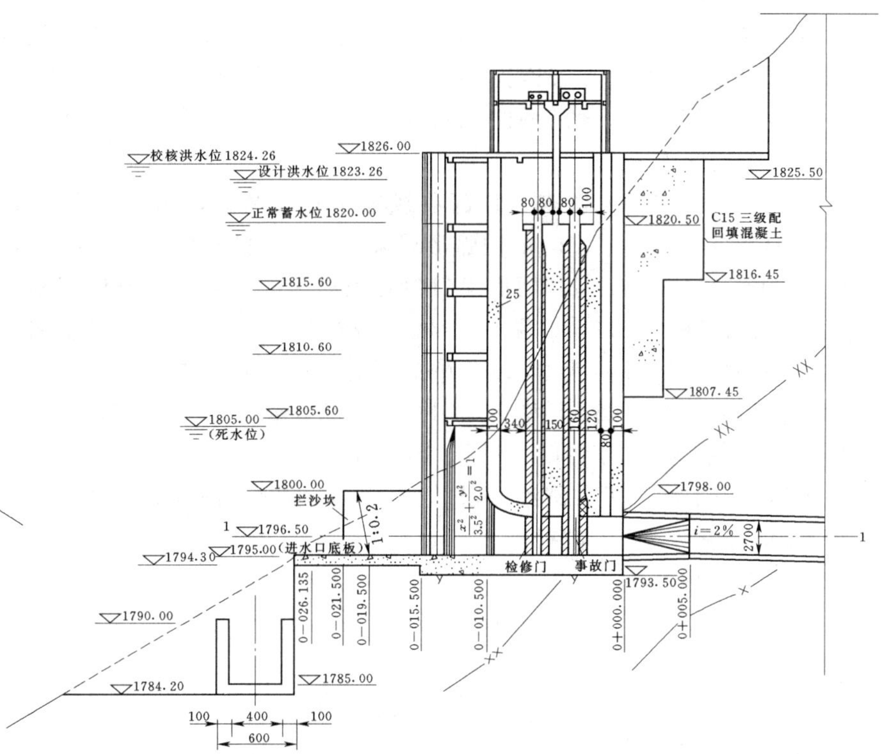

1—1 剖视图

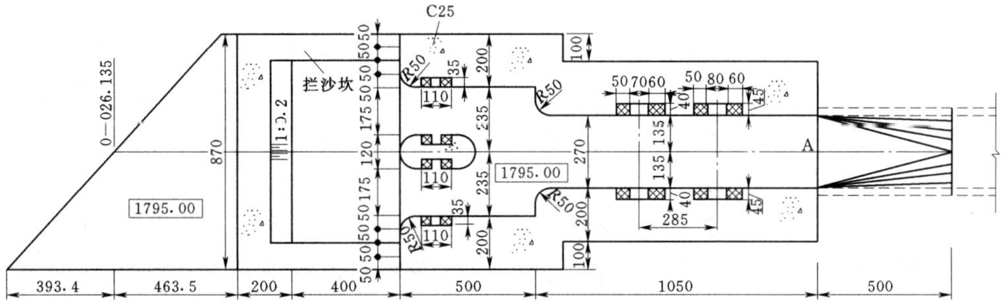

控制点坐标表

点号	位置	x/m	y/m
A	进水口隧洞挂口点	2871920.764	34578218.870
A_1	大坝右拱端上游点	2871875.508	34578177.430
A_2	大坝右拱端下游点	2871869.069	34578180.174

说明：

图中高程以 m 计，其余尺寸以 cm 计。

设计单位名称			
批准		工程名称	招标 设计
核定			水工 部分
审查		冲沙渠及进水口平面布置图	
校核			
设计			
制图			
描图		比例	日期
设计证号		图号	SZ-DB-03

图 2-1-8-3　赛珠水电站冲沙渠及电站进水口平面布置图

平面布置图、进水口轴线纵剖视图和1—1剖视图。电站进水口布置在大坝右岸，进口段总长为35.069m，依次包括进水口段、拦沙坎段、进水喇叭口、闸室段、渐变段等结构，各结构信息识读如下。

进水口段在平面上呈三角形，两侧边墙不对称，底板高程为1795.00m，顺水流方向长8.569m，宽8.7m，底板厚0.7m。

拦沙坎段顶部高程为1800.00m，高5m，横向坎后设坡比为1∶0.2的陡坡，总厚度为2m，水平段长4m，顺水流方向总长度为6m。坎后设置两孔拦污栅，其中边墩厚2m，上游墩头采用半径为0.5m的圆弧，闸门槽深35cm，中墩厚1.2m，上下游墩头均为圆弧形，闸孔净宽1.75m，该段长度为5m。

进水口首部为三向收缩的喇叭口，顶部曲线采用椭圆曲线，曲线方程为 $x^2/3.5^2+y^2/2.0^2=1$。两侧边墙均为半径为0.5m的圆弧形翼墙，喇叭口的宽度由4.7m渐变为2.7m。

闸室段设检修闸门和事故闸门，两道闸门中心距离为2.85m，检修闸门闸门槽宽0.7m，深0.4m；事故闸门闸门槽宽0.8m，深0.45m，事故闸门下游1.2m处设置孔径为0.8m的通气孔；进水塔检修平台高程为1826.00m。进水塔后侧山体开挖平台的高程分别为1798.00m、1807.45m、1816.45m，塔后采用C15三级配混凝土回填与山体连接。闸室宽度为2.7m，闸室段、进水喇叭口段的总长度为15.5m。

渐变段位于闸室段下游，为方圆渐变段结构，将矩形断面渐变为洞身段的圆形断面，长度为5m。洞身底坡坡率为2%，内径为2.7m。

结合进水口轴线纵剖面可识读出，冲沙孔明渠段底板在进水口底板向下10m处，明渠段先采用“⊔”形断面，底板厚0.8m，边墙厚1m，总高5.8m，净宽4m，总宽6m。

目 标 测 评

识读图2-1-8-4，完成下列内容：

（1）拱坝体形平面图采用__________的缩小比例绘制。

（2）各拱圈高程标注清楚，分别为______ m、______ m、840m、______ m、______ m、______ m、760m、740m、720m，坝底高程为713.00m。

（3）拱冠剖面及左、右岸曲率中心轨迹图按照__________的缩小比例绘制。

（4）从该图中可以识读出，坝顶中心线位置大坝宽度为______ m，依次向下的坝体中心线位置宽度分别为16.23m、21.17m、25.29m、28.87m、32.17m、35.48m、39.06m、43.19m，坝底跨度为44.81m。

（5）从坝顶高程开始，填写下列各层左右拱圈半径：

①高程880.50m处左半拱曲率半径为112.915m，右半拱曲率半径为______ m；

②高程860.00m处左半拱曲率半径为107.313m，右半拱曲率半径为______ m；

③高程840.00m处左半拱曲率半径为______ m，右半拱曲率半径为110.575m；

④高程820.00m处左半拱曲率半径为91.799m，右半拱曲率半径为______ m；

⑤高程800.00m处左半拱曲率半径为______ m，右半拱曲率半径为82.982m；

⑥高程780.00m处左半拱曲率半径为73.341m，右半拱曲率半径为______ m。

（6）拱坝下游面立式图按照__________的缩小比例绘制，标注了上、下游边界线及拱坝中心线。

项目二　灌溉取水工程图识读

任务一　水 闸 图 识 读

［学习目标］

素质目标：学习古人的治水智慧，继承水利人的工匠精神，树立科学、创新的工程思维，具有与时俱进的工程意识。

知识目标：熟悉水闸的结构组成；熟悉水闸不同水工视图的成图原理；掌握水闸水工图的特殊表达方式；掌握水闸水工图的一般识图方法与顺序。

能力目标：能辨别出水闸水工图的特殊表达方式；能准确、全面识读水闸各类水工图纸的信息，从而准确指导水闸施工。

［学习预热］

“一座水闸带来的海晏河清”——曹娥江大闸

“钱塘雪浪与天平，小入曹娥亦有声。”作为钱塘江最大的支流，曹娥江的惊涛骇浪、波澜壮阔之景自古引得许多诗人在此留有屐痕墨韵。而就在这海洋与陆地相交之处，被誉为“中国第一河口大闸”的浙江曹娥江大闸枢纽工程，宛如一条凌空的巨龙，横卧在江口，记录着千百年的奔流不息，描绘着“上善若水”的水利盛世。

一条曹娥江，流淌着绍兴几千年的历史。曹娥江上游源短流急，下游受钱塘江潮汐顶托，形成“南洪北潮”的格局。每年夏秋，频繁的台风带来强风暴雨，曹娥江上游滚滚洪水急速向下肆虐，河口的钱塘江潮水则逆势涌入曹娥江，上下两种势力激烈交锋，让沿江人民饱受灾难。而遇到大旱年份，曹娥江水源枯竭，境外来水无处蓄积，水乡绍兴和浙东其他地区蝉喘雷干，赤地千里。为彻底解决水患，2005年12月30日，时任浙江省委书记的习近平宣布“浙东引水曹娥江大闸枢纽工程开工”并启动开工按钮；2008年12月18日，曹娥江大闸28扇闸门落下蓄水，由此大闸功能性建筑全部完工，并进入试运行阶段。也就是从这一天起，曹娥江河口段告别万古的涌潮历史，开启崭新的河湖兴利时代。

由于地理位置特殊，曹娥江大闸的建设面临强涌潮冲击、闸下泥沙淤积、近代沉积层厚软基沉降、海水侵蚀等一系列问题。针对多种技术难题，水利建设者先后开展了软土地基基础处理、水工高性能混凝土及温控防裂、金属结构防腐、双拱空间网架平面钢闸门、水利枢纽布置等30多项专题试验研究，取得了多项研究成果，在确保大闸如期顺利建成的同时，大闸的技术与工艺达到了国际和国内领先水平。

拱坝体形平面图

1∶500

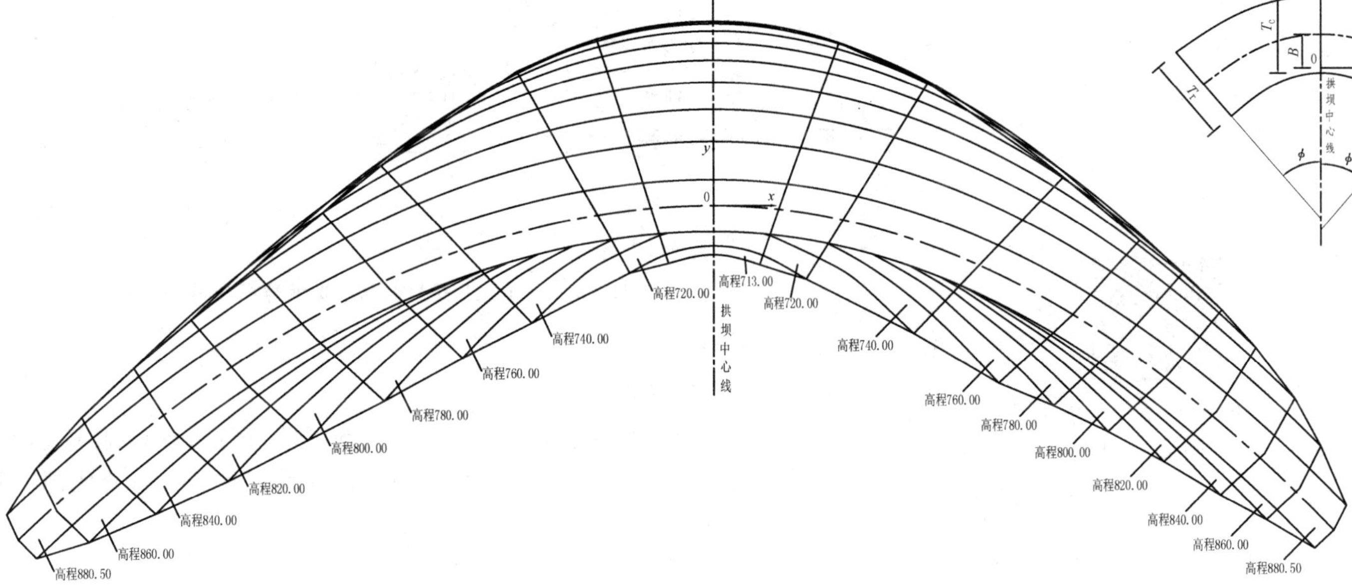

拱圈平面示意图

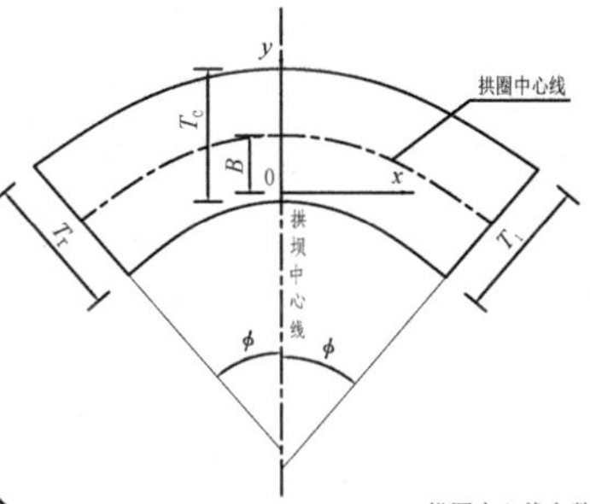

拱坝切角典型示意图

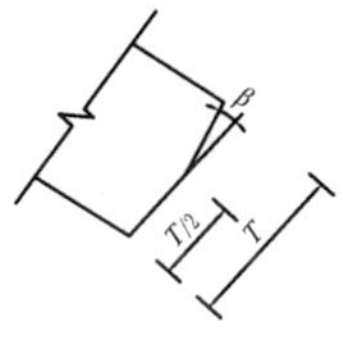

参数说明

R_l—拱冠处左半拱曲率半径;

R_r—拱冠处右半拱曲率半径;

B—拱冠梁中心线的y坐标;

T_C—拱冠厚度;

T_l—左拱端厚度;

T_r—右拱端厚度;

S_l—左半拱弧长;

S_r—右半拱弧长;

ϕ_l—左半拱半中心角;

ϕ_r—右半拱半中心角;

S—某点到拱坝中心线的弧长。

拱圈中心线参数方程

左半拱 $Y=-\dfrac{X^2}{2R_l}+B$

右半拱 $Y=-\dfrac{X^2}{2R_r}+B$

拱圈厚度参数方程

左半拱厚度 $T(s)=T_c+(T_l-T_c)(S/S_l)^2$

右半拱厚度 $T(s)=T_c+(T_r-T_c)(S/S_r)^2$

几何系数插值方程

$F(z)=\alpha_0+\alpha_1 z+\alpha_2 z^2+\alpha_3 z^3$

坐标z原点在坝顶，方向铅直向下

拱端切角参数表

高程/m	880.5	860	840	820	800	780	760	740	720	713
切角β/(°)	20	20	18	15	7	5	5	0	0	0

拱坝基本体形参数表

高程/m	拱冠梁中心线Y坐标 B/m	拱冠处厚度T_c/m	拱端厚度/m		拱冠处曲率半径/m		半中心角/(°)	
			左岸T_l	右岸T_r	左岸S_l	右岸S_r	左岸ϕ_l	右岸ϕ_r
880.5	0.000	10.000	10.000	10.000	112.915	136.066	46.456	44.120
860.0	4.223	16.216	17.296	17.217	107.313	123.919	46.292	45.164
840.0	7.920	21.165	23.166	23.067	100.156	110.575	46.519	45.933
820.0	11.066	25.291	28.015	27.937	91.799	96.639	46.427	46.667
800.0	13.526	28.869	32.054	32.018	82.706	82.982	46.535	46.951
780.0	15.166	32.173	35.492	35.506	73.341	70.479	46.789	47.000
760.0	15.854	35.477	38.539	38.593	64.170	60.003	46.999	45.758
740.0	15.455	39.057	41.406	41.473	55.657	52.428	43.494	43.000
720.0	13.836	43.187	44.300	44.338	48.268	48.627	31.609	28.804
713.0	12.956	44.813	45.359	45.374	46.033	48.350	19.919	17.666

拱坝几何参数插值系数表

几何参数	α_0	α_1	α_2	α_3
拱冠梁中心线坐标	0.00000	0.214369424	−3.51631091E-04	−2.78449777E-06
拱冠处厚度	10.00042	0.336120788	−1.72428056E-03	5.72181136E-06
左拱端厚度	10.00048	0.391066283	−1.80664505E-03	4.37131957E-06
右拱端厚度	10.00048	0.385498622	−1.71533771E-03	4.02773913E-06
左拱中心线拱冠处曲率半径	112.91526	−0.222471074	−2.67776419E-03	9.68406213E-06
右拱中心线拱冠处曲率半径	136.06565	−0.539649434	−2.95287460E-03	1.81983911E-05

坝体拱冠剖面及左、右岸曲率中心轨迹线图

1∶1000

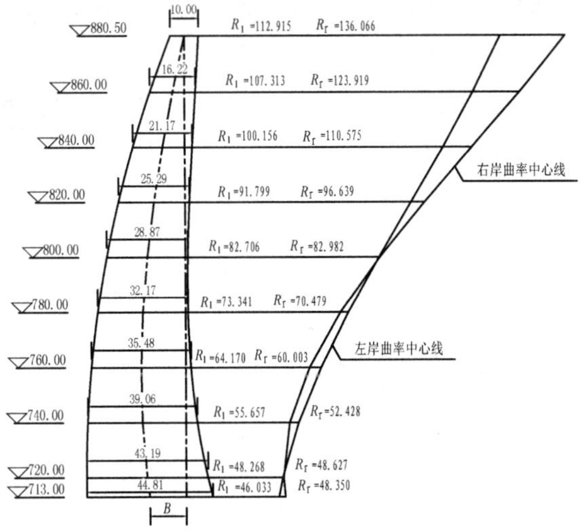

拱坝下游面立视图

1∶1000

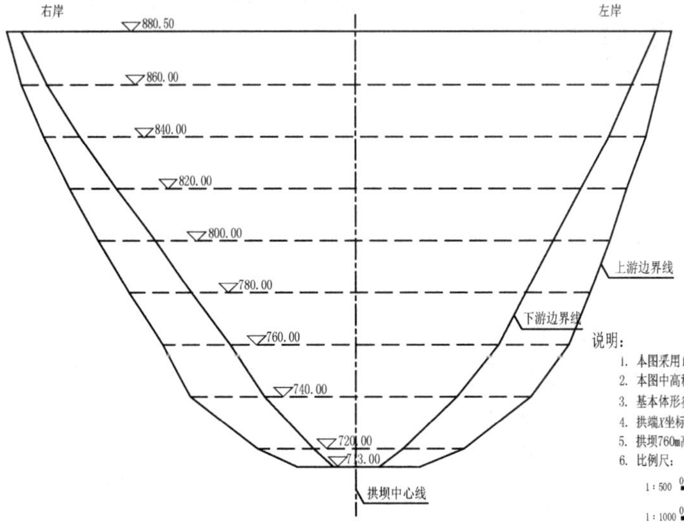

说明：

1. 本图采用1985国家高程基准。
2. 本图中高程及尺寸均以m计。
3. 基本体形参数表中拱端厚度为切角前控制参数。
4. 拱端X坐标控制高程间采用线形插值。
5. 拱坝760m高程以下不切角，760m高程以上各控制高程间切角度数线性插值。
6. 比例尺：

1∶500 0 5 10 15 20 25m

1∶1000 0 10 20 30 40 50m

图 2-1-8-4 JH 二级拱坝体形图

值得一提的是，为了保护咸淡水交替水域的生物多样性，曹娥江大闸两侧还各设计并建造有一条鱼道，让鲈鱼、鳗鱼等30多种洄游性鱼类顺利返回淡水水域产卵，并洄游大海。此外，大闸还把文化元素融入工程建设中，以传承当地特色水文化为主线，将绍兴先贤治水精神、古代水利工程建筑风格、治水典故传说与现代水利工程建设有机结合，除了具有实用功能的设施设备之外，还建有地方文化特色浓郁的碑亭、壁画、石雕，数百块水文化石刻，形象展示了浙东文化特色和水文化风格，是一个兼有现代水利科技和文化、艺术品位的水工建筑精品，这是中国特色社会主义文化自信的真实写照。

一、水闸基础知识

1. 水闸的分类

水闸是建在河道、渠道及水库、湖泊岸边，具有挡水、泄水、调节水位、控制流量功能的低水头水工建筑物。

微课 2-2-1-1
水闸基础知识

（1）按水闸担负的任务（作用），可分为：

1）节制闸（拦河闸）。用以调节上游水位，控制下泄流量。建于河道上的节制闸也称拦河闸。

2）进水闸（渠首闸）。在河、湖、水库的岸边兴建，常位于引水渠道首部，引取水流。

3）排水闸（排涝闸、泄水闸、退水闸）。建于排水渠末端的江河沿岸堤防上，既可防止河水倒灌，又可排除洪涝渍水。当洼地内有灌溉要求时，也可关门蓄水或从江河引水。排水闸具有双向挡水（有时兼有双向过流）的特点。

4）分洪闸。在河道的一侧兴建，用以将超过下游河道安全泄量的洪水泄入湖泊、洼地等分洪区，及时削减洪峰。

5）挡潮闸。建于河流入海河口上游地段，防止海潮倒灌。

6）冲沙闸。静水通航，动水冲沙，减少含沙量，防止淤积。用于排除进水闸或节制闸前淤积的泥沙，常建在进水闸一侧的河道上与节制闸并排布置，或建于引水渠内的进水闸旁。

7）排冰闸。在堤岸上建闸防止冬季冰凌堵塞。

（2）按闸室结构，可分为：

1）开敞式。闸室露天，又分为有胸墙、无胸墙两种形式。

2）涵洞式。（有压、无压）闸室后部有洞身段，洞顶有填土覆盖。

2. 水闸的结构

如图2-2-1-1所示，水闸由闸室、上游连接段和下游连接段组成。闸室是水闸的主体，设有底板、闸门、启闭机、闸墩、胸墙、工作桥、交通桥等。闸室分别与上下游连接段和两岸或其他建筑物连接。闸门用来挡水和控制过闸流量，闸墩用以分隔闸孔和支承闸门、胸墙、工作桥、交通桥等。底板是闸室的基础，将闸室上部结构的重量及荷载向地基传递，兼有防渗和防冲作用。上游连接段由防冲槽、护底、铺盖、两岸翼墙和护坡组成，用以引导水流平顺地进入闸室，延长闸基及两岸的渗径长度，确保渗透水流沿两岸和闸基的抗渗稳定性。下游连接段一般由护坦、海漫、防冲槽、两岸翼墙和护坡组成，用以引导出闸水流均匀扩散，消除水流剩余动能，防止水流对河床及岸坡的冲刷。

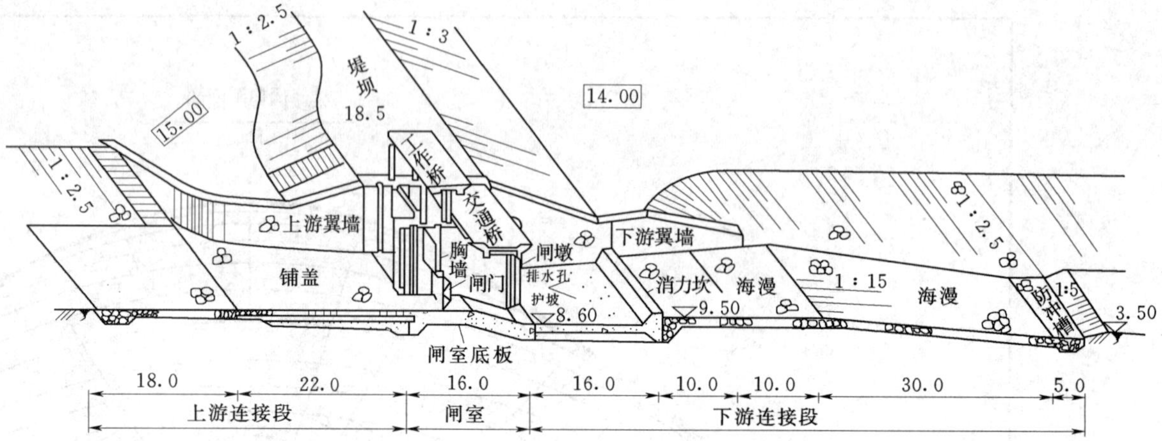

图2-2-1-1 土基上水闸立体示意图（单位：m）

3. 水闸细部构造

（1）水闸防渗排水设施。

水闸设计时，一般都要对水闸的闸基及边墩和翼墙进行防渗和排水处理，防渗设施是指构成地下轮廓的铺盖、板桩及齿墙；排水设施是指铺设在护坦、海漫底部或闸板下游段起导渗反滤作用的砂砾石层，在适当部位设置排水孔。

1）铺盖。铺盖主要用来延长渗径，应具有相对的不透水性，也要有一定的柔性，铺盖常用黏土、黏壤土或沥青混凝土做成，有时也可以用钢筋混凝土做成铺盖材料。

a. 黏土和黏壤土铺盖。黏土铺盖与闸底板连接处为一薄弱部位，通常在该处将铺盖加厚，将闸底板做成倾斜面，使黏土与闸底板紧粘。在连接处铺设油毛毡等止水材料，一端固定在斜面上，另一端埋入黏土中。为了防止铺盖在施工中受到破坏和运行期间被水冲刷，在其表面铺设砂层，然后在砂层上铺设块石护面。如图2-2-1-2所示。

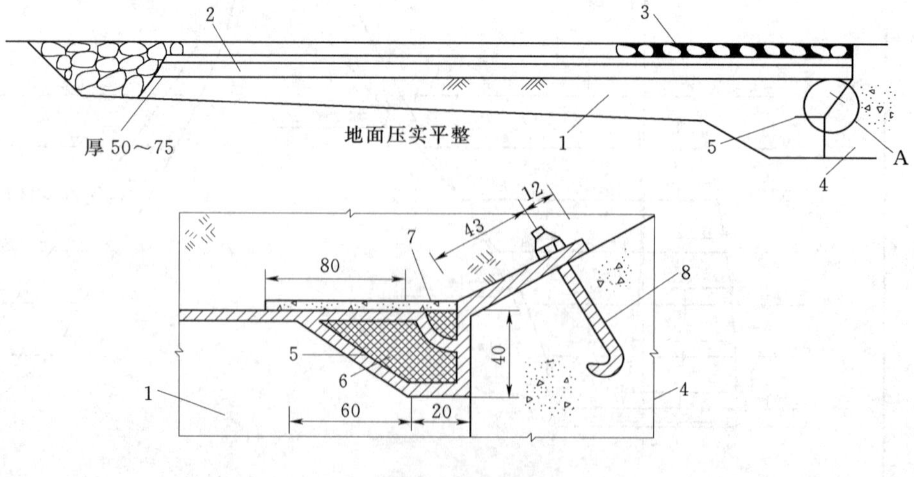

图2-2-1-2 黏土铺盖构造（单位：cm）

1—黏土铺盖；2—垫层；3—浆砌石（或混凝土）保护层；4—闸室底板；5—沥青麻袋；6—沥青填料；7—木盖板；8—斜面上螺栓

b. 沥青混凝土铺盖。在缺少适宜做铺盖的黏性土料的地区，可采用沥青混凝土铺盖。沥青混凝土与闸底板连接处一般采用加厚处理，接缝为搭接形式。为提高铺盖与混凝土的黏结力，先在闸底板上涂一层沥青乳胶，再涂一层较厚的纯沥青，最后上面铺设沥青铺盖，沥青混凝土铺盖不分缝。

c. 钢筋混凝土铺盖。当缺少适宜的黏性土料或需要铺盖兼做阻滑板时，采用钢筋混凝土铺盖。钢筋混凝土铺盖在顺水流方向和垂直水流方向均设置沉降缝，并设止水。在利用铺盖兼做阻滑板时，铺盖与闸室底板接缝处设置有铰接轴向受拉筋。如图 2-2-1-3 所示。

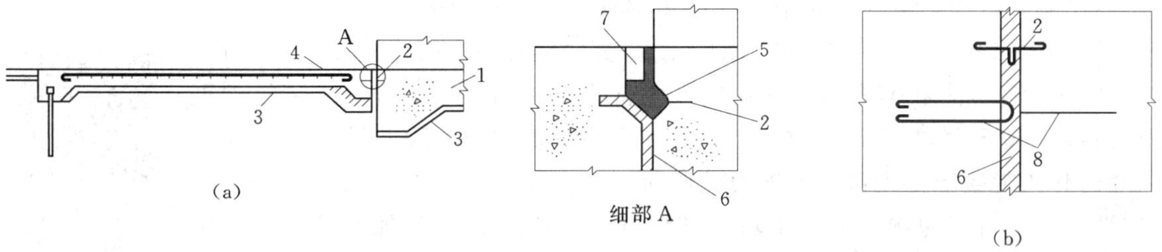

图 2-2-1-3　钢筋混凝土铺盖

1—闸底板；2—止水片；3—混凝土垫层；4—钢筋混凝土铺盖；5—沥青玛瑞脂；6—油毛毡两层；7—水泥砂浆；8—铰接钢筋

2）板桩。板桩在我国较少使用，板桩与闸室的连接有两种形式：一是把板桩紧靠底板前缘，顶部嵌入黏土铺盖一定深度［图 2-2-1-4（a）］；另一种是把板桩顶部嵌入底板特设的凹槽内［图 2-2-1-4（b）］。

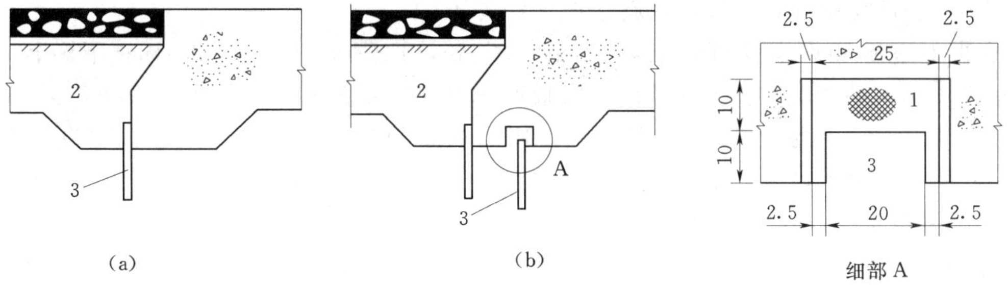

图 2-2-1-4　板桩与闸底板的连接

1—沥青；2—铺盖；3—板桩

3）排水及反滤层。排水及反滤层设置在护坦和海漫部位，其结构型式与土石坝排水及反滤层基本一致。

（2）水闸消能防冲设施。

1）消力池。平原水闸水头较低，一般采用底流消能，其消力池结构主要参数为池长、池宽、池深和尾坎、消力墩等。

2）海漫。海漫主要有以下几种：①干砌石海漫，常用在海漫后段；②浆砌石海漫，浆砌石内设置排水孔，下部设置反滤层或垫层；③混凝土板海漫，混凝土板上设有排水孔，下面设置反滤层或垫层，有时为了增加混凝土表面糙率，可采用斜面式或城垛式混凝土块体；④钢筋混凝土板海漫，混凝土板上设有排水孔，下面设置反滤层或垫层；⑤其他型式海漫，如铅丝块石笼海漫等。

模型 2-2-1-1
水闸仿真模型

3）防冲槽。防冲槽位于海漫的末端以保护海漫不受水流冲刷，常见型式有堆石体、齿墙、板桩、沉井等。

（3）水闸与两岸连接建筑物。

1）边墩和岸墙。建在较为坚实的地基上，高度不大的水闸，可用边墩直接与两岸坡或土坝连接。边墩与闸室底板的连接方式可以是整体式，也可以是分离式。边墩可以做成重力式、悬臂式、扶壁式或空箱式，重力式边墩常采用混凝土或浆砌石材料，扶壁式边墩常采用钢筋混凝土材料，扶壁之间的空腔采用土石料回填。若闸身较高且地基软弱，在边墩背后设置岸墙，边墩与岸墙之间用沉降缝分开，缝中设止水。岸墙型式可以是悬臂式、扶壁式或空箱式。如图 2-2-1-5 所示。

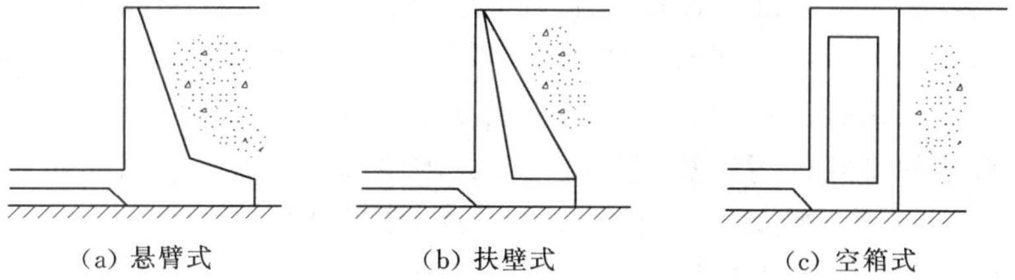

图 2-2-1-5　边墩常用结构型式

2）翼墙。根据地质条件，翼墙可以做成重力式、悬臂式、扶壁式或空箱式等型式，常用的翼墙布置型式有以下几种：

a. 反翼墙。翼墙向上下游延伸一段距离后，转弯 90°插入河岸，向上游延伸至铺盖，如图 2-2-1-6（a）所示。

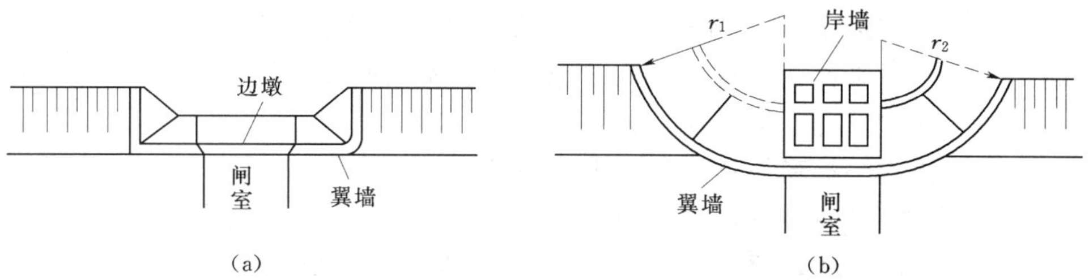

图 2-2-1-6　反翼墙和圆弧（或曲线）式翼墙

b. 圆弧式或曲线式翼墙。翼墙从边墩开始，向上下游用圆弧或 1/4 椭圆弧的铅直面与岸边连接，如图 2-2-1-6（b）所示。

c. 扭面式翼墙。从边墩端部的铅直面开始，向上下游延伸渐变为与其相连的河岸或渠道的坡度为止，将翼墙做成扭面，如图 2-2-1-7 所示。

3）刺墙。当侧向防渗长度难以满足要求时，在边墩后设置插入边坡的防渗刺墙，以增加渗径。刺墙一般采用混凝土结构，多采用矩形断面。

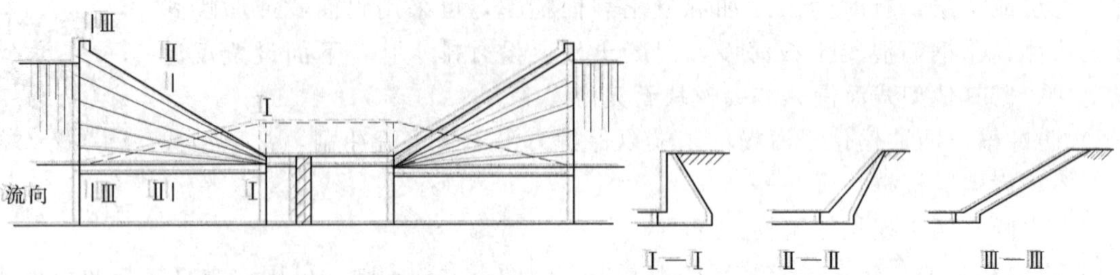

图 2-2-1-7 扭面式翼墙

二、水闸图识读的一般方法与步骤

水闸是既能挡水又能泄水的低水头水工建筑物。识读水闸图纸时，可按照先整体后局部的顺序识读。对局部信息，可按照水闸的组成结构依次识读。识图时，要根据成图原理及视图关系，多种视图联合识读，逐一读懂各个结构的信息，同时检查图纸中的相关信息是否准确、一致。主要识读内容有：水闸的整体布置情况；上游连接段的信息，包括上游连接段渠道的断面形状，护底的高程、尺寸、衬砌，上游护坡的坡比、高程、衬砌，铺盖的高程、尺寸、衬砌，上游翼墙的型式、高程及相关尺寸等；闸室段的信息，包括闸底板的高程、尺寸、衬砌，闸墩的数量、尺寸及型式，闸门的信息，交通桥的宽度、长度，工作桥的宽度、长度、高程等，启闭机的信息等；下游连接段的信息，包括消力池的高程、尺寸及布置，下游翼墙的型式、高程及尺寸，海漫的布置及构造，下游护坡的坡比、衬砌，防冲槽的尺寸、上下游坡比及回填材料等。

本任务以某拦河闸为例，详细介绍水闸图纸的识读过程。

三、某拦河闸图纸识读

1. 平面布置图识读

图 2-2-1-8 是某拦河闸平面布置图，先从水闸进口读起，按照水闸的组成结构依次识读。在平面图上首先找到水流标志，本图闸室轴线左侧标注了水流方向，水流从左向右流动，即左侧为水闸的进口段。

微课 2-2-1-2 水闸平面布置图识读

水闸上游连接段为一梯形渠道，渠道进口底部设有一条 30cm×50cm 的横向齿墙，两侧设置 35cm×100cm 的齿墙，渠道底宽 8m，渠底高程为 235.00m，两侧边坡坡比为 1∶2.5，渠顶高程为 237.20m，渠顶宽 2m，渠底采用预制混凝土板砌护，边坡采用干砌块石护坡。进水渠与闸室连接处采用圆弧形翼墙连接。

闸室段底宽 8m，闸墩顶部高程为 238.18m，门槽宽 70cm，深 25cm，闸室顺水流方向长 7.7m，在下游 2.5m 处由水平段变为缓坡段，缓坡坡比为 1∶1.5，高程降至 234.50m。闸室顶部工作桥长 10.2m，交通桥长 8.79m。闸室右侧有一长 20m 的斜坡道路，坡比为 1∶2，道路两侧采用 15cm×30cm 的混凝土道沿封边。

闸室下游为消力池段，该段渠道呈扩散状，断面形状为矩形，消力池底部宽度由 8m 增至 9m，消力池底板上布置了间距 2m、排距 1.5m 的排水孔，排水孔直径为 5mm，消力池段长 12m，下游翼墙高度顺着水流方向逐渐降低。消力池段下游为海漫段，该段顺水流方向长 20m，通过圆弧翼墙将矩形断面渐变为梯形断面，圆弧半径为 2.61m，圆心角为 88°，海漫底宽 11m，底部两侧设置了 0.4m×1.2m 的齿墙，海漫段两岸边坡坡比为 1∶2.5，该段均采用干砌石护砌。海漫段下游为防冲槽段，长 7.4m，防冲槽上游边坡坡比为 1∶2，下游边坡坡比为 1∶1.5，为梯形断面的防冲槽，具体构造平面图中未标注出。

2. 纵剖视图识读

水闸的形体信息主要表现在水闸的纵横剖视图上，在识读水闸图纸的过程中，对于复杂的闸室结构，一定要纵横剖视结合，对照解读，才容易理解。

图 2-2-1-9 是某拦河闸的纵剖视图，我们结合图 2-2-1-8 一起识读。在图 2-2-1-8 中我们看到了闸室进口段首先有一道 30cm×50cm 的横向混凝土齿墙，其下设置了 20cm 的砂垫层。两侧岸坡底部设置了纵向 30cm×50cm 的封边混凝土，进口引渠段为梯形断面，边坡坡比为 1∶2.5，采用干砌石护坡，渠底衬砌为预制混凝土块，在纵剖视图中可以清楚地看到，渠底防护形式为三层，最底层铺设 20cm 厚的砂层，中间铺设一层宽 30cm 的无纺布，上层铺设 1.2m 长、1m 宽、15cm 厚的混凝土预制板。从标注可以识读出引渠段长 10m，渠底高程为 235.00m，渠顶高程为 237.20m。

微课 2-2-1-3 水闸纵剖视图识读

上游弧形翼墙段长 5m，底部设置一底宽 40cm、上宽 80cm、深 1.5m 的梯形齿墙，上下游对称，铺盖为厚 60cm 的混凝土板，板下为水撼砂层，水撼砂层的厚度可以根据图纸数据计算获得（60cm），铺盖底板高程为 235.00m，与引渠段相同，引水水面高程为 236.60m，上游翼墙顶高程由 237.20m 增高至 238.18m。从平面图可知，翼墙顶部水平段长 2.5m，斜坡段长 2m，经过简单计算可知，该斜坡坡比约为 1∶2。

闸底板上下游侧设有齿墙，上游齿墙底宽 1m，顶宽 1.5m，深 2.7m；下游齿墙底宽 1m，顶宽 1.2m，深 2.2m。闸室混凝土底板厚 1.2m，闸室底板为一变坡底板，前 5.2m 为水平底板，后 2.5m 为坡比 1∶5 的斜坡段，闸门顶高程为 237.00m，闸墩顶部设有交通桥，桥宽 4m，桥梁结构为厚 40cm 的混凝土板结构，启闭机室为混凝土框架结构，螺杆式启闭机，工作桥高程为 241.63m，顶宽 3.1m。

下游连接段可分为三段不同结构型式的渠道：第一段为消力池段，长 6m，上下游设置对称齿墙，齿墙底宽 50cm，顶宽 1m，深 1.7m，底板混凝土厚 70cm，底板高程为 234.50m。第二段主要是反渗排水段，长 6m，齿墙结构型式与第一段相同，底板厚 60cm，底板上设置了排水孔，排水孔间距 1.5m，底板下设置了反滤层，反滤层由一层无纺布和一层 10cm 厚的砾石组成；该段翼墙上也设置了一层排水孔，排水孔间距为 1.5m；该段渠顶高程为 237.10m，消力池段末端设置了一消力坎，坎高 50cm，顶宽 50cm，底宽 1m。第三段为海漫段，该段长 27.4m，前 3m 为防冲刷段，底部衬砌为 4 层防冲刷结构，从下向上依次为 50cm 厚的砂垫层、无纺布、30cm 厚的砾石、60cm 厚的干砌石。接下来的 17m 为一般降坡扩散段，渠底坡比为 1∶40，底部衬砌为 4 层防冲刷结构，从下向上依次为 20cm 厚的砂垫层、无纺布、10cm 厚的砾石、30cm 厚的干砌石。海漫段边坡坡比为 1∶2.5，干砌石防护。该段剩余的 7.4m 为防冲槽段，防冲槽上游边坡坡比为 1∶2，下游边

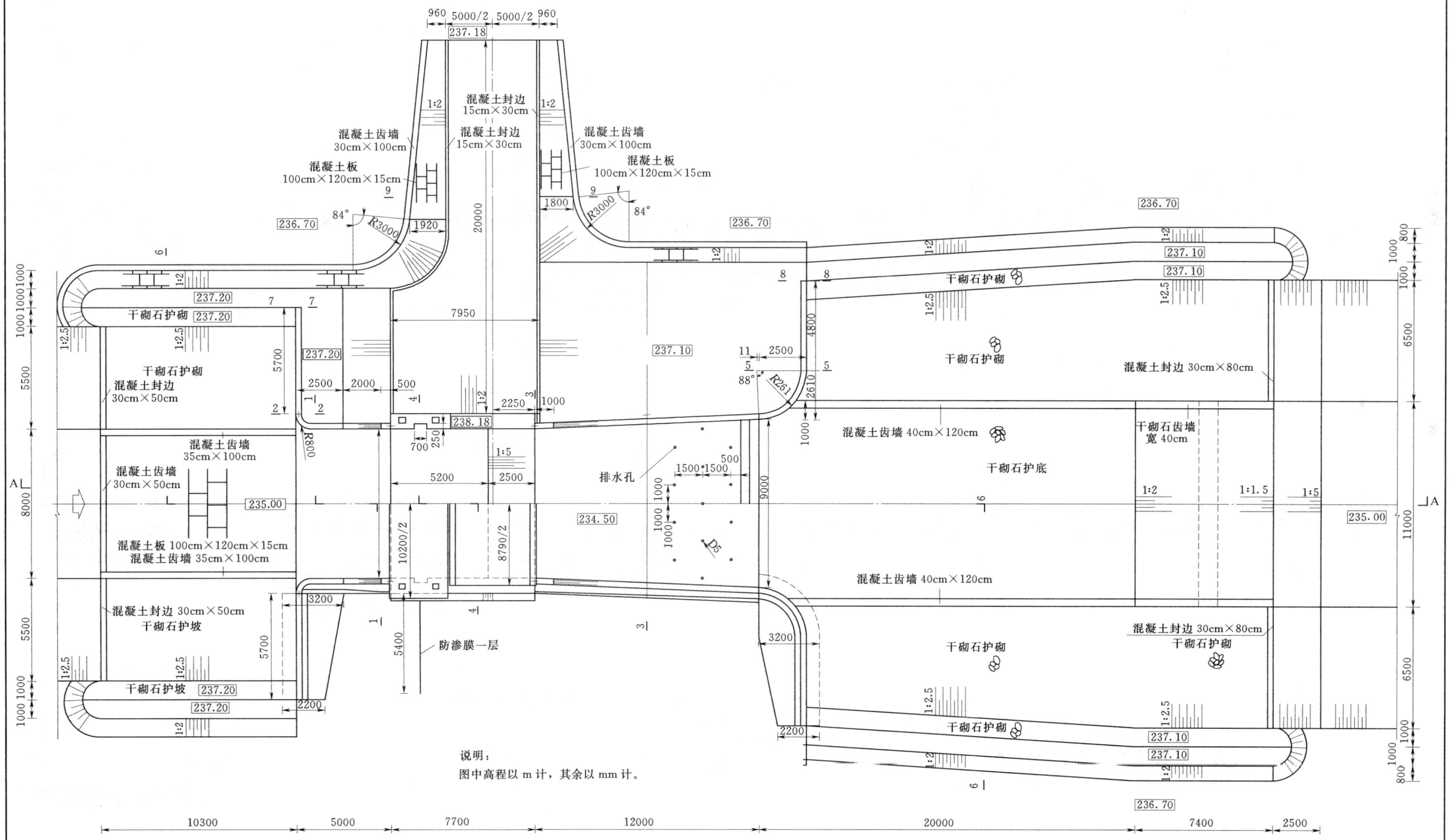

图 2-2-1-8　某拦河闸平面布置图

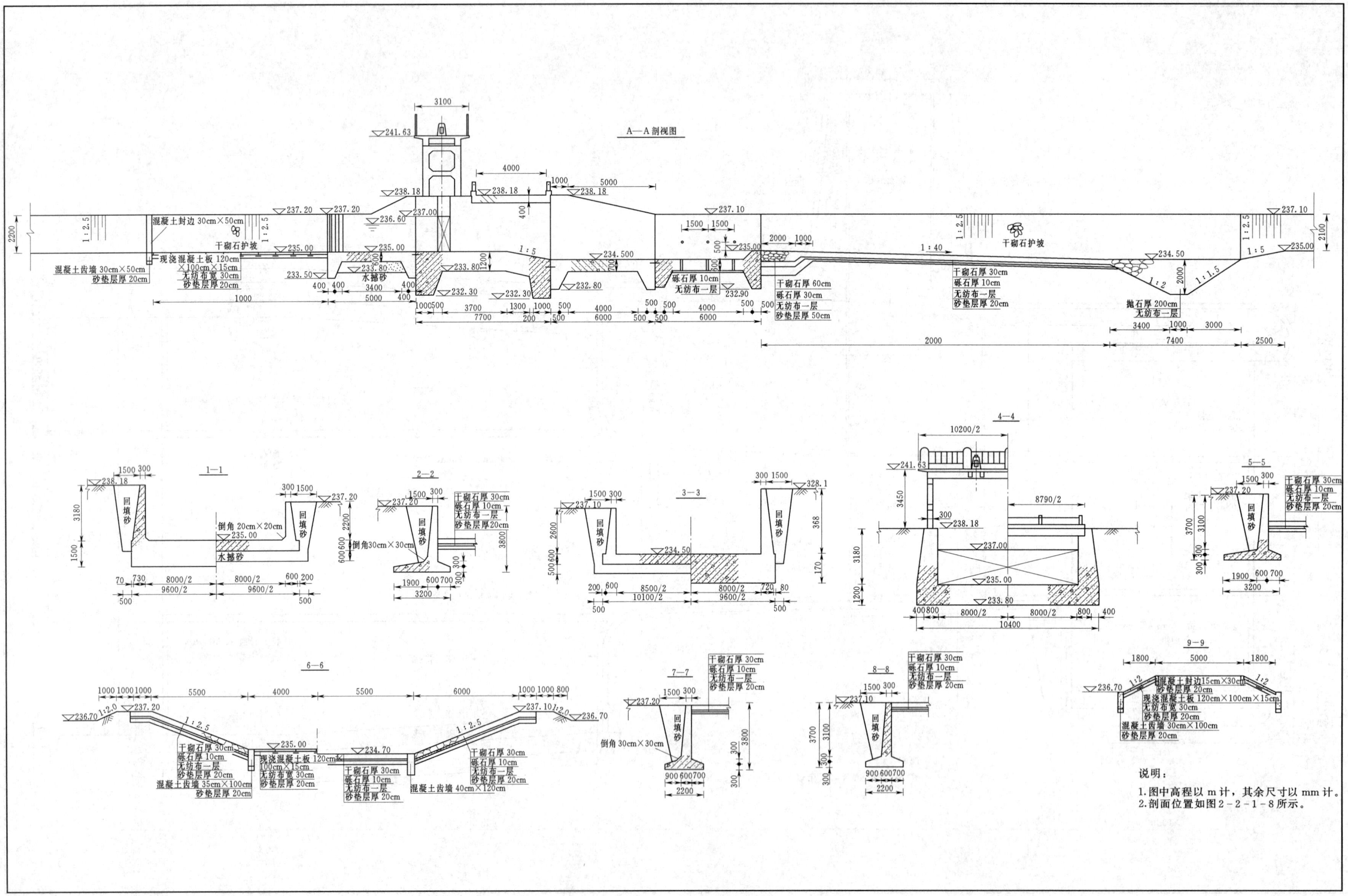

图 2-2-1-9　某拦河闸纵剖视图与典型横剖视图

坡坡比为1∶1.5，槽底宽1m，深2m，槽内铺设无纺布一层，抛石填平，厚2m，其后以1∶5的缓坡与河道连接。

3. 横剖视图识读

图2-2-1-9中1—1～6—6横剖视图为某拦河闸平面布置图中剖切得到的横剖视图。其中，1—1、3—3、4—4、6—6为两个不同位置剖切的半剖视图的组合，称为阶梯剖视图。其余横剖视图均为不同位置处翼墙的横剖视图。在识读阶梯剖视图时，首先需要辨别剖视图中半剖视图的剖切位置，其次识读其对应的结构名称，最后再识读结构信息。

微课2-2-1-4 水闸横剖视图识读

以1—1阶梯剖视图为例，结合平面布置图中标注的剖切位置可知，1—1剖视图中右边的半剖视图是在铺盖、上游翼墙起始部位附近剖切得到的，左边的半剖视图是在铺盖、上游翼墙末端（与闸室的连接部位）剖切得到的，因此阶梯剖视图中的底板为铺盖，两侧的边墙为上游翼墙，不同位置处铺盖、上游翼墙的型式、尺寸有所不同，因此剖切得到的形状也有所差异。从图中表达的信息可知，铺盖的厚度为60cm，因铺盖上、下游端均设置了齿墙，所以铺盖末端的厚度为1.5m，铺盖的顶部高程为235.00m，净宽8m，底部总宽9.6m；上游齿墙的顶部高程为237.20m，顶部宽30cm，底部宽80cm，高2.2m，为重力式翼墙，翼墙末端的顶部高程为238.18m，顶、底部宽度不变，高3.18m。翼墙和铺盖的衬砌材料均为钢筋混凝土，翼墙两侧采用砂回填并夯实。

4—4阶梯剖视图是闸室段在工作桥和交通桥处剖切的半剖视图的组合。从图中可知，闸底板的顶部高程为235.00m，底部高程为233.80m，厚1.2m，闸底板净宽8m，底部总宽10.4m；闸墩结构型式为重力式闸墩，顶部高程为238.18m，顶部宽80cm，底部宽1.2m，闸墩、闸底板的材料为钢筋混凝土。闸门的顶部高程为237.00m，交通桥位于闸墩的下游，长8.79m，闸墩上的支撑结构高3.45m，排架柱厚30cm，工作桥高程为241.63m，长10.2m。

采用同样的方法可识读出其他阶梯剖视图的信息。需注意的是，在阶梯剖视图或半剖视图中，结构的相关尺寸标注的是其半剖后的尺寸，在识读结构信息时需结合平面图、纵剖视图读出结构的实际尺寸。

目 标 测 评

识读图2-2-1-10，完成下列问题：

（1）闸底板的高程为__________，上游翼墙末端的顶部高程为__________。

（2）下游翼墙的结构型式为__________，翼墙的顶部高程为__________。

（3）消力池底板的顶部高程为__________，宽度、长度分别为__________。

（4）中墩的长、宽、高分别为__________。

（5）海漫的高程为__________，宽度为__________，长度为__________。

（6）上游翼墙的结构型式为__________，翼墙靠近闸室处的顶部高程为__________。

（7）下游护坡的坡比为__________，顶部宽度为__________。

任务二 渠 道 图 识 读

［学习目标］

素质目标：了解灌溉对于农业生产的重要性，继承水利精神，坚定为水利行业奋斗终生的信念和决心。

知识目标：了解渠道的常见形式、砌护方式，能正确识读渠道的断面形状，掌握扭面结构在渠道中的应用及在视图中的投影特征，掌握渠道图的识读方法。

能力目标：能正确辨认渠道中常见的曲面结构，能全面识读渠道图纸信息，准确指导渠道施工。

［学习预热］

“疲秦之计，万世之功”——郑国渠

郑国渠，于公元前246年（秦王政元年）由韩国水工郑国在秦国主持穿凿兴建，约十年后完工。郑国渠是古代劳动人民修建的一项伟大工程，属于最早在关中建设的大型水利工程，位于今天的陕西省泾阳县西北25km的泾河北岸。它西引泾水东注洛水，长达300余华里。2016年11月8日，郑国渠申遗成功，成为陕西省第一处世界灌溉工程遗产。

郑国渠是一个规模宏大的灌溉工程。公元前246年，秦王政刚即位，韩桓惠王为了诱使秦国把人力物力消耗在水利建设上，无力进行东伐，派水工郑国到秦国执行“疲秦”之计。郑国给秦国设计了兴修引泾水入洛阳的灌溉工程。在施工过程中，韩王的计谋暴露，秦要杀郑国，郑国说：水渠修成，不过为韩延数岁之命，为秦却建万世之功。秦王政认为郑国的话有道理，让他继续主持这项工程。大约花了十年时间这项工程才告竣工。由于是郑国设计和主持施工的，因而人们称之为郑国渠。

郑国渠工程，西起仲山西麓谷口（今陕西泾阳西北王桥乡船头村西北），在谷作石堰坝抬高水位拦截泾水入渠。利用西北微高东南略低的地形，主干渠线沿北山南麓自西向东伸展，流经今泾阳、三原、富平、蒲城等县，最后在蒲城县晋城村南注入洛河。干渠总长近300华里。沿途拦腰截断沿山河流，将冶水、清水、浊水、石川水等收入渠中以加大水量。在关中平原北部泾、洛、渭之间构成密如蛛网的灌溉系统，使高旱缺雨的关中平原得到灌溉。

郑国渠修成后，大大改变了关中的农业生产面貌，“用注填淤之水，溉泽卤之地”，就是用含泥沙量较大的泾水进行灌溉，增加了土壤肥力，农业迅速发达起来，使得雨量稀少、土地贫瘠的关中，变得富甲天下。这与党的二十大报告提出的“坚持农业农村优先发展，巩固拓展脱贫攻坚成果，加快建设农业强国，逐步把永久基本农田全部建成高标准农田”的“全面推进乡村振兴”政策异曲同工。

一、渠道基础知识

渠道是灌溉、发电、航运、给水、排水等水利工程中广为采用的输水建筑物。渠道遍布

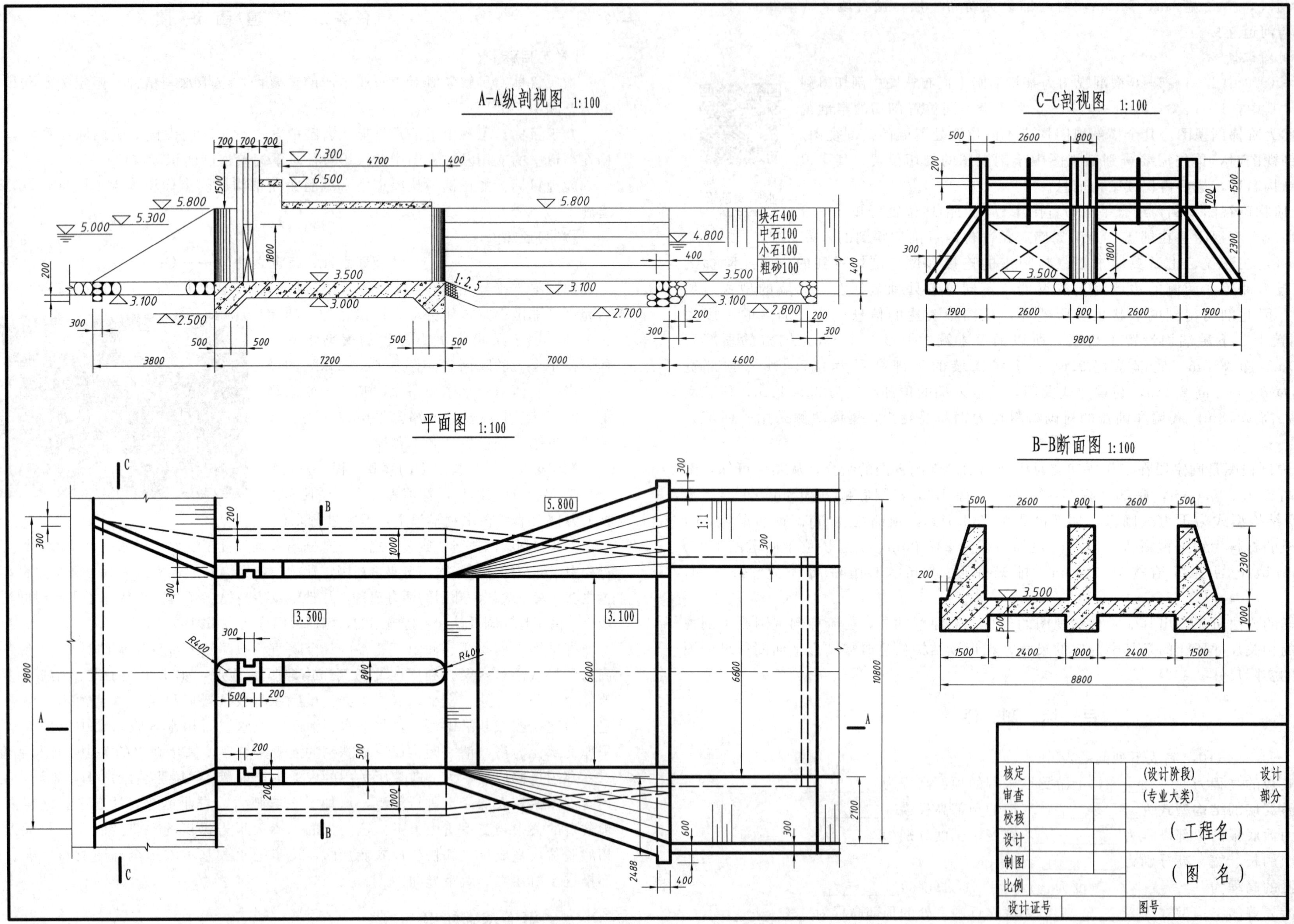

图 2－2－1－10 某水闸平面图、纵剖视图与典型横剖视图

整个灌区，线长面广，其规划和设计是否合理将直接关系土方量的大小、渠系建筑物的多少、施工管理的难易及工程效益的大小。

1. 渠道的分类

灌溉渠道一般可分为干、支、斗、农、毛五级，它们构成灌溉系统。其中，前四级为固定渠道，后者多为临时性渠道。一般干、支渠主要起输水作用，称为输水渠道；斗、农渠主要起配水作用，称为配水渠道。

微课 2-2-2-1 渠道基础知识

2. 渠道的砌护方式

（1）浆砌石衬砌。用干砌石深勾缝或干砌石抹面，厚 200～300mm，下设细石或碎石垫层。

（2）混凝土衬砌。包括：①现浇混凝土，适用于较坚硬的挖方渠段；②预制混凝土板；③喷射混凝土或水泥砂浆（适用于岩基或挖方渠道）。

模型 2-2-2-1 渠道整体布置

二、渠道图识读的一般方法与步骤

渠道为输水建筑物中的一种，其结构相对简单且为线性建筑物，渠道图纸一般包括平面布置图、渠道纵剖视图及横断面图。平面布置图展示建筑物长度和宽度方向尺寸及结构等信息，纵剖视图展示渠道长度和高度方向尺寸、渠底高程、坡率、水位及地基等信息，横断面图展示渠道宽度和高度方向尺寸、断面类型、衬砌材料及地基等信息。根据各视图信息，不同视角配合识读渠道建筑物各结构材料尺寸等信息。

接下来分别以 CY 分干渠三支渠和 CZ 渠道为例，详细介绍渠道图纸识读的具体过程。

三、CY 分干渠三支渠图纸识读

1. 平面布置图识读

图 2-2-2-1 为 CY 分干渠三支渠衬砌平面布置图，由图中文字说明部分可知，高程以 m 计，尺寸单位以 cm 计。该渠道为梯形断面渠道，渠道衬砌总长 1240m，渠底宽 250～300cm，边坡坡比为 1∶1.5，渠底与边坡之间做 30cm×40cm 纵向底格埂，边坡做 20cm×30cm 纵向混凝土格埂和 20cm×30cm 横向混凝土格埂，渠道现浇底板及压顶每隔 5m 设置一道 2cm 宽的伸缩缝，伸缩缝填料采用 2cm 煤油沥青胶泥材料。渠道边坡采用预制 8 字形植草砖（彩色）护坡，下部采用实心预制块护坡。两侧坡每隔 50m 各设置一道 20cm×30cm 的现浇 C20 横向格埂，每间隔 100m 渠道两侧边坡交替布置一道 C20 现浇踏步，本条渠道共布置 12 道踏步。

2. 横断面图识读

由图 2-2-2-2 CY 分干渠三支渠衬砌典型横断面图可知，该渠道总宽 1130cm，渠底为 12cm 厚的 C20 现浇混凝土护底，并铺设 $300g/m^2$ 的土工布，渠底高程为 4.30～5.00m，由横断面图可知具体位置处每道格埂所在的高程，坡面做 6.5cm 厚 C20 预制 8 字形植草砖并铺设 $300g/m^2$ 的土工布。

微课 2-2-2-2 渠道横断面图识读

四、CZ 渠道图纸识读

图 2-2-2-3 为 CZ 渠道纵断面图，图中顺水流方向设有桩号，高度方向设有高程标尺，单位为 m，由图中标注可知，该渠道从进水闸至分水点 C，长度为 20km，分别在桩号 1+000、12+000 及 20+000 位置处设有分水点，在桩号 9+800 位置设有一渡槽。由高程标注可知，此处为一深 6m 左右的坑，故修建渡槽，在桩号 12+000 位置处设有一跌水。分析顺水流方向和高度方向尺寸可以看出，两者采用的绘图比例不同，符合线性建筑物可以采用纵横比例不一致的绘图原则。图中标注了地面高程线、堤顶高程线、设计水位线、最小水位线及渠底高程线，由渠底高程线可计算该渠道比降，由地面高程线可计算挖方深底和填方高度。

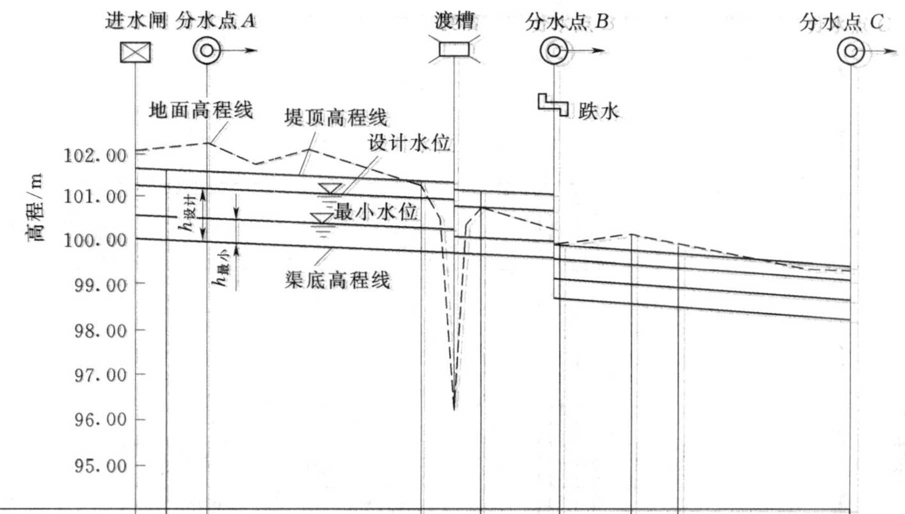

桩号	0+000	1+000	8+000	9+800	12+000	14+000	15+300	20+000
地面高程								
设计水位								
最低水位								
堤顶高程								
渠底高程								
比降								
分水口水位								
挖方深底								
填方高度								
渠段水力要素								

图 2-2-2-3　CZ 渠道纵断面图

目 标 测 评

识读图 2-2-2-4，回答下列问题：

（1）该断面属于横断面还是纵断面？__________

（2）渠底高程是______ m，渠底宽是______ m。

（3）边墙外侧与开挖线之间的空间采用______填筑。

（4）渠道底板结构为__________和__________。

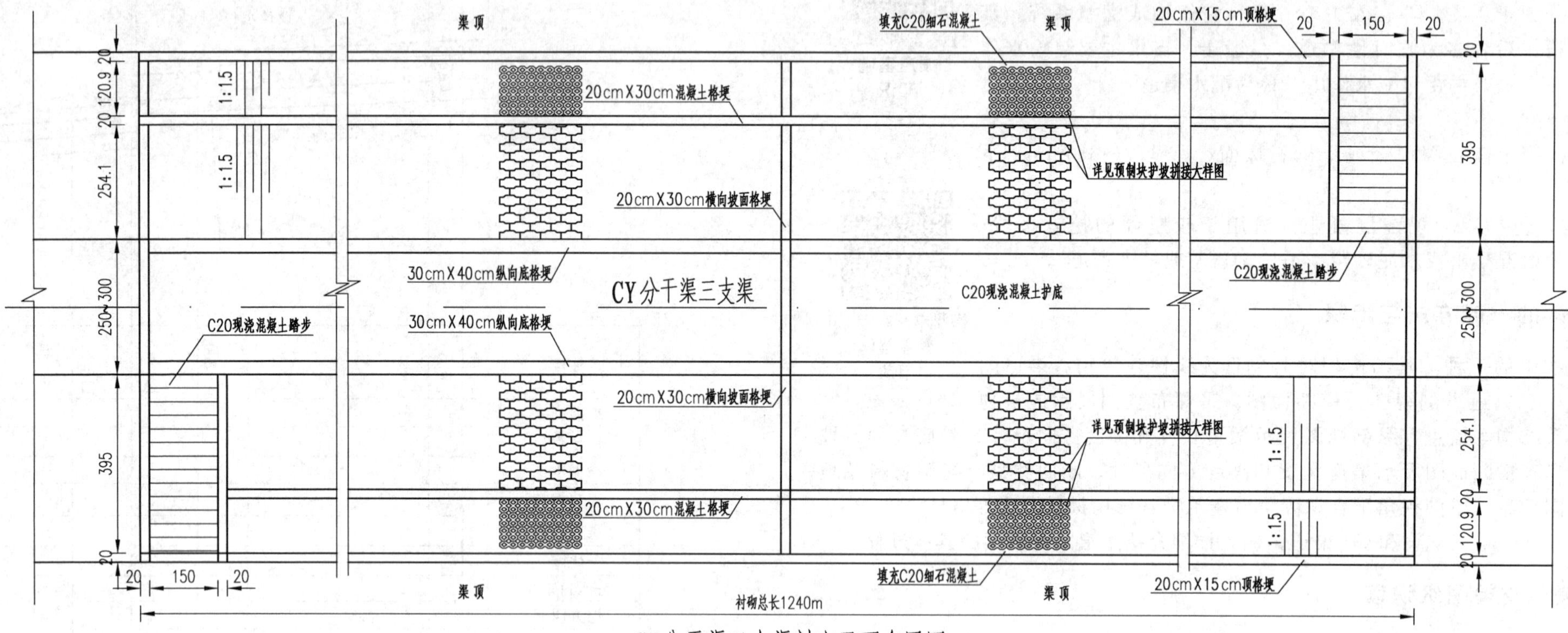

CY分干渠三支渠衬砌平面布置图

说明：

1. 图中单位：高程（1985国家高程基准）以m计，尺寸单位以cm计。
2. 材料等级：现浇混凝土格埂及踏步混凝土强度等级为C20，混凝土预制块强度等级为C20，抗冻等级F50，抗渗等级为W4。
3. 渠道采用12cm厚C20现浇混凝土护底，下设300g/m^2土工布；现浇C20混凝土压顶尺寸20cmx15cm，底格埂尺寸为30cmx40cm，渠道现浇底板及压顶每隔5m设置一道2cm宽伸缩缝，伸缩缝填料采用2cm煤油沥青胶泥材料；渠道边坡上部采用6.5cm厚C20预制8字形植草砖（彩色）护坡，下部采用10cm厚C20实心预制块护坡，下设300g/m^2土工布，空心与实心预制护坡之间设一道20cmx30cm纵向格埂，两侧坡面每隔50m各设置一道20cmx30cm现浇C20横向格埂，每间隔100m渠道两侧边坡交替布置一道C20现浇混凝土踏步，本条渠道共布置12道踏步，具体数量及位置如遇桥、房等可根据实际情况进行调整。
4. 8字形植草砖单块尺寸40cmX20cmX6.5cm（长X宽X厚），实心混凝土预制块单块尺寸45cmX30cmX10cm（长X宽X厚），护坡不足一块预制块部分采用空隙填充C20细石混凝土。
5. 渠道根据现状断面情况，尽量在原断面的基础上采用局部削坡、局部整坡压实后进行护砌；与设计断面相差较大的，应采取先回填并压实、后开挖成设计断面再进行护砌；渠道如遇桥梁等建筑物处，结合现状披面采用12cm厚现浇C20混凝土护坡。
6. 回填土需分层压实，层厚15~20cm，压实度不小于0.91。

批准	施工图 设计			
核定	水 工 部分			
审查				
校核				
设计	CY分干渠三支渠衬砌平面布置图			
制图				
设计证号	比例	图示	页码	QD-02

图2-2-2-1 CY分干渠三支渠衬砌平面布置图

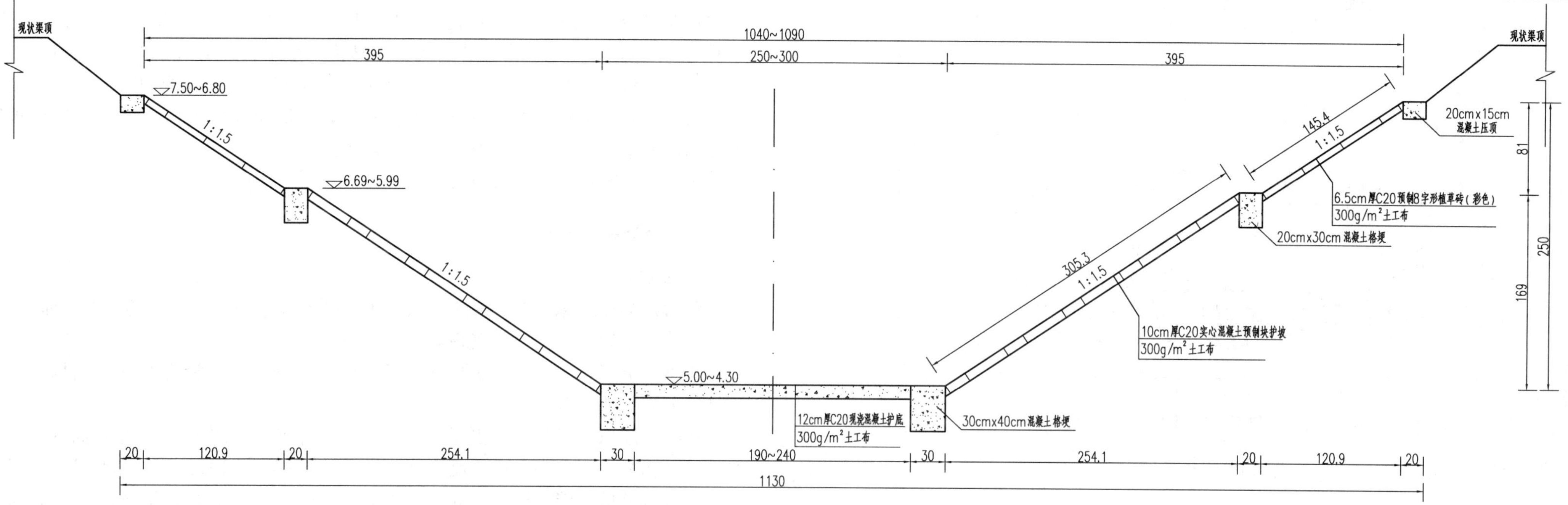

CY分干渠三支渠衬砌典型横断面图

桩号范围(0+000~1+240)

说明:

1. 图中单位高程(1985国家高程基准)以m计，其余单位以cm计。
2. 材料等级：现浇混凝土格埂、踏步及挡墙混凝土强度等级为C20，混凝土预制块强度等级为C20，抗冻等级F50，抗渗等级为W4。
3. CY分干渠三支渠采用12cm厚C20现浇混凝土护底，下设300g/m²土工布；现浇C20混凝土压顶尺寸20cmx15cm，底格埂尺寸为30cmx40cm，渠道现浇底板及压顶每隔5m设置一道2cm宽伸缩缝，伸缩缝填料采用2cm煤油沥青胶泥材料；渠道边坡上部采用6.5cm厚C20预制8字形植草砖(彩色)护坡，下部采用10cm厚C20实心预制块护坡，下设300g/m²土工布，空心与实心预制护坡之间设一道20cmx30cm纵向格埂，两侧坡面及护底每隔50m各设置一道20cmx30cm现浇C20横向格埂，每间隔100m渠道两侧边坡交替布置一道C20现浇混凝土踏步，本条渠道共布置12道踏步，具体数量及位置如遇桥、房等可根据实际情况进行调整。
4. 8字形植草砖单块尺寸40cmX20cmX6.5cm(长X宽X厚)，实心混凝土预制块单块尺寸45cmX30cmX10cm(长X宽X厚)，护坡不足一块预制块部分采用空隙填充C20细石混凝土以保证坡面平整。
5. 渠道根据现状断面情况，尽量在原断面的基础上采用局部削坡、局部整坡压实后进行护砌；与设计断面相差较大的，应采取先回填并压实、后开挖成设计断面再进行护砌；渠道如遇桥梁等建筑物处，结合现状坡面采用12cm厚现浇C20混凝土护坡，渠道的清杂、树根挖除等包含在整坡工程量中。
6. 回填土需分层压实，层厚15~20cm，压实度不小于0.91。

批准		施工图	设计
核定		水　工	部分
审查			
校核			
设计		CY分干渠三支渠衬砌典型横断面图	
制图			
设计证号		比例 图示	页码 QD-01

图 2-2-2-2　CY 分干渠三支渠衬砌典型横断面图

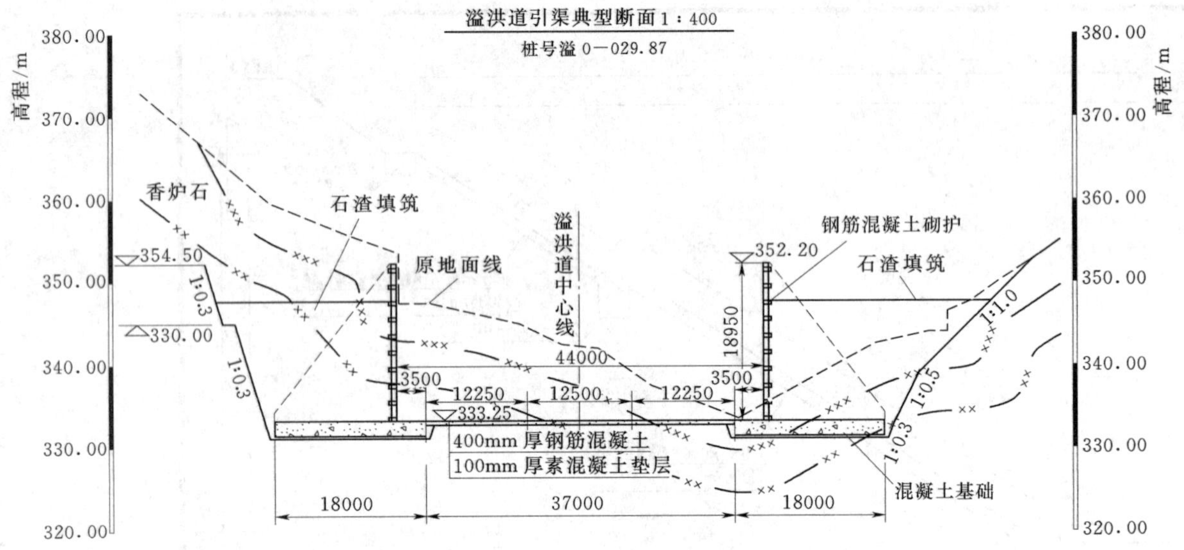

图 2－2－2－4　某溢洪道引渠段典型横断面图（尺寸单位：mm）

（5）土方开挖边坡坡比为__________，强风化石方开挖坡比为__________，弱风化石方开挖坡比为__________。

（6）渠道底板共分为 3 块，宽度分别为__________、__________和__________。

（7）开挖坡比为__________、__________和__________。

任务三　渡 槽 图 识 读

［学习目标］

素质目标：了解跨度最大的通水通航钢结构渡槽，厚植家国情怀，满怀民族自豪感。

知识目标：巩固渡槽基础知识，了解渡槽图的类型和特点，掌握渡槽图识读的一般方法与步骤。

能力目标：能正确辨认渡槽中的常见曲面结构，能全面识读渡槽图纸信息，准确指导施工。

［学习预热］

“水上立交，河上有河”——引江济淮淠河总干渠渡槽

引江济淮工程沟通长江、淮河两大水系，是中国跨流域、跨省重大战略性水资源配置和综合利用工程。工程任务以城乡供水和发展江淮航运为主，结合灌溉补水和改善巢湖及淮河水生态环境，是国务院确定的全国 172 项节水供水重大水利工程之标志性工程。其中，淠河总干渠钢渡槽工程被称为引江济淮工程的名片工程。

引江济淮淠河总干渠渡槽位于江淮分水岭北侧，它横跨引江济淮运河，是一座可通水行船的“水桥”。渡槽总长 350m，分左右两幅，其中钢渡槽全长 246m，总用钢量达 2.1 万 t。钢渡槽采用三跨钢结构桁架式梁拱组合设计，主跨跨度达到 110m，比世界著名的德国马格德堡水桥还要长 3.8m，是目前世界上跨度最大的通水通航钢结构渡槽。钢渡槽造型优美，结构复杂，其制造和安装、焊接涉及一系列新材料、新工艺，施工难度大、创新点多。其中，渡槽迎水面大体量不锈钢复合板制造和焊接技术在国内领先。党的二十大报告强调“六个必须坚持”，作为一名新时代水利人，我们更要坚持守正创新，不断创新的历史。

一、渡槽基础知识

1．渡槽的分类

渡槽是渠道跨越河渠、道路、山谷等的架空输水建筑物，又简称为过水桥。渡槽由槽身、支承结构、基础及进出口建筑物等部分组成。

渡槽的类型，一般是指槽身及支承结构的类型。因为槽身及支承结构的类型较多，所以渡槽的分类方法也多。

按槽身断面形式分类，主要有 U 形槽、矩形槽及抛物线形槽等，如图 2－2－3－1 所示；按支承结构分类，主要有梁式渡槽（图 2－2－3－2）、拱式渡槽及桁架式渡槽等；按所用材料分类，有木渡槽、砖石渡槽、混凝土渡槽、钢筋混凝土渡槽、钢丝网水泥渡槽等；按施工方法分类，有现浇整体式、预制装配式及预应力渡槽。

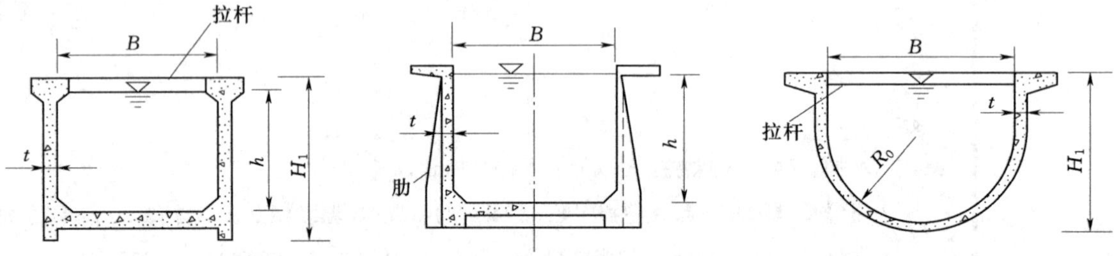

(a) 设拉杆的矩形槽　　(b) 设辅肋的矩形槽　　(c) 设拉杆的 U 形槽

图 2－2－3－1　矩形及 U 形槽身横断面形式

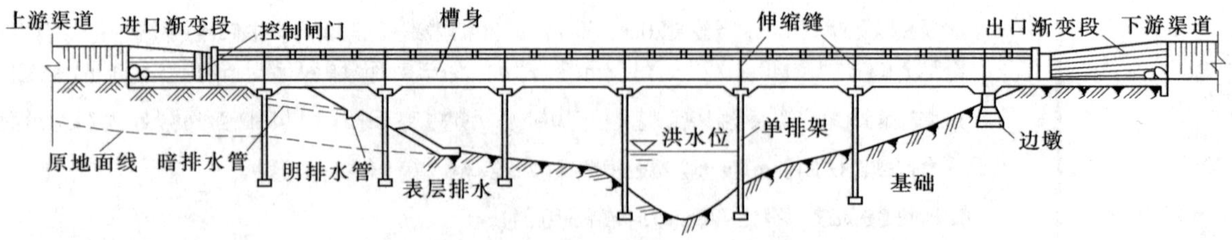

图 2－2－3－2　梁式渡槽纵剖面

2．渡槽的结构

（1）渡槽横断面。图 2－2－3－1 所示为渡槽的三种横断面。

（2）渡槽纵断面。

1）梁式渡槽。梁式渡槽的槽身置于槽墩或槽架上，因其纵向受力与梁相同，故称为梁式渡槽。梁式渡槽的槽身根据其支承位置的不同，可分为简支梁式（图 2-2-3-2）、双悬臂梁式［图 2-2-3-3（a)］、单悬臂梁式［图 2-2-3-3（b)］和连续梁式等几种型式。

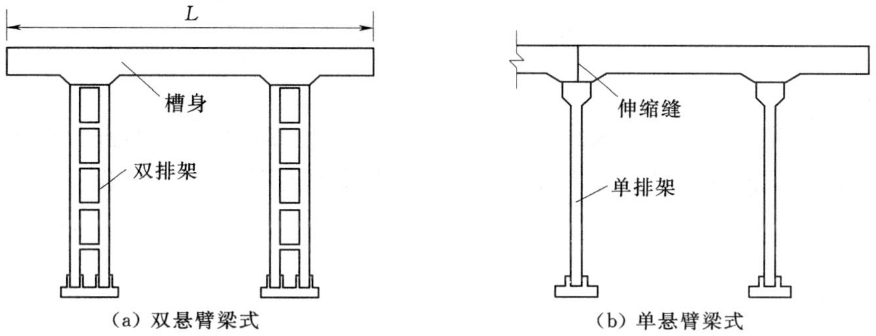

图 2-2-3-3 悬臂梁式渡槽

a. 简支梁式渡槽。其特点是结构型式简单，施工吊装方便，但不利于抗裂防渗。

b. 双悬臂梁式渡槽。按照悬臂长度的大小，双悬臂梁式又可分为等跨度、等弯矩和不等跨不等矩三种型式。

c. 单悬臂梁式渡槽。一般用在靠近两岸的槽身，或双悬臂梁式向简支梁式过渡时采用。

d. 连续梁式渡槽。适应不均匀沉陷的能力较差，因此应慎重选用。

2）拱式渡槽。拱式渡槽是指槽身置于拱式支承结构上的渡槽。其支承结构由槽墩、主拱圈、拱上结构组成。

拱式渡槽按照主拱圈的结构型式，可分为板拱（图 2-2-3-4）、肋拱（图 2-2-3-5）和双曲拱（图 2-2-3-6）等拱式渡槽，按材料又可分为砌石、混凝土和钢筋混凝土等拱式渡槽。

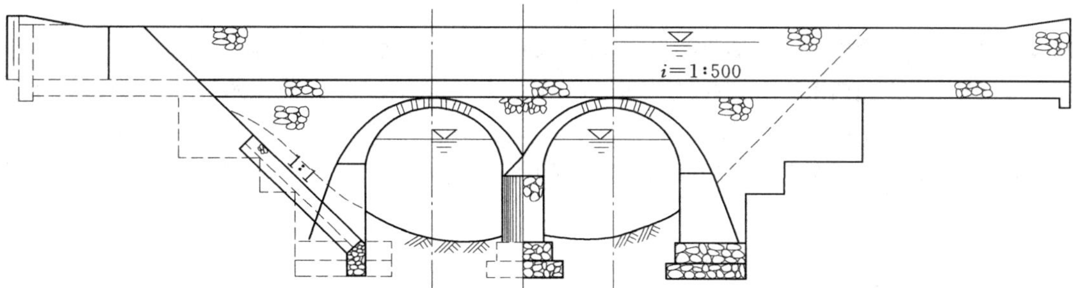

图 2-2-3-4 板拱渡槽纵断面图

板拱渡槽的主要特点是可以就地取材，结构简单，施工方便。

3）双曲拱渡槽。双曲拱主要由拱肋、拱波和横系梁（或横隔板）等部分组成，如图 2-2-3-6 所示。因主拱圈沿纵向是拱形，其横截面也是拱形，故称为双曲拱渡槽。双曲拱能够充分发挥材料的抗压性能，具有较大的承载能力，节省材料，造型美观，主拱圈可分块预制吊装施工，一般适用于修建大跨度渡槽。

二、渡槽图识读的一般方法与步骤

渡槽为输水建筑物中的一种，结构相对简单，渡槽图一般包括平面布置图、纵剖视图、

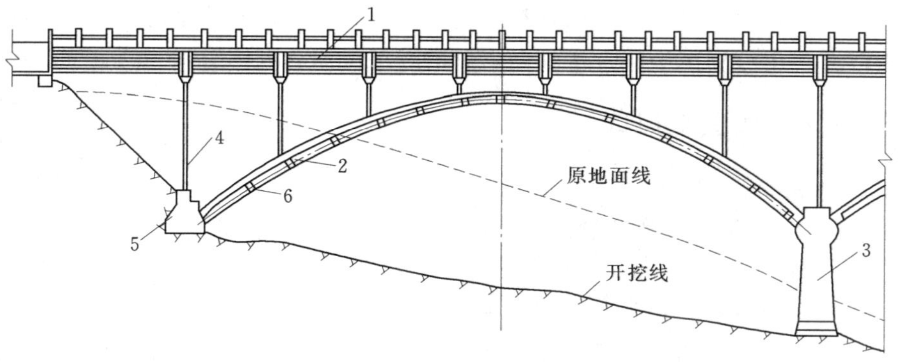

图 2-2-3-5 肋拱渡槽

1—U 形槽身；2—肋拱圈；3—槽墩；4—支撑排架；5—块石拱座；6—横向联系梁

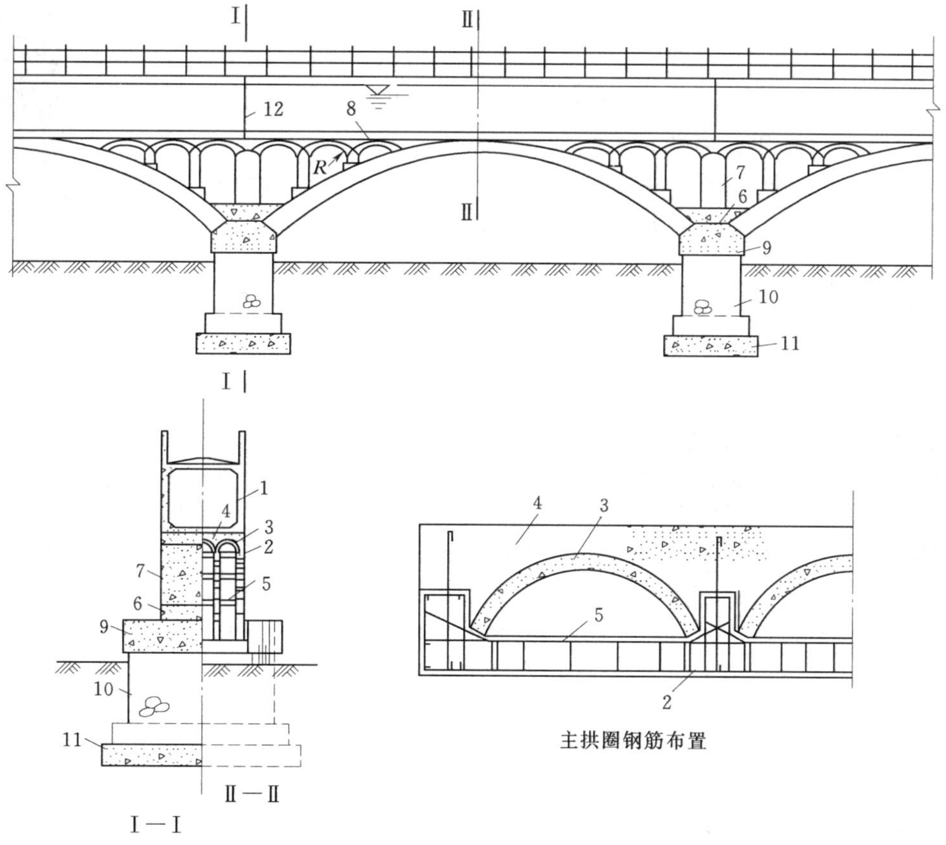

图 2-2-3-6 双曲拱渡槽

1—槽身；2—混凝土排架；3—横向拱圈；4—主拱圈；5—横系梁；6—混凝土槽墩；7—腹孔支墩；8—腹孔拱圈；9—墩帽；10—支墩；11—支墩基础

横断面图及细部结构图。平面布置图展示建筑物长度和宽度方向尺寸、上游连接段、槽身段、下游连接段等信息，纵剖视图展示建筑物长度和高度方向尺寸、主体与支撑结构、内部结构等信息，横断面图展示建筑物宽度和高度方向尺寸、断面类型、衬砌材料及地基等信息。根据各视图信息，不同视角配合识读渡槽各结构材料尺寸等信息。细部结构图展示渡槽局部细

部构造，如伸缩缝位置、尺寸，嵌填材料，支撑结构尺寸、钢筋等信息。

接下来以北干渠渡槽图为例，详细介绍渡槽图纸识读的具体过程。

三、北干渠渡槽图纸识读

模型 2-2-3-1 渡槽整体布置

微课 2-2-3-1 渡槽基础知识

微课 2-2-3-2 渡槽平面布置图识读

微课 2-2-3-3 渡槽横剖视图识读

微课 2-2-3-4 渡槽细部结构图识读

1. 平面布置图识读

图 2-2-3-7 为北干渠渡槽设计图，该图包括平面图、纵剖视图、横剖视图及细部结构图。

由半平面布置图可知，该渡槽为带拉杆式渡槽，顺水流方向分别是上游梯形渠道段、扭面段、连接段和槽身段。梯形渠道段渠底宽 70cm，边坡坡比为 1∶1；扭面段连接的梯形断面和矩形断面，顺水流方向长 160cm，底部宽 70cm；连接段长 160cm，宽 120cm，上部有一宽 100cm 的盖板；槽身段每间隔 80cm 设置一个拉杆，拉杆宽 20cm。

2. 纵剖视图识读

由图 2-2-3-7 中 A—A 剖视图可知，该渡槽为悬臂梁式渡槽，扭面段底部做砌石衬砌，扭面段墙顶为斜坡式，底部做厚 10cm 的砌石衬砌，并设有 30cm×30cm 的齿墙。槽身段底部采用砌石斜坡式连接，并设有 60cm×70cm 的齿墙，渡槽下方渠道宽 500cm，两个排架相距 510cm，槽身底部距离渠底 400cm，槽身段设有伸缩缝，距离槽身进口 500cm 位置处设有支撑结构，右岸顺水流方向各结构分别是连接段和扭面段，底部衬砌同样是砌石。

3. 横剖视图识读

图 2-2-3-7 中横剖视图包括 B—B 剖视图、C—C 剖视图、D—D 剖视图及半平面 E、F、G、H，前两个剖面位于上游段，后两个剖面位于下游段，由 B—B 剖视图可知上游扭面段和连接段的宽度和高度方向尺寸，由 C—C 剖视图可知连接段和槽身尺寸，同理，由半平面 E（左）、半平面 F（右）和半平面 G（左）、半平面 H（右）可知下游对应位置处的尺寸信息。由 D—D 剖视图可知该渡槽为 U 形断面，支撑结构为 A 字形排架式，排架基础高 100cm，宽 300cm，结合纵剖视图可知，渡槽基础为砌石，排架露出地面高 400cm。

目 标 测 评

识读图 2-2-3-8，回答下列问题：

（1）该渡槽顺水流方向分别是__________、__________、__________、__________和__________。

（2）该渡槽为梁式渡槽，对吗？ 对□ 不对□

（3）槽身首尾两端与地基连接方式是斜坡式连接，对吗？对□ 不对□

（4）槽身是否设置伸缩缝？是□ 否□

（5）该渡槽的支撑结构为__________。

（6）槽墩基础材料为__________。

（7）槽身段伸缩缝采用的处理措施是____________________。

（8）槽身段比降是__________。

任务四 倒虹吸管图识读

［学习目标］

素质目标：培养迁移变通、细致严谨的工作品质，厚植爱岗爱岗的敬业精神和家国情怀。

知识目标：巩固倒虹吸管的分类和特点，掌握倒虹吸管图纸的特点和一般识读方法。

能力目标：能分析倒虹吸管图纸的特点，辨别图样表达方式，并能准确识读倒虹吸管各结构信息。

［学习预热］

“奔腾巨龙自天而降”——韦水倒虹

倒虹，实际上就是一个连通器，流水在障碍物的下方，利用高差，从下面的封闭管道中流过。因为像一个倒置的虹吸管，故称为“倒虹吸”。而扶风的韦水倒虹，是宝鸡峡引水工程总干渠跨越韦水的重大建筑工程，在世界水利史上有着浓墨重彩的一笔。整个虹身长达 880 多 m，最大水头可达 70m。其中，水头在 50m 以下为钢筋混凝土管结构，管长 622.9m，内径 3.25m，管壁厚 0.65m；水头在 50m 以上为钢管，管长 257.3m，内径 2.9m，管壁厚 1.2cm。钢筋混凝土管的平段是从人工修筑的石坝上通过的，坝长 379m，高 21.2m；钢管是从架设在河谷地段的一座 4 跨双悬臂钢筋混凝土桥梁上通过的，桥高 9.1m，长 11.2m，两头落差 3.5m，这头在南塬顶上吞波饮浪，那头在北塬顶上喷吐琼浆玉液，把一渠波连波的水流泻入万亩农田。党的二十大报告明确指出，全方位夯实粮食安全根基，牢牢守住十八亿亩耕地红线，确保中国人的饭碗牢牢端在自己手中。韦水倒虹吸为宝鸡峡灌区农田灌溉做出了显著贡献。

一、倒虹吸管基础知识

1. 倒虹吸管的分类

倒虹吸管，属于交叉建筑物，是指设置在渠道与河流、山沟、谷地、道路等相交叉处的压力输水管道。其管道的特点是两端与渠道相接，而中间向下弯曲。

根据管路埋设情况及高差的大小，倒虹吸管通常可分为竖井式、斜管式、曲线式和桥式四种类型。

2. 倒虹吸管的布置与结构

（1）倒虹吸管的布置类型。

1）竖井式。这种型式的倒虹吸管，是由进出口竖井和中间平洞所组成，如图 2-2-4-1 所示。竖井的断面为矩形或圆形，其尺寸稍大于平洞，并在底部设置深约 0.5m 的集沙坑，

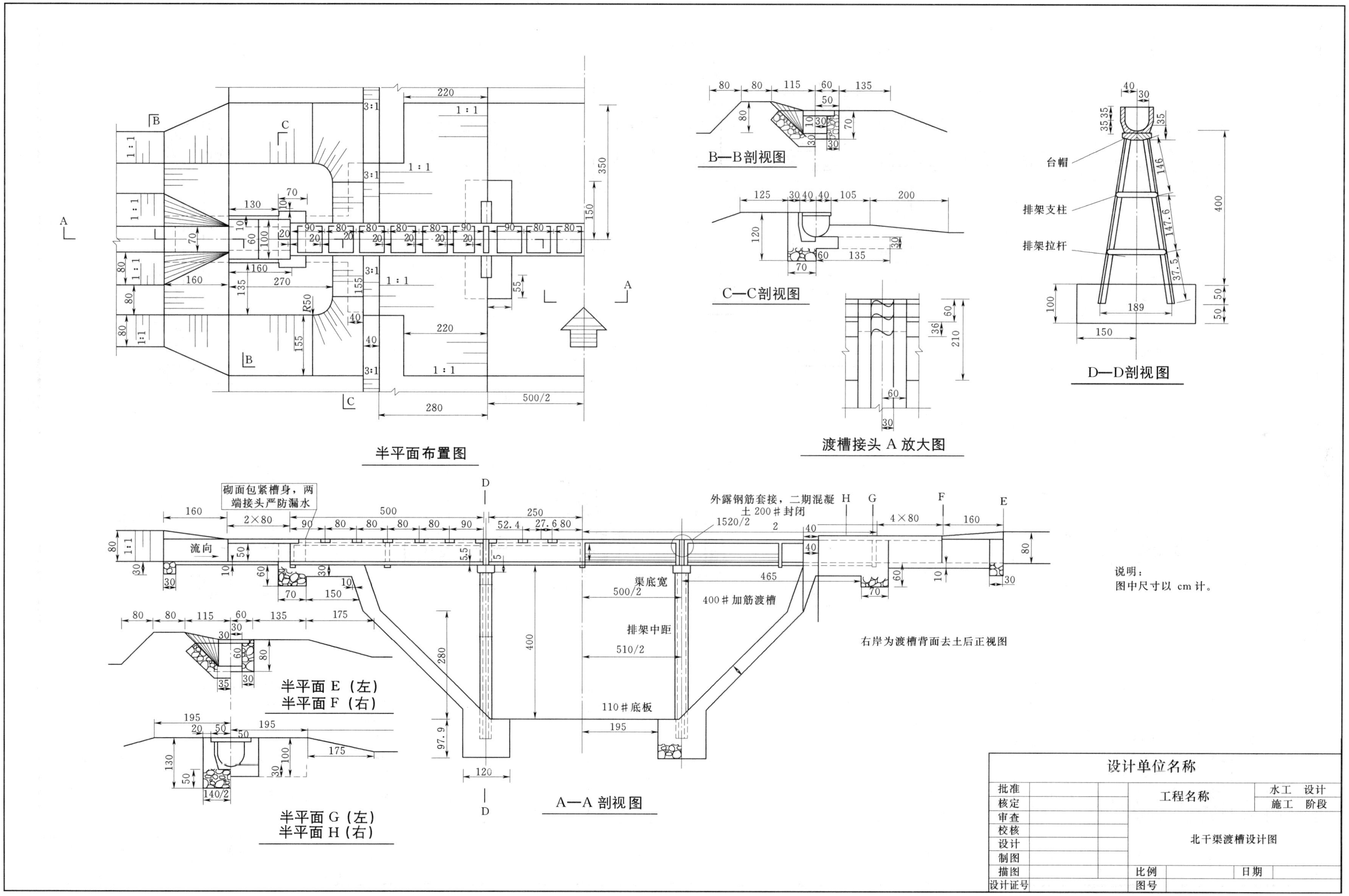

图 2-2-3-7 北干渠渡槽设计图

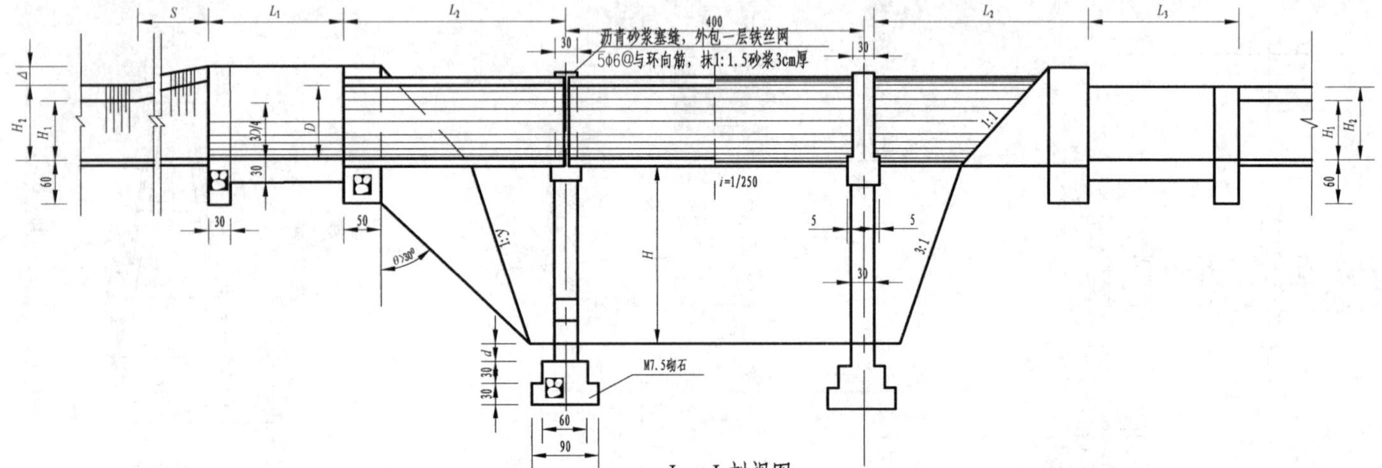

I—I剖视图

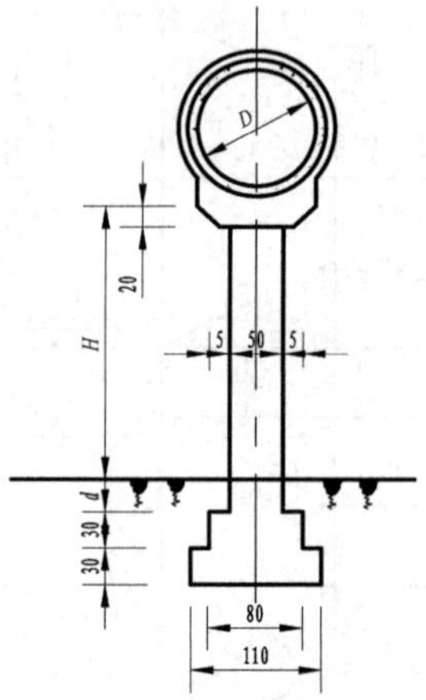

Ⅱ—Ⅱ剖视图

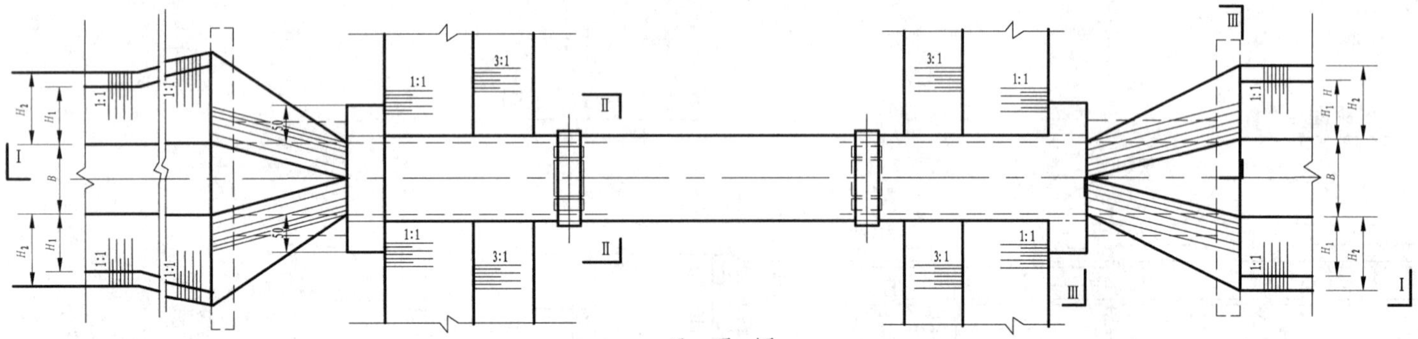

平 面 图

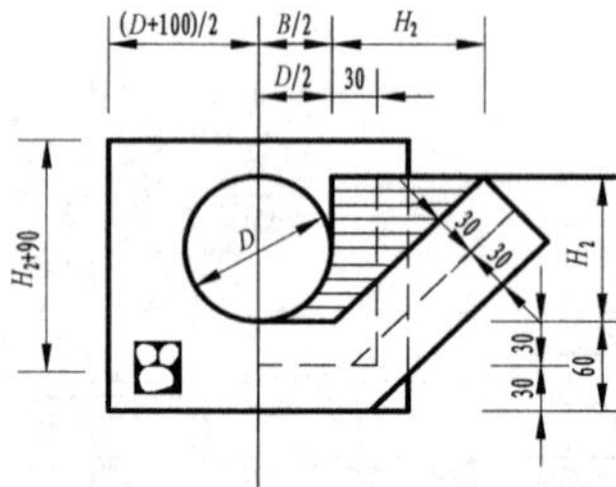

Ⅲ—Ⅲ剖视图

各部尺寸表

编号	Q /(L/s)	D /m	H_2 /m	H_1 /m	B /m	L_1 /m	Δ /m	S /m	L_3 /m	跨中最大弯矩 /(t·m)	L_2 /m	H /m
1	1000	1.0	1.00	0.85	1.0	2.4	0.24	4.50	3.6	3.5	$2.0 \leqslant L_2 \leqslant 4.0$	$H \leqslant 5.0$
2	800	0.9	0.90	0.80	0.8	2.4	0.17	3.00	3.6	3.0		
3	600	0.8	0.85	0.75	0.6	2.4	0.12	1.90	3.6	2.5		
4	400	0.7	0.80	0.70	0.5	2.0	0.11	1.50	3.0	2.0		
5	200	0.6	0.60	0.50	0.4	1.6	0.10	1.00	2.4	1.7		
6	100	0.4	0.50	0.45	0.3	1.2	0.04	0.50	1.8	1.1		

工程量表

编号	流量/(L/s)	M7.5砌石 /m^3	C15混凝土预制块 /m^3						
			H=2.0m	H=2.5m	H=3.0m	H=3.5m	H=4.0m	H=4.5m	H=5.0m
1	1000	12.6	0.6	0.75	0.9	1.05	1.2	1.35	1.5
2	800	10.8							
3	600	9.5							
4	400	7.5							
5	200	5.93							
6	100	4.24							

说明：

1. 本图尺寸单位为cm，按Q=1.0m^3/s，D=1.0m，H=2.5m在梯形渠边上绘制。
2. 槽墩为C15混凝土现浇，墩身用C15混凝土预制块砌筑，砌石为M20，勾缝为M10。
3. 管子为购买成品管，其管身承受弯矩值不小于跨中最大弯矩（见各部尺寸表）。
4. 地基承载力按120kPa计算。
5. 基础埋置深度d不应小于40cm，具体可根据工程所在地情况定（d段的工程量未计）。
6. 本图布置中按挖方考虑，若为填方，则渡槽端部采用重力式挡土墙，外坡坡比为1:1。
7. 有条件时，墩身也可用混凝土管做外模，作现浇柱。

第一部分　渠道与渠系建筑物		第三章　渡槽	
图名	管式渡槽设计图	图号	3-5

图 2-2-3-8　管式渡槽设计图

以便于清除泥沙及检修管路时排水。平洞的断面一般为矩形、圆形或城门洞形。

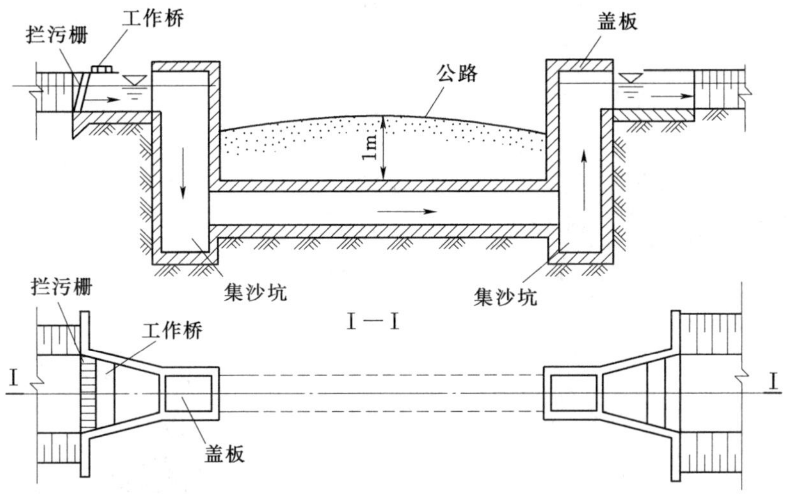

图 2-2-4-1　竖井式倒虹吸管

2）斜管式。这种倒虹吸的管道，在进出口为斜卧段，而中间为平直段，如图 2-2-4-2 所示。斜管式倒虹吸管与竖井式相比，水流畅通，水头损失较小，构造简单。

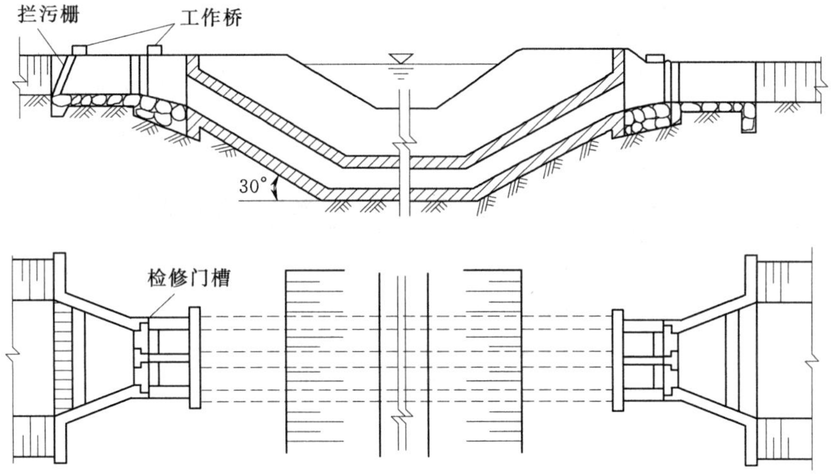

图 2-2-4-2　斜管式倒虹吸

3）曲线式。曲线式倒虹吸的管道，一般是沿坡面的起伏爬行敷设，而成为曲线形，如图 2-2-4-3 所示。

4）桥式。与曲线式倒虹吸相似，在沿坡面爬行敷设曲线形的基础上，在深槽部位建桥，管道敷设在桥面上或支撑在桥墩等支撑结构上，如图 2-2-4-4 所示。主要特点是可以降低管道承受的压力水头，减小水头损失，缩短管身长度，并可避免在深槽中进行管道施工的困难。

（2）倒虹吸管的结构组成。倒虹吸管一般分为进口段、管身段和出口段三大部分。进口段主要由渐变段、进水口、拦污栅、闸门、工作桥、沉砂池及退水闸等部分组成。出口段主

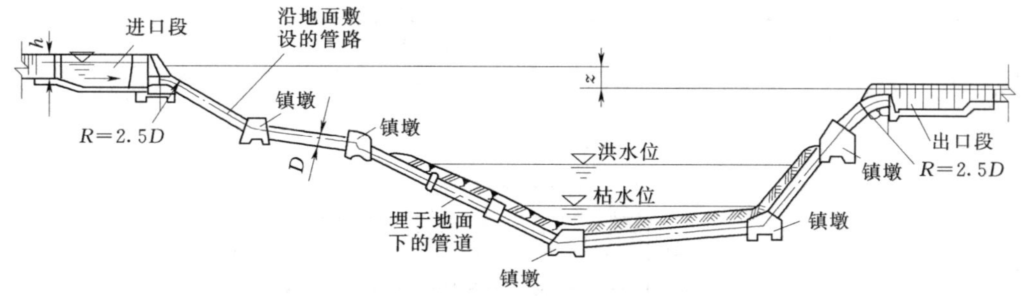

图 2-2-4-3　曲线式倒虹吸

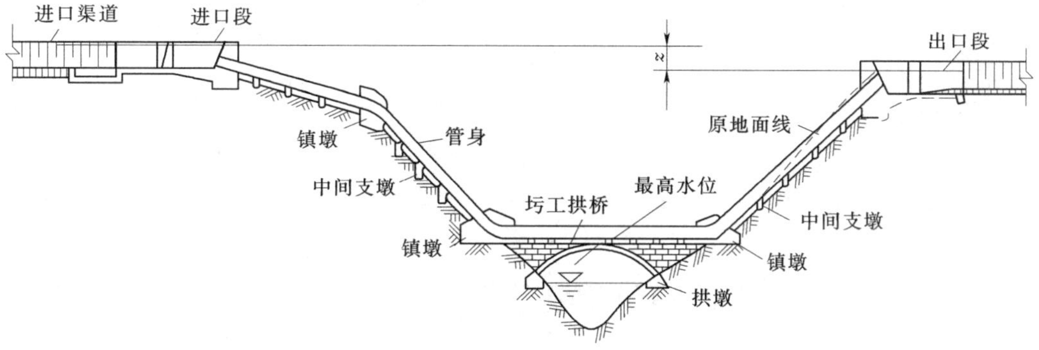

图 2-2-4-4　桥式倒虹吸

要包括出水口、闸门、消力池及渐变段等部分。

二、倒虹吸管图识读的一般方法与步骤

倒虹吸管为输水建筑物中的一种，结构相对简单，倒虹吸管图一般包括平面布置图、纵剖视图、横断面图及细部结构图。顺水流方向分别是进口段、管身段和出口段。平面布置图展示建筑物在长度和宽度方向尺寸、进口段、管身段和出口段等结构信息，纵剖视图展示建筑物长度和高度方向尺寸、主体与支撑结构、内部结构等信息，横断面图展示建筑物宽度和高度尺寸、断面类型、衬砌材料及地基等信息。根据各视图信息，不同视角配合识读倒虹吸管各段结构材料尺寸等信息。细部结构图展示倒虹吸管局部细部构造，如伸缩缝位置、尺寸，嵌填材料，支撑结构尺寸、钢筋等信息。

接下来以过路管式倒虹吸管图为例，详细介绍倒虹吸管图纸识读的具体过程。

模型 2-2-4-1
倒虹吸管
整体布置

三、过路管式倒虹吸管图纸识读

1. 平面布置图识读

图 2-2-4-5 为过路管式倒虹吸设计图。由图中信息可知，该倒虹吸为过路管式倒虹吸，图纸包含平面图、纵断面图、横断面图及细部结构图。由平面图可知，顺水流方向分别是上游连接段、管身段和下游连接段。上游连接段包括梯形渠道和斜卧段，梯形渠道边坡坡比为 1：1，斜卧段水平长 415cm，管身段长 800cm，下游斜卧段水平长 385cm。下游也为梯形渠道段。

微课 2-2-4-1
倒虹吸管基础
知识

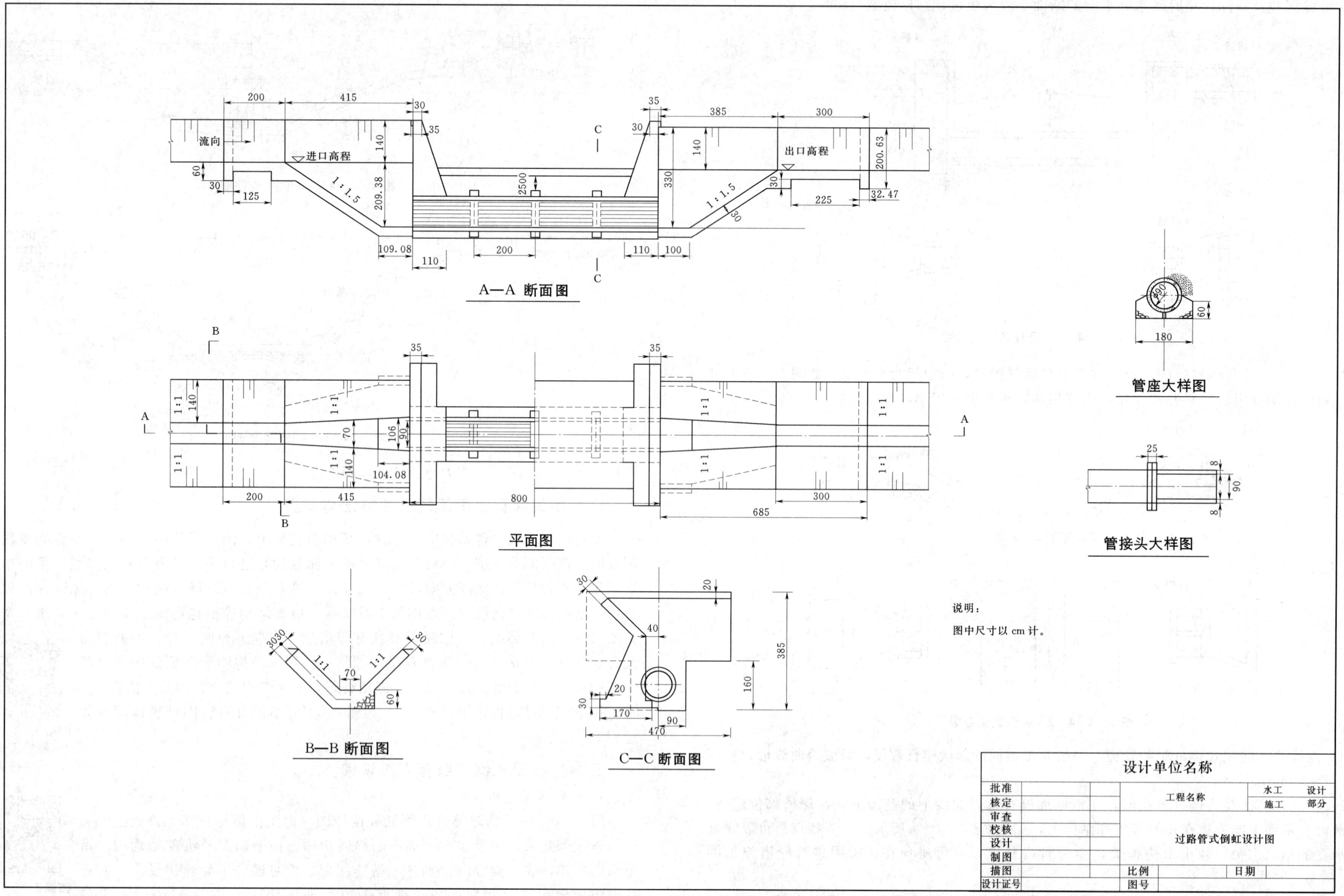

图 2-2-4-5 过路管式倒虹吸设计图

2. 纵断面图识读

由图 2-2-4-5 中 A—A 断面图可知进出口高程，上游连接段底部做了衬砌，结合 B—B 断面图可知，为 60cm 厚砌石衬砌，斜卧段底部下降深度为 209.38cm，比降为 1∶1.5，管身段间隔 200cm 做管接头处理。

3. 横断面图识读

图 2-2-4-5 中 B—B 断面图取自上游连接段，可识读出梯形渠道和斜卧段衬砌信息，包括材料和尺寸。C—C 断面取自管身段，可识读出管身定形、定位、尺寸及管身四周结构定形、定位、尺寸。

4. 细部结构图识读

图 2-2-4-5 中细部结构图包括管座大样图和管接头大样图，管座底部宽 180cm，高 60cm，管内径为 90cm，管壁厚 8cm，接头宽 25cm。

目 标 测 评

微课 2-2-4-2 倒虹吸管平面布置图识读

根据以上所学内容，练习识读图 2-2-4-6，并回答下列问题：

（1）该缓坡式倒虹吸分别由哪几部分组成？

（2）上下游连接段底部衬砌方式是__________。

（3）扭面连接的是__________断面和__________断面。

（4）管身段底部高程是__________ m。

（5）管径是__________ mm。

（6）管身上部路面高程是__________ m。

（7）上下游段是否有挡墙？　是□　否□

（8）挡墙底部宽是__________ m。

微课 2-2-4-3 倒虹吸管断面图识读

任务五　涵 洞 图 识 读

[学习目标]

素质目标：培养团队协作、相互支持的意识与能力，培养行业自豪感。

知识目标：巩固涵洞的分类和特点，掌握涵洞图纸的特点及一般识读方法。

能力目标：能分析涵洞图纸的特点，辨别图样表达方式，并能全面、准确识读涵洞图纸信息。

[学习预热]

中国第一座“上闸下涵”大型立交工程——沭阳闸涵工程

沭阳水利枢纽位于江苏省沭阳县沭城镇以南，是淮河下游分淮入沂工程淮沭新河尾闾的控制工程。沭阳水利枢纽的主体工程为沭阳闸与柴米地涵这一涵闸一体的立体交叉建筑物，上闸下涵，沭阳闸底板及上下游护坦为箱式结构作柴米地涵洞身，淮沭河与柴米河在此分行。这种构造新颖紧凑、经济合理又不乏宏伟壮观。上层沭阳闸是调节淮沂水位服务于灌溉、通航、供水等功能的节制闸。新沂河洪水期间，它防止沂水倒灌，确保淮沭河滩地 7 万亩农田正常生产；当淮河发生 50 年一遇洪水时，分泄 3000m^3/s 洪水经新沂河入海；正常年份向沂北地区送水灌溉，解决 160 万亩农田用水以及沟通淮阴与沭阳的航运。下层柴米地涵是为解决淮沭新河以西大片土地排涝问题的并列式地下涵洞，主要排泄新沂河以南、淮沭河以西、六塘河以北 550km^2 的洪水，兼具蓄水灌溉功能。上层与下层“二水不见面”，这种灌、排、航、供相结合的多功能特殊形式的大型水利工程，当时在全国独一无二，产生了较大影响。

沭阳闸涵工程建设凸显了“推进美丽中国建设，坚持山水林田湖草沙一体化保护和系统治理，统筹产业结构调整、污染治理、生态保护、应对气候变化”等党的二十大报告精神内涵，吸引了全国各地的人前来参观，使原本荒凉偏僻的淮沭河边繁荣热闹起来。

一、涵洞基础知识

1. 涵洞的概念

涵洞是渠系建筑物中较常见的一种交叉建筑物。当渠道与道路、溪谷等障碍物相交时，在交通道路或填方渠道下面，为输送渠水或宣泄溪谷来水而修建的建筑物称之为涵洞。通常所说的涵洞主要指的是不设闸门的输水涵洞与排洪涵洞，其一般由进口、洞身、出口三部分组成，如图 2-2-5-1 所示。

2. 涵洞的类型

涵洞因其作用、过涵水流状态及结构型式等的差异，而具有不同的工作特点及类型。涵洞的洞身结构常采用圆形、箱形、盖板形及拱形等几种。

（1）圆涵。圆涵一般多用钢筋混凝土或混凝土建造，便于采用预制管安装，是最常采用的一种型式。其优点是结构简单，工程量小，便于施工。当泄流量大时，可采用双管或多管涵洞，其单管直径一般在 0.5～6m 之间。钢筋混凝土圆涵可根据有无基础分为有基圆涵、无基圆涵及四铰圆涵，如图 2-2-5-2 所示。

（2）箱涵。箱涵多为刚结点矩形钢筋混凝土结构，具有较好的静力工作条件，对地基不均匀沉降的适应性好，可根据需要灵活调节宽高比，泄流量较大时可采用双孔或多孔布置，适用于洞顶埋土较厚、洞跨较大和地基较差的无压或低压涵洞，可直接敷设于砂石地基、砌石或混凝土垫层上。小跨度箱涵可分段预制，现场安装，如图 2-2-5-3 所示。

（3）盖板涵。盖板涵一般采用矩形或方形断面，它由边墙、底板和盖板组成。侧墙和底板多用浆砌石或混凝土建造。盖板一般采用预制钢筋混凝土板，跨度小时，可采用条石作盖板，盖板一般简支于侧墙上，如图 2-2-5-4 所示。

当地基较好、孔径不大（小于 2～3m）时，底板可做成分离式，底部用混凝土或砌石保护，下垫砂石以利排水。盖板涵主要用于填土较薄或跨度较小的无压涵洞。

（4）拱涵。拱形涵洞由拱圈、侧墙（拱座）及底板组成，如图 2-2-5-5 所示。

拱圈可做成等厚或变厚的，混凝土拱厚一般不小于 20cm，砌石拱厚一般不小于 30cm。

拱涵的底板，根据跨度大小及地基情况，可采用整体式［图 2-2-5-5（a）、（c）］和分离式［图 2-2-5-5（b）］两种形式。为改善整体式底板的受力条件，工程上通常采用反拱底板（图 2-2-5-6）。

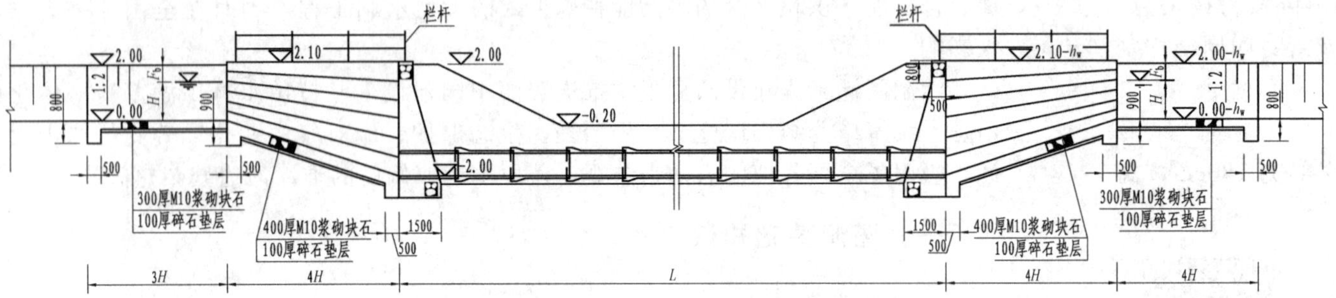

缓坡式倒虹吸纵剖视图 1:200

不同流量对应洞身参数表

流　量 /(m^3/s)	管孔直径 /m	水头损失h_w/m	
		沿程损失	局部损失
0.3	0.5	0.00732L	0.10
	0.6	0.00277L	0.05
	0.7	0.00122L	0.03
0.5	0.7	0.00338L	0.07
	0.8	0.00166L	0.04
	0.9	0.00089L	0.03
0.8	0.9	0.00227L	0.06
	1.0	0.00129L	0.04
	1.1	0.00078L	0.03
1.0	1.0	0.00202L	0.07
	1.1	0.00121L	0.05
	1.2	0.00076L	0.03

注　表中L为倒虹吸管道总长（单位为m）.

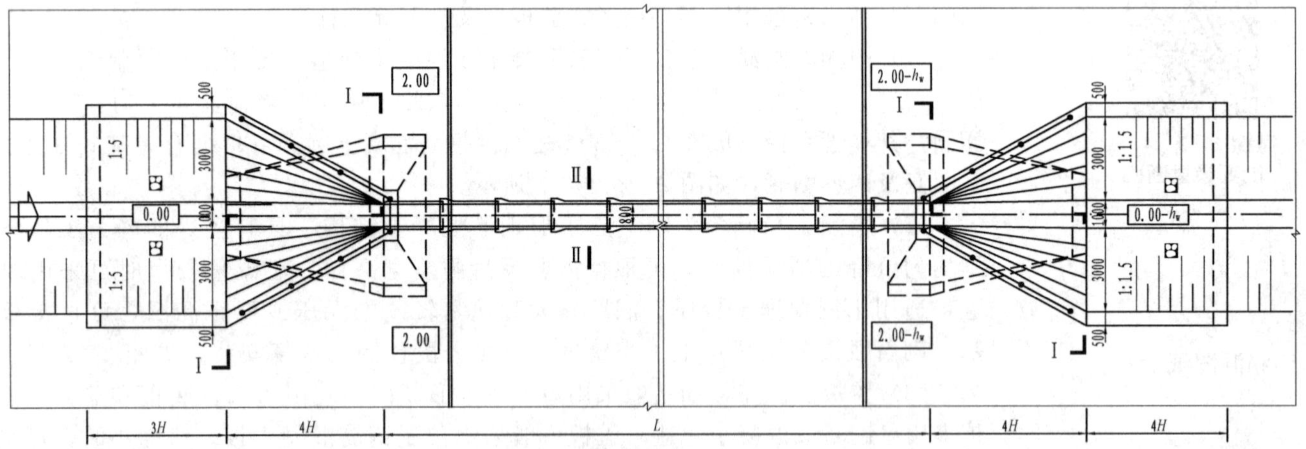

缓坡式倒虹吸平面图 1:200

说明:

1. 图中高程单位为m，为相对高程，其余尺寸单位为mm。
2. 倒虹吸地基为土基时，管身宜优先选用砂石（土弧）基础，开挖边坡须满足稳定要求，施工时做好降水，保持基面干燥，遇软弱地基或地基承载力不满足要求时应采取地基处理措施，地基承载力不小于100kPa。本图基础为砂石基础，图（2/2）中同时列出混凝土、浆砌石基础图供参考。本图每节管身有效长度为2m，可根据需要及管件产品规格调整。
3. 砂石基础的管道适用于柔性接口的混凝土承插口管或企口管。混凝土、浆砌石基础的管道除Ⅷ度以上地震烈度区及地下水位以下的淤泥、粉细砂地区外，采用刚性接口，但每20～25m管段长度应设置一个柔性接口。
4. 若渠系污物较多，或有安全需要，应在进（出）口加设拦污栅、沉沙池，但需计入过栅水头损失。
5. 若洞身为长洞，底坡为陡坡，正常运行水位时，管身进口处水深应大于1.5倍管孔高度。
6. 进口拦（沉）沙设施根据需要另行确定，上.下游浆砌石护坡厚300mm。
7. 本图渠道宽度、深度、坡比及地面高程仅为示意，具体工程应根据实际需要确定。渠道岸顶超高F_b应满足相关规范要求。
8. 倒虹吸管顶覆土厚度一般不小于0.7m，地震区不小于1.5～2.0m，在严寒地区，须将管身埋于冻土层以下。河底有冲刷时，相应部位管顶应采取防冲措施。
9. 倒虹吸回填土石料须进行压实，并满足相关规范要求。

第一部分　渠道与渠系建筑物		第五章　倒虹吸	
图名	缓坡式倒虹吸	图号	5-3(1/2)

图2-2-4-6　缓坡式倒虹吸设计图

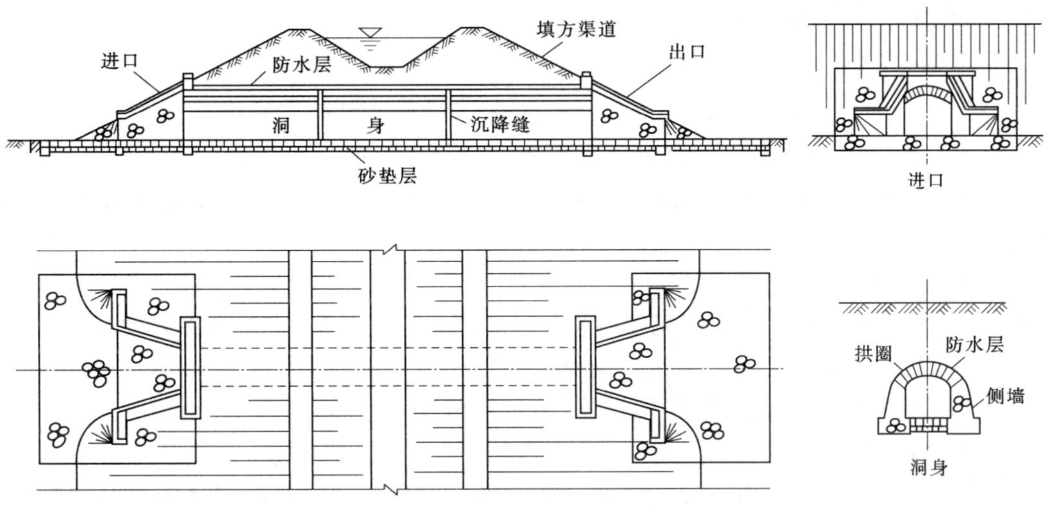

图 2-2-5-1　填方渠道下的石拱涵洞

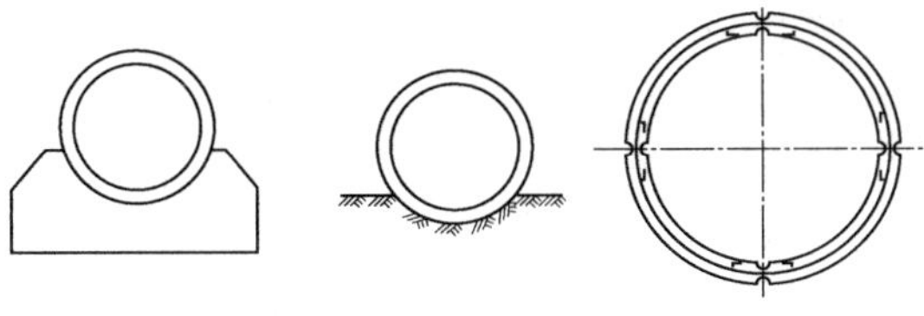

(a) 有基圆涵　(b) 无基圆涵　(c) 四铰圆涵

图 2-2-5-2　圆涵

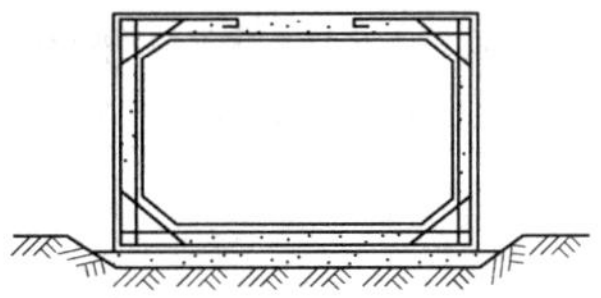

图 2-2-5-3　箱涵

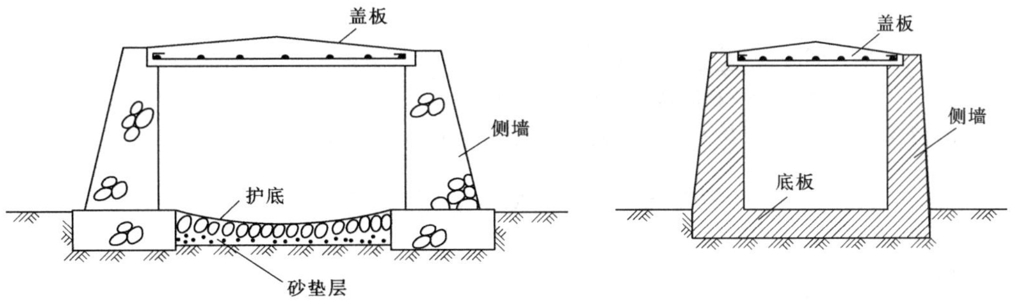

(a) 分离式底板　(b) 整体式底板

图 2-2-5-4　盖板涵

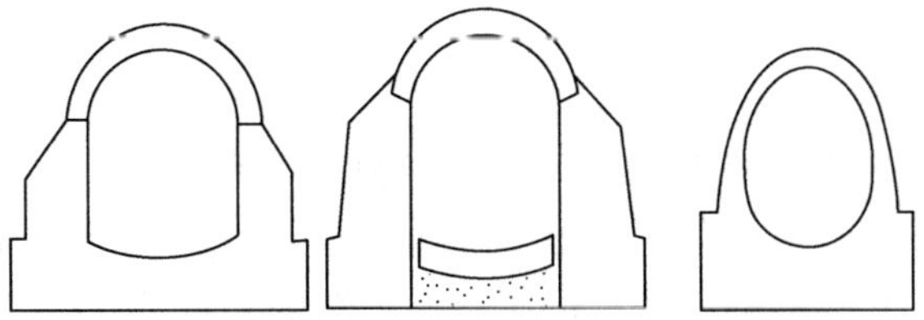

(a)　(b)　(c)

图 2-2-5-5　拱涵

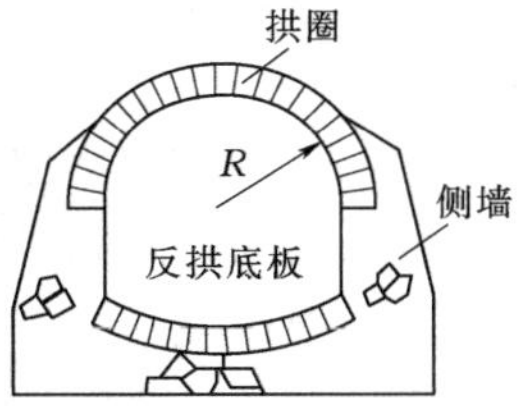

图 2-2-5-6　反拱底板

3. 涵洞结构

(1) 涵洞进出口。涵洞进出口的作用是平顺水流以降低水头损失和防止冲刷。最常见的进出口型式如图 2-2-5-7 所示。

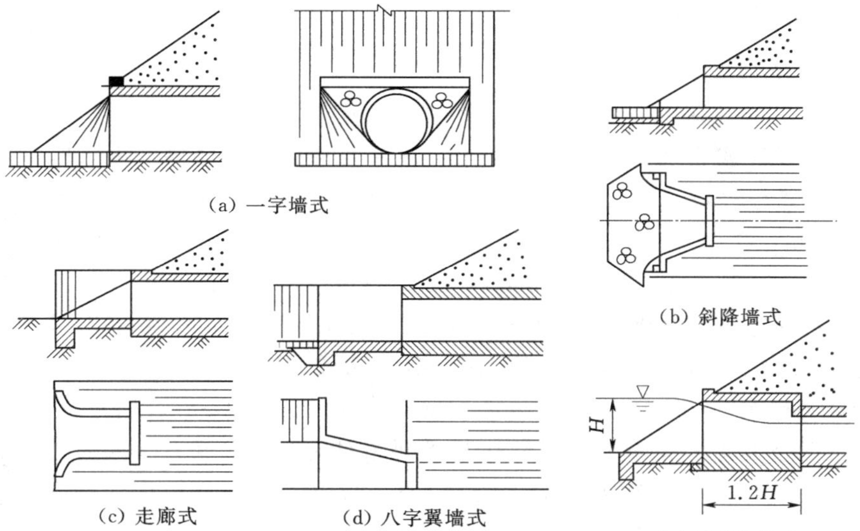

(a) 一字墙式　(b) 斜降墙式　(c) 走廊式　(d) 八字翼墙式　(e) 进口抬高式

图 2-2-5-7　涵洞进出口型式

(2) 涵洞洞身。

1) 分缝与止水。为了适应温度变化引起的伸缩变形和地基的不均匀沉降，涵洞应分段设置沉降缝。对于砌石、混凝土、钢筋混凝土涵洞，分缝间距一般不大于 10m，且不小于 2～3 倍洞高；对于预制安装管涵，按管节长度设缝。常在进出口与洞身连接处及洞身上作用变化较大处设沉降缝，该缝为永久缝，缝中需设止水，其构造要求可参考倒虹吸管。

2) 防渗要求。一般在整个涵洞的洞身上设置防渗层，防渗层一般可采用石灰三合土、水泥砂浆、沥青、黏土等材料，有压涵洞还应沿洞身外设截水环，其与坝下埋管类似。

3) 洞顶以上填土厚度要求。一般应不小于 1.0m，对于有衬砌的渠道，也不应小于 0.5m，以保证洞身具有良好的工作条件。

4) 无压涵洞洞内净空高度、面积要求。一般对于圆涵和拱涵，净空高度应大于或等于洞高的 1/4；对于箱涵和盖板涵，应大于或等于洞高的 1/6。

净空面积应以不小于涵洞断面的 10%～30%为宜。

二、涵洞图识读的 般方法与步骤

涵洞为输水建筑物中的一种，结构相对简单，涵洞图一般包括平面布置图、纵剖视图、横断面图及细部结构图。顺水流方向分别是进口段、洞身段和出口段。平面布置图展示建筑物长度和宽度方向尺寸、进口段、洞身段和出口段等结构信息，纵剖视图展示建筑物长度和高度方向尺寸、主体与支撑结构、内部结构等信息，横断面图展示建筑物宽度和高度方向尺寸、断面类型、衬砌材料及地基等信息。根据各视图信息，不同视角配合识读涵洞各段结构材料尺寸等信息。细部结构图展示涵洞局部细部构造，如伸缩缝位置、尺寸，嵌填材料，支撑结构尺寸及进出口挡墙等信息。

接下来以某排洪涵洞图和圆形涵洞图为例，详细介绍涵洞图纸识读的具体过程。

模型 2-2-5-1 涵洞整体布置

三、某排洪涵洞图纸识读

1. 平面布置图识读

由图 2-2-5-8 中平面布置图可知，该排洪涵洞主要由进口段、洞身段、出口段及下游渠道段四大部分组成，其中出口段包含消力池和陡槽。进口段有一底部高程为 125.900m 的沉砂池，两侧为混凝土挡墙；洞身段为地下涵洞，内径为 1.5m，壁厚 0.15m；消力池段底部高程为 125.000m，消力池两端坡比分别为 1∶2 和 1∶1，挡墙顶部高程为 126.800m；出口段为扭面段和梯形渠道段，扭面连接矩形断面和梯形断面，进口处高程为 125.500m，出口处底部高程为 124.182m，梯形渠道比降为 1∶50，边坡坡比为 1∶1.25。

微课 2-2-5-1 涵洞基础知识

2. 纵剖视图识读

图 2-2-5-8 中，纵剖视图各段结构与平面图对应，顺水流方向分别是进口段、洞身段、出口段及下游渠道段。进口段，台阶为混凝土台阶，每级踏步宽 0.3m，高 0.2m，抗渗等级为 4 级，抗冻等级为 50 次冻融循环，楼梯坡比为 1∶1.5，沉砂池底部设有排水管，管径 50mm，PVC 管材，间隔 1.5m 布置；洞身段，进口处设有挡墙，由纵剖视图可以识读出，洞身为预制钢筋混凝土管，洞身底部设有 C20 混凝土基座和 C15 混凝土垫层，上部做土方回填和草皮护坡，出口处同样设有挡墙；消力池段，底部为 C20 混凝土板，厚 0.3m，底板内部设有孔径为 50mm 的 PVC 排水管，间距 1.5m；出口段，扭面段纵坡坡比为 1∶3.79，扭面段和梯形渠道段底板均为 C20 混凝土底板。

微课 2-2-5-2 涵洞平面布置图识读

3. 横剖视图识读

图 2-2-5-9 中共有七个横剖视图，1—1 和 2—2 剖面取自进口段，3—3 剖面取自洞身段，4—4 剖面取自消力池段，5—5 和 6—6 剖面取自消力池段，7—7 剖面取自下游梯形渠道段。由剖视图能识读出各位置处结构的宽度和高度方向尺寸信息，也可识读出材料信息。由 1—1 剖面可知开挖位置、开挖坡比、土方回填等，两侧挡墙内设有管径为 50mm 的 PVC 排水管，按水平间距 1.5m 布设，排水管进口处设有反滤包。由 3—3 剖面可知钢筋混凝土管的定形和定位尺寸、管座定形和定位尺寸、开挖和回填信息等。

微课 2-2-5-3 涵洞横剖视图识读

4. 细部结构图识读

图 2-2-5-8 和图 2-2-5-9 中，涵洞细部结构图包括进口挡墙 A 大样图、进口挡墙 B 大样图、橡胶止水带埋设图及橡胶止水带大样图。挡墙大样图能够识读出顺水流方向和高度方向尺寸信息以及材料信息。涵洞混凝土基座、涵洞进出口和上下游挡墙之间设置伸缩缝，缝宽 20mm，缝内填沥青木板。由橡胶止水带埋设图可知，沥青木板与橡胶止水带垂直布设，止水带带宽 300mm，止水带选用 B-P-300×8 橡胶止水带。

微课 2-2-5-4 涵洞细部结构图识读

四、圆形涵洞图纸识读

1. 平面布置图识读

由图 2-2-5-10 可知，该图纸为圆形涵洞设计图，顺水流方向分别为进口段、洞身段及出口段。由图可知，进口段包含梯形渠道和扭面段，梯形渠道边坡坡比为 1∶1；洞身段每间隔 2m 预留一个伸缩缝，缝宽 1cm，进出口处设有挡墙；出口段包含扭面段和梯形渠道段。

2. 纵剖视图识读

由图 2-2-5-10 中Ⅰ—Ⅰ剖视图可知，进口扭面段底部设有 30cm 厚浆砌石衬砌和防滑齿墙，进口挡墙为 M7.5 浆砌石砌筑，洞身伸缩缝位置涂沥青油毡三层，洞身段比降为 1∶250，出口扭面段和梯形渠道段底部均设有 30cm 厚浆砌石衬砌。

3. 横剖视图识读

由图 2-2-5-10 中平面图可知，Ⅱ—Ⅱ剖视图取自进口段扭面部分和涵洞洞身段，横剖视图可识读出扭面定形和定位尺寸、涵洞内径及衬砌信息。

目 标 测 评

请识读图 2-2-5-11，并回答下列问题：

（1）顺水流方向结构分别为__________、__________和__________。

（2）进口连接段为__________型翼墙。

（3）该涵洞为__________断面。

（4）涵洞采用__________钢筋混凝土，进出口翼墙、铺砌等构件采用__________浆砌石。

（5）出口连接段为__________型翼墙。

（6）Ⅰ—Ⅰ剖视图在__________位置。

（7）涵洞洞身是否设置沉降缝？ 是□ 否□

（8）识读图纸时，先整体识读再分段识读，正确吗？ 正确□ 错误□

任务六 跌水、陡坡图识读

［学习目标］

素质目标：了解我国当前水利建设的使命与任务，强化责任担当。

知识目标：巩固跌水、陡坡基础知识，掌握跌水、陡坡图纸的特点及一般识读方法。

能力目标：能分析跌水、陡坡的图纸特点，辨别图样表达方式，并能全面识读跌水、陡坡图纸信息，准确指导施工。

［学习预热］

亚洲第一大“人造瀑布”——牛栏江引水入滇跌水工程

瀑布，是由于大自然特殊的地形地貌而形成的一种壮观的自然景象，自古就深得人们赞誉，唐代大诗人李白就曾留下“飞流直下三千尺，疑是银河落九天”的千古佳句。

但随着社会进步，瀑布不仅有天然形成的，还有很多人为制造的。昆明瀑布公园的瀑布景观就是亚洲最大的“人造水景”。在介绍这座景观之前，先为大家介绍一下云南省的一个大型

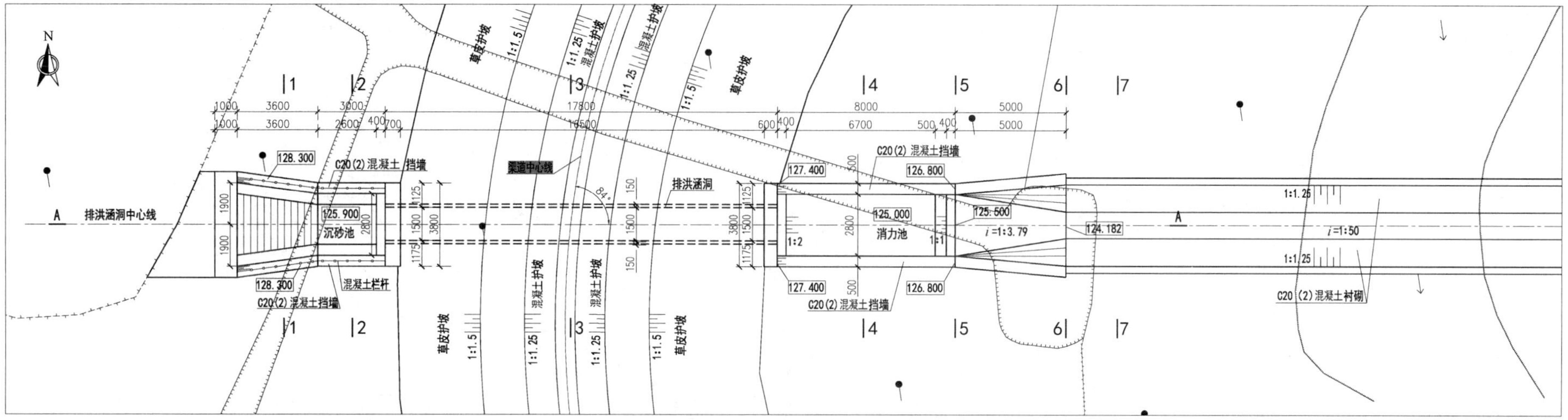

排洪建筑物平面布置图

比例尺A

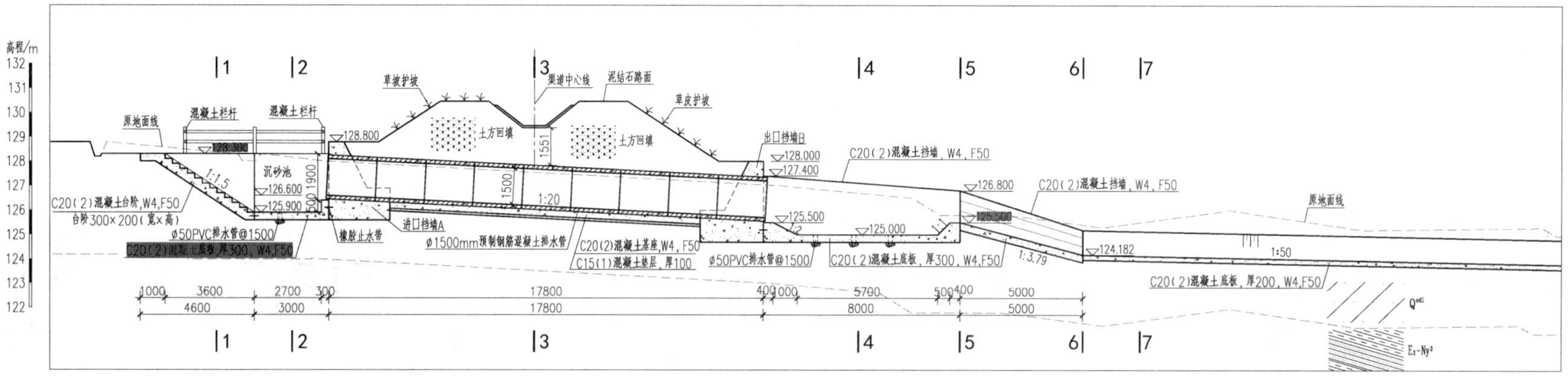

排洪涵洞纵剖面图 比例尺A

(A—A)

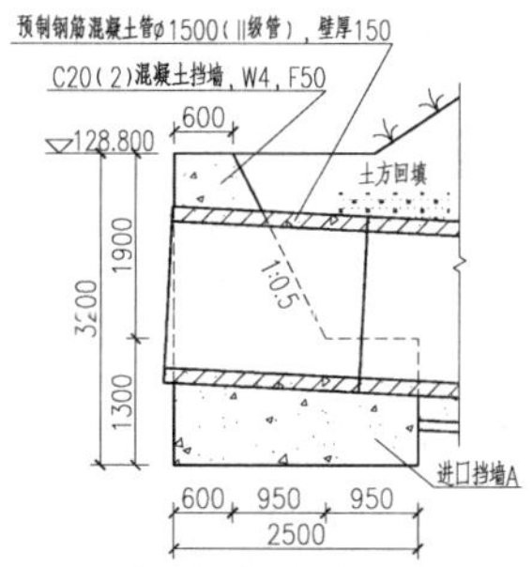

进口挡墙A大样图 比例尺B

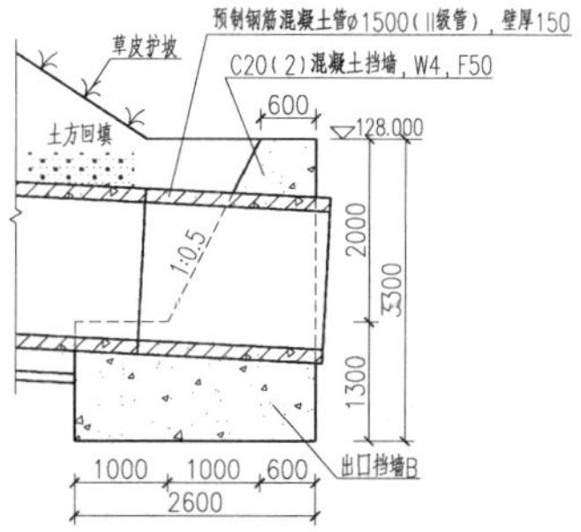

出口挡墙B大样图 比例尺B

图 2-2-5-8 某支渠排洪涵洞图（一）

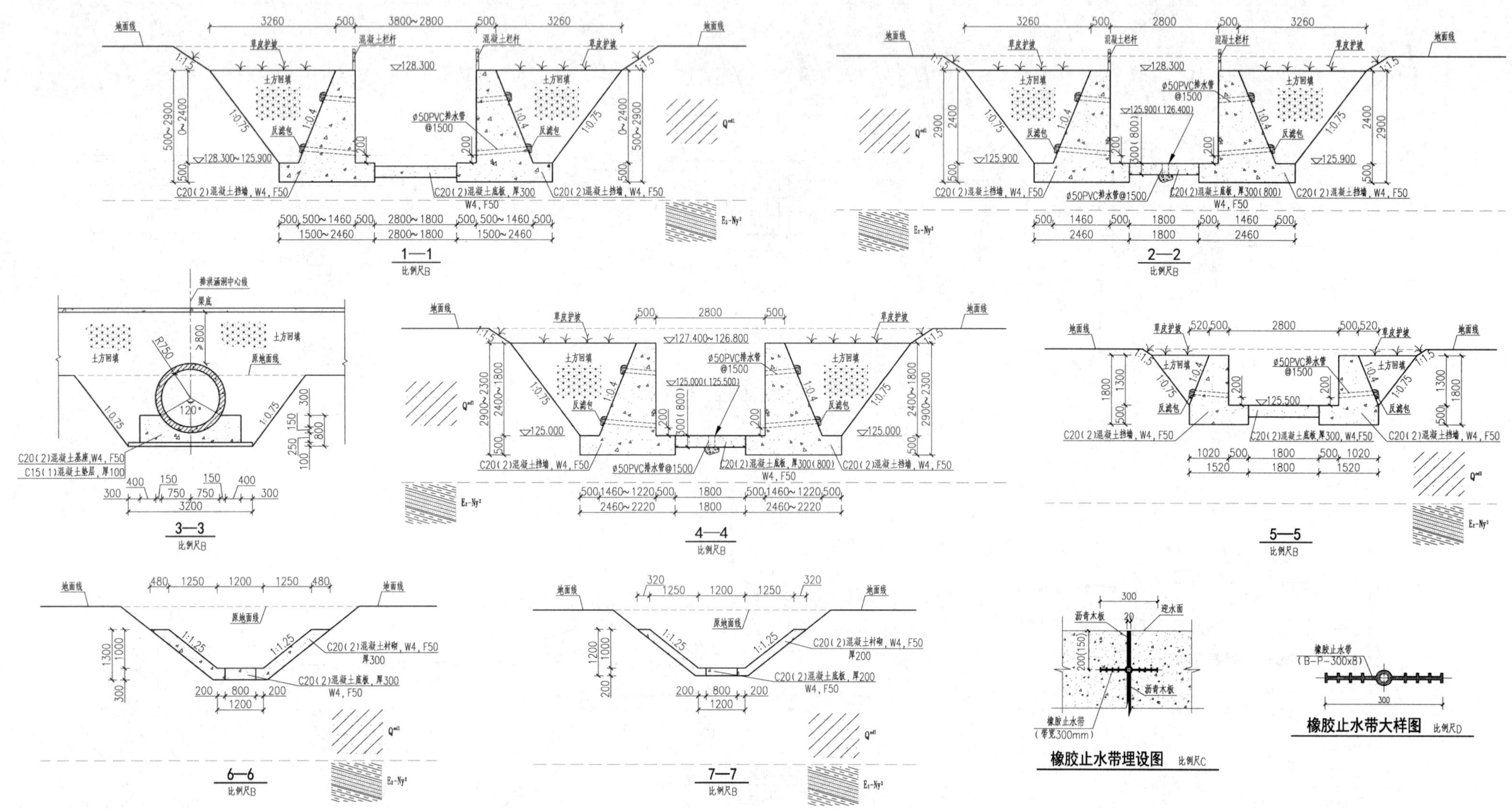

说明：

1. 本套图共2张，图号为"*****************"。
2. 本图高程、桩号单位以m计，其余以mm计，采用1980西安坐标系、1985国家高程基准。
3. 基座、挡墙、底板混凝土强度等级均为C20（2），抗渗等级为W4，抗冻等级为F50。混凝土设计使用年限为30年。
4. 排洪涵洞及进出口挡墙基础置于原状土地基上，基础浮土、杂草要严格清除干净，管涵基础承载力标准值不得小于140kPa，挡墙基础承载力不得小于180kPa；基础持力层如遇局部地段不满足要求时，需清除置换土处理。
5. 回填可利用开挖料，回填料应不夹杂草、树木及有机物等有害物质，分层夯实，每层厚度不大于300mm，填土压实度要求不小于91%。
6. 排洪涵洞的混凝土强度达到设计强度的75%方可回填土。回填土应分层填筑，具体要求同明渠填土要求。涵洞上填土厚度厚度小于0.5~0.8m时严禁机械通过，应采用小型机具夯填压实，涵洞两侧填土应均匀上升，最大填土高差不应大于80cm。
7. 边墙排水管水平管距、排距均为1.5m，梅花状布置，排水管纵坡i=5%，施工时可适当调整。排水管内口用内衬尼龙筛网，并用200mm×200mm×200mm土工布（300g/m²）反滤袋包扎。反滤袋内碎石粒径采用5~10mm。
8. 涵洞混凝土基座、涵洞进出口和上下游挡墙之间设置伸缩缝，缝宽20mm，缝内填沥青木板。
9. 选用B-P-300x8橡胶止水带，质量要求满足《高分子防水材料 第2部分 止水带》（GB 18173.2—2014）中的各项技术指标。
10. 止水带施工应严格按《水工建筑物止水带技术规范》（DL/T 5215—2005）执行。
11. 护坡草皮品种为马尼拉草，规格为0.3m×0.3m，覆盖率100%，植草成活率应达到95%以上。
12. 排洪涵洞进出口布设安全警示牌，安全警示牌具体要求见《安全标志及其使用导则》（GB 2894—2008）。
13. 预制钢筋混凝土排水管RCPII1200×2000GB/T11836为厂家定型产品，采用柔性接头B型承插口管，每节管长1~2m，t=150mm，施工需严格按《混凝土和钢筋混凝土排水管》（GB/T 11836—2009）中的相关技术要求执行。
14. 施工要求严格执行《水工混凝土结构设计规范》（SL 191—2008）、《水利水电工程施工安全管理导则》（SL 721—2015）以及国家其他现行规范规程的要求。
15. 比例尺：
   比例尺A：0 1 2 3 4 5m
   比例尺B：0 0.5 1 1.5 2 2.5m
   比例尺C：0 0.1 0.2 0.3 0.4 0.5m
   比例尺D：0 0.05 0.1 0.15 0.2 0.25m
16、图例：粉质黏土 Q^{edl}；泥岩、泥质粉砂岩 E_2-Ny^2

图 2-2-5-9 某支渠排洪涵洞图（二）

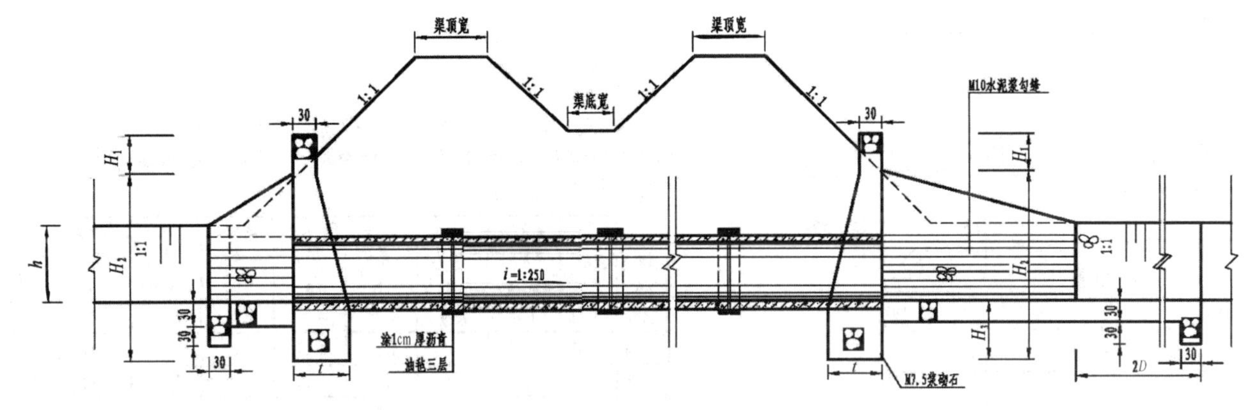

I—I剖视图　1:50

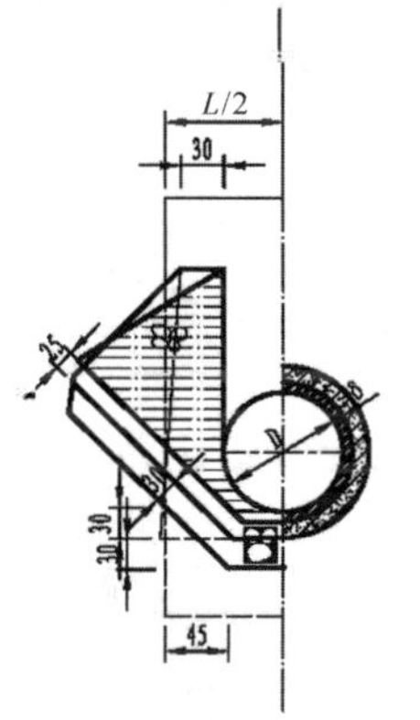

II—II剖视图　1:50

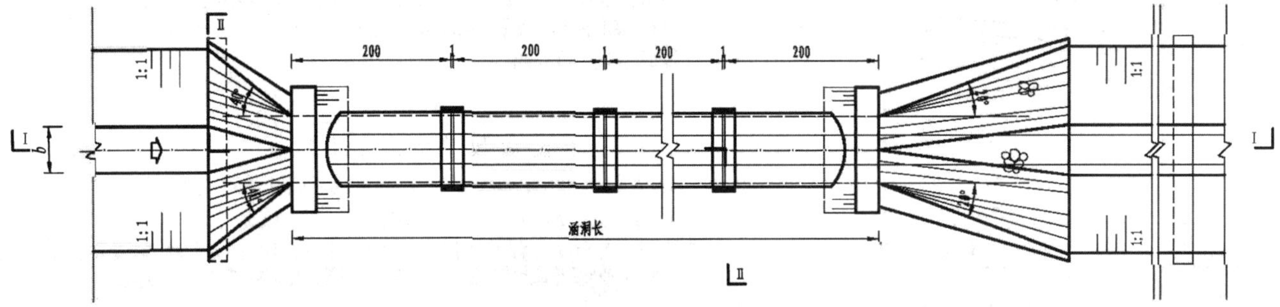

平面图　1:50

说明：

1. 尺寸单位为cm。
2. 本涵洞适用于填方渠道下输水工程。
3. 图中涵洞以编号IV绘制。
4. 涵洞顶填高控制在1～5m内，涵洞长视填方渠道填高具体确定。
5. 渠道各部尺寸为1:800比降的土渠各部尺寸。
6. 管道选用应符合《混凝土和钢筋混凝土排水管》(GB/T 11836)的技术要求。根据外压荷载和内水压力可选用II级或III级管，内水压力不大于0.1MPa，外部荷载应不大于其裂缝荷载允许值。计算外部荷载大于裂缝荷载允许值时应经计算确定管身壁厚及配筋。

渠道涵洞各部尺寸及工程量材料量表

编号	渠道			涵洞各部尺寸							工程量/m³		材料量		
	$Q/(m^3/s)$	b/cm	h/cm	D	b	L	H_1	H_2	H_3	t	M7.5砌石	M10勾缝	水泥/kg	砂子/m³	毛石/m³
I	0.1	30	58	39	4	129	40	107	40	50	3.83	0.049	299.00	1.43	4.52
II	0.2	40	74	60	6	150	40	142	40	50	4.11	0.053	321.06	1.54	4.85
III	0.4	50	94	70	6.5	160	50	188	75	70	7.11	0.093	555.48	2.66	8.39
IV	0.6	60	100	80	7	170	50	199	75	70	8.35	0.110	652.90	3.12	9.85
V	0.8	80	108	100	9	190	60	223	85	80	10.22	0.130	797.69	3.81	12.06
VI	1.0	100	121	100	9	190	60	223	85	80	12.20	0.160	953.68	4.55	14.40

注　钢筋混凝土管另计工程量。

第一部分　渠道与渠系建筑物		第四章　桥涵	
图名	圆形涵洞设计图	图号	4-14

图2-2-5-10　圆形涵洞设计图

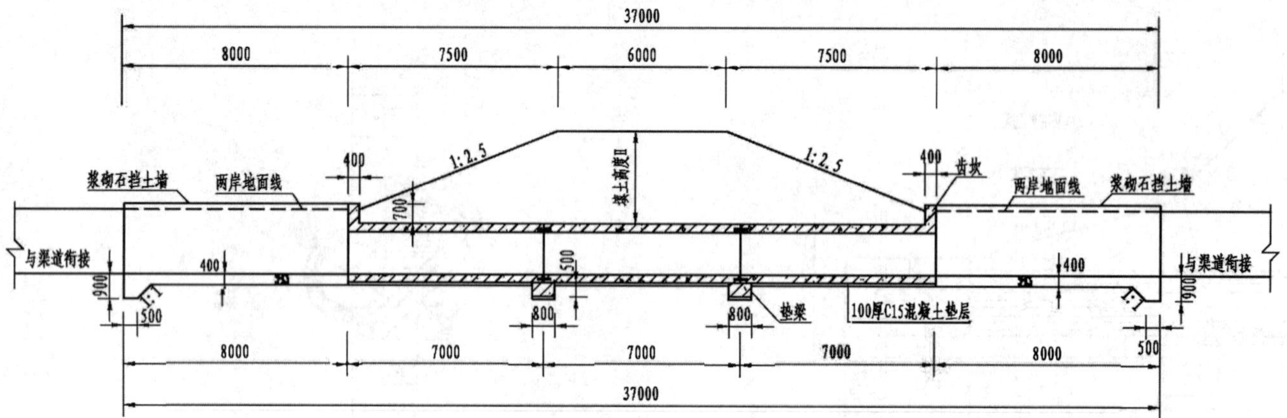

涵洞纵断面图 1:200

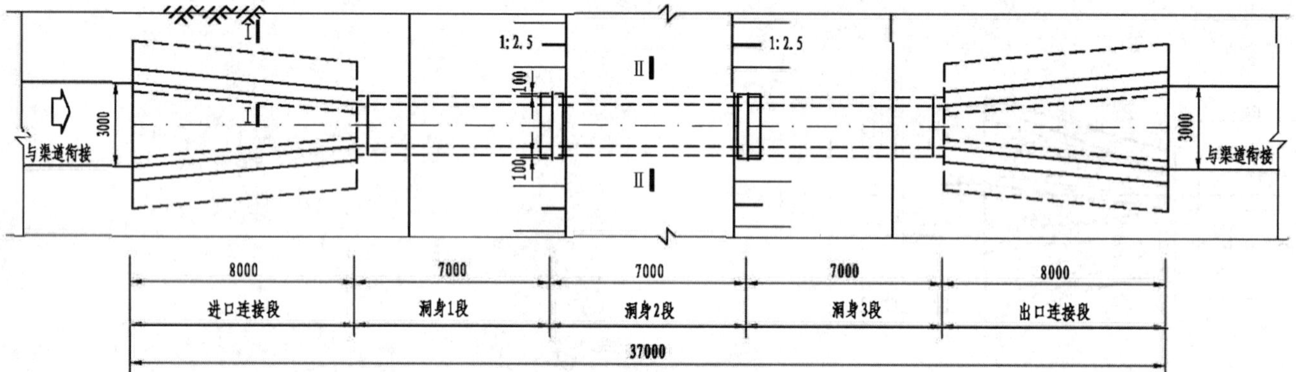

涵洞平面图 1:200

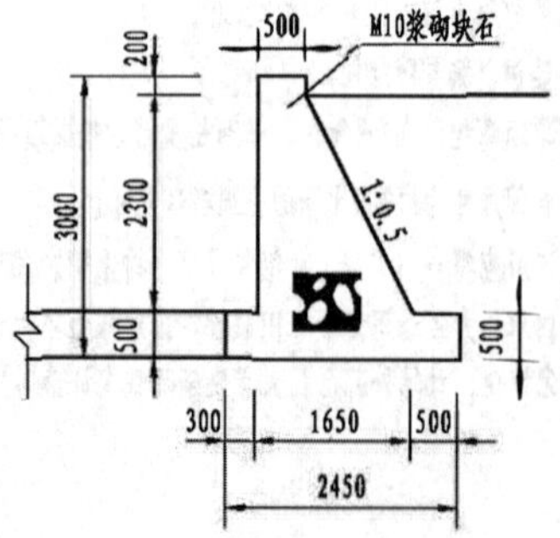

Ⅰ-Ⅰ 1:100

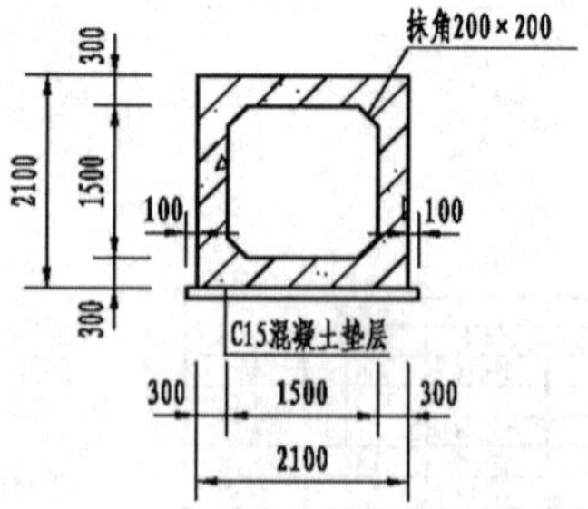

Ⅱ-Ⅱ 1:100

说明:

1. 图中尺寸单位为mm。
2. 荷载等级：公路-Ⅱ级。
3. 进出口采用八字翼墙洞口，也可根据地形要求采用其他型式。
4. 涵洞按照无压水流设计，自由出流。实际大于最大纵坡时应采取措施保证涵洞稳定。
   水力计算见下表：

跨径 /m	涵高 /m	最大过水量Q /(m^3/s)	壅水高度H_m /m	进口水深H_o /m	临界水深H_k /m	收缩水深H_c /m	临界流速V_k /(m/s)	临界坡深i_r /%	最大纵坡 /%
1.50	1.50	2.70	1.44	1.25	0.85	0.76	2.89	1.04	3.29
1.50	2.00	4.15	1.92	1.67	1.13	1.02	3.33	1.21	2.54
2.00	2.00	6.04	1.92	1.67	1.13	1.02	3.33	0.08	1.93
2.00	2.50	8.44	2.39	2.08	1.42	1.27	3.73	0.98	1.50
2.50	2.50	11.10	2.39	2.08	1.42	1.27	3.73	0.78	1.29
2.50	3.00	14.60	2.87	2.50	1.70	1.53	4.08	0.85	1.10

出口流速按照4.5m/s考虑。涵长不大于30m均可以选用。根据实际地形布置涵洞时，可适当调整管顶上端墙高度使涵洞长度保证整数，端墙高度不宜超过1000mm。

5. 填土高度分为以下几类：

填土高度H/m	
$0.1<H\leqslant0.5$	$0.5<H\leqslant4.0$

填土高度$0.1m<H\leqslant0.5m$时可视作明涵，涵洞上方可直接做桥面铺装和栏杆。

6. 涵洞按照正交计算，斜交涵洞可以采用涵身斜做、进出口正做。
7. 涵洞基础地基承载力容许值$[f_a]$不小于120kPa，涵洞基础可根据地基情况选择是否选用垫梁，建于基岩或砂砾石地基上的涵洞可不设垫梁。若是遇到软弱地基需进行地基处理。
8. 根据《公路涵洞设计规范》（JTG/T 3365-02—2020），涵洞中部应设置沉降缝一道，当涵身长度超过20m时，可视具体情况每隔6m左右再设沉降缝。
9. 沉降缝必须贯穿整个断面（包括基础），缝宽20~30mm。为防止涵洞沉陷缝漏水，沉陷缝接头应做止水处理。
10. 涵洞采用C30钢筋混凝土，进出口翼墙、铺砌等附属构件采用M10浆砌石。
11. 施工时应做好施工地质工作，地基保证均匀、密实；涵洞进出口处必须进行铺砌，长度根据实际情况而定；涵洞顶上及涵身两侧在不小于2倍孔径范围内的填土分层对称夯实，压实度不小于93%。
12. 现浇混凝土矩形涵洞典型设计孔径为1.5m×1.5m，填土高度按照$0.5m<H\leqslant4.0m$考虑。
13. 未尽事宜详见《公路桥涵施工技术规范》(JTG/T 3650—2020)。

第一部分 渠道与渠系建筑物		第四章 桥涵	
图名	现浇混凝土矩形涵洞典型设计图	图号	4-7(1/2)

图 2-2-5-11 现浇混凝土矩形涵洞典型设计图

工程——牛栏江—滇池补水工程。这是一个从牛栏江引水至滇池的巨大工程，是当地为了改善滇池水环境和水资源条件，并配合滇池水污染防治的其他措施而修建的，以达到规划水质目标，并具备为昆明市应急供水的能力。昆明瀑布公园，也称为牛栏江瀑布公园，位于牛栏江—滇池补水工程的盘龙江入口段。它作为牛栏江引水工程的重要配套工程，通过百余公里的引水管道让水自流到昆明，以打造盘龙江入水口生态景观、改善盘龙江防洪条件为目的，在此建立了人工瀑布公园。公园内的瀑布景观，就是充分利用牛栏江引水入滇工程而形成的人工瀑布及湖泊，利用约 12.5m 的地势高差，建设成宽幅约 400m 的人工瀑布。如此庞大的规模和景象，堪称国内幅宽最大、流量最大、规模最大的人工瀑布（跌水），有“亚洲第一大人工瀑布”的称誉。

牛栏江引水入滇跌水工程充分突出“中国式现代化是人与自然和谐共生的现代化”“人与自然是生命共同体，坚定不移走生产发展、生活富裕、生态良好的文明发展道路，实现中华民族永续发展”等党的二十大报告精神内涵，让中国水利建设真正助力美丽中国建设。

一、跌水、陡坡基础知识

当渠道通过地面坡度过陡的地段或陡坎时，往往将水流的落差集中，故修建建筑物连接上下游渠道，以减少渠道的挖填方量并有利于下级渠道分水，使总体造价最低，这种建筑物称为落差建筑物。常见的落差建筑物有跌水、陡坡两种。

1. 跌水

跌水上下游的渠底高差称为跌差。跌差小于 3～5m 时布置成单级跌水，跌差超过 5m 时布置成多级跌水，常采用等落差布置，每级跌差控制在 3～5m。跌差可根据建筑材料及单宽流量选取。单级跌水由进口连接段、跌水口、跌水墙、消力池和出口连接段组成，如图 2-2-6-1 所示。

模型 2-2-6-1 跌水整体布置

（1）进口连接段。进口连接段由翼墙和防冲式铺盖组成，如图 2-2-6-2 所示。其作用是平顺水流、防渗及防冲。翼墙的型式有扭曲面、八字墙、圆锥形等，其中扭曲面翼墙的水流条件较好。

（2）跌水口。跌水口亦称控制缺口，其作用是控制上游渠道水面线在各种流量下不会产生壅高或降低。跌水口是设计跌水和陡坡的关键。常将跌水口横断面缩窄成缺口，减小水流的过水断面，以保持上游渠道要求的正常水深。缺口型式有矩形、梯形和抬堰式，如图 2-2-6-3 所示。

（3）跌水墙。跌水墙有直墙和倾斜墙两种。

（4）消力池。跌水墙下设消力池，使下泄水流形成底流式消能，其设计原理同水闸，其长度尚应计入水流跌落到池底的水平距离。

（5）出口连接段。出口连接段包括海漫、防冲槽、护坡等。其作用是消除余能，调整流速分布，使水流平顺进入渠道，保护渠道免受冲刷。

2. 陡坡

陡坡由进口连接段、控制缺口（或闸室段）、陡坡段、消力池和出口连接段组成，如图 2-2-6-4 所示。

根据不同的地形条件和落差大小，陡坡也可建成单级或多级两种形式。后者多建在落差较大且有变坡或有台阶地形的渠段上。

模型 2-2-6-2 陡坡整体布置

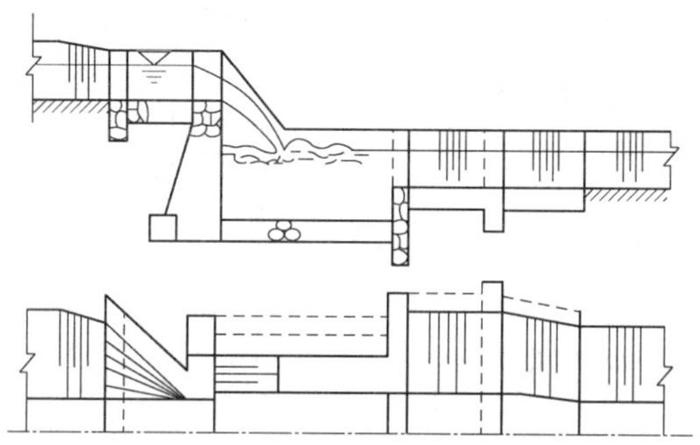

图 2-2-6-1 单级跌水

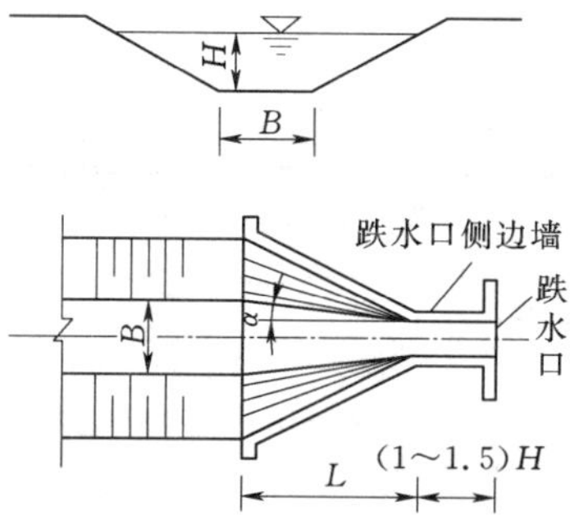

图 2-2-6-2 进口连接段

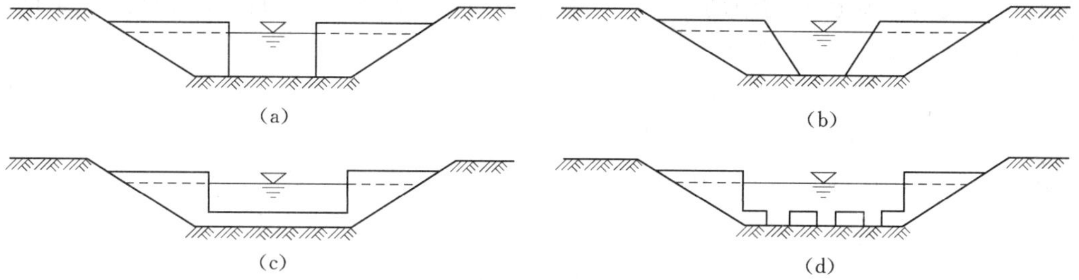

图 2-2-6-3 跌水口型式

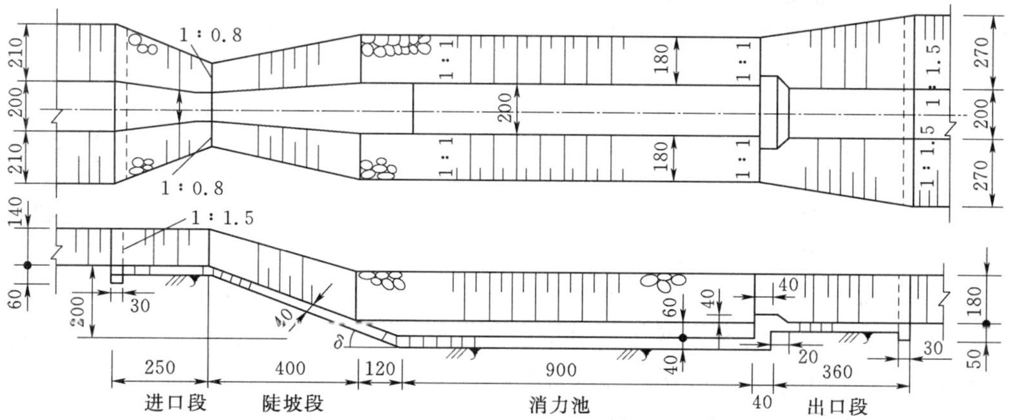

图 2-2-6-4 扩散陡坡段（单位：cm）

陡坡的进口连接段和控制缺口的布置形式与跌水相同，但对进口水流平顺和对称的要求比跌水更严，以使下泄水流平稳、对称且均匀地扩散，为下游消能创造良好条件。由于陡坡段水流速度较高，若其进口及陡坡段布置不当，将产生冲击波致使水流翻墙和气蚀等。

陡坡的控制缺口常利用闸门控制水位及流量，如图 2-2-6-5 所示。

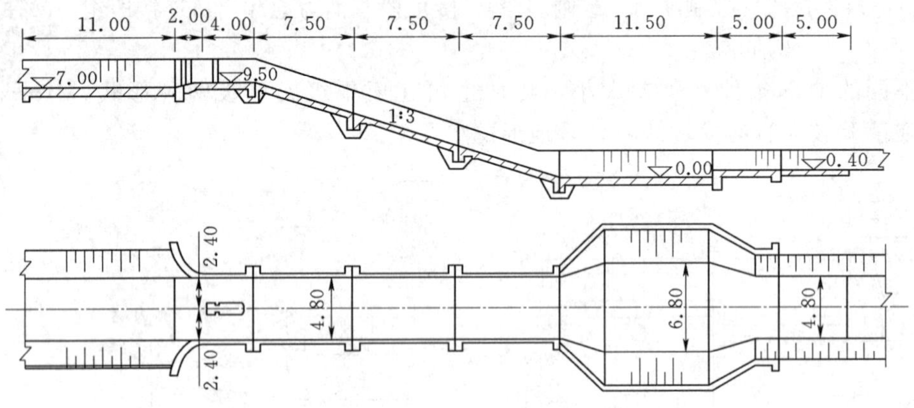

图 2-2-6-5　有闸控制的陡坡（单位：m）

二、跌水、陡坡图识读的一般方法与步骤

跌水和陡坡为输水建筑物中的一种，结构非常简单，跌水、陡坡图一般包括平面布置图、纵剖视图及横断面图。

跌水顺水流方向分别是进口段、跌坎段和出口段。平面布置图展示建筑物长度和宽度方向尺寸、进口段、跌坎段和出口段等结构信息，纵剖视图展示建筑物长度和高度方向尺寸、主体与支撑结构、内部结构等信息，横断面图展示建筑物宽度和高度方向尺寸、断面类型、衬砌材料及地基等信息。根据各视图信息，不同视角配合识读跌水各段结构材料尺寸等信息。

陡坡顺水流方向分别是进口连接段、陡坡段、消力池和出口连接段。平面布置图、纵剖视图及横断面图展示信息与跌水类似。

接下来以某田间涵带跌水图、某多级跌水图及某单级陡坡图为例，详细介绍跌水、陡坡图纸识读的具体过程。

三、某多级跌水图纸识读

微课 2-2-6-1
跌水和陡坡基础知识

1. 平面布置图识读

由图 2-2-6-6 中平面布置图可知，该跌水为三级跌水，跌水进口段和出口段为梯形断面渠道，跌坎段为矩形断面，进口段和跌坎段由扭面连接，同样，跌坎段和出口段也为扭面连接。由平面布置图和图纸中工程特性表均可知，该跌水跌差为 4.1m，进口段底部高程为 0.00m，第一级跌水段底部高程为－1.50m，第二级跌水段底部高程为－3.00m，第三级跌水段底部高程为－4.50m，出口段底部高程为－4.10m。

2. 纵剖视图识读

由图 2-2-6-6 中纵剖视图可知跌水各部位的材料情况，由纵剖视图和图纸说明部分均可看出，跌水进、出口连接段采用 M10 浆砌石护砌，砌石下设 0.1m 厚的碎石垫层；跌坎及护底为 C25 钢筋混凝土，下设 0.1m 厚的素混凝土。顺水流方向，首先是进口段，梯形断面，坡比为 1：1.5；扭面段，顶部高程为 1.15m；进口扭面段与第一级跌坎之间由浆砌石挡墙连接，该挡墙顶部宽 0.4m，底部宽 1.3m。三级跌水的跌坎和护底均采用 C25 钢筋混凝土，下设 0.1m 厚的素混凝土。三级跌水末端设有消能墩。

微课 2-2-6-2
陡坡纵剖视图识读

3. 横剖视图识读

由图 2-2-6-7 可知，本图纸分别取进口段、跌坎段及出口段三部分的横剖面，由横剖视图能看出各部位的材料情况，Ⅰ—Ⅰ剖面为梯形断面过渡到矩形断面，底部高程为 0.00m，顶部高程为 1.05m；Ⅱ—Ⅱ剖面为跌坎位置，跌坎底部做 0.1m 厚的素混凝土，0.4m 厚的钢筋混凝土，两侧做浆砌石挡墙。Ⅲ—Ⅲ为矩形断面过渡到梯形断面。

4. 细部结构图识读

图 2-2-6-7 中细部结构图包含挡墙 A 横剖面钢筋图、护底横剖面钢筋图及出口消能墩横剖面钢筋图，并附钢筋表和材料表，挡墙 A 包含编号①～⑤的钢筋。

四、单级陡坡图纸识读

1. 平面布置图识读

由图 2-2-6-8 可知，该陡坡为单级陡坡，由进口连接段、陡坡段、消力池和出口连接段组成。由平面布置图可知，进口连接段由梯形渠道和扭面组成，进口连接段底部高程为 0.00m，底部宽 0.6m，梯形渠道边坡坡比为 1：1.5，梯形渠道顺水流方向长 3m，扭面段长 3m；陡坡段长 10.4m，矩形断面；消力池段渠底高程为－2.60m；出口连接段连接的是梯形断面与矩形断面。

2. 纵剖视图识读

图 2-2-6-8 中的纵剖视图展示结构高度和长度尺寸信息及材料情况。跌水进、出口段做 M10 浆砌石护砌，砌石下设 0.1m 厚的碎石垫层，浆砌石底部防滑齿墙宽 0.4m，进口连接段顶部高程为 1.20m；陡坡段坡比为 1：4，底部衬砌同进、出口段；消力池段底部高程为－2.60m；出口连接段底部高程为－2.00m。

3. 横剖视图识读

图 2-2-6-8 中横剖视图包含进口连接段Ⅰ—Ⅰ剖视图，消力池段Ⅱ—Ⅱ剖视图及出口连接段Ⅲ—Ⅲ剖视图，横剖视图展示结构垂直于水流方向和高度方向尺寸信息，进口连接段由梯形断面过渡到矩形断面，两侧均为浆砌石衬砌，底宽 0.6m；消力池段为浆砌石衬砌，底部厚 0.5m，顶部高程为－0.80m；出口连接段底部高程为－2.00m，顶部高程为－0.80m，砌护方式同进口连接段。

目　标　测　评

请识读图 2-2-6-9，并回答下列问题：

（1）该跌水顺水流方向各段分别是什么结构？

（2）该跌水工程跌差是__________ m。

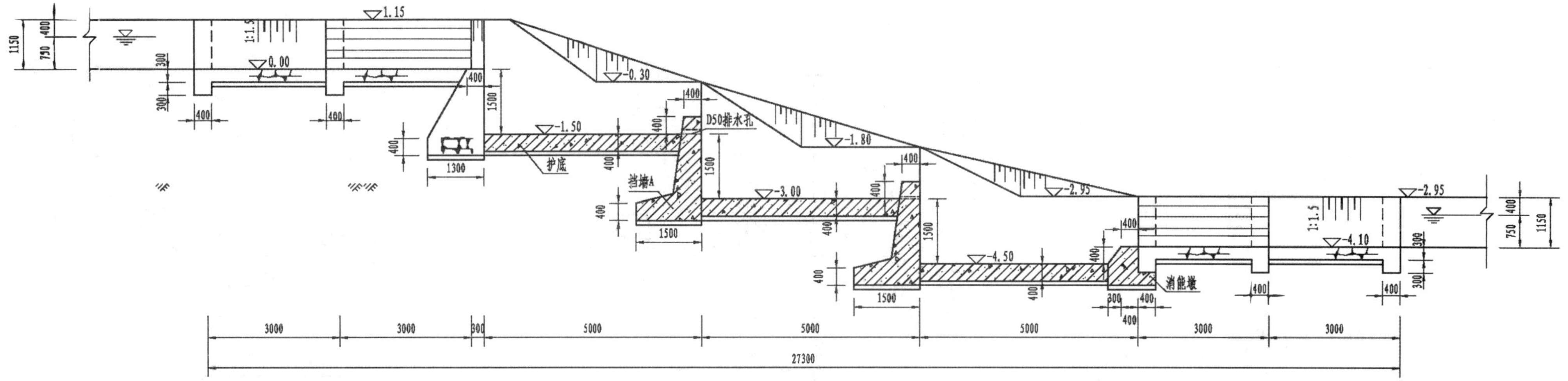

纵剖视图 1:100

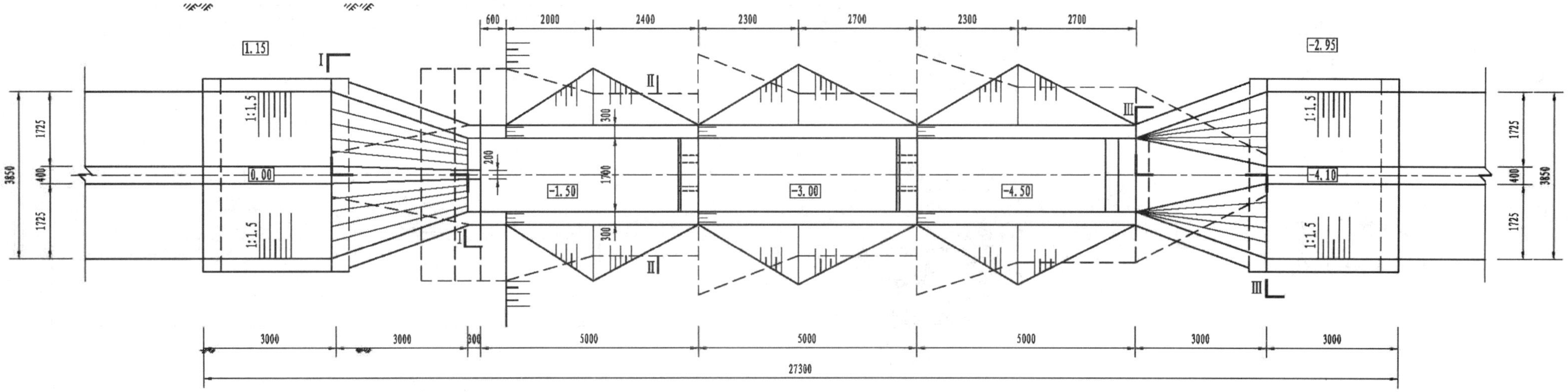

平面布置图 1:100

工程特性表

名称	设计流量	设计水深	跌差	渠底宽度		渠道比降	渠道坡比
				进口	出口		
单位	m^3/s	m	m	m			
数量	0.3	0.60	4.10	0.40	0.40	1/2000	1:1.5
	0.5	0.75	4.10	0.40	0.40	1/2000	1:1.5
	0.7	0.85	4.10	0.40	0.40	1/2000	1:1.5
	1.0	1.00	4.10	0.40	0.40	1/2000	1:1.5

M10浆砌块石/m^3	碎石层/m^3	C25混凝土/m^3	C15混凝土/m^3	钢筋/kg
98.97	9.42	9.00	3.04	680.30

说明:

1. 图中高程单位为m，为相对标高，其余尺寸以mm计。
2. 跌水进、出口连接段采用M10浆砌块石护砌，砌石下设厚0.1m的碎石垫层；跌坎及护底为C25钢筋混凝土，下设厚0.1m的C15素混凝土。
3. 典型设计按设计流量0.50m^3/s、跌差4.10m绘制；适用于寒冷、温和地区，土质为黏土、壤土的挖填方渠道。
4. 寒冷地区跌水抗冻要求、地基处理等应视实际具体确定；渠道设计水位以上超高应满足《灌溉与排水工程设计标准》（GB 50288—2018）等有关规范规定和要求。
5. 基坑开挖与回填应满足有关规定和要求。

第一部分 渠道与渠系建筑物		第六章 跌水与陡坡	
图名	多级跌水典型设计图	图号	6-2(1/2)

图 2-2-6-6 多级跌水典型设计图（一）

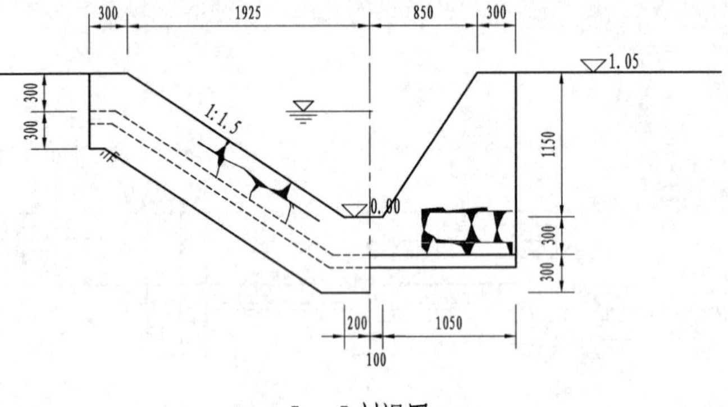

Ⅰ—Ⅰ剖视图 1:50

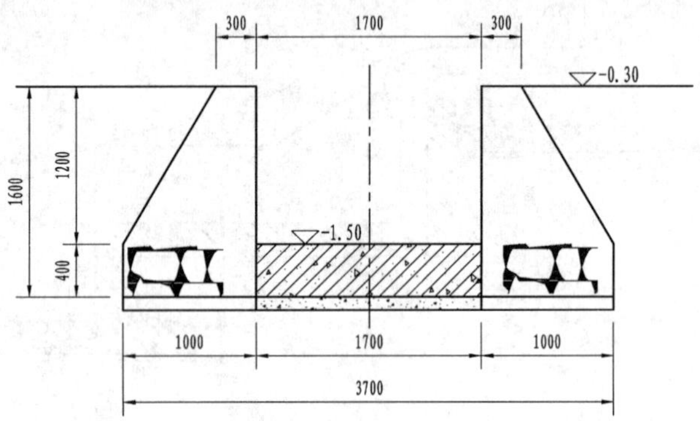

Ⅱ—Ⅱ剖视图 1:50

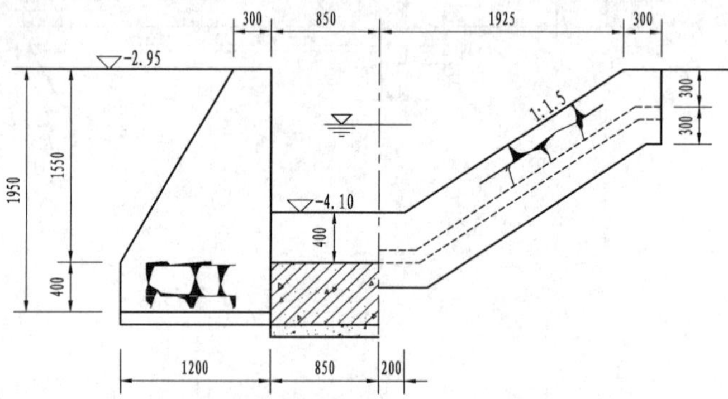

Ⅲ—Ⅲ剖视图 1:100

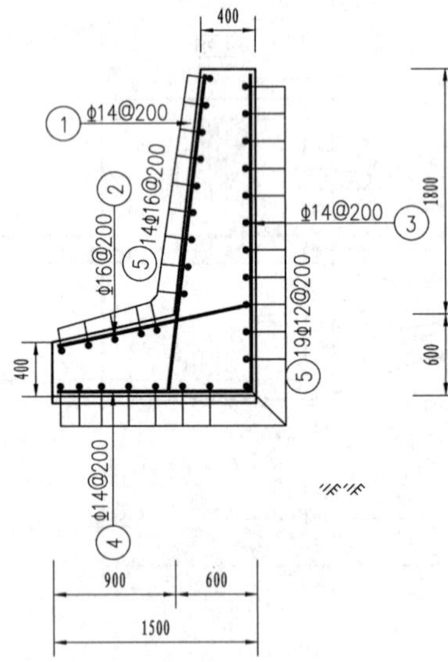

挡墙A横剖面钢筋图 1:50

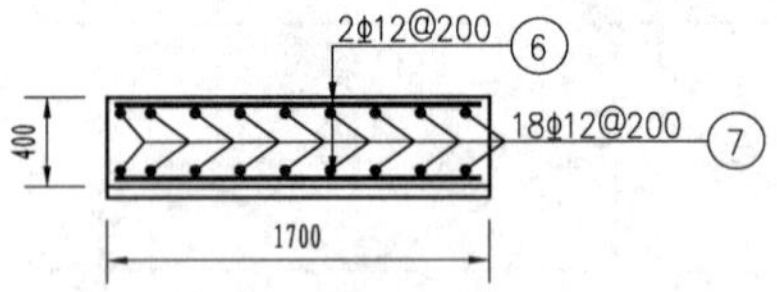

护底横剖面钢筋图 1:50

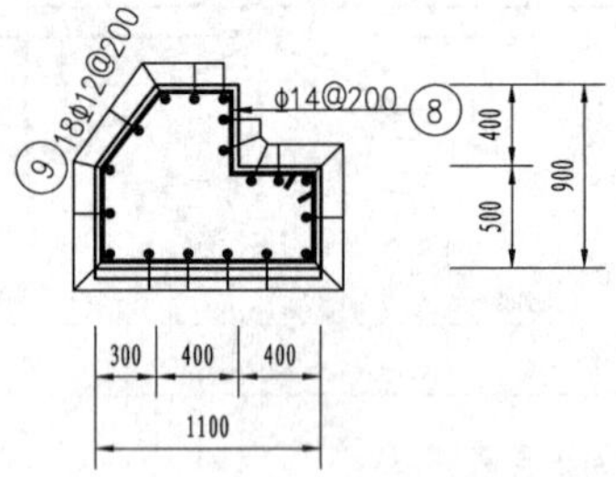

出口消能墩横剖面钢筋图 1:50

钢筋表

编号	钢筋规格	型 式	单根长	根数	总长/m	备注
①	φ16	2300	2300	18	41.40	
②	φ16	1960	1960	18	35.28	
③	φ14	2330	2330	18	41.94	
④	φ14	1930	1930	18	34.74	
⑤	φ12	1500	1500	66	99.00	
⑥	φ12	1500	1500	72	108.00	
⑦	φ12	4530	4530	54	244.62	
⑧	φ14	330 465 330 465 1030 430	3710	9	33.39	
⑨	φ12	1500	1500	18	27.00	

材料表

规格	总长度/m	单位重/(kg/m)	总重/kg
φ12	478.62	0.89	425.97
φ14	110.07	1.21	133.18
φ16	76.68	1.58	121.15
共计钢筋量680.30kg；C25混凝土9.42m³			

说明：

1. 尺寸以mm计，高程单位为m，为相对标高。
2. 浆砌石砂浆强度等级M10，混凝土强度等级C25，钢筋的混凝土保护层厚度为35mm。
3. 剖面位置参见“多级跌水典型设计图（1/2）”。

第一部分 渠道与渠系建筑物		第六章 跌水与陡坡	
图名	多级跌水典型设计图	图号	6-2(2/2)

图 2-2-6-7 多级跌水典型设计图（二）

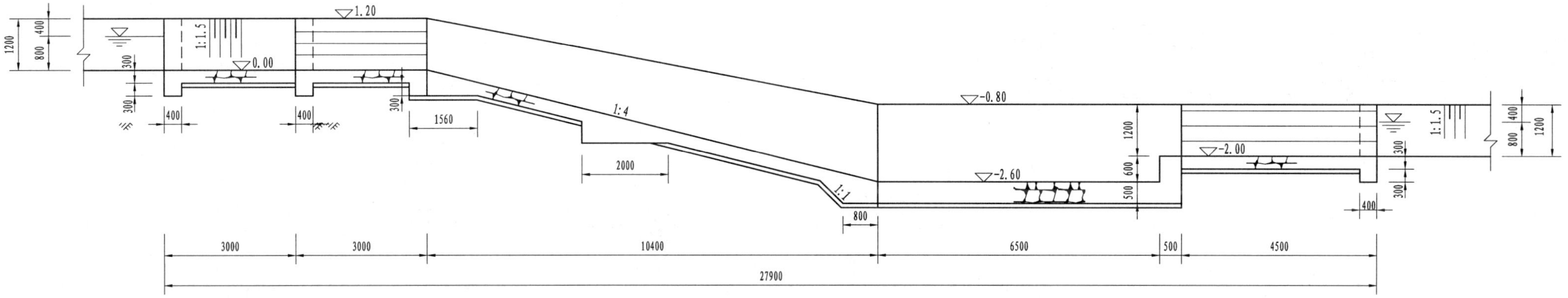

纵剖视图 1:100

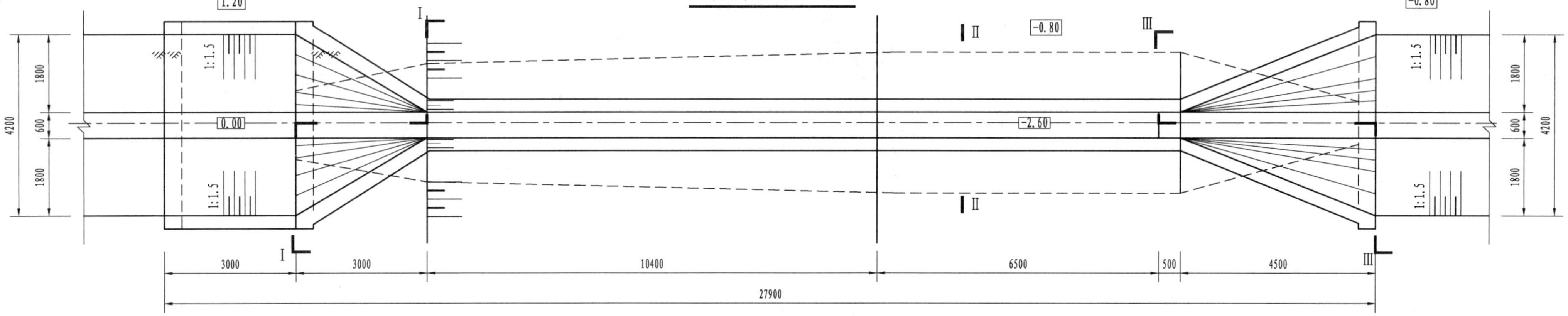

平面布置图 1:100

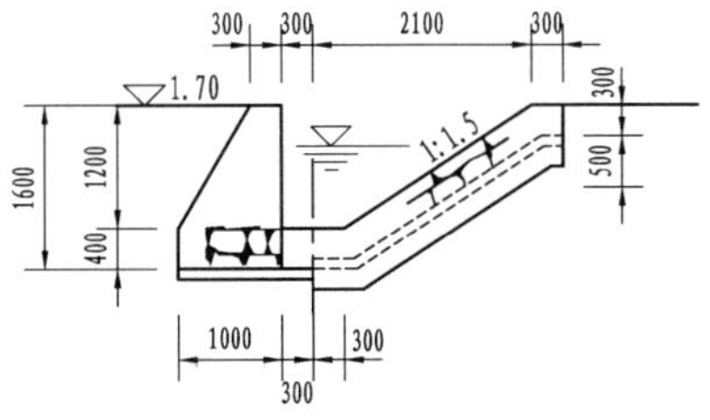

Ⅰ—Ⅰ剖视图 1:100

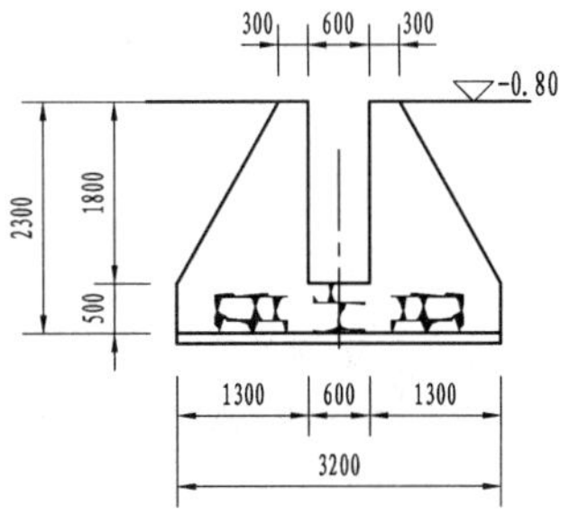

Ⅱ—Ⅱ剖视图 1:100

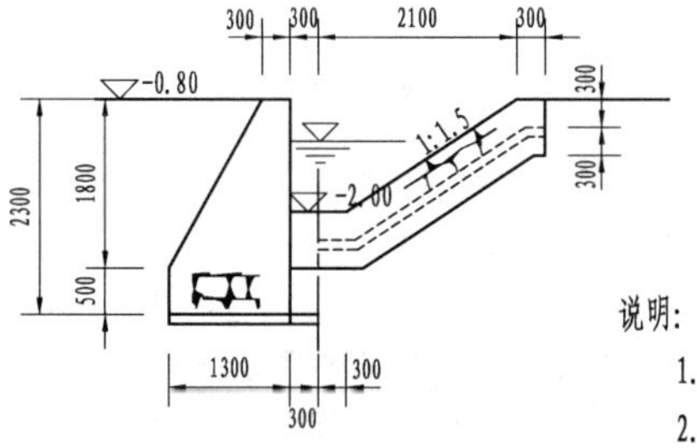

Ⅲ—Ⅲ剖视图 1:100

工程特性表

名称	设计流量	设计水深	跌差	渠底宽度		渠道比降	渠道坡比
				进口	出口		
单位	m^3/s	m	m	m			
数量	0.3	0.55	2.0	0.60	0.60	1/2000	1:1.5
	0.5	0.70	2.0	0.60	0.60	1/2000	1:1.5
	0.7	0.80	2.0	0.60	0.60	1/2000	1:1.5
	1.0	0.95	2.0	0.60	0.60	1/2000	1:1.5
M10浆砌块石/m^3				碎石垫层/m^3			
109.23				11.00			

说明:

1. 图中高程单位为m，为相对标高，其余尺寸以mm计。
2. 跌水自进口段至出口段采用M10浆砌块石护砌，砌石下设厚0.1m的碎石垫层。
3. 典型设计按设计流量0.7m^3/s、跌差2.0m绘制；适用于寒冷、温和地区，土质为黏土、壤土的挖填方渠道。
4. 寒冷地区陡坡抗冻要求、地基处理等应视实际具体确定；渠道设计水位以上超高应满足有关规范规定和要求。
5. 基坑开挖与回填应满足有关规定和要求。

第一部分 渠道与渠系建筑物		第六章 跌水与陡坡	
图名	单级陡坡典型设计图	图号	6-3

图 2-2-6-8 单级陡坡典型设计图

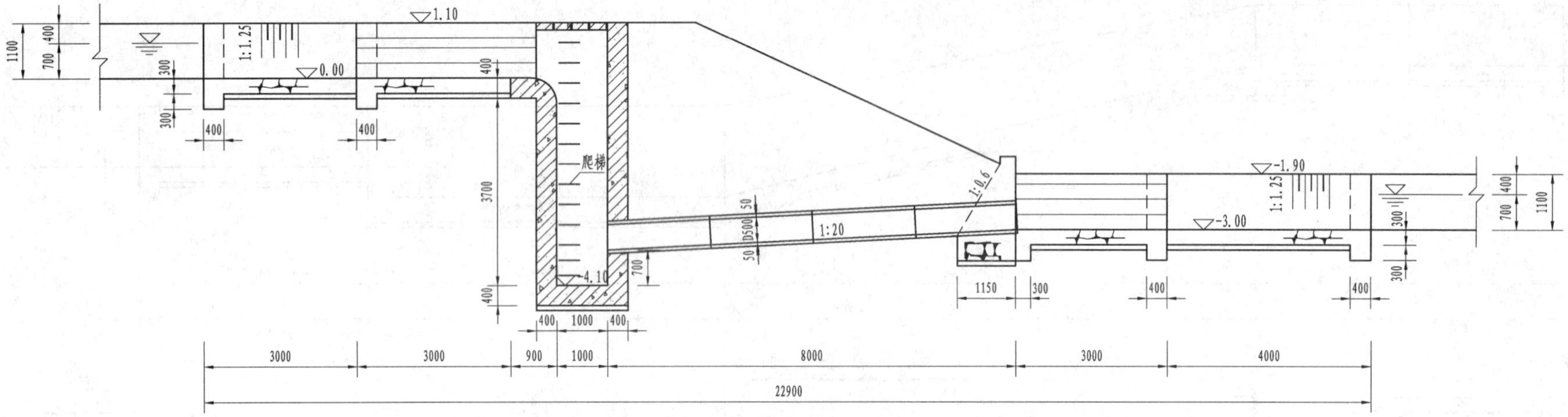

纵剖视图 1:100

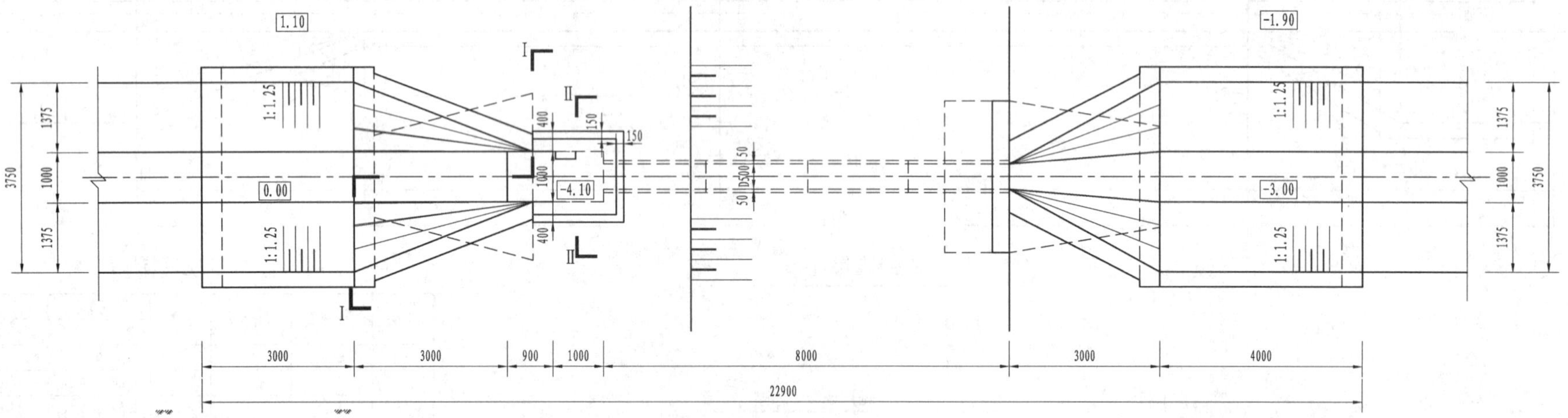

平面图 1:100

工程特性表

名称	设计流量	设计水深	跌差	渠底宽度		渠道比降	渠道坡比
				进口	出口		
单位	m^3/s	m	m	m			
数量	0.3	0.55	3.00	1.00	1.00	1/3000	1:1.25
	0.5	0.70	3.00	1.00	1.00	1/3000	1:1.25
	0.7	0.85	3.00	1.00	1.00	1/3000	1:1.25
	1.0	1.00	3.00	1.00	1.00	1/3000	1:1.25

M10浆砌块石/m^3	碎石层/m^3	C25混凝土/m^3	C15混凝土/m^3	钢筋/kg	混凝土管/m
32.05	9.38	13.70	0.33	1138.21	8.00

说明:

1. 图中高程单位为m，为相对高程，其余尺寸以mm计。
2. 本图适用于开槽法施工的钢筋混凝土管，选用的管材应符合《混凝土和钢筋混凝土排水管》(GB/T 11836—2009)的技术要求。根据外压荷载和内水压力可选用Ⅱ级管或Ⅲ级管，内水压力不大于0.1MPa，外部荷载应不大于其裂缝荷载允许值。计算外部荷载大于裂缝荷载允许值时应经计算确定管身壁厚及配筋。本图选用承插式Ⅲ级管，单节长度为2.0m。
3. 跌井进口及出口连接段采用M10浆砌块石护砌，砌石下设厚0.1m的碎石层；跌井采用C25的钢筋混凝土，下设厚0.1m的C15素混凝土。
4. 典型设计按设计流量0.50m^3/s、跌差3.0m绘制；适用于寒冷、温和地区土质为黏土、壤土的挖填方渠道。
5. 寒冷地区陡坡抗冻要求、地基处理等应视实际具体确定；渠道设计水位以上超高应满足有关规范规定和要求。
6. 基坑开挖与回填应满足有关规定和要求。

第一部分 渠道与渠系建筑物	第六章 跌水与陡坡		
图名	直落式跌井典型设计图	图号	6-5(1/2)

图 2-2-6-9 直落式跌水典型设计图

（3）跌井砌筑材料是__________。

（4）进口和出口连接段护砌材料是__________。

（5）地下管道段管道内径是__________ m，该段比降是__________。

（6）挡土墙砌筑材料是__________。

任务七　泵站图识读

［学习目标］

素质目标：了解大国工程，增强民族、行业自豪感，厚植爱岗爱国情怀。

知识目标：巩固泵站基础知识，掌握泵站图纸的特点及一般识读方法与步骤。

能力目标：能分析泵站图纸的特点，辨别图样表达方式，并能全面、正确识读泵站图纸信息，从而准确指导施工。

［学习预热］

“世界最大泵站群”——南水北调工程泵站群

南水北调东线工程从江苏省扬州市江都水利枢纽开始，利用京杭大运河以及与其平行的河道输水，连通洪泽湖、骆马湖、南四湖、东平湖，并作为调蓄水库，经泵站逐级提水进入东平湖后，继续向北输水，一路经穿黄隧洞过黄河，输水到德州大屯水库，另一路输水向胶东地区。由于东线经过的一些北方地区海拔高于输水源头，南水北上要实现“水往高处流”，直到越过高点后方可顺流继续向北，因此有了泵站群的产生。东线一期工程输水干线从江都水利枢纽开始，设立13个梯级泵站，共22处枢纽、34座泵站，水通过一个一个泵站、闸坝一级一级提升，爬升13个台阶到达黄河，之后继续向北输水。13级泵站逐级提水，抽水扬程（水泵能够扬水的高度）达65m，具有规模大、泵型多、扬程低、流量大、年利用小时数高等特点，是世界大型泵站数量最集中的现代化泵站群。

一、泵站基础知识

1. 泵站的定义

泵站，是指将水由低处抽提至高处的机电设备和建筑设施的综合体。水泵，是输送和提升液体的机器，它是把原动机的机械能传递给被输送液体，使液体获得动能或势能的增加，从而被提升或者被输送的机械。水泵广泛应用于采矿、冶金、电力、石油、化工、市政以及农林等国民经济的各个部门。

2. 泵站的分类

按照泵站在农业灌溉、防洪、排涝的应用，将泵站分为灌溉泵站、排涝泵站、灌排结合泵站。

3. 泵站的结构

泵站一般由进水建筑物、泵房和出水建筑物组成。图2-2-7-1为望虞河站泵房示意图。进水建筑物主要是前池、进水池及大型轴流水泵的进水流道。出水建筑物主要有出水池、压力水箱及大型轴流泵的出水流道和断流装置等。进水建筑物要有足够的进水能力，引水流态良好，出水建筑物要有足够的泄水能力，对渠道（河道）不冲不淤。

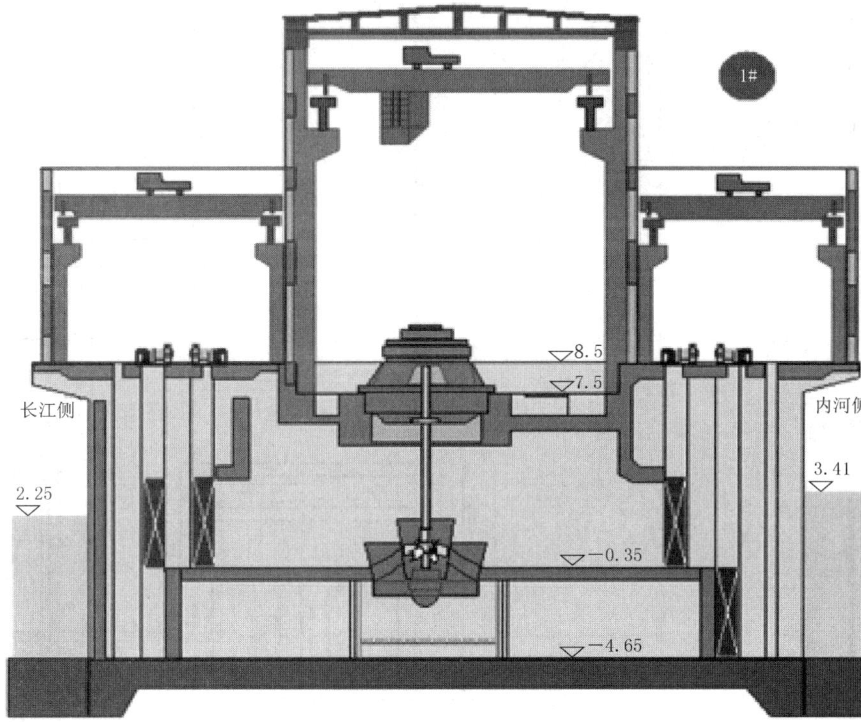

图2-2-7-1　望虞河站泵房示意图

二、泵站图识读的一般方法与步骤

泵站为提水建筑物，泵站图一般包括平面布置图、纵剖视图、横断面图及细部结构图。平面布置图展示建筑物的长度、宽度和高程信息，进水池、配电室、站身等各结构位置信息，纵剖视图展示建筑物地上地下结构长度和高度方向信息、地基开挖信息、材料信息等，横断面图展示建筑物宽度和高度方向尺寸、衬砌材料及地基等信息。根据各视图信息，不同视角配合识读泵站结构材料尺寸等信息。细部结构图展示泵站局部细部构造，如伸镇墩、楼梯踏步及集水井等信息。

识读泵站图纸时需注意以下两点：

（1）泵站平面图不能表达泵站结构的所有信息，在需要时要结合纵断面、横断图以正确识读结构信息。

（2）在识图时，按照先整体分段、再局部识读的顺序进行识读。

接下来以某灌溉片区泵站图为例，详细介绍泵站图纸识读的具体过程。

三、某灌溉片区泵站图纸识读

1. 平面布置图识读

图2-2-7-2是某工程泵站平面布置图，以此为例来学习泵站平面布置图的识读。识读

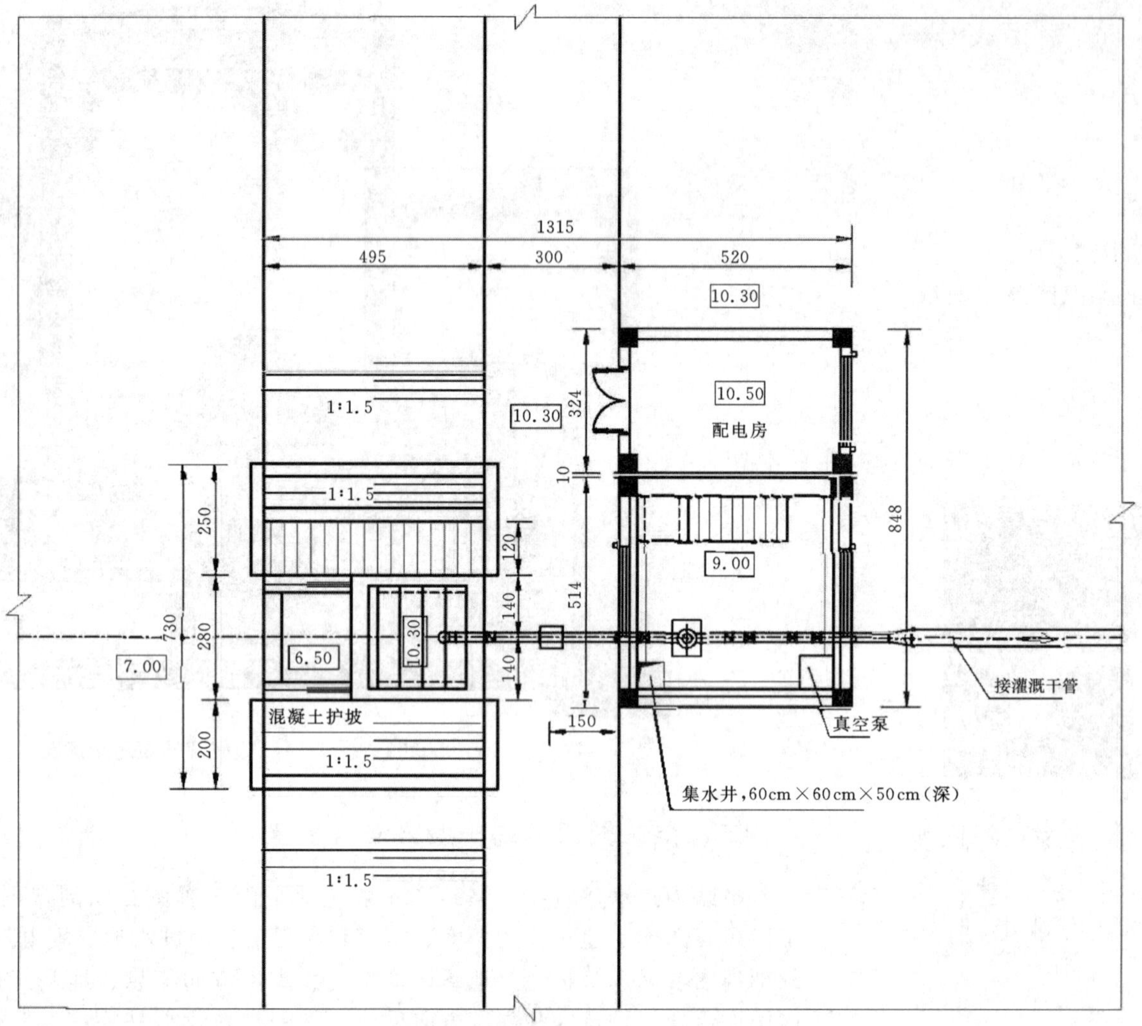

泵站平面布置图

机泵设备明细表

序号	名称	规格型号	单位	数量	备注
1	水泵	SLS200-200(I)	台	1	1480r/min
2	电动机	22kW	台	1	1480r/min
3	喇叭口		只	1	
4	弯头(90°)	DN200	只	1	钢管,壁厚 8mm
5	进出水管	DN200	m	10	钢管,壁厚 8mm
6	伸缩节	DN200	只	2	
7	压力表		只	1	
8	电磁流量计	DN200	只	1	
9	闸阀	DN200	只	2	不锈钢
10	逆止阀	DN200	只	1	不锈钢
11	渐扩管	DN200～DN355	只	1	钢管,壁厚 8mm
12	真空泵	SZ-1(4kW)	台	1	含管路及配件
13	潜水泵	QDX15-18-1.1G	台	1	含管路及配件
14	手动葫芦	2t	台	1	

说明:

1. 本图高程(1985国家高程基准)单位以 m 计,其余均以 cm 计。
2. 水泵选用 SLS200-200(I),配套电机功率为 22kW,机泵选型详见设计参数表。
3. 材料强度等级:混凝土强度等级除格埂、护坡为 C20 外,其余均为 C25。混凝土抗冻等级为 F50,抗渗等级为 W4。
4. 回填土应分层夯实,每层厚度不大于 30cm,压实度不小于 0.91。
5. 护坡采用 12cm 厚的C20 混凝土+300g/m^2的土工布。
6. 图中相关尺寸、高程,施工前应在现场测放的基础上根据地形地貌及土质情况作适当调整。

××设计股份有限公司			
批准		施工图	设计
核定		水工	部分
审查			
校核		××××高标准农田建设项目	
设计		低压管道灌溉片区 1泵站平面图	
制图			
设计证号		比例	见图	页码

图 2-2-7-2　某工程泵站平面布置图

图纸可知，图纸中有三部分内容，分别是平面布置图、说明、标题栏，图纸识读顺序应是先标题栏、说明，再识读平面布置图。

从平面布置图能够读出的泵站信息包括：泵站整体结构组成；泵站垂直于水流、平行于水流方向以及高度尺寸；泵站部分细部结构等信息。

第一步，识读图纸说明部分的内容。由图纸说明能获取到的信息有：图中尺寸单位；泵站水泵数量、型号、参数等信息；混凝土强度等级及回填土填筑情况。

第二步，从平面布置图中，识读该泵站整体结构组成。图中可以读出该泵站进水池和泵站站身两大部分的信息。

第三步，识读泵站垂直于水流、平行于水流方向及高度尺寸。

2. 纵剖视图识读

图 2-2-7-3 为该泵站纵剖视图，由纵剖视图可以识读出，上游设计水位是 8.70m，设计最低水位是 7.70m。进水池部分，进水池底部高程为 6.50m，底长 4.95m，为钢筋混凝土衬砌，顶部有盖板，盖板顶高程为 10.30m，并设有花岗岩栏杆，管道进口设有钢制网罩，进水池与站身之间设有镇墩。站身部分，底部为钢筋混凝土衬砌，设有楼梯踏步，站身位置处管道设有电磁流量计和闸阀，管道中心高程为 9.37m。

3. 横剖视图识读

图 2-2-7-4 中站身横剖视包括两部分：配电室和泵房。可以识读出，站身底部为钢筋混凝土衬砌，混凝土封底 10cm。配电室宽 3.24m，泵房宽 5.14m，内部净宽 4.34m。进出水管中心高程为 9.37m，泵房底高程为 9.00m。

4. 细部结构图识读

由图 2-2-7-4 泵站横剖视图中镇墩平面图和剖视图可知，镇墩长 0.5m，宽 0.5m，高 1m，管道内径为 0.2m。由图 2-2-7-5、图 2-2-7-6 泵站细部构造图中 A—A 剖视图可识读出泵房底部钢筋混凝土衬砌各个定型尺寸，由泵房至配电房的楼梯踏步定型尺寸和定位尺寸可知，楼梯踏步共 10 个台阶，总高 1.5m。由 B—B 剖视图可识读出水泵安装位置，楼梯宽 1m。由 C—C 和 D—D 剖视图联合识读可知，位于泵房的集水井长和宽为 0.6m，深 0.5m。由 E—E 剖视图可识读出进水池内部宽 2m，总宽 2.8m，内壁设有铁爬梯，每 30cm 设置一道。顶部盖板共 4 块，长 2.26m，宽 0.535m，厚 0.12m。

微课 2-2-7-1 泵站基础知识

微课 2-2-7-2 泵站平面布置图识读

微课 2-2-7-3 泵站纵、横断面图识读

微课 2-2-7-4 泵站细部结构图识读

四、某水源工程离心泵扬水站图纸识读

1. 平面布置图识读

由图 2-2-7-7 可知此图纸为某水源工程离心泵扬水站图，由平面布置图说明可知，该扬水站设计流量 $1.3m^3/s$，输水管道长 6.7km，设计扬程 29.8m，该扬水站共 2 台卧式双吸离心泵，配置 2 台异步电动机，总装机容量 560kW。平面布置图采用比例为 1∶200，识读图纸可知，该扬水站由三部分组成，引水段，进水池和泵房。由平面布置图可识读平行于水流和垂直于水流方向的尺寸。

2. 纵剖视图识读

分段进行图 2-2-7-8 离心泵扬水站纵剖视图中纵剖面图识读，按照引水段、进水池段及主厂房段三部分进行。首先引水段，引水段为钢筋混凝土涵管引水，涵管进口前端有长为 5.35m 的八字翼墙引水，八字翼墙处底板高程为 51.64m，底部为浆砌石衬砌，两侧翼墙顶坡坡比为 1∶3，涵管进口设有拦污栅，涵管内径 1.5m，管厚 0.4m，管道坡比为 1∶11，管道底部做厚 0.1m 的素混凝土垫层。其次，进水池段，进水池顺水流方向长 5.1m，底部为钢筋混凝土衬砌，底板高程为 48.80m，顶部高程为 56.00m，进水池内设有爬梯。最后，主厂房段，底部为钢筋混凝土衬砌，底板高程为 50.10m，离心泵水平段管道中心高程为 50.925m，管道为内径 600mm 的钢管，管道出口处中心线高程为 53.60m，连接泵房与安装间的是楼梯，安装间底板高程是 55.50m，安装间顶部吊车梁设有 5t 起重机。

目 标 测 评

请识读图 2-2-7-9，并回答下列问题：

（1）图中泵站顺水流方向各段结构分别是什么？

（2）该泵站有______台水泵。

（3）图中反向引水涵洞在什么位置？

（4）该泵站设计扬程是______ m，最高扬程是______ m。

（5）出水涵洞出口处设______扇铸铁闸门。

（6）站身底板高程是______ m。

任务八　取水枢纽图识读

［学习目标］

素质目标：学习古人治水智慧，传承优秀水文化，继承艰苦奋斗、科学创新的水利精神。

知识目标：巩固取水枢纽包含的主要建筑物类型；知道取水枢纽类型及组成建筑物的一般布置特点；掌握取水枢纽图识读的一般方法与步骤。

能力目标：能借助知识与方法正确、全面识读取水枢纽图，从而准确指导取水枢纽工程建设施工。

［学习预热］

“古代四大水利工程之一、世界灌溉工程遗产”——都江堰无坝取水枢纽

公元前 256 年，战国时期秦国蜀郡太守李冰率众修建的都江堰水利工程，位于成都平原西部都江堰市西侧的岷江上，距成都 56km。

都江堰水利工程现存至今依旧在灌溉田畴，是造福人民的伟大水利工程。

都江堰水利工程以无坝引水为特征，是世界水利文化的鼻祖。工程主要由鱼嘴分水堤、飞沙堰溢洪道、宝瓶口进水口三大部分和百丈堤、人字堤等附属工程组成，科学地解决了江水自动分流（鱼嘴分水堤四六分水）、自动排沙（鱼嘴分水堤二八分沙）、控制进水流量（宝瓶口与飞沙堰）等问题，消除了水患。

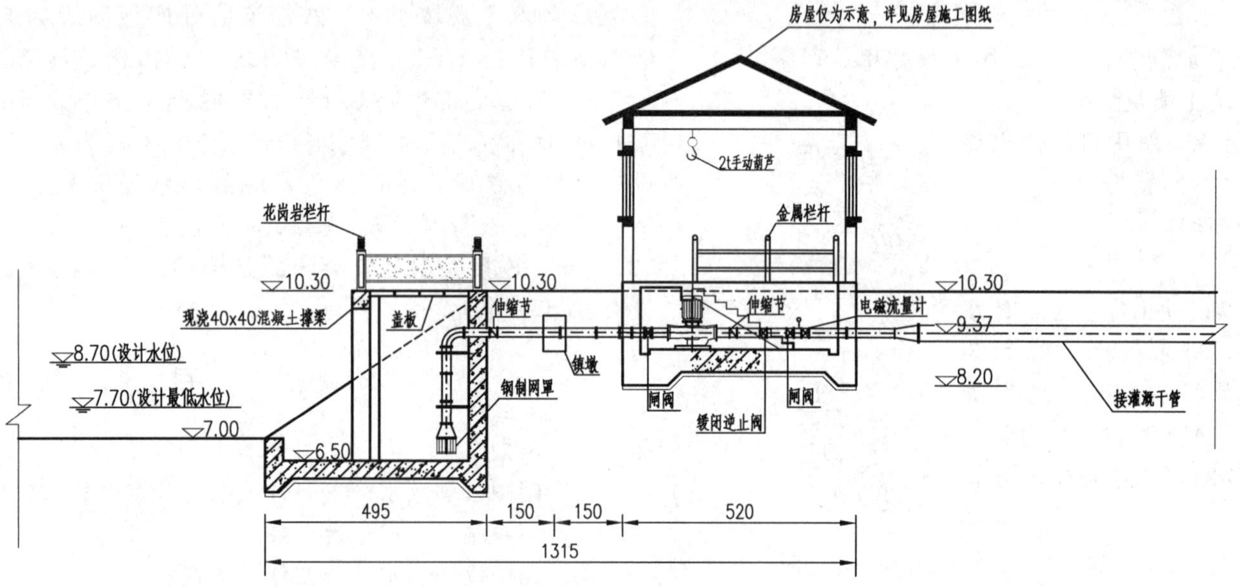

泵站纵剖视图

机泵设备明细表

序号	名称	规格型号	单位	数量	备注
1	水泵	SLS200-200(Ⅰ)	台	1	1480r/min
2	电动机	22kW	台	1	1480r/min
3	喇叭口		只	1	
4	弯头(90°)	DN200	只	1	钢管，壁厚8mm
5	进出水管	DN200	m	10	钢管，壁厚8mm
6	伸缩节	DN200	只	2	
7	压力表		只	1	
8	电磁流量计	DN200	只	1	
9	闸阀	DN200	只	2	不锈钢
10	逆止阀	DN200	只	1	不锈钢
11	渐扩管	DN200~DN355	只	1	钢管，壁厚8mm
12	真空泵	SZ-1(4kW)	台	1	含管路及配件
13	潜水泵	QDX15-18-1.1G	台	1	含管路及配件
14	手动葫芦	2t	台	1	

说明：

1. 本图高程(1985国家高程基准)单位以m计，其余均以cm计。
2. 水泵选用SLS200-200(Ⅰ)，配套电机功率为22kW，机泵选型详见设计参数表。
3. 材料强度等级：混凝土强度等级除格埂、护坡为C20外，其余均为C25。混凝土抗冻等级为F50，抗渗等级为W4。
4. 回填土应分层夯实，每层厚度不大于30cm，压实度不小于0.91。
5. 护坡采用12cm厚C20混凝土+300g/m²的土工布。
6. 图中相关尺寸、高程，施工前应在现场测放的基础上根据地形地貌及土质情况作适当调整。

××设计股份有限公司		
批准	施工图	设计
核定	水工	部分
审查		
校核	××××高标准农田建设项目	
设计	低压管道灌溉片区1泵站纵剖面图	
制图		
设计证号	比例 见图	页码

图2-2-7-3 某工程泵站纵剖视图

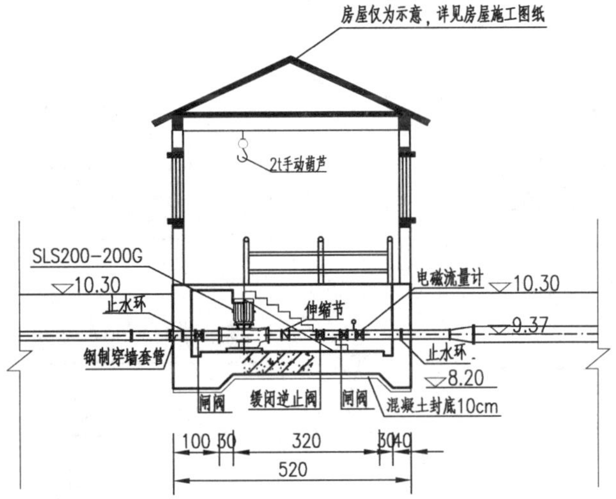

站身纵剖视图

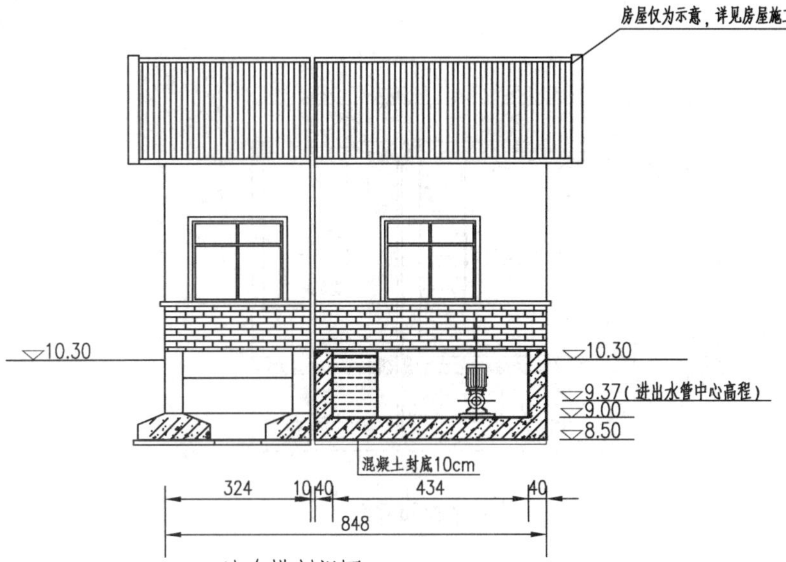

站身横剖视图

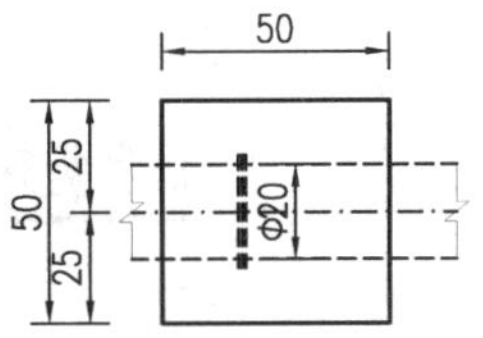

镇墩平面图

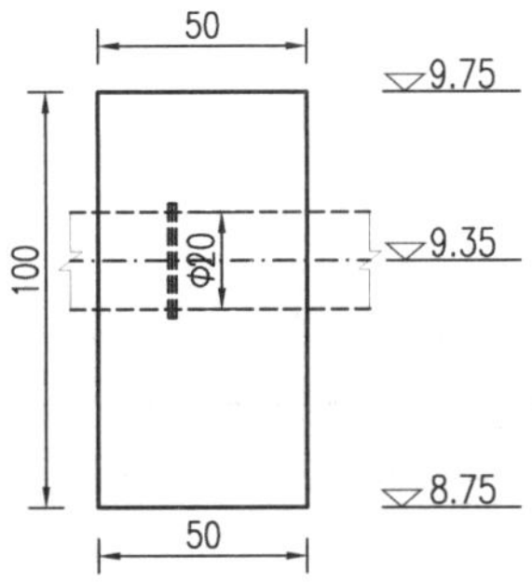

镇墩剖视图

说明：

1. 本图高程（1985国家高程基准）单位以m计，其余均以cm计。
2. 水泵选用SLS200-200（I），配套电机功率为22kW，机泵选型详见设计参数表。
3. 材料强度等级：混凝土强度等级除格埂、护坡为C20外，其余均为C25。混凝土抗冻等级为F50，抗渗等级为W4。
4. 回填土应分层夯实，每层厚度不大于30cm，压实度不小于0.91。
5. 护坡采用12cm厚C20混凝土+300g/m² 的土工布。
6. 图中相关尺寸、高程，施工前应在现场测放的基础上根据地形地貌及土质情况作适当调整。

××设计股份有限公司				
批准		施工图	设计	
核定		水 工	部分	
审查		××××高标准农田建设项目		
校核				
设计		低压管道灌溉片区1泵站结构图（一）		
制图				
设计证号		比例	见图	页码

图 2-2-7-4 泵站横剖视图

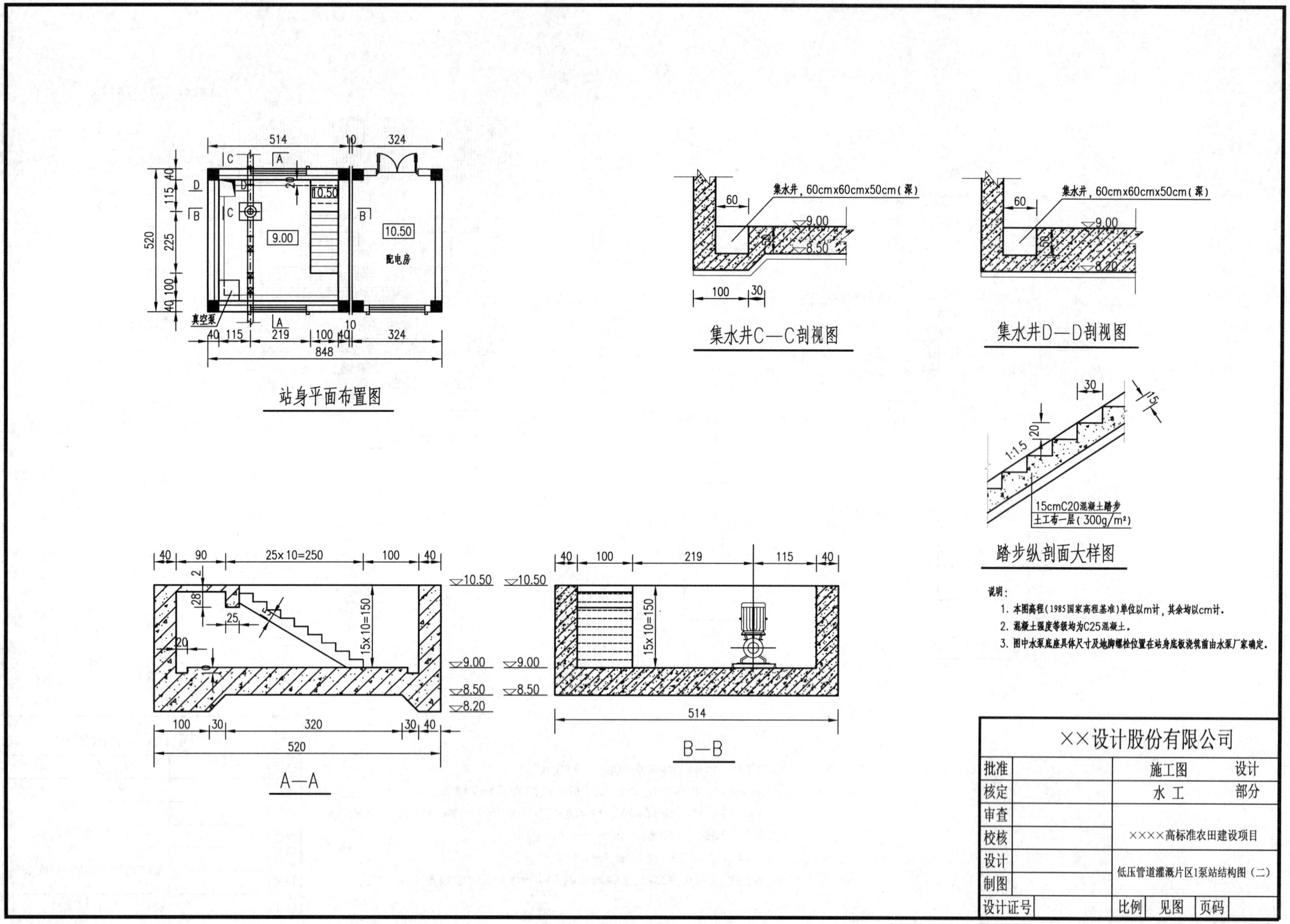

图 2-2-7-5　泵站细部结构图（一）

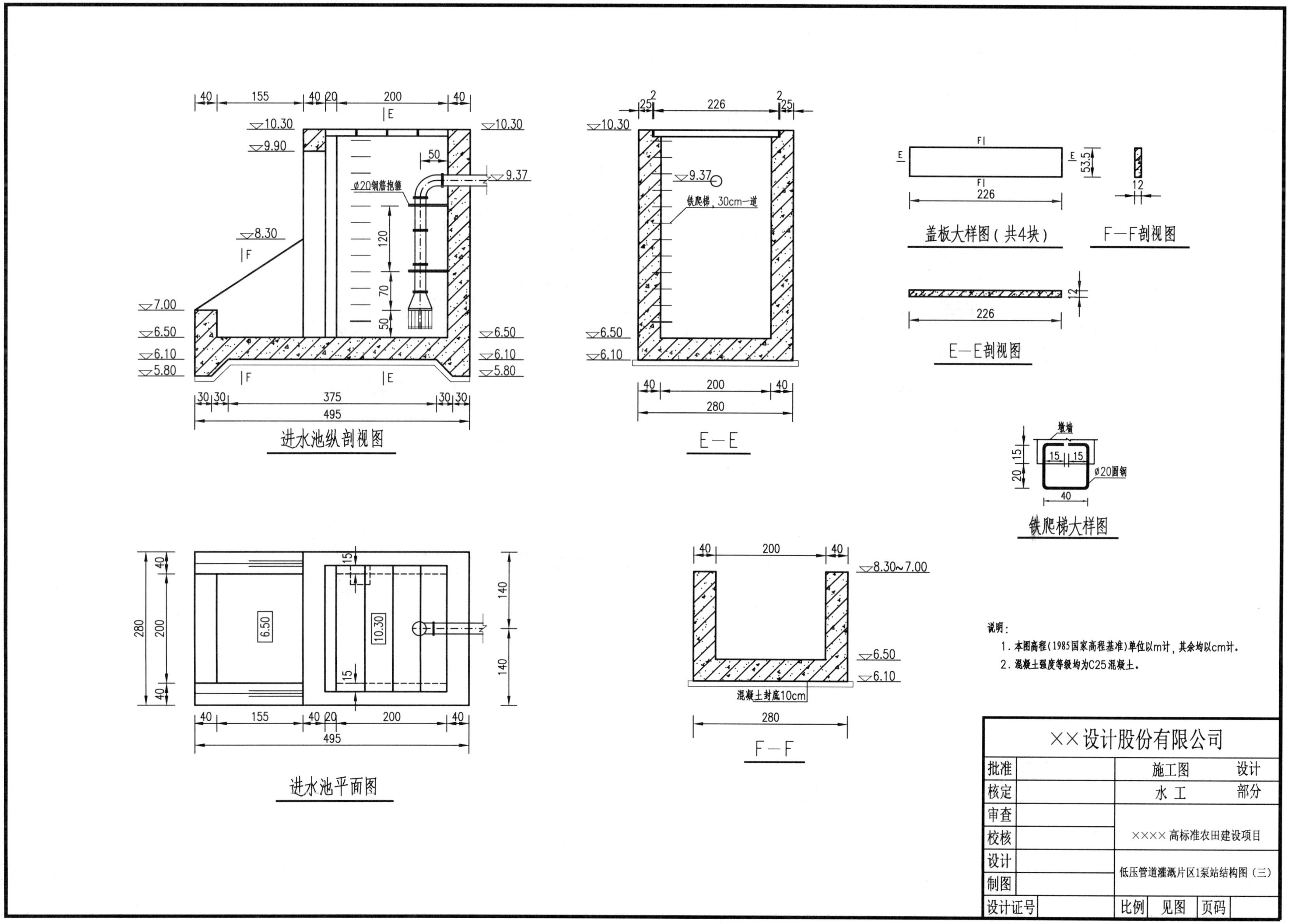

图 2-2-7-6　泵站细部结构图（二）

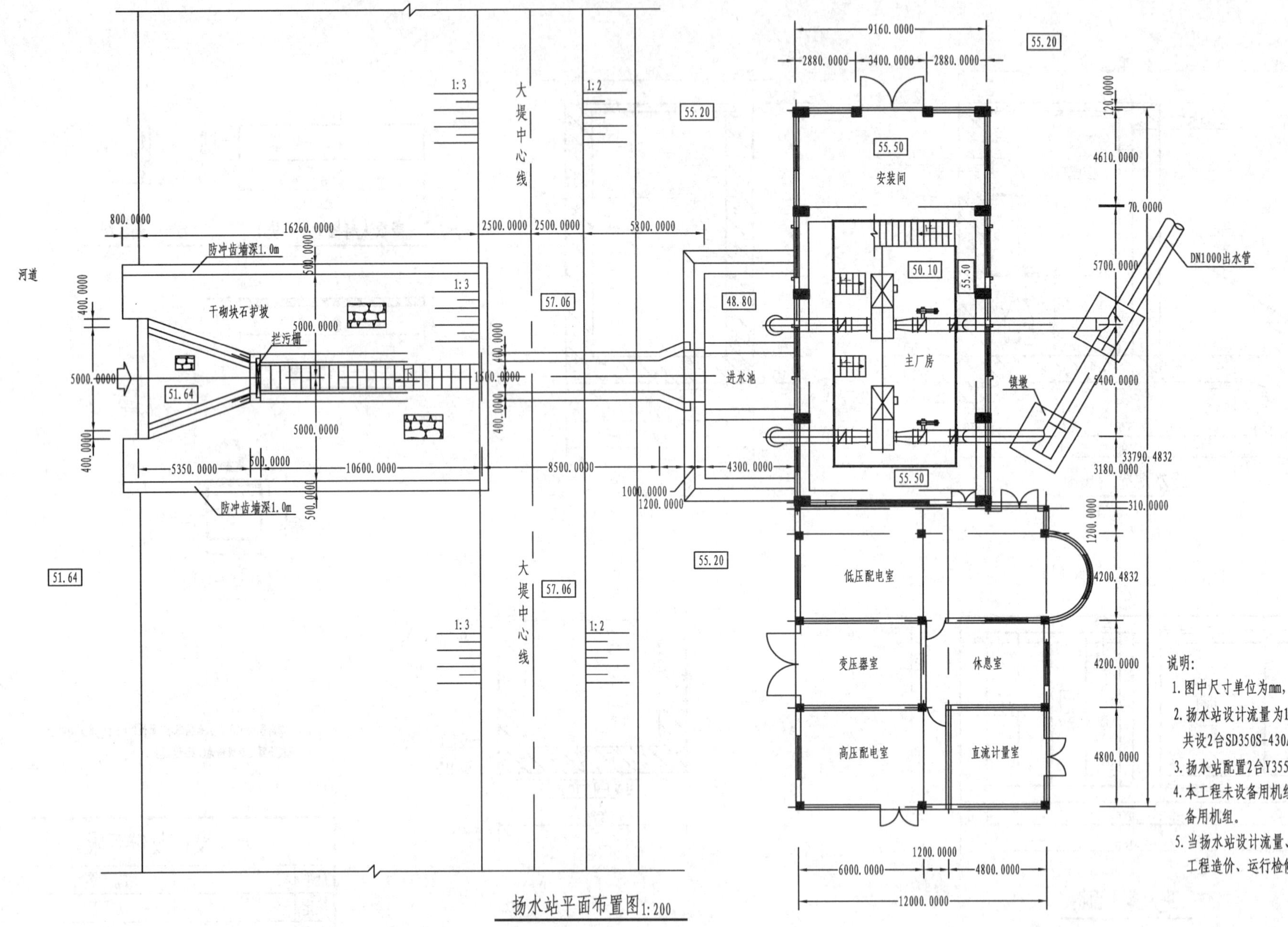

扬水站平面布置图 1:200

说明：

1. 图中尺寸单位为mm，高程单位为m。
2. 扬水站设计流量为1.3m^3/s，输水管道长6.7km，设计扬程为29.8m，共设2台SD350S-430A(II)型卧式双吸离心泵，单机流量0.67m^3/s。
3. 扬水站配置2台Y355M_2-4型异步电动机，总装机容量560kW。
4. 本工程未设备用机组。对于重要的运行时间较长的扬水站可增设备用机组。
5. 当扬水站设计流量、扬程发生变化时，应综合考虑水力性能、工程造价、运行检修等因素经技术经济比较后择优确定泵型。

第二部分 节水灌溉与雨水集蓄利用工程		第八章 水源工程	
图名	离心泵扬水站平面布置图	图号	8-9

图 2-2-7-7 离心泵扬水站平面图

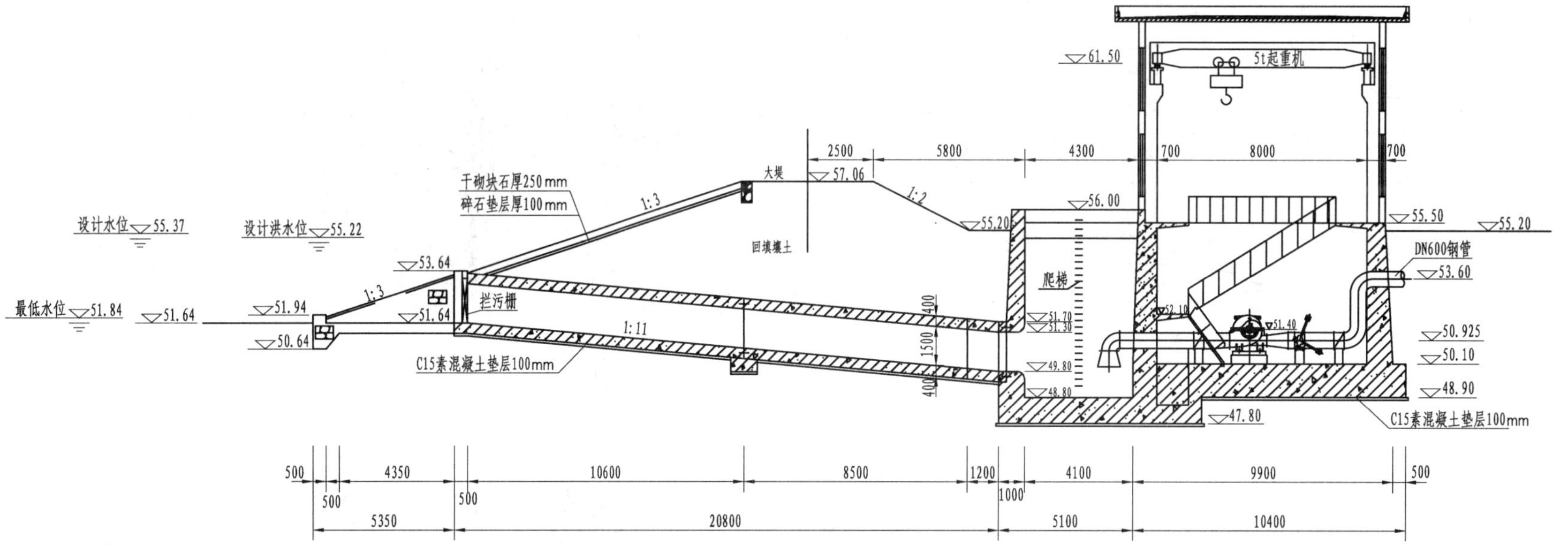

扬水站纵剖视图 1:200

说明:

1. 图中尺寸单位为mm，高程单位为m。
2. 扬水站主厂房地基承载力特征值不低于90kPa。
3. 地基承载力不满足要求时，须进行地基处理。处理方案应综合考虑地基土质、泵房结构特点、施工条件和运行特点等因素，经技术经济比较后确定。
4. 主厂房、穿堤涵洞、出水池等基础覆盖层含液化土层时，需进行抗震液化处理。

第二部分 节水灌溉与雨水集蓄利用工程		第八章 水源工程	
图名	离心泵扬水站纵剖面图	图号	8-10

图 2-2-7-8　离心泵扬水站纵剖视图

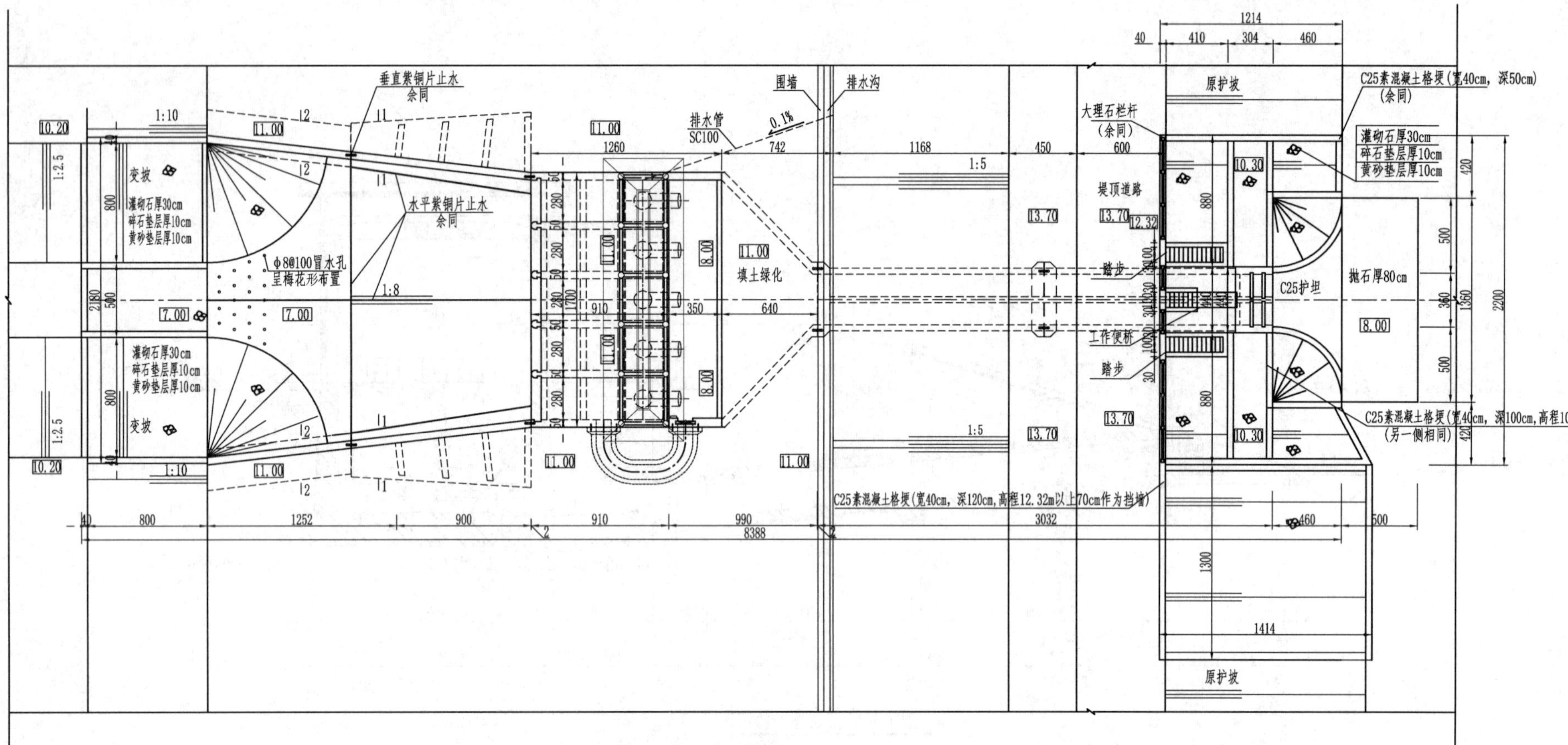

泵站平面布置图

说明：

1. 图中单位高程以m计（废黄河参考高度），其余均以cm计。

2. 泵站为小（1）型泵站，设计排涝流量8.0m³/s，按4级水工建筑物、抗震设防烈度Ⅶ度设计。

泵站水位组合：　设计扬程　　进水池水位8.6m　里运河水位 10.0m

　　　　　　　　最高扬程　　进水池水位8.8m　里运河水位 11.2m

3. 本站选用5台800QZ-160型潜水轴流泵（叶片角度0°），配套电机功率75kW。

4. 出水涵洞出口处设2扇PGZ1.5m×2.0m铸铁闸门，配备两台8t暗杆式手电两用螺杆启闭机；进、出水池上另接1孔1.0m×1.5m的反向引水涵洞，涵洞孔口设1扇1.0m×1.5m铸铁闸门，配1台5t暗杆式手电两用螺杆启闭机。

监理单位	×××工程建设监理有限公司	×××泵站拆建工程		竣工图	
核定人				土建部分	
复核人		泵站平面布置图			
施工单位	×××水利建筑安装工程公司				
审核人					
技术负责人		比例	1:300	日期	2014.05
编制人		图号	XJBZ-TJ-02		

图2-2-7-9　某工程泵站平面图

都江堰担负着四川盆地中西部地区 7 市（地）36 县（市、区）1003 万余亩农田的灌溉、成都市 50 多家重点企业和城市生活供水，以及防洪、发电、水产、养殖、林果、旅游、环保等多项目标综合服务，是四川省国民经济发展不可替代的水利基础设施，其灌区规模居全国之冠！

都江堰水利工程充分体现“人与自然和谐共生、人与自然是生命共同体”等党的二十大报告精神内涵，更将为“加快建设农业强国、全方位夯实粮食安全根基”等乡村振兴建设发挥重大工程效益。

一、取水枢纽基础知识

1. 无坝取水枢纽

当河道枯水期的水位和流量都能满足灌溉或城市供水要求时，可在岸边选择适宜地点，设置取水建筑物，自流引水灌溉或提水供水，这种取水方式称为无坝取水。

无坝取水一般由拦沙坎、进水闸、冲沙闸、渠道、沉沙池及上下游河道整治等建筑物组成。

无坝取水的特点有：工程简单，投资少，施工易，工期短；不能控制水位及流量，枯水期引水保证率低；多泥沙河流泥沙淤积现象严重。

2. 有坝取水枢纽

当河道水量变幅较大，引水比满足不了引水要求时，应在河道合适的位置建坝（闸），用以抬高河道水位，保证引取需要的水量。有坝引水在选定渠首位置时，应考虑地质、地形、建筑材料等方面的要求，一般应遵循以下原则：

（1）布置引水口时应充分考虑与其他建筑物的相互关系，以不影响枢纽正常引水为前提。

（2）取水闸与冲沙闸应联合应用，应布置在溢流坝（闸）的一侧。

（3）布置取水闸的岸边，应地质良好，相对地形平缓、开阔，工程开挖量小，对于含沙量较大的河流，还应在取水闸后修建较长的沉沙条渠（或其他沉沙建筑物）。

无坝取水枢纽和有坝取水枢纽建筑物组成及布置基本类似，区别仅在于有无在河道布置溢流坝（闸）以壅高水位保证取水。因此，本单元以有坝取水枢纽图纸识读为例介绍取水枢纽图纸识读的主要内容及一般方法。

二、取水枢纽图识读的一般方法与步骤

一般识读取水枢纽图时，可以先识读枢纽总平面布置图，从而掌握该枢纽的整体布置情况、组成建筑物类型、建筑物区域划分情况及外部环境等信息，再识读具体建筑物。而识读具体建筑物图纸时应由整体到局部，再由局部到细部，最后由细部回到整体，由建筑物回到枢纽，各类图纸联合识读，反复对照、反复想象，直至全面掌握建筑物的详细信息，从而准确指导取水枢纽工程的建设。

接下来就以横丹有坝取水枢纽为例，介绍其枢纽平面布置图、枢纽立视图、组成建筑物的各类水工视图等识读过程。

三、横丹有坝引水枢纽图纸识读

1. 横丹有坝引水枢纽工程概况

甘肃横丹引水枢纽工程位于甘肃省文县尚德镇境内的长江水系白龙江最大支流白水江上，是文县境内白水江白依坝至金口坝河段第三级梯级电站的引水渠首。该工程为Ⅳ等小（1）型，枢纽主要建筑物为 4 级，主要任务是取水引水。本工程主要由河床挡水闸坝、右岸引水建筑物、下游发电厂房及开关站等组成。

2. 引水枢纽平面布置图识读

图 2-2-8-1 为横丹引水枢纽平面布置图，主要内容包括：指北针、图名、枢纽建筑物的总体平面布置、主要建筑物的平面尺寸、建筑物的相对位置（以引水枢纽坝轴线 0+000.00 处为参照，向其他建筑物测量，并确定为 0+×××.××）、枢纽首部控制表、图纸说明。

微课 2-2-8-1 枢纽平面布置图识读

枢纽平面布置图比例尺为 1：1000，图名为引水枢纽平面布置图，图纸左上角为指北针，左下角为枢纽首部控制坐标表，上下游均能看到水流方向，由此判断，坝上公路在左岸，引水洞布设在右岸。

渠首枢纽平面布置图中主要内容包括：挡水闸 4 孔，由泄洪闸和泄洪冲沙闸组成，泄洪闸宽 10.5m，泄洪冲沙宽闸 4.5m，上游处设混凝土防渗板，底板高程为 802.00m。向上继续设置黏土铺盖，引水枢纽闸室段长 35.5m，后接坡比为 1：6 的降坡，降坡段接底板高程为 800.00m 的混凝土护坦，后接钢筋笼海漫段，闸室段侧墙墙顶高程为 809.00m，铅直布设，海漫段侧墙采用 30m 长扭面过渡为斜墙，坡比为 1：1，墙顶高程为 810.00m；在河道右岸布设引水洞（无压洞），洞后接明渠，为防止泥沙进入引水洞，在洞前设潜水墙，墙顶高程为 806.50m。引水洞入口处设置挡沙坎，引水洞经过一段暗管后接明渠。

3. 枢纽上游立视图识读

图 2-2-8-2 为横丹引水枢纽上游立视图，比例尺为 1：500，图纸信息包括：地基岩层，坝体开挖线，建筑物上游断面形式、上游断面尺寸、典型断面位置、建筑物与坝体的相对位置等。

微课 2-2-8-2 上游立视图识读

具体识读内容如下：引水坝总长 92.5m，大坝设三孔泄洪闸和一孔泄洪冲砂闸，尺寸分别为 10.5m×10m、4.5m×4.5m。右岸引水洞进口段长 27.2m，进水口设三孔闸门，每孔宽度为 7.6m，中墩厚 1.2m，边墩厚 1m；进水口拦污栅尺寸为 7.6m×10.1m。大坝左岸设置公路，公路左侧设置排水沟，坝体偏左岸侧设置门库，大坝左右岸都设置下游灌溉供水管，直径为 0.5m，进口高程为 808.00m。

4. 泄洪闸图识读

如图 2-2-8-3 所示，坝上 0－061.00～坝下 0＋165.50 泄洪闸纵剖视图采用 1∶500 缩小比例绘制，图中尺寸均以 m 计。泄洪闸总长 226.5m，包含上游连接段 61m、闸室段 35.5m 和下游连接段 130m。上游连接段底板高程为 802.00m，顶部高程为 807.00m，边墙坡比为 1∶1.5。识读顺序从上游至下游，以桩号作为分界区。上游连接段坝上 0－030.00～坝上 0－061.00 处底板采用 0.6m 厚的块石保护、0.6m 厚的砂砾石保护及黏土铺盖。坝上 0－030.00 至坝轴线 0＋000.00 处为混凝土防渗板，底板底部高程为 801.00m，底板厚 1m。齿墙处采用砂砾石回填，齿墙底板高程为 798.00m。闸室基础布设直径为 0.8m 的振冲桩，间、排距 2.5m。闸室顶板高程为 815.00m，设一道平板检修门，尺寸为 10.5m×10.5m，后接同样尺寸的弧形工作门，闸室顶板设置泵站房。下游连接段坝下 0＋035.50～坝下 0＋080.50 处为消力池段，设置 0.5m 厚的反滤层，该段结构底板高程由 802.00m 按照 1∶6 的降坡降至 800.00m，底板下设排水孔，底板厚 2m，底板齿墙高程为 793.50m，侧墙高程为 811.00m。坝下 0＋080.50～坝下 0＋140.50 段为海漫段，基础设计钢筋笼，厚度为 0.5m，降坡坡比为 1∶60，侧墙采用浆砌石护坡，坡比为 1∶1.0，下游设计洪水位 808.24m，下游校核洪水位 809.36m，该段侧墙墙顶高程为 810.00m。泄洪闸坝下 0＋140.50～坝下 0＋165.50 段采用 1∶5.0 升坡坡比，底板最低位置高程为 799.00m，侧墙墙顶高程为 808.50m，采用浆砌石护坡，边坡坡比为 1∶1。

微课 2-2-8-3 泄洪闸纵剖视图识读

5. 泄洪冲沙闸图识读

泄洪冲沙闸图纸中的尺寸和泄洪闸相似，这里仅识读不同的尺寸。上游进水口底板高程为 802.00m，顶部高程为 806.50m，闸室顶板高程为 815.00m，设一道平板检修门，尺寸为 4.5m×7.5m，后接尺寸为 4.5m×4.5m 的弧形工作门，如图 2-2-8-4 所示。

6. 引水隧洞图识读

图 2-2-8-1 中包含引水隧洞图。引水洞上游设置高程为 806.50m 的潜水墙，上游底板为混凝土防渗板，底板高程为 802.00m，后接挡沙坎，底板高程为 807.00m，引水洞洞口底板高程为 805.00m，宽 25.2m，后接三孔拦污栅和一道工作闸门，闸门后接无压引水洞，洞身长度从引 0＋022.00 至引 0＋102.00，长 80m，洞身内径 7m，后接明渠渐变段，明渠渐变段长度从引 0＋102.00 至引 0＋152.00，总长 50m。后接明渠，坡比为 1∶5000，边墙厚 4m，边坡坡比为 1∶1.5，底板宽 4.5m，明渠呈倒梯形。

目 标 测 评

识读图 2-2-8-5，完成下列内容：

（1）图纸名称为________________。

（2）图中结构为__________建筑物，形状呈__________形。

（3）渠底尺寸为__________。

（4）渠底材料为__________。

（5）渠道的坡比为__________。

（6）渠道的护坡材料为__________。

项目三　水力发电工程图识读

任务一　水电站建筑物图识读

［学习目标］

素质目标：培养总体规划、稳步实施、协同合作等综合能力；积淀水文化，厚植艰苦奋斗、敢为人先、爱行爱岗的敬业精神和家国情怀。

知识目标：巩固水电站的概念、分类及建筑物组成等基础知识；了解水电站各类建筑物平面图、立面图、断面图等成图原理及主要表达内容；掌握水电站建筑物水工图的一般识读方法与步骤。

能力目标：能借助水电站基础知识、水电站建筑物各类水工图的原理及一般识读方法正确、全面识读水电站建筑物各类图样信息，以准确指导水电站施工。

［学习预热］

“中国水电从这里起步”——石龙坝水电站

在云南省昆明市西山区海口街道螳螂川上游，有一座外形不起眼的小水电站。这是中国第一座水电站——石龙坝水电站，是它拉开了中国人民利用水电资源的序幕。它经历了革命年代的烽火硝烟，曾被日军 4 次轰炸，如今已经 100 多岁的它仍在发电。这里也成了传承红色基因的打卡地。

20 世纪初，法国以滇越铁路通车需要用电为由，于 1908 年与清朝滇政府交涉，胁迫准其在滇池出口的螳螂川上游建水电站，此举激起云南各界爱国人士的反对，他们怀着“实业救国”的梦想，倡议由云南省官商合作开发石龙坝水能资源，由中国人自己建设电站。

经昆明商人招募商股、集资筹建，1910 年 8 月 21 日，石龙坝水电站正式开工建设。来自江苏、浙江、广东等省及云南省内玉溪、昭通、昆明等地的 1000 多名工匠纷纷涌到石龙坝，他们克服了前所未有的艰难困苦，用坚强脊梁托起了中国水电建设大锚。购置的设备从德国海运至越南，经滇越铁路到昆明，由 300 多人的运输队靠牛拉人推，7km 路程运送了一个半月才到达荆棘丛生的厂区。建设过程中，工程因地制宜、就地取材，利用裸露岩石做建筑材料，牢固耐久；水渠、车间就地用石料，由加工成的长条方石砌成。经过 100 多年的风雨剥蚀，这些石材依然坚固完好。

1912 年 4 月 12 日，两台 240kW 水轮发电机组建成发电，中国第一座水电站——石龙坝水电站就此诞生。电站建成初期定名为“商办耀龙电灯股份有限公司”，用 22kV 输电线路向昆明市供电。石龙坝水电站发出的电能源源不断地输送到昆明市区，电站运行仅三四个月，昆明市连入的电灯数量就达到 3000 盏，被称为“自来月”的中国灯走进了越来越多的家庭。

引水枢纽平面布置图

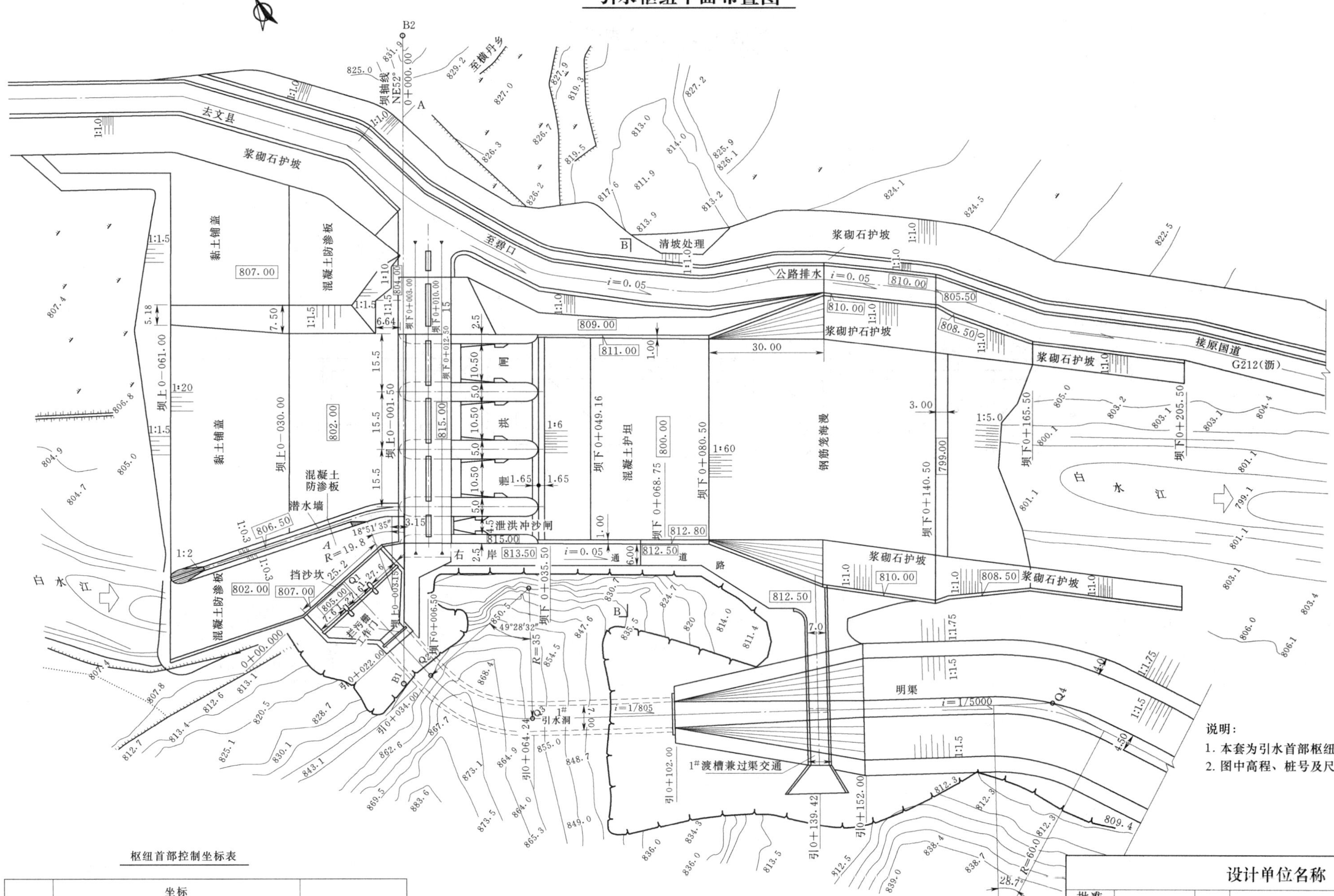

说明：

1. 本套为引水首部枢纽布置图。
2. 图中高程、桩号及尺寸均以m计。

枢纽首部控制坐标表

编号	坐标		备注
	x/m	y/m	
B1	3637,452.200	35485,440.100	坝轴线方位角 NE52°
B2	3637,557.700	35485,577.200	

设计单位名称				
批准		工程名称		可研　设计
核定				水工　部分
审查		枢纽平面布置图		
校核				
设计				
制图				
描图		比例	1:1000	日期
设计证号		图号	HDY-H-1	

图 2-2-8-1　横丹有坝引水枢纽平面布置图

引水枢纽上游立视图

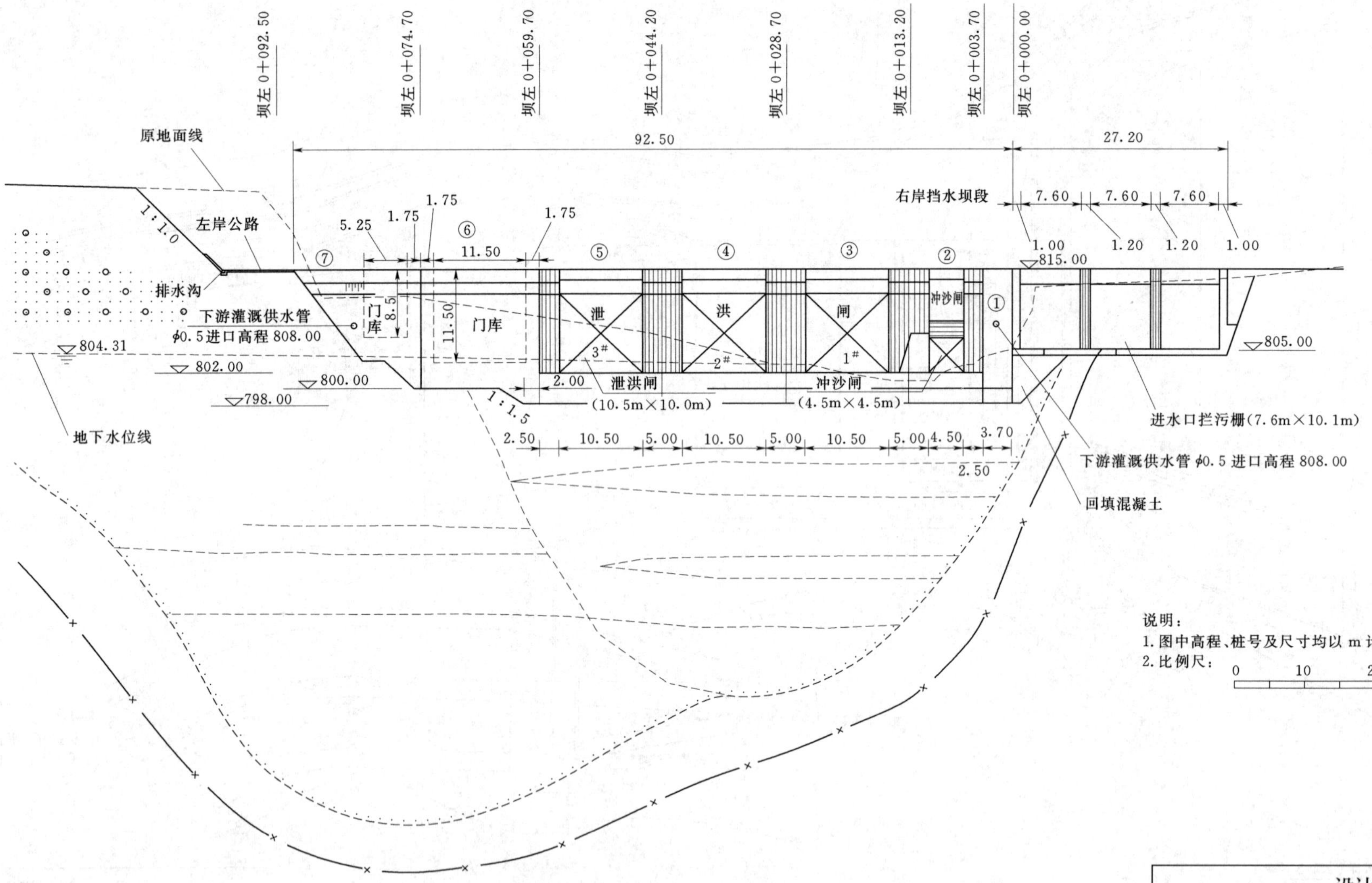

说明：
1. 图中高程、桩号及尺寸均以 m 计。
2. 比例尺：0 10 20 30 40

设计单位名称				
批准		工程名称	可研 设计	
核定			水工 部分	
审查		上游立视图		
校核				
设计				
制图				
描图		比例	1:500	日期
设计证号		图号	HDY-H-2	

图 2-2-8-2 横丹引水枢纽上游立视图

泄洪闸纵剖视图

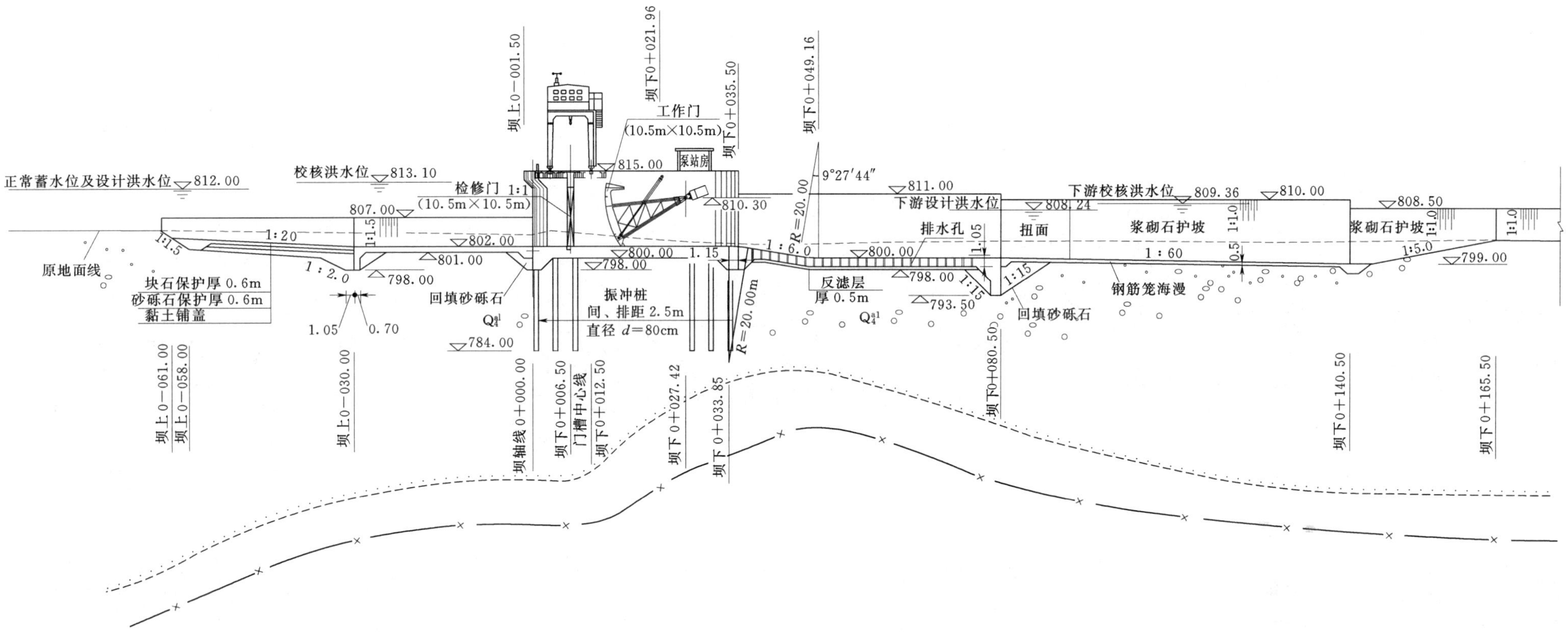

说明：

1. 图中高程、桩号及尺寸均以 m 计。
2. 比例尺：0　10　20　30　40

设计单位名称				
批准			工程名称	可研　设计
核定				水工　部分
审查			泄洪闸剖视图	
校核				
设计				
制图				
描图			比例　1∶500	日期
设计证号			图号	HDY－H－3

图 2－2－8－3　横丹引水枢纽泄洪闸纵剖视图

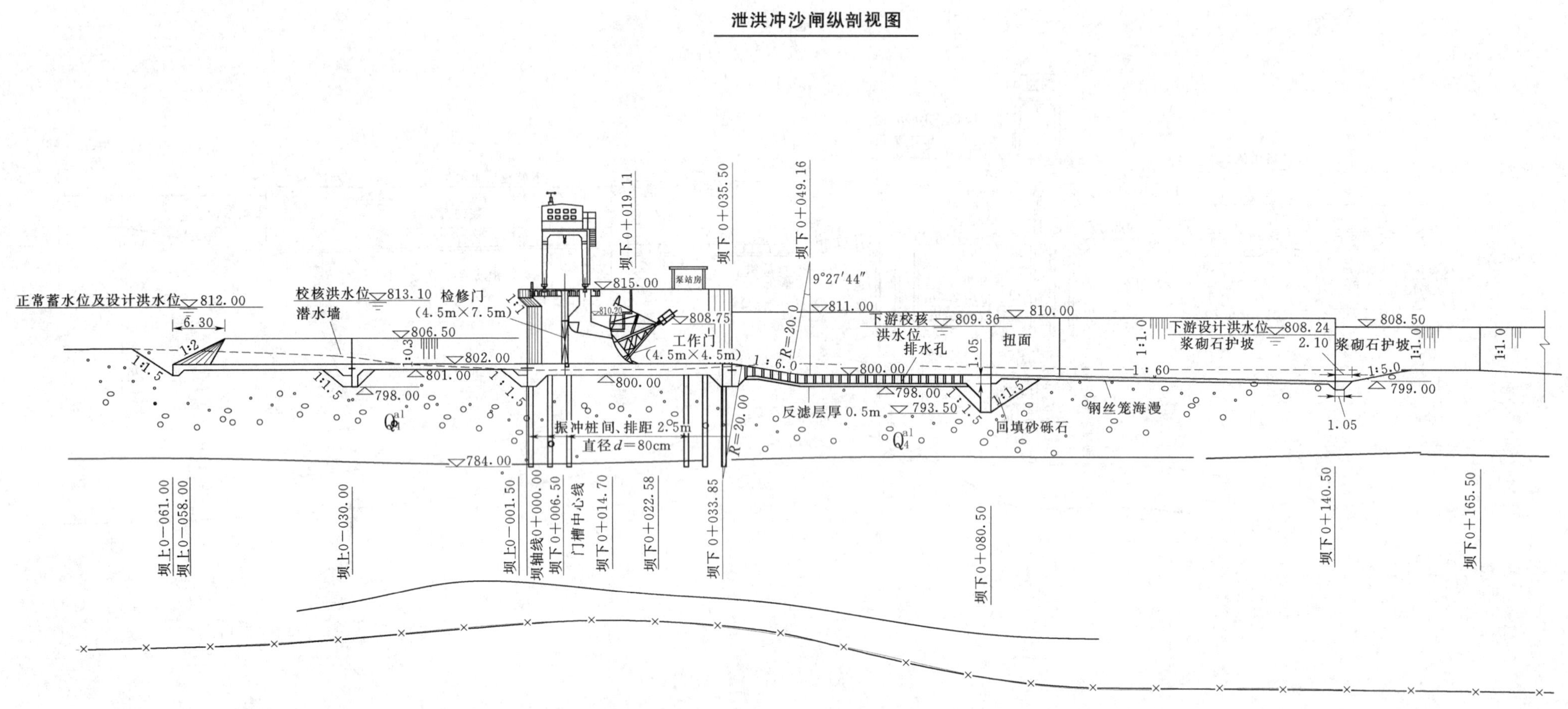

说明：

1. 本套为引水首部枢纽布置图。
2. 图中高程、桩号及尺寸均以m计。

设计单位名称				
批准			工程名称	可研 设计
核定				水工 部分
审查			泄洪冲沙闸剖视图	
校核				
设计				
制图				
描图			比例	日期
设计证号			图号	

图 2-2-8-4 横丹引水枢纽泄洪冲沙闸纵剖视图

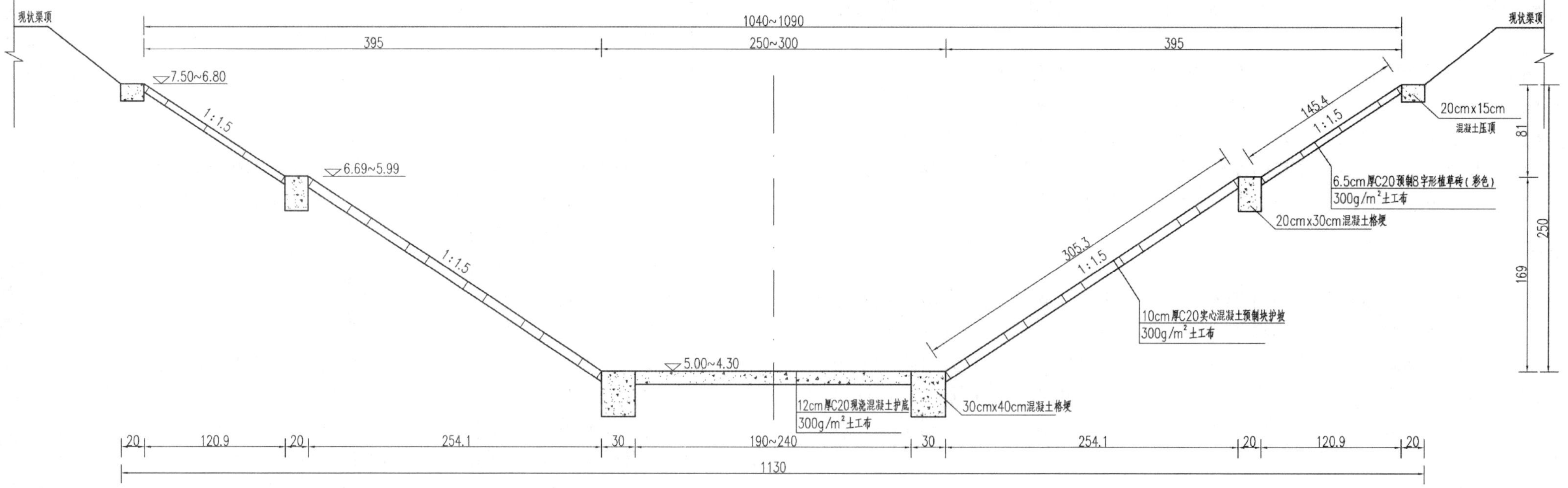

干渠三支渠衬砌典型横断面图

桩号范围（0+000～1+240）

说明：

1. 图中高程（1985国家高程基准）以m计，尺寸单位以cm计。
2. 材料等级：现浇混凝土格埂、踏步及挡墙混凝土强度等级为C20，混凝土预制块强度等级为C20，抗冻等级为F50，抗渗等级为W4。
3. 干渠三支渠采用12cm厚C20现浇混凝土护底，下设300g/m^{2}土工布；现浇C20混凝土压顶尺寸为20cmx15cm，
   底格埂尺寸为30cmx40cm，渠道现浇底板及压顶每隔5m设置一道2cm宽伸缩缝，伸缩缝填料采用2cm煤油沥青胶泥材料；
   渠道边坡上部采用6.5cm厚C20预制8字形植草砖（彩色）护坡，下部采用10cm厚C20实心预制块护坡，下设300g/m^{2}土工布，空心与实心预制护坡之间设一道20cmx30cm纵向格埂，
   两侧坡面及护底每隔50m各设置一道20cmx30cm现浇C20横向格埂，每间隔100m渠道两侧边坡交替布置一道C20现浇混凝土踏步，本条渠道共布置12道踏步，具体数量及位置如遇桥、房等可根据实际情况进行调整。
4. 8字形植草砖单块尺寸40cmX20cmX6.5cm（长X宽X厚），实心混凝土预制块单块尺寸45cmX30cmX10cm（长X宽X厚），护坡不足一块预制块部分采用空隙填充C20细石混凝土以保证坡面平整。
5. 渠道根据现状断面情况，尽量在原断面的基础上采用局部削坡、局部整坡压实后进行护砌；与设计断面相差较大的，应采取先回填并压实、后开挖成设计断面再进行护砌；渠道如遇桥梁等建筑物处，
   结合现状坡面采用12cm现浇C20混凝土护坡，渠道的清杂、树根挖除等包含在整坡工程量中。
6. 回填土需分层压实，层厚15~20cm，压实度不小于0.91。

批准		施工图	设计
核定		水　工	部分
审查		×××× 农田建设项目	高标准
校核			
设计		三支渠衬砌典型横断面图	
制图			
设计证号		比例　图示	页码

图 2－2－8－5　三支渠衬砌典型横断面图

这个电站也是中国最早进行全球招投标的股份制企业之一，是中国人民引进国外先进技术和设备，利用水能资源自主开发、管理和使用的成功范例，也是云南省第一家民族工业企业。

“石龙坝水电站的诞生，是爱国主义的结晶。”石龙坝水电站的建设实现了中国人将水能变为工业电能的梦想，成为中国近代水电事业的鼻祖。中国水电建设从这里起步，一步步走向世界之巅。正如党的二十大报告中总结的，我国近十年“建成世界最大的高速铁路网、高速公路网，机场港口、水利、能源、信息等基础设施建设取得重大成就”，诸如三峡水电站、乌东德水电站、白鹤滩水电站……一座座巨型水电站早已成为全球之最。

一、水电站基础知识

水电站的类型与水能开发方式密切相关，首先要使水电站上、下游形成一定落差，即构成发电水头。因此，就开发河流水能的水电站而言，按其集中水头的方式不同分为坝式、引水式和混合式三种基本类型。坝式开发方式有坝后式、河床式及从河岸引水的旁引式（多用于当地材料坝）等布置形式；引水式开发方式有无压引水式及有压引水式等布置形式。从建筑物组成和形式来说，旁引式、混合式和有压引水式是基本相同的，作为水电站基本布置形式统称为有压引水式。

1. 水电站建筑物的组成

为了控制水流、实现水力发电而修建的一系列水工建筑物，称为水电站建筑物。水电站枢纽一般由以下建筑物组成。

（1）挡水建筑物。用以拦截河流、集中落差的建筑物，如形成水库的拦河坝、闸或者河床式水电站中的厂房等水工建筑物，而拦河坝一般又有混凝土重力坝、拱坝、土石坝等。

（2）泄水建筑物。用以宣泄洪水、供下游用水、放空水库的建筑物，如溢洪道、溢流坝、泄洪洞等。

（3）进水建筑物。用以从河道或水库按发电要求引进发电流量的引水首部建筑物，如有压、无压进水口等。

（4）引水建筑物。用以集中水头，输送流量到水轮发电机组或将发电后的水排往下游河道的建筑物，如引水渠道、隧洞、压力管道、尾水渠等。

（5）平水建筑物。用以平稳因水电站负荷变化在引水或尾水系统中引起的流量及压力变化，是保证水电站调节稳定的建筑物，如有压引水式水电站调压井、无压引水式水电站渠道末端的压力前池等。

（6）厂区建筑物。水电站厂区建筑物主要指水电站厂房的主厂房、副厂房、主变压器场、高压开关站、交通道路及尾水渠道等建筑物。这些建筑物一般集中布置在同一局部区域内形成厂区。厂区是发电、变电、配电的中心，是电能生产的中枢。

综上，由于挡水建筑物（如土石坝、重力坝、拱坝、水闸等）、泄水建筑物（如溢洪道、隧洞等）的图纸识读已在前项目任务部分具体学习，此处不再赘述，本项目任务主要介绍水电站进水建筑物、引水建筑物、平水建筑物、厂区建筑物等水工图纸的识读方法与具体过程。

2. 水电站进水建筑物

进水建筑物简称进水口，是指从天然河道或水库中取水而修建的专门水工建筑物。水电站进水口是指为发电而专门修建的进水建筑物。水电站进水口位于引水系统的首部，其任务是引进符合发电要求的用水。

水电站的进水口分为有压和无压两种。有压进水口一般后接有压隧洞或管道，进水口深埋在水库水面之下，以引进深层水为主；无压进水口一般后接无压引水建筑物，以引取表层水为主。

（1）有压进水口。

有压进水口通常在一定的压力水头下工作，可单独设置，也可和挡水建筑物结合在一起，适用于从水位变幅较大的水库中取水。有压进水口设计应满足水量、水质、水头损失、可节制流量的要求及水工建筑物的一般要求。

有压进水口的类型主要取决于水电站的开发方式、坝型、地形地质等因素，一般分为隧洞式、压力墙式、塔式和坝式四种。

1）隧洞式进水口。隧洞式进水口的进口段、闸门段和渐变段三部分系从山体中开挖而成，如图 2-3-1-1 所示。进水口的闸门安置在从山岩中开挖出的竖井（闸门井）中，因此又称为竖井式进水口。

这种类型的进水口适用于水库岸边地质条件较好，开挖竖井和进口断面均不致引起塌方的情况。由于比较充分地利用了岩石的作用，钢筋混凝土工程量一般较少。

2）压力墙式进水口。当隧洞进口处的地质条件较差或地形陡峻，不宜扩大断面或开挖竖井时，可采用压力墙式进水口，如图 2-3-1-2 所示。这种情况下，可将进口段与闸门段均布置在山体之外。

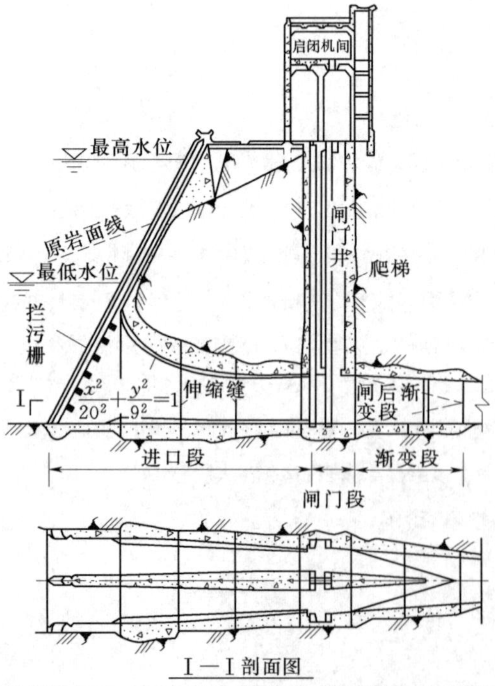

图 2-3-1-1　隧洞式进水口

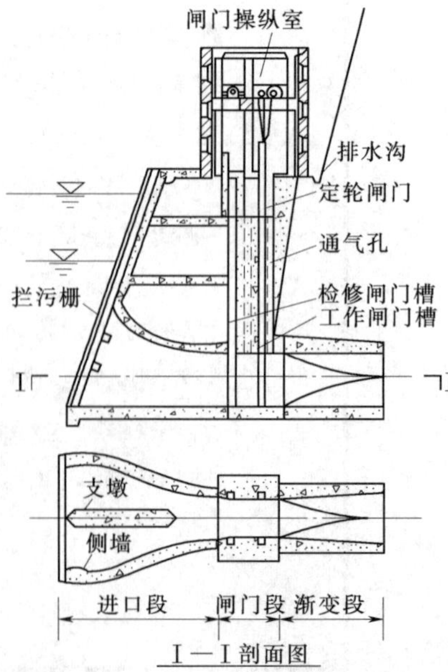

图 2-3-1-2　压力墙式进水口

3）塔式进水口。当河岸进水口地质条件较差，而山坡又较平缓，或引水管是埋于当地材料坝底的坝下式水电站，常采用塔式进水口。其进水口的进口段及闸门段形成一个塔式结构，孤立在水库之中，并以工作桥和岸边或坝坡相连，如图 2-3-1-3 所示。

4）坝式进水口。对于坝后式电站，因厂房紧邻大坝，为使引水道最短，常将进水口依附在坝体上，最常用的就是混凝土重力坝坝式进水口，如图 2-3-1-4 所示。

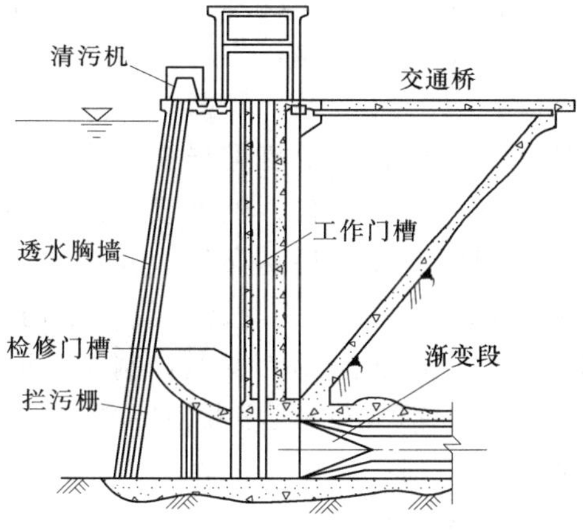

图 2-3-1-3　塔式进水口

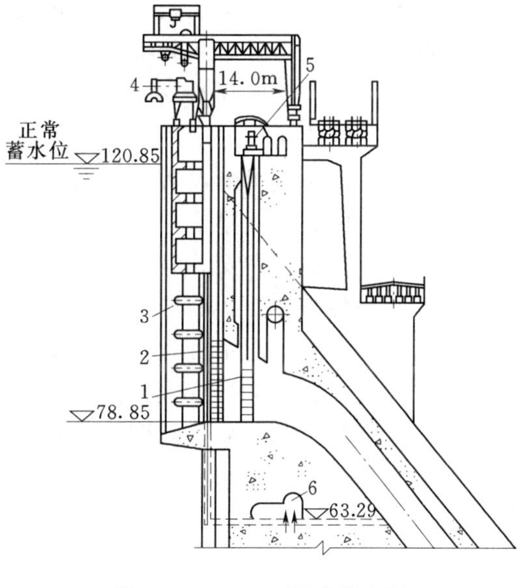

图 2-3-1-4　坝式进水口

1—事故闸门；2—检修闸门；3—拦污栅；4—清污机；5—液压启闭机；6—旁通阀操作室

（2）无压进水口。

无压进水口也称开敞式进水口，一般适用于无压引水式电站。无压进水口分为有坝进水口和无坝进水口两种。由于无坝进水口只能引用河道流量的一部分，不能充分利用河流水资源，故较少采用。图 2-3-1-5 是无压进水口示意图。

3. 水电站引水建筑物

（1）引水渠道。水电站的无压引水渠道称为动力渠道，它位于无压进水口或沉沙池之后。根据动力渠道的水力特性，可分为自动调节渠道和非自动调节渠道两种类型。自动调节渠道如图 2-3-1-6 所示，非自动调节渠道如图 2-3-1-7 所示。

（2）引水隧洞。当用明渠引水渠线盘山过长，工程量很大时，通过方案比较，也可采用城门洞形的无压隧洞引水，其拱顶为半圆形，侧墙为直立墙，按施工要求洞身宽度不得小于 1.5m，高不得小于 1.8m。在恒定流

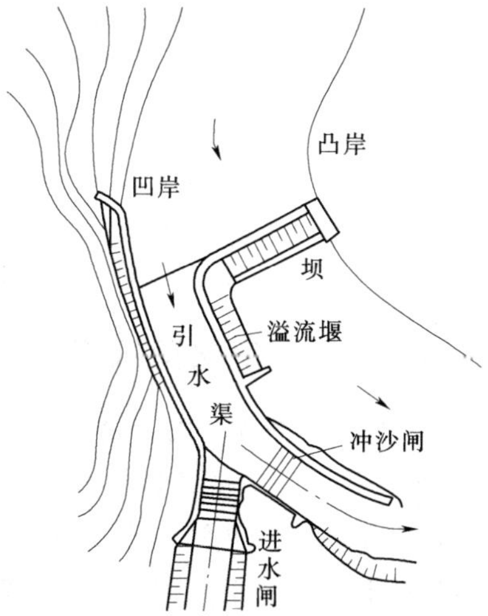

图 2-3-1-5　某水电站无压进水口布置图

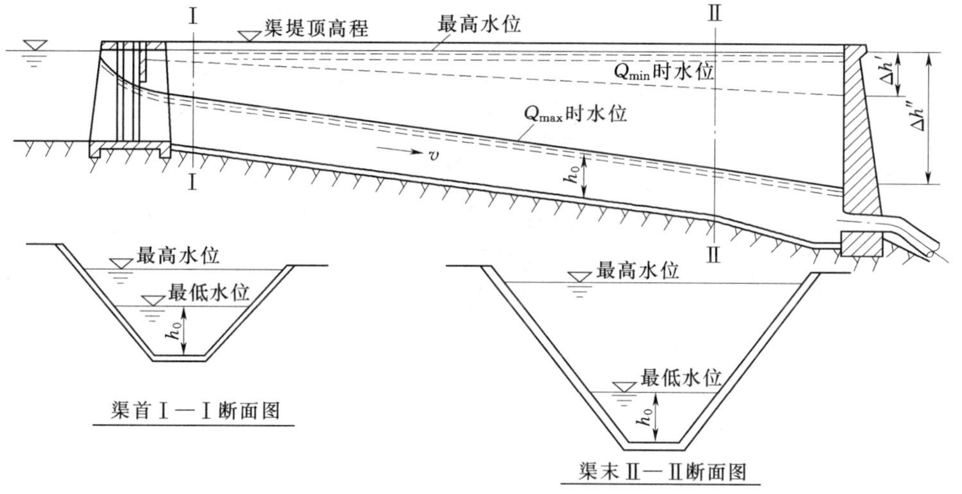

图 2-3-1-6　自动调节渠道

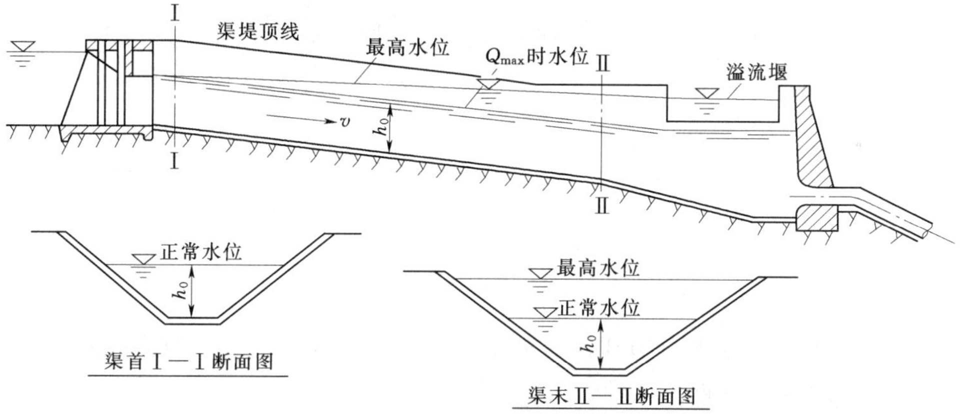

图 2-3-1-7　非自动调节渠道

情况下，隧洞中水面以上空间一般不小于隧洞断面积的 15%，自由水面到洞顶净高度不小于 0.4m，洞顶以上山岩的埋置深度不小于开挖深度的 1.5～3.0 倍，转弯半径不小于洞高的 5 倍。为防止隧洞漏水和减小洞壁糙率，并防止岩石风化，无压隧洞大都采用全部或部分衬砌。无压隧洞的过水断面为矩形，其尺寸确定及水力计算与动力渠道相同。

隧洞引水也可设计为有压引水隧洞。有压引水隧洞内，水流充满整个断面，内水压力较大。实际工程中较常用的是有压引水隧洞，具体内容见前隧洞图识读部分隧洞基础知识。

4. 水电站平水建筑物

（1）压力前池。压力前池是无压引水道与压力水管之间的平水建筑物，它设置在引水渠道或无压引水隧洞的末端。图 2-3-1-8 为我国北方某电站压力前池布置图。

（2）调压室。对于长有压引水道电站，为减少水击压力，常设置调压室作为平水减压措施。一般认为当压力过水系统的长度 L 与流速 v 的乘积 $Lv \geqslant (20-25)H_0$ 时（H_0 为电站最小净水头），应考虑设置调压室。调压室的功能是在电站负荷急剧变化时，缓解引水道的压力

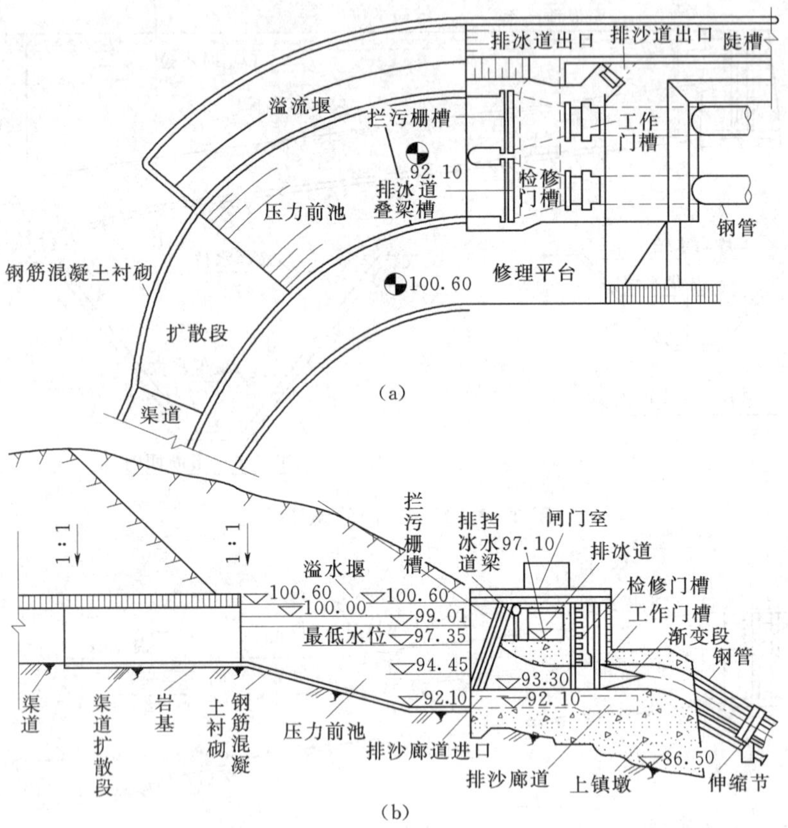

图 2-3-1-8　某电站压力前池布置图

变化，同时对水量起到短时的调节作用。如果受到自然条件限制或为节省投资、缩短工期，可设置调压阀，它常安装在蜗壳近旁。

5. 水电站厂区建筑物

水电站的发电、变电和配电建筑物常集中布置在一起，称为厂区建筑物，它主要由主厂房、副厂房、主变压器场和高压开关站组成。

模型 2-3-1-1 水电站厂房布置

水电站厂房是水能转变为电能的生产场所，是水工建筑物、工业厂房、机械和电气设备的综合体。它的任务是：通过一系列工程措施，将压力水流平顺地引入水轮机并导向下游；能合理地把各种机电设备布置于恰当的位置并提供良好的安装、检修和运行条件；为运行管理人员创造良好的工作环境。为此，厂房必须有合适的型式、足够的空间和合理的构造，以保证水电站能安全可靠地按电力系统的需要生产电能。

主厂房是安装水轮发电机组及其控制设备的房间，其中还布置有机组主要部件组装和检修的场所，是厂区的核心建筑物。

副厂房是由布置控制设备、电气设备、辅助设备的房间以及必要的工作和生活用房所组成，它主要是为主厂房服务的，因而一般都紧靠主厂房。

主变压器场和高压开关站是分别安放主变压器和高压配电装置的场所，它们的作用是将发电机出线端电压升高至远距离送电所要求的电压，并经调度分配后送向电网，一般均布置在露天场地并靠近厂房便于与系统电网联接。

二、水电站图识读的一般方法与步骤

由前水电站基础知识可知，水电站一般由众多类型的水工建筑物共同组成，其中挡水建筑物、泄水建筑物、进水取水建筑物、引水输水建筑物等水利工程图纸的识读方法与过程在项目一及项目二中均有学习，此处不再赘述。而作为水电站中实现水能电能转换、电能对外输送的核心建筑物——厂区建筑物，其水利工程图的识读是本任务的重点。

如前所述，厂区建筑物一般由主厂房、副厂房、主变压器场和高压开关站组成，此处重点讨论建筑物布置紧凑、机电设备密集的主副厂房图识读的一般次序，主变压器场与高压开关站图的识读方法可类比迁移。

主厂房一般分主机间和安装间，主机间主要布置水轮发电机组等机电设备，安装间主要负责机电设备的安装与维修；副厂房一般由布置控制设备、电气设备、辅助设备的房间及必要的工作生活用房组成，它主要为主厂房服务，因而一般都紧靠主厂房布置，实际水电站工程中主副厂房轴线一般呈平行或垂直关系。因此，为全面展示主副厂房整体布局、结构布置、机电设备布置等情况，一般需绘制厂区平面布置图、厂房平面布置图、典型控制层平面布置图、主厂房断面图、副厂房断面图、细部结构详图等，而断面图又分为横断面图和纵断面图，并根据剖切面位置不同表达信息也有所不同。因为要展示主副厂房中不同位置对应的机电设备及其结构布置情况，因而需要提供数量较多、剖切位置不同的厂房纵、横断面图。又因主副厂房是机电及辅助设备布置密集的场所，因而厂房图样内容复杂、信息密集。综上所述，水电站厂房图一般图纸类型众多、图样内容复杂、图纸数量较大，识读难度亦较大。一般识读水电站厂房图样时，可以先识读厂区平面布置图或厂房平面布置图来整体把握主副厂房的整体布局、相互关系、轮廓尺寸、外内结构、机电设备平面布置等情况，再结合若干剖切位置对应的厂房纵、横断面图复核及补充以上信息，同时掌握主副厂房内机电设备、主要结构的立面布置情况，再通过细部结构详图掌握其他水利工程图中不能清晰展示的细部结构轮廓尺寸、建筑材料、连接方式等情况。通过以上由整体到局部，局部由外面内或沿高度或沿水流依次识读，再由局部到细部，最后由细部回到整体，各类图纸联合识读，反复对照、反复联想，最终全面掌握水电站厂房信息，从而准确指导厂房施工。

接下来以 RD 水电站为例，介绍其厂区平面布置图、厂房平面布置图、主厂房横断面图、厂房纵剖视图等水利工程图样的具体识读过程。

三、RD 水电站图纸识读

1. 厂区平面布置图识读

图 2-3-1-9 为 RD 水电站厂区平面布置图。首先识读水电站厂区整体地理方位情况。由图上左上角指北针及江河水流方向判断，江道首先由东向西，经过较大转弯后又转向东南方向，而 RD 水电站厂区正好布置于江道转弯段左岸位置，这样水电站压力钢管经过转弯前江道进入江堤引水入厂房发电，尾水则通过尾水渠直接汇入转弯后江道，进水出水方便，线路平直且短，厂区整体布置紧凑。接下来顺水流方向具体识读厂区布置情况及主要建筑物信息。

图中左侧首先可见压力钢管自北向南引水，在即将穿入江堤进入厂房前先进行钢管扩径再一分为二，即主管道分为对称两根支管引水进入水轮机组，此处即连接厂房建筑物。主副厂房平面呈L形布置。主厂房内与压力钢管连接布置两台发电机组，发电机层高程为106.250m，安装间位于主厂房左端东侧，安装间地面高程为116.000m，主厂房下游侧可见尾水平台109.000m，尾水管出口底板高程为102.500m，衔接1：3的上坡，再连接底板高程为105.000m的尾水渠，渠道两岸堤顶高程为106.000m，尾水渠直接衔接下游江道，送尾水入江河。与主厂房纵轴线垂直、紧邻安装间上游布置副厂房，自北向南依次布置地面高程为116.000m的35kV配电柜室、地面高程为115.800m的升压站、地面高程为116.000m的中控室，副厂房总宽8m，总长23.14m，安装间及主厂房宽12.36m；另外，安装间下游侧、尾水平台东侧设计相关楼梯结构，以供交通。江道转弯段左岸岸堤范围除布置以上厂区建筑物以外，图上还展示了岸堤临水侧坡比为1：1.5，坡面下部设置钢丝网石笼护坡，上部铺设草皮护坡，厂区周边布置植草皮覆盖、避雷针基础、绿地、卫生间、花圃等，副厂房、安装间东侧设置回车场，铺设0.2m厚的C25混凝土地板，地板表面高程为115.800m，并向东设置坡度为0.003的底坡，以方便汇集地面雨水等，因而回车场东侧边缘沿程设置排水沟，排水沟底坡坡度为0.005，最终与下游灌溉排水沟衔接。另外，回车场地面以下铺设灌溉放水管，回车场与进厂公路衔接。

2. 厂房平面布置图识读

图2-3-1-10为RD水电站厂房平面布置图。相对图2-3-1-9，该图采用较大比例更加详细地展示了主副厂房及升压站的平面布置、轮廓尺寸及内部机电设备布置等情况，厂区布置图中水流在图纸上呈自左向右方向，图2-3-1-10中水流在图纸上呈自上而下方向，接下来逐一识读主厂房、副厂房、升压站等平面布置情况。

与来水方向垂直布置主厂房，其平面尺寸（长×宽）为32.2m×12.36m（此处所指尺寸均指墙体中心线间尺寸，以下均是），主厂房包含主机间与安装间。主机间平面尺寸（长×宽）为25.78m×12.36m，高程106.250m处布置两台发电机组，机组纵轴线位于桩号CY0+000.00处，图上展示该电站水轮发电机组采用卧式布置。顺水流方向主机间右侧2号压力支管连接2号水轮机组，水轮机组同轴右侧连接发电机组，2号支管安装基坑地面高程为103.750m，支管中心线距基坑右侧1.4m、左侧2m，基坑宽3.1m。2号水轮发电机组上游侧、右侧、下游侧周边还布置发电机排风竖井、空压机、向下阶梯、机旁盘、调速器等。1号压力支管连接1号水轮发电机组，1号支管中心线距2号支管中心线水平距离9.4m，1号支管安装及1号机组布置情况同2号支管与2号机组，1号机组左右两侧布置集水井水泵房、低压开关柜、厂用变、向下阶梯、调速器、发电机排风竖井、滤水器等，两台机组中间下游侧布置高压开关柜及励磁变，以上机电设备及相关结构具体尺寸图纸上均已详细注明，识读时需对应区分。

安装间布置于主厂房左端，紧邻主机间，地面高程为116.000m，平面尺寸（长×宽）为12.36m×6.42m，安装间对外进出口宽4.5m，图上给出了安装间主钩限制线、副钩限制线沿安装间长度方向、宽度方向的平面范围，后续将结合安装间其他图纸具体识读。

顺水流方向副厂房首先布置35kV配电柜室，平面尺寸（长×宽）为8.00m×6.95m，地面高程为116.000m，图上给出了650mm×800mm电缆沟与800mm×800mm电缆沟的衔接与平面布置路线情况。另配电柜室对外进出口宽度为2.1m，连接升压站进出口宽度为0.9m。

升压站紧邻35kV配电柜室布置于其下游侧，平面尺寸（长×宽）为9.55m×8.00m，地面高程为115.800m，图上同样给出了此平面内800mm×800mm电缆沟的布置路线情况。另升压站对外进出口宽度为2.1m。

中控室上游紧邻升压站布置，下游紧邻安装间，平面尺寸（长×宽）为8.00m×6.64m，地面高程为116.000m，图上同样给出了此平面内800mm×800mm电缆沟与400mm×400mm电缆沟的衔接与布置路线情况。另中控室对外进出口宽度为1.2m，对安装间图样设置进出口。

以上即为主副厂房、升压站等平面布置主要情况。另外，此平面图上还标注了Ⅰ—Ⅰ至Ⅷ—Ⅷ剖切面剖切位置及投影方向，以将此图与后续各剖视图紧密联系起来。

3. 主厂房横断面图识读

图2-3-1-11为RD水电站主厂房横断面图，对应厂房平面布置图中Ⅱ—Ⅱ剖切位置，即1号压力钢管与1号机组轴线剖切图。图上水流呈自左向右方向，顺水流方向依次展示压力钢管布置、主厂房立面布置及尾水布置等情况，接下来沿水流方向逐一识读。

首先图纸最左侧展示上游压力钢管从回填土石料区进入主厂房上游混凝土墙体，回填土石料区顶高程为114.800m，此段压力钢管采用断开省略画法绘制，管径为1m，长度不详，并与混凝土墙体中压力钢管以分缝衔接，缝中设止水铜片，混凝土墙体内压力钢管管径不变，长度为7.5m，钢管表面与混凝土材料间填筑柔性材料，进而进入主厂房内部采用弯管段与水轮机蜗壳连接，厂房内钢管安装基坑底部高程为103.750m，顺水流方向长度为3.1m。

主厂房宽度为12.36m，顶部采用拱形波纹钢屋盖，两端支撑柱顶高程为124.300m，外侧设矩形断面天沟。厂房内上方设置16t/5t电动葫芦双梁桥式起重机，轨顶高程为122.000m，起重机纵向轨道中心线距主厂房上下游墙体中心线0.93m，起重机主钩限制线分别位于距上游纵向轨道中心线1.24m、距下游纵向轨道中心线1.15m处，起重机副钩限制线分别位于距上游纵向轨道中心线2.24m、距下游纵向轨道中心线2.15m处。机组纵轴线位于距主厂房上游边墙内侧5.3m、距主厂房下游边墙内侧5.7m处，因为此电站水轮发电机组采用卧式布置，因而水轮机及发电机安装高程均为107.000m，水轮发电机层地面高程为106.250m，图中展示蜗壳上游与压力钢管、弯管段连接，机组下游侧布置调速器、励磁变，106.250m高程地面以下布置800mm×800mm的电缆沟，以上电气设备及相关结构相互间距尺寸图上均有详细注明。另外，106.250m高程地面以下与机组纵轴线同轴可见尾水管弯管段与直锥段，直锥段末端高程为103.350m，嵌入水平尾水管0.65m。水平尾水管顶高程为104.000m，底高程为102.250m，对应地基开挖最低高程为101.650m，混凝土材料填筑。水平尾水管顺水流方向总长度为9.7m，末端设置闸门控制尾水，闸门上方109.000m高程处布置尾水平台以便于闸门操作，尾水平台向上设置交通楼梯与上部116.000m高程连接。闸门下游连接5m长平直段，平直段岸墙高程仍为109.000m，平直段下游连接顺水流方向水平长度为8.25m的1：3上坡段，底部采用C20混凝土板衬砌，再下游衔接尾水渠，尾水渠底采用C15混凝土板衬砌，渠底高程为105.000m，平底坡形式，其中上坡段及尾水渠两岸堤顶高程均为106.000m，尾水渠最终送尾水汇入原江道。另外，图上还展示有原地面线与现地基开挖线的位置范围，以此掌握地基开挖填方情况。

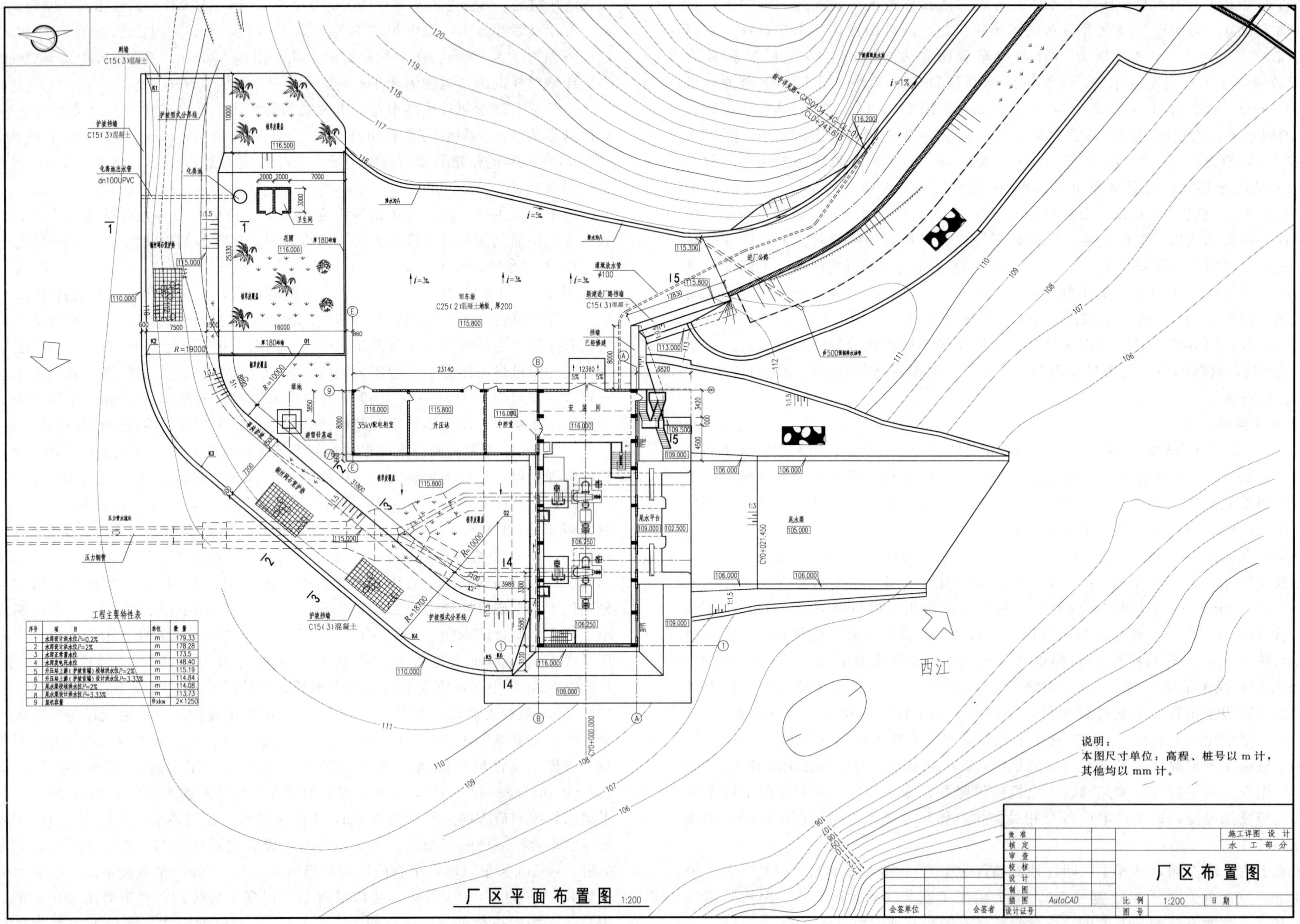

工程主要特性表

序号	项目	单位	数量
1	水库设计洪水位 $P=0.2\%$	m	179.33
2	水库设计洪水位 $P=2\%$	m	178.28
3	水库正常蓄水位	m	173.5
4	水库发电死水位	m	148.40
5	升压站上游（护坡首端）校核洪水位 $P=2\%$	m	115.19
6	升压站上游（护坡首端）设计洪水位 $P=3.33\%$	m	114.84
7	尾水渠校核洪水位 $P=2\%$	m	114.08
8	尾水渠设计洪水位 $P=3.33\%$	m	113.73
9	装机容量	台×kw	2×1250

图 2-3-1-9　RD 水电站厂区平面布置图

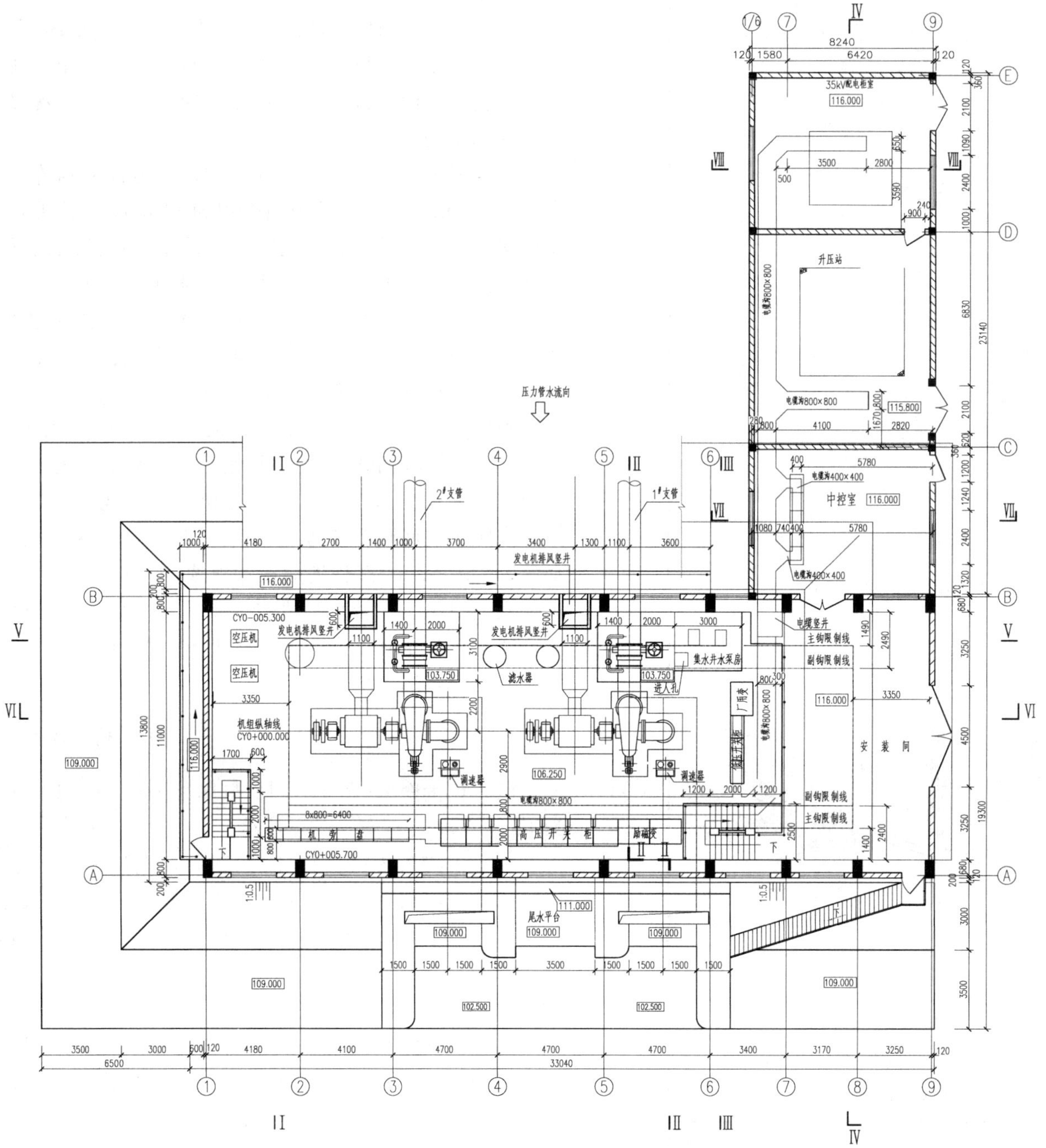

说 明

1.本图一套共五张。
2.本图尺寸单位：高程以m计，其余均以mm计。
3.本图高程采用黄海高程。
4.厂房尾水渠布置另见图。

主厂房、副厂房及升压站平面布置图

批 准				施工详图 设 计
核 定				水 工 部 分
审 查				厂房总体布置图（1/5）
校 核				
设 计				
制 图				
描 图	AutoCAD			
设计证号		比 例	1:100	日 期
		图 号		

会签单位	会签者	日 期

图 2-3-1-10 RD 水电站厂房平面布置图

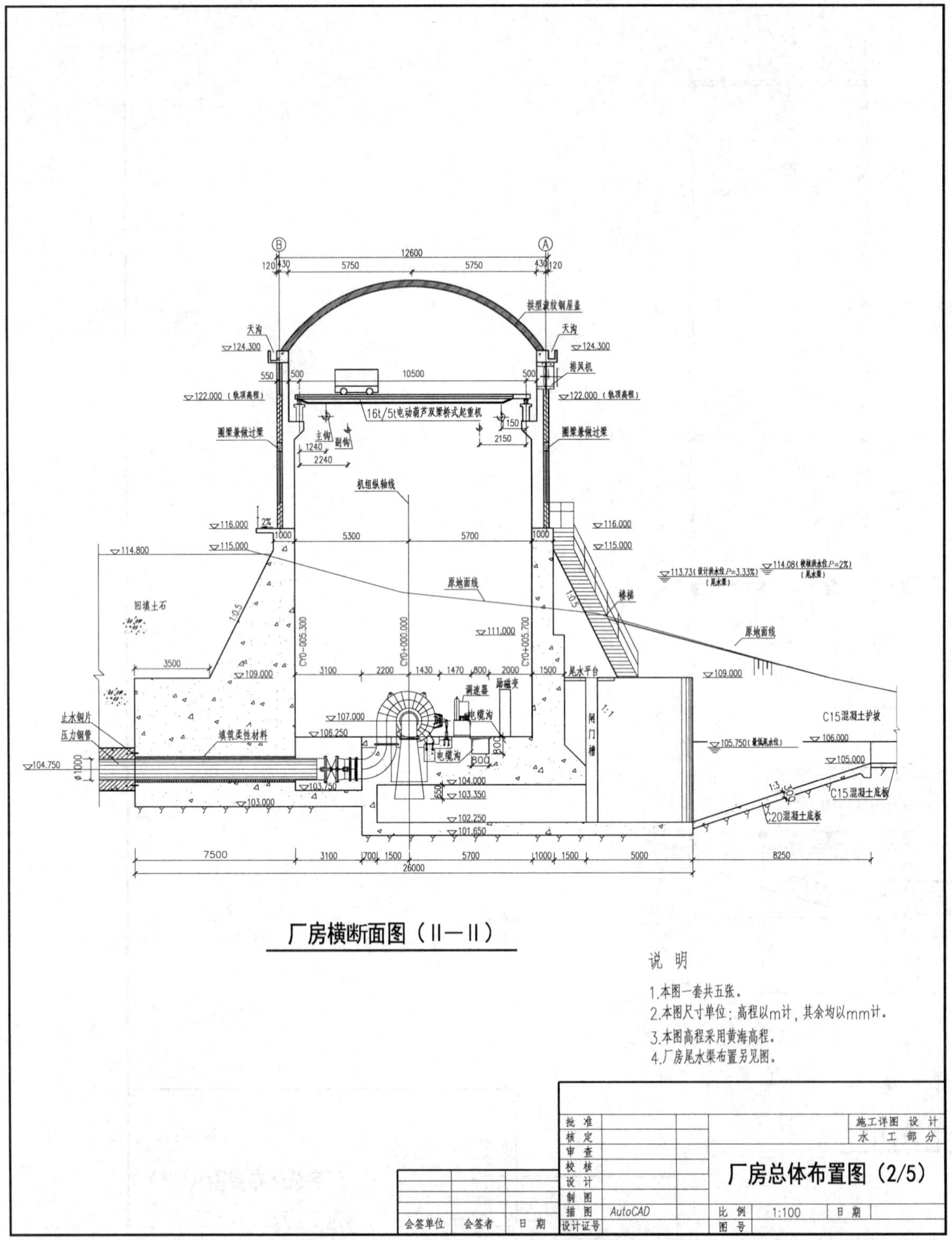

图 2-3-1-11　RD 水电站厂房横断面图

4. 主厂房纵剖视图识读

图 2-3-1-12 主要表达 RD 水电站主厂房纵剖视图，对应厂房平面布置图中Ⅵ—Ⅵ剖切位置，即沿主厂房机组纵轴线剖切并向上游投影，主要反映主机间及安装间设备及结构立面布置情况。识读此图宜首先整体把握厂房布置情况及轮廓尺寸，再由下向上或由上向下依次识读细部结构。

主厂房整体长度为 32.2m，顺水流方向右端布置主机间，左端布置安装间，厂房顶高程为 127.300m，现有室外地面高程为 115.800m，地基开挖最低高程为 101.650m。由上向下识读厂房立面布置情况：首先厂房顶采用拱形波纹钢屋盖，支柱顶高程为 124.300m；厂房上方靠近顶部布置桥式起重机，轨顶高程为 122.000m，底部高程为 121.000m；厂房上游墙体布置两排通风窗户及两道 1100mm×600mm 的排风竖井，竖井底部分别对应两台发电机组，竖井中心线与发电机组中心线重合；主厂房左端安装间长 6.42m，地面高程为 116.000m，连通中控室进出口顶部高程为 118.100m，并以 1∶15 下坡衔接外侧回车场，此处对外进出口顶部设置雨篷；两台水轮发电机组均采用卧式布置，安装高程均为 107.000m，所在层面高程均为 106.250m，且发电机组中心线水平距水轮机组中心线均为 2.4m，水轮机组中心线水平距尾水管中心线均为 1.5m；2 号水轮机组中心线距主机间顺水流方向右侧边墙 9m，1 号水轮机组中心线距主机间顺水流方向左侧边墙 6.8m，两者之间相距 9.5m，其中 1 号水轮发电机组尾水管旁 106.250m 高程地面设置电缆沟，厂房上游及左侧墙面拐角处设置电缆竖井；再向下水轮发电机组尾水管直锥段嵌入水平尾水管，水平尾水管底高程为 102.250m，矩形断面；另外，图上还展示有原地面线与现地基开挖线的位置范围，以此掌握地基开挖回填、局部处理方法、材料运用等情况。

目 标 测 评

（1）识读图 2-3-1-12 与图 2-3-1-13 可得，该电站中控室平面尺寸（长×宽）为__________。

（2）识读图 2-3-1-13 可得，该电站 35kV 配电柜室房屋高度为__________ m。

（3）识读图 2-3-1-13 可得，该电站升压站地面高程为__________ m。

（4）识读图 2-3-1-12 与图 2-3-1-13 可得，该电站安装间连通回车场出入口高度为（　　）m。

A. 2.1　　B. 3　　C. 4　　D. 4.5

（5）识读图 2-3-1-12 与图 2-3-1-13 可得，该电站厂房屋盖拱高（　　）m。

A. 127.3　　B. 124.3　　C. 123.8　　D. 3

（6）识读图 2-3-1-12 与图 2-3-1-13 可得，该电站厂房安装间墙体厚度为（　　）mm。

A. 120　　B. 240　　C. 430　　D. 520

（7）识读图 2-3-1-13 可得，该电站升压站周边围栏高度为（　　）m。

A. 115.80　　B. 118.50　　C. 121.22　　D. 2.70

（8）识读图 2-3-1-12 可得，该电站安装间底部对应地基开挖深度约为（　　）m。

A. 3.8　　B. 10.8　　C. 14　　D. 8

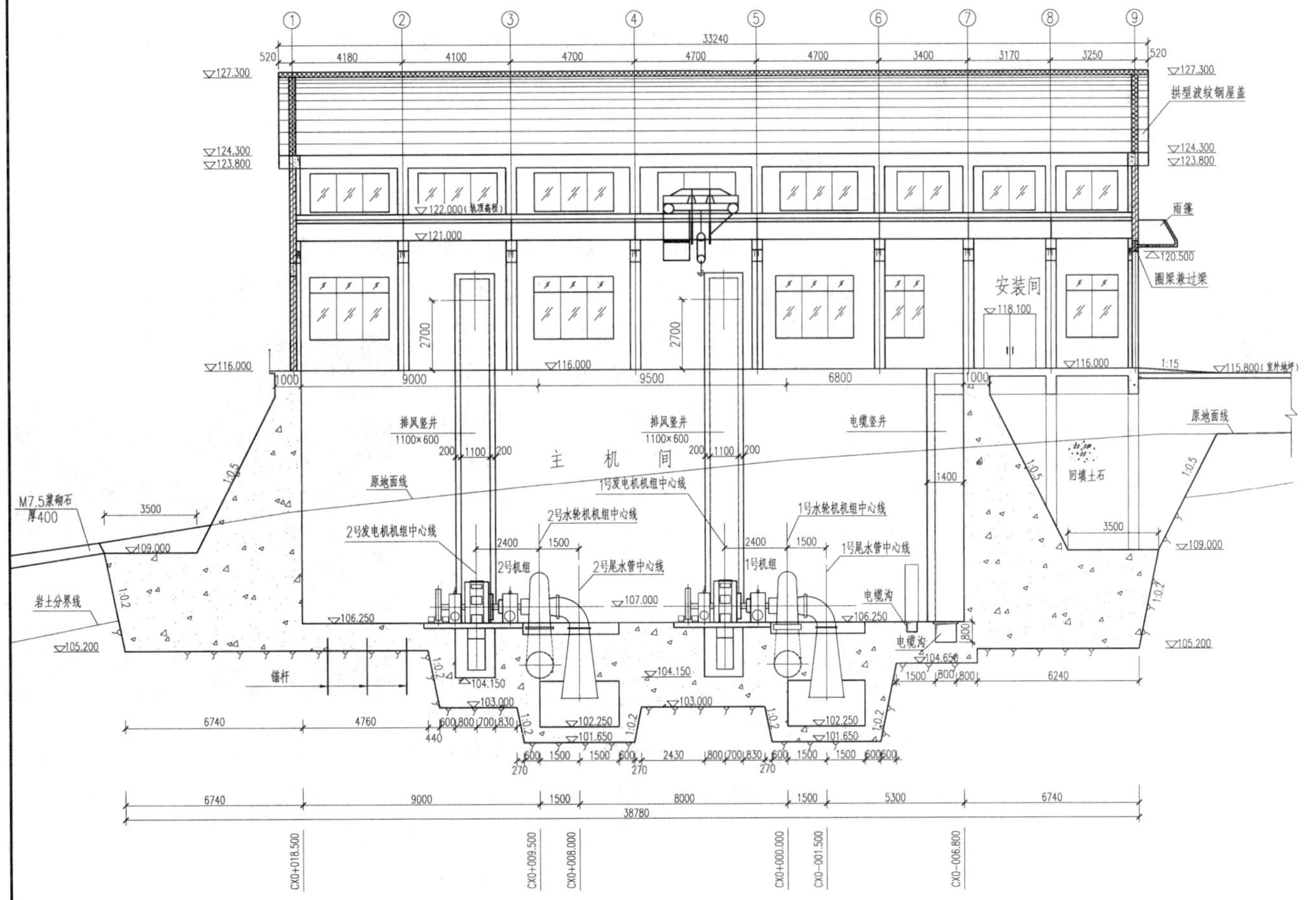

厂房纵剖视图（Ⅵ—Ⅵ）

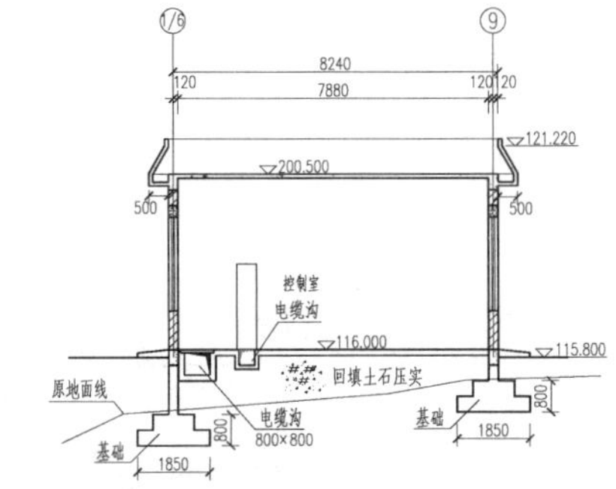

中控室横断面图（Ⅶ—Ⅶ）

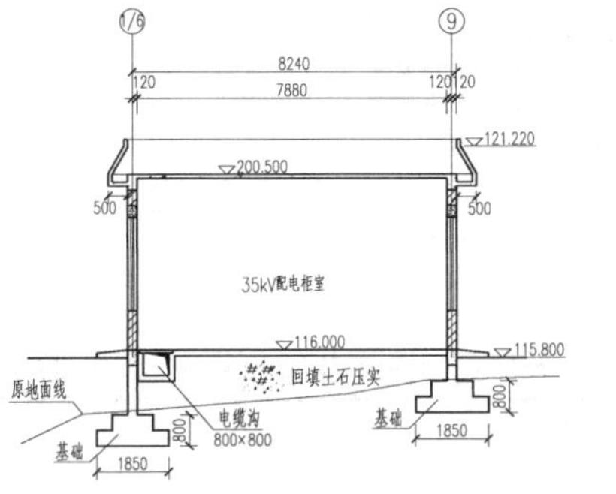

配电柜室横断面图（Ⅷ—Ⅷ）

说 明

1.本图一套共五张。
2.本图尺寸单位：高程以m计，其余均以mm计。
3.本图高程采用黄海高程。
4.厂房尾水渠布置另见图。

批 准			施工详图 设计
核 定			水 工 部分
审 查			厂房总体布置图（5/5）
校 核			
设 计			
制 图			
描 图	AutoCAD		比 例 1:100 日 期
设计证号			图 号

会签单位	会签者	日 期

图 2-3-1-12 RD 水电站主厂房纵剖视图

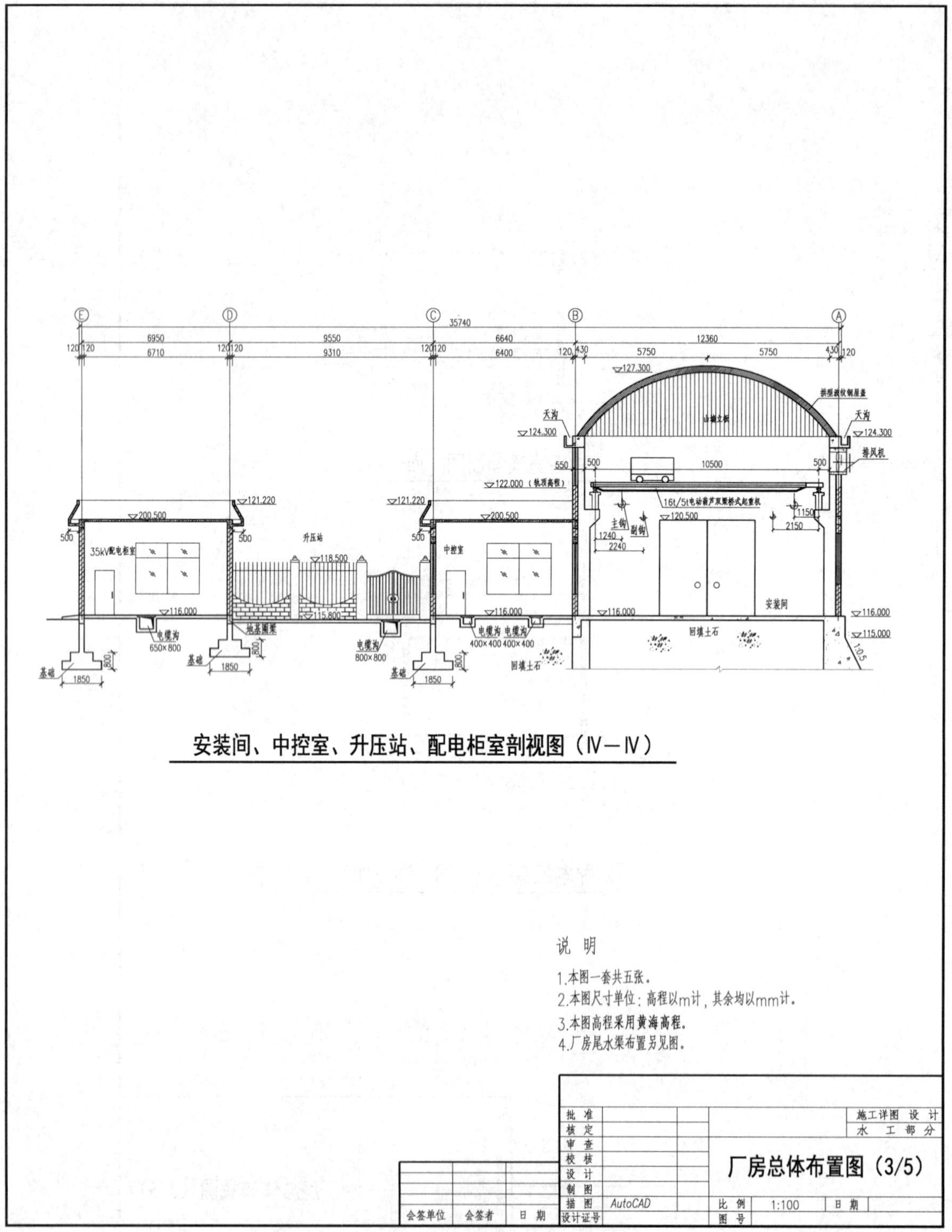

图 2-3-1-13 RD 水电站副厂房纵剖视图

任务二 水电站枢纽图识读

［学习目标］

素质目标：培养迁移变通、举一反三的学习、工作能力；传承水文化，发扬吃苦耐劳、科学创新的水利精神，勇担时代使命。

知识目标：夯实水电站枢纽组成建筑物的基础知识；巩固水电站枢纽图纸系统识读方法与步骤。

能力目标：能借助知识与方法，系统、全面识读水电站枢纽组成建筑物的各类图纸，以准确指导水电站枢纽施工。

［学习预热］

新中国第一座“三自”水电站——新安江水电站

新中国成立后，随着国民经济的恢复和发展，长江三角洲地区电力供需矛盾日趋突出，亟须发展区域性大电站和电力系统。1956 年 6 月，国务院批准将新安江水电站建设列入第一个五年计划和 1956 年计划项目。当时，我国国民经济基础薄弱，电站建设经验极其匮乏，但建设者们毫不气馁，拿出“让高山低头，叫河水让路”的英雄气概，投入到忘我的劳动中。经过三年多的奋战，1960 年 4 月，一座高 105m 的大坝出现在峡谷中，新安江水电站第一台 7.25 万 kW 水轮发电机投入生产。与此同时，1957 年 3 月至 1971 年 6 月，库区淳安、遂安两县共淹没 49 个乡镇，1377 个自然村，累计移民 29.15 万人，其中在县内安置的有 82544 人，在省内桐庐、富阳、德清、金华、常山、兰溪等 14 个县安置的约 14 万人，安置在江西省 64680 人、安徽省 5630 人、其他省市 1293 人。就是这近 30 万淳安人为支援水电站工程建设，舍小家、顾大家，离开祖祖辈辈生活的家园，迁移至异地他乡，心甘情愿为祖国建设默默奉献一切。投入运营后的新安江水电站年设计发电量为 18.6 亿 kW·h，装机总容量达到 66.25 万 kW，对上海、杭州、南京等地的工业起步起到了巨大的推动作用。周恩来总理高度赞扬建设者们顽强拼搏的勇气和冲天干劲，并挥毫写下：“为我国第一座自己设计和自制设备的大型水力发电站的胜利建设而欢呼！”

新安江水电站是新中国成立后中国自行设计、自制设备、自主建设的第一座大型水力发电站，被人们誉为“长江三峡的试验田”，是社会主义制度集中力量办大事的范例，是中国水利电力事业史上的一座丰碑、中国人民勤劳智慧的杰作。电站建成投产于 1960 年，至 2020 年已安全稳定运行 60 周年，为国家建设大型水电站积累了宝贵经验，也为国内多座大中型水电站建设输送了大量人才。

一、水电站枢纽图识读的一般方法与步骤

由任务一中水电站基础知识可知，水电站枢纽包含众多类型的水工建筑物，一般有挡水

建筑物、泄水建筑物、进水建筑物、引水建筑物、平水建筑物及厂区建筑物，其中厂区建筑物还包含主厂房、副厂房、主变压器场和高压开关站等建筑物，对以上组成建筑物进行区域划分，则挡水、泄水建筑物一般位于水电站枢纽首部，主要负责水能资源的汇集与分配；厂区建筑物一般位于水电站枢纽末端，主要负责水能电能转换；而进水、引水、平水建筑物则位于中间衔接两端，负责水能资源的输送。因此，为全面展示水电站枢纽整体布置情况以及组成建筑物的相互关系、各类建筑物具体轮廓尺寸、结构布置及外环境情况等信息，一般需提供水电站枢纽总平面布置图以及各类组成建筑物的平面图、立面图、断面图及结构详图等。综上所述，水电站枢纽因包含的水工建筑物类型众多，因此其图纸数量庞大、图样类型全面、图样内容相对复杂，尤其是厂区建筑物因其结构、设备布置密集，其水工图样内容丰富，识读难度亦较大。一般识读水电站枢纽图纸时，可以先通过枢纽总平面布置图掌握该水电站整体布置情况、组成建筑物类型、建筑物区域划分情况及外环境等信息，再根据以上区域划分顺水流方向由首部至末端逐一识读建筑物图纸，而识读具体建筑物图纸时则可以根据前述建筑物图纸识读的一般方法与步骤进行详细识读，通过以上由枢纽到建筑物，由建筑物整体到局部，再由局部到细部，最后由细部回到整体，由建筑物回到枢纽，各类图纸联合识读，反复对照、反复想象，直至全面掌握所有组成建筑物的详细信息，从而准确指导水电站枢纽工程的建设。

接下来以陕西坪头水电站枢纽为例，介绍其组成建筑物的各类水工图纸的详细识读过程。

二、坪头水电站枢纽图纸识读

1. 坪头水电站工程概况

渭河是流经宝鸡市的最大河流，其上游由西向东穿境而过，境内河流长 157.6km。从林家村向上至省界，渭河流经宝鸡境内的总长度为 123.1km，平均比降为 2.77%，多年平均流量为 70.1m^3/s。渭河在宝鸡市内可开发的水力资源主要集中于宝鸡峡河段上。

陇海铁路宝成段沿渭河两岸通过，其高度限制了在渭河上游宝鸡峡段修建高坝大库的可能性，也限制了该段的水力开发利用率。坪头水电站为渭河下游段自上而下形成的四个梯级小水电站工程之一，该电站为径流式水力发电站，工程等别为Ⅴ等，即小（1）型电站，该工程主要包含的溢流坝、泄洪冲沙闸、引水隧洞、电站厂房等主要建筑物为 4 级，其他次要建筑物及临时建筑物为 5 级。

2. 枢纽总平面布置图识读

图 2-3-2-1 为坪头水电站总体布置图，图中可宏观地看出，该工程属于引水式水电站，工程整体由水库枢纽、引水隧洞、厂房枢纽三部分组成，因厂房位置距离首部水库位置较远，因此采用断开省略部分引水隧洞的画法将其绘制成两张图纸，其中图 2-3-2-1（一）主要展示水库枢纽建筑物的布置情况，图 2-3-2-1（二）则主要展示厂区建筑物的布置情况，接下来将逐一识读。

如图 2-3-2-1（一）所示，渭河水流基本呈自上而下方向，该段河槽主流靠近左岸，右岸为河滩地，与河流基本正交方向布置大坝挡水建筑物，由平面图中大坝表面轮廓的素线表达，再结合图 2-3-2-3 识读可得，该大坝为溢流坝，也称滚水坝，是典型的低溢流堰，是挡水兼泄水建筑物，其主要作用为抬高上游水位、拦蓄泥沙。当水库来水较多水位超过溢流堰顶时，多余的水就会漫过堰顶自由溢流到下游河道。溢流坝在坝址选择时曾有三条坝轴线位置可供选择，参考水文地质、地形、建筑材料和施工等因素综合考虑，最终将 3—3 确定为坝轴线。考虑水电站的发电要求，须设置溢流堰壅高上游水位，除满足发电取水高程要求以外，还需满足冲沙要求，因此库区部分建筑物主要由溢流坝、冲沙闸、取水闸三部分组成。滚水坝长度为 144m，从左岸开始，每隔 15m 为一个坝段，下游采用消力池底流式消能，消力池底板高程为 675.16m，池长 30m，尾坎宽 1m。冲沙闸和进水闸均布置在左岸岸边。冲沙闸轴线与河道水流方向一致，由 3 孔组成，每孔过水净宽 4.5m，中墩厚 1.5m，开敞式，采用消力池消能，上游进口底板高程为 678.30m，下游消力池底板高程为 675.16m。进水闸轴线与冲沙闸轴线夹角为 30°，进水闸下游连接圆弧转弯明渠段过渡至引水隧洞。为防止泥沙进入隧洞，在进水闸进口做一道拦沙坎，坎顶高程为 679.80m，进水闸为两孔开敞式水闸，每孔净宽 4.5m，中墩厚 1.5m。为控制大坝、冲沙闸和进水闸等主要建筑物的相对位置，关键控制点 B1、B2 等均可以在工程特性表中查找坐标予以确定。图上还可识别渭河两岸及以上建筑物附近的地形地势分布情况。

图 2-3-2-1（一）展示进水闸后接引水隧洞，而图 2-3-2-1（二）说明隧洞为 6.4m×7m 的无压隧洞，总长度为 173m，洞后接压力前池，前池底坡坡比为 1：1.5，左侧岸坡坡比为 1：1，右侧布设溢流堰，压力前池多余水流则可漫过堰顶溢流至溢流池，再经陡坡与明渠下泄至渭河河道。压力前池后接电站主副厂房，图中显示主厂房布置了三台发电机组，主副厂房左侧位置布置了变电站，主厂房后设置了尾水池和尾水渠，尾水池由 21m 宽度逐渐缩窄至 16m 尾水渠过水宽度，发电尾水即经过尾水池与尾水渠汇入渭河河道。另外，图上示意性绘有施工便道、进场公路、场内公路等，图上地形等高线也大致反映了该处渭河河道两岸以及厂区附近的地形地势分布情况。

以上即为识读总体布置图得到的坪头水电站工程整体布局及组成建筑物的主要情况，接下来对其包含的各类水工建筑物图纸进行逐一详细识读，以掌握更详细的建筑物信息，从而全面、准确指导水电站施工建设。

3. 溢流坝图识读

在图 2-3-2-1 的识读过程中已基本掌握溢流坝整体布置及宏观轮廓、尺寸等信息，接下来详细识读溢流坝的上游立视图及典型横断面图来补充丰富溢流坝的其他建设信息。

（1）溢流坝上游立视图识读。

图 2-3-2-2 为坪头水电站溢流坝上游立视图。根据上游立视图的成图原理，此图应展示河道部分左岸进水闸、冲沙闸以及溢流坝三部分建筑物的上游投影情况。因此，图中可直观看出库区建筑物的相关高程，如坝顶高程为 685.20m，坝底高程为 673.30m，冲沙闸底板高程为 678.30m，进水底板高程为 679.80m，与对应的底板底部高程相减计算可得，两类水闸底板厚度均为 1.5m，材料为 C20 混凝土。首先补充溢流坝相关信息。图中可见溢流坝部分采用断开省略画法，但标注总的溢流长度仍为 144m，由坝顶高程及建基面开挖高程可得坝高。另外，图中绘制出溢流坝右岸边墙具体轮廓，尺寸不详，材料为浆砌石。识读此图也可补充进水闸及冲沙闸相关信息。进水闸与冲沙闸孔口布置与电站总体布置图上的信息吻合，但进水闸底板比冲沙闸底板高出 1.5m，目的是便于冲沙并有效阻止泥沙进入引水隧洞，从而防

坪头三级水电站总体布置图

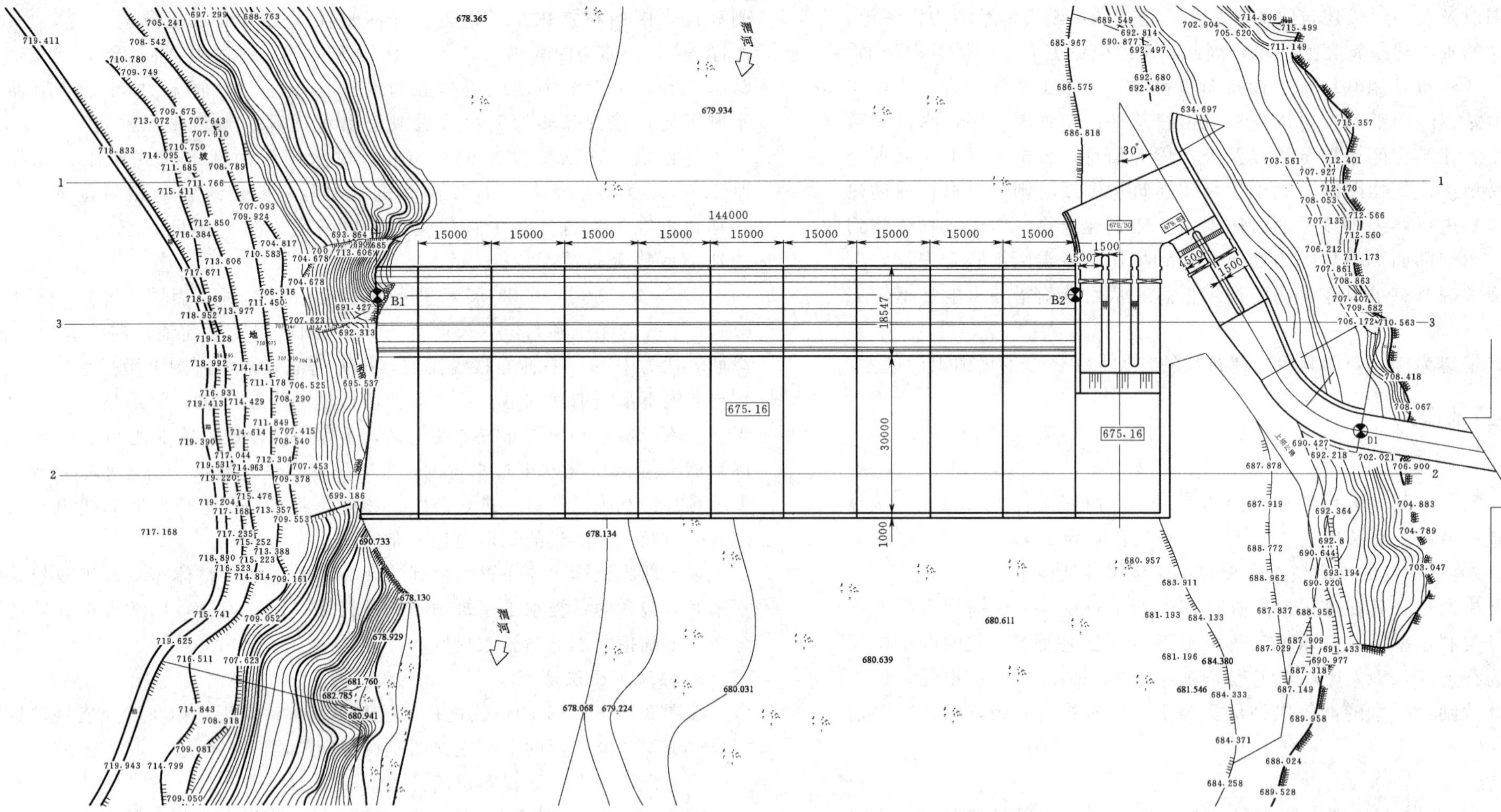

说明：
图中尺寸单位除高程以 m 计外，其余均以 mm 计。

设计单位名称					
批准			工程名称		可研 设计
核定					水工 部分
审查			水电站总体布置图		
校核					
设计					
制图					
描图			比例		日期
设计证号			图号	PT－KY－01	

图 2－3－2－1（一） 坪头水电站总体布置图

坪头三级水电站总体布置图

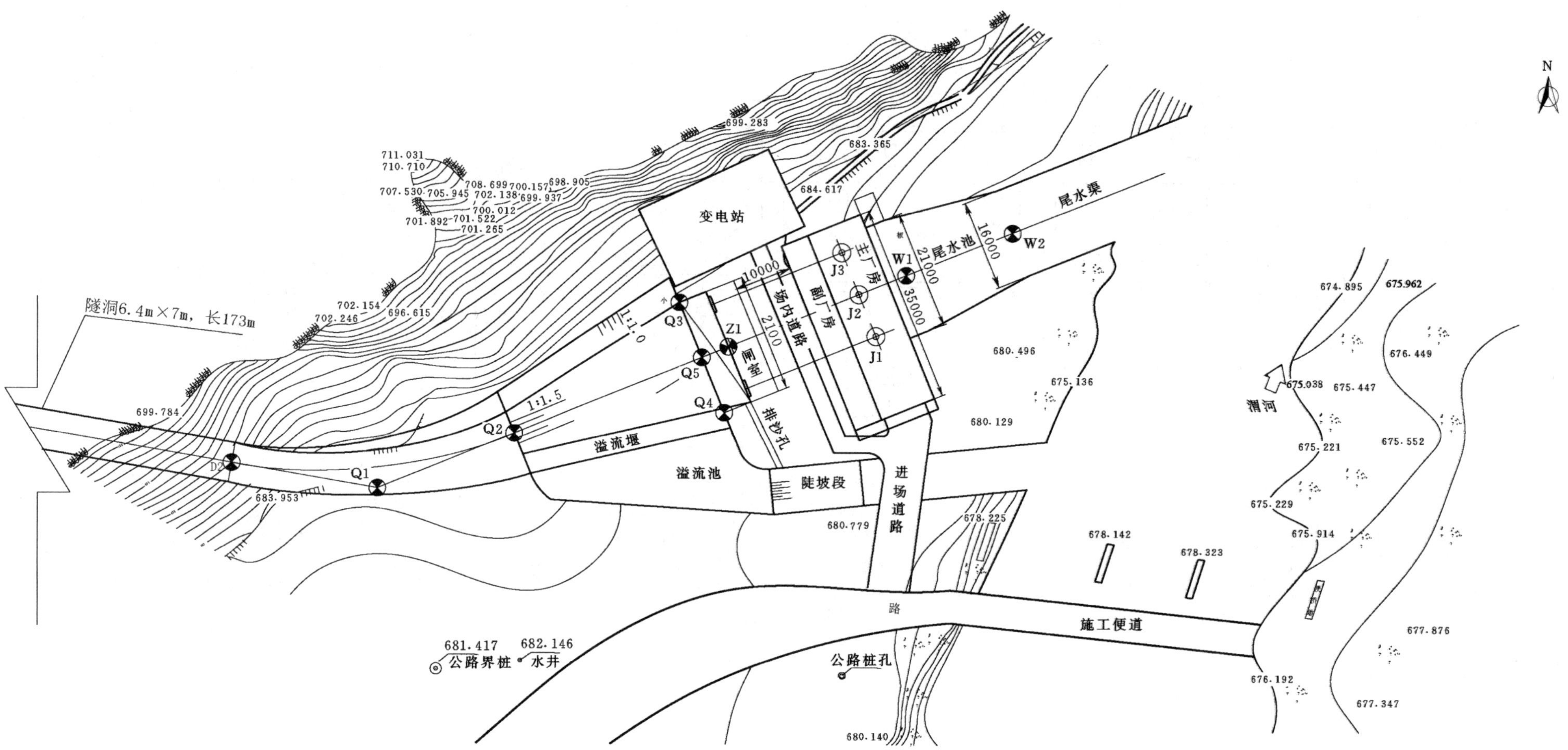

说明：
图中尺寸单位除高程以 m 计外，其余均以 mm 计。

设计单位名称				
批准			工程名称	可研 设计
核定				水工 部分
审查			水电站总体布置图	
校核				
设计				
制图				
描图			比例	日期
设计证号			图号	PT-KY-01

图 2-3-2-1（二） 坪头水电站总体布置图

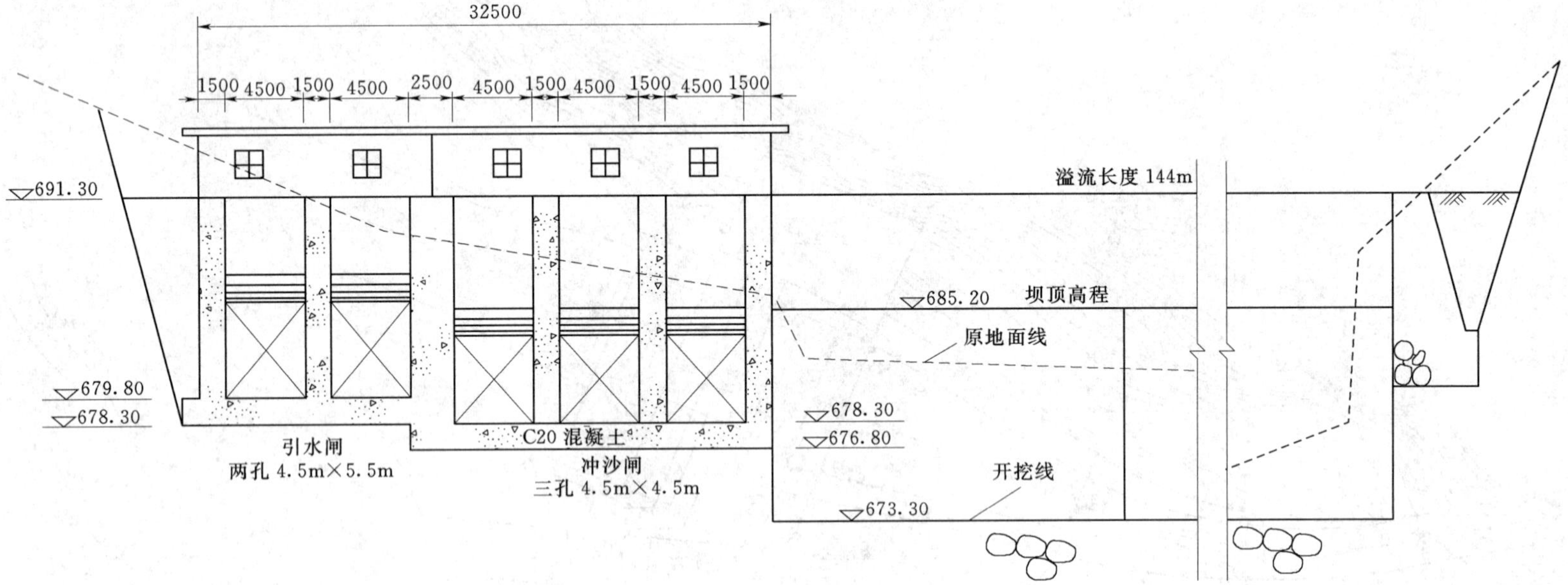

说明：
图中尺寸单位除高程以 m 计外，其余均以 mm 计。

设计单位名称						
批准			工程名称		可研 设计	
核定					水工 阶段	
审查			溢流坝上游立视图			
校核						
设计						
制图						
描图			比例		日期	
设计证号			图号	PT-KY-02		

图 2-3-2-2　坪头水电站溢流坝上游立视图

止泥沙对水轮机产生过大磨损。进水闸与冲沙闸闸墩顶高程一致，均为691.30m，墩上闸孔宽度与闸墩厚度在图中均有详细标注，仍与电站总体布置图上的尺寸吻合，此处不再赘述。

（2）溢流坝横断面图识读。

图2-3-2-3为坪头水电站溢流坝典型横断面图。从图中可以看出，该溢流坝断面为WES堰，堰顶高程为685.20m，堰底高程为672.30m，堰高12.90m，属于低堰，堰后采用消力池消能。大坝断面主体采用M7.5浆砌石砌筑，地基和上游防渗面采用C15素混凝土防护，而溢流面则采用C20钢筋混凝土，下游护坦也采用C15混凝土浇筑。溢流坝堰面曲线由堰顶上游圆弧段、堰顶下游幂曲线段、堰顶下游反弧段组成，其中堰顶上游圆弧段为双圆弧相切，圆弧半径分别为3.33m、1.13m；堰顶下游幂曲线段的幂函数方程以及典型点坐标由图上堰面曲线坐标表详细给出，坐标系则规定堰顶为原点，x轴水平指向下游，y轴竖直向下；堰顶下游反弧段反弧半径为10m，圆心角为51°。溢流面钢筋混凝土与砌石坝体采用台阶状连接，以增强连接稳定性。为提高坝体与地基间的抗滑稳定性，坝踵与坝址在坝基处均设置防滑齿墙，齿墙呈倒梯形，深度为1m。坝体与下游护坦之间设置永久分缝，缝内设置止水铜片以防止高速水流钻入地基而增加大坝及护坦底面的扬压力。护坦底板表面高程为675.16m，末端设置尾坎，尾坎顶高程为676.66m，尾坎宽1m，形成消力池深1m，总池长21m，以使下泄水流在此范围形成水跃削减水能，避免对下游河道造成冲刷。尾坎下游连接抛石护底，以消除余能保护地基。另外，消力池底板上布设排水孔以降低底板扬压力，底板与地基连接处铺设反滤层，由下而上依次为15cm厚粗砂、15cm厚小石子、20cm厚中石子，以起到过水滤土作用。同时，为提高消力池底板与地基间的抗滑稳定性，底板两端同样设置倒梯形防滑齿墙。

4. 冲沙闸图识读

图2-3-2-4为坪头水电站冲沙闸纵剖视图。识读总平面布置图已经了解到冲沙闸有3孔，每孔宽度为4.5m，此处将通过识读其纵剖视图补充丰富冲沙闸其他详细信息。根据冲沙闸顺水流结构布置特点，阅读此图时建议沿水流方向从左向右逐段依次阅读。图纸左侧上游进口部分首先看到一组高程标示，包括特征水位和关键点高程。联合坪头水电站总体布置图识读得到，冲沙闸上游连接段为引导水流平顺进入闸室，设置了15m长的上游翼墙，墙顶高程为685.50m，河床地基表面铺设混凝土铺盖，铺盖顶高程为678.30m，铺盖厚0.5m，上下游端设置防滑齿墙。闸室为设置胸墙的开敞式水闸，闸室顺水流方向总长20m，底板高程为678.30m，底板厚1.0m，采用C20钢筋混凝土材料，与上游铺盖的接缝内设置止水，同样底板上下游端均设置防滑齿墙以提高闸室的抗滑稳定性。底板上设置闸墩，闸墩上下游端部均采用曲面墩头，闸墩长度与底板长度相同，均为20.0m，上游墩顶高程为691.30m，墩顶详细注明了检修门槽、胸墙、工作门槽、交通桥等结构的位置、尺寸及相互距离。在工作门槽后，为减小工程造价，闸墩采用台阶式逐渐降低高度，每个台阶宽2.5m，第一阶下降高度为3.72m，其他两阶下降高度为2m，最终下游墩顶高程为683.58m。闸墩间设置平板钢闸门为工作闸门，闸门有效高度为4.5m，闸门顶部与上游胸墙底部重叠布置，以避免挡水漏水。此处胸墙材料为钢筋混凝土，墙板厚80cm，墙板下游面与工作门上游面水平相距150cm。闸室下游连接消能设施，首先采用1：4的斜坡段连接消力池底板，斜坡段水平总长13.56m，采用钢筋混凝土材料建造。消力池底板水平总长17.44m，同样采用钢筋混凝土材料。另外，消力池尾坎、排水孔设置、反滤层布设、下游抛石护底等相关信息与图2-3-2-3中对应结构的相关参数相同，此处不再赘述。

5. 进水闸图识读

图2-3-2-5为坪头水电站进水闸纵剖视图。进水闸与冲沙闸结构布置类似，因此图纸识读方法亦相同。图左侧上游标有特征水位和特征点高程，闸室亦采用带有胸墙的开敞式结构型式，闸室总长20m，闸底板高程为679.80m，闸底板厚80cm，采用C20钢筋混凝土材料，底板底部上下游端均设置防滑齿墙。闸墩上下游端部均采用曲面墩头，闸墩总长度与底板长度一致，均为20m。为合理布设闸门及墩顶结构，闸墩上游5.9m范围墩顶高程为689.61m，中间9.8m范围墩顶高程为691.30m，下游4.3m范围墩顶高程为686.20m，墩顶亦详细注明了检修门槽、胸墙、工作门槽、交通桥等结构的位置、尺寸及相互距离。闸室设置检修闸门与工作闸门，两者中心线水平间距为2.8m，两道门中间闸墩内侧设置爬梯，便于对工作闸门进行检修。工作闸门有效高度为5.5m，闸门顶部与上游胸墙底部重叠布置，以避免挡水漏水。胸墙材料为混凝土，胸墙墙板上游面与工作闸门上游面水平相距1.3m。为防止河道漂浮物进入引水隧洞对水轮机造成危害，在闸室进口处设置拦污栅，拦污栅与闸底板成75°夹角。闸室下游设置渐变段，渐变段顺水流长度为10m，边墙高程为685.50m，底部采用50cm厚的钢筋混凝土底板衬砌，端部设置齿墙。联合电站总体布置图识读得到渐变段下游设置圆弧转弯明渠段与引水隧洞相连接，图上采用断开省略画法未全部绘出转弯段，具体尺寸信息不详。

6. 引水隧洞图识读

此套水电站图纸未单独提供引水隧洞具体图样，仅在图2-3-2-1（二）中注明了引水隧洞为6.4m×7.0m的无压隧洞，总长度为173m，隧洞上游连接渐变段与转弯段，隧洞下游连接压力前池，仅此而已。

7. 压力前池图识读

图2-3-2-6为坪头水电站压力前池纵剖视图。识读图2-3-2-1（二）已得到前池底坡坡比为1：1.5，因而此图中压力前池沿水流方向采用折断省略画法，仅展示进口底板高程为679.30m，末端底板高程为676.97m，两岸边墙顶高程为685.70m，图中还注明了前池正常运行期水位信息等。压力前池下游紧连进水道，其进口底板高程为677.97m，相比前池底板高程有一定抬高，以进一步沉沙拦沙，保证发电引水质量。同时进水道进口设置了两道闸门控制，对应启闭机工作平台高程为690.20m，启闭机房顶高程为693.70m，启闭机房宽度为5.2m，与副厂房水平距离为10m。进水道底板采用C20钢筋混凝土衬砌，末端连接电站水轮机组，末端底板高程为675.77m，再向下游图样主要展示主、副厂房相关信息，这些信息将在后续厂房图识读单元再详细叙述。

8. 厂房图识读

（1）厂区平面布置图识读。

图2-3-2-7为坪头水电站厂区总体布置图，此图与图2-3-2-1（二）展示内容基本一致，但因绘图比例较大，因而相关结构展示更为清晰，相关信息更为丰富。此图中关于压力前池、进水道、尾水池、尾水渠等平面布置情况已在前文具体描述，此处不再赘述，仅丰富厂房建筑物相关平面信息。识读此图可得该水电站厂房为地面厂房。主厂房平面尺寸（长×

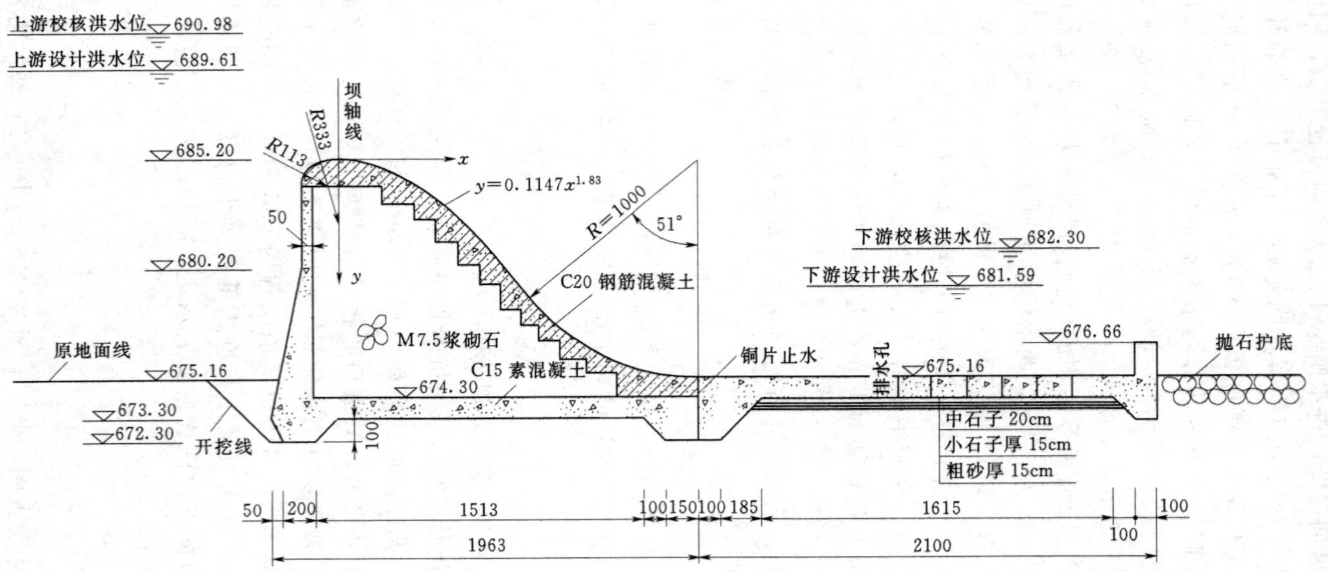

堰面曲线坐标表/m

x	0	1	1.5	2	2.5	3	3.5	4	备注
y	0	0.1005	0.213	0.362	0.547	0.767	1.021	1.307	堰面曲线方程为 $y=0.1147x^{1.83}$，$H_d=5.65$m，反弧半径 $R=10$m，切点坐标为(6.75，2.70)
x	4.5	5	5.5	6	6.5	7	7.5	8	
y	1.625	1.974	2.355	2.766	3.208	3.679	4.180	4.710	

说明：

图中除高程以 m 计外，其余尺寸均以 cm 为单位。

设计单位名称

批准　核定　审查　校核　设计　制图　描图　设计证号

工程名称　可研 设计　水工 部分

溢流坝横断面图

比例　日期

图号　PT-KY-03

图 2-3-2-3　坪头水电站溢流坝典型横断面图

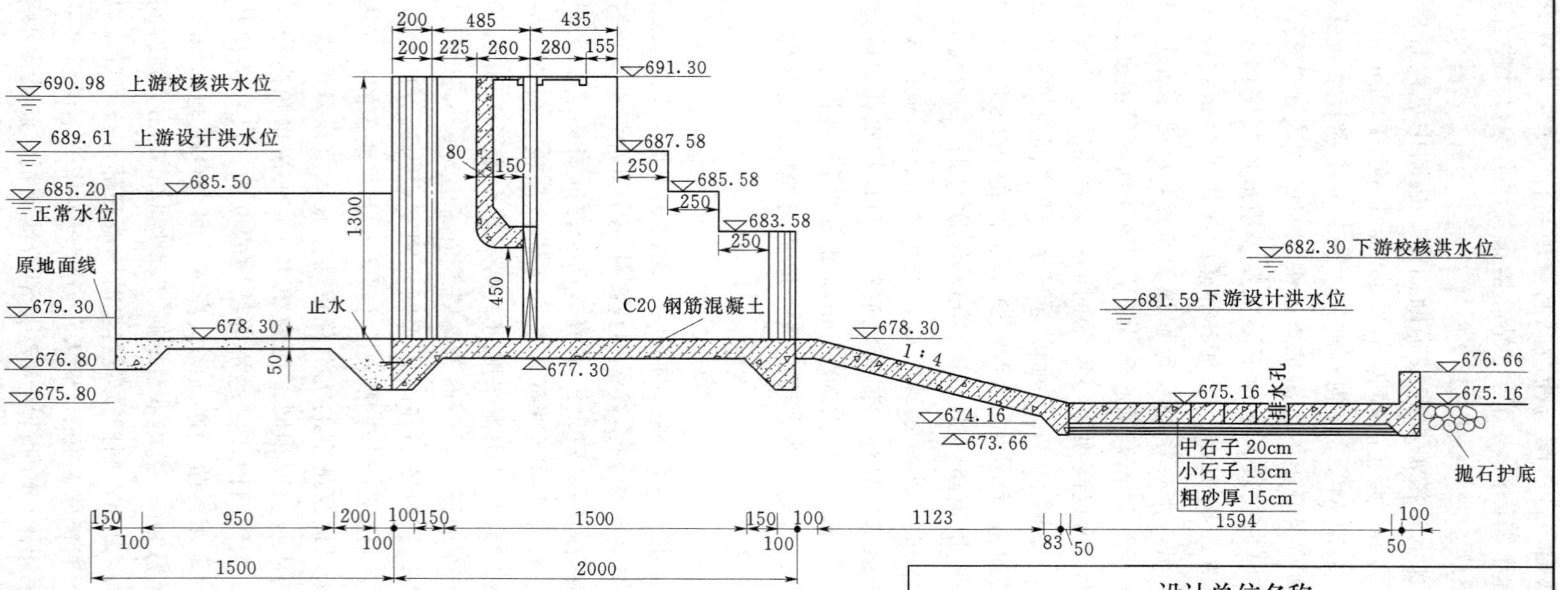

设计单位名称

批准　核定　审查　校核　设计　制图　描图　设计证号

工程名称　电站 部分　技施 阶段

冲沙闸纵剖视图

比例　日期

图号　PT- KY- 04

说明：

图中除高程以 m 计外，其余尺寸均以 cm 为单位。

图 2-3-2-4　坪头水电站冲沙闸纵剖视图

进水闸纵剖视图

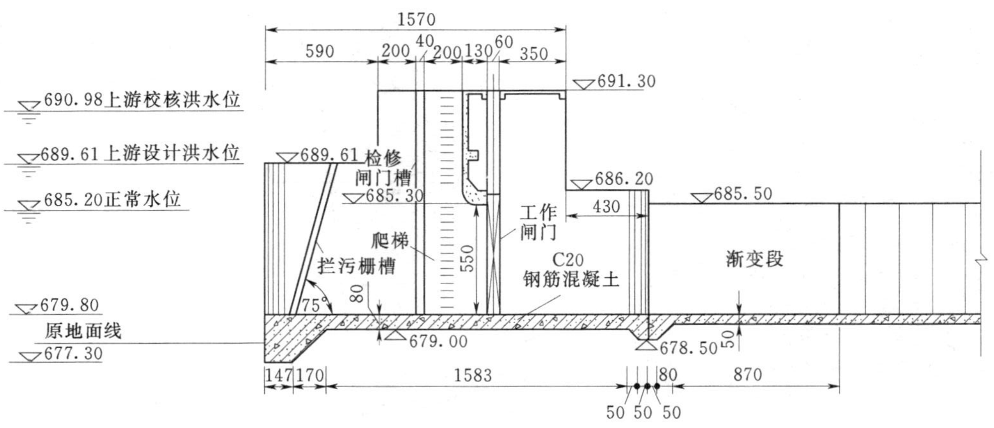

说明：

图中高程以 m 计，其余尺寸均以 cm 为单位。

设计单位名称				
批准		工程名称		电站　部分
核定				技施　阶段
审查		进水闸纵剖视图		
校核				
设计				
制图				
描图		比例	日期	
设计证号		图号	PT-KY-05	

图 2-3-2-5　坪头水电站进水闸纵剖视图

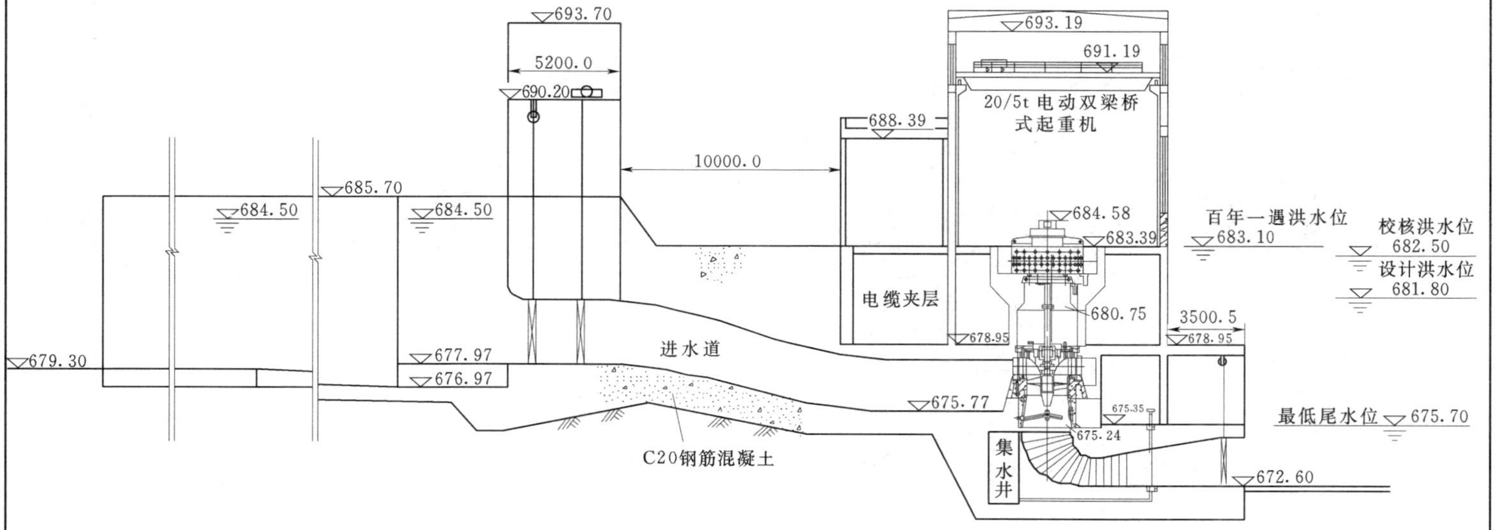

说明：

图中高程、桩号以 m 计，其余尺寸均以 mm 计。

设计单位名称				
批准		工程名称		可研　设计
核定				水机　部分
审查		前池、厂房横剖视图		
校核				
设计				
制图				
描图		比例	日期	
设计证号		图号	PT-KY-07	

图 2-3-2-6　坪头水电站压力前池、厂房剖视图

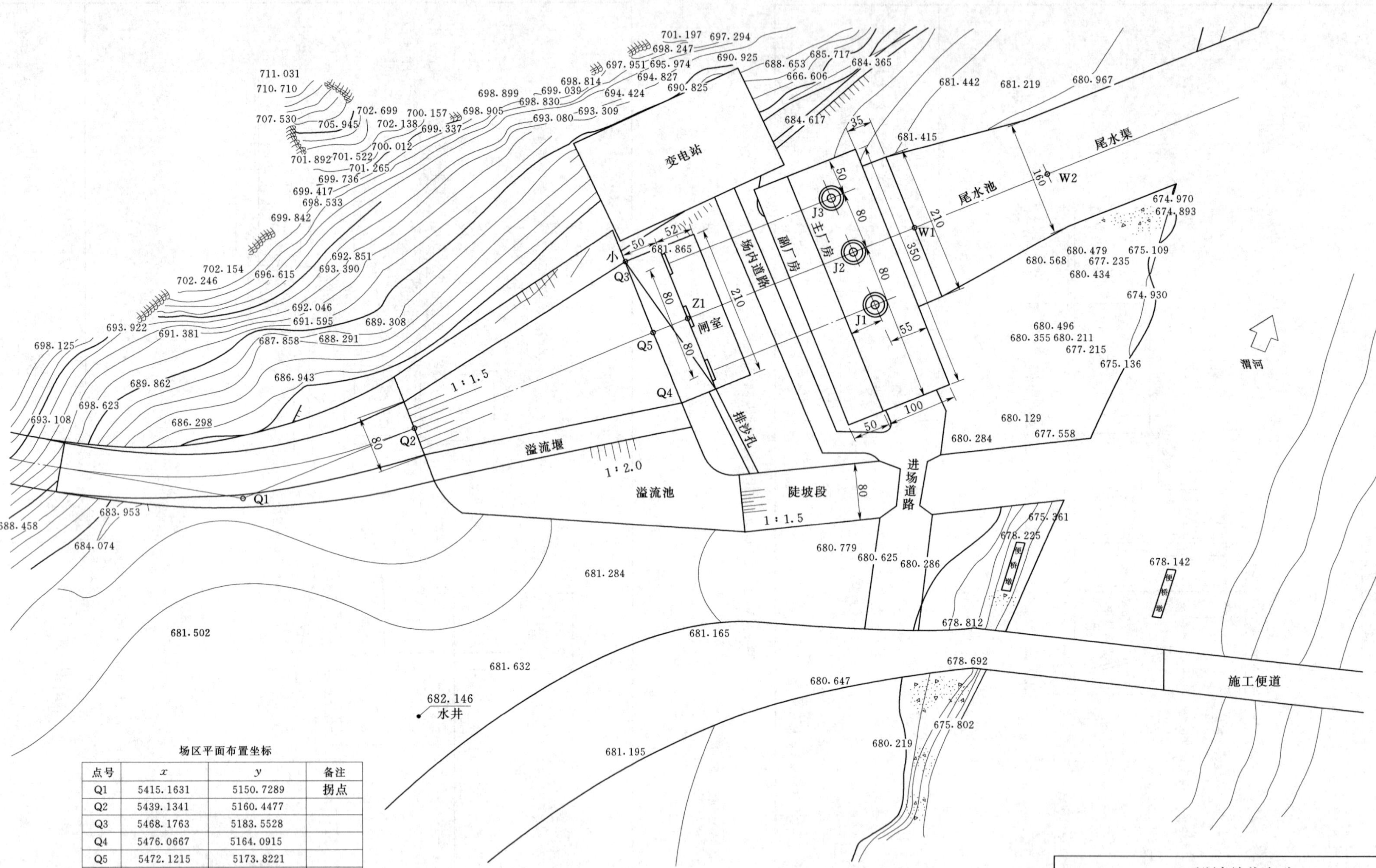

场区平面布置坐标

点号	x	y	备注
Q1	5415.1631	5150.7289	拐点
Q2	5439.1341	5160.4477	
Q3	5468.1763	5183.5528	
Q4	5476.0667	5164.0915	
Q5	5472.1215	5173.8221	
Z1	5476.7551	5175.7003	
J1	5503.5779	5177.9433	
J2	5500.5720	5185.3572	
J3	5497.5662	5192.7710	
W1	5507.9859	5188.3630	
W2	5526.5204	5195.8777	尾水

说明：

图中高程以 m 计，其余尺寸均以 dm 计。

设计单位名称					
批准			工程名称	可研	设计
核定				水机	部分
审查			厂区总体布置图		
校核					
设计					
制图					
描图			比例	日期	
设计证号			图号	PT－KY－06	

图 2－3－2－7　坪头水电站厂区总体布置图

宽）为 35m×10m，主厂房内安装编号为 J1、J2、J3 的发电机组 3 台，机组中心线彼此间距 8m，距离主厂房下游边墙 5.5m，J3 机组距离主厂房左侧边墙 5m。副厂房布置在主厂房上游侧，平面尺寸（长×宽）为 35m×5m。升压变电站布置在副厂房上游左侧的填筑平台上。其他厂房信息及机组布置情况将结合厂房横断面图、发电机层平面图、水轮机层平面图补充丰富。

（2）厂房横断面图识读。

图 2-3-2-8 为坪头水电站厂房横断面图。图中显示该水电站采用混流式水轮发电机组，立式布置方式，因此主厂房主要分为四层：中控层、发电机层、水轮机层、蝶阀层。图中可见该水电站厂房发电机层高程为 683.39m，机组中心线距离主厂房上游边墙外侧 4.5m，上游侧布置机旁盘与调速器。发电机层以上为主厂房工作空间，高程 691.19m 处设置 20t/5t 电动双梁桥式起重机，以辅助发电机、水轮机安装及维修工作。发电机层向下为水轮机层，层面高程为 678.95m。水轮机组上游连接进水道，进水道顶高程为 678.17m，底板高程为 675.77m。水轮机层向下可见蝶阀层，层面高程为 675.35m。蝶阀层向下与水轮机蜗壳相连接的为尾水管，其上游侧设置集水井，下游出口处设置尾水闸门，闸门高 2.2m，对应尾水管底部高程为 672.60m。闸门启闭机安装于 678.95m 尾水平台下方，平台宽度为 3.5m，闸门及门机中心线距尾水平台下游边缘 0.95m，闸门下游面距离机组中心线 7.971m。图中还展示了副厂房中控层紧挨主厂房布置于主厂房上游侧，上下游宽度为 5m，顶高程为 688.39m，底高程与发电机层同高程，为 683.39m。副厂房下部设电缆夹层，其底高程与水轮机层同高程，为 678.95m。

（3）厂房平面图识读。

图 2-3-2-9、图 2-3-2-10 分别为坪头水电站厂房发电机层平面图与水轮机层平面图，识读这两张图纸可丰富发电机层与水轮机层的平面布置信息。

由图 2-3-2-9 中桩号、高程及常规尺寸标注可得，副厂房位于主厂房上游高程 683.39m、平面 35m×5m 的范围内，该区域顺水流方向自右侧向左侧依次布置有 5m×5m 的通讯室、13m×5m 的中央控制室、8m×5m 的 0.4kV 开关室、9m×5m 的电气试验室，以控制或辅助水电站发电。主厂房 35m×10m 范围内布置了 3 台发电机组，机组布置信息与图 2-3-2-7 相吻合，即 3 台机组中心线彼此间距 8m，均距主厂房下游边墙 5.5m，左侧第一台机组中心线距主厂房左侧边墙外侧 5m，右侧第一台机组中心线距主厂房右侧边墙外侧 14m，每台机组旁均布置有机旁盘、调速器等机电设备，683.39m 高程发电机层还布置了通向水轮机层的向下台阶。此外，主副厂房进口位于主厂房右侧，进门宽度为 4.2m。主厂房外下游尾水平台长 35m，宽 3.5m，尾水平台下游底部设置梯形尾水渠，此处采用断开省略画法仅展示出部分尾水渠。

由图 2-3-2-10 中桩号、高程及常规尺寸标注可得，主厂房上游高程 678.95m、平面 35m×5m 的范围内布置了 35kV 开关室及电缆夹层。主厂房高程 678.95m 位置为水轮机层，该层面 35m×10m 范围内布置了油气室及 3 台水轮机组，顺水流方向，油气室位于该区域右侧，水轮机组集中布置于厂房左侧，水轮机组轴线等间距布置，同时与发电机组轴线一样距主厂房上游边墙外侧 4.5m，其中右侧两台机组间设置集水井。阅读图纸还可看出，位于主厂房下游、对应 3 台水轮机组布置的 3 个尾水管，其中右侧及左侧机组尾水管宽 5.5m，中间机组尾水管宽 6m，尾水管出口均设置闸门控制，尾水管间隔墙厚 2m，尾水管下游连接尾水渠，此图仍采用断开省略画法展示出部分尾水渠。

目 标 测 评

（1）识读图 2-3-2-11 可得，该水电站副厂房位于主厂房__________侧。

（2）识读图 2-3-2-11 可得，该水电站安装间顺水流方向长度为__________ m。

（3）识读图 2-3-2-11 可得，该水电站尾水平台高程为（　　）m。

A. 201.400　　B. 203.000　　C. 205.000　　D. 206.000

（4）识读图 2-3-2-11 可得，该水电站水轮机组安装高程为（　　）m。

A. 200.200　　B. 198.200　　C. 201.100　　D. 205.000

（5）识读图 2-3-2-11 可得，该水电站中控室地面高程为（　　）m。

A. 200.200　　B. 198.200　　C. 201.100　　D. 205.000

（6）识读图 2-3-2-11 可得，该水电站压力钢管管径为（　　）m。

A. 10　　B. 1　　C. 1000　　D. 5

（7）识读图 2-3-2-11 可得，该水电站机组轴线距主厂房上游边墙 5m。（　　）

（8）识读图 2-3-2-11 可得，该水电站机组尾水管出口高程为 196.800m。（　　）

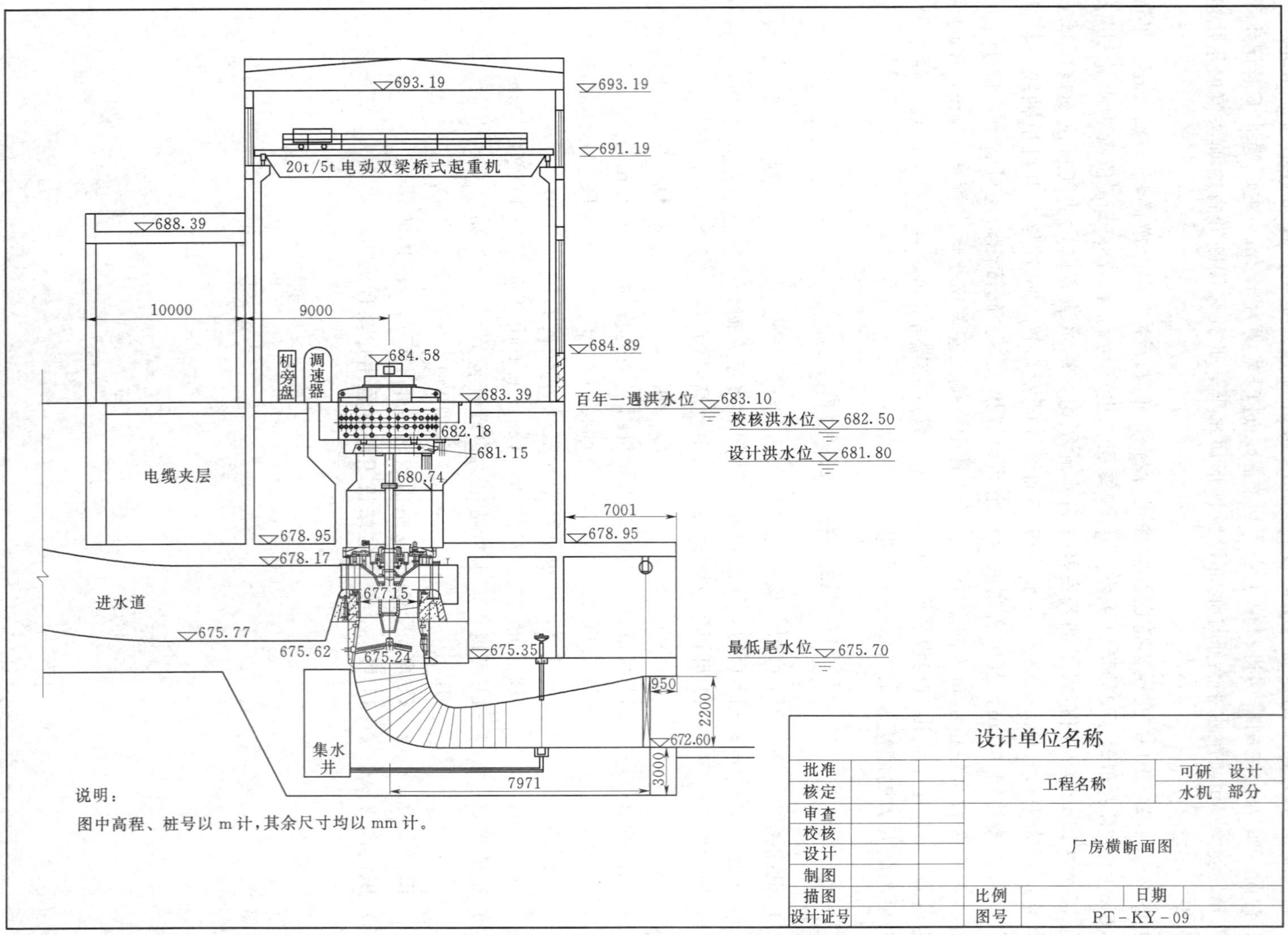

图 2-3-2-8 坪头水电站厂房横断面图

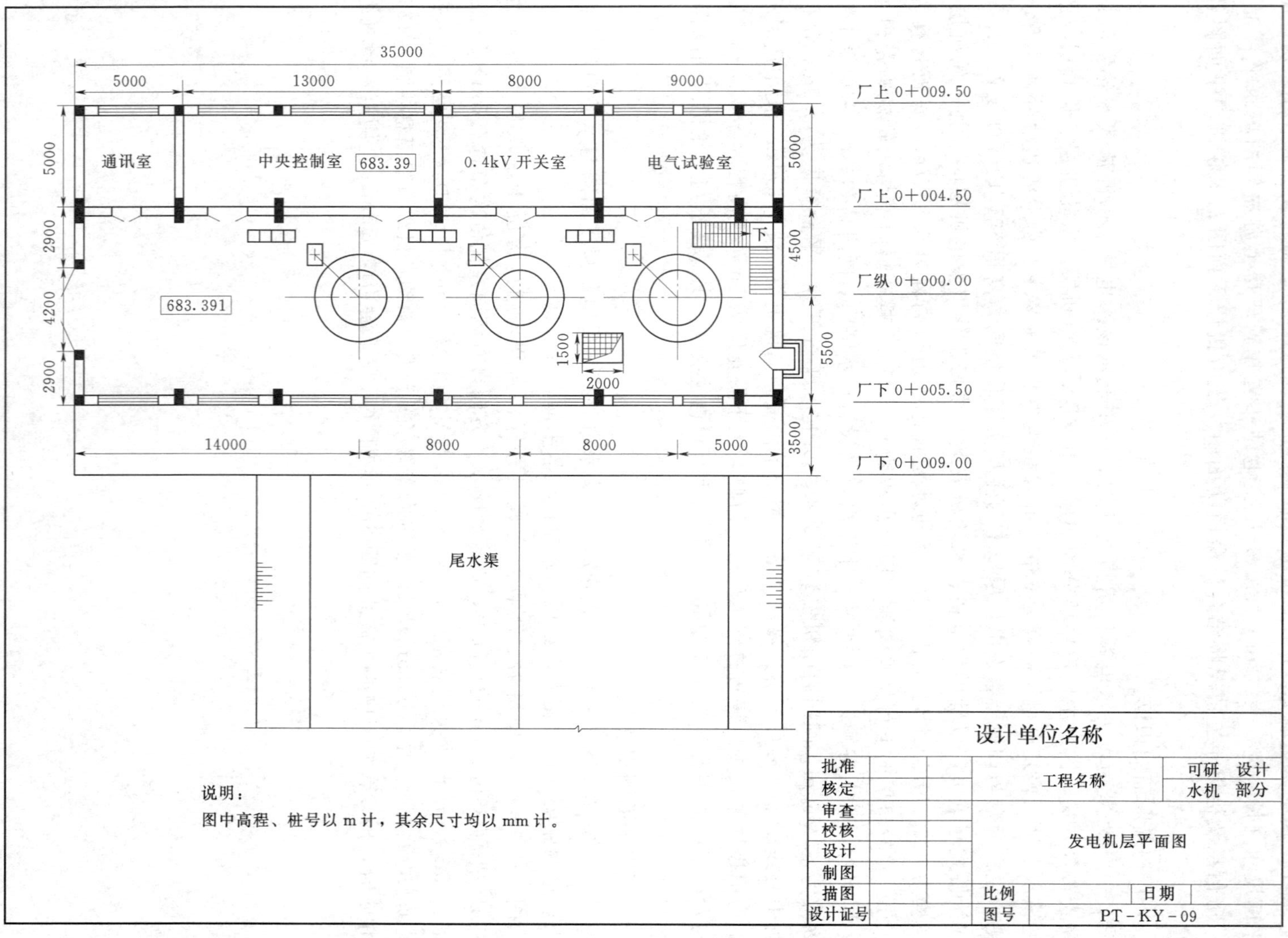

图 2-3-2-9 坪头水电站厂房发电机层平面图

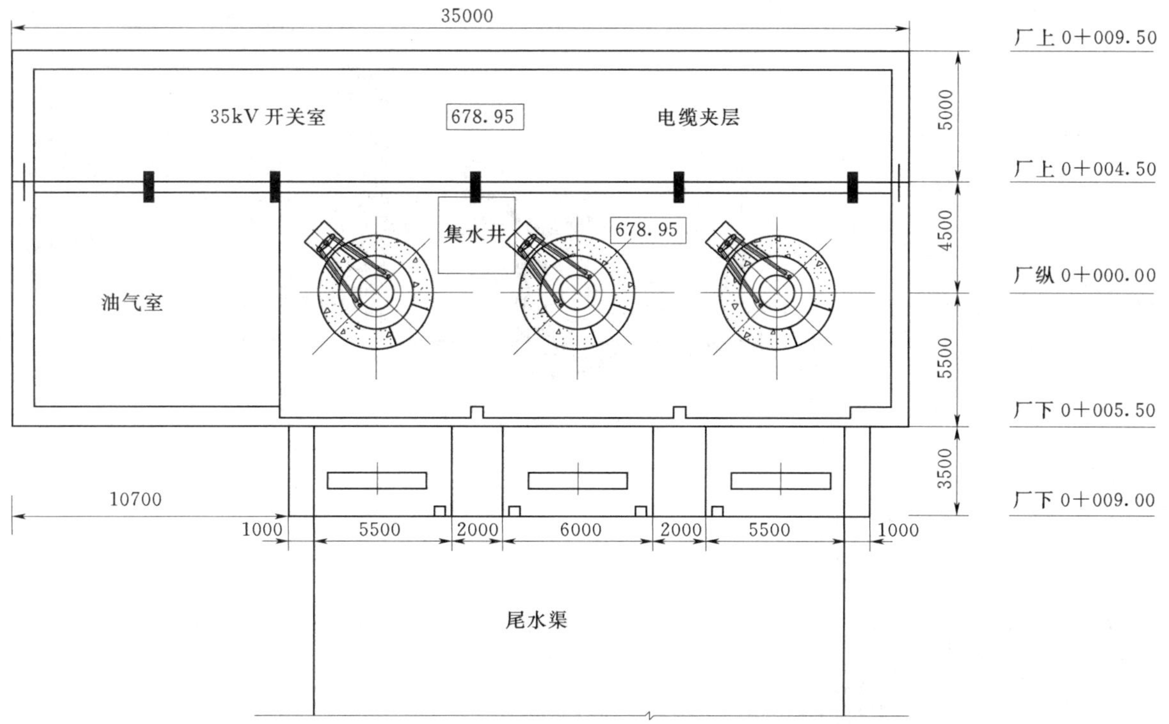

说明：

图中高程、桩号以 m 计，其余尺寸均以 mm 计。

设计单位名称					
批准			工程名称		可研　设计
核定					水机　部分
审查			水轮机层平面图		
校核					
设计					
制图					
描图			比例		日期
设计证号			图号	PT－KY－08	

图 2－3－2－10　坪头水电站厂房水轮机层平面图

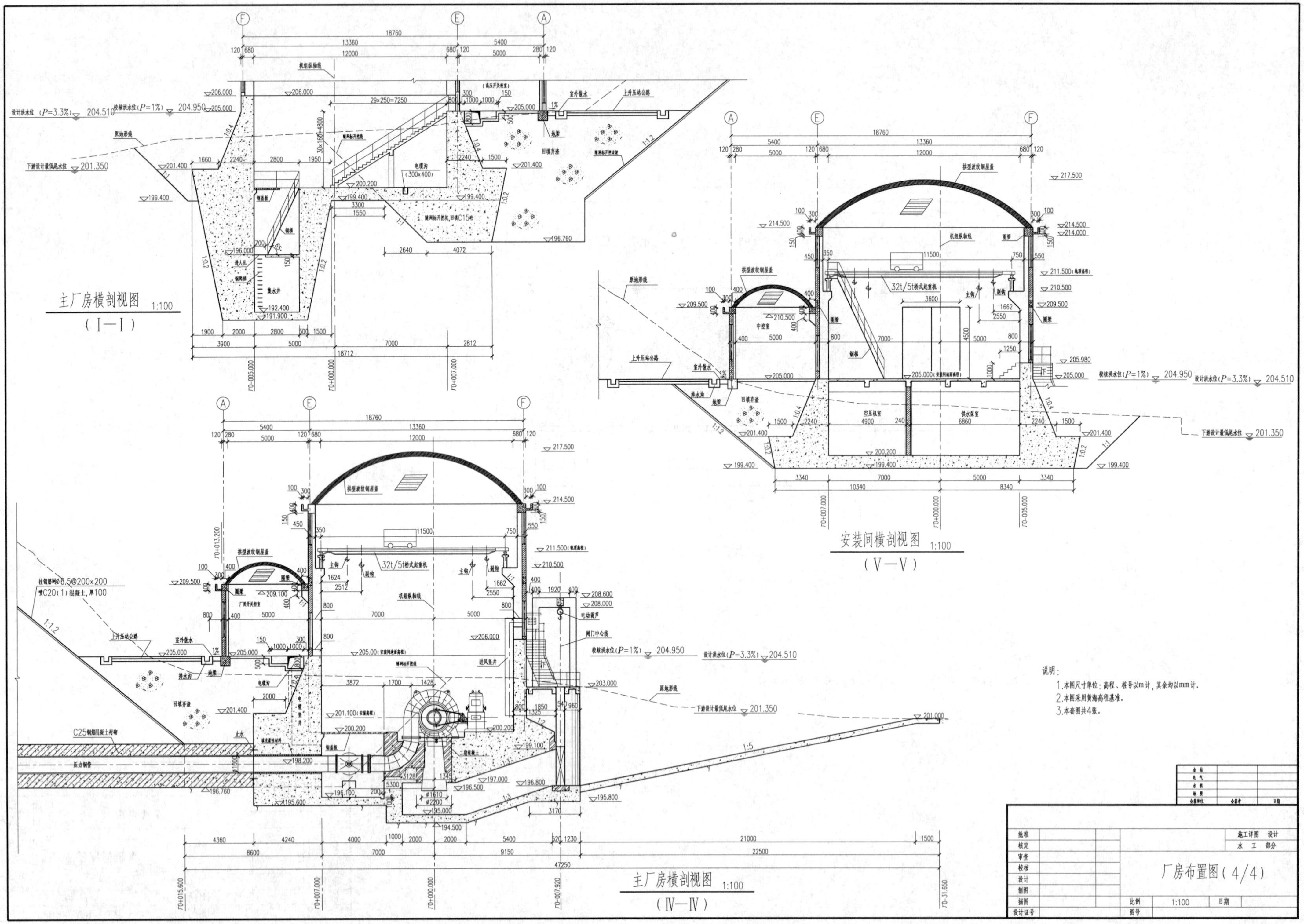

图 2-3-2-11　BSY 水电站厂房横剖视图

模块三　水利工程图绘制

水利工程勘测、规划、设计、施工、管理等相关岗位要求工程技术人员具备较好的识图与绘图能力，基于模块一水利工程图识读与绘制基础、模块二水利工程图识读等内容的学习，本模块将重点介绍水利工程图纸的绘制方法与过程，包含绘图软件介绍、水利工程图纸绘制、水利工程图纸打印三个项目，其中项目二详细介绍了挡水建筑物、泄水建筑物、取水建筑物、输水建筑物等建筑物图纸图样的一般绘制思路及具体步骤，通过水利工程图的绘制对学生进行集中学习和训练，以强化和提升绘图技能。为有效落实“人才是第一资源，全面提高人才自主培养质量，着力造就拔尖创新人才”等党的二十大报告中的教育精神，本模块遵循“课赛联通”的人才培养路径，所绘图纸图样均来源于水利行业技能竞赛水利工程成图技术赛项竞赛图纸或题库训练图纸，目标测评考题亦均来自于竞赛题库，以此凸显“以学备赛、以赛促学”的教学理念，从而培养学生能胜任岗位、可比赛强能，提升学生专业技能水平，提高学生行业竞争力。

项目一　绘图软件介绍

［学习目标］

素质目标：培养科学、严谨的工作态度；弘扬忠诚、干净、担当的水利精神。

知识目标：了解中望 CAD 界面组成，知道世界坐标系和用户坐标系的区别，明确中望 CAD 绘图基本操作内容。

能力目标：能用中望 CAD 软件进行二维绘图；能对图形对象进行二维编辑。

［学习预热］

“心系民生，清廉治河”——古代水利专家徐端

中国古代涌现出一批杰出的水利专家，徐端（1754—1812 年）是其中的一位。他自嘉庆九年（1804 年）任护理东河河道总督，至嘉庆十七年（1812 年）积劳病卒于治河任上。《清史稿》对他如此评价：“端治南河七年，熟谙工作。苇柳积堤，一过测其多少。与夫役同劳苦，廉不妄取。”这是对他丰富治河经验的褒奖，也是对他为政清廉、洁身自好的真实写照。

徐端的父亲徐振甲，乾隆年间在江苏清河任知县，徐端随父赴任，得以从小接触治河之事。嘉庆九年，徐端任护理东河河道总督，开始了他的治河生涯。乾嘉年间，黄河下游河槽日益高仰，黄河入海尾闾泄流不畅、决口不断、摆动频仍，面对如此复杂的治河形势，徐端认为全河之病皆在海口不畅、河底淤高，遂提出疏浚黄河入海尾闾的主张，“海口乃全河尾闾，通塞皆关全局”。

徐端不仅在治河实务上有成就，还善于总结，他编著了堪称清代河工技术文献“双璧”的《安澜纪要》和《回澜纪要》。这两部治河技术专著问世后，影响广泛，后世多有刊刻，是中国治河历史文献中的一份宝贵遗产。

徐端生活的时期，黄河决溢频繁，黄河堵口工程随之增加，用费浩繁，已成为河工上舞弊之渊薮。当时流行一句谚语：“黄河决口，黄金万斗。”黄河决口后，朝廷就拨出大量抢险经费，有河官在物料采购中收受贿赂，或者在治河工程款拨付中冒领虚报、中饱私囊，种种营私舞弊行为使得当时河政日益腐败，贪婪之风盛行。

面对数额巨大的治河经费，徐端能够做到从不“妄取”，坚守廉洁之操守，高尚之品行。徐端一生清贫。据记载，徐端多年任河道总督，去世后竟“贫无以殓”，得靠朋友的帮助才得以办理丧事，更没有给家里留下什么。他以自己的嘉言懿行，教育家人要坚守廉洁底线，他恪守官德，一身清白、两袖清风的品德也为后世所敬仰。

一、中望 CAD 简介

党的二十大报告指出，“以国家战略需求为导向，集聚力量进行原创性引领性科技攻关，坚决打赢关键核心技术攻坚战”。当前，外部环境倒逼国内关键产品国产化，国家政策支持使用国产软件，中望 CAD 作为中望软件自主研发的第三代二维 CAD 平台软件，凭借着良好的运行速度和稳定性，完美兼容主流 CAD 文件格式，界面友好易用、操作方便，可以帮助用户高效、顺畅地完成设计绘图。中望 CAD 具备以下主要功能特点：

微课 3-1-1 CAD 界面组成

（1）图纸集。可通过图纸集面板管理、查看、打开图纸，也可快速进行图纸归档和打印出图，在提升工作效率的同时，降低图纸管理成本。

（2）条形码与二维码。可将文字信息转换为条形码或二维码，在图纸中插入。

（3）文件比较。可将两张图纸的不同点即刻标出。

（4）快捷撤销。撤销步骤可提前预览。

（5）工具选项板。内有机械、建筑、电子方面的实用图块，拖拽即可使用，用户也可自定义图块放入工具选项板中使用。

（6）移植自定义设置。支持将早期版本的用户自定义数据移植到新版本中。

（7）数字签名。保证图形数据来源可靠，未被篡改。

（8）数据提取。将图形对象数据提取成为表格，可以对表格进行更新，便于快捷地利用这些数据进行整理和分析。

（9）扩展工具箱。提供更多便捷的绘图工具。

（10）超级填充。可将块、外部参照及光栅图像等作为填充图案进行填充。

（11）布局输出到模型。将布局中的可见对象输出到模型空间。

二、中望 CAD 绘图环境

1. 操作环境简介

操作环境是指软件最基本的界面和参数，本模块将以中望 CAD 2022 版为例介绍其功能。中望 CAD 的应用窗口主要由标题栏、菜单栏、工具栏、绘图区、命令行提示区、状态栏以及面板控制台等操作界面组成，如图 3－1－1 所示，下面依次介绍各组成部分的含义和功能。

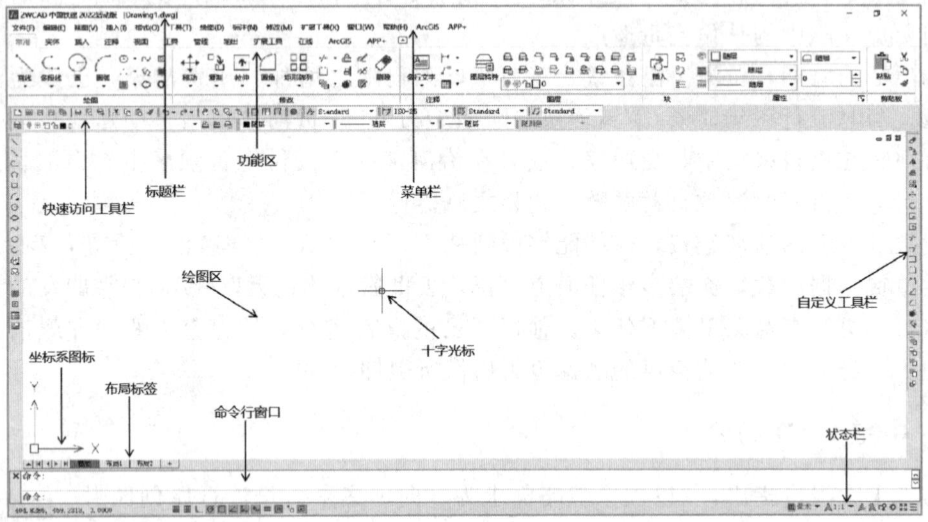

图 3－1－1　中望 CAD 绘图环境

（1）标题栏。标题栏主要显示应用软件的名称，同时还显示当前文件的名称。标题栏的最右端有三个按钮，从左到右分别是最小化、最大化（还原□）和关闭按钮，如果当前程序窗口未处于最大化或最小化状态，则将光标移至标签栏后，单击并拖动可任意移动程序窗口的位置。

（2）菜单栏。菜单栏位于标题栏之下，系统默认有 13 个菜单项，选择其中任意一个菜单，会弹出一个下拉菜单，用户从中选择相应的命令进行操作即可。

（3）功能区。功能区包含选项卡和面板两部分，每个选项卡集成了相关的操作工具，方便用户的使用。用户可以单击功能区选项后面的按钮□控制功能的展开与收缩。

（4）快速访问工具栏。该工具栏包括新建、打开、保存、另存为、全部保存、打印、打印预览、放弃、重做等几个最常用的工具。

（5）自定义工具栏。在快速访问工具栏的空白区域，鼠标右击选择“ZWCAD”，点击想要的工具栏名称，即可完成调用。

（6）状态栏。状态栏位于中望 CAD 2022 工作界面的底部状态栏左侧，显示十字光标当前的坐标位置，右侧显示辅助绘图的几个功能按钮。

（7）命令行窗口。命令行窗口用于接收用户命令以及显示各种提示信息，如图 3－1－7 所示，用户通过菜单或者工具栏执行命令的过程，将在命令行提示中显示，用户也可以直接

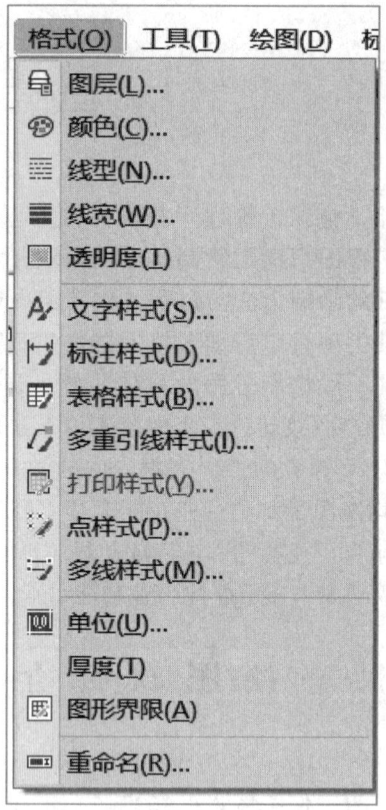

图 3－1－2　菜单栏

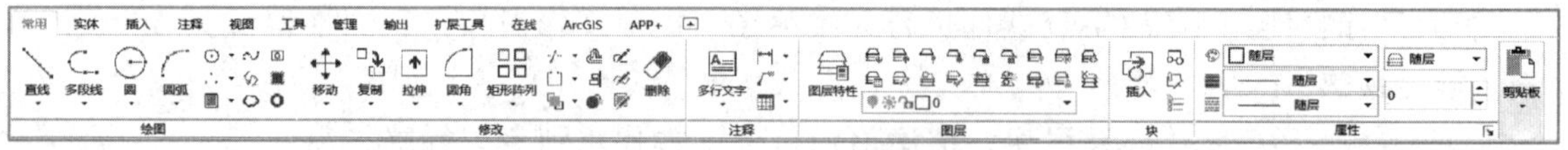

图 3－1－3　功能区

图 3－1－4　快速访问工具栏

在命令行提示区中输入命令。

（8）坐标系图标。在绘图区的左下角，有一个箭头指向的图标，称为坐标系图标，表示用户绘图时正使用的坐标系样式。坐标系图标的作用是为点的坐标确定一个参照系。根据工作需要，用户可以选择将其关闭，如图 3－1－8 所示。

（9）布局标签。该标签可以实现模型空间与布局之间的转换，模型空间提供了设计模型的环境布局，是指可访问的图纸显示，专用于打印。同时，一张图纸可以建立多个布局，且每一个布局都有相对独立的打印设置。

（10）绘图区。绘图区是显示绘制和编辑图形的屏幕上的矩形区域，用户所进行的操作过

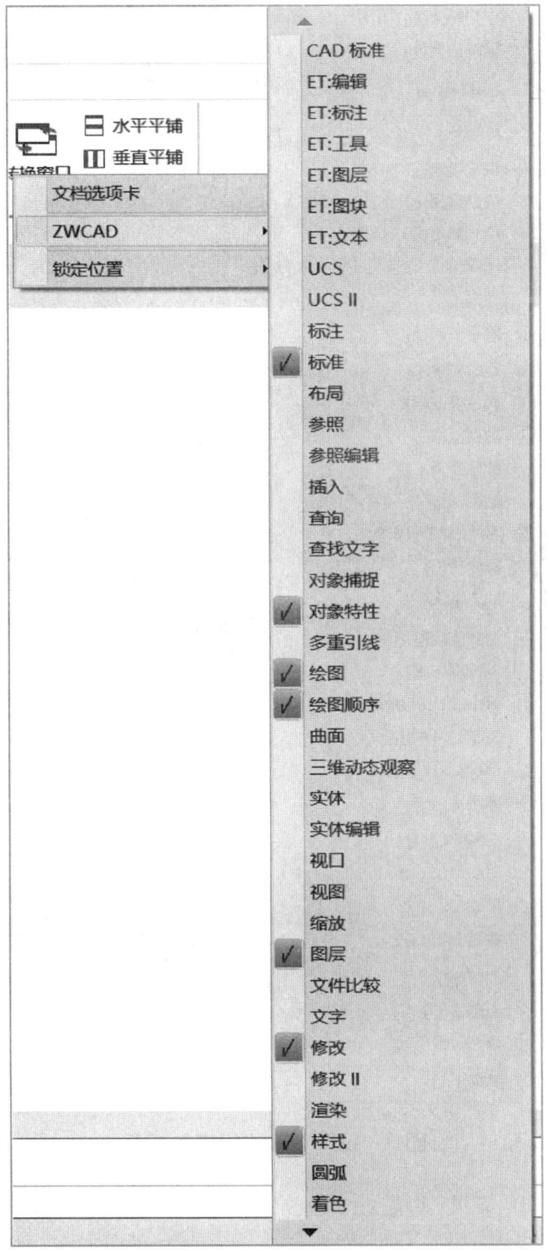

图 3-1-5　自定义工具栏

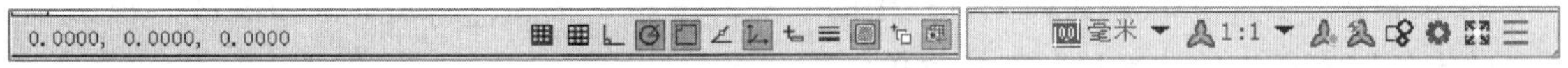

图 3-1-6　状态栏

程以及绘制完成的图形都会直观地反映在绘图区中。

（11）十字光标。十字光标用于定位点、选择和绘制对象，由定点设备如鼠标或光笔等控制，当移动定点设备时，十字光标的位置会相应地移动，就像手工绘图中的笔一样方便。十

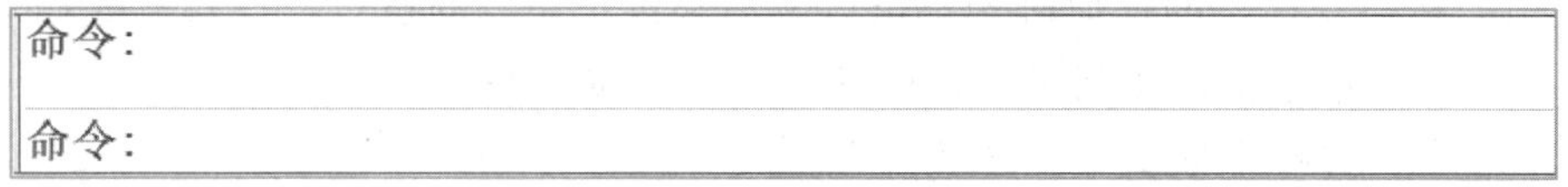

图 3-1-7　命令行窗口

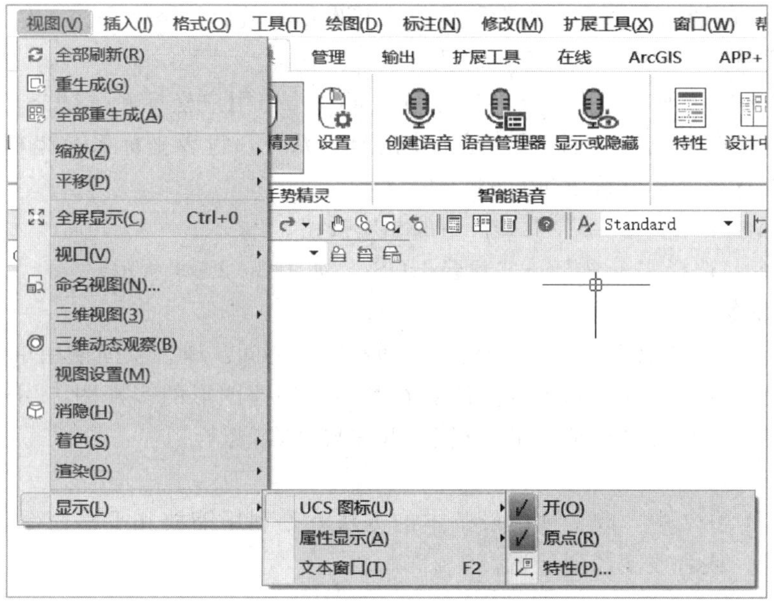

图 3-1-8　坐标系显示开关

字光标的大小可以根据需要进行调整。

2. 基本输入操作

（1）命令输入方式。

在中望 CAD 2022 中，用户通常结合键盘和鼠标来进行命令输入和执行，主要利用键盘输入命令和参数，利用鼠标执行工具栏中的命令，选择对象捕捉关键点以及拾取点等。在中望 CAD 中，用户可以通过按钮命令、菜单命令和命令行执行命令三种形式来执行中望 CAD 命令。

微课 3-1-2
基本输入操作

- 按钮命令绘图：它是指用户通过单击功能区或工具栏中相应的按钮来执行命令。
- 菜单命令绘图：它是指选择菜单栏中的下拉菜单命令执行操作。
- 命令行执行命令：中望 CAD 中大部分命令都具有别名，用户可以直接在命令行中输入别名，并按 Enter 键来执行命令。如 L（Line）、C（CIRCLE）、A（ARC）、Z（ZOOM）、R（REDRAW）、M（MOVE）、CO（COPY）等。

以绘图最常用的“直线”命令为例，用户可以通过点击功能区或工具栏中的“直线”按钮╲，或者选择“绘图”→“直线”命令，或者在命令栏中输入“L”（或者“LINE”）命令来执行该命令。

（2）命令的重复、撤销、重做。

1）重复：按 Enter 键，可重复调用上一个命令，无论上一个命令是完成了还是被取消了。

2）撤销：在命令执行的任何时刻都可以取消和终止命令的执行。执行方式如下：

- 按钮命令：单击快速访问工具栏中的“放弃”按钮。
- 菜单命令：选择“编辑”→“放弃”。
- 命令行命令：UNDO。
- 快捷键：按 Esc 键。

3）重做：已被撤销的命令要重做，可以恢复撤销的最后一个命令。

（3）坐标系统。

中望 CAD 采用两种坐标系：世界坐标系（WCS）与用户坐标系（UCS）。用户刚进入中望 CAD 的坐标系统就是世界坐标系，是固定的坐标系统，世界坐标系是坐标系统中的基准，绘图大多都是在这个坐标系统下进行的。

- 按钮命令：单击“UCS”工具栏中的相应按钮。
- 菜单命令：选择“工具”→“新建 UCS”，如图 3-1-9 所示。
- 命令行命令：UCS。

中望 CAD 有两种视图显示方式：模型空间和图纸空间。模型空间使用单一视图显示，通常使用的都是这种显示方式；图纸空间能够在绘图区创建图形的多视图，用户可以对其中每一个视图进行单独操作。默认情况下，当前 UCS 与 WCS 重合。

3. 显示控制

在中望 CAD 2022 中，改变视图最基本的方法就是利用缩放和平移命令，可以在绘图区放大或缩小图像，或者改变图形位置。

（1）缩放。

1）实时缩放。如果选用实时缩放，用户可以通过垂直向上或向下滑动鼠标滚轮的方式来放大或者缩小图形，再利用实时平移就可以重新放置图形。

- 按钮命令：单击快速访问工具栏中的“实时缩放”按钮，或者单击功能区“视图”选项卡“定位”面板中的“范围”下拉菜单中的“实时”按钮。
- 菜单命令：选择“视图”→“缩放”→“实时”命令。
- 命令行命令：ZOOM。提示操作如下：

命令：ZOOM
指定窗口的角点，输入比例因子（nX 或 nXP），或者
[全部（A）/中心（C）/动态（D）/范围（E）/上一个（P）/比例（S）/窗口（W）/对像（O）]〈实时〉：

2）动态缩放。动态缩放可以通过动态缩放功能改变图形显示但不产生重新生成的效果，动态缩放会在当前视区中显示图形的全部。

- 按钮命令：单击功能区“视图”选项卡“定位”面板中的“范围”下拉菜单中的“动态”按钮。
- 菜单命令：选择“视图”→“缩放”→“动态”命令。
- 命令行命令：ZOOM。提示操作如下：

命令：ZOOM
指定窗口的角点，输入比例因子（nX 或 nXP），或者

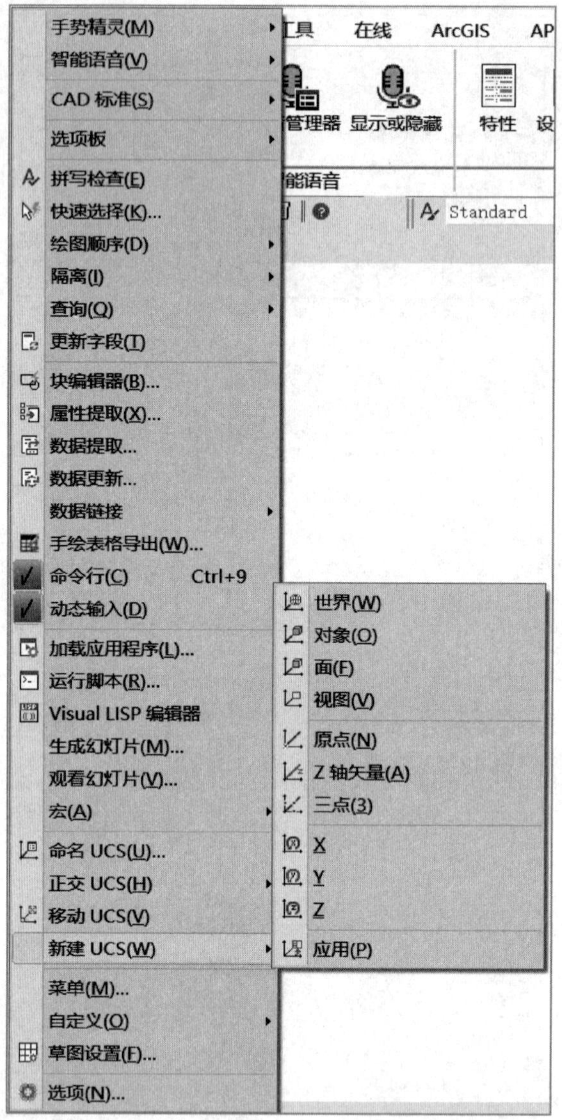

图 3-1-9 新建用户坐标系

[全部（A）/中心（C）/动态（D）/范围（E）/上一个（P）/比例（S）/窗口（W）/对象（O）]〈实时〉：D

（2）平移。

1）实时平移。实时平移通过按住鼠标左键移动手形光标就可以平移图形。

- 按钮命令：单击快速访问工具栏中的“实时平移”按钮，或单击功能区“视图”选项卡“定位”面板中的“平移”下拉菜单中的“平移”按钮。
- 菜单命令：选择“视图”→“平移”→“实时”命令。
- 命令行命令：PAN。

2）定点平移。定点平移可以根据需要将当前图形按指定的位移和方向进行平移。

- 按钮命令：单击功能区“视图”选项卡“定位”面板中的“平移”下拉菜单中的“平

移，点”按钮。

• 菜单命令：选择“视图”→“平移”→“点”命令。
• 命令行命令：－PAN。提示操作如下：

命令：－PAN
指定基点：
指定第二点：

4. 文件管理

（1）新建文件。

绘制图形前，首先应新建一个文件，在中望 CAD2022 中有以下四种方法来创建一个新文件：

• 按钮命令：单击快速访问工具栏中的“新建”按钮。
• 菜单命令：选择“文件”→“新建”命令。
• 命令行：NEW。
• 快捷键：Ctrl＋N。

微课 3－1－3
文件管理

执行以上任何一种操作都会打开如图 3－1－10 所示的“选择样板文件”对话框。

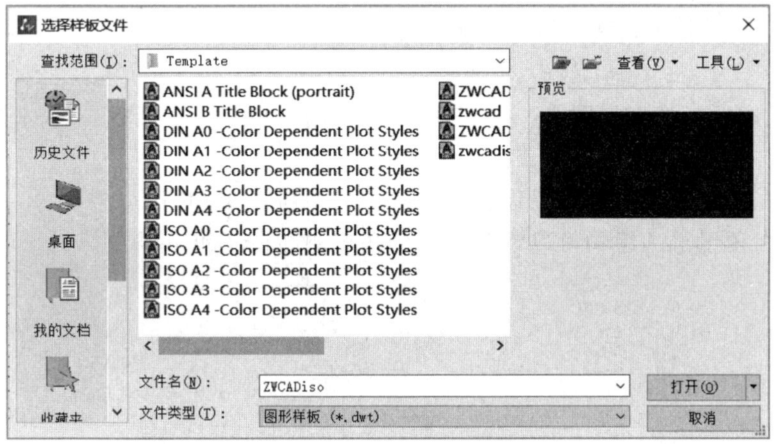

图 3－1－10　选择样板文件

（2）打开文件。

文件打开的方法有以下四种：

• 按钮命令：单击快速访问工具栏中的“打开”按钮。
• 菜单命令：选择“文件”→“打开”命令。
• 命令行：OPEN。
• 快捷键：Ctrl＋O。

执行上述操作都会打开如图 3－1－11 所示的“选择文件”对话框。

在“文件类型”下拉列表框中，用户可选的二维文件有 dwg 文件、dwt 文件、dxf 文件、dws 文件。dws 文件是包含标准图层、标准样式、线型和文字样式的样板文件。dxf 文件是用文本形式存储的图形文件，能够被其他程序读取，许多第三方应用软件都支持 dxf 文件；dwg 文件是普通的样板文件；dwt 文件是标准的样板文件，通常将一些规定的标准性的样板文件设成 dwt 文件。

图 3－1－11　选择文件

（3）保存文件。

保存文件的方法有以下四种：

• 按钮命令：单击快速访问工具栏中的“保存”按钮。
• 菜单命令：选择“文件”→“保存”命令。
• 命令行：SAVE。
• 快捷键：Ctrl＋S。

执行上述任何一种操作都可以对图形文件进行保存。若当前的图形文件已经命名保存过，则按此名称保存文件。如果当前图形文件尚未保存过（即为默认名 Drawing1.dwg），则弹出如图 3－1－12 所示的“图形另存为”对话框，该对话框用于保存已经创建但尚未命名保存过的图形文件。

此外，中望 CAD 2022 还提供了自动保存文件的功能，这样在用户专注于设计开发时，可以避免未能及时保存文件带来的损失。用户可以通过以下两种方式设置自动保存的时间间隔：

• 菜单命令：选择“工具”→“选项”命令，在打开的“选项”对话框中的“打开和保存”选项卡中设置自动保存的时间间隔，如图 3－1－13 所示。
• 命令行：SAVETIME。系统提示输出新的保存间隔，默认值为 10，单位为 min。提示操作如下：

命令：SAVETIME
输入 SAVETIME 的新值〈10〉：

（4）另存文件。

直接打开“图形另存为”对话框，对图形进行重命名保存，有以下三种方法：

• 按钮命令：单击快速访问工具栏中的“另存为”按钮。

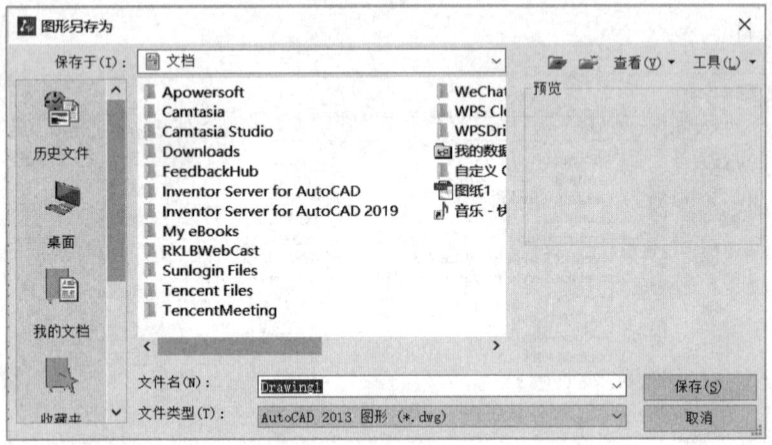

图 3－1－12　图形另存为

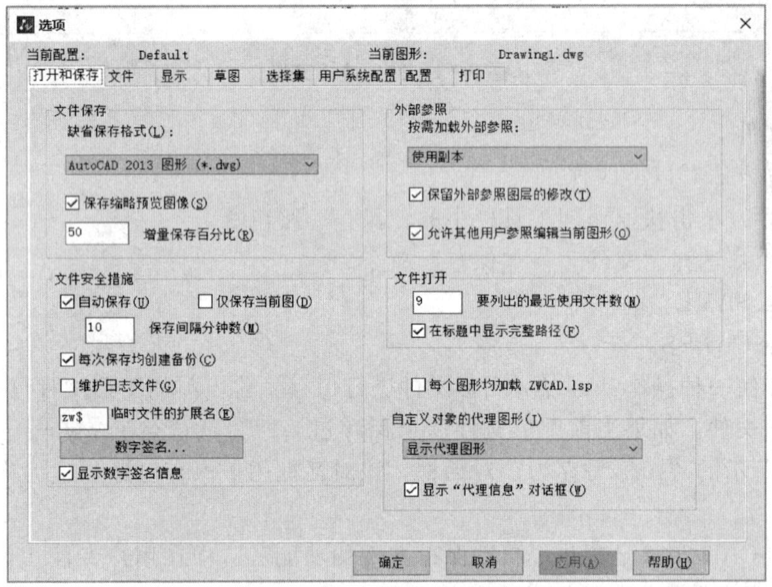

图 3－1－13　选项界面

• 菜单命令：选择“文件”→“另存为”命令。

• 命令行：SAVEAS。

执行上述操作后，打开“图形另存为”对话框，将文件重命名并保存。

（5）退出。

退出文件的方法有以下三种：

• 按钮命令：单击中望 CAD 操作界面右上角的“关闭”按钮 ×。

• 菜单命令：选择“文件”→“关闭”命令。

• 命令行：QUIT 或 EXIT。

执行上述操作后，若用户对图形所做的修改尚未保存，则会打开如图 3－1－14 所示的系统警告对话框，单击“是”，系统将保存文件，然后退出；单击“否”，系统将不保存文件。若用户对图形所做的修改已经保存，则直接退出。

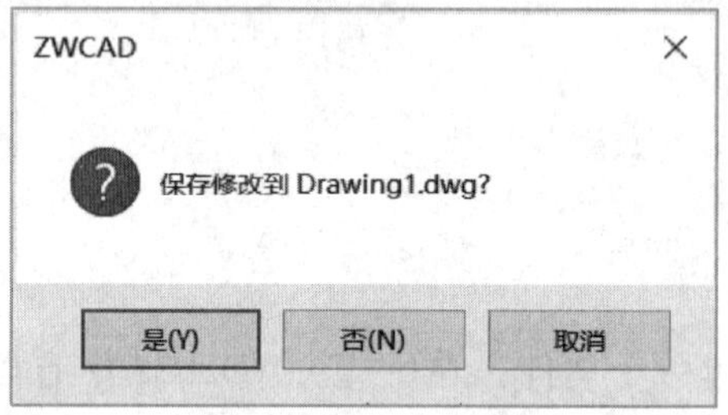

图 3－1－14　保存界面

5. 设置绘图环境

（1）设置图形单位。

在绘图前，一般要先设置绘图单位，比如绘图比例设置为 1∶1，则所有图形都将以实际大小来绘制。绘图单位的设置主要包括设置长度和角度的类型，精度以及角度的起始方向，可以使用以下两种命令来设置绘图单位：

• 菜单命令：选择“格式”→“单位”命令。

• 命令行：UNITS（或 UN）。

执行上述操作后，弹出如图 3－1－15 所示的“图形单位”对话框，在对话框中可以设置以下项目：

1）长度：在长度选项组中可以设置图形的长度单位类型和精度。

2）角度：在角度选项组中可以设置图形的角度单位的类型和精度。

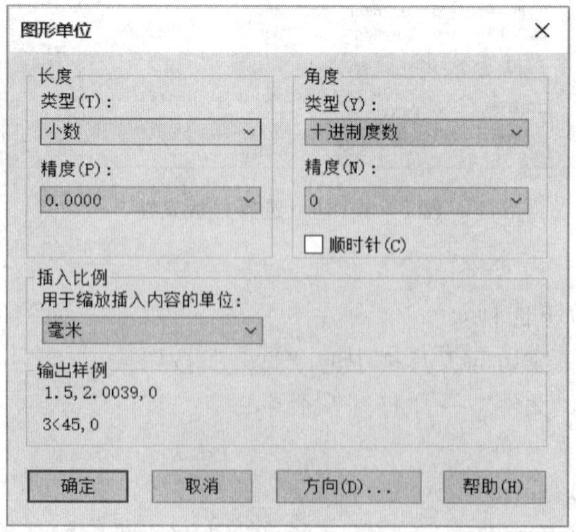

图 3－1－15　图形单位

（2）设置图形界限。

绘图界限，是指绘图空间中的一个假想的矩形绘图区域，显示为可见栅格指示的区域，当打开图形界限边界检验功能时，一旦绘制的图形超出了绘图界限，系统将发出提示，可以使用以下两种命令设置绘图界限。

- 菜单命令：选择“格式”→“图形界限”命令。
- 命令行：LIMITS。

微课 3-1-4
设置图形界限

此时输入“开（ON）”打开界限检查，如果所绘图形超出了绘图界限，系统将给出提示信息且不会绘制出图形，从而保证了绘图的正确性。输入“关（OFF）”关闭检查，可以直接输入左下点的坐标，然后按 Enter 键，也可直接按 Enter 键设置左下点的坐标。

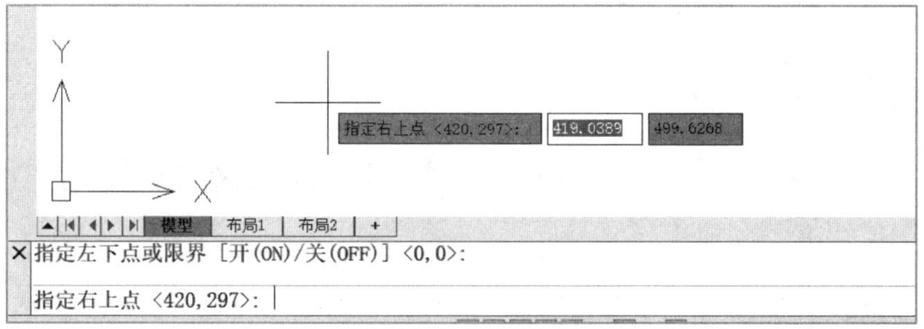

图 3-1-16　图形界限

这样就成功地设置好了绘图的范围，用户只能在所设坐标范围内绘制图形，超出绘图范围，系统将拒绝绘图并提示超出界限。

6. 配置绘图系统

绘图环境基本设置主要是设置系统参数。设置系统参数是通过“选项”对话框进行的，如图 3-1-17 所示，有以下两种方式可以打开“选项”对话框：

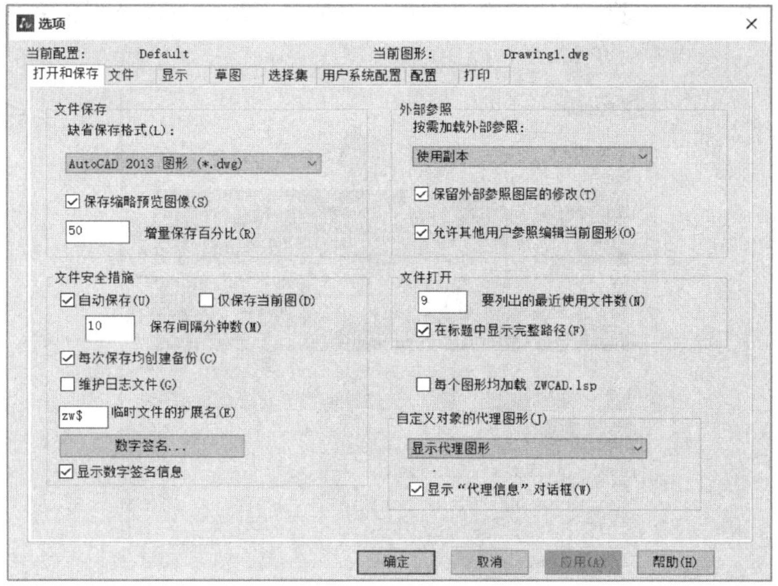

图 3-1-17　选项界面

- 菜单命令：选择“工具”→“选项”命令。
- 命令行：OP。

该对话框由打开和保存、文件、显示、草图、选择集、用户系统配置、配置、打印八个选项卡组成。这里就其中主要的两个选项卡的功能做如下说明。

（1）显示。“选项”对话框中的第三个选项卡为“显示”选项卡，该选项卡用于控制中望 CAD 系统的外观，如图 3-1-18 所示，该选项卡设定滚动条显示与否、文件选项卡显示与否、绘图区颜色、光标大小、中望 CAD 的版面布局、各实体的显示精度等。

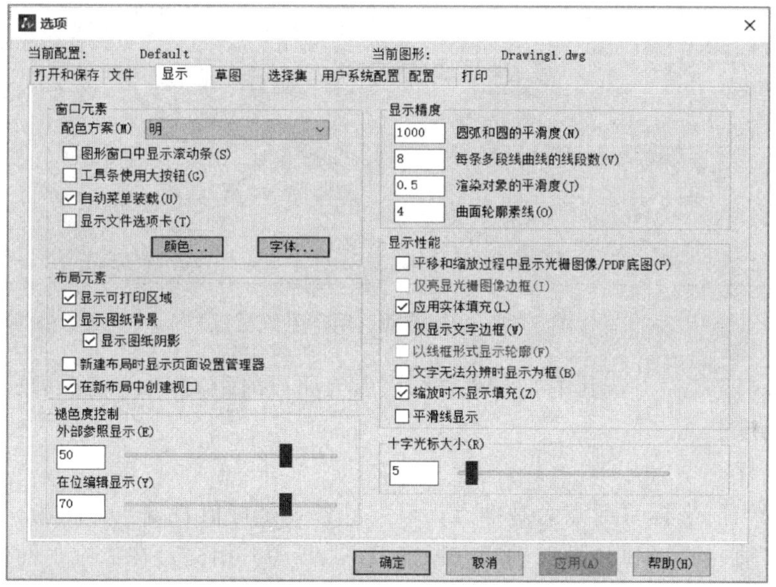

图 3-1-18　选项（显示）

（2）用户系统配置。“选项”对话框中的第六个选项为“用户系统配置”选项卡，如图 3-1-19 所示，该选项卡用来设置中望 CAD 系统的有关特性。

三、中望 CAD 绘图基本操作

1. 使用平面坐标系

在使用中望 CAD 2022 绘图时，点是组成图形的基本单位，每个点都有自己的坐标，图形的绘制一般也是通过坐标对点进行精确定位。当命令行提示输入点时，既可以使用鼠标在图形中指定点，也可以在命令行中直接输入坐标值。

坐标系主要分为笛卡尔坐标系和极坐标系，用户可以在指定坐标时任选一种使用。笛卡尔坐标有三个轴，即 X 轴、Y 轴和 Z 轴。输入坐标值时，需要输入沿 X 轴、Y 轴和 Z 轴相对于坐标系原点（0，0，0）的距离（以单位表示）及其方向（正或负）。

在二维平面中可以省去 Z 轴（始终为 0）的坐标值，直接由 X 轴指定水平距离，Y 轴指定垂直距离，在 XY 平面上指定点的位置。

（1）极坐标。

极坐标使用距离和角度定位点。例如笛卡尔坐标系中坐标为（4，4）的点，在极坐标系

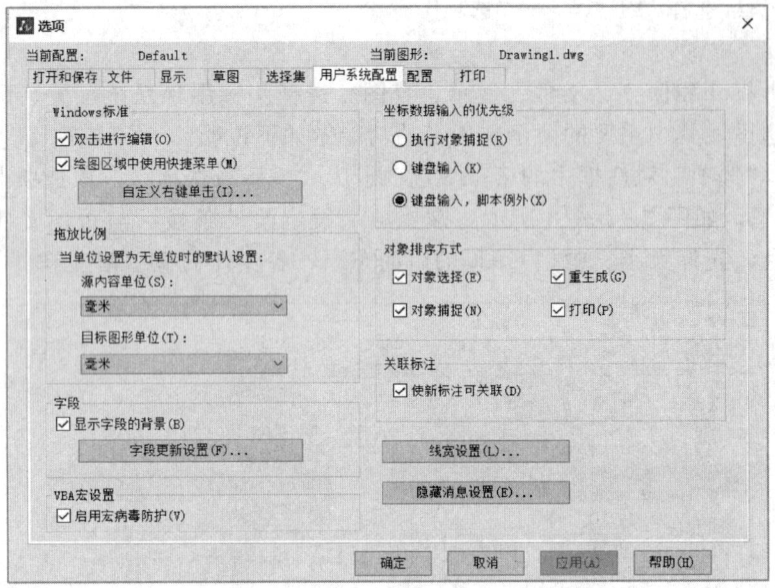

图 3-1-19 选项（用户系统配置）

中的坐标为（5.655，π/4），其中 5.656 表示该点与原点的距离，π/4 表示原点到该点的直线与极轴所成的角度。

（2）绝对坐标。

绝对坐标以当前坐标系原点为基准点，取点的各个坐标值，输入方法为（X，Y，Z），在绝对坐标中，X 轴、Y 轴和 Z 轴三轴线在原点（0，0，0）相交。在二维平面中，只需输入 X 值和 Y 值。

在命令行中输入命令 L，命令行提示如下：

LINE
指定第一个点：5，5
指定下一点或［角度（A）/长度（L）/放弃（U）］：15，15
指定下一点或［角度（A）/长度（L）/放弃（U）］：

（3）相对坐标。

相对坐标以前一个输入点为输入坐标点的参考点，取它的位移增量形式为 ΔX、ΔY、ΔZ，输入方法为（@ΔX，ΔY，ΔZ），“@”表示输入的为相对坐标值。在二维平面中，只需输入 ΔX 和 ΔY 值。

LINE
指定第一个点：10，10
指定下一点或［角度（A）/长度（L）/放弃（U）］：@10，10
指定下一点或［角度（A）/长度（L）/放弃（U）］：

2. 图层创建与管理

为了方便管理图形，中望 CAD 提供了图层工具。图层相当于一层“透明纸”，可以在上面绘制图形，将纸一层层重叠起来就构成了最终的图形。在中望 CAD 中，图层的功能和用途要比透明纸强大得多，用户可以根据需要创建很多图层，将相关的图形对象放在同一层上，以此来管理图形对象。

微课 3-1-5 图层创建与管理

默认情况下，中望 CAD 会自动创建一个图层——图层 0，该图层不可重命名，用户可以根据需要来创建新的图层，然后再更改其图层名。“图层特性管理器”对话框如图 3-1-20 所示。创建图层有以下三种方式：

- 按钮命令：单击图层面板中的“图层特性管理器”按钮→单击“新建图层”按钮。
- 菜单命令：选择“格式”→“图层”命令→单击“新建图层”按钮。
- 命令行：LA。

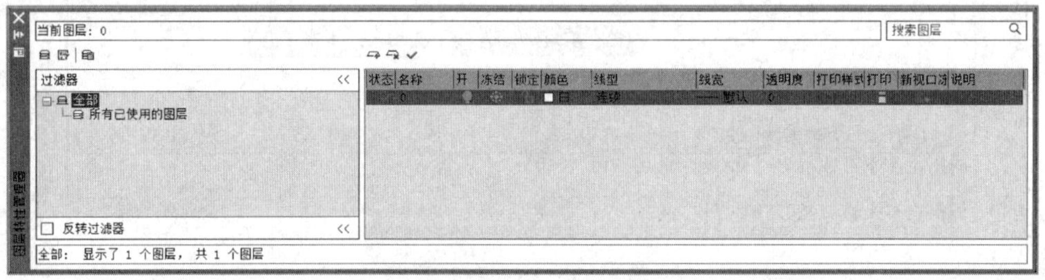

图 3-1-20 图层特性管理器

（1）图层颜色的设置。

为了区分不同的图层，对图层的颜色进行设置是很重要的，每一个图层都有相应的颜色。对不同的图层，可以设置不层的颜色，也可以设置相同的颜色，方便区分图形中的各个部分，默认情况下，新建的图层颜色均为白色，用户可以根据需要更改图层的颜色。在“图层特性管理器”对话框中，点击□白弹出“选择颜色”对话框，从中可以选择需要的颜色，如图 3-1-21 所示。

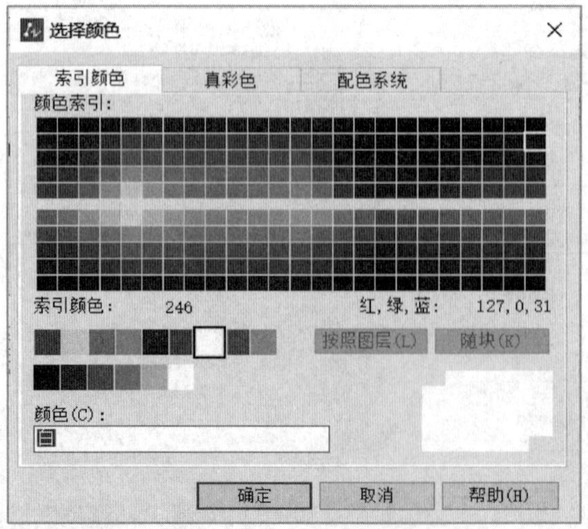

图 3-1-21 选择颜色

（2）图层的线型设置。

在绘图时会使用到不同的线型，图层的线型是指在图层中绘图时所使用的线型。不同的图层，可以设置为不同的线型，也可以设置为相同的线型。用户可以使用中望CAD提供的任意标准，也可以创建自己的线型，在中望CAD中系统默认的线型是“连续”，线宽也采用默认值0单位。“线型管理器”对话框如图3－1－22所示。在绘图过程中，如果需要使用其他线型，则可以点击线型列表下的线型特性名称“连续”或其他线型名称，此时弹出如图3－1－23所示的“添加线型”对话框。

图3－1－22　线型管理器

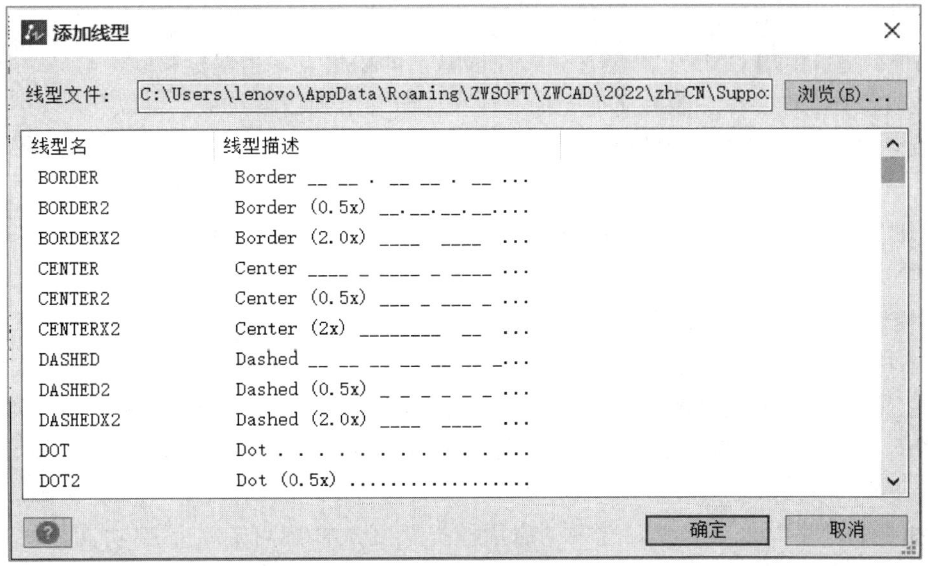

图3－1－23　添加线型

（3）线宽设置。

图层线宽的设置是用不同的线条来表示对象的大小和类型，它可以提高图形的表达能力和可读性，默认情况下，线宽默认值为“默认”，如图3－1－24所示，“线宽设置”对话框如图3－1－25所示。可以通过以下方法来设置线宽：

微课3－1－6
图层颜色、线型、线宽设置

• 按钮命令：单击图层面板中的“图层特性管理器”按钮→点击“线宽”。

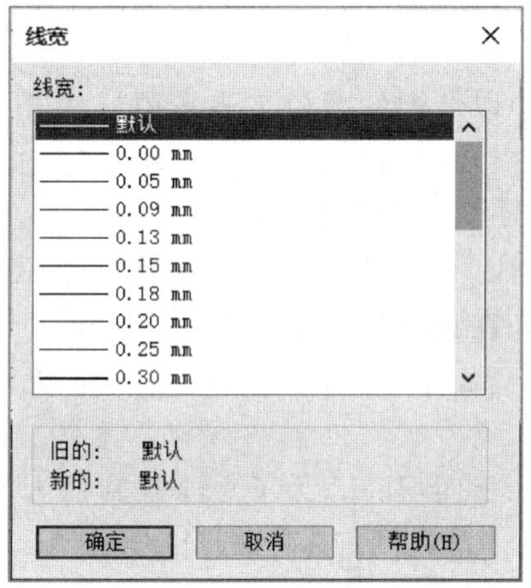

图3－1－24　线宽

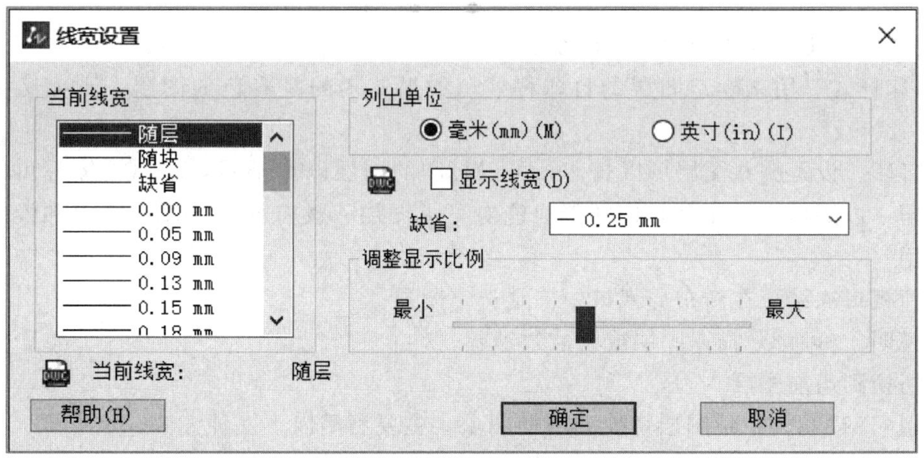

图3－1－25　线宽设置

• 菜单命令：选择“格式”→“线宽”命令。

• 命令行：LW（或LWEIGHT）。

（4）图层特性的设置。

用户在绘制图形时，各种特性都是随层设置的默认值，由当前的默认设备来确定，用户可以根据需要对图层的各种特性进行修改。图层的特性包括：图层的名称、线型颜色、开关状态、冻结状态、线框锁定状态和打印样式等，用户可以通过以下方式进行图层特性的设置。

在菜单栏中选择“格式”→“图层”命令，打开图层特性管理器对话框，如图 3-1-20 所示。在该对话框中可以新建图层，并对每一图层进行设置，如状态、名称、打开/关闭、冻结/解冻、锁定/解锁、颜色、线型、线宽、打印样式等。

下面对该对话框中显示的各个图层特性进行简要介绍。

1）状态。显示图层和过滤器的状态，添加的图层以一块版面表示。

2）名称。系统启动之后，默认的图层为图层 0，添加的图层名称默认为图层一、图层二，并依次往下递增，可以单击某图层，在弹出的快捷菜单中选择重命名图层命令，或直接按 F2 键对图层重命名。

3）打开/关闭。在对话框中以灯泡的颜色来表示图层的开关，默认情况下图层都是打开的，灯泡显示为黄色，表示图层可以使用和输出。单击灯泡可以切换图层的开关，此时灯泡变成灰色，表示图层关闭不可以使用和输出。

4）冻结/解冻。打开图层时，系统默认以解冻的状态显示，以黄色太阳图标表示，此时的图层可以显示、打印输出和在该图层上对图形进行编辑。单击黄色太阳图标可以冻结图层，此时以蓝色雪花图标表示，此时的图层不能显示，无法打印输出，不能编辑该图层上的图形。

5）锁定/解锁。在绘制完一个图层时，为了在绘制其他图形时不影响该图层，通常可以把图层锁定，图层锁定以表示。单击图标可以将图层解锁，图层解锁以表示。新建的图层默认都是解锁状态，锁定图不会影响该图层上的显示。

6）颜色。用于设置图层显示的颜色。

7）线型。用于设置绘图时所使用的线型。

8）线宽。用于设置绘图时使用的线宽。

9）打印样式。用来确定图层的打印样式。如果使用的是彩色的图层，则无法更改打印样式。

10）打印。设置哪些图层可以打印，可以打印的图层以显示，单击该图标可以设置图层不能打印，以图标表示。打印功能只能对可见图层、没有冻结、没有锁定和没有关闭的图层起作用。

11）新视口冻结。在新布局视口中冻结选定图层。

12）说明。（可选）描述图层或图层过滤器。

（5）切换到当前图层。

在中望 CAD2022 中将图层切换到当前图层，主要利用以下三种方法：

- 在“图层特性”工具栏中，利用图层控制下拉列表来切换图层。
- 在“图层”工具栏中，单击按钮来切换，图对象所在图层为当前图层。
- 在“图层特性管理器”对话框的图层列表中，选择某个图层，然后单击置为当前按钮切换到当前图层。

（6）保存与恢复图层状态。

在“图层特性管理器”对话框或在图层列表中单击按钮，弹出“图层状态管理器”对话框。图层的保存与恢复就是在该对话框中进行设置的。

（7）过滤图层。

在实际绘图中，当图层很多时如何快速查找图层是一个重要的问题，这时候就需要用到“过滤图层”。中望 CAD 2022 提供了“图层特性过滤器”来管理图层过滤，在“图层特性管理器”对话框中单击“新建图层特性过滤器”按钮，打开“图层过滤器特性”对话框，如图 3-1-26 所示，通过“图层过滤器特性”对话框来进行图层过滤的设置。

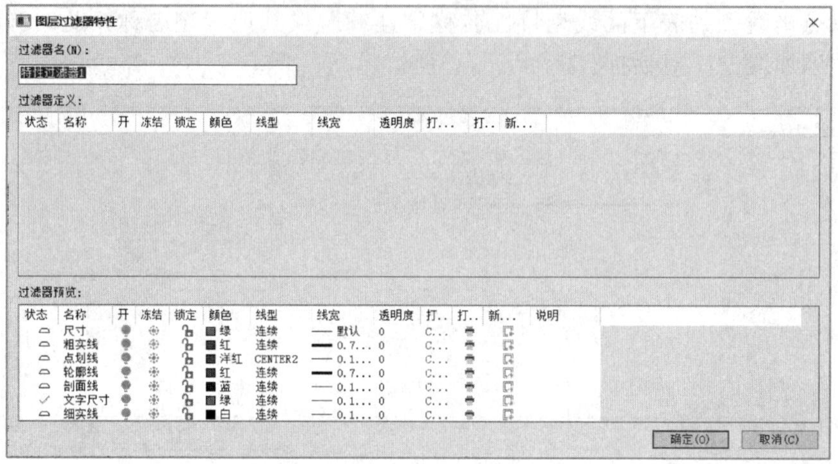

图 3-1-26 图层过滤器特性

在“图层过滤器特性”对话框中的“过滤器名”文本框中输入过滤器的名称，过滤器名称不能包含“<”“>”“;”“:”“?”“*”“=”等字符，在“过滤器定义”列表中可以设置过滤条件，包括图层状态、名称、颜色等，当指定过滤器的图层名称时，“?”可以代替任何一个字符。

3. 辅助绘图工具

（1）设置捕捉、栅格。

1）捕捉。是指中望 CAD 生成隐含分布在屏幕上的栅格点，当鼠标移动时，这些栅格点就像有磁性一样，能够捕捉光标，使光标精确落到栅格点上，可以利用栅格捕捉功能，将光标按指定的布局精确移动。可以通过以下方法启动捕捉功能：

微课 3-1-7 设置捕捉命令

- 按钮命令：单击状态栏上的捕捉按钮，按下该按钮则启动捕捉功能，弹起则关闭该功能。
- 快捷键：F9。按 F9 键后，“捕捉”按钮会被按下或弹起。

在状态栏的“捕捉”按钮或者“栅格”按钮上右击，在弹出的快捷菜单中选择“设置”命令，或在菜单栏中依次选择“工具”→“草图设置”命令，弹出如图 3-1-27 所示的“草图设置”对话框，当前显示的是“捕捉和栅格”选项卡，在该对话框可以进行草图设置。

在“捕捉和栅格”选项卡中，选中“启用捕捉”复选框则可启动捕捉功能，用户也可以通过单击状态栏上的相应按钮来控制开启。在捕捉间距选项组和栅格间距选项组中，用户可以设置捕捉和栅格的距离，捕捉间距选项组中的“捕捉 X 轴间距”和“捕捉 Y 轴间距”文本

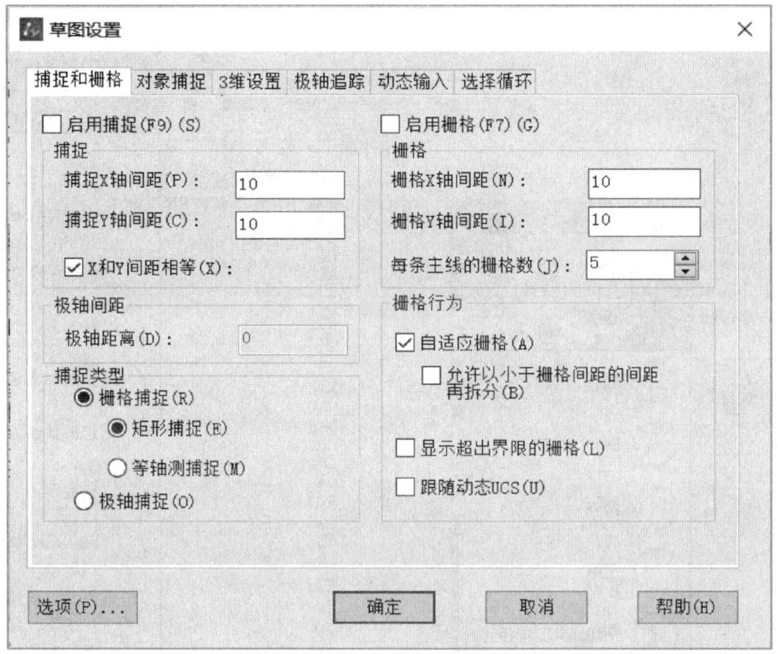

图 3-1-27　草图设置

框可以分别设置捕捉在 X 轴方向和 Y 轴方向的单位间距。“X 和 Y 间距相等”复选框可以设置 X 轴和 Y 轴方向的间距是否相等。

2）栅格。栅格是在所设绘图范围内，显示出按指定行间距和列间距均匀分布的栅格点，可以通过以下方法来启动栅格功能。

- 按钮命令：单击状态栏上的“栅格”按钮，按下该按钮则启动栅格功能，弹起则关闭该功能。
- 快捷键：F7。按 F7 键后，“栅格”按钮会被按下或弹起。

栅格是按照设定的间距显示的图形区域中的点，它能提供直观的距离和位置参考，类似于坐标纸中的方格。栅格只能在图形界限以内显示。栅格和捕捉这两个辅助绘图工具之间有着很多联系，尤其是两者间距的设置，有时为了绘图方便，可将栅格间距设置为与捕捉间距相同，或者是栅格间距为捕捉间距的倍数。

（2）设置正交。

在状态栏中，单击“正交”按钮即可打开正交辅助工具，可以将光标限制在水平或垂直方向上移动，以便于精确地创建和修改对象。使用正交模式，将光标限制在水平或垂直轴上，移动光标时水平轴或垂直轴哪个离光标最近，拖引线将沿该轴移动。在绘图和编辑过程中可以随时打开或关闭“正交”。输入坐标或指定对象捕捉时将忽略“正交”，要临时打开或关闭正交，可按住临时替代键 Shift 键。使用临时替代键时无法使用直接距离输入方法，打开“正交”将自动关闭极轴追踪。

（3）设置对象捕捉、对象追踪。

所谓对象捕捉，就是利用已绘制的图形上的几何特征点来捕捉定位新的点。使用对象捕捉可指定对象上的精确位置。例如使用对象捕捉可以绘制到圆心或多段线中点的直线。不论何时提示输入点，都可以指定对象捕捉。默认情况下，当光标移动到对象捕捉位置时，将显示标记和工具栏提示。此功能为自动捕捉提供了视觉提示，提示哪些对象捕捉正在使用。图 3-1-28 所示为捕捉直线中点。

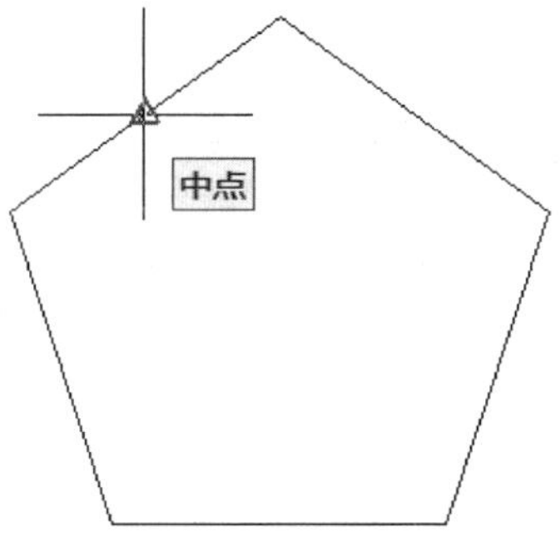

图 3-1-28　捕捉直线中点

可以通过以下方式打开对象捕捉：

- 按钮命令：单击状态栏中“对象捕捉”按钮打开或者关闭对象捕捉。
- 快捷键：F3。按 F3 键打开或者关闭对象捕捉。

也可以通过在工具栏上的空白区右击，在弹出的快捷菜单中选择“ZWCAD”→“对象捕捉”命令，即可调出“对象捕捉”工具栏，如图 3-1-29 所示。

图 3-1-29　“对象捕捉”工具栏

（4）设置极轴追踪。

使用极轴追踪，光标将按指定角度进行移动。单击状态栏上的极轴追踪按钮或按 F10 键可启动极轴追踪功能。

创建或修改对象时，可以使用“极轴追踪”以显示由指定的极轴角度定义的临时对齐路径。使用“极轴追踪”沿对齐路径按指定距离进行捕捉。例如，在图中绘制一条从点 1 到点 2 的两个单位的直线，然后绘制一条到点 3 的两个单位的直线，并与第一条直线成 45°，如果打开了 45°极轴角增量，当光标跨过 0°或 45°时，将显示对齐路径和工具栏提示。当光标从该角度移开时，路径和工具栏提示消失。

光标移动时，如果接近极轴角，将会显示对齐路径和工具栏提示。默认角度测量值为 90°，可以使用对齐路径和工具栏提示绘制对象，“极轴追踪”和“正交”模式不能同时打开，打开“极轴追踪”将关闭“正交”模式。

极轴追踪可以在“草图设置”对话框中的“极轴追踪”选项卡中进行设置。在状态栏中右击“极轴”按钮，在弹出的快捷菜单中选择“设置”命令，弹出“草图设置”对话框，对话框显示“极轴追踪”选项卡，可以进行极轴追踪模式参数的设置，追踪线由相对于起点和端点的极轴角定义。

4. 二维绘制命令

（1）直线类命令。

直线类命令包括直线、射线和构造线，这几个命令是中望 CAD 中最简单的绘图命令。

微课 3-1-8
二维绘制案例

1）直线段。执行方式如下：

• 按钮命令：单击功能区“绘图”工具栏中的“直线”按钮。

• 菜单命令：选择“绘图”→“直线”命令。

• 命令行：L（LINE）。

命令行提示与操作如下：

命令：_line
指定第一个点：
指定下一点或［角度（A）/长度（L）/放弃（U）］：
指定下一点或［角度（A）/长度（L）/放弃（U）］：

2）构造线。执行方式如下。

• 按钮命令：单击功能区“绘图”工具栏中的“构造线”按钮。

• 菜单命令：选择“绘图”→“构造线”命令。

• 命令行：XL（XLINE）。

命令行提示与操作如下：

XLINE
指定构造线位置或［等分（B）/水平（H）/竖直（V）/角度（A）/偏移（O）］：
指定通过点：

（2）圆类命令。

圆类命令主要包括圆、圆弧、圆环以及椭圆命令，这几个命令是中望 CAD 中最简单的曲线命令。

1）圆。执行方式如下：

• 按钮命令：单击功能区“绘图”工具栏中的“圆”按钮下拉菜单，如图 3-1-30 所示，中望 CAD 提供了六种绘制圆的方法。

• 菜单命令：选择“绘图”→“圆”命令。

• 命令行：C（CIRCLE）。

2）圆弧。执行方式如下：

• 按钮命令：单击功能区“绘图”工具栏中的“圆弧”按钮下拉菜单，如图 3-1-31 所示。

• 菜单命令：选择“绘图”→“圆弧”命令。

• 命令行：A（ARC）。

3）圆环。执行方式如下：

• 按钮命令：单击功能区“绘图”工具栏中的“圆环”按钮。

• 菜单命令：选择“绘图”→“圆环”命令。

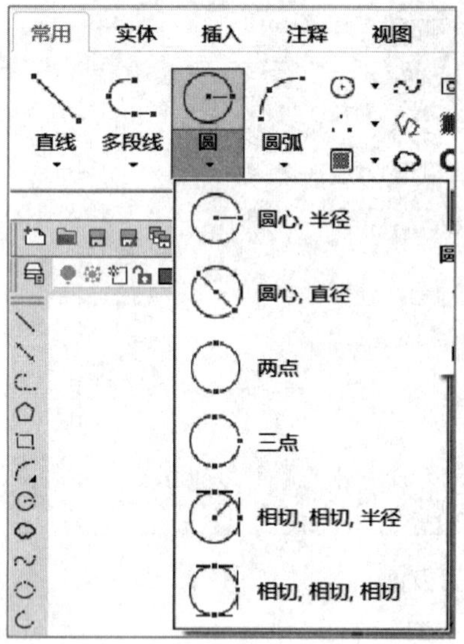

图 3-1-30　绘制“圆”命令界面

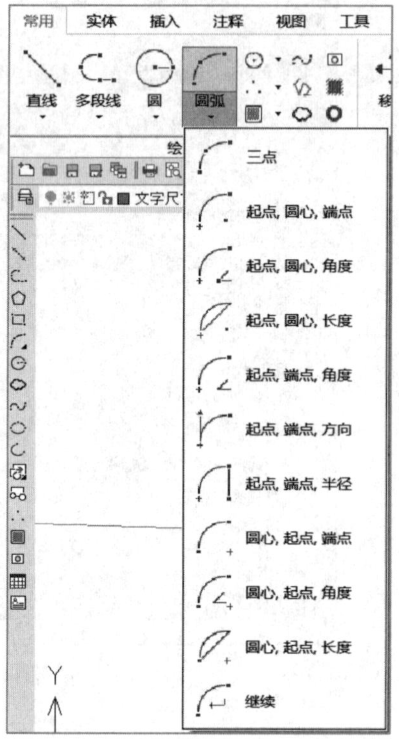

图 3-1-31　绘制圆弧命令界面

• 命令行：DO（DONUT）。

（3）点。

点在中望 CAD 中有多种不同的表达方式，用户可以根据需要进行设置，也可以设置等分点和测量点。

1）设置点样式。用户可以通过单击状态栏中的“对象捕捉”按钮，设置点捕捉模式，帮助用户选择点。点在图形中的表示样式共有 20 种。可通过 DDPTYPE 命令或选择菜单栏中的“格式”→“点样式”命令，通过打开的“点样式”对话框来设置，如图 3-1-32 所示。

2）点。执行方式如下：

• 按钮命令：单击功能区中的“绘图”→“点”按钮。

• 菜单命令：选择“绘图”→“点”命令。

• 命令行：PO（POINT）

通过菜单命令操作时，如图 3-1-33 所示，“单个点”命令表示只输入一个点，“多个点”命令表示可输入多个点。

3）等分点。执行方式如下：

• 按钮命令：单击功能区中的“绘图”→“点”→“定数等分”按钮。

• 菜单命令：选择“绘图”→“点”→“定数等分”命令。

• 命令行：DIV（DIVIDE）。

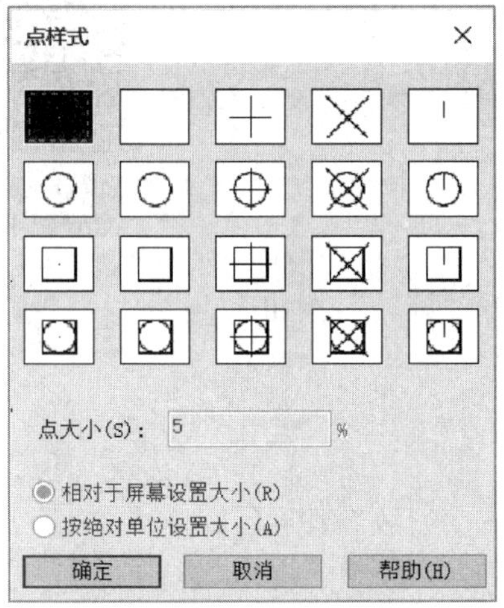

图 3-1-32　点样式

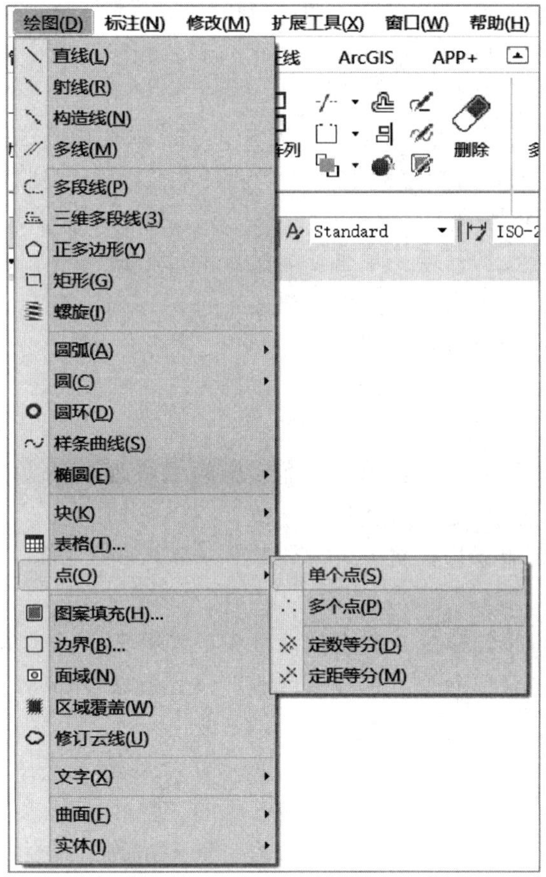

图 3-1-33　绘制点命令界面

绘制定数等分点，可以把选定的对象平均分成若干等份，在每个等分点处添加一个点。选择等分的对象可以是直线段，也可以是曲线。

4）测量点。执行方式如下：

- 按钮命令：单击功能区中的“绘图”→“点”→“定距等分”按钮。
- 菜单命令：选择“绘图”→“点”→“定距等分”命令。
- 命令行：ME（MEASURE）。

绘制定距等分点，可以把选定的对象按给定的“等分距离”进行划分，距离不足部分自动留在最后一段，并在每个等分点处添加一个点。

（4）平面图形。

1）矩形。执行方式如下：

- 按钮命令：单击工具栏中的“绘图”→“多段线”→“矩形”按钮，如图 3-1-34 所示。
- 菜单命令：选择“绘图”→“矩形”命令。
- 命令行：REC（RECTANG）。

2）正多边形。执行方式如下：

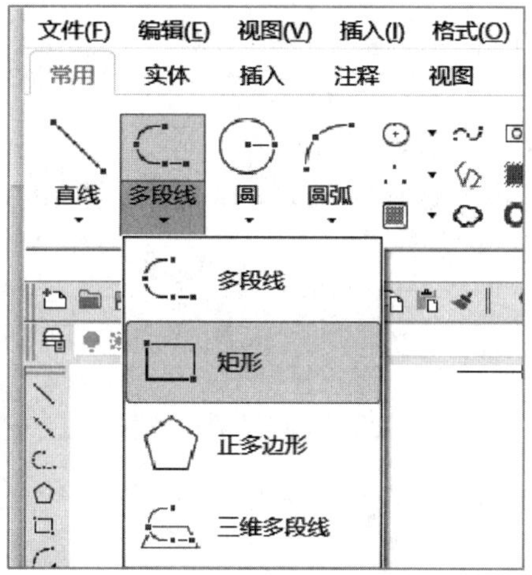

图 3-1-34　绘制矩形命令界面

- 按钮命令：单击工具栏中的“绘图”→“多边形”→“矩形”按钮。
- 菜单命令：选择“绘图”→“多边形”命令。
- 命令行：POL（POLYGON）。

命令执行后，根据命令提示输入相关控制条件和参数即可绘制出所需要的正多边形。AutoCAD 提供了两种绘制正多边形的方法：一种是根据正多边形中心位置和内接/外切圆半径绘制，另一种是根据正多边形的边长绘制，如图 3-1-35 所示。

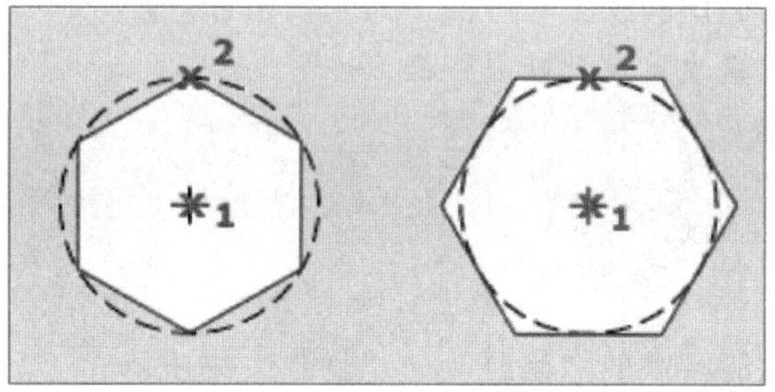

图 3-1-35　绘制正多边形的方法

（5）样条曲线。

中望 CAD 中使用的样条曲线为非一致样条曲线。使用样条曲线可以在控制点之间产生一条光滑的曲线，样条曲线可用于绘制形状不规则的图形，比如溢流堰的绘制。执行方式如下：

- 按钮命令：单击功能区中的“绘图”→“样条曲线”按钮。
- 菜单命令：选择“绘图”→“样条曲线”命令。
- 命令行：SPL（SPLINE）。

5. 二维编辑命令

（1）选择对象。

选择对象是进行编辑的前提。中望 CAD 提供以下几种方法选择对象：

• 先选择一个编辑命令，然后选择对象，按 Enter 键结束操作。

• 使用 SELECT 命令。在命令行输入“SELECT”，按 Enter 键，按提示选择对象，按 Enter 键结束。

• 利用定点设备选择对象，然后调用编辑命令。

这里结合 SELECT 命令，说明选择对象的方式选项。在命令行输入“SELECT”，按 Enter 键，命令行提示如下：

命令：SELECT
选择对象：

输入“?”，即可查看中望 CAD 提供的所有选择方式，命令行出现如下提示：

需要点或 窗口（W）/最后（L）/相交(C)/框（B)/全部（ALL)/围栏（F)/圈围（WP)/圈交（CP)/组（G)/添加（A)/删除（R)/多个（M)/上一个（P)/撤销（U)/自动（AU)/单个（SI)

（2）删除及恢复类命令。

1）删除。如果已经绘制的图形不符合要求或绘制错误，可以使用删除命令把它删除。

• 按钮命令：单击功能区中的“修改”→“删除”按钮。

• 菜单命令：选择“修改”→“删除”命令。

• 命令行：ERASE。

• 快捷菜单：选择要删除的对象，在绘图区右击，在弹出的快捷菜单中选择“删除”命令。

2）恢复。若不小心误删除了图形，可以使用“恢复”命令恢复误删除的对象。

• 按钮命令：单击快速访问工具栏中的“撤销”按钮。

• 菜单命令：选择“修改”→“恢复”命令。

• 命令行：OOPS 或 U。

• 快捷键：Ctrl＋Z。

（3）复制类命令。

1）复制。

• 按钮命令：单击功能区中的“修改”→“复制”按钮。

• 菜单命令：选择“修改”→“复制”命令。

• 命令行：CO（COPY)。

• 快捷菜单：选择要复制的对象，在绘图区右击，在弹出的快捷菜单中选择“复制”命令。

微课 3-1-9
复制、镜像命令

2）镜像。镜像对象是指把选择的对象以一条镜像线为对称轴进行镜像后的对象。镜像操作完成后，可以保留原对象，也可以将其删除。

• 按钮命令：单击功能区中的“修改”→“镜像”按钮。

• 菜单命令：选择“修改”→“镜像”命令。

• 命令行：MI（MIRROR)。

3）偏移。偏移对象是指保持所选择对象的形状，在不同的位置以不同的尺寸大小新建的一个对象。

• 按钮命令：单击功能区中的“修改”→“偏移”按钮。

• 菜单命令：选择“修改”→“偏移”命令。

• 命令行：OFFSET。

4）阵列。阵列是指多次重复选择对象并把这些副本按矩形、路径或环形排列。把副本按矩形排列称为建立矩形阵列，把副本按路径排列称为建立路径阵列，把副本按环形排列称为建立环形阵列。

• 按钮命令：单击功能区中的“修改”→“阵列”按钮。

• 菜单命令：选择“修改”→“阵列”命令。

• 命令行：OFFSET。

（4）改变位置类命令。

微课 3-1-10
缩放和平移

1）移动。

• 按钮命令：单击功能区中的“修改”→“移动”按钮。

• 菜单命令：选择“修改”→“移动”命令。

• 命令行：M（MOVE)。

2）旋转。

• 按钮命令：单击功能区中的“修改”→“移动”→“旋转”按钮。

• 菜单命令：选择“修改”→“旋转”命令。

• 命令行：RO（ROTATE)。

3）缩放。

• 按钮命令：单击功能区中的“修改”→“拉伸”→“缩放”按钮。

• 菜单命令：选择“修改”→“缩放”命令。

• 命令行：SCALE。

（5）改变几何特性类命令。

1）修剪。

• 按钮命令：单击功能区中的“修改”→“修剪”按钮。

• 菜单命令：选择“修改”→“修剪”命令。

• 命令行：TR（TRIM)。

2）延伸。延伸对象是指延伸一个对象直至另一个对象的边界线。

• 按钮命令：单击功能区中的“修改”→“修剪”→“延伸”按钮。

• 菜单命令：选择“修改”→“延伸”命令。

• 命令行：EX（EXTEND)。

3）圆角。圆角是指用指定的半径决定的一段平滑的圆弧连接两个对象。系统规定可以用圆角连接一对直线段、非圆弧的多段线段、样条曲线、双向无限长线、射线、圆、圆弧和椭圆。可以在任何时刻圆角连接非圆弧多段线的每个节点。

• 按钮命令：单击功能区中的“修改”→“圆角”按钮。

• 菜单命令：选择“修改”→“圆角”命令。

• 命令行：FILLET。

4）倒角。倒角是指用斜线连接两个不平行的线型对象。可以用斜线连接直线段、双向无限长线、射线和多段线。

• 按钮命令：单击功能区中的“修改”→“圆角”→“倒角”按钮。
• 菜单命令：选择“修改”→“倒角”命令。
• 命令行：CHAMFER。

5）拉伸。拉伸对象是指拖拉选择的，且形状发生改变后的对象。拉伸对象时，应指定拉伸的基点和移至点。利用一些辅助工具，如捕捉、追踪功能及相对坐标等提高拉伸的精度。

• 按钮命令：单击功能区中的“修改”→“拉伸”按钮。
• 菜单命令：选择“修改”→“拉伸”命令。
• 命令行：STRETCH。

6）拉长。

• 按钮命令：单击功能区中的“修改”→“拉伸”→“拉长”按钮。
• 菜单命令：选择“修改”→“拉伸”命令。
• 命令行：LENGTHEN。

7）打断。

• 按钮命令：单击功能区中的“修改”→“打断”按钮。
• 菜单命令：选择“修改”→“打断”命令。
• 命令行：BREAK。

8）打断于点。打断于点是指在对象上指定一点，把对象在此点拆分成两部分。此命令与“打断”命令类似。

• 按钮命令：单击功能区中“修改”→“打断”→“打断于点”按钮。
• 菜单命令：选择“修改”→“打断于点”命令。
• 命令行：BREAKATPOINT。

9）分解。

• 按钮命令：单击功能区中“修改”→“分解”按钮。
• 菜单命令：选择“修改”→“分解”命令。
• 命令行：EXPLODE。

10）合并。

• 按钮命令：单击功能区中“修改”→“分解”→“合并”按钮。
• 菜单命令：选择“修改”→“合并”命令。
• 命令行：JOIN。

目 标 测 评

1. 单选题

（1）中望 CAD 中，系统默认的文件自动保存间隔时间是（　　）。

A. 5min　　B. 10min　　C. 15min　　D. 20min

（2）中望 CAD 中，另存文件系统默认的文件格式为（　　）。

A. dxf 格式　　B. dws 格式　　C. dwg 格式　　D. 3ds 格式

（3）关于绘图窗口的背景颜色，描述错误的是（　　）。

A. 可以更改为其他颜色

B. 打印图纸之前一定要改为白色

C. 图形的打印与背景颜色无关

D. 在“选项”对话框“显示”卡上设置背景颜色

（4）打开/关闭正交模式的功能键是（　　）。

A. F2　　B. F3　　C. F8　　D. F9

（5）UCS 是中望 CAD 中的（　　）。

A. 世界坐标　　B. 用户自定义坐标　　C. 视图坐标　　D. 父系坐标

（6）没有复制功能的命令是（　　）。

A. 镜像　　B. 缩放　　C. 旋转　　D. 拉伸

2. 操作题

（1）利用“定数等分”命令在中望 CAD 中绘制图 3-1-36 所示翼墙。

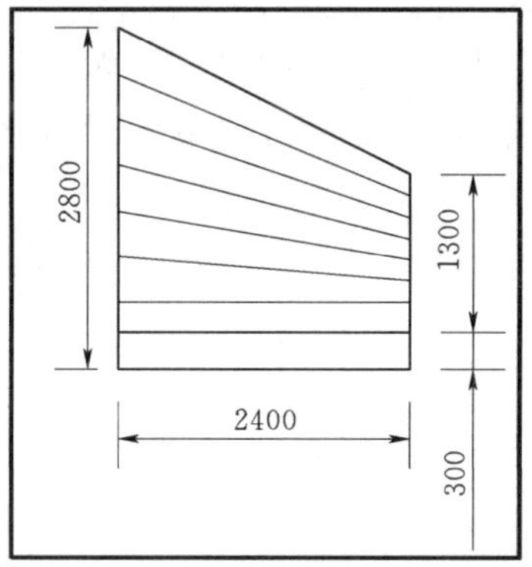

图 3-1-36

（2）利用“样条曲线”命令在中望 CAD 中绘制图 3-1-37 所示溢流面曲线。

x	−1.128	−1.0	−0.5	0	1	2	3	4	5	6	6.67
y	0.544	0.325	0.063	0	0.154	0.555	1.175	2.0	3.022	4.234	5.15

堰顶曲线坐标表

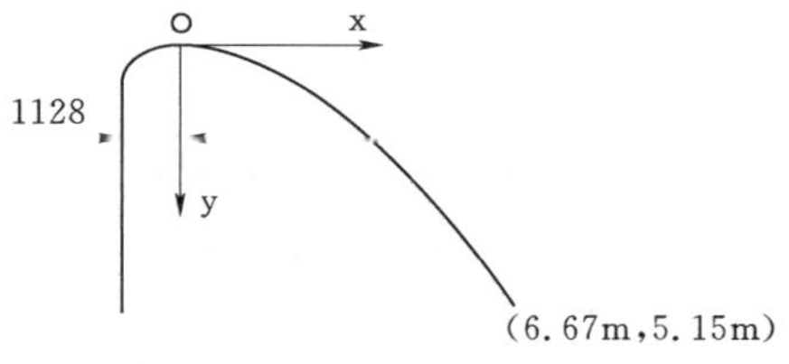

溢流面曲线大样图

图 3-1-37

项目二　水利工程图纸绘制

[学习目标]

素质目标：培养求真务实、脚踏实地的工作态度，继承艰苦奋斗、勇于创新的水利精神。

知识目标：明确不同水工建筑物的图纸特点，掌握水利工程图的一般绘制方法与步骤。

能力目标：能根据要求标准、规范、高效地绘制水利工程图样，并合理布图。

[学习预热]

"中国水利之父"——一代水圣李仪祉

李仪祉（1882—1938年），原名协，字宜之，陕西蒲城人。他早年两次留学德国，归国后投身水利教育，之后倾力水利事业，足迹遍布中国大江大河。历任陕西省水利局局长、建设厅厅长，导淮委员会总工程师，黄河水利委员会委员长等职。他学贯中西，精研水利，是桃李满天下的水利教育家，是兴办"关中八惠"、治黄导淮的实干家，是承前启后的水利科学家，被誉为"中国近现代水利奠基人"。

李仪祉筹划了"关中八惠"（泾惠、渭惠、洛惠、梅惠、黑惠、涝惠、沣惠、泔惠），至1938年逝世前，泾、渭、洛、梅四渠已初具规模，溉田180万亩。他倾力治理黄河，1933—1935年担任黄河水利委员会首任委员长兼总工程师，撰写了《黄河概况及治本探讨》《导治黄河宜注意上游》等论文与报告，提出黄河治理要上、中、下游并重和防洪、航运、灌溉与水力发电兼顾的指导思想，改变了几千年来单纯着眼于黄河下游的治水思路，推行"科学治河"之法，组织力量对黄河流域进行测量；委托德国著名水工专家恩格斯做黄河水工模型实验。他还先后任华北水利委员会委员长、导淮委员会工务处处长兼总工程师、国民政府救济水灾委员会委员和总工程师、扬子江水利委员会顾问，对永定河、淮河、长江等大江大河的治理提出不少建设性主张。

李仪祉毕生致力于水利教育事业，参与创办了三秦公学、河海工程专门学校、陕西省水利道路工程专门学校（后改为西北大学工科）、陕西水利专修班（后改为西北农林学院水利系）。1915年参与创办了我国第一所水利专业学校——南京河海工程专门学校（河海大学前身），培养了一大批水利精英人才。

党的二十大报告提出，"要实现好、维护好、发展好最广大人民根本利益，紧紧抓住人民最关心最直接最现实的利益问题"。当代青年理应向李仪祉先生学习，以实现人民最关心最直接最现实的愿望需求为己任，应用自己的专业技能造福国家与人民。

一、挡水建筑物图样绘制

本小节以土石坝图为例介绍挡水建筑物图样的绘制步骤，案例图纸来源于全国水利高等职业院校技能大赛水利工程成图技术赛项题库。在绘图时，首先应根据已有资料和图纸幅面大小确定图样适宜比例尺及拟在图纸上的布局方法，再建立并设置绘制图样所需图层，进而逐个绘制图样。绘图过程中应注意巧妙利用图样间的视图关系以实现高效绘制，图样绘制完毕应设置合适的标注样式、文字样式等以进行图样标注，拟定布图方案，进行合理布图，最后打印输出。注意：绘图过程中进行结构材料标注时，若"填充图案选项板"中没有所需要的结构断面材料，就应该自行绘制出断面材料，比如干砌块石或自然土壤的断面材料。

1. 分析资料，确定图幅与比例尺

土石坝坝高48m，坝体上、下游面坝坡坡比均为1∶3左右，因此坝体最大横断面约占面积为300m×50m，若采用A3图纸，该土石坝坝体的绘制比例宜定为1∶1000。根据图纸幅面大小，可相应确定细部结构图绘制比例宜设定为1∶200。

2. 建立图层

根据土石坝绘图需要建立图层，输入图层管理器命令（LA），建立新图层，命名为"粗实线"，设置线型为"连续"，线宽为0.7mm，颜色为红色。用同样的方法，建立"点划线""细实线""中实线""虚线""剖面材料""尺寸标注"等图层，如图3-2-1所示。

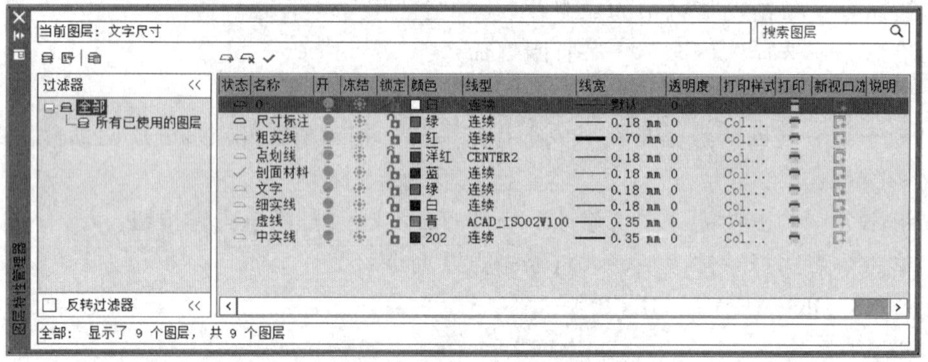

图3-2-1　图层特性管理器

3. 绘制图样

土石坝的最大横断面、详图A和详图B均先采用1∶1000进行绘制，然后再按照1∶200的比例缩放详图A和详图B。

（1）绘制土石坝最大横断面。将"点划线"图层置为当前层，输入画线命令（L），先用点划线绘制出定位中心线，然后将"粗实线"图层置为当前层，用粗实线绘制土石坝最大横断面。最后将"细实线"图层置为当前层，输入画圆命令（C），用细实线画圈，圈出详图A和详图B的位置，如图3-2-2所示。

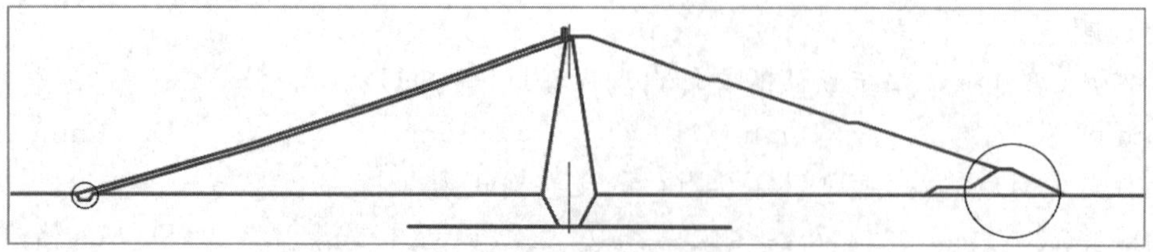

图3-2-2　土石坝最大横断面轮廓

（2）绘制详图 A 和详图 B。选用“粗实线”和“细实线”图层，按 1：1000 比例绘制出详图 A 和详图 B。

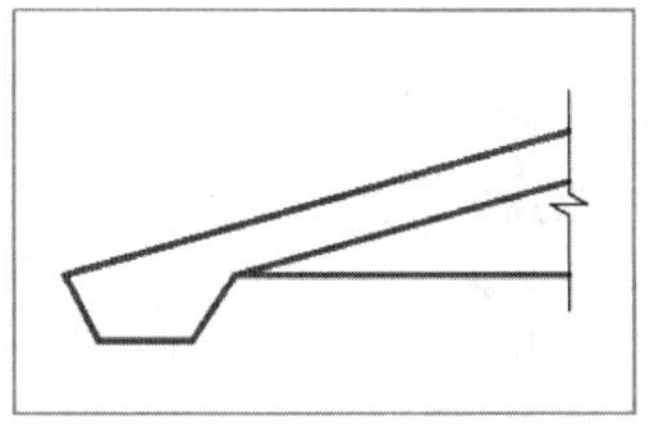

图 3-2-3　详图 A

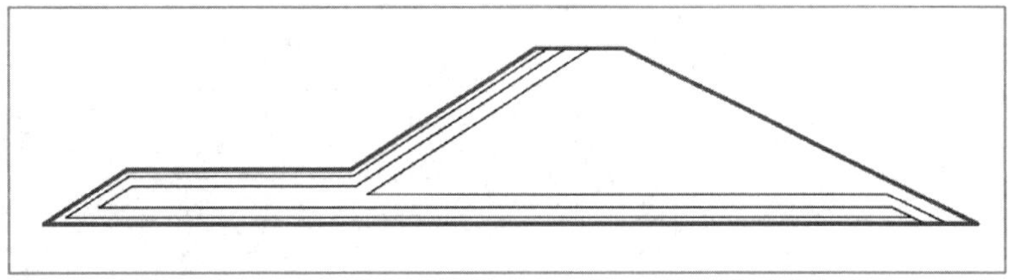

图 3-2-4　详图 B

绘制完毕，输入缩放命令（SC），选择详图 A 与详图 B，指定基点，输入缩放比例“5”，即可将图形绘制比例改为“1：200”。命令行提示如下：

SCALE
选择对象：
指定对角点：
找到 4 个
选择对象：
指定基点：
指定缩放比例或［复制（C）/参照（R）］〈1〉：5

4. 填充材料

（1）将“剖面材料”图层置为当前层，输入填充命令（H），选择材料进行填充，如图 3-2-5 所示。

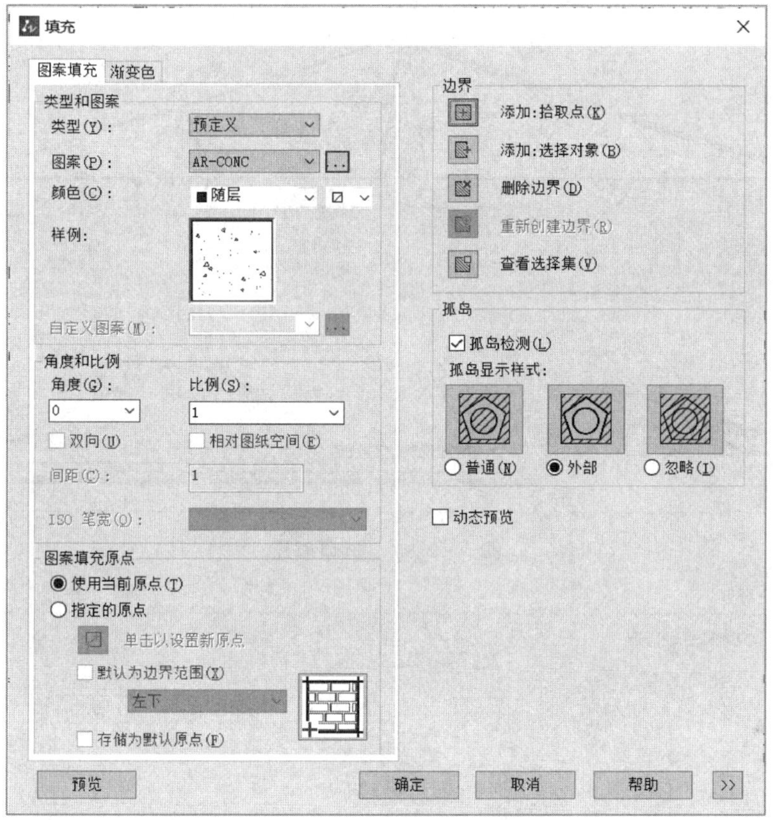

图 3-2-5　材料填充选择

（2）干砌块石的材料需要采用样条曲线（SPL）自行绘制，自然土壤的材料也需输入画线名称自行绘制，如图 3-2-6 所示。

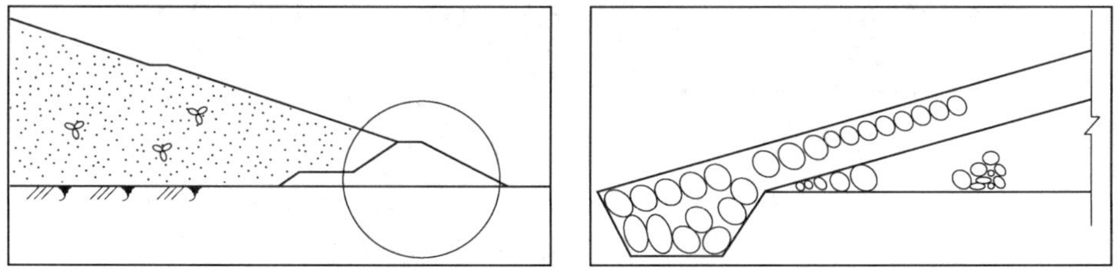

（a）自然土壤材料绘制　　（b）干砌块石材料绘制

图 3-2-6　材料填充绘制

（3）填充完材料后的图形如图 3-2-7 所示。

5. 标注图样

（1）输入文字样式命令（ST），创建文字样式“汉字”，如图 3-2-8 所示。切换当前层为“文字”层，输入多行文本命令（T），对图样进行文字标注。

（2）输入标注样式管理器命令（D），单击“新建（N）...”按钮，新建标注样式为“1-1000”，单击“继续”按钮，在“主单位”中设置“测量比例因子”，然后再设置“直线与箭头”以及“文字”等相关内容，如图 3-2-9 和图 3-2-10 所示。用同样方法新建标注样式“1-200”。

（3）将“尺寸标注”图层置为当前图层，选择线型标注、连续标注对图样进行尺寸标注。首先将“1-1000”标注样式置为当前，对“最大横断面”进行尺寸标注。然后将“1-200”标注样式置为当前，再对详图 A 和详图 B 进行标注。

（4）输入插入命令，将已经做好的 A3 图框插入现在的图形，比例、角度设置为“在屏幕上指定”，如图 3-2-11 所示。

最后完成的图形如图 3-2-12 所示。

二、泄水建筑物图样绘制

微课 3-2-1 滚水坝绘制实例

本小节以溢流坝图为例介绍泄水建筑物图样的绘制步骤，案例图纸来源于全国水利高等职业院校技能大赛水利工程成图技术赛项题库。泄水建筑物的绘制步骤可参考前面挡水建筑物的绘制。本次绘图难点是溢流堰面曲线的绘制，这里可以结合 EXCEL 软件，采用输入相对坐标的方式用样条曲线快捷绘制出溢流堰面曲线。

1. 分析资料，确定图幅与比例尺

溢流坝坝高 69.5m，溢流坝横断面最大厚度约为 61m，若采用 A3 图纸，该土石坝坝体

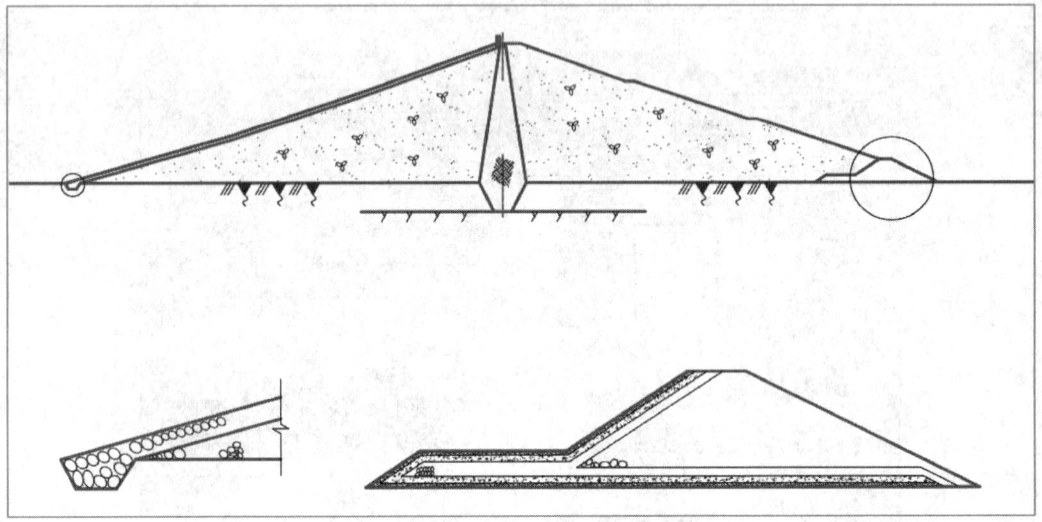

图 3-2-7　材料填充

图 3-2-8　文字样式管理器

的绘制比例宜定为 1：500。根据图纸幅面大小，溢流面大样图绘制比例宜定为 1：200，坝内廊道大样图宜定为 1：100。

2. 建立图层

根据溢流坝绘图需要建立图层，如图 3-2-13 所示。

3. 绘制图样

碾压混凝土重力坝溢流坝横断面图、溢流面曲线大样图和坝内廊道大样图均先采用 1：1000 进行绘制，然后再按照 1：500 的比例缩放碾压混凝土重力坝溢流坝横断面图，按照 1：200 的比例缩放溢流面曲线大样图，按照 1：100 的比例缩放坝内廊道大样图。

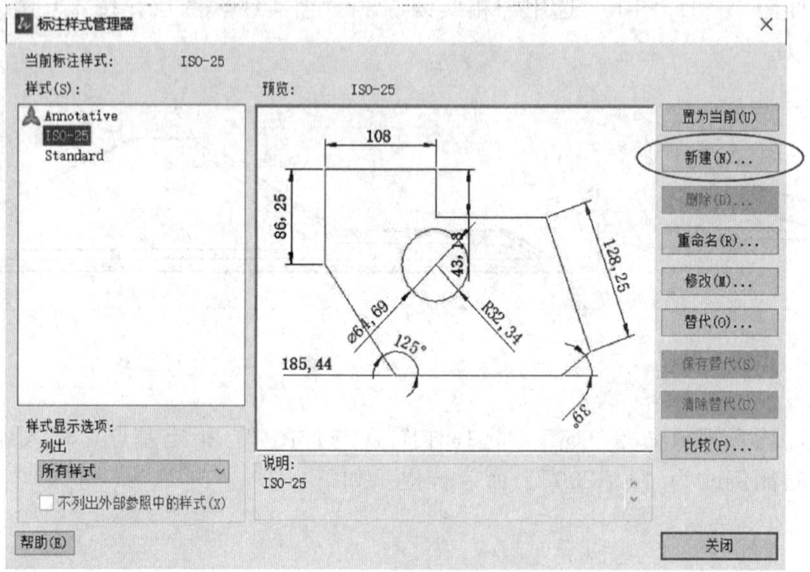

图 3-2-9　标注样式管理器

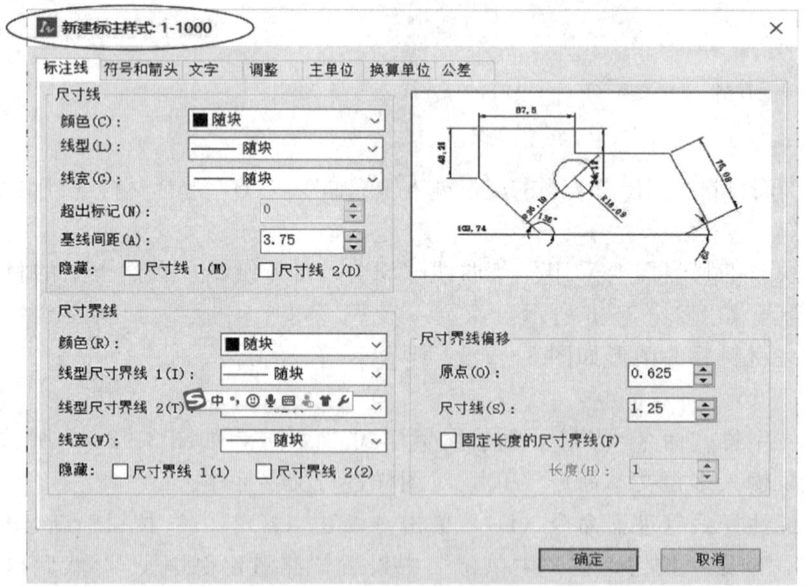

图 3-2-10　标注样式

（1）绘制碾压混凝土重力坝溢流坝横断面图。将“点划线”图层置为当前层，输入画线命令（L），先用点划线绘制出定位中心线，然后将“粗实线”图层置为当前层，用粗实线绘制碾压混凝土重力坝溢流坝横断面图，如图 3-2-14 所示。

（2）用同样的方法，绘制出溢流面曲线大样图和坝内廊道大样图，其中溢流面曲线可采用样条曲线命令（SP）来绘制。该曲线的绘制可以结合 EXCEL 软件快捷完成，在 EXCEL 表格中输入曲线 X、Y 两列坐标数值，再利用公式 &“,”&（英文状态）生成用逗号（英文状态）连接在一起的 X、Y 坐标值，复制粘贴到样条曲线的命令栏中即可完成绘制，如图 3-2-15 所示。

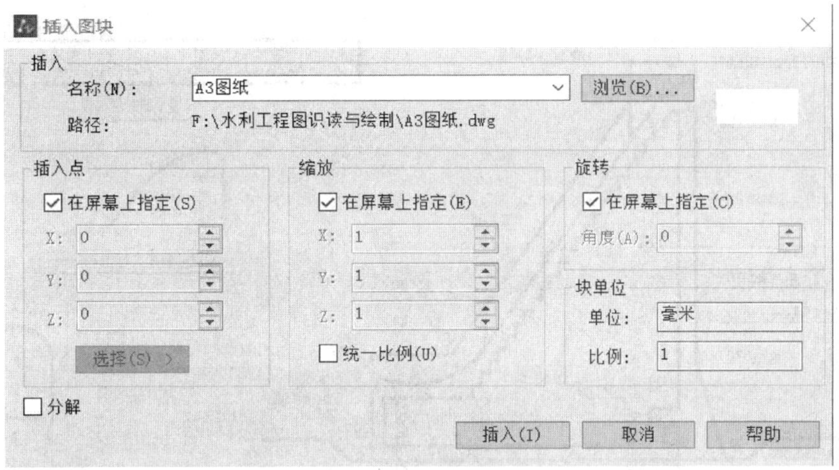

图 3-2-11　插入图块

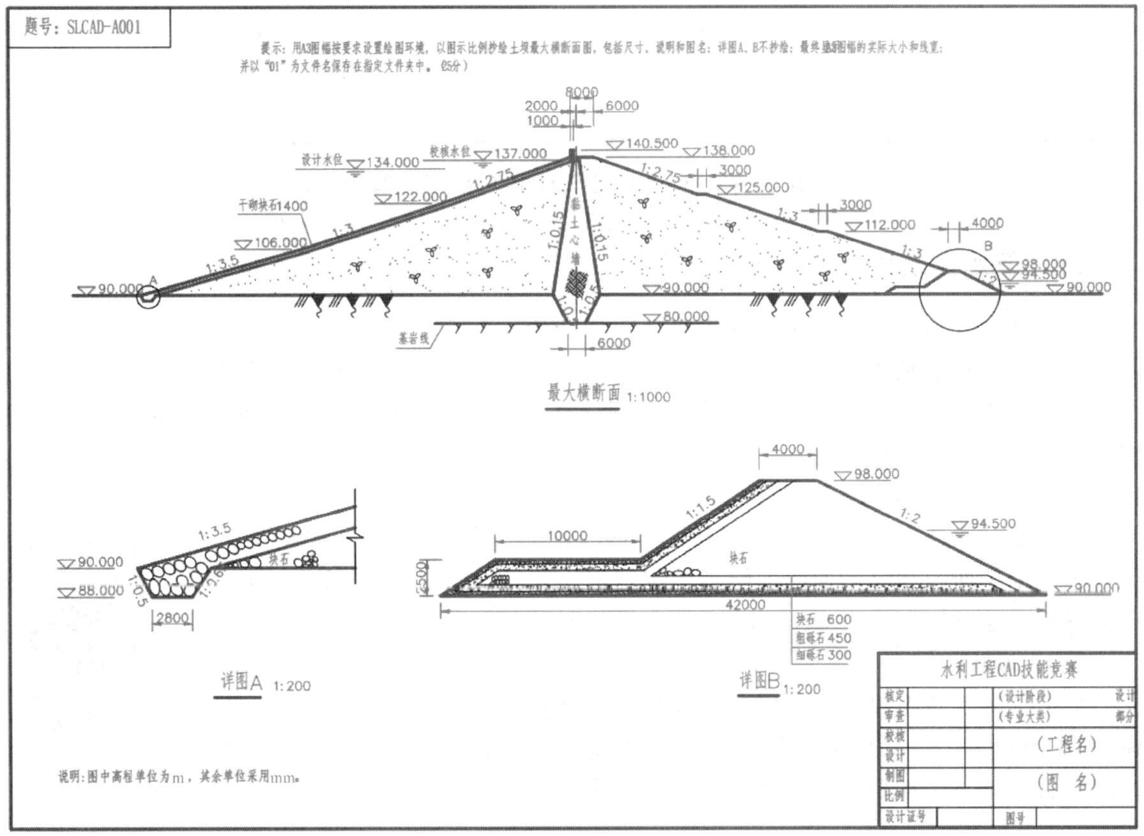

图 3-2-12　挡水建筑物（土石坝）图纸

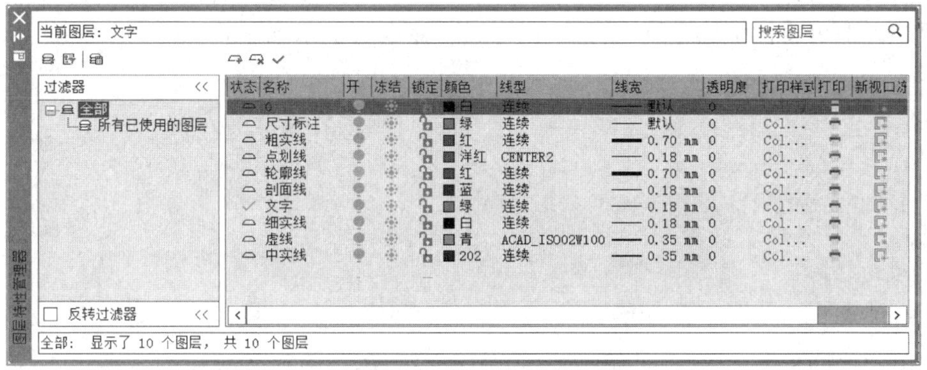

图 3-2-13　图层特性管理器

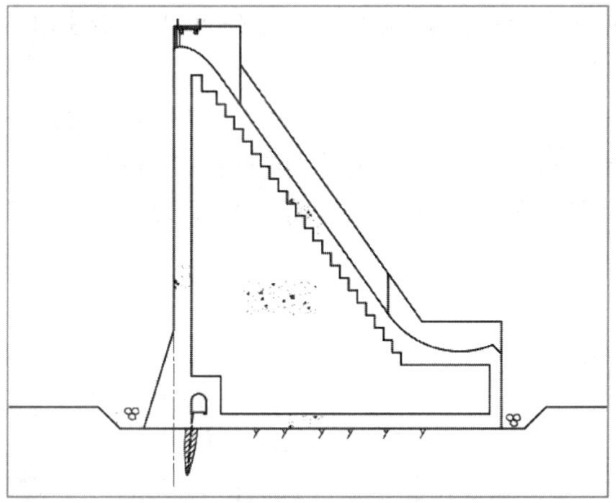

图 3-2-14　溢流坝轮廓绘制及材料填充

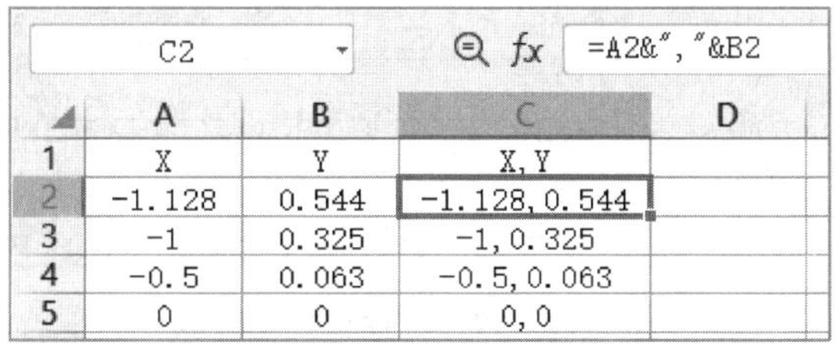

	A	B	C	D
1	X	Y	X,Y	
2	-1.128	0.544	-1.128,0.544	
3	-1	0.325	-1,0.325	
4	-0.5	0.063	-0.5,0.063	
5	0	0	0,0	

图 3-2-15　EXCEL 公式生成坐标表格

（3）输入画线命令（L），绘制溢流面曲线坐标表格，如图 3-2-16 所示。

图 3-2-16　溢流面曲线坐标表格

（4）输入缩放命令（SC），框选碾压混凝土重力坝溢流坝横断面图，指定基点，输入缩放比例“2”，即可将图形绘制比例改为 1∶500。命令行提示如下：

SCALE
选择对象：
指定对角点：
找到 77 个
选择对象：
指定基点：
指定缩放比例或［复制（C）/参照（R）］〈1〉：2

（5）用同样的方法，将溢流面曲线大样图放大 5 倍，图形绘制比例改为 1∶200；将坝内廊道大样图放大 10 倍，图形绘制比例改为 1∶100。

4. 填充材料

将“剖面材料”图层置为当前层，输入填充命令（H），选择混凝土材料进行填充。

5. 标注图样

（1）输入文字样式命令（ST），创建文字样式“汉字”，如图 3-2-18 所示。切换当前层为“文字”层，输入多行文本命令（T），对图样进行文字标注。

（2）输入标注样式管理器命令（D），新建标注样式为“1-500”“1-200”“1-100”，如图 3-2-17 所示。

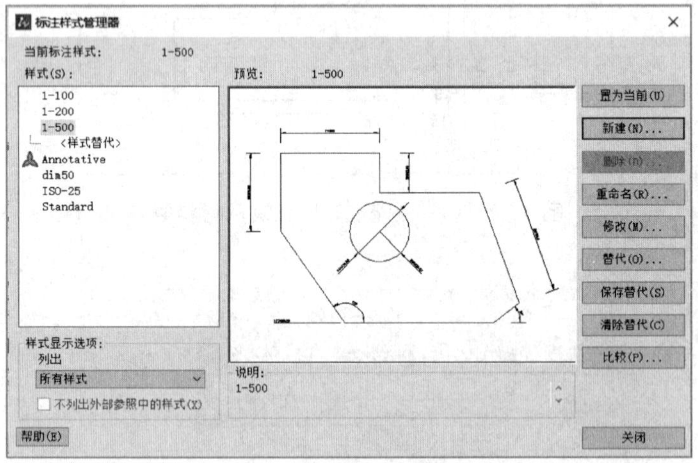

图 3-2-17　标注样式管理器

（3）将“尺寸标注”图层置为当前图层，选择线型标注、连续标注对图样进行尺寸标注。首先将“1-500”标注样式置为当前，对碾压混凝土重力坝溢流坝横断面图进行尺寸标注。然后将“1-200”标注样式置为当前，再对溢流面曲线大样图进行标注。最后将“1-100”标注样式置为当前，对坝内廊道大样图进行标注。

（4）输入插入命令，将已经做好的 A3 图框插入现在的图形，比例、角度设置为“在屏幕上指定”。

最后完成的图形如图 3-2-18 所示。

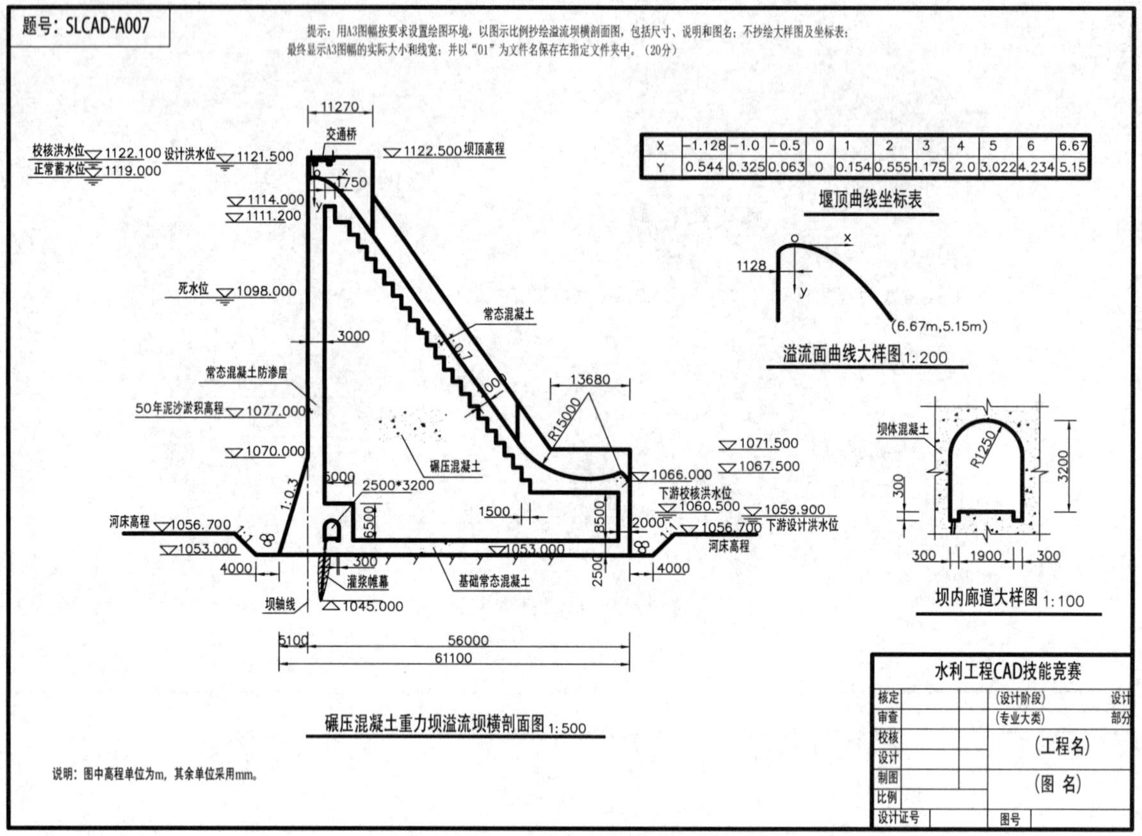

X	-1.128	-1.0	-0.5	0	1	2	3	4	5	6	6.67
Y	0.544	0.325	0.063	0	0.154	0.555	1.175	2.0	3.022	4.234	5.15

图 3-2-18　泄水建筑物图（溢流坝）图纸

三、取水建筑物图样绘制

本小节以水闸图为例介绍取水建筑物图样的绘制步骤，案例图纸来源于全国水利高等职业院校技能大赛水利工程成图技术赛项题库。取水建筑物图的绘制步骤可参考前面挡水建筑物的绘制。本次绘图学习的重点是学会利用定数等分命令绘制水闸边墙图样的素线，利用镜像命令完成对称图样的绘制。

1. 分析资料，确定图幅与比例尺

所绘水闸段长 14.25m，最大宽为 4.6m，最大高为 3.1m，若采用 A3 图纸，该水闸平面图和纵剖面图的绘制比例宜定为 1∶100。根据图纸幅面大小，其他各断面绘制比例宜定为 1∶100 或 1∶50。

微课 3-2-2
水闸绘制实例

2. 建立图层

根据水闸绘图需要建立图层，输入图层管理器命令（LA），建立新图层，命名为“粗实线”，设置线型为“连续”，线宽为 0.7mm，颜色为红色。用同样的方法，建立“点划线”“细实线”“中实线”“虚线”“尺寸标注”等图层，如图 3-2-19 所示。

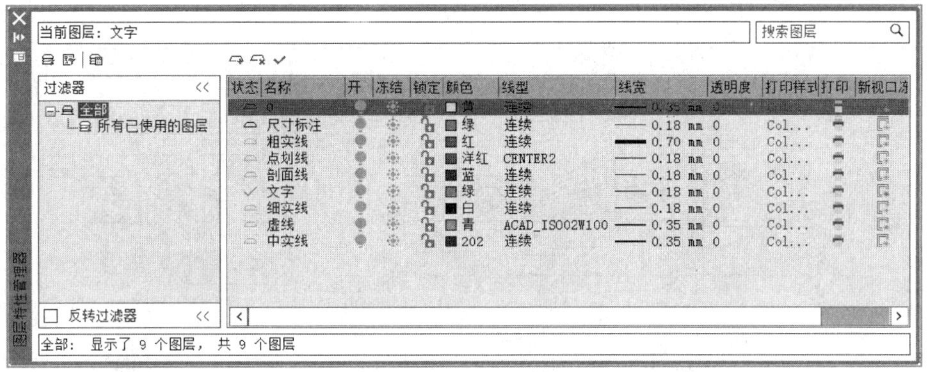

图 3－2－19　图层特性管理器

3. 绘制图样及填充材料

水闸平面图、纵剖视图及其他剖视图均先采用 1：100 进行绘制，然后再按照 1：50 的比例缩放其他剖视图。

(1) 将“粗实线”图层置为当前层，输入画线命令（L），绘制水闸纵剖面轮廓，如图 3－2－20 所示。

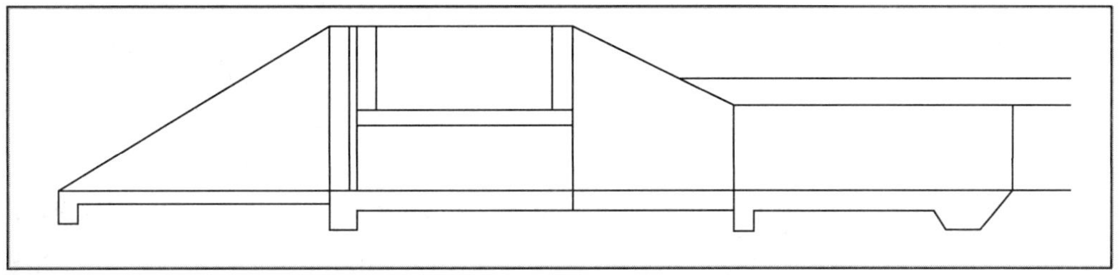

图 3－2－20　水闸纵剖面轮廓

(2) 将“点划线”图层置为当前层，输入画线命令（L），先用点划线绘制出定位中心线。然后将“粗实线”图层置为当前层，用粗实线绘制水闸平面图的半个轮廓，如图 3－2－21 所示。再用镜像命令（MI），完成水闸平面图整体轮廓的绘制，如图 3－2－22 所示。

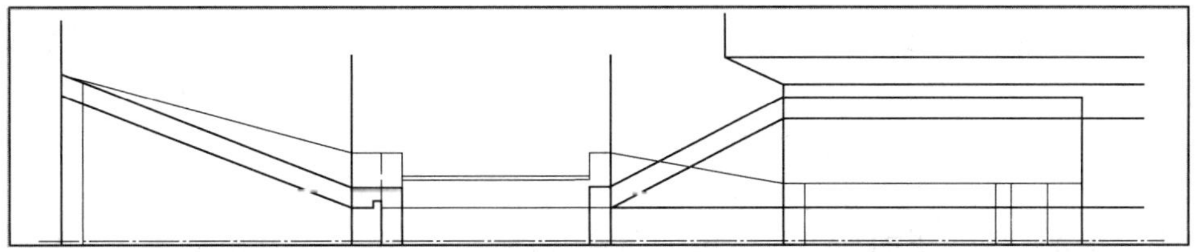

图 3－2－21　水闸半个轮廓

(3) 输入定数等分命令（DIV），通过绘制定数等分点，完成水闸平面图、纵剖视图中素线的绘制，如图 3－2－23 和图 3－2－24 所示。用同样的方法绘制出其他断面图。

(4) 切换图层到“细实线”图层，进行水闸平面图、纵剖视图中示坡线的绘制，如图 3－2－25 所示。

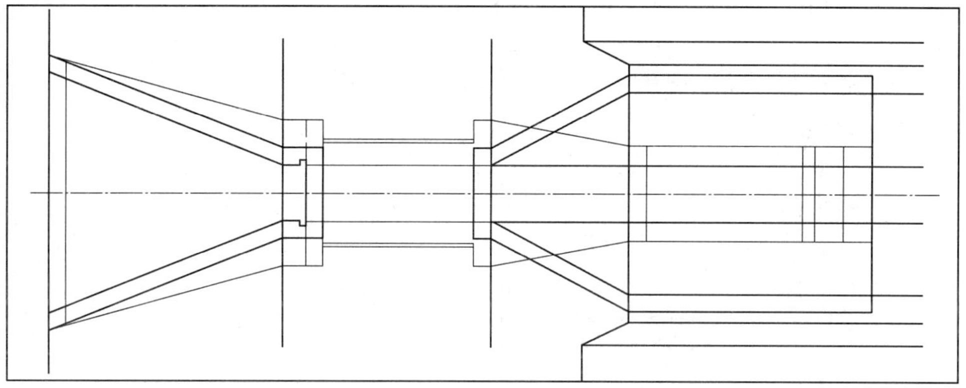

图 3－2－22　水闸整体轮廓

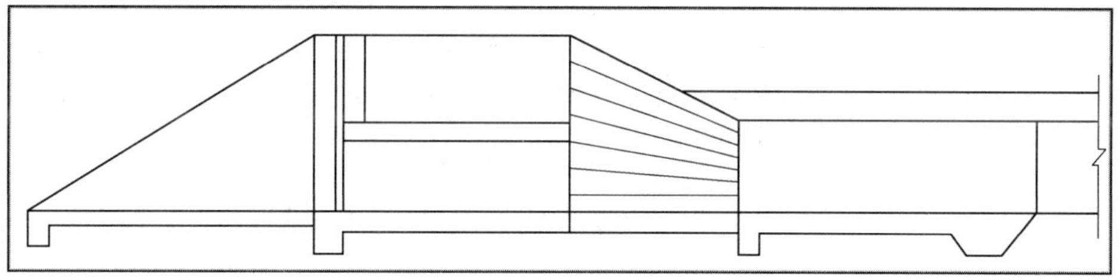

图 3－2－23　轮廓素线

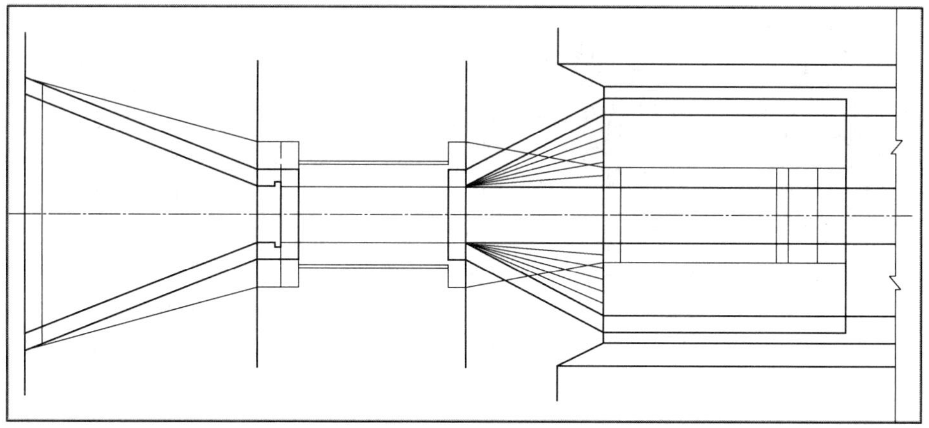

图 3－2－24　素线

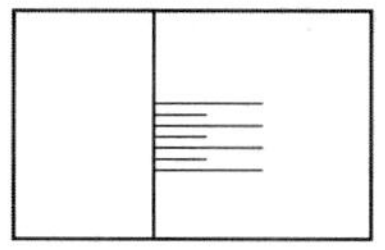

图 3－2－25　示坡线

（5）输入缩放命令（SC），将其他剖视图按设定放大比例为 1∶50（详细操作方法参考土石坝绘制内容）。

（6）将“剖面材料”图层置为当前层。干砌块石的材料需要采用样条曲线（SPL）自行绘制，如图 3-2-26 所示。

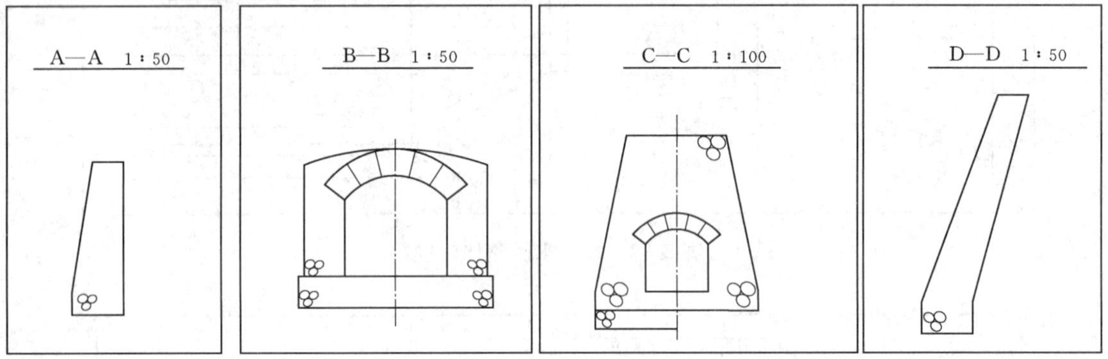

图 3-2-26　水闸断面、断面材料

4. 标注图样

（1）输入文字样式命令（ST），创建文字样式“汉字”，对图样进行文字标注。

（2）输入标注样式管理器命令（D），新建标注样式为“1-100”和“1-50”，如图 3-2-27 所示。

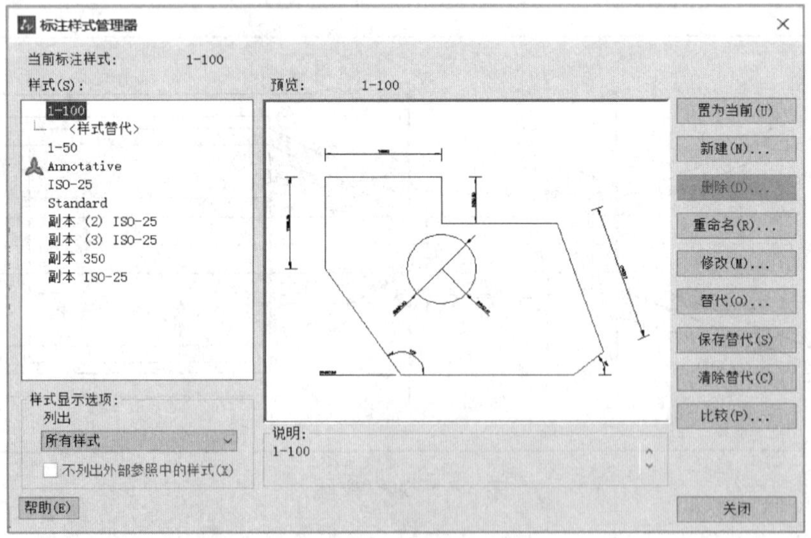

图 3-2-27　标注样式管理器

（3）将“尺寸标注”图层置为当前图层，选择线型标注、连续标注对图样进行尺寸标注。首先将“1-100”标注样式置为当前，对水闸平面图纵剖视图进行尺寸标注。然后将“1-50”标注样式置为当前，再对其他剖视图进行标注。

（4）输入插入命令，将已经做好的 A3 图框插入现在的图形，比例、角度设置为“在屏幕上指定”。最后完成的图形如图 3-2-28 所示。

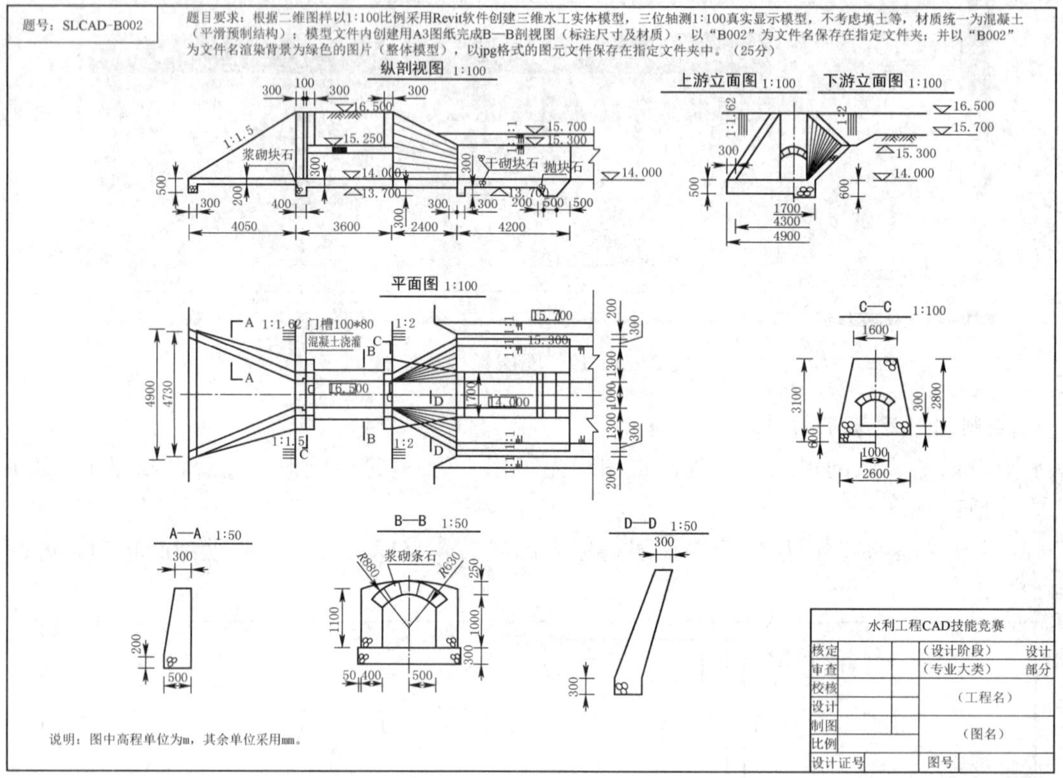

图 3-2-28　取水建筑物（水闸）图纸

四、输水建筑物图样绘制

微课 3-2-3 涵洞绘制实例

微课 3-2-4 渡槽绘制实例

本小节以渡槽图为例介绍输水建筑物图样的绘制步骤，案例图纸来源于全国水利高等职业院校技能大赛水利工程成图技术赛项题库。输水建筑物的绘图步骤可参考前面挡水建筑物的绘制。绘图过程中要注意的是，渡槽纵剖面中的石拱段可采用同心圆弧绘制的方法完成。

1. 分析资料，确定图幅与比例尺

所绘渡槽段长 13.4m，宽 3.6m，高 10.76m，若采用 A3 图纸，该石拱渡槽立面图和剖面图的绘制比例宜定为 1∶100。

2. 建立图层

根据渡槽绘图需要建立图层，输入图层管理器命令（LA），建立新图层，命名为“粗实线”，设置线型为“连续”，线宽为 0.7mm，颜色为红色。用同样的方法建立“点划线”“细实线”“中实线”“虚线”“文字”等图层，如图 3-2-29 所示。

3. 绘制图样

石拱渡槽图样均采用 1∶100 直接进行绘制。

（1）将“点划线”图层置为当前层，输入画线命令（L），先用点划线绘制出定位中心

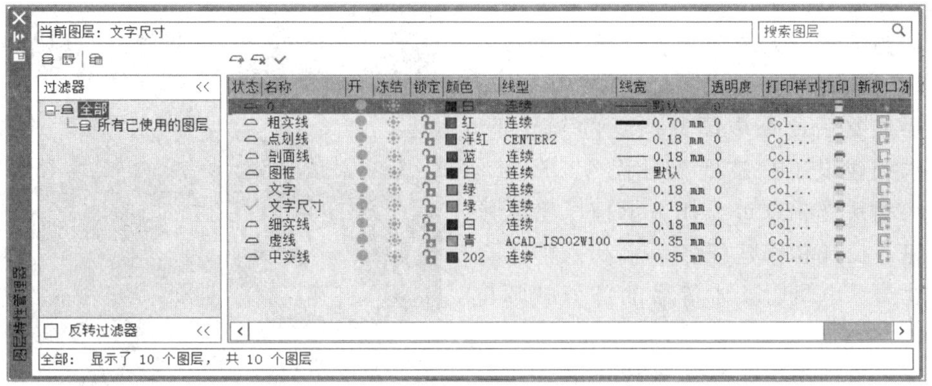

图 3-2-29　图层特性管理器

线。然后将"粗实线"图层置为当前层，用粗实线绘制外轮廓，其中的圆环段可以利用圆环命令进行绘制。最后将图层切换到"细实线"图层，绘制细实线，如图 3-2-30 所示。

（2）用同样的方法绘制出渡槽横断面图，如图 3-2-31 所示。

4. 标注图样

（1）输入文字样式命令（ST），创建文字样式"汉字"，对图样进行文字标注。

（2）输入标注样式管理器命令（D），新建标注样式为"1-100"，单击"继续"按钮，在"主单位"中设置"比例因子"，然后再设置"符号和箭头"以及"文字"等相关内容，如图 3-2-32 所示。

（3）将"尺寸标注"图层置为当前图层，将"1-100"标注样式置为当前，选择线型标注、连续标注对图样进行尺寸标注。

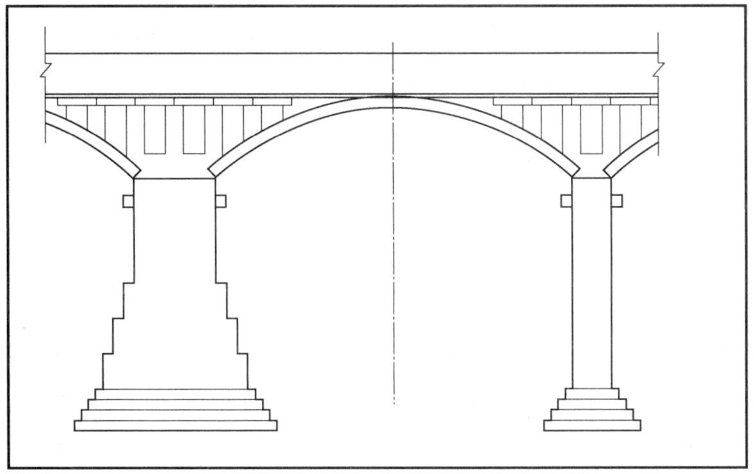

图 3-2-30　渡槽纵剖面轮廓

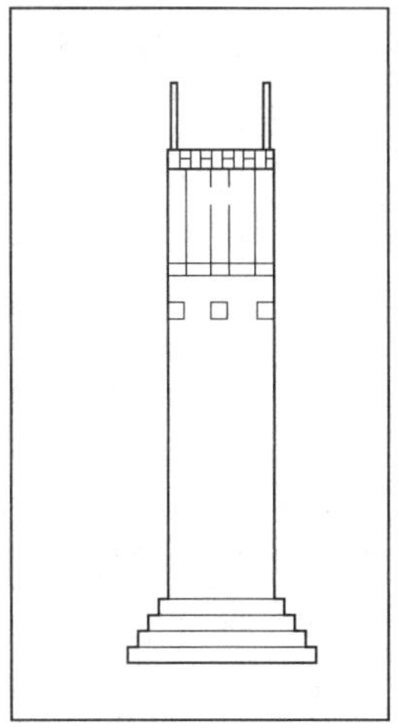

图 3-2-31　渡槽横断面图

（4）输入插入命令，将已绘 A3 图框插入当前图形，比例、角度设置为"在屏幕上指定"，最后完成的图形如图 3-2-33 所示。

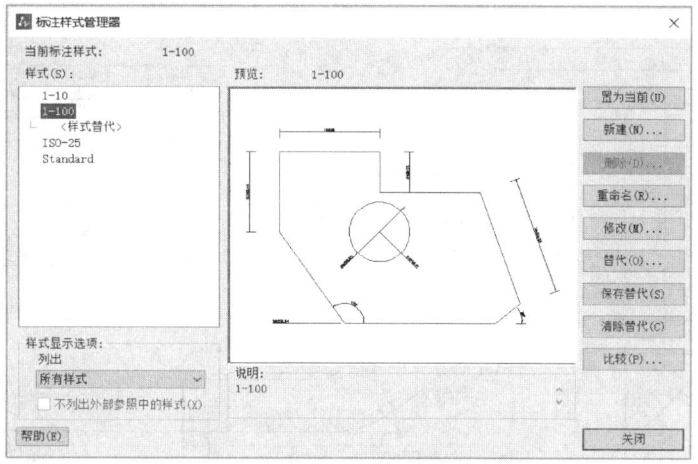

图 3-2-32　标注样式管理器

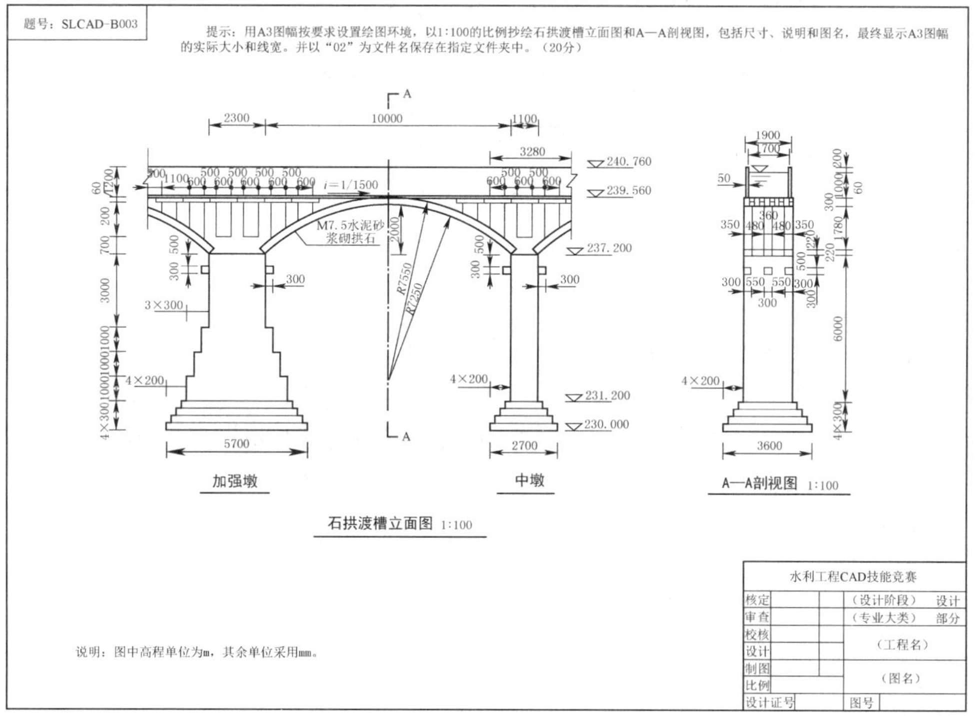

图 3-2-33　输水建筑物图（渡槽）图纸

目　标　测　评

请分析图 3-2-34，选择合适的比例尺和图纸布局，用 A2 图幅抄绘泄洪闸图纸。

绘图步骤：

（1）分析建筑物的尺寸，根据图幅大小确定出合适的绘图比例和图纸布局方案。

（2）新建文件"泄洪闸图纸.dwg"。

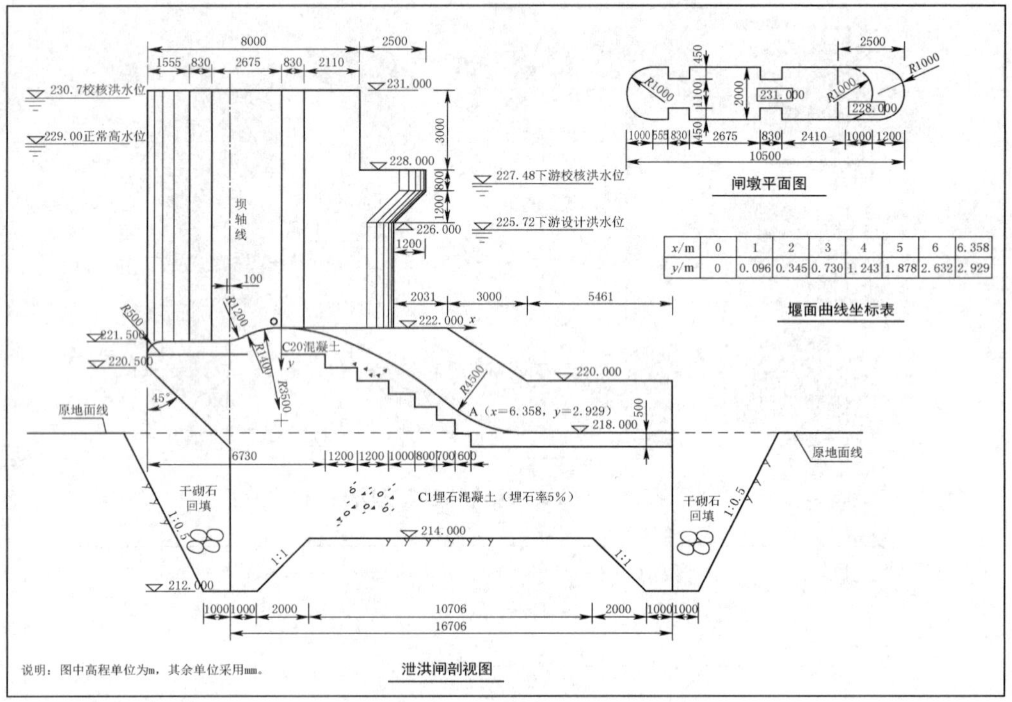

图 3-2-34　泄洪闸图纸

（3）设置绘图环境。

（4）建立该图样所需的图层，新建标注样式、文字样式。

（5）抄绘图样并进行图样标注。

（6）保存图纸，并打印输出 PDF 格式的图纸文件。

项目三　水利工程图纸打印

［学习目标］

素质目标：培养精益求精、追求卓越的工作品质，弘扬不怕困难、艰苦奋斗的水利精神。

知识目标：明确图纸空间与布局，掌握图纸打印输出保存的格式类型。

能力目标：会使用视口功能，能够按照要求打印图纸。

［学习预热］

“真刀真枪做设计”——清华师生参与密云水库设计与建设纪实

在清华大学档案馆，保存着一幅密云水库总布置图。图纸右下角落款为水利电力部、清华大学共同建立的水利水电勘测设计院，绘图和描图分别为水利系 1958 届毕业生姚汝祥、王可钦，指导教师和校核为当时水利系副教授吕应三，而审定和批准栏内则都是张光斗教授的亲笔签名，绘制时间是 1958 年 6 月。据统计，清华大学档案馆馆藏的密云水库相关档案共计 164 盒 429 卷，它们见证了清华大学师生亲身参与密云水库设计与建设的难忘历史。

密云水库现在是北京重要的地表饮用水源地和水资源战略储备基地，有白河和潮河两大入库河流。然而，新中国成立前这里却流传着一首民谣：“潮白河水滚滚流，流不完的眼泪流不尽的愁，冲走多少平川地，卷走了多少房子牛，它呀，要了多少人的命，害得妻离子散流落在街头……”

新中国成立后，在中国共产党的领导下，密云水库水利建设工程被提上日程。1958 年，清华大学水利系受北京市委托，承担了密云水库潮河枢纽等设计和修建任务。水利系师生全员投入，建筑、电机、土木等系的部分教师也参与协助。

密云水库设计组以张光斗教授为首，成员主要是水利系教师和 1958 届毕业班学生。同学们在老师们的悉心指导下，深入实地，调查研究，众志成城，排除万难，“真刀真枪做好毕业设计”，不仅在一个半月的时间内就完成了初步设计工作，而且最终的设计方案还为国家节约了大量建设资金。例如，修筑大坝要先把河水引走，过去大都是从山里开凿隧洞宣泄河水，费时费工费钱。清华师生们提出以廊道代替隧洞的方案，在山坡脚下修建一个几人高的混凝土大廊道，把河水引走，大大节省了工时、人力和资金。周恩来总理多次亲临工地考察，又来到清华园参观同学们的设计成果展，对清华师生的成绩给予高度肯定，并把密云水库白河部分的设计任务也交给了清华。

密云水库的设计不是闭门造车、纸上谈兵，师生们投身水库工地，使设计与工程实际紧密结合，并亲身参与水库修建劳动。几位年长的教授住在工棚，年轻教师和学生都住在土窖里——在地上挖个坑，旁边做一道矮墙，盖上席子，搭上通铺，就是宿舍。在异常艰苦的条件下，师生们兢兢业业，克服了工程中的一道道难题。1959 年，密云水库胜利拦洪；1960 年，密云水库正式竣工。一年拦洪，两年完工，速度之快令人震惊。

时至今日，密云水库为进行加固维护等，还时常需要到清华档案馆查阅相关原始档案，水利系师生仍在为密云水库的抗震维修和安全防护等提供支持帮助，做出清华人的贡献。党的二十大报告强调，“青年强，则国家强”。当代中国青年生逢其时，施展才干的舞台无比广阔，实现梦想的前景无比光明，应当传承并发扬“真刀真枪做设计”、实岗参与密云水库修建的毅力和勇气，为我国水利建设贡献自己的全部力量。

一、图纸空间和布局

通常是在模型空间中设计图形，在图纸空间中进行打印准备。用于布局和准备图形打印的环境在视觉上接近于最终的打印结果。图形窗口底部有一个“模型”选项卡和一个或多个“布局”选项卡，如图 3-3-1 所示。

微课 3-3-1
模型空间与图纸空间

1. 模型空间和图纸空间的概念

中望 CAD 可在两个环境中完成绘图和设计工作，即“模型空间”和“图纸空间”。模型空间又可分为平铺式和浮动式。大部分设计和绘图工作都是在平铺式模型空间中完成的，而图纸空间是模拟手工绘图的空间，它是为绘制平面图而准备的一张虚拟图纸，是一个二维空间的工作环境。从某种意义上说，图纸空间就是为布

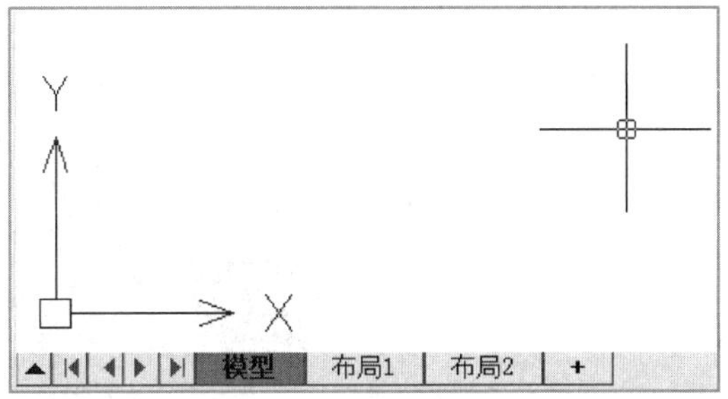

图 3-3-1 模型、布局选项卡

局图面、打印出图面设计的，还可在其中添加诸如边框、注释、标题和尺寸标注等内容。

在“模型”选项卡中，可以查看并编辑模型空间对象。十字光标在整个图形区域都处于激活状态，如图 3-3-1 所示。

如果要设置图形以便于打印，可以使用“布局”选项卡。每个“布局”选项卡都提供一个图纸空间，在这种绘图环境中，可以创建视口并指定诸如图纸尺寸、图形方向以及位置之类的页面设置，并与布局一起保存。为布局指定页面设置时，可以保存并命名页面设置。保存的页面设置可以应用到其他布局中，也可以根据现有的布局样板（dwt 或 dwg）文件创建新的布局。在“布局”选项卡上，可以查看并编辑图纸空间对象。

2. 创建布局

在中望 CAD 2022 中，可以创建多种布局，每个布局都代表一张单独的打印输出图纸。创建新布局后，就可以在布局中创建浮动视口。视口中的各个视图可以使用不同的打印比例，并能够控制视口中图层的可见性。

微课 3-3-2 创建布局与页面设置

3. 使用布局样板

布局样板是从 dwg 或 dwt 文件中输入的布局。可以利用现有样板中的信息创建新布局。中望 CAD 提供了样例布局样板，以供设计新布局环境时使用。现有样板的图纸空间对象和页面设置将用于新布局中。这样，将在图纸空间中显示布局对象（包括视口对象）。用户可以保留从样板中输入的现有对象，也可以删除对象。在这个过程中不能输入任何模型空间对象。

4. 创建和使用布局视口

构造布局时，可以将布局视口视为可查看模型空间的对象，还可以对其进行移动和调整尺寸，布局视口可以相互重叠或者分离。在图纸空间中排列布局时，不能编辑模型。要编辑模型，必须使用下列方法之一切换到模型空间：

（1）选择“模型”选项卡。

（2）在布局视口内双击，在状态栏中将“图纸”切换为“模型”。

（3）在状态栏上单击“图纸”按钮。

选择“视图”→“视口”→“新建视口”命令，可以创建新的浮动视口，此时需要指定创建浮动视口的数量和区域。可以创建布满整个布局的单一视口，也可以在布局中放置多个视口。图 3-3-2 所示的是在图纸空间中新建的 4 个视口。使用“视口”对话框，如图 3-3-3 所示，可以将各种标准或已命名的视口配置插入到布局中。要在打印图形中精确、一致地缩放每一个显示视图，应设置每一个视图相对于图纸空间的比例。缩放或拉伸布局视口的边界不会改变视口中视图的比例。在布局中工作时，比例因子代表显示在视口中的模型的实际尺寸与布局尺寸的比率。

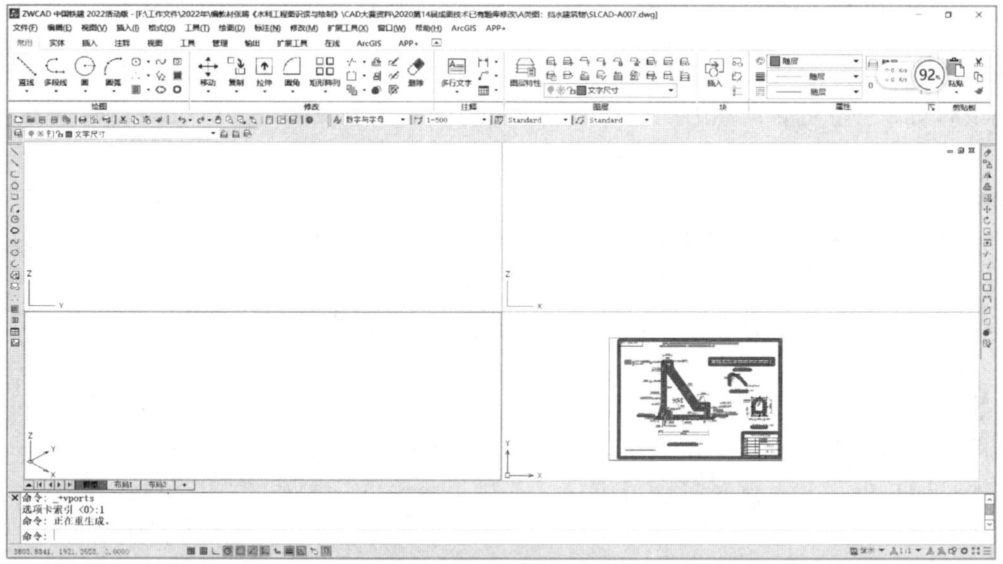

图 3-3-2 多视口界面

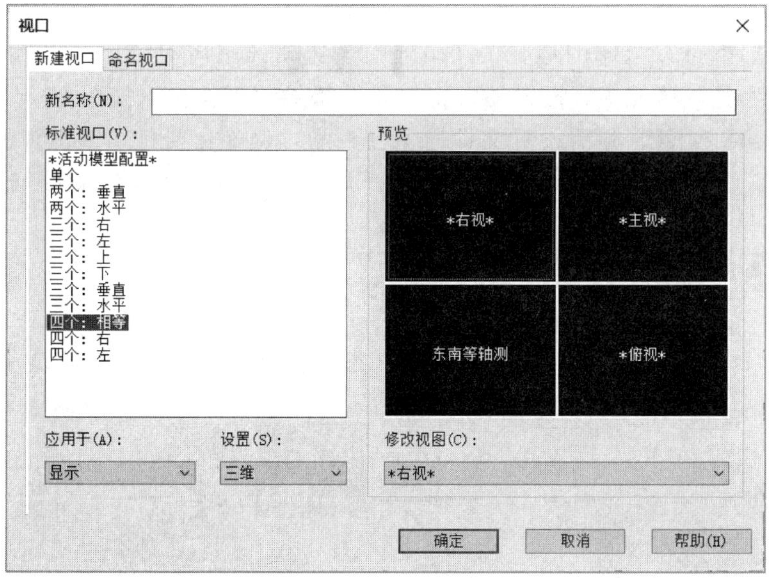

图 3-3-3 视口

图纸空间单位除以模型空间单位即可以得到此比率。例如，对于 1/4 的图形，该比率就是一个图纸空间单位相当于 4 个模型空间单位的比例因子（1∶4）。可以使用“特性”选项板、ZOOM 命令或“视口”工具栏更改视口的打印比例。

二、打印机和打印样式管理

创建完图形之后，通常要打印到图纸上，也可以生成一份电子图纸，以便从互联网上访问。打印的图形可以包含图形的单一视图，也可以包含更为复杂的视图排列。根据不同的需要，可以打印一个或多个视口，或设置选项以决定打印的内容和图像在图纸上的布置。

1. 添加打印机

根据打印机厂商的说明书，将打印机连接到计算机上正确的端口。以Windows 10为例，Windows 10会自动安装大多数打印机。如果不能使用即插即用打印机，或如果打印机连接到带有串口（COM）的计算机上，则打开打印机，双击“添加打印机”图标，启动添加打印机向导，然后单击“下一步”按钮。选择“本地打印机”单选钮，确认没有选中“自动检测并安装我的即插即用打印机”复选框，然后单击“下一步”按钮。按照屏幕上的指示完成本地打印机的设置：选择打印机端口，选择打印机的厂家和型号，并输入打印机的名称。

微课3-3-3 打印机管理与设置

2. 打印样式管理

打印机管理器是一个窗口，其中列出了用户安装的所有非系统打印机的配置（PC3）文件。如果希望中望CAD使用的默认打印特性不同于Windows使用的打印特性，也可以为Windows系统打印机创建打印机配置文件。打印机配置设置指定端口信息、光栅图形和矢量图形的质量、图纸尺寸以及取决于打印机类型的自定义特性。

在中望CAD 2022中，选择“文件”→“打印”命令，如图3-3-4所示，通过打开的“打印-模型”对话框可以打印图形。“打印范围”选项区域用于指定输出哪些布局或视图。“打印机/绘图仪”选项区域用于设置是否将打印结果输出到文件，如图3-3-5所示。如果要将打印结果输出到文件，则需设置文件的保存类型，例如，要打印输出为PDF图形文件，可以选择“DWG to PDF. pc5”或者“WPS PDF”（注：使用此方法需要安装相关PDF软件）。

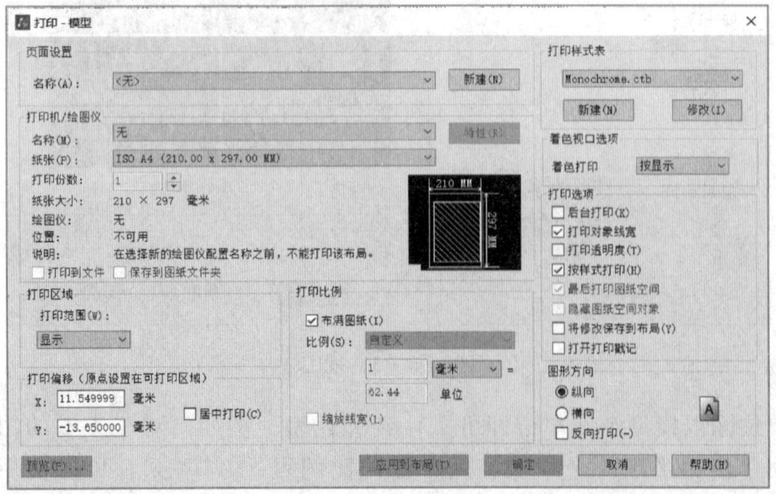

图3-3-4 打印界面

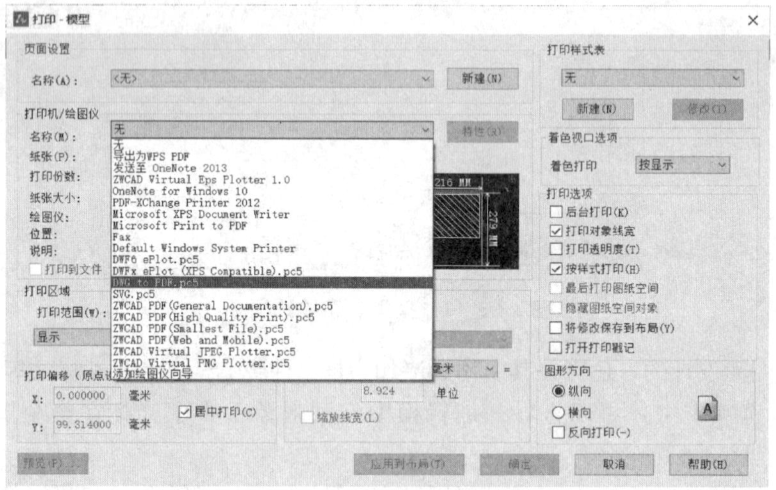

图3-3-5 选择打印机/绘图仪

各部分都设置完成之后，在“打印”对话框中单击“确定”按钮，中望CAD将开始输出图形，并动态显示绘图进度。若图形输出时出现错误，或用户要中断绘图，可按Esc键。

目 标 测 评

(1) 关于图线的打印宽度，以下描述正确的是（　　）。

A. 与屏幕显示有关　　B. 多段线的打印宽度与“线度（W）”选项的设置相同

C. 受打印样式的控制　　D. 与图层线宽设置一致

(2) 关于绘图窗口的背景颜色，描述错误的是（　　）。

A. 可以更改为其他颜色　　B. 打印图纸之前一定要改为白色

C. 图形的打印与背景颜色无关　D. 在“选项”对话框“显示”卡上设置背景颜色

(3) 通过打印预览，可以看到（　　）。

A. 打印的图形的一部分　　B. 与图纸打印方式相关的打印图形

C. 图形的打印尺寸　　D. 在打印页的四周显示有标尺用于比较尺寸

(4) 在图纸空间进行打印设置时，打印范围选择（　　），“打印比例”选项区域中的“布满图纸”复选框不可用。

A. 布局　　B. 范围　　C. 显示　　D. 窗口

(5) 下列哪个选项不是系统提供的“打印范围”?（　　）

A. 窗口　　B. 布局界限　C. 范围　　D. 显示

(6) 在“模型”选项卡中完成图形之后，可以通过单击“布局”选项卡开始创建要打印的布局，首次单击“布局”选项卡时，选项卡上将显示（　　）。

A. 命名视图　　B. 命名视口　C. 单一视口　D. 新建视口

参 考 文 献

[1] 水利水电工程制图标准　基础制图：SL 73.1—2013 [S]. 北京：中国水利水电出版社，2013.
[2] 水利水电工程制图标准　水工建筑图：SL 73.2—2013 [S]. 北京：中国水利水电出版社，2013.
[3] 混凝土结构设计规范：GB 50010—2010 [S]. 北京：中国建筑工业出版社，2011.
[4] 谭荣伟. 水利工程CAD绘图快速入门 [M]. 北京：化学工业出版社，2016.
[5] 天工在线. 中文版 Autodesk Revit Architecture 2022 从入门到精通：实战案例版 [M]. 北京：中国水利水电出版社，2021.